MODERN OPTICAL DESIGN WITH EFFECTIVE METHODS

现代光学设计实用方法

高志山　袁　群　马　骏◎编著

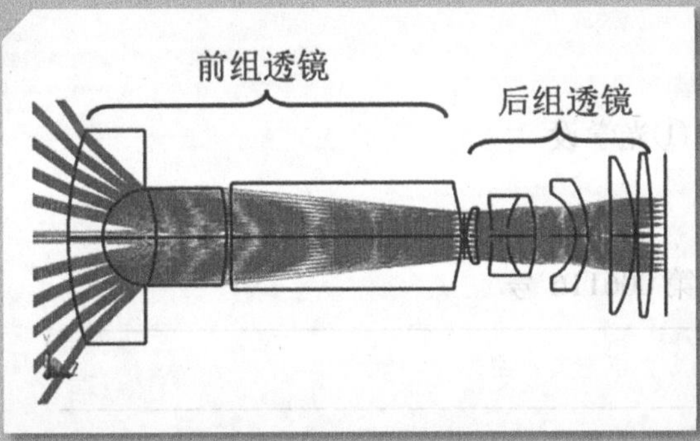

MODERN

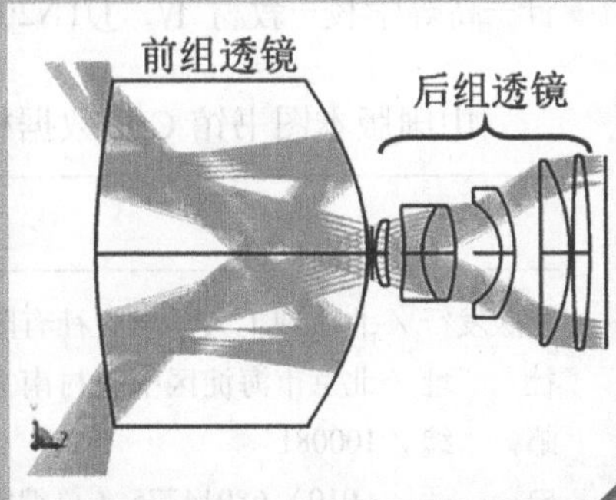

METHODS

北京理工大学出版社
BEIJING INSTITUTE OF TECHNOLOGY PRESS

内容简介

我国对光学设计人才需求强劲，现有人才培养方式与专业设计软件的虚拟实验平台没有深度融合，迟滞了深入理解、熟练运用专业知识从事专业设计的能力提升速度。本书以 ZEMAX 软件平台为例，将晦涩难懂的像差理论与实践应用、"无中生有"的初始结构建模方法与学科前沿有机融合，使基于光线结构的像差概念、像差理论的演变规律、像差设计的精准控制，变得具体可控、知行合一。本书融入了包括光学自由曲面系统设计、衍射超透镜设计的方法与要点、新型像质评价指标"椭率"在内的领域新成果。本书内容包括：光学系统像差理论、衍射成像与像质评价、光学自动设计原理、ZEMAX 在像差设计中的应用、玻璃库与玻璃选择、透镜分裂、像差设计在典型光学设计中的应用、自由曲面光学系统设计、新型光学系统设计等。

本书讲解的多种结构选型与建立思想，具有一定的先进性和启发性，可为从事光学设计的工程技术人员、相关技术研究人员、高等院校相关专业的师生提供专业参考。

图书在版编目（CIP）数据

现代光学设计实用方法 / 高志山，袁群，马骏编著. --北京：北京理工大学出版社，2022.1（2023.3 重印）
ISBN 978-7-5763-0850-1

Ⅰ. ①现… Ⅱ. ①高… ②袁… ③马… Ⅲ. ①光学设计—高等学校—教材 Ⅳ. ①TN202

中国版本图书馆 CIP 数据核字（2022）第 006116 号

出版发行 / 北京理工大学出版社有限责任公司
社　　址 / 北京市海淀区中关村南大街 5 号
邮　　编 / 100081
电　　话 / (010) 68914775（总编室）
(010) 82562903（教材售后服务热线）
(010) 68944723（其他图书服务热线）
网　　址 / http://www.bitpress.com.cn
经　　销 / 全国各地新华书店
印　　刷 / 廊坊市印艺阁数字科技有限公司
开　　本 / 787 毫米×1092 毫米　1/16
印　　张 / 22.5
字　　数 / 528 千字
版　　次 / 2022 年 1 月第 1 版　2023 年 3 月第 3 次印刷
定　　价 / 110.00 元

责任编辑 / 刘　派
文案编辑 / 李丁一
责任校对 / 周瑞红
责任印制 / 李志强

图书出现印装质量问题，请拨打售后服务热线，本社负责调换

前言

PREFACE

从成像光学的“像”信息本质与成像系统的发展动态可以看出，无论使用在何种领域，只要用到光学的基本元件，必然要控制元件对光波的聚焦、发散、准直等行为的波前质量，并对其效果进行评价。对元件能力的认知，是光学或光电信息工程专业的基本素质。

成像光学系统设计是一门已有多年理论积累与实践基础的工程学科，光学设计既是一门科学又是一门技术，而且涉及的内容深奥复杂，让人难以理解与掌握。

国外已有专著，在阐述光学系统像质评价技术的概念、像差理论、典型光学结构、材料时，嵌入具体的光学设计软件，进行现代光学设计，这种体系组织与论述方式，对光学设计具有浓厚兴趣的广大从业人员，便于入门与很快上手，但受语言限制，影响范围不大，不能满足我国在信息时代对光学设计技术人员的广泛需求。

自2005年起，本书作者作为南京理工大学本科生“应用光学课群”的负责人，承担南京理工大学光电信息工程专业的像质评价技术、光学CAD课程设计两门理论与实践紧密衔接的课堂教学。近16年的教学实践，深深感受到，不同于常规的、内涵清楚的数理类概念，依据大量隐性公式推导的像差理论与概念，是一些半经验公式，只能得到一堆过程或中间数据，只有通过对这些数据重新加工，才能得到光学设计实践中有用的结论。国内现有的同类教材体系，仍是沿袭“先理论、后实践”的编写思路，这对刚进入专业课，没有光学设计经验的大三本科生或新手来说，很难直接闯过晦涩的像差理论与概念知识点学习的关口，挫伤了学生的自信心与学习兴趣。为此，我们编写了《ZEMAX在像差设计中的应用》讲义，将国内行业占有率最高的ZEMAX光学设计软件工具，作为学习像差理论的虚拟实验平台，晦涩难懂的像差概念可以应用ZEMAX工具，通过自建光学系统，观察现象与评价。这种将实践与理论相互融合的课程体系，打破了“先理论、后实践”的体系框框。在理论学习中，体验光学设计实践；在光学设计实践中，反刍像差理论与规律。该讲义除了被南京理工大学本科教学大量使用外，还被社会上光学设计培训班大量使用，几度增印。经过15年的教学实践并结合教学团队在光学设计方面的最新研究成果，需要进一步充实和修改《ZEMAX在像差设计中的应用》讲义，形成教材的条件已经成熟。

我们编写此书的目的，旨在探索一种能够批量培养光学设计人才的新型教学途径，满足我国先进制造大国对光学设计人才的急需。本书的内容体系是将ZEMAX软件作为工具融入理论学习与光学设计实践等多环节中，对有关的光学设计理论，着重在如何应用，摒弃许多著作或教材使用的复杂数学推导，只保留前人在像差理论、光学设计结构选型等方面的实用结论，用浅显易懂的语言与ZEMAX软件对复杂光线空间结构的表现能力，介绍现代光学设计与工程应用等方面的知识。

本书内容分为12章。

第1章绪论，介绍我国光学设计领域的发展历程、重大光学工程项目的快速发展以及取得的伟大成就，尽量为读者展现光学工程领域的全面画卷与发展动态。

第2章的目的是引导光学设计人员的思路。光学设计的首要工作是有结构参数，并从需方要求清晰地总结出光学特性参数，介绍影响像质的本质指标——几何像差，然后介绍如何用ZEMAX软件来定义这些参数，显示几何像差的光线结构与ZEMAX软件中的像差解读。

第3章介绍光学自动设计原理，其目的不是研制光学自动设计程序，而是使设计者更快、更好地掌握光学自动设计程序的使用方法。以阻尼最小二乘法为例，阐述驱动计算机自动设计涉及的评价函数、权因子、阻尼因子、优化涉及的数值计算方法，ZEMAX中评价函数的定义方法与基本操作符概念。

第4章在光学设计较高的层次上，阐述像差设计在ZEMAX中的实现方法，对已经在光学设计领域具有较高水平的设计人员，展现了精准控制像差的直接途径，可以有针对性地提高光学设计的效率。

第5章介绍薄透镜系统的初级像差理论，重点为设计者浓缩过去像差理论研究中最有实用价值的成果，给定光学特性参数的设计要求，指导设计者认识需要控制的像差种类、量值大小、光学结构的选择和光学材料的使用，为设计者在像差的认知、实践体会之间形成良性循环，促进设计水平快速提高。

第6章从实用层面阐述在大相对孔径大视场光学系统、大NA显微系统、天文光学系统等诸多光学工程涉及的复杂光学系统领域，使用较多的综合评价指标，这些指标评价系统质量时应该注意的问题，介绍ZEMAX中像质评价指标的种类、物理含义、使用方法。

第7章～第11章，是实践方面的内容，与现代光学设计实践紧密相关，介绍作者研究团队在自由曲面、二元光学、大视场鱼眼镜头、大NA显微等领域的光学设计最新科研成果和设计体会。

第7章介绍国产无色光学玻璃的命名规律、主要光学参数（折射率、色散系数、光谱透过率）、比重、简单的物理化学性能，国际上玻璃材料的最新发展动态；介绍在模压非球面、3D打印方面应用广泛的光学塑料，红外材料的折射率、色散系数、光谱透过率特点；阐述 ZEMAX 中将玻璃作为变量的玻璃优化选择方法。

第 8 章依据我们已经掌握的理论与经验，重新阐述光学系统最基本单元——透镜的分裂与组合，在结构上调整光学系统的像差有效校正能力。

第 9 章是精准像差控制方法的应用实践，将第 3 章介绍的像差控制操作方法用于特殊像差控制要求的物镜设计，提高优化设计的效率。

第 10 章结合设计实践，介绍确保成像系统光学质量的照明系统设计与外型尺寸计算方法，涉及匀化照明方法、照明场大小与照明数值孔径角。

第 11 章针对当前自由曲面光学设计前沿，结合我们最新的研究成果，阐述自由曲面描述方法、初始结构生成方法、视场孔径逐步扩大优化设计方法。

第 12 章是最新研究成果的体现，介绍二元光学、折衍混合系统、超透镜系统、宽光谱大 NA 显微物镜设计、大视场胶囊内窥透镜设计方法。

为了配合知识点的学习，每章后面都设计了一些复习题，便于读者抓住要点。

本书撰写人员和分工如下：

前言，第 1 ~ 7 章、第 9 章，第 12 章 12.4 ~ 12.6 节，以及每章复习题，由高志山撰写；

第 8 章、第 10 章、第 11 章，由袁群撰写；

第 12 章 12.1 ~ 12.3 节，由马骏撰写。

全书由高志山统稿。

编写本书是作者 10 多年来的梦想。本书的内容组织，紧扣“实用”二字，是在作者多年从事南京理工大学光电信息工程专业本科、研究生光学设计教学，以及国内光学设计培训班教学、光学设计方向科学研究等基础上整理编写的，探索将光学设计的基本知识、方法与复杂光学设计实践的结合，一方面期望让初学入门的设计者轻松驾驭光学设计软件，另一方面对已经具有多年经验的设计者也能从中受益。但本书对从事光学设计软件的研制和光学设计理论研究，或者专门从事特殊类型复杂光学设计工作的人员来说，显然是不够的。

从光学专业的教学角度，本书第 2 章、第 3 章、第 5 章、第 6 章，可以作为“像质评价技术”或“像差理论”教学内容；本书第 4 章、第 7 章 ~ 第 9 章可以作为“光学 CAD 课程设计”的实践教学主要内容。第 10 章 ~ 第 12 章介绍的先进设计方法，可以作为研究生阶段“现代光学设计方法”的教学内容。

本书的立题，一方面出于开展教材改革与研究的需要，另一方面，也得到“江苏省高等学校重点教材”“南京理工大学规划教材”项目的支持；同时得到北京理工大学出版社李炳泉副社长、编辑们的大力支持，我们一拍即合，催生了本书的正式出版。本书在编写过程中，参考了国内外同行的一些成果，引用了作者与同事们多年来的合作论文。南京理工大学教务处、电子工程与光电技术学院的领导们，对本书的完成给予了协助与支持，使得本书先后获得南京理工大学“本科教学改革与建设工程项目规划教材建设课题”和“江苏省高等学校重点教材”的立项。作者研究团队的博士生许宁晏、车啸宇，硕士生曹鑫、周俊涛、谢澎飞、第五蔻蔻等，在图表的绘制与整理上付出了辛劳，在此一并表示衷心的谢意！

本书是在多年从事光学设计研究工作的基础上产生的成果，并形成了教材。作者期望在此基础上，能有更多的光学设计爱好者产生从事光学设计方法研究的浓厚兴趣，使光学设计由少数人掌握的“艺术”，变成易掌握的实用化技术。

本书不妥之处望读者提出宝贵意见。

作　者

2020 年 9 月于南京

目 录

CONTENTS

第1章
绪　　论

1.1　我国成像光学的发展与动力

近30年来我国科学技术与基础工业水平发生了翻天覆地的变化。1989年在光学行业，做一个实验或设计光学系统，首先，没有普及的光学设计软件与仿真软件，虽然我国光学设计前辈潜心研发，形成了具有代表性的光学设计软件包产品，如：国内长春光机所第四研究室的翁志成先生领衔，与兄弟单位合作，研制出代表性的光学设计软件包CAOD；北京理工大学的袁旭沧先生领衔研制了SOD88光学设计软件包，南京理工大学的孙培家先生领衔研制了OP光学设计软件包。这些软件包，形成了具有自主知识产权的国产光学设计软件包鲜明特色，也被销售到一定数量的国内光学企业与科研单位。到20世纪90年代末，由于多种原因，特别是国内没有充分认识到仿真与设计软件包的价值，后期投入不足，逐步被国外软件包冲散，目前基本消失。其次，要外购实验用的透镜组，没有现在的线上平台，产品目录少且不具备优选条件，如通过设计加工，由于没有现代化的先进工艺与制造装备，成本极高、周期较长。最后，手工设计时光线追迹计算量大，需要设置另一套复核计算，相互验证后，才能放心使用。

现今的光学工程领域百花齐放，我国的先进制造技术，工艺先进，门类众多，制造能力表现在口径小到亚毫米的医用内窥镜头，毫米级的手机镜头、显微镜组，大到几米或数十米级的大型望远镜主镜，都有配套的制造基础，使得我国光学工程领域大型光学工程项目如雨后春笋，一个接一个地应运而生，人们耳熟能详的有：嫦娥探月工程、“神光”系列、LAMOST望远镜、神舟光学载荷，刚刚命名的“天问”火星探测项目，等等。光学工程领域的设计与仿真软件方面，尽管几乎被国外软件商垄断，但与30年前相比，已从国内少见的小型局域网VAX-Ⅱ上的CODE V，发展到几乎遍及国内光学企业的个人机版光学设计软件包ZEMAX、CODE V、OLSO，同时用于照明或杂光分析的ASAP、TracePro、LightTool、Fred等软件包界面友好，方便使用。

当今世界，已经进入信息革命的时代，人工智能、远程医疗、无人驾驶等高科技产品已经与人类生活息息相关，光学系统是信息获取与传输的前端，一些超薄型、平面型、功能融合型新概念光学镜头不断涌现，体现出国民经济诸多行业对光学工程的专业人才需求强劲而面广。我国战略层面上的“核高基”“高分”“集成电路”专项，引领着包括光学行业在内的发展方向。国内光学产业，已经形成了具有代表性的几个高端光学产业集群，如：面向以手机模组、显微模组、内窥模组等行业需要的微小光学组件制造的产业集群；面向智慧城市/家居、数码科技、基因测序、车载导航等行业需要的中等尺度光学组件制造的产业集群；面向新一代天文观测、航天相机、超短波光刻投影等领域需要的大口径光学组件产业集群。高等院校、科研院所与光学企业的功能定位逐步清晰：前者致力于新概念、变革性方面的基础研究，为光学企业做好新一代产品的技术储备；后者在解决产品定型的批量化制造工艺问题之后，密集扫描式追踪前者的前沿研究成果，为光学企业的产品转型升级寻觅超前的研发方向，做到“储备一代、研制一代、生产一代”之间的良性循环。国内新兴高科技企业，如华为、瑞声等大型公司与诸多研究团队的联系频繁而紧密。

国内光学产业的发展模式百花齐放，不再出现20年前的产品单一、热衷于为国外大公司做利润微薄的代工、对外贸大宗订单竞相压低单价而相互倾轧等怪异现象。现在的发展模式创新，如：由元件制造向兼顾核心部件、整机研发推进；或致力于小批量高端光学产品的订制型设计与研发，响应速度快；或面向于高等院所科研领域的单件但科技含金量高的实验/试验需求，等等。

以上格局变化与发展模式，对包括光电信息科学与工程专业或光学工程专业在内的研究与开发技术人才培养模式提出了更高的要求，要求我们既具有扎实的理论基础，具有基础研究的能力，具有鉴赏基础研究成果的敏锐洞察力，也要具备对理论知识的实用能力，才能满足光学行业“前瞻性、变革性、创造性”的发展需求。

1.2 成像光学的“像”信息本质

我国光学、光学工程事业的开拓者王大珩先生说过“光学老又新，前程端似锦”。众所周知，光信息的传输，离不开光波三要素，即振幅A（或强度$I=E\cdot E^*$）、相位（时间相位ωt、空间相位k.z），光波的数学表达式如式（1-1）所示：

$$\boldsymbol{E} = \boldsymbol{A}\exp(\mathrm{k.z} + \omega t) \quad (1-1)$$

式中，$\boldsymbol{E}$为光波的电场矢量；$\boldsymbol{A}$是光波的振幅；exp（k. z + ωt）括号内表示光波的空间相位和时间相位，光波的频率为ω，波矢量为$\boldsymbol{k}$，光波在空间的位置矢量为$\boldsymbol{z}$。

常见的探测器与人眼感知的一般是光信息中的强度，光波强度随时间的变化频率很高，现有探测器难以达到如此高的频响，因此在时间尺度上，探测器感知的是平均强度。如果要感知偏振、相位信息，必须借助于器件，并经过精心设计。图1-1（a）是常见强度图，依赖于强度信息，湖中的游船与环境对比，衬度不明显，不利于游船目标的显现；图1-1（b）给出同样目标的图信息，由于精心安排偏振器件，得到了游船与背景的偏振信息差别，使得游船目标在背景中凸显；同样，图1-1（c）也是强度图，图1-1（d）通过偏振处理，可以凸显目标的纹理。

图 1-1　强度图与偏振度合成图效果对比

(a) 常见的信息图；(b) 通过偏振，目标显现；(c) 强度图；(d) 通过偏振凸现目标的纹理

1.3　成像光学系统的发展动态

按照对光波信息三要素的探测方式，现有光学系统可以归结为对强度直接成像系统、聚能系统、干涉（相位）成像系统、偏振成像系统。信息探测的重点不同，系统设计时的考虑要点也不同。

1.3.1　强度直接成像光学系统的几个重要发展动态

对光波强度直接成像的光学系统，实例很多，几乎是传统成像光学的不二代表。在国际上，1948 年，口径 5m 的海尔望远镜在美国帕洛玛落成。1978 年，口径 6m 的望远镜安装在苏联北高加索泽廖丘克斯卡亚村附近的帕斯图霍夫山，当时被称为天文仪器中的“恐龙”。1990 年 4 月 25 日清晨，在美国肯尼迪航天中心发射升空的口径 2.4m 哈勃空间光学望远镜（Hubble Space Telescope，HST），是人类第一架太空望远镜。由 18 块六边形组成的直径 6.5m 总镜面 $25m^2$ 的新一代太空望远镜——詹姆斯 - 韦伯空间望远镜（James - Webb Space Telescope，J - WST），耗资 100 亿美元，经历了 20 多年建造，于 2021 年 12 月 25 日升入太空。图 1-2 是哈勃空间望远镜主镜与詹姆斯 - 韦伯空间望远镜主镜的比较示意图。图 1-3 是詹姆斯 - 韦伯空间望远镜将在太空运行的雄姿效果图。不仅如此，人类为了寻找另一个地球，由美国亚利桑那大学斯徒沃特天文台制镜实验室正在抛光的 8.4m 凹面镜，将由这样的 7 块镜面组成呈现菊花瓣形状展开的大麦哲伦超级望远镜，2016 年安装在南美洲智利，被称为“一场史无前例的豪赌”。

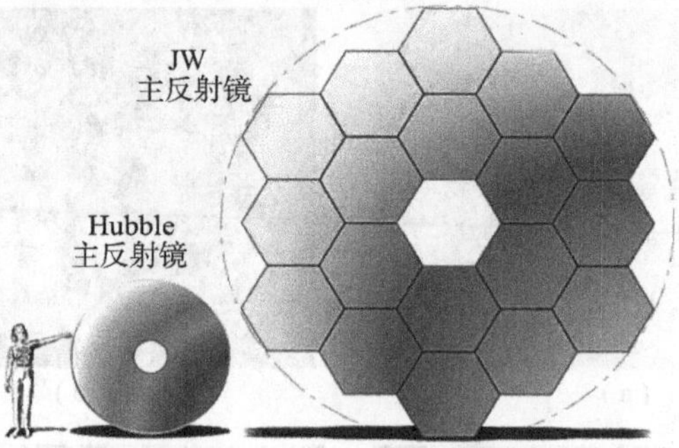

图 1-2　哈勃空间望远镜（HST）主反射镜（左）与詹姆斯-韦伯空间望远镜主反射镜（右）

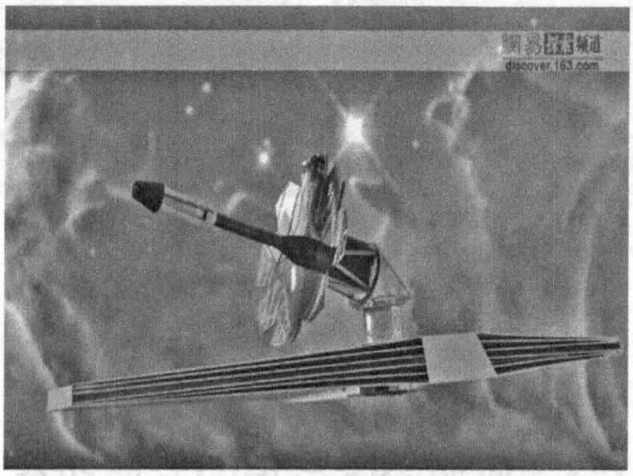

图 1-3　詹姆斯-韦伯空间望远镜将在太空运行的效果图

在国内，五年前启动了中国版“哈勃望远镜”的研制工作，为中国版“哈勃望远镜”做先导研究的“中国慧眼”已经发射，图 1-4 是中国“慧眼”太空间运行效果图。需要专门指出的是，中国版“哈勃望远镜”采用了更为先进的设计思想，主系统为偏心离轴式，并且采用了自由曲面，视场明显大于美国哈勃望远镜。图 1-5 为中国版“哈勃望远镜”的光学系统图。

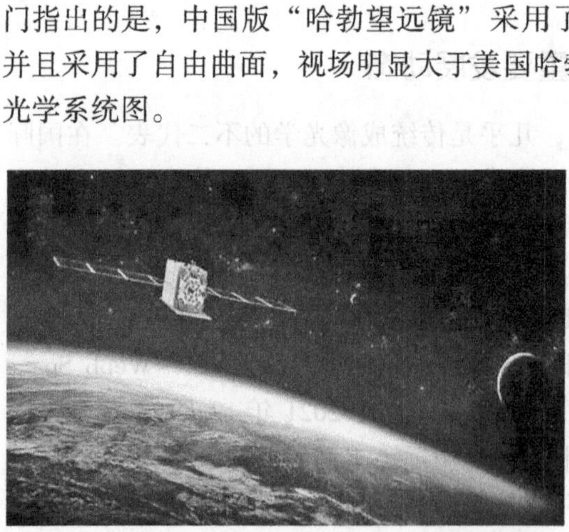

图 1-4　中国“慧眼”太空运行效果图

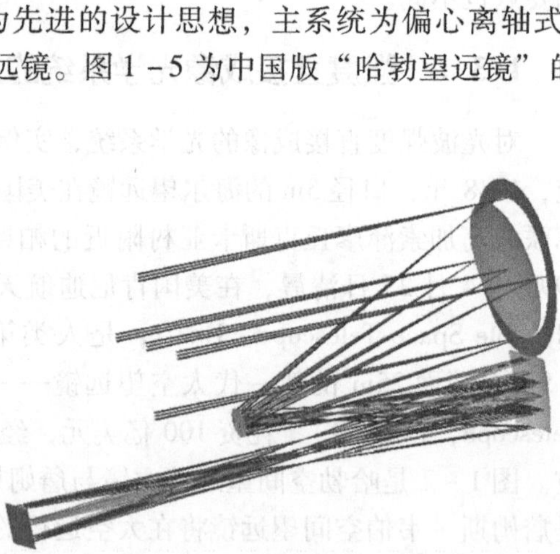

图 1-5　中国版“哈勃望远镜”光学系统图

美国高等研究计划局（Advanced Research Projects Agency，ARPA），1972 年改名为美国

国防高级研究计划局（Defense Advanced Research Projects Agency，DARPA），从20世纪90年代就开始研制一种衍射光学薄膜技术，太空展开直径为20m的衍射光学薄膜，可以使卫星凝视视场超过1 000万km^2，分辨率高达2.5m。图1－6为美国DARPA计划研制的太空薄膜衍射望远镜空间效果图。2014年，我国成都光电所首次完成了直径400mm的薄膜望远镜研制，在国内首次实现了直径400mm的微结构薄膜望远镜宽波段（0.49～0.68μm）成像系统的成功研制，图1－7为研制阶段的实物照片。目前，中国科学院光电技术研究所在科技部地球观测与导航专项——“静止轨道高分辨率轻型成像相机系统技术”支持下，获得了技术突破，正从原理样机研制到工程样机研制过渡，我国2020年前率先完成13m级薄膜成像光学系统研制，将于2025年之前实现卫星升空。

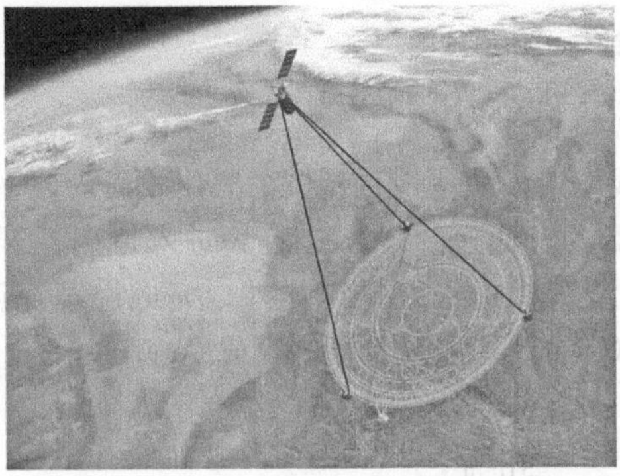

图1－6　美国DARPA薄膜衍射望远镜空间效果图

图1－7　我国薄膜衍射镜研制阶段照片

具有信息采集、存储、处理、传输功能高度集成的智能手机，手机镜头模组已经成为世界上各大手机产品竞争白热化的卖点。智能手机镜头模组的研究人员绞尽脑汁，开展了面向超薄、高清、变焦方面的创新，具有潜力的平面超透镜、二元光学变焦、光学自由曲面等新型光学系统设计，已经进入研发人员的视野。图1－8是华为P30手机潜望式10倍变焦镜头的光学原理图。

图1－8　华为P30手机潜望式10倍变焦镜头的光学原理图

在超小型直接强度成像方面，医用内窥镜发展很快，这是提高人类健康生活水平的福音。当前医用内窥镜头正朝亚毫米直径、复合型大视场、无线图像传输方向发展，亚毫米口径的微小透镜制造工艺是对光学制造业的一项挑战。

图1－9是传统的医用内窥胃镜实物照片与工作原理图。

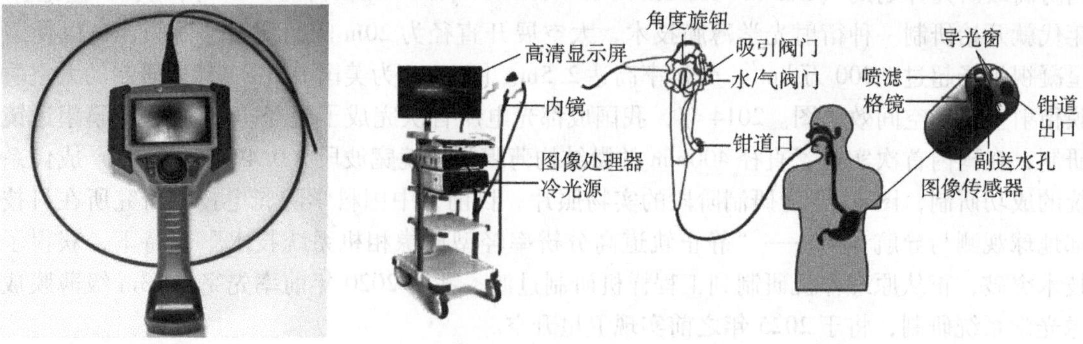

(a)　　　　(b)

图1-9　传统医用内窥镜与工作原理图

(a) 传统医用内窥胃镜照片；(b) 传统医用内窥胃镜工作原理图

将视场复合型光学模组、医用胶囊与图像无线发射模块集成的新概念医用胶囊内窥，是无痛内窥检查的一项变革性技术，类似于内窥机器人。通过口服，让胶囊进入体内，开启冷光照明，同时记录胶囊行进途中所有腔道的内壁影像，最终排出体外，完成内窥探测。图1-10（a）是胶囊内窥的工作原理图，图1-10（b）是内窥胶囊的组成原理图。

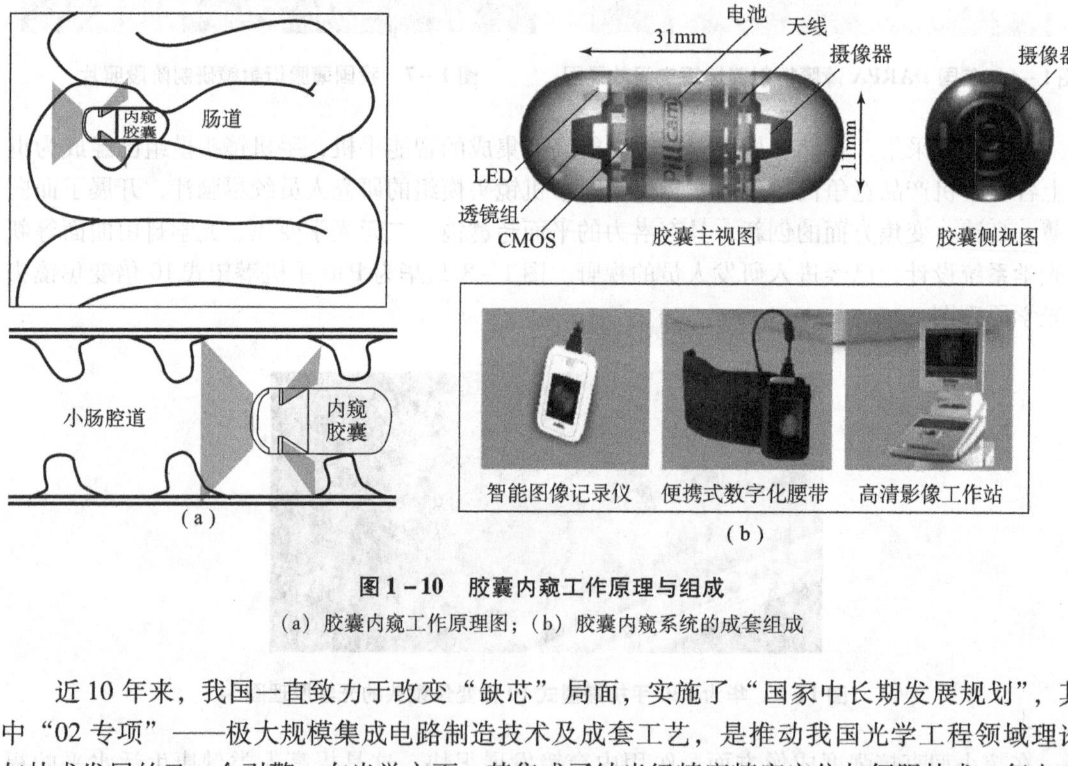

(a)　　　　(b)

图1-10　胶囊内窥工作原理与组成

(a) 胶囊内窥工作原理图；(b) 胶囊内窥系统的成套组成

近10年来，我国一直致力于改变“缺芯”局面，实施了“国家中长期发展规划”，其中“02专项”——极大规模集成电路制造技术及成套工艺，是推动我国光学工程领域理论与技术发展的又一个引擎。在光学方面，其集成了纳米级精度精密定位与伺服技术、复杂系统光学设计、大口径光学制造、检测与精密装校技术；在半导体行业，因芯片的精细特质，推动了硅晶圆的生长、加工、检测、存储、运输等诸多产业的跨越式发展与转型升级。在光刻透镜物镜方面，主要有两种发展趋势：

（1）物镜向大会聚角、高 NA、高分辨率方向发展。图 1－11（a）是曝光波长由 g－line（436nm）、i－line（365nm）向深紫外（193nm）变短，物镜自小 NA 向大 NA 变化时，光学结构的变化过程；图 1－11（b）是装校中的光刻投影物镜实物照片。

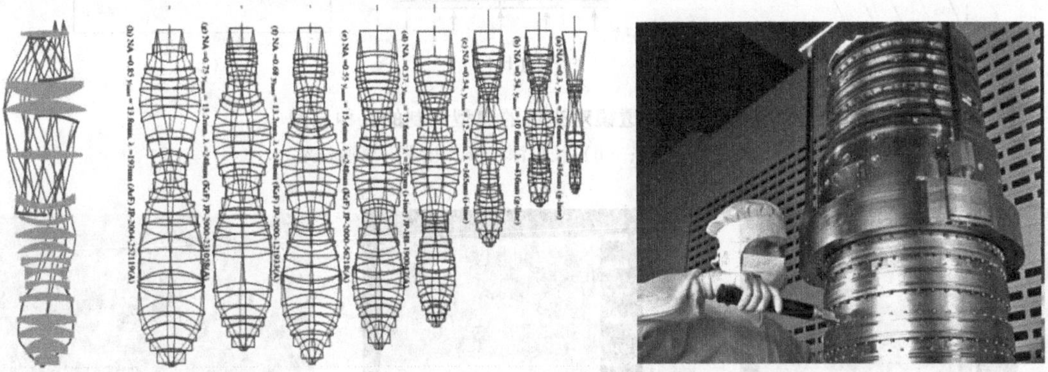

（a） （b）

图 1－11 光刻投影物镜向 NA 变化的光学结构和物镜实物照片

（a）光刻投影物镜随 NA 变化的光学结构的变化过程；（b）装校中的光刻物镜实物照片

目前，欧洲荷兰 ASML 公司已经具有极紫外（EUV，13.5nm）波段光刻机，一台售价超过 2 亿欧元。图 1－12（a）是 EUA 光刻机实物照片，图 1－12（b）是 EUV 光刻机离轴反射式投影物镜光学系统局部放大图。

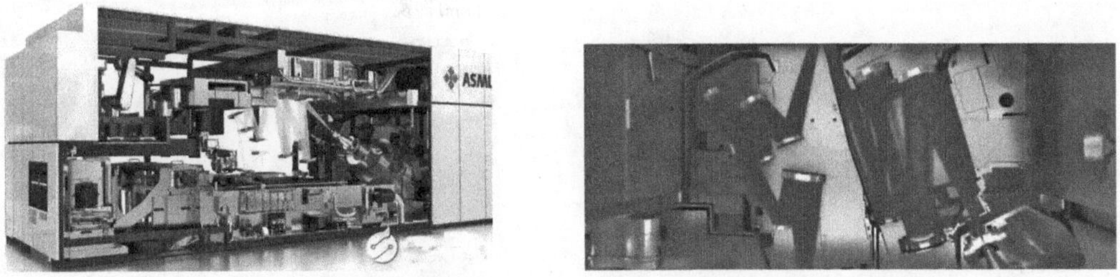

（a） （b）

图 1－12 EUV 光刻机及光学系统结构

（a）EUV 光刻机装备照片；（b）EUV 光刻机离轴反射式光刻投影物镜光学系统局部放大图

基于微纳结构矢量衍射原理和光刻技术，近些年发展起来的超透镜，属于一种平面元件，由微纳结构对光场进行调制，宏观上具有宽角、宽带成像功能。这里的宽带，指单片平板具有消色差功能。图 1－13 展示了超透镜对光场的典型调制的三种原理。图 1－14 给出了超透镜表面微纳结构形貌的全场图与二级放大图。可以看出，超透镜的微纳结构可以是由尺度变化、最小周期在工作波长附近的规律排布的小圆柱组成。

在强度直接成像方面，近些年世界范围内集聚众多研究团队投入的一项热点问题是超分辨技术，其基本原理是借助于特殊照明，形成高于瑞利衍射极限的超分辨成像，其中照明物镜、探测物镜是超分辨的典型部件。图 1－15 给出了超分辨成像的基本原理。

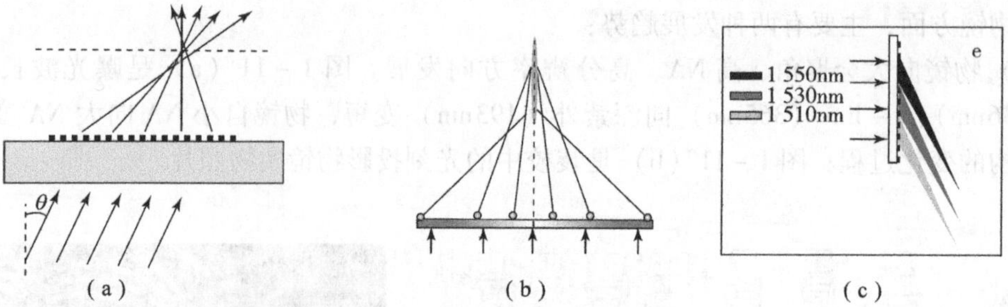

图 1-13　超透镜对光场的典型调制的三种原理

(a) 倾斜入射；(b) 长焦深；(c) 正入射离轴分光

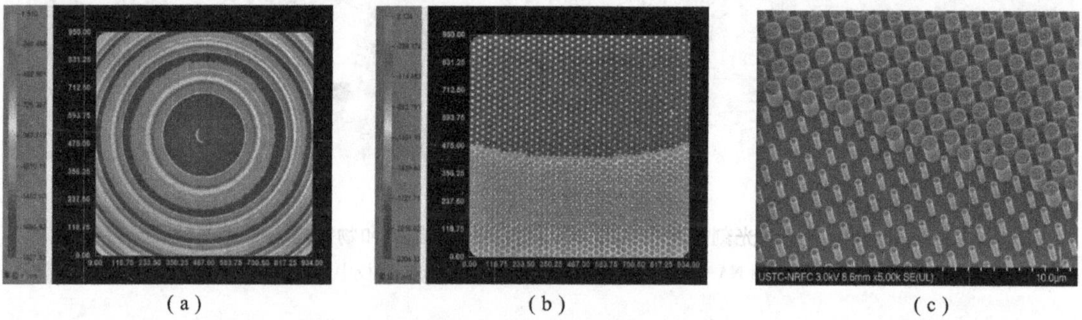

图 1-14　超透镜的表面微纳结构形貌图

(a) 全场图；(b) 一级放大图；(c) 二级放大图

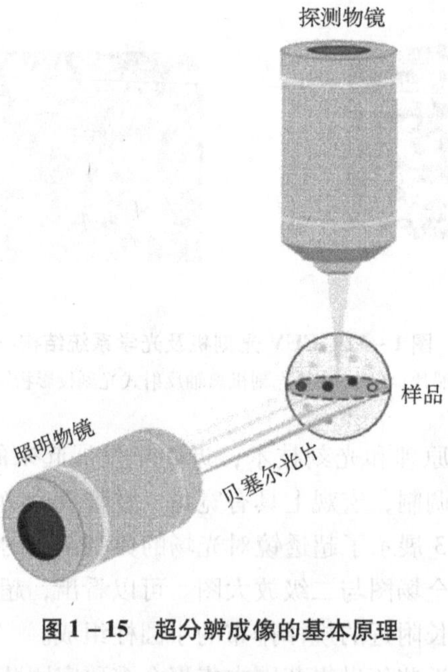

图 1-15　超分辨成像的基本原理

另一项值得提及的进展，是突破镜头硬件设计极限与复杂性的计算像差校正成像技术，通过探测几个位置的传输光场，借助于算法，消除成像镜头的残留像差，得到近似无像差的成像图像。

图 1－16 是计算像差校正成像技术的两种基本原理，其中图 1－16（a）表示了探测器配合照明光场垂轴扫描采样的基本原理，图 1－16（b）表示了照明光场静止，探测器沿轴向平移采样扫描的基本原理。

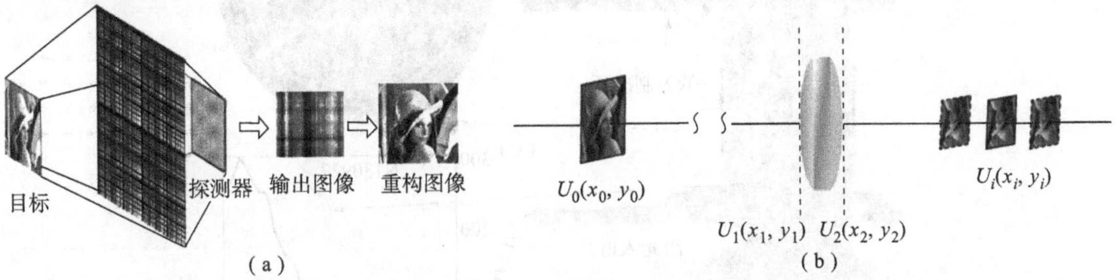

图 1－16　计算像差校正成像技术的两种基本原理

（a）探测器配合照明光场垂轴扫描采样的基本原理；（b）探测器沿轴向平移采样扫描的基本原理

图 1－17 是计算像差校正前后的成像效果图，通过像差校正成像分辨率得到明显改善。

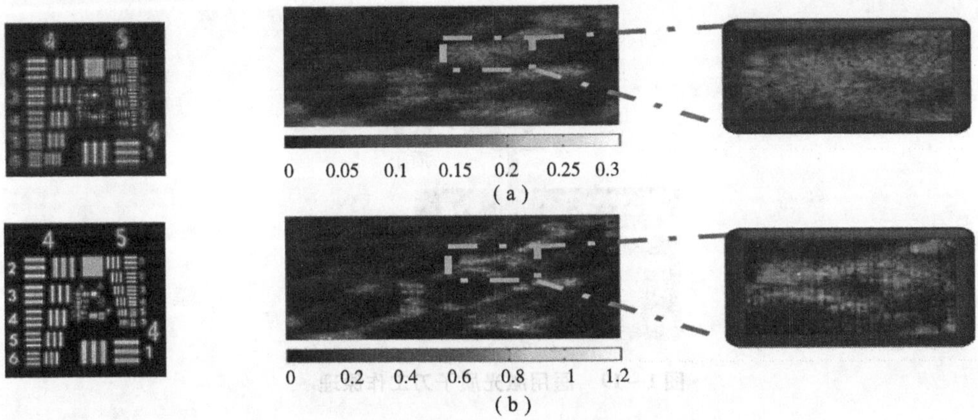

图 1－17　计算像差校正成像技术的有效性

（a）校正前；（b）校正后

1.3.2　光场传输——聚能系统

利用光学系统实现光场传输/聚能，工作原理一般包含以下三个过程：光场会聚、光场准直、光场扩束，通过对三个过程的循环使用，达到聚能、压缩光束发散角、改善光场均匀性的目标。光学系统应用在这种情形下的大型典型实例有我国的“神光”装置，美国的国家点火装置（NIF）、激光质子刀、大口径太阳模拟器、星载激光测高仪等。图 1－18 是多束激光束会聚 NIF 靶室的基本原理图，图 1－18 中省略了 192 路激光束入室前的光束变换、滤波、放大等光场传输过程。

图 1－19 给出了医用激光质子刀的工作原理，图 1－20 给出了航天载荷或太阳能电池板检测使用的单一灯源太阳模拟器和阵列灯源太阳模拟器的工作原理。

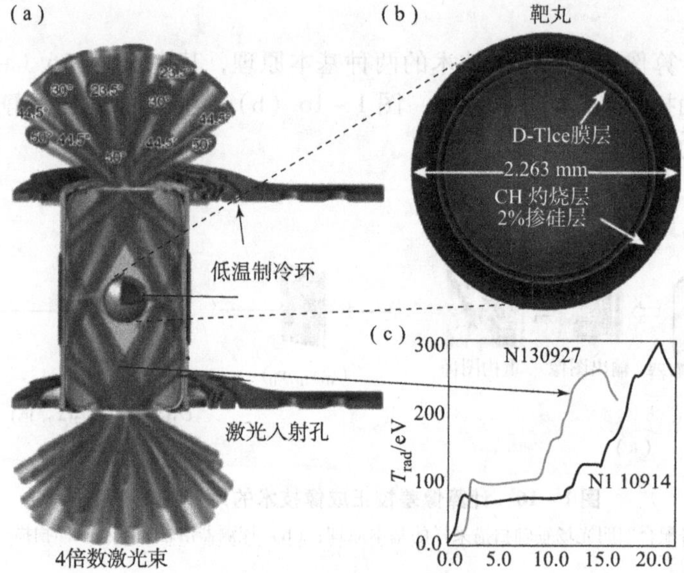

图 1－18　多束激光束会聚 NIF 靶室的基本原理示意图

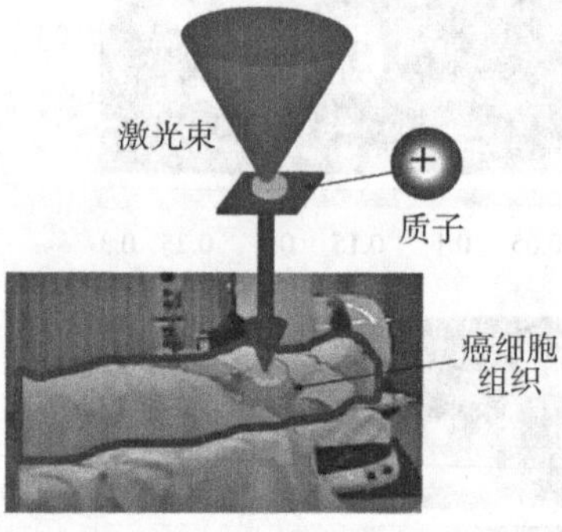

图 1－19　医用激光质子刀工作原理

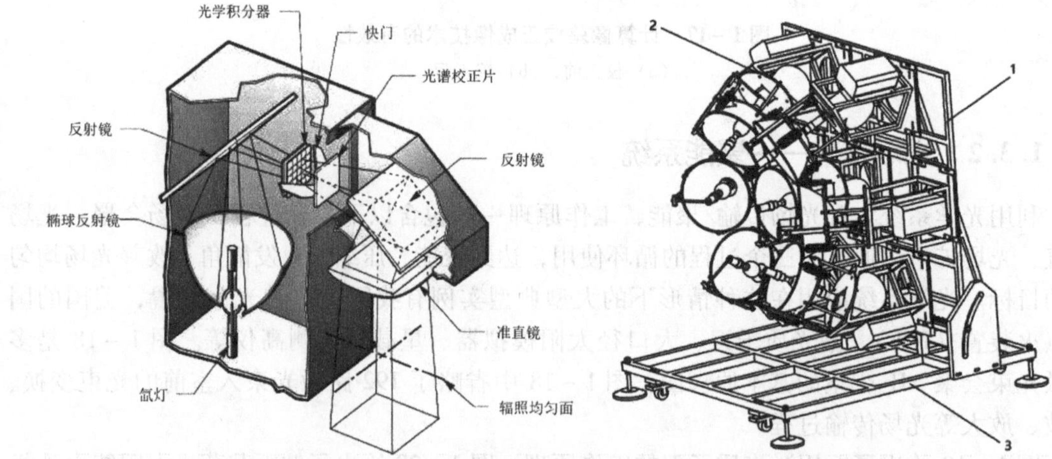

(a)　　　　　　　　　　(b)

图 1－20　阵列灯源太阳模拟器工作原理图与单一灯源太阳模拟器

（a）太阳模拟器工作原理图；（b）太阳模拟器

图1－21是星载激光测高仪的典型应用实例，由于地表目标距离远，用于测高的脉冲激光信号需要具有能量集中度高、发散角小等特点。

图1－21 星载激光测高仪空间工作状态示意图

1.3.3 干涉（相位）成像系统

由于光波的时间相位变化频率非常高，随被测信息变化的空间相位变化相对缓慢，是可以被精密探测的。一般探测相位的光学原理，需要借助于干涉或相干，通过引入恰当的参考光波，可以将与被测信息有关的相位留痕固化。

比较实用的干涉成像系统，一般将强度直接成像的空间信息与由干涉相位解调的物理量（如光谱、应力）合成目标的三维特征信息（空间二维，其余物理量一维）。

图1－22是典型的干涉成像光谱仪的光路原理，其中由成像物镜得到的空间信息进入包含Sagnac棱镜的共光路干涉成像系统，通过一维推扫，在得到目标空间信息的同时，得到目标的光谱信息。图1－23是干涉成像光谱仪的阵列探测器上接收到的空间信息和干涉条纹的图像信息。

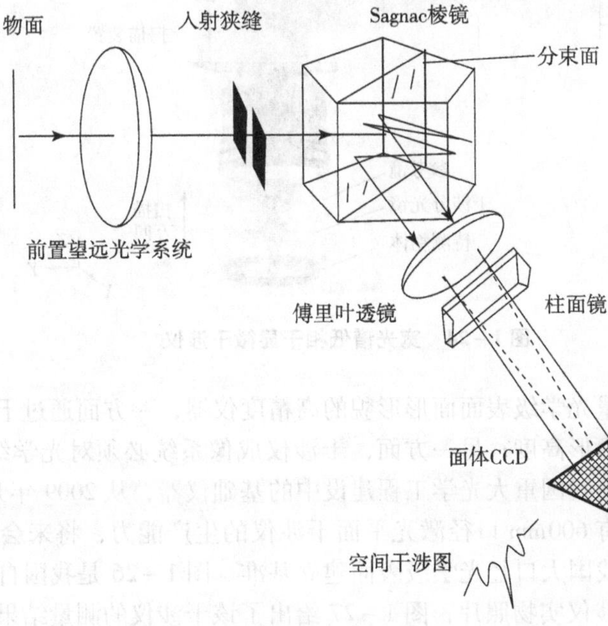

图1－22 典型的干涉成像光谱仪光路原理

图 1－23　干涉成像光谱仪的阵列探测器上接收到的空间信息与干涉条纹图像信息

图 1－24 是干涉成像方面的另一典型应用——宽光谱低相干显微干涉仪，该仪器包含与显微物镜视场及 NA 匹配的宽谱光源科勒照明模块、内含小型干涉仪的干涉显微物镜模块、包含管镜和 CCD 的显微干涉图像接收采集模块。图 1－25 是宽光谱显微干涉仪视场看到的表面微观形貌与叠加在其上的低相干干涉条纹。经过专用算法与软件工程，解算反映表面高度的位相信息，可以得到高精度表面微观形貌。

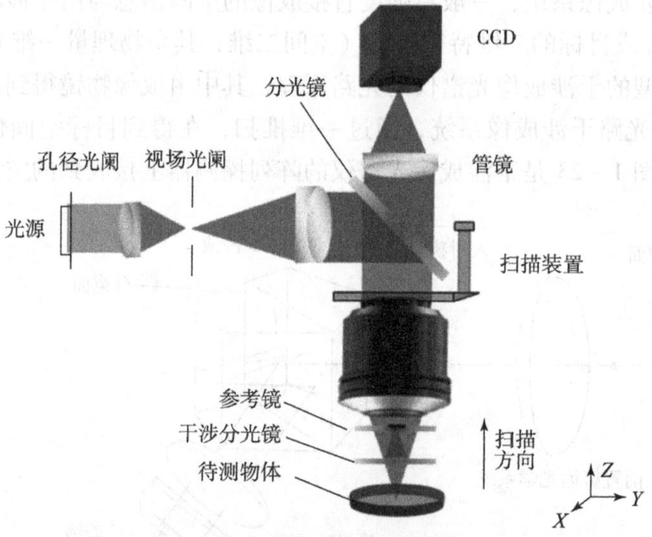

图 1－24　宽光谱低相干显微干涉仪

激光干涉仪则是测量光学级表面面形形貌的高精度仪器，一方面通过干涉相位灵敏反映光学级表面每一位置的面形高度；另一方面，干涉仪成像系统必须对光学级表面清晰成像。大口径激光干涉仪是当前我国重大光学工程建设中的基础仪器，从 2009 年开始，经过 10 多年的建设，我国已经拥有 600mm 口径激光平面干涉仪的生产能力，将来会有更大口径的激光平面干涉仪问世，为我国大口径光学级表面建立基准。图 1－26 是我国自主研制投入生产的 ϕ600mm 口径平面干涉仪实物照片，图 1－27 给出了该干涉仪的测量结果得到的平面面形质量实例。

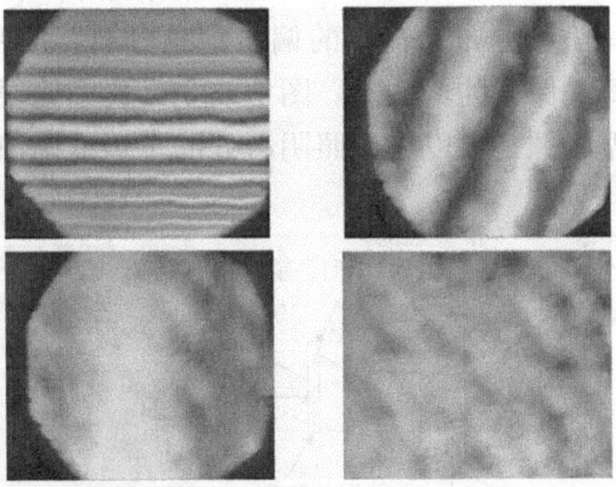

图1－25 宽光谱低相干显微干涉仪成像视场看到的表面微观形貌与叠加在其上的干涉图

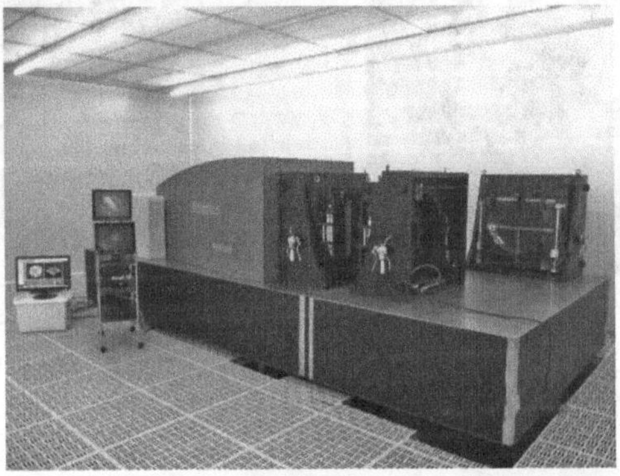

图1－26 我国的600mm口径激光干涉仪实物

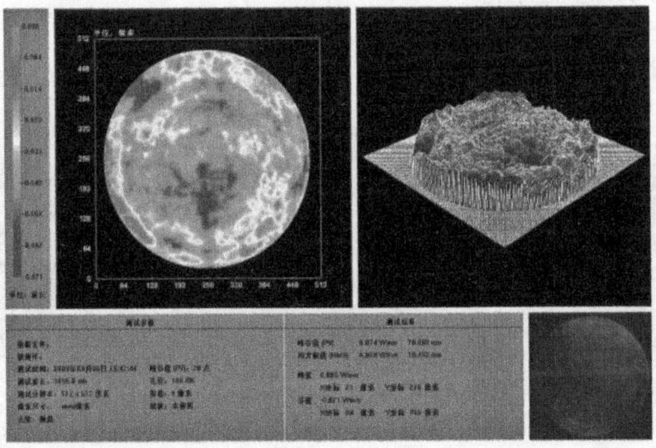

图1－27 600mm口径平面干涉仪的软件对某一光学级表面质量的测量结果

1.3.4 偏振成像系统

与干涉成像系统类似，偏振成像系统包含空间强度成像系统与偏振信息探测系统。空间强度成像系统将目标的强度分布进行成像，然后输入后续的偏振信息探测系统。偏振信息探测系统由准直物镜、微透镜阵列以及与之通道匹配的微偏振阵列元件、像素匹配的 CCD 相机组成。为了同时得到空间信息分布和目标的偏振信息分布，需要对 CCD 接收的偏振强度分布，按照专用模型解调每一像素的偏振态。图 1－28 是典型偏振成像系统的光路原理与目标偏振成像对比，通过偏振成像，可以将光照阴影处的车辆准确识别。

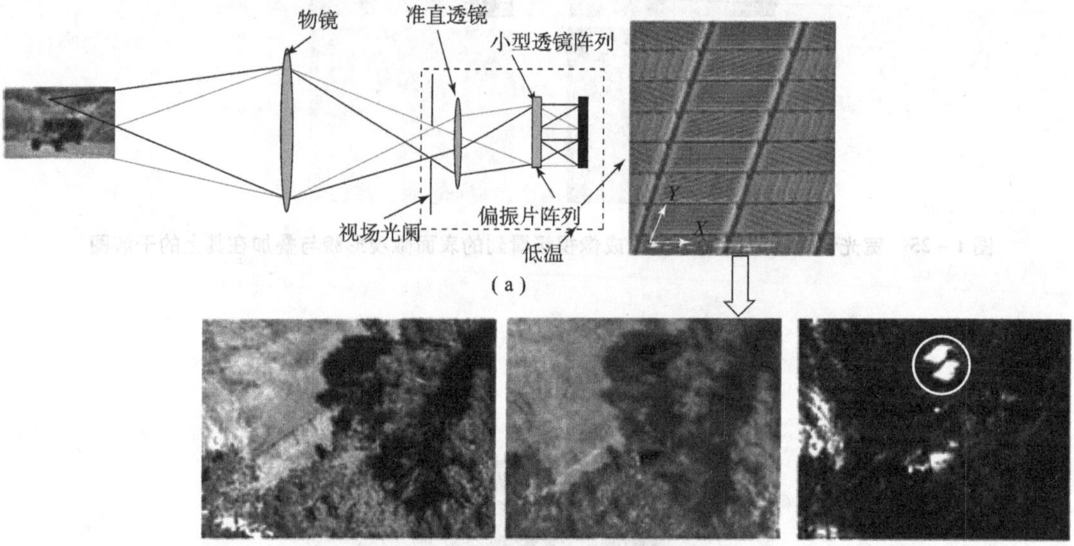

图 1－28　偏振成像系统的光路原理与偏振成像效果对比

(a) 光路原理；(b) 成像效果对比

图 1－29 展示了利用偏振成像方法对手臂血管成像的效果，可以明显突出手臂血管的脉络路径，为医护人员提供了可视化的血管图像，为肥胖病人或血管模糊的烧伤病人的血管显现增强提供了一条可行的技术途径。

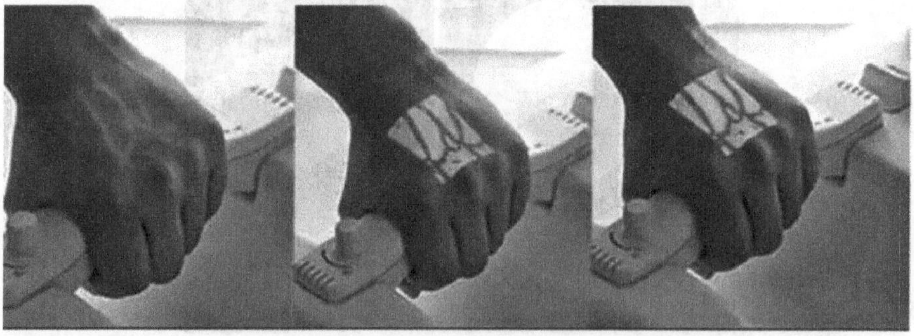

图 1－29　偏振成像系统给出的手臂血管图像增强

1.4　光学工程的不断发展对光学设计实用方法带来的挑战

综上所述，光学系统几乎服务于国民经济各个领域。21 世纪是信息大爆炸时代，信息每时每刻的不断产生、传输、处理都离不开光学系统；称21世纪是光的世纪，一点也不为过。光学设计与建筑设计、工业设计等工程设计一样，也属于一种艺术设计。当前，运算速度越来越快的计算机，已经将人们从烦琐的计算工作量中解放出来。人类是各种设计工作的主宰，光学设计的发展，已经期望人们想过去之不敢想，只要能想出奇妙的光学结构，就可能为光学系统产生变革性或颠覆性的突破。当前的超薄手机镜头，已经对变革性光学系统产生了重大影响。

无论是哪一种光学系统，其本质是不会变的，就是对作为信息载体的光波产生聚焦、滤波或对相位、振动方向做调制等作用。万丈高楼平地起，我们需要在深入理解与掌握光波的一系列物理现象与功能的理论基础上，仰望星空，大胆想象，为新型光学系统贡献自己的智慧。

光学工程的快速发展，为光学设计研究工作带来了许多新的挑战：

（1）光学系统要求尺度越来越小，需要新的设计理论支撑。

（2）光学系统的结构越来越奇异，包括元件面型的复杂和结构的空间三维性，需要新的定义方法。

（3）设计光学系统的方法，要求精准控制，收敛快速，缩短周期，需要更加精准的实用方法。

（4）新型光学系统无初始结构参考，需要结合像差理论的成果，构建具有足够像差校正能力的初始结构，等等。

复 习 题

1. 简答题

（1）浅谈你对“21世纪是光的世纪”表述的认识。

（2）举例谈谈对我国重大光学工程项目的了解与体会。

2. 论述题

试论光学设计工作的内涵与目前面临的挑战。

第2章

光学系统与几何像差

2.1 概　　述

光学系统是信息获取的前端，凡是需要用光进行信息探测、收集、传输的场合，无论是可见光、红外光，还是短波紫外光，都有一个光学系统。光学系统的作用，是将目标发出的光或辐射，按照预定要求，改变传输方向与位置，送入接收器，从而获得目标的各种信息，如目标的几何形状、能量的强弱等。介于目标与接收器之间的光学系统，根据不同的使用要求，需要满足一定的光学规律。光学系统对目标光辐射作用的形式，包括会聚、发散、准直，如果是将目标信息传输到一定的距离，并保持形状相似、目标清晰，则光学系统为理想成像系统；如果是将目标辐射的能量进行长距离传输，并形成高保真信号，则光学系统为通信系统或其他能量输送系统，等等。无论何种光学系统，复杂还是简单，其工作原理都有规可循。对于通信系统或其他能量输送系统，可能涉及中继光束整形、非线性能量放大等系统，工作原理涵盖材料、激光原理、非线性光学等，这些不是本书的篇幅能够展开讨论的。本书仅将这些系统中对光波起到会聚、发散、准直作用的光学组件剥离出来，并归结到广义的成像功能中来，可以是点到点成像，可以是面到面成像。

在应用光学中，我们将光学系统简化成基点（主点、焦点、节点）、基面（主面、焦面）模型，此时称之为理想光学系统，即认为其成像视场大小不限、成像光束孔径不受限制，只是给出了拉氏不变量 $J=nuy$，作为衡量光学系统传输信息量能力的评价物理量。在理想光学系统情况下，如果知道要求，就可以利用理想光学系统的公式，计算出系统中各个透镜组的焦距、通光孔径、成像的位置与大小等一系列参数。

实际光学系统不可能满足成像光束无限大、视场无限大，应用光学计算出来的透镜组数据，没有涉及透镜的结构参数（面形参数、玻璃材料、厚度等），无法对透镜组进行制造，也无法设计其机械结构。能够满足焦距、通光孔径放大率要求的透镜系统，不一定只有唯一解，这就要求专业人员在确定透镜组结构参数的同时，还能优选评价出哪一组结构参数是所有结构参数解中最佳的，这是像质评价技术课程与光学 CAD 设计课程所要解决的问题。

在设计光学系统的具体结构参数或者评价系统的成像质量前，必须先明确对光学系统的技术要求，主要有两个方面：

（1）光学特性，包括系统焦距、物平面位置、光束孔径、成像范围（物高或像高），这些要通过理想光学系统计算公式计算，可以确定。

（2）成像质量要求，成像清晰和物像相似。

仅仅满足光学特性要求是很容易的，简单的单透镜或者一个薄透镜就可以达到，但要保证成像质量优良，即满足第二条技术要求，就不那么简单了。单个透镜往往不能满足要求，必须采用两个或多个透镜组合起来，才能达到成像质量的技术要求。光学设计的任务，就是根据光学系统的两个技术要求，确定其结构参数，其中最困难的就是如何保证成像质量。

为了保证光学系统的成像质量，首先要清楚哪些指标是评价系统的成像质量，这些指标是如何影响点物到点像成像质量的。因此，如何在设计过程中评价光学系统的成像质量，是光学设计首先要求解决的问题，这就是本章的内容。

在现代光学自动设计程序中，如 ZEMAX，几何像差或与几何像差紧密相关的其他指标，是评价或控制像质的主要指标。本章将先阐述几何像差的光线结构、名词术语、几何像差多项式与视场孔径的关系，然后介绍 ZEMAX 软件、光学系统建立、几何像差曲线与解读。一般的光学设计人员不必具体了解它们的计算方法和计算过程，只要知道 ZEMAX 所要输入的参数，参数输入后在哪里可以得到像差的计算结果，而不去介绍它们的具体计算公式，这些方面的内容，有许多相关文献做了介绍。

2.2　光学系统的结构参数和光学特性参数

普通人如何描述一个镜头或光学系统，可能参数不成体系而有限。作为光学专业的从业人员，必须能从非专业需求的描述中，解读整理出光学镜头或系统的描述参数或设计要求。如果光学系统已经存在，要评价其质量，必须确定用哪些参数来描述系统的结构参数和要求的光学特性；如果光学系统需要设计，则必须确定描述设计要求的光学特性参数，根据像质要求，通过设计确定其结构参数。

无论哪种情形，必须清楚光学系统需要完整的两类参数才能描述清楚，即光学系统的结构参数与光学系统的特性参数。

2.2.1　光学系统的结构参数

光学系统的结构比较复杂，最简单、成本低廉的是共轴球面系统；结构紧凑、像质优良的系统中可能部分或全部使用非球面或离轴光学面，称之为非常规光学系统。为了便于初学者理解，本书将基于共轴球面系统来阐述光学系统的描述参数、光线结构与像差概念，这些数据、概念与结论可以移植用于非常规光学系统的描述与像质评价。

共轴光学系统的最大特点是系统具有一条对称轴，即光轴。系统中每一个光学面都是轴对称曲面，其对称轴与光轴重合，如图 2 – 1 所示。图 2 – 1 中，不失一般性，定义顶点分别为 O_1、O_2、O_3的三个球面光学面，以及中心点为 O_4的孔径光阑面。坐标系 z 轴为光轴，满足右手系，如图 2 – 2 所示。每一个光学面的方程用式（2 – 1）表示，其中右边的第一项在 ZEMAX 中称为标准面（Standard），即典型的标准二次圆锥曲面。式（2 – 1）表示的面型在 ZEMAX 中称为偶次非球面（Even asphere）。

$$z = \frac{ch^2}{1 + \sqrt{1 - (1 + K)c^2h^2}} + a_4h^4 + a_6h^6 + \cdots + a_{2n}h^{2n} \qquad (2-1)$$

式中，$h^2 = x^2 + y^2$；c 为曲面顶点的曲率；K 为二次曲面系数或称为圆锥系数；a_4，a_6，a_8，…，a_{2n}为高次非球面系数。

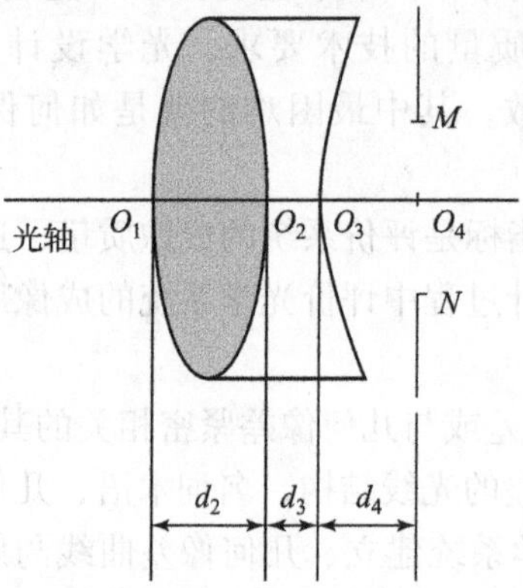

图 2-1　共轴光学系统

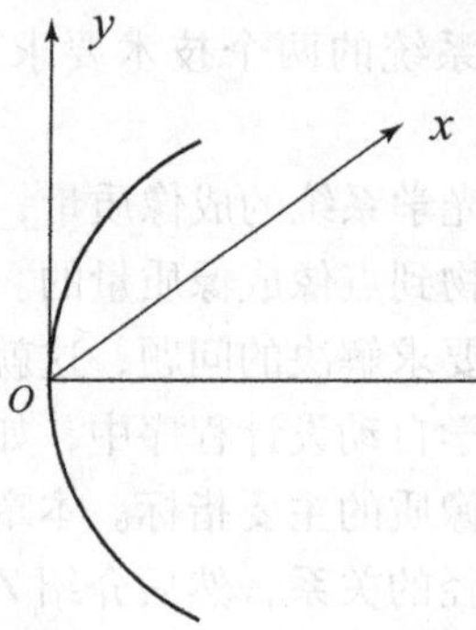

图 2-2　右手坐标系

方程（2-1）可以表示普遍的球面、二次曲面和高次曲面。其中右边第一项 K 值不同，代表不同的二次曲面，如表 2-1 所示。

表 2-1　K 值表示的二次曲面

K 值	$K<-1$	$K=-1$	$-1<K<0$	$K=0$	$K>0$
面形	双曲面	抛物面	椭球面	球面	扁球面

顶点曲率 c 相同，但 K 值不同的各种曲面在 yz 平面内的形状如图 2-3 所示，此时，非球面度随 k 值向两端（正负）变化逐步变大。

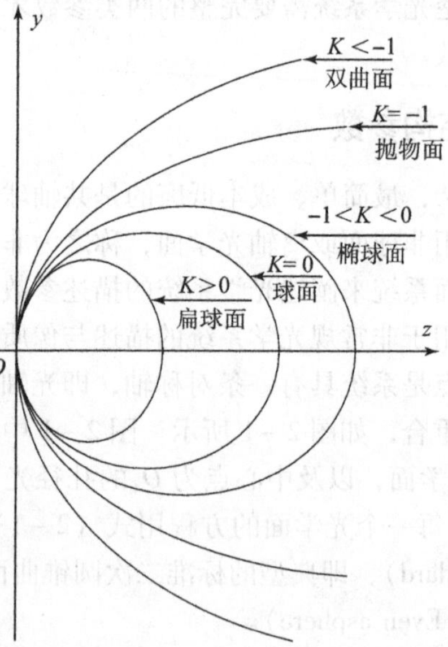

图 2-3　标准二次曲面在顶点曲率相同时 yz 平面内的形状

不同的面形，对应不同的面形系数，例如：

球面：$K=0$，$a_4=a_6=a_8=\cdots=a_{2n}=0$

二次曲面：$K \neq 0$，$a_4 = a_6 = a_8 = \cdots = a_{2n} = 0$

因球面工艺简单、成熟、成本低廉，实际光学系统中绝大多数光学面为球面，在 ZEMAX 软件中，对球面以曲率半径 r（$r = 1/c$）一个参数定义面型。平面相当于半径为无限大的球面，在透镜数据编辑器（Lens Data Editor，LDE）中定义为“infinity”。对于非球面，除给出顶点曲率半径 r 外，再给出面型系数 K（在 ZEMAX 的 LDE 中给 conic 栏赋值），a_4，a_6，a_8，…，a_{2n}的值。

如果系统中有光阑，如图 2－1 中的 MN，则将光阑面作为系统中的一个平面来处理，并将其所在的面，在 LDE 中定义为 STO（STOP 的简称），具体定义方法在本章 2.8 节中说明。

各曲面之间的相对位置，依次用它们顶点之间的距离 d 来表示，称之为“面间距”，如图 2－1 所示。

系统中各个光学面之后的光学介质，可以直接输入玻璃牌号来定义，只要定义了系统要求数量的工作波长，玻璃牌号在对应给定波长下的折射率由软件自动计算出来，前提是软件中已经有建立好的诸多国内外玻璃厂商的玻璃库。ZEMAX 中的玻璃库数据，放置在其软件目录\Glass 中，文件扩展名为：*.AGF，给出了国外玻璃厂商，如德国肖特（SCHOTT），美国康宁（CORNING），日本小原（OHARA）、豪雅（HOYA）、SUMITA，中国成都光明（CDGM）等玻璃库。玻璃名称的命名规律与光学特性，本书在第 7 章中将详细阐述。

大多数情况，进入系统成像的光束，包含一定的波长范围。为了全面准确评价该系统的质量，一般依据目标辐射光谱与探测器光谱响应曲线，从整个光谱范围内选出若干个波长，在 ZEMAX 工作波长设置窗口上定义，软件根据玻璃库中定义的色散公式，可以计算出每一个波长的折射率；然后计算每个波长的像质指标，综合评定系统的成像质量。一般选择 3 ~ 5 个波长；当然如果是单色光成像，只需计算一个波长就可以了。过去通常将目视光学系统的工作波长定义为 C（656.28nm）、D（589.30nm）、F（486.13nm）三种波长。

总结一下，光学系统的结构参数由组成该系统的每一个光学面的结构参数按照面序号有序组成，每一个光学面的结构参数有：面型参数（r，K，a_4，a_6，a_8，…，a_{2n}），面间距（d）和光学面之后的玻璃牌号。

有了结构参数，只要给出入射光线的位置和方向（相当于知道物面位置、大小与入瞳位置等），就可以用几何光学的基本定律计算出该光线通过系统以后的出射光线方向和位置。确定了系统的结构参数，系统的焦距和主面位置也就确定了。

2.2.2 光学特性参数

仅仅有了系统的结构参数，系统的全貌仍不明朗，还不能对系统进行准确的像质评价。用专业术语阐述，成像质量必须在给定的光学特性下进行评价。如果不符合要求的光学特性，成像质量的评价则失去意义。那么，描述系统光学特性的参数有哪些呢？

2.2.2.1 物距 L

同一个透镜组或系统对不同位置的物平面成像时，它的成像质量是不一样的。理论上，我们不可能让同一个光学系统对两个不同位置的物平面同时校正像差，使其清晰成像。一个光学系统只能对指定的物平面成像，如望远镜只能对远距离物平面成像，手机镜头或机器人视觉镜头只能对远大于其 2 倍焦距之外的物平面成像，显微镜只能用于指定倍率的共轭面

（即指定的物平面）成像。应用光学里的“景深”概念，是由于探测器的分辨率受限，使得一定物平面深度内的物体都能成像，即景深是由于探测器的有限分辨缺陷引起的，这一点与我们的阐述“同一系统只能对指定位置的物平面成像”并不矛盾。

离开这个位置的物平面，成像质量就会下降。因此，在设计光学系统时，必须首先明确该系统用来对哪个位置的物平面成像。

表示物平面位置的参数是物距 L，它是系统第一光学面顶点 O 到物平面的距离。应用光学里定义的物距具有符号，向左为负，向右为正，如图 2－4 所示。需要强调的是，ZEMAX 中物距在 LDE 中标识 OBJ 的第一行中定义，鉴于大部分情况，物面都在左边，因此定义物距时与应用光学的规定符号相反：约定物面在左时物距为正；物面为虚物（物面在右）时，物距为负。

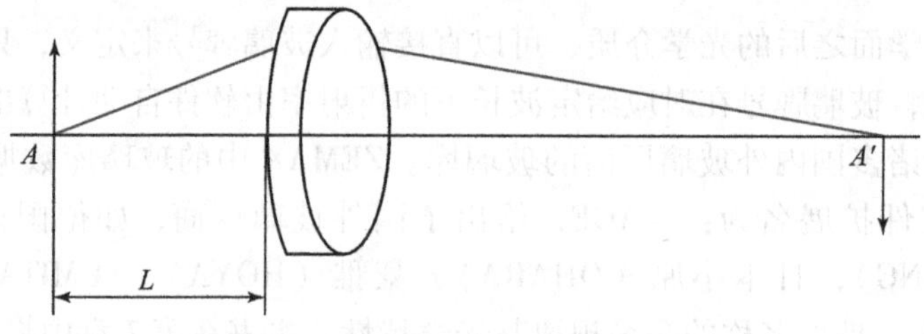

图 2－4　物距的定义

当物平面在无限远时，ZEMAX 中用“inifinity”表示，如果物平面与第一面顶点重合，可以一个很小的数值来定义，如 10^{-5}mm 或者更小。

2.2.2.2　视场：物高 y 或视场角 ω

实际光学系统的信息传输能力都有瓶颈，成像范围一定受限，不可能使整个物平面成像清晰，只能使光轴周围的一定范围成像清晰。在设计或评定光学系统时，必须明确它的成像范围。表示成像范围的方式有两种：当物平面位于有限远时，成像范围用物高 y 表示；当物平面位于无限远时，成像范围改用视场角 ω 表示，如图 2－5（a）、图 2－5（b）所示。

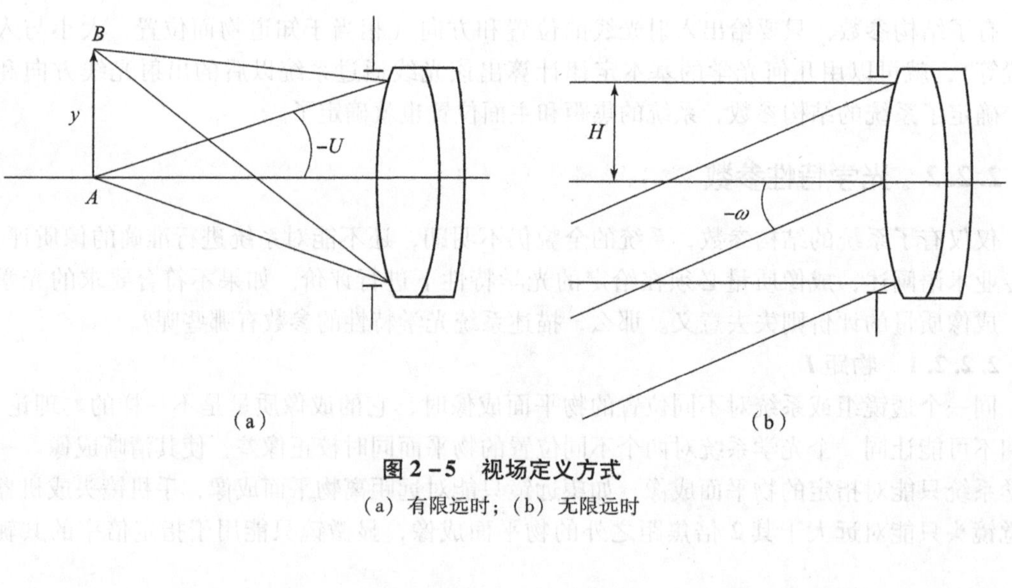

图 2－5　视场定义方式

（a）有限远时；（b）无限远时

在 ZEMAX 中，从“System”菜单中找到“fields…”可以定义视场。

2.2.2.3　孔径：物方孔径角（U）、物方孔径角正弦（$\sin U$）或光束孔径高（H）、入瞳直径 D

如前所述，实际光学系统只能对指定物平面上光轴周围一定范围内的物点清晰成像，同时只能对物点发出的一定孔径内的光线在像方聚焦于像点，即清晰成像，孔径外的光线不能聚焦，使像点弥散，不能成清晰像。因此，必须在指定的孔径内评价系统的像质，设计光学系统时，必须给出要求的光束孔径。

当物平面位于有限远时，光束孔径用轴上点边缘光线与光轴夹角 U（也称为物方光束孔径角）表示，也可以用物方孔径角正弦（$\sin U$）表示，或者用物方数值孔径 $NA = n\sin U$ 表示，如图 2-5（a）所示。

当物平面位于无限远时，光束孔径用入瞳直径 D 或光束入射高 H 表示，$D=2H$，如图 2-5（b）所示。当然，使用 F/#，也可定义光束孔径。在 ZEMAX 中，从“System”菜单中找到“General …”，再找到“Aperture”可以定义孔径。ZEMAX 中提供了“入瞳直径（Entrance pupil diameter）”“物方 NA（Object space NA）”“像方 F 数（image space $F/\#$）”“近轴工作 F 数（Paraxial Working $F/\#$）”“物方锥角（Object cone angle）”等方式定义系统光束孔径。

2.2.2.4　孔径光阑或入瞳位置

对于轴上物点，给定了物平面位置、光束孔径大小，进入系统的光束孔径便可以完全确定，轴上物点的成像质量也就可以被确切评价。但对轴外物点来说，还有一个光束位置的问题。图 2-6 中，两个光学系统的结构、物平面位置、物高和轴上点光束的孔径 U 都是相同的。但是，限制光束的孔径光阑 M_1 和 M_2 的位置不同，改变了轴外物点 B 进入系统成像的光束在系统光组上的位置或透射高度。当孔径光阑位置由 M_1 移动到 M_2 时，一部分原来不能进入系统成像的光线进入系统了（图 2-6 右图中下部虚线与实线之间的光线区域）；反之，一部分原来能进入系统成像的光线，不能进入系统了（图 2-6 右图中上部虚线与实线之间的光线区域）。因此，光阑位置不同，轴外物点选择参与成像的光束不同了，成像质量当然也就不同了。评价或优化轴外物点的成像质量，必须定义或优化孔径光阑位置。由于入瞳位置与孔径光阑位置是一对共轭关系，所以理论上确定入瞳位置等同于确定孔径光阑位置。入瞳位置用第一光学面顶点到入瞳的轴向距离表示，习惯上用符号 l_z 表示入瞳距离。

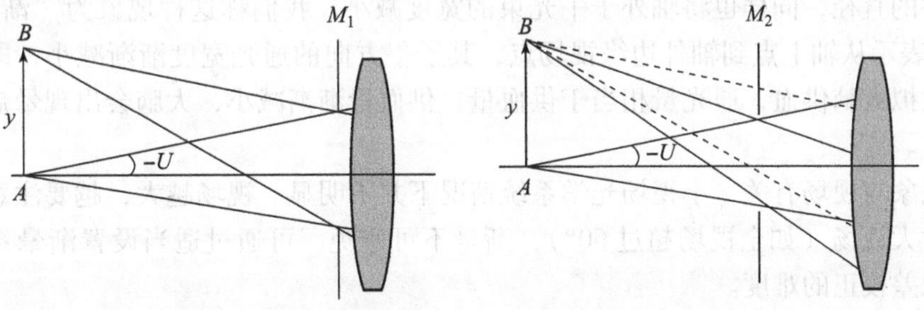

图 2-6　孔径光阑位置对轴外成像光束的选择示意图

光学系统中的孔径光阑可以是实体光阑，此时将孔径光阑当成系统的一个光学面，其曲率半径为无限大（infinity）；也可以是系统中某一光学面，对光束的限制由该光学面的边缘高度决定。ZEMAX 软件中，孔径光阑位置在 LDE（Lens Data Editor）编辑器窗口中定义，LDE 至少包含三行，即 OBJ、STO、IMG。其中，OBJ 定义物平面；STO 是孔径光阑 Aperture Stop 的关键词 Stop 的缩写，用于定义孔径光阑，如果是实体薄平片作为孔径光阑，一般曲率半径为 infinity，前后的折射率为空气；IMG 是 image 的缩写，用于定义像面。如果 STO 在光学系统第一光学面的前面，则就是入射光瞳；如果 STO 位于光学系统最后一光学面的后边，则是出射光瞳。

2.2.2.5 渐晕系数或系统中每个面的通光孔径

不同于理想光学系统的“口径无限大”，实际光学系统元件口径不可能无限大，即通光孔径受到限制。如果元件口径满足轴上物点的成像光束孔径要求，对于轴外物点，参与成像的光束是斜投射到系统的光学面，与光轴有较大的夹角，是斜光束。由于元件通光孔径限制，轴外成像光束容易受到遮挡，同时在孔径光阑面上的光束截面形状一定是椭圆（斜投影）。图 2－7 反映了轴外斜光束的成像情况。

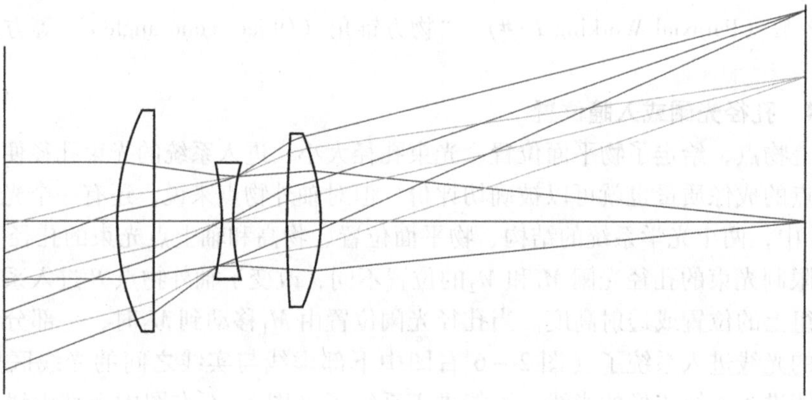

图 2－7　轴外物点参与成像的斜光束示意图

轴外物点对应的视场越大，这种现象越严重。实际光学系统视场边缘的像面照度一般允许比轴上点适当降低。一方面，因为轴外光束的像差校正要和轴上点一样好往往是不可能的，为了保证轴外点的成像质量，将轴外子午光束的宽度适当减小；另一方面，为了减小某些光学零件的直径，同样也将轴外子午光束的宽度减小。我们称这种现象为“渐晕”，这里的“渐”，表示从轴上点到轴外边缘视场点，其子午方向的通光宽度渐渐减小，即通光量渐渐减小，比拟大脑供血，通光量相当于供血量，供血量渐渐减小，大脑会出现晕症，这就是渐晕的含义。

渐晕现象与视场有关，小视场光学系统情况下并不明显。视场越大，越要注意渐晕的设置，尤其对大视场（如全视场超过 60°），渐晕不可避免。可通过适当设置渐晕系数，降低轴外视场像差校正的难度。

国内外经典光学设计专著中，渐晕情况的描述方法有多种：一种是用轴外物点通光孔径的半径与轴上物点通光孔径半径之比来表示，称为“渐晕系数”；另一种是给出系统中每一个光学面的通光孔径。

图 2－8 给出了共轴对称系统中轴上物点与轴外边缘物点成像光束在入射光瞳面上的通光孔径，这里轴外物点定义在子午面上，其中实线圆是轴上物点的通光孔径，虚线准椭圆是轴外物点的通光孔径。

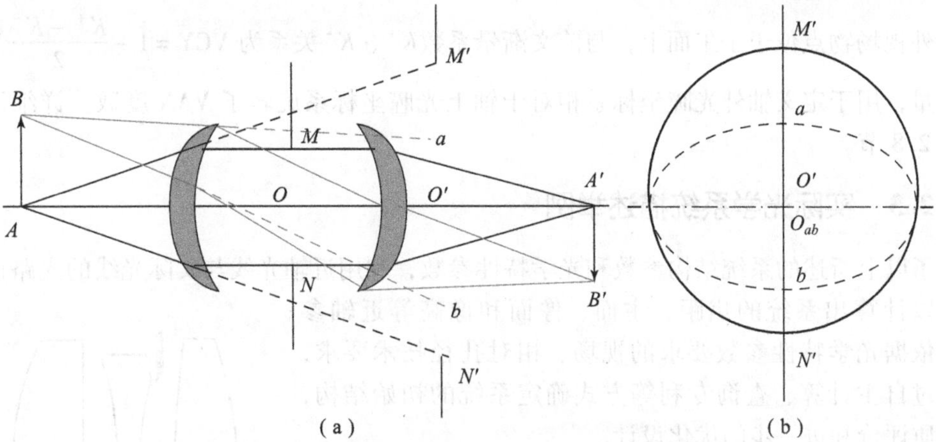

图 2－8　轴外边缘物点的渐晕系数法图示

(a) 正面图；(b) 侧视图

图 2－8（a）为正面图。孔径光阑 MN 在物空间的共轭像为 $M'N'$，即入射光瞳。轴上点 A 的成像光束充满了入瞳 $M'N'$，轴外点 B 的成像光束由于孔径光阑前后两个透镜通光孔径的限制，使得子午面内的上下边光不能充满入瞳，即存在渐晕。

图 2－8（b）为侧视图，反映了实际通光情况，图 2－8（b）直径为 $M'N'$ 的圆，为轴上点的光束截面，子午面内上边光的宽度为 $\overline{O'a}$，下边光的宽度为 $\overline{O'b}$，对应的渐晕系数为

$$K^{+} = \frac{\overline{O'a}}{\overline{O'M'}},\quad K^{-} = \frac{-\overline{O'b}}{\overline{O'M'}}$$

这时，实际子午光束的中心为 O_{ab}，一般我们将有渐晕的成像光束截面近似为一个椭圆，椭圆的中心为 a、b 的中点 O_{ab}，它的短轴为

$$\overline{O_{ab}a} = \overline{O_{ab}b} = \frac{K^{+} - K^{-}}{2}\overline{O'M'}$$

椭圆的长轴为弧矢光束的宽度，一般近似为 $\overline{O'M'}$。轴外物点的成像光束在入瞳上的截面，随着视场的增大，椭圆化越明显，一般用这样的椭圆近似代表轴外点的实际通光面积进行系统的像质评价。

渐晕系数法描述轴外物点的实际通光状况不够精细，存在一定误差。例如，即使共轴旋转对称系统，且轴外物点定义在子午面上，其轴外通光孔径截面近似椭圆，但非严格意义上的椭圆。如果需要对系统进行更精确的评价，可用另一种方式确定轴外物点的实际通光面积，即给出系统每个曲面的通光半径，计算机通过计算追迹大量光线，确定出能通过系统成像的实际光束截面，例如，图 2－8（a）所示的系统，直接给出第一面至第五面（包括光阑面）的通光半径数值，光学设计程序能自动将轴外点的实际光束截面计算出来。

ZEMAX 软件中，定义视场时，定义渐晕系数，软件提供了 5 个参数来定义渐晕状况：VDX，VDY，VCX，VCY，VAN。其中，VDX、VDY 定义轴外光瞳中心位置的（x，y）偏

心。VCX、VCY 定义渐晕因子，定义因渐晕引起的轴外光瞳半径在（x，y）的减少量。与轴上物点光瞳大小相比，轴上点光瞳半径归一化为 1.0，轴外光瞳的减小量小于 1.0，用（1 - 轴外光瞳半径/轴上光瞳半径）来计算，其物理含义是定义因渐晕引起的轴外边缘光束被挡住的光束尺寸占轴上光瞳半径的比值。当 VDX = VDY = VCX = VCY = 0 时，表示无渐晕。如果轴外视场物点位于子午面上，与前文渐晕系数K^+、K^-关系为 $VCY = 1 - \frac{K^+ - K^-}{2}$。VAN 是角度量，用于定义轴外光瞳坐标系相对于轴上光瞳坐标系旋转了 VAN 度数。详细说明参见本章 2.8 节。

2.2.3 实际光学系统描述举例

有了以上所述的系统结构参数和光学特性参数，利用近轴光线与实际光线的光路计算公式，可以计算出系统的焦距、主面、像面和像高等近轴参数；再依据光学特性参数要求的视场、相对孔径技术要求，可以通过自主计算、查询专利等方式确定系统的初始结构，进行像质评价和进一步的优化设计。

为了使读者更具体地了解各种参数的含义，我们给出一个三片型物镜的例子，如图 2-9 所示，分别给出它的结构参数和光学特性参数。

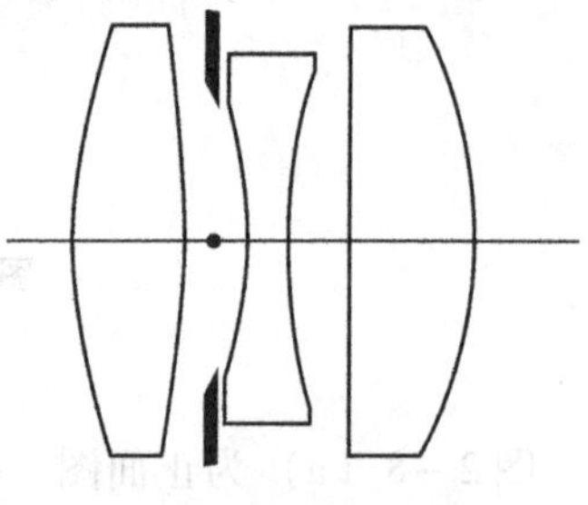

图 2-9　三片式物镜

1. 结构参数

用 ZEMAX 软件中的透镜数据编辑器（LDE）建立，如表 2-2 所示。

表 2-2　三片型物镜的结构参数

Surf：Type		Comment	Radius	Thickness	Glass	Semi - Diameter	Conic
OBJ	Standard		Infinity	Infinity		Infinity	0.000
1	Standard		25.320	4.680	ZK11	6.696	0.000
2	Standard		-63.170	1.500		6.696	0.000
STO	Standard		Infinity	1.000		5.514	0.000
4	Standard		-18.960	1.870	F5	5.505	0.000
5	Standard		28.030	1.870		6.357	0.000
6	Standard		-219.300	4.680	ZK11	7.127	0.000
7	Standard		-16.750	41.767M		8.218	0.000
IMA	Standard		Infinity	-		22.492	0.000

表 2-2 中的第一行是表头名称；第二行定义的是物平面（有 OBJ 标记）；第 5 行定义光阑面（有 STO 标记），它是一个前后都是空气的假想平面；最后一行定义像平面（有 IMA 标记）。本系统是一个共轴球面系统，光学面全部是球面，如果系统中有非球面，必须在上述结构参数基础上，加入非球面的序号、非球面类型和相应的非球面系数。

2. 光学特性参数

(1) 物距：物平面在无限远，物距 L = Inifinity。

(2) 视场角：$2\omega = 50°$。

(3) 光束孔径：$H = 6.25$ 或入瞳直径 $D = 12.5$ 或相对孔径 $D/f' = 1/4$。

(4) 孔径光阑：位于系统中第三面上。

(5) 渐晕系数：VDX = VDY = VCX = VCY = 0，VAN = 0，没有渐晕。

以上这些数据被确定后，就可以计算系统的像质指标，进行像质评价了。不同光学设计软件中这些参数的输入方式和顺序可能不同，但总的内容是类似的。

2.3 几何像差与光线结构

过去我们学习过的几何光学成像，属于一种理想成像规律，符合理想成像规律的物像共轭关系，由同一物点发出的所有光线通过系统后，应该聚焦于理想像面上的同一点，高度与理想像高相等。

实际光学系统成像不可能完全符合理想成像。由同一物点发出的光线，经系统后在像空间的出射光线，不再是聚焦于理想像点的同心光束，而是具有较为复杂几何结构的像散光束。这种现象表示实际光学系统存在像差。光学设计中最早用于评价像质的指标是几何像差，后来研究人员对几何像差与系统结构（镜头形式）、承担的相对孔径与视场之间的关系或规律做了深入研究，形成像差理论，使得几何像差成为光学设计人员“诊断”光学系统“病因”的首选本源，也是改善（“治疗”）光学系统成像质量的有效“良方”。掌握像差概念与规律，成为光学专业从业人员的基本素质。

用来描述像散光束位置和结构的几何参数称为几何像差，对于初学者，几何像差概念比较抽象，单纯地学习与背诵像差概念，不是掌握像差概念的首选方法。我们掌握几何像差概念，必须与相应的光线结构对应起来，提到每一种几何像差，脑海里会出现对应的几何光线结构，这是掌握几何像差概念的最佳状态；在此基础上，再对像差概念的名称解释进行提炼与总结，就能牢固地掌握几何像差概念，并在今后活学活用。

下面简单介绍常用几何像差的几何光线结构与定义。

2.3.1 轴上点的像差

直观上讲，投影仪、手机拍照、医用内窥等在内的所有光学系统所成的图像，如果图像的中央区域不清楚，人们很敏感；如果边缘或对角区域不清楚，人们视觉上可以容忍。常见光学系统的中央区域，就在光轴附近的物点成像区，对于非常规的离轴光学系统，设计时，也有一根假想“轴”线标记视场的中心。因此，轴上物点的像差，在光学设计中的地位尤其重要，是像质评价时优先查看的指标，也是光学设计时需要优先校正的像差。

在讨论像差概念时，我们仍然以共轴光学系统为例，便于理解。但是这些像差概念的本质与表现形式，对非共轴光学系统的成像质量评价同样适用。几何像差一般通过空间光线追迹数据计算得到。

2.3.1.1 轴上点的单色像差——球差

1. 球差的定义

对于共轴系统的轴上点，由于系统对光轴对称，进入系统的成像光束也对称于光轴。我们在应用光学中学过，对于单折射球面，如图 2-10 所示。

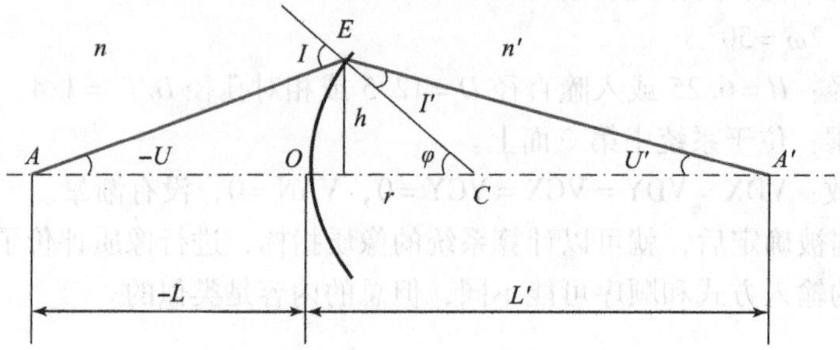

图 2-10　单折射球面的成像

单折射球面实际光线追迹公式为

$$\begin{cases} \sin I = (L-r)\dfrac{\sin U}{r} \\ \sin I' = \dfrac{n}{n'}\sin I \\ U' = U + I - I' \\ L' = r\left(1+\dfrac{\sin U}{\sin U'}\right) \end{cases} \tag{2-2}$$

由式（2-2）可以看出，对于单折射球面，相同的（L，U）表示由物点发出的柱锥面状光束，得到相同的（L'，U'），即像点相同；如果 L 不变，U 改变，则 L' 改变，即同一物点发出的不同孔径光线，具有不同的像点。因此，单折射球面的轴上物点，以一定的光束孔径成像时，必然存在轴上点的像差。

对于由多个球面组成的共轴球面系统，依据这一结论，轴上点以一定的光束孔径成像时，同样存在轴上点的像差，也就是说，由物点发出的同心光束，相当于球心位于物点的球面波，经过系统后出射光线不再是球面波。这样，物方不同孔径的光线，在像方与光轴相交得到的像点位置不同。换句话说，虽然由同一物点发出的光线，只要光束孔径不同，像点就不同，这种随着光束孔径变化的像差，反映了非球面波与球面波之间的偏差，称为球差。

球差的起因，是不同孔径光线的像点不同，即存在轴向距离偏差。图 2-11 给出了球差定义计算方法。图 2-11 中，对于物点 A 发出充满入瞳的光线，假设入瞳面被均匀照明，遵循在入瞳面上每一孔径带代表的面积相等即能量相等的原则，分别给出了孔径带高度为 $0.3h$、$0.5h$、$0.707h$、$0.85h$、$1.0h$ 的柱锥面光线。由于旋转对称，图 2-11 给出的是子午截面光线追迹图示。由图 2-11 看出，最大孔径的光束聚交于 $A'_{1.0h}$，0.85 孔径的光线聚交于 $A'_{0.85h}$，依此类推。为了描述这种现象的像差，我们用不同孔径光线的聚交点与理想像点 A'_0 的轴向距离 $A'_0A'_{1.0}$、$A'_0A'_{0.85}$、……表示，球差符号为 $\delta L'$ 代表，计算公式为

$$\delta L' = L' - l' \tag{2-3}$$

其中，L' 代表一定孔径高光线的聚交点的像距，l' 为近轴像点的像距。球差 $\delta L'$ 有正负之分，其符号规则是光线聚交点在 A'_0 的右方为正，左方为负。如果光学系统理想成像，则所有出射光线均聚交于理想像点 A'_0，则 $\delta L'_{0.3h} = \delta L'_{0.5h} = \delta L'_{0.707h} = \delta L'_{0.85h} = \delta L'_{1.0h} = 0$。反之，球差值越大，则成像质量越差。

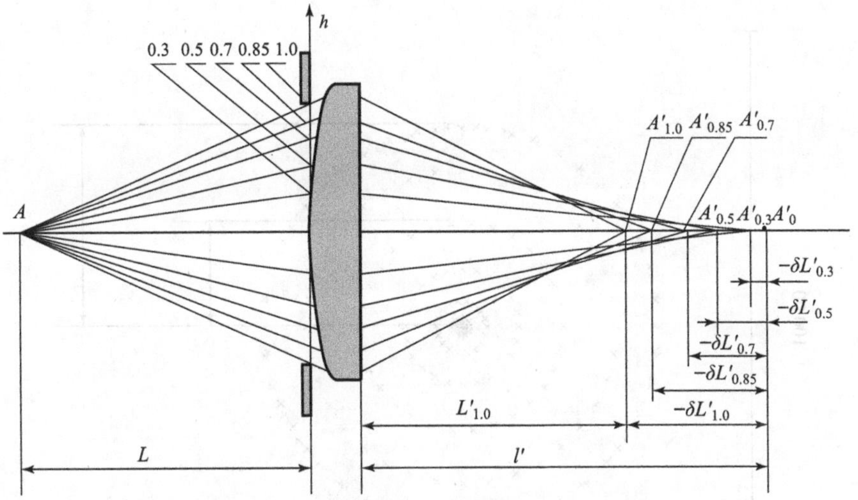

图 2－11　轴向球差的定义及其随孔径的变化

实际应用中，还会通过在像面上观察轴上像点的弥散斑状况来判别球差大小，此时，我们可以用像面上弥散斑的垂轴分量来度量球差，符号用 δT 表示，它与轴向球差的关系如图 2－12 所示，具体关系如式（2－4）。

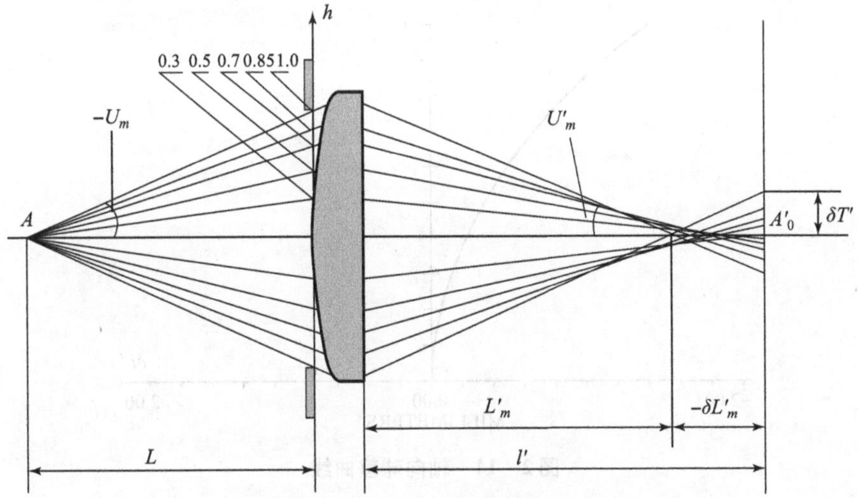

图 2－12　球差的垂轴度量

$$\delta T' = \delta L' \tan U' = (L' - l') \tan U' \quad (2-4)$$

垂轴球差在像面上的度量如图 2－13 所示，直接用随入瞳孔径变化的弥散斑来得到垂轴球差。

2. 球差的变化规律——随孔径 h 的变化

由图 2－11 可以看出，轴上点的球差与光束孔径 h 有关，不同孔径高的成像光束，其球差分别为 $\delta L'_{0h} = 0$，$\delta L'_{0.3h}$，$\delta L'_{0.5h}$，$\delta L'_{0.707h}$，$\delta L'_{0.85h}$，$\delta L'_{1.0h}$。图 2－14 给出了常见的轴向球差 $\delta L'$ 随孔径 h 的变化曲线，球差曲线的纵轴为光束孔径高，采取归一化孔径表示方法，坐标最大刻度为 1.0，横轴为球差 $\delta L'$，单位为 mm。

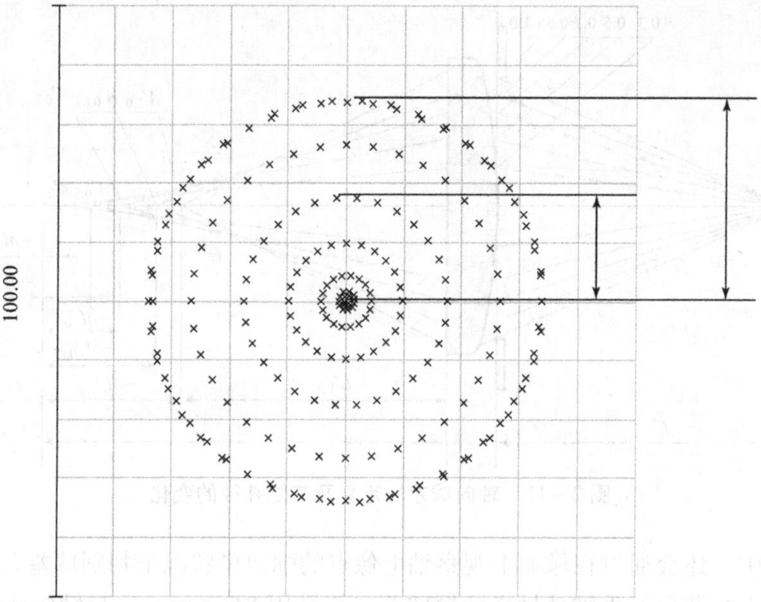

图 2－13　在像面上由弥散斑得到的垂轴球差

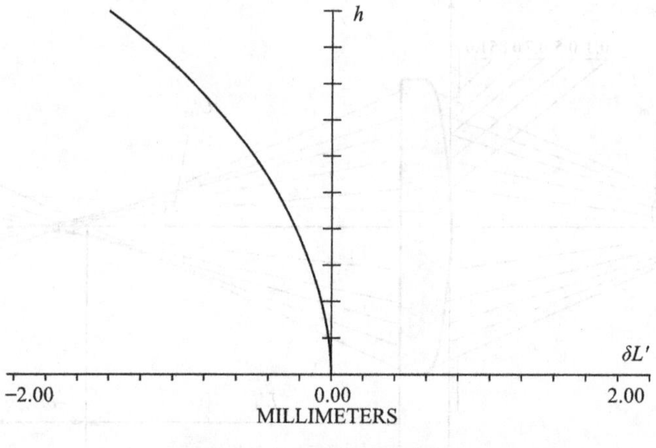

图 2－14　轴向球差曲线

球差与孔径 h 有关，即球差 $\delta L'$ 是孔径 h 的函数。从图 2－11 的光线结构可以看出，球差是孔径的偶函数。我们撇开光学系统具体的结构，球差与孔径的一般规律，则可以用孔径 h 的多项式表示，如式（2－5）：

$$\delta L'(h) = a_1h^2 + a_2h^4 + a_3h^6 + \cdots \tag{2-5}$$

式中，右边第一项是初级球差随孔径 h 的变化规律，右边第二项及其以后的项是高级球差随孔径 h 的变化规律。在实际应用中，如果系统所需的相对孔径较小，如 $D/f' \leqslant 1/5$，球差的量值处于初级球差水平，随孔径变化的规律用式（2－5）右边第一项已经足够；如果系统所需的相对孔径较大，如 $1/3 \leqslant D/f' \leqslant 1/1.5$，球差的量值处于包含初级球差的第一项和包含高级球差的第二项水平，此时高级球差是需要被重视的像差；如果系统所需的相对孔径更大，如 $D/f' \geqslant 1/1$，球差的量值处于包含初级球差的第一项和包含高级球差的第二项、第三项甚至更高级水平，高级球差随孔径 h 的变化规律是高次函数关系，球差十分严重，各个孔径的球差都很难控制到 0 附近，球差曲线会多次与纵轴相交。

3. 球差的校正策略

（1）校正球差的结构。由于球差是轴上点的像差，影响中央视场的成像清晰度，因此在光学实验中选择器件或光学设计中是被重视与校正的优先级最高的像差。

像差校正，是依据系统结构参数变量的改变而改变像差的能力，从而控制像差的量值与符号的技术。一般情况下，很难将所有孔径的球差校正到 0。球差校正一般从系统结构或光学面的选型来进行，控制所有孔径的球差小于球差允许的容限（关于像差容限的概念参见本书第 6 章 6.3 节）。

校正球差的最常用结构是正负透镜组合，因为常见的正透镜都是中间厚、边缘薄，负透镜都是中间薄、边缘厚。如果将正、负透镜在平行于光轴的方向由中间向边缘切成小梯形棱镜，这种小梯形棱镜的两腰夹角从中间到边缘越来越大。按照棱镜对入射光的偏向角公式，入射光线经过正透镜后，边缘光线偏向角大，中间光轴附近的偏向角小。对照球差光线结构，正透镜产生负球差，负透镜产生正球差，如图 2－15 所示，因此正、负透镜组合可以消除球差。

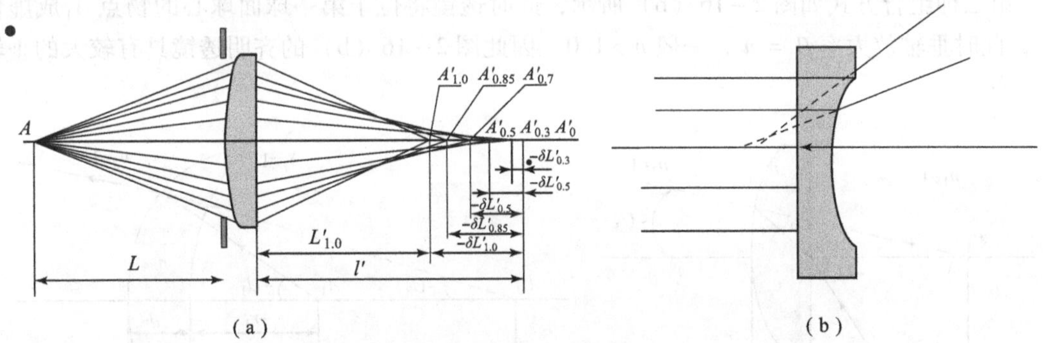

图 2－15　正透镜产生负球差、负透镜产生正球差示意图

（a）正透镜；（b）负透镜

另一种校正球差的结构是从系统光学面面型方向来选择，按照球差与孔径的关系式（2－5）选择针对性很强的面型结构。满足这一特征的光学面面型为偶次非球面，其面型矢高的用式（2－6）表示：

$$z = \frac{ch^2}{1 + \sqrt{1 - (1 + K)c^2h^2}} + a_4h^4 + a_6h^6 + \cdots + a_{2n}h^{2n} \tag{2-6}$$

因此偶次非球面可以消球差。

如果既不允许使用非球面，也不允许使用正负透镜组合的结构，仅使用球面，那么，有没有不产生球差的球面呢？

根据前面的单折射球面的实际光线追迹公式［式（2－2）］，我们知道，单折射球面本质上会产生球差，这是球面面型的本质决定的。但是，按照式（2－2），有几个特殊的物像共轭关系，实际光线追迹的结果与理想光学系统遵循的近轴光线追迹公式的结果相同，此时不产生球差，例如$L=0$、$L=r$，等。也就是说将式（2-2）得到的实际像距L'与近轴光线追迹得到的l'相减，就是单折射球面的球差贡献量，其结果如式（2-7）：

$$\delta L' = \frac{1}{2n'u'\sin U'}\frac{niL\sin U(\sin I-\sin I')(\sin I'-\sin U)}{\cos\frac{1}{2}(I-U)\cos\frac{1}{2}(I'+U)\cos\frac{1}{2}(I+I')} \tag{2-7}$$

由式（2-7）可以看出，单折射球面存在以下三个球差为0的情况：

① $L=0$，即物点位于球面顶点，此时像点也在球面顶点，$L'=0$，垂轴放大率$\beta=1$。

② $\sin I-\sin I'=0$，即物点位于折射球面的球心，$L=r$，此时$L'=r$，垂轴放大率$\beta=1$。

③ $\sin I'-\sin U=0$，此时物像共轭关系满足$L=\frac{n+n'}{n}r, L'=\frac{n+n'}{n'}r$，此时垂轴放大率$\beta=(n/n')^2$。

这三个球差为0的共轭成像点，称为球面的齐明点；由齐明点球面组成的透镜，称为齐明透镜。虽然是特殊共轭关系，但为实际应用领域的大相对孔径物镜设计提供了思路，此时透镜结构会选择这些齐明点构成的齐明透镜进行组合，满足较大孔径光的收集。

最常用的齐明点球面组合方式有：齐明点①与③的组合，齐明点②与③的组合。

第一种组合方式如图2-16（a）所示，此时透镜将位于第一球（平）面顶点的物点A_1成虚像A'_2，此时垂轴放大率$\beta=n^2$

第二种组合方式如图2-16（b）所示，此时透镜将位于第一球面球心的物点A_1成虚像A'_2，此时垂轴放大率$\beta=n$，一般$n>1.0$，因此图2-16（b）的齐明透镜具有较大的垂轴放大率。

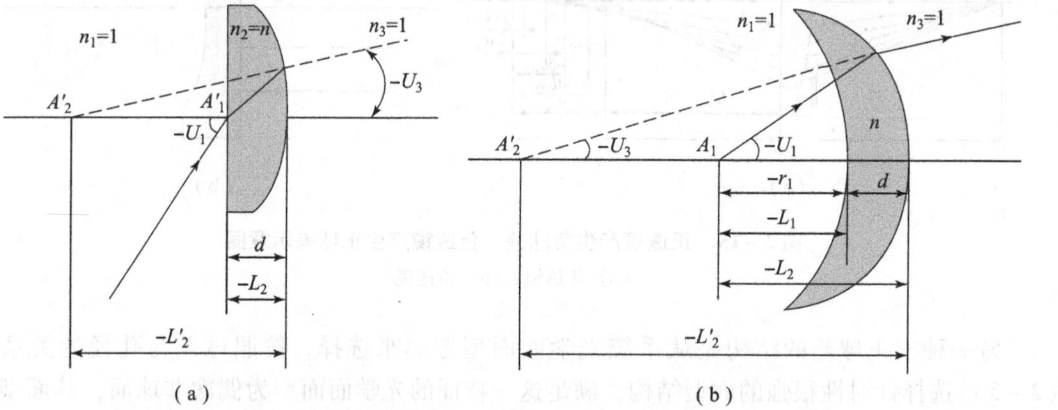

图2-16 齐明透镜的两种典型组合方式

（a）第一种组合方式；（b）第二种组合方式

图2-17给出了大NA显微物镜中的前片（箭头方向）常采用的两种齐明透镜的典型实例。

（2）球差的校正顺序。根据前述，球差与孔径有关，针对小相对孔径的系统，球差与孔径的关系是二次方关系，光学设计中，校正边缘孔径球差（1.0h）到一定的目标值，一般情况目标值为0。

对于大相对孔径的系统，球差与孔径的关系满足式（2-5），球差校正变得复杂，除了

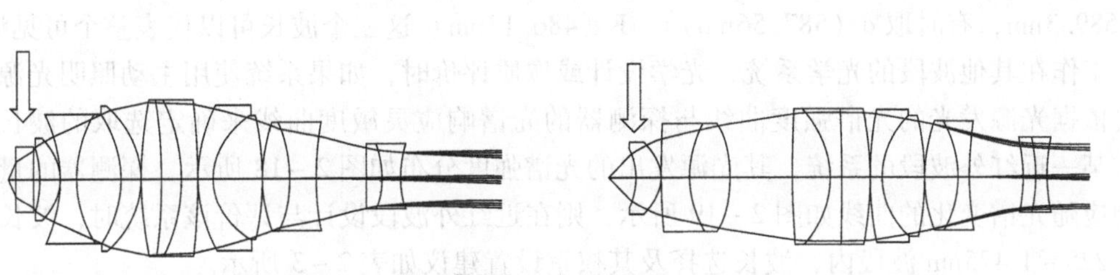

图 2-17　大 NA 显微物镜前片常采用的两种齐明透镜的典型实例

校正初级球差还要校正高级球差，才能保证中央视场具有较好的像质。为了阐述清楚球差校正的现象与规律，我们只保留式（2-5）中 4 次方高次项，即球差与孔径的关系为

$$\delta L'(h) = a_1 h^2 + a_2 h^4 \tag{2-8}$$

按照先校正初级球差再校正高级球差的优先顺序，一般先校正 $h = h_m$ 边缘孔径的球差为 0，即 $\delta L'(h_m) = a_1 h_m^2 + a_2 h_m^4 = 0$，得到 $a_2 = -a_1/h_m^2$，这样式（2-8）变成

$$\delta L'(h) = a_1 h^2 \left(1 - \left(\frac{h}{h_m}\right)^2\right) \tag{2-9}$$

式（2-9）是校正边缘孔径球差后的残留球差，此时最大球差值的极值点在 $h = 0.707h_m$ 处，$\delta L'_{max} = \frac{1}{4} a_1 h_m^2$，该最大残留球差代表了高级球差，即 0.707$h$ 的球差，需要进一步校正。如前所述，校正球差是无法让所有孔径的球差校正为 0 的，因此，允许边缘孔径的球差校正到允差之内，不一定严格为 0。通常情况下，高级球差用式（2-10）表示：

$$\delta L'_{sn} = \delta L'_{0.707h} - \frac{1}{2} \delta L'_m \tag{2-10}$$

由式（2-10）可以看出，如果 $\delta L'_m$ 被校正到 0，则剩余高级球差，就是 0.707h 的球差，这与刚才的讨论结论是一致的。

（3）球差的校正策略。依据可以校正球差的结构与球差校正的顺序，在光学设计时，首先选择可以校正球差的合适透镜结构，然后选择球差的校正策略。校正球差总的策略为：对于小相对孔径的系统，轴上点的单色像差，只需校正初级球差，一般是校正边缘孔径的球差，因相对孔径不大，边缘孔径球差校正好了，其他孔径的残留球差数值不大；对于大相对孔径的系统，其轴上点的单色像差，优先校正初级球差，在此基础上，再校正高级球差。在具体的像差设计过程中，初级球差一般选择边缘孔径的球差，在校正好边缘孔径球差的基础上，加大初级球差的控制权重，再按照式（2-10）计算与控制高级球差。对于超大相对孔径系统，控制边缘球差与 0.707h 的球差还不够，需要加入校正其他孔径的球差，最终球差的符号在不同的孔径带内正负交替变化。

2.3.1.2　轴上点的色差

1. 色差评价中的波长选择

由物点发出进入成像系统的光束，一般都具有一定的波长范围。因同一种透射玻璃材料对不同波长具有不同的折射率，而且波长越长，折射率越小，这种现象称为“玻璃的色散”。为了评价整个波长范围内光束的成像质量，一般取出 3~5 个波长的光线，用它们的成像质量代表整个波段的成像质量。

对于目视光学系统，即探测器是眼睛，对可见光响应灵敏，我们取 C（656.27nm）、

D［589.3nm，有时取 d（587.56nm）］、F（486.13nm）这三个波长可以代表整个可见波段。对于工作在其他波段的光学系统，光学设计或像质评价时，如果系统使用主动照明光源，一般要依据光源发光的光谱强度曲线与探测器的光谱响应灵敏度曲线来确定选取的波长。例如，某一近红外波段的系统，其光源发出的光谱强度分布如图 2－18 所示，探测器的量子效率响应随光谱变化的曲线如图 2－19 所示，则在近红外波段设计与评价该系统时，波长宜选在 1 225～1 475nm 波段内，波长选择及其权重设置建议如表 2－3 所示。

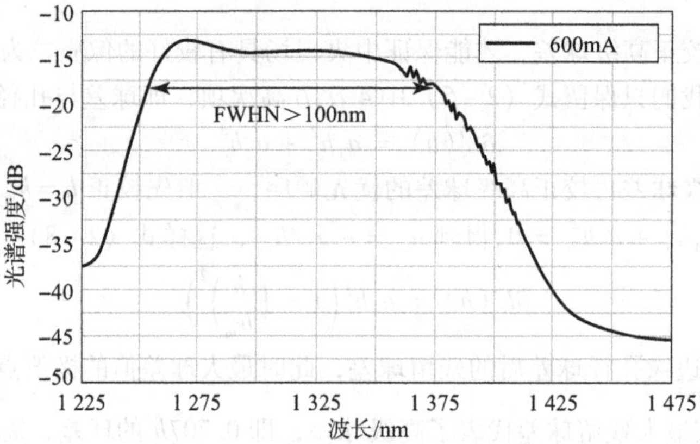

图 2－18　近红外光源光谱强度曲线

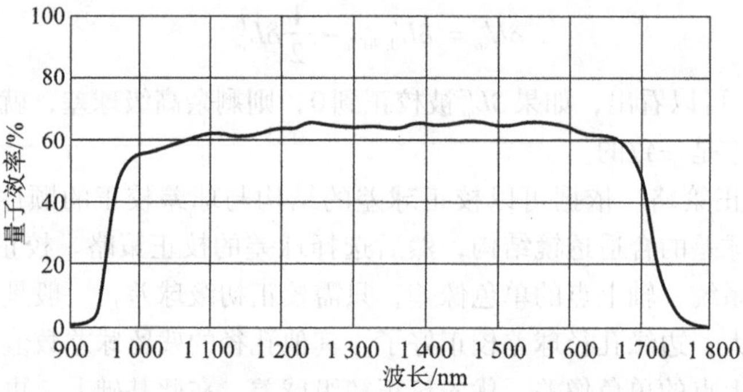

图 2－19　近红外探测器的量子效率光谱响应曲线

表 2－3　依据图 2－18、图 2－19 确定的近红外系统设计与评价用建议波长及其权重

波长/nm	1 225	1 250	1 275	1 325	1 375	1 400	1 425	1 475
权重	0.4	0.8	1.0	1.0	1.0	0.8	0.3	0.2

2. 轴向色差的定义

波长选择确定以后，显然，每一种波长的光线其出射光束都将形成一个类似于讨论轴上点球差的光线结构。如图 2－20 所示，同一物点发出的某一孔径高光线，通过透镜系统后，在像方因玻璃色散不同波长具有不同的像点，不同波长的像点之间的轴向距离，反映了轴上物点的色差大小，一般用最短波长的像距与最长波长的像距之差，定义轴上物点的轴向色差：

$$\Delta L'_{\lambda_1\lambda_2} = L'_{\lambda_1} - L'_{\lambda_2} \tag{2-11}$$

结合图 2 – 20 与式（2 – 11），轴上色差与孔径 h 有关，当孔径 $h=0$ 时，式（2 – 11）中的大写像距 L' 变成小写 l'，如式（2 – 12）所示：

$$\Delta l'_{\lambda_1\lambda_2} = l'_{\lambda_1} - l'_{\lambda_2} \tag{2-12}$$

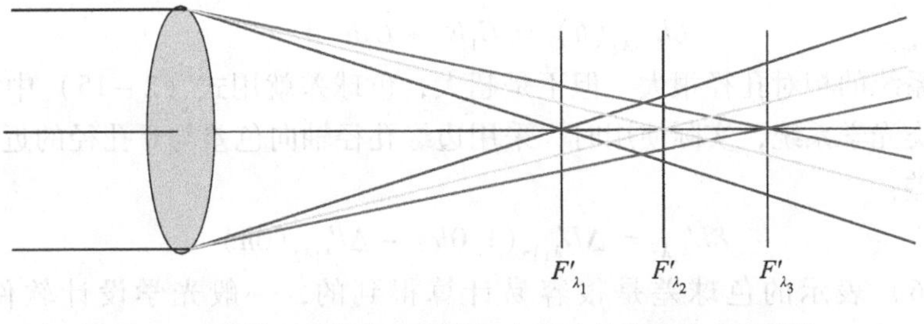

图 2 – 20　某一孔径高光线的像点随波长变化的光线结构

一般称 $\Delta l'_{\lambda_1\lambda_2}$ 为近轴位置色差，轴向位置色差一般不为 0。注意，这里的不同波长像点位置之差，用字符"Δ"表示，不用"δ"表示。不同的字符、不同的标志区分细微含义的差别。

由图 2 – 20 可以看出，轴向色差也会造成轴上物点的共轭像点的弥散，影响像点的清晰度。跟轴上物点的球差一样，也是优先需要校正的像差。

轴向色差的起因是玻璃材料的色散，含有透射元件的系统，需要评估色差。对于纯反射系统，如果由镀制金属反射膜制作反射元件，一般情况下，这种系统在很宽的电磁波谱范围内没有明显色散，因此不存在色差；如果由镀制介质反射膜制作反射元件，在一定的光谱范围内，元件表面光谱反射率几乎相同，由此元件构成的反射系统，在一定的光波范围内也不存在色差。

3. 色差的变化规律——随孔径 h 的变化

由图 2 – 20 可知，轴向色差与孔径 h 有关，是孔径 h 的偶函数。将轴向色差 $\Delta L'_{\lambda_1\lambda_2}(h)$ 展开成孔径 h 的多项式，如式（2 – 13）所示：

$$\Delta L'_{\lambda_1\lambda_2}(h) = \Delta l'_{\lambda_1\lambda_2} + C_1 h^2 + C_2 h^4 + \cdots \tag{2-13}$$

式中，第一项是孔径为 0 时的轴向色差，称为近轴位置色差，属于初级色差；后面 h 平方项及更高阶的项，属于轴向色差的高级色差。

由此可见，当光学系统的相对孔径较小时，影响轴上物点成像清晰度的色差主要是初级色差，由近轴位置色差作代表。近轴位置色差与透镜结构有关，由透镜材料的阿贝色散系数和透镜焦距决定（将在本书第 5 章讨论）。当光学系统的相对孔径较大时，影响成像清晰度的色差将变得严重，需要进行控制校正。但式（2 – 13）表示的高级色差比较抽象，仅是一种数学概念上的高级轴向色差，在像质评价与光学设计时不便于计算。一般像差的计算都由光线追迹数据得到，即由系列孔径高的光线数据来计算。

为此，对式（2 – 13）中的高级轴向色差做分析，在光学系统的相对孔径较大时，轴向色差分量中除了具有 $0h$ 的近轴位置色差外，还有随光束孔径高变化的其他孔径的轴向色差，高级孔径色差就隐藏在这些孔径高越来越大的轴向色差之中。与轴上物点的单色球差一样，轴向色差也是一种轴向线段度量的像差，而且是一种随孔径高 h 变化的像差。如果我们将轴向色差看成一种"球差"，将式（2 – 13）中的第一项移到公式左边，则

$$\Delta L'_{\lambda_1\lambda_2}(h) - \Delta l'_{\lambda_1\lambda_2} = C_1h^2 + C_2h^4 + \cdots \tag{2-14}$$

式（2-14）与球差的展开式（2-5）形式相同，只是式（2-14）右边反映的是轴向色差的高级像差。参照球差的定义与使用的字符，将式（2-14）左边用 $\delta L'_{\lambda_1\lambda_2}$ 表示，称之为色球差，它是轴向色差的高级像差。这样，色球差 $\delta L'_{\lambda_1\lambda_2}$ 也是孔径 h 的偶函数，$h=0$ 时，色球差为 0。

$$\delta L'_{\lambda_1\lambda_2}(h) = C_1h^2 + C_2h^4 + \cdots \tag{2-15}$$

如果光学系统的相对孔径很大，但不是超大，色球差就用式（2-15）中第一项就可以表示了，对此类光学系统，实际使用时，采用边缘孔径轴向色差与 0 孔径的近轴位置色差之差来计算色球差：

$$\delta L'_{\lambda_1\lambda_2} = \Delta L'_{\lambda_1\lambda_2}(1.0h) - \Delta l'_{\lambda_1\lambda_2}(0h) \tag{2-16}$$

式（2-16）表示的色球差是很容易计算得到的，一般光学设计软件在球差曲线（Longitudinal Aberration，LA）中会同时给出以中间波长像面位置为基准的每一个波长的球差曲线，如图 2-21 所示。

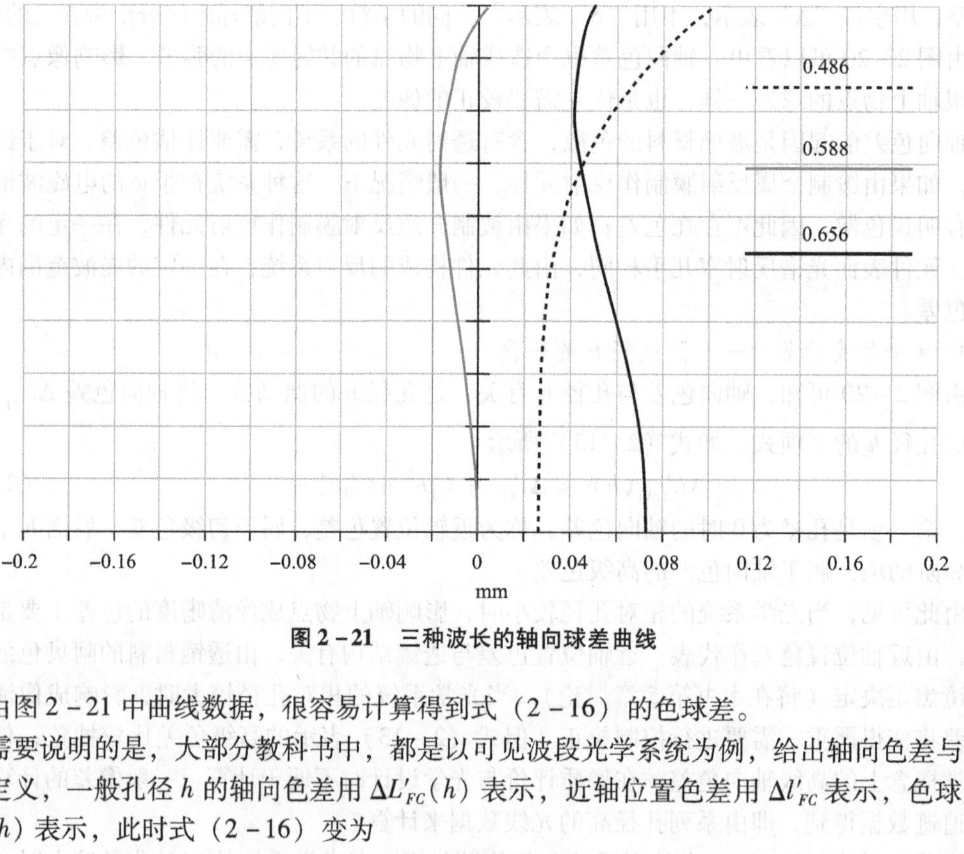

图 2-21　三种波长的轴向球差曲线

由图 2-21 中曲线数据，很容易计算得到式（2-16）的色球差。

需要说明的是，大部分教科书中，都是以可见波段光学系统为例，给出轴向色差与色球差的定义，一般孔径 h 的轴向色差用 $\Delta L'_{FC}(h)$ 表示，近轴位置色差用 $\Delta l'_{FC}$ 表示，色球差用 $\delta L'_{FC}(h)$ 表示，此时式（2-16）变为

$$\delta L'_{FC} = \Delta L'_{FCm} - \Delta l'_{FC} \tag{2-17}$$

习惯上，将边缘孔径或边缘视场用下标字母"m"表示。

4. 轴向色差的校正策略

（1）校正轴向色差的结构。与轴向球差一样，轴向色差也是轴上点的像差，同样影响中央视场的成像清晰度，因此，评价像质或光学设计中，轴向色差也是被重视与校正的优先

级最高的像差。

轴向色差的本质是由透射玻璃材料的色散引起的，因此校正轴向色差的基本结构，其原则是尽量减小色散或补偿色散引起的像点弥散。

对于单透镜，尽量采用阿贝色散系数（$\nu=(n_d-1)/(n_F-n_c)$）较大、且常用的玻璃材料；具有轴向色差校正能力的最简单结构，是由冕牌玻璃的正透镜与火石玻璃的负透镜组成的双胶合透镜（其理论基础将在本书第 5 章讨论）。另一种能够校正轴向色散的基本结构是二元衍射光学元件，也是消色差单透镜的典型例子，其原理是在单透镜一个表面上制作的衍射结构，具有与玻璃色散规律相反的反常色散，可以补偿单透镜单种玻璃引起的色散。

基于上述结构，在实际光学系统结构中，经常存在双胶合透镜、三胶合透镜，这种结构既具有消色差能力，也具有消球差能力，图 2－17 所示的胶合透镜是大相对孔径系统中校正色差与球差的主要结构。当然，将双胶合透镜改成双分离透镜，同样是校正轴向球差与轴向色差的结构形式。基于微电子光刻工艺制作的二元光学元件，在包括可见光在内的短波光谱范围内，因提高衍射效率的成本太高，还没有被广泛使用；但在中波红外、远波红外等波长较长的光谱范围上，因二元需要的周期较长、制作难度低，同时在短波段为提高衍射效率所需的 16 阶套刻，红外段只需由单点金刚车削成三角形沟道即可，因此二元光学衍射元件在中远红外探测与热成像系统中获得广泛应用。图 2－22 是在锗单晶材料上车出的衍射环的中远红外段使用的典型衍射透镜元件。

图 2－22　锗衍射透镜

（2）轴向色差的种类与出现的条件。如前所述，轴向色差本质上是由材料色散引发的，一般出现在工作波段具有一定范围的复色光光学系统中，其与光束孔径有关。在评价轴向色差时，一般选取几个特征波长代表整个工作波段，并确定中间波长，在中间波长上评价光学系统的单色像差，以中间波长的像面为短波与长波光线数据的计算基准，获得轴向色差数据。

轴向色差与孔径有关，以可见波段为例（其他波段雷同），像质评价时经常用到的轴向色差有：

①孔径为 0 的近轴位置色差 $\Delta l'_{FC}$；

②0. 707 孔径的轴向色差 $\Delta L'_{FC0.707h}$；

③边缘孔径的轴向色差 $\Delta L'_{FCm}$；

④色球差 $\delta L'_{FC}$。

这些轴向色差分别应用于在薄透镜系统的初级像差理论、小相对孔径的轴向色差校正、大相对孔径系统的轴向色差校正场景中。

轴向色差影响轴上像点的成像清晰度，在光学设计时需要校正控制轴向色差的允许残留的量值。从理论上讲，即使将轴向色差校正到 0，仅表示短波（F 光）像面与长波（C 光）像面重合了，但不一定与中间波长（D 光）的像面重合，大部分情况下，二者偏差不大，残留量没有超过轴向色差的像差容限，不足以成为影响轴上像点成像清晰度的主要因素。但是，如果需要设计光学系统的焦距很长，或者垂轴放大率较大，则需要注意检查评价中间波长像面与短长波像面之间的偏差：

$$\Delta L'_{FCD0.707h} = L'_{F0.707h} - L'_{D0.707h} = L'_{C0.707h} - L'_{D0.707h}\text{，当}\Delta L'_{FC0.707h} = 0\text{ 时} \quad (2-18)$$

或者

$$\Delta l'_{FCD} = l'_F - l'_D = l'_C - l'_D\text{，当}\Delta l'_{FC} = 0\text{ 时} \quad (2-19)$$

式（2－18）与式（2－19）表示的轴向色差也是会客观存在的，它是对前述式（2－14）定义的轴向色差概念的补充，称之为二级光谱色差。式（2－18）定义的二级光谱色差是像质评价与光学设计实践中经常使用的；式（2－19）定义的二级光谱色差用于薄透镜系统的初级像差理论中。在长焦距透射系统中，理论上二级光谱色差只与焦距有关，满足 $\Delta l'_{FCD} \approx 0.000\ 52f'$。

校正二级光谱色差的方法很简单，就是使用特殊色散特征的玻璃材料，即使用图 2－23 所示的玻璃图中远离直线附近的一种玻璃。消除二级光谱色差选择玻璃的基本原则，是找出具有不同 ν_d 但具有相同部分色散 $P_{g,F} = (n_g - n_F)/(n_F - n_c)$ 的玻璃对，这里 g 光波长为 435.83nm。一般可以校正二级光谱色差的常用玻璃牌号有 H－FK61、H－FK71、萤石（CaF_2）等。

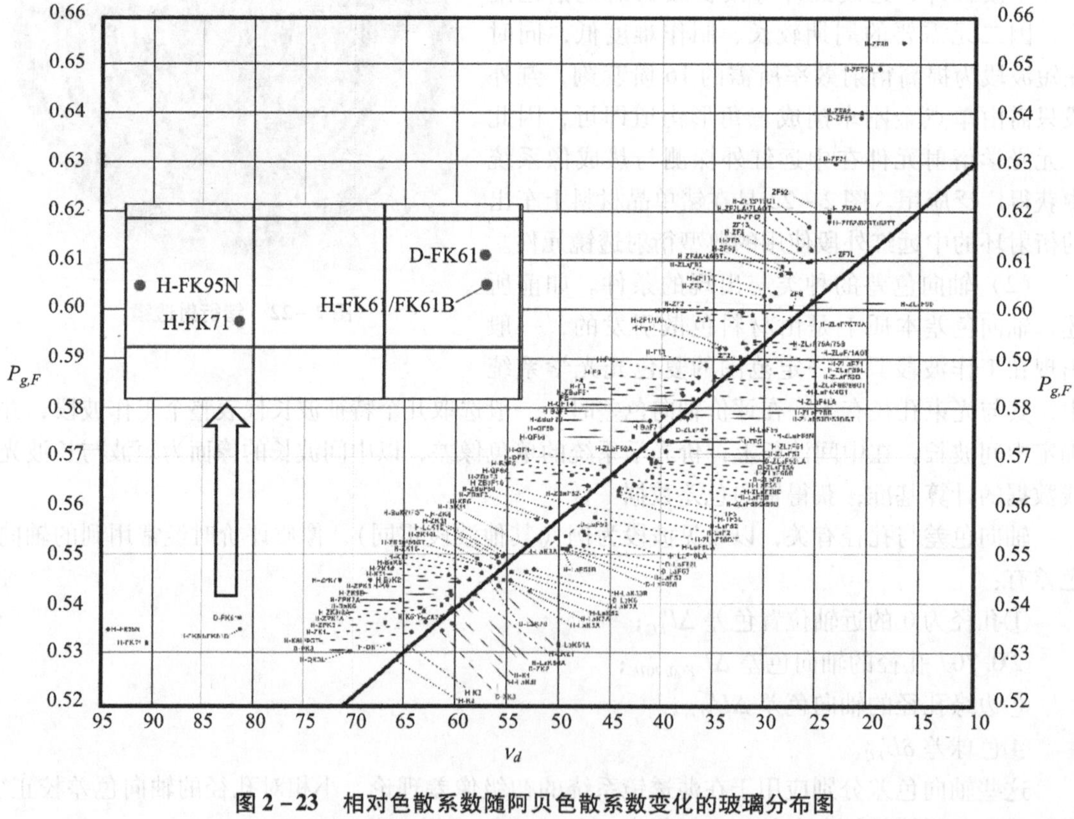

图 2－23　相对色散系数随阿贝色散系数变化的玻璃分布图

（3）轴向色差的校正策略或顺序。要校正轴向色差，当然一定要选择具有校正能力的光学结构形式，然后再通过如下校正策略或顺序来校正轴向色差：

①当光学系统相对孔径不大时，则系统的轴向色差表现为初级形式，只需要校正初级轴

向色差。在实践中，我们不选择控制近轴位置色差来校正初级轴向色差，而是选择校正 0.707h 的轴向色差。这种校正方法，有助于平衡所有孔径的轴向色差量值。如果采取校正近轴位置色差为 0，则边缘孔径的轴向色差就会很大，不利于降低边缘孔径光线的像点弥散大小。通过比较图 2－21（校正 0.707h 的轴向色差为 0）与图 2－24（校正 0h 的轴向色差为 0）的色差结果，可以看出校正 0.707h 孔径轴向色差的优点。

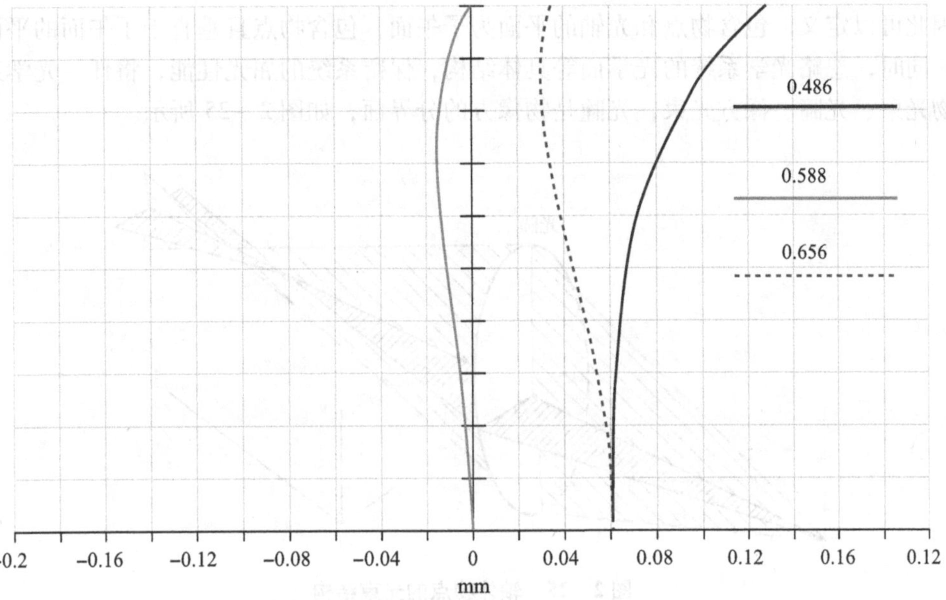

图 2－24　校正 0h 轴向色差为 0 的色差曲线

②当系统的相对孔径很大时，系统的轴向色差，包含初级轴向色差和代表高级像差的色球差，需要在先校正初级轴向色差的基础上，再校正色球差。实践中，先校正 0.707h 的轴向色差 $\Delta L'_{FC\,0.707h}$ 达到要求的目标值（一般情况下目标值为 0），然后加大其权重，不让其在校正色球差的过程中反弹；再计算近轴位置色差与边缘孔径轴向色差，得到色球差 $\delta L'_{FC}$，将色球差设置目标值及其权重，进一步校正色球差。需要注意的是，此时校正轴向色差，在时序上有先后，不是同时校正；通过设置大小不同的权重，进一步强化校正初级像差与高级像差的优先级，一般设计过程中，不会出现初级像差没有校正到位就校正高级像差的舍本逐末情况。

③当系统的焦距很长时，一般相对孔径不是很大，系统的轴向色差中初级轴向色差与二级光谱色差占主要成分，则先校正 0.707h 的轴向色差 $\Delta L'_{FC0.707h}$，再校正 0.707h 的二级光谱色差 $\Delta L'_{FCD0.707h}$。

④当系统的垂轴放大率很大时，往往伴随着系统的数值孔径 NA 很大，系统的轴向色差中既包含初级轴向色差，也包含色球差与二级光谱色差。校正顺序上，仍然是先校正 0.707h 的轴向色差 $\Delta L'_{FC0.707h}$，再校正色球差 $\delta L'_{FC}$ 和 0.707h 的二级光谱色差 $\Delta L'_{FCD0.707h}$。

2.3.2　轴外物点的光线结构与像差

轴外物点指具有一定视场的偏离光轴的物点，如物点位于有限远，一般用偏离光轴的垂轴距离表示轴外物点的视场大小；对于位于无限远的物点，其向光学系统发出的光是一束平行光，用平行光与光轴所成的夹角表示轴外物点的视场。

因此，由轴外物点进入共轴系统成像的光束，对于系统光学面来说，是一束斜光束。充满光瞳的入射光束中的每一根光线，不是同时触及光学面。对于共轴旋转对称系统，包含光轴的平面有无限个，但每一个包含光轴的平面具有各向同性。不失一般性，为了方便描述轴外物点的光束结构，通常将轴外物点放在某一个光轴平面与物平面的交线上。

因此可以定义，包含物点和光轴的平面为子午面，包含物点且垂直于子午面的平面为弧矢面。同时，忽略光学系统的光学面等具体结构，保留系统的屈光性能，将任一光学系统简化成物光束、光瞳、像方光束，光瞳是物像方的分界面，如图 2 – 25 所示。

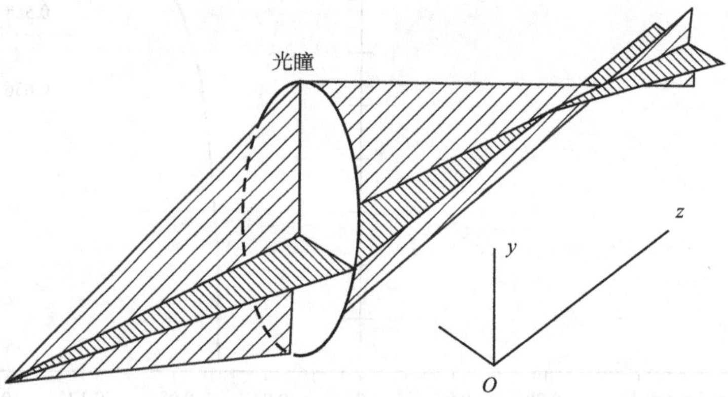

图 2 – 25　轴外物点的光束结构

将物点发出，位于子午面内的光线称为子午光线，位于弧矢面内的光线称为弧矢光线。轴外物点发出的物方光束，一般是物点与光瞳面上点的连线，这些光束是顶点位于物点、底面为光瞳面的锥形光束，根据立体几何原理，如将物方光线看作矢量，物方光束中的任意一根光线，都可以用一根子午光线与弧矢光线合成；或者，换句话说，空间任意一根物方光线，都可以分解成相应的子午光线与弧矢光线分量。

除此之外，轴外物点的光线结构，还有一根重要的光线，它既属于子午面，又属于弧矢面，是轴外光束的中心光线，即子午面与弧矢面的交线，我们称之为主光线。

如果物点沿垂直于光轴的线段靠近或远离光轴，则物方轴外线视场在变小或变大，主光线靠近光轴或远离光轴，子午面没有变化，只是轴外物点发出的子午成像光束在子午面内的位置在改变；但弧矢面随着物点位置的变化而变化。

因此，讨论轴外物点的像差，可以进一步将轴外物点的光束结构简化成子午光线、弧矢光线、主光线。然后，跟轴上点像差思路一样，考察子午光线、弧矢光线经过系统后围绕轴外中心线——主光线的对称性、光线像点与目标像点之间的偏离等典型特征变化情况，来定义轴外物点的像差，并研究其变化规律与控制方法。

2.3.2.1　子午像差

以有限远轴外物点为例，我们考察像方子午光束相对于主光线、子午像点相对于目标像点的偏离与否。不失一般性，假设轴外物点位于光轴下方，为了考察轴外子午光线相对于主光线的偏离大小，通常选取子午光线对，即在子午面内，让物点发出一对孔径角大小相等、符号相反的上下光线。

我们知道，轴上物点发出的上下线对，以光轴为对称，且同时到达光学面。轴外物点与之不同，虽然子午光线对相对于主光线对称，但子午线对的上光线、下光线不是同时达到光学面，其含义是轴外物方子午光线对在触及光学面的时刻有先后，这种情况带来的可能后果，是像方的子午线对通常不再对称于主光线，如图 2－26 所示。

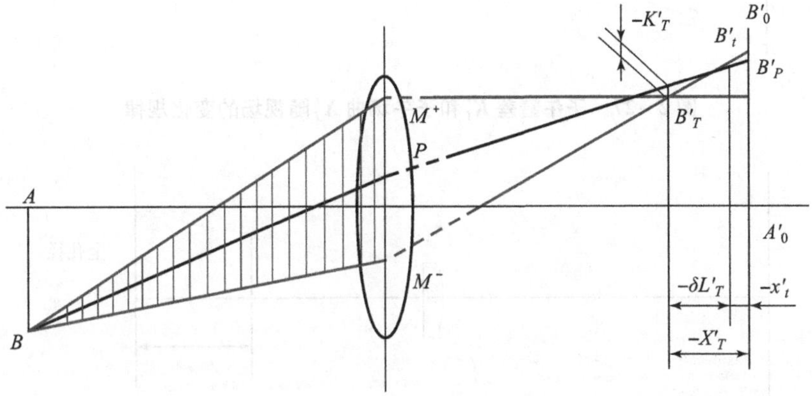

图 2－26　子午面的光束结构

图 2－26 中，轴外物点 B 点发出的子午线对：上光线 BM^+ 与下光线 BM^-，在物方对称于主光线 BP，即 BP 是 BM^+ 和 BM^- 的中心光线。物 AB 在像方的理想像为 $A'_0B'_0$，主光线 BP 在理想像面上的交点为 B'_P，子午线对 BM^+ 和 BM^- 在像方的交点为 B'_T。如果系统结构没有被精心设计，子午线对 BM^+ 和 BM^- 的像点不在像方主光线上，即在像方线对不再以主光线为中心光线，则出现线对失对称的像差，这种失对称现象，会造成像点向一个方向弥散，我们称其为彗差。其定义为，像方子午线对交点 B'_T 离开主光线的垂直距离，用符号 K'_T 表示，下标 T 表示子午面的像差，交点 B'_T 在主光线下方，彗差符号为负，相反为正。

如果 B'_T 不在系统像面上，则其离开像面的轴向距离，也是造成像面上像点弥散的一种像差，由于这种像差会破坏平面像的状态，造成像平面的弯曲，我们称之为场曲，在图 2－26 中，以符号 X'_T 表示。之所以用“X”表示场曲，因为过去的系统坐标系，习惯以 X 轴为光轴，场曲沿光轴方向度量。虽然，现在常用 Z 轴来定义光轴，但场曲的符号已经用习惯了，成为约定俗成的符号，因此，本书中仍以 X'_T 表示子午场曲，后面弧矢面采用符号情况与之相同。场曲 X'_T 的计算零位为目标像面（图 2－26 中取了理想像面），B'_T 在像面的左边，符号为负，否则相反。

图 2－26 中，轴外物点 B 代表了视场的大小，子午线对 BM^+ 和 BM^- 代表了光线孔径的大小，因此子午彗差 K'_T 和子午场曲 X'_T 既与视场有关，又与孔径有关。以单透镜为例，在 ZEMAX 软件上，通过光线追迹展现子午彗差 K'_T 和子午场曲 X'_T 随视场与孔径的变化规律，分别如图 2－27 和图 2－28 所示。

图 2－27 反映了子午彗差 K'_T 和子午场曲 X'_T 在同一孔径情况下随视场的变化规律。可以得出结论：随着物高（视场）的增大，子午光线的不对称性增大，子午彗差与子午场曲不断增大；当视场变为正视场时，子午彗差与子午场曲绝对值不变，子午彗差变号，子午场曲不变号，子午彗差是视场的奇函数，子午场曲是视场的偶函数。

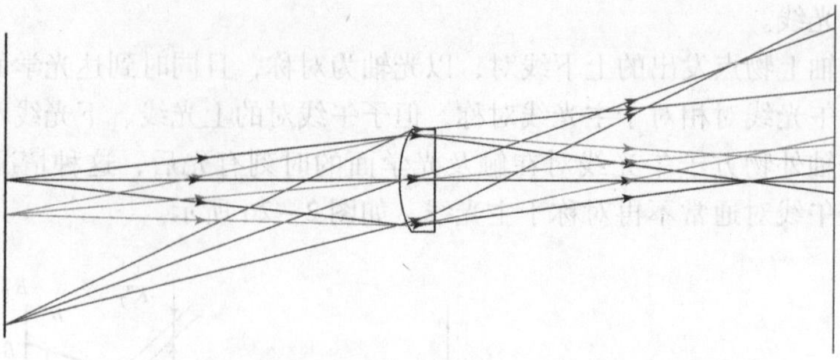

图 2-27　子午彗差 K'_T和子午场曲 X'_T随视场的变化规律

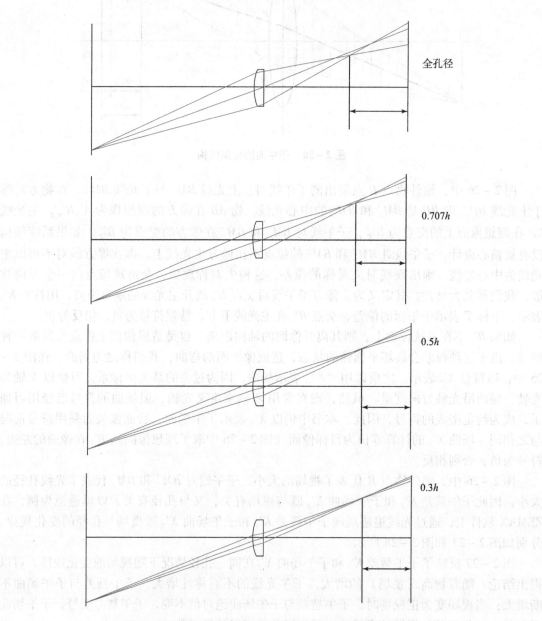

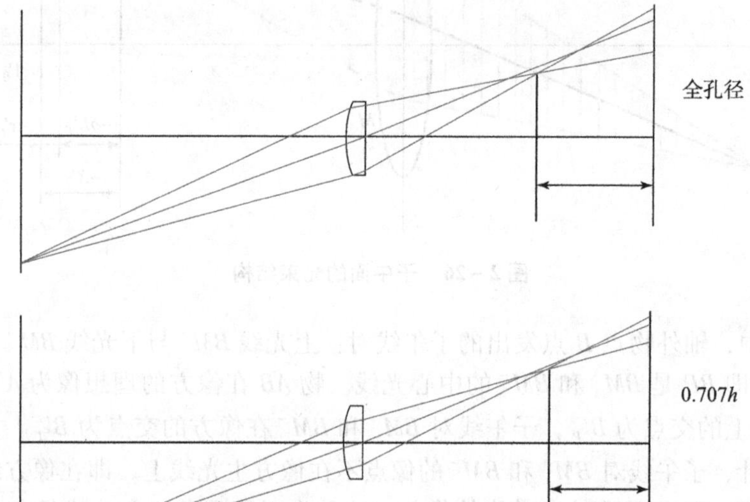

图 2-28　子午彗差 K'_T和子午场曲 X'_T随孔径的变化规律

图2－28反映了子午彗差K'_T和子午场曲X'_T在视场（物高）不变的情况下随光束孔径的变化规律，光束孔径分别取全孔径、0.707h、0.5h、0.3h。由图2－28，可以得出结论：

（1）子午彗差随光束孔径减小，迅速减到0。

（2）子午场曲随孔径减小，最终不一定为0，而为定值，称之为细光束子午场曲。在图2－26中，当光束孔径减小到0时，子午线对的像点B'_T逐渐移到主光线上，变成B'_t，但B'_t与主光线及像面的交点B'_P不重合，B'_t到像面的轴向距离，定义为细光束场曲x'_t；子午细光束焦点B'_t的具体位置，基于轴外近轴光线的三角关系，可以推导出计算式。为了体现区别，可以称X'_T为宽光束子午场曲，称x'_t为细光束子午场曲。

显然，细光束子午场曲x'_t仅与视场有关；宽光束子午场曲X'_T既与视场有关，也与孔径有关。为了使问题简化，我们采取分离变量法，设$X'_T(h,y)=\delta L'_T(h)+x'_t(y)$，其中$\delta L'_T(h)$可以称为子午球差，其与轴上点的球差具有相关性，可以采取轴上点球差校正的结构与方法来控制轴外点的球差。这样，如果我们知道了球差和细光束场曲的一般校正办法，宽光束子午场曲的校正问题就迎刃而解了。

2.3.2.2　弧矢像差

同样，对于弧矢面光束，我们也取弧矢光线对。弧矢光线对与子午光线对的不同之处，表现在弧矢线对以主光线对称，同时触及光学面，表明弧矢光线对在物像方始终以子午面对称，其线对交点相对于子午面的对称性没有被破坏，因此弧矢线对的交点一定在子午面上。弧矢光线对与子午光线对的共同之处，表现在轴外弧矢线对也是斜光束入射光学面，这样弧矢线对的交点不一定在主光线上，图2－29给出了弧矢面的光束结构。

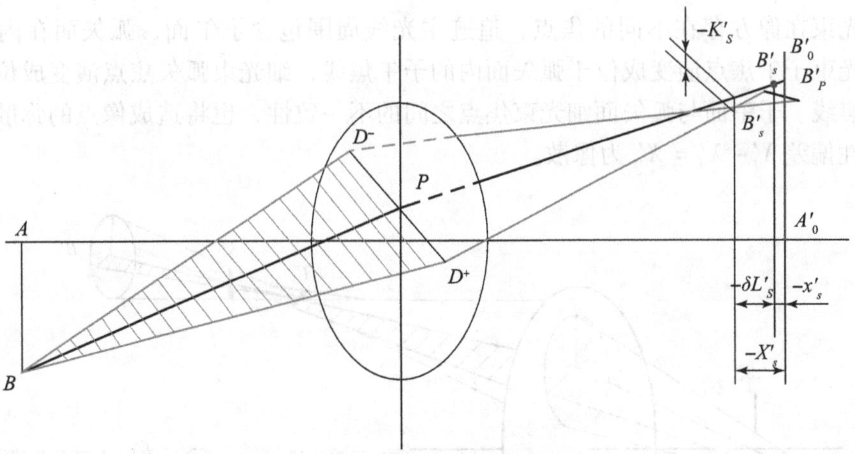

图2－29　弧矢面的光束结构

图2－29中，AB是物平面，B点为轴外物点，P点为轴外视场的光瞳中心，BP是物方主光线，平面BD^+D^-为轴外物点B的弧矢面，BD^+和BD^-为对主光线BP具有相同孔径角的弧矢光线对。与图2－26相同，物AB在像方的理想像为$A'_0B'_0$，主光线BP在理想像面上的交点为B'_P。弧矢光线对在像方的交点为B'_S，由于轴外物点弧矢光线对的斜光束特性，B'_S不一定位于像方主光线PB'_P上，也不一定与主光线在像面上的交点B'_P重合，如此也将造成轴

外物点 B 的像点弥散，存在弧矢彗差。

类似于子午面像差，弧矢线对在像方交点 B'_S 离开主光线的垂轴距离，定义为弧矢彗差，用符号 K'_S 表示，符号规则同子午彗差。B'_S 与目标像面（一般为理想像面）之间的轴向距离，定义为弧矢场曲，用符号 X'_S 表示。

弧矢彗差 K'_S 与弧矢场曲 X'_S 都是既与视场有关，又与孔径有关。与子午像差一样，关于弧矢像差，也具有以下结论：

（1）在弧矢光线对孔径高不变时，随着物高（视场）的增大，弧矢光线对偏离主光线的不对称性增大，弧矢彗差与弧矢场曲不断增大；当视场变为正视场时，弧矢彗差与弧矢场曲绝对值不变，弧矢彗差变号，弧矢场曲不变号，弧矢彗差是视场的奇函数，弧矢场曲是视场的偶函数。

（2）弧矢彗差随光束孔径减小，迅速减到0；弧矢场曲随孔径减小，最终不一定为0，而为定值，称之为细光束弧矢场曲。在图2－29中，当光束孔径减小到0时，弧矢线对的像点 B'_S 逐渐移到主光线上，变成 B'_s，但 B'_s 与主光线与像面的交点 B'_P 不重合，B'_s 到像面的轴向距离定义为细光束场曲 x'_s。

同样，细光束弧矢场曲 X'_s 仅与视场有关；宽光束弧矢场曲 X'_S 既与视场有关，也与孔径有关。为了使问题简化，设 $X'_S(h,y) = \delta L'_S(h) + X'_s(y)$，其中的 $\delta L'_S(h)$ 可以称为弧矢球差。$X'_T(h,y)$ 与 $X'_S(h,y)$ 之间的差别，应该由 $X'_t(y)$ 与 $X'_s(y)$ 之间的差别决定，$\delta L'_T(h)$、$\delta L'_S(h)$ 随孔径 h 变化的规律是一致的，都与轴上点的球差具有相关性。

$X'_t(y)$ 与 $X'_s(y)$ 之间的差别，反映了同一物点的子午面与弧矢面之间光线对像差的差别，如果 $X'_t(y)$ 与 $X'_s(y)$ 量值不同，则表明子午面与弧矢面光束结构之间的不一致性；或者说，子午光束与弧矢光束之间失去了对称性。此时的光束结构如图2－30所示，子午细光束与弧矢细光束在像方存在不同的焦点，追迹主光线周围包含子午面、弧矢面在内的锥面光束，则细光束子午焦点演变成位于弧矢面内的子午焦线，细光束弧矢焦点演变成位于子午面内的弧矢焦线。子午面与弧矢面细光束焦点之间的不一致性，也将造成像点的弥散，定义这种不一致性偏差 $X'_t - X'_s = X'_{ts}$ 为像散。

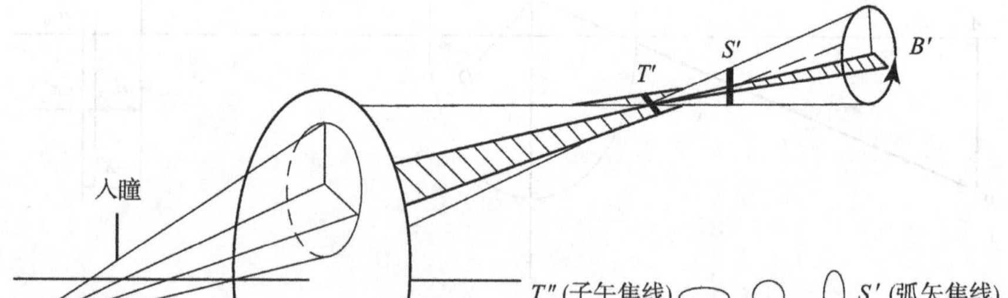

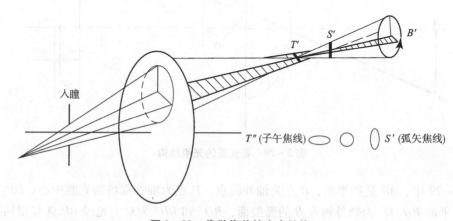

图2－30　像散像差的光束结构

存在像散 X'_{ts} 时，也表明同一物平面，子午面细光束所成的像是弯曲的曲面 T'；弧矢细光束所成的像，不是同一曲面 T'，而是另一曲面 S'，如图2－31所示。

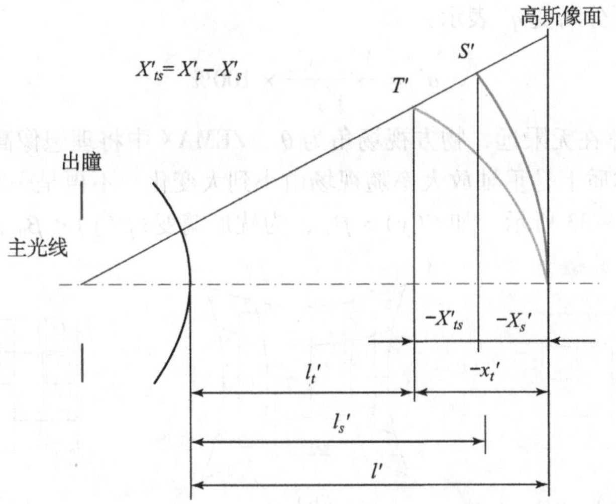

图 2－31　存在像散时子午面与弧矢面细光束出现不同的弯曲像面

2.3.2.3　主光线的像差

1. 畸变

对于轴外物点的单色像差而言，如果轴外物点不存在子午像差和弧矢像差，则轴外物点可以成清晰的像。轴外物点发出的球面波经过系统后，像方的出射波面仍然为球面波，球面波的球心为主光线与像平面交点 B'_P，半径为系统出瞳中心与 B'_P 连线。

用于测量或观瞄领域的光学系统，要求系统成像清晰且不变形。然而，如果 B'_P 不与理想像点 B'_0 重合，或者轴外像点的垂轴放大率随视场大小变化，则轴外像点产生变形，变形大小用 B'_P 与 B'_0 之间的垂轴距离表示，如图 2－32 所示。

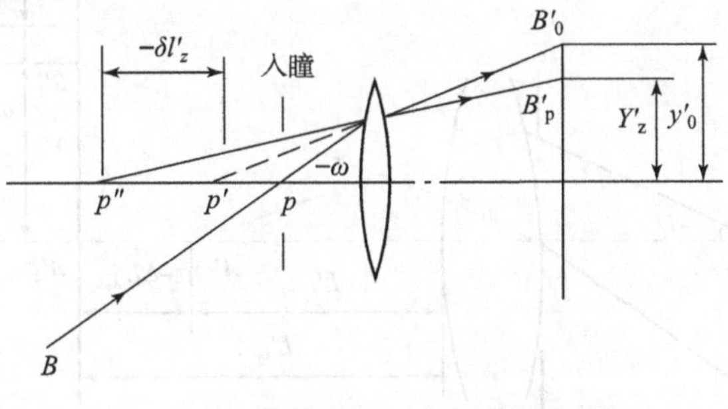

图 2－32　主光线像高与理想像高的偏差

图 2－32 中，以单透镜示意透镜成像系统，p 点为入瞳中心，Bp 为轴外物点 B 的主光线，p' 为 p 的理想像点，也是 B 点的理想像点 B'_0 像方光线的反向延长线与光轴的交点；P'' 为 p 的实际像点，也是主光线 Bp 在像方与像面交于 B'_P 点的像方光线的反向延长线与光轴的交点。理想像点 B'_0 对应的像高为 y'_0，主光线与像面交点 B'_P 的像高为 Y'_z，则轴外像点的变形量由式（2－20）表示：

$$\delta y'_z = Y'_z - y'_0 \tag{2-20}$$

式（2－20）给出的长度量绝对值，不利于使用者产生感官体验，进行畸变影响量的评价。

光学系统中，常用百分畸变 q' 表示：

$$q' = \frac{Y'_z - y'_0}{y'_0} \times 100\% \tag{2-21}$$

对 $f\theta$ 透镜，物体在无限远，物方视场角为 θ，ZEMAX 中将理想像高取为 $y'_0 = f'\theta$。

存在畸变时，本质上是垂轴放大率随视场由小到大变化，不再是一常数，使网格状的平面成像变形，如图 2-33 所示。如 $\beta(y) > \beta_0$，为枕形畸变；$\beta(y) < \beta_0$，则为桶形畸变。

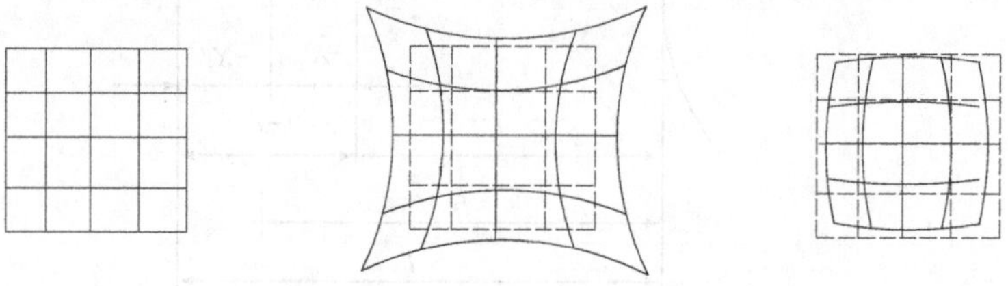

图 2-33　畸变的正负与变形状况

(a) 没有畸变；(b) 枕形畸变；(c) 桶形畸变

2. 垂轴色差

对于透射系统，无论对轴上物点还是轴外物点都会产生色差，而且每一根光线都因色差产生与中间波长光线的偏离。为了抓住问题本质，对色差展开讨论，我们分成随光束孔径高变化的色差和随视场变化的色差。其中随光束孔径高变化的色差，轴外物点与轴上物点规律相同、差别不大，由轴向色差 $\Delta L'_{\lambda_1\lambda_2}$ 表示；随视场变化的色差，由随视场变化的主光线经过系统后的色散大小来表示，如图 2-34 所示。

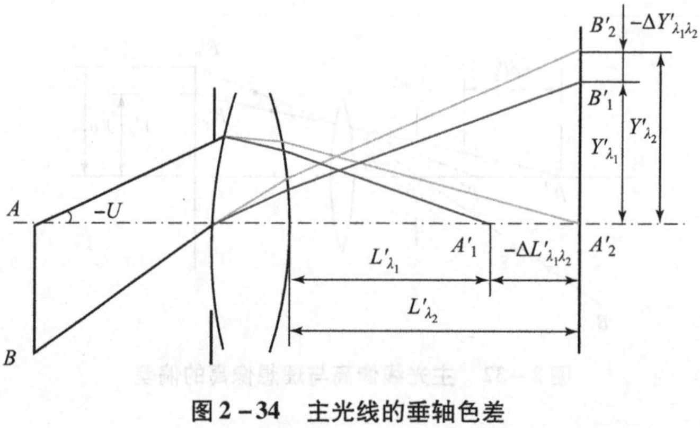

图 2-34　主光线的垂轴色差

图 2-34 中，A 为轴上物点，其发出孔径角为 U 的轴上光线，经过系统后，对应的轴向色差为 $\Delta L'_{\lambda_1\lambda_2}$；$B$ 为轴外物点，主光线经过系统后，波长 λ_1 的主光线与像面（一般为中间波长的像面）的交点 B'_1 的高度为 Y'_{λ_1}，波长 λ_2 的主光线与像面的交点 B'_2 的高度为 Y'_{λ_2}，则 $B'_1B'_2$ 之间的垂轴高度差，定义为垂轴色差，即

$$\Delta Y'_{\lambda_1\lambda_2} = Y'_{\lambda_1} - Y'_{\lambda_2} \tag{2-22}$$

如果工作波段为可见波段，则 λ_1 为 F 光波长，λ_2 为 C 光波长，垂轴色差 $\Delta y'_{FC} = y'_F - y'_C$，

如图 2－35 所示。

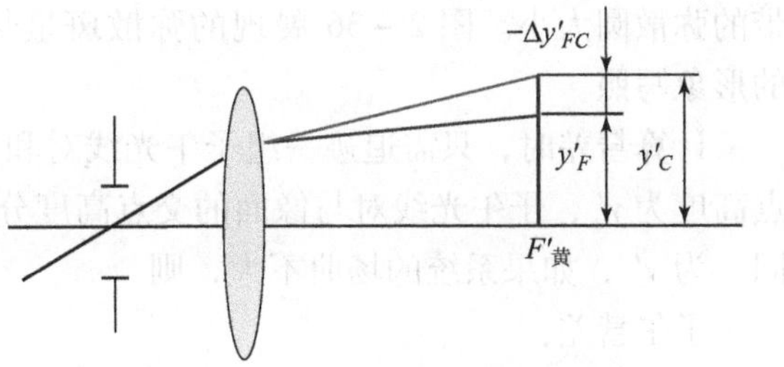

图 2－35 可见波段的垂轴色差

2.3.3 轴外像差的一般规律

前面讨论了轴外像差的基本概念，包含子午彗差、子午场曲、弧矢彗差、弧矢场曲、像散、畸变、垂轴色差。仅看像差概念，比较抽象。上述 7 种轴外像差，除畸变外，都影响成像的清晰度。但造成点像弥散的规律，如果仅讨论其中的一种像差，不便于形成总体印象；为了便于讨论，通常假定其他像差不存在，仅存在某种像差，讨论对点像弥散的影响规律。如将子午彗差与弧矢彗差看成轴外彗差，将子午场曲与弧矢场曲合在一起，讨论其规律。

2.3.3.1 彗差

彗差是光学系统中极其重要的像差，无论视场大小，都要注意控制彗差。

如果系统仅存在彗差，将轴外物点发出的充满入瞳的光线，按照入瞳上围绕光瞳中心分出不同的带区，则经过系统后，主光线周围细光束在像面上交于主光线与像面的交点；主光线周围环带区 zone 1 的光线在像面上形成一个小圆斑，圆斑中心稍微偏离主光线与像面的交点；主光线周围环带区 zone 2 的光线在像面上形成一个中等圆斑，圆斑中心与主光线及像面的交点之间偏离变大；主光线周围环带区 zone 3 的光线在像面上形成一个较大圆斑，圆斑中心与主光线及像面的交点之间偏离更大，如图 2－36 所示。

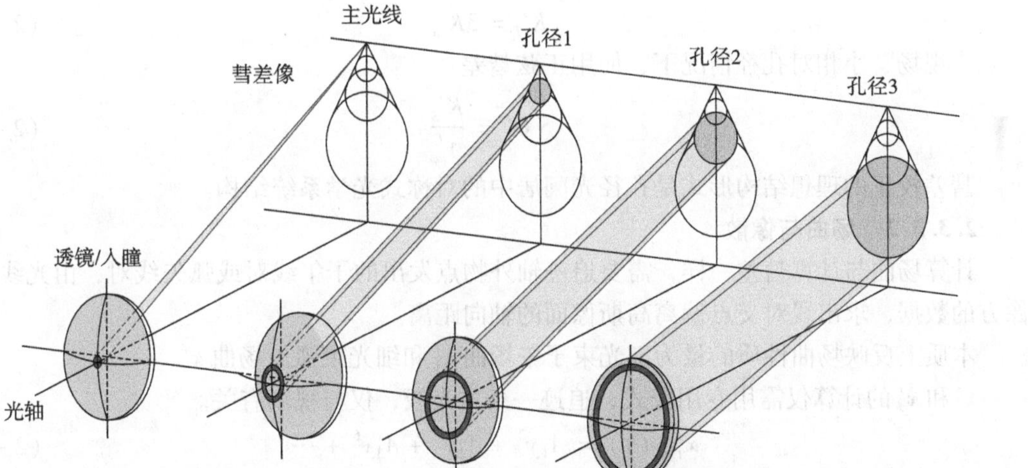

图 2－36 存在彗差时不同环带光线在像面上的圆斑移动规律

仔细核对可以发现，每一个环带光线对应不同的光束孔径高度，每一个环带光线在像面上形成的圆斑在竖直（子午面）直径方向，下端点与主光线在像面上的交点之间的距离，就是该孔径带的子午彗差 K'_T；上端点与主光线在像面上的交点之间的距离，就是该孔径带的弧矢彗差 K'_S。

因此，随孔径高变化的子午彗差 K'_T、弧矢彗差 K'_S，其实是确定了仅存在彗差时该孔径带的弥散圆大小。图 2－36 展现的弥散斑呈彗星扫尾状的分布，也是该像差称为“彗差”的形象写照。

计算彗差时，只需追迹一组子午光线对和一组弧矢光线对，如果像方主光线与像面的交点高度为 y'_z，子午光线对与像面的交点高度分别为 y'_a, y'_b，弧矢光线对与像面的交点高度相同，为 y'_s，如果系统的场曲不大，则

子午彗差：

$$K'_T = (y'_a + y'_b)/2 - y'_z \tag{2-23}$$

弧矢彗差：

$$K'_S = y'_s - y'_z \tag{2-24}$$

彗差是孔径 h（或 U）和视场 ω（或 y）的函数。一般函数关系为：

$$K'_S = A_1 yh^2 + A_2 yh^4 + A_3 y^3 h^2 + \cdots \tag{2-25}$$

式（2－25）中每一项的物理含义如表 2－4 所示。

表 2－4　彗差与视场、孔径的关系说明

关系项	名称	备注
$A_1 yh^2$	初级彗差	大孔径小视场的光学系统，彗差由 $A_1 yh^2$ 和 $A_2 yh^4$ 决定
$A_2 yh^4$	孔径二级彗差	
$A_3 y^3 h^2$	视场二级彗差	对于大视场、小相对孔径光学系统，彗差由 $A_1 yh^2$ 和 $A_3 y^3 h^2$ 决定

初级彗差情况如下：

$$K'_T = 3K'_S \tag{2-26}$$

小视场、小相对孔径情况下，使用正弦彗差：

$$SC' = \frac{K'_S}{y'} \tag{2-27}$$

彗差校正的理想结构形式是孔径光阑居中的对称式光学系统结构。

2.3.3.2　场曲与像散

计算场曲与计算彗差一样，需要追迹轴外物点发出的子午线对或弧矢线对，由光线对在像方的数据，求出线对交点偏离高斯像面的轴向距离。

本质上反映场曲性质的量为细光束子午场曲 x'_t 和细光束弧矢场曲 x'_s。

x'_t 和 x'_s 的计算仅需用专用公式，追迹一条主光线，仅与视场有关。

$$x'_{t(s)}(y) = A_1 y^2 + A_2 y^4 + A_3 y^6 + \cdots \tag{2-28}$$

当视场较大时，场曲像差表现明显。

场曲与像散这两种像差具有一种伴生现象，必须采用恰当的光学结构形式，如正负光组远离型，才能很好地同时消除像散与场曲。

2.3.3.3　主光线的像差：畸变与垂轴色差

畸变不影响成像清晰度，但影响像的变形，为了让设计者对畸变的量级产生感性认识，这里给出畸变为 0、±1%、±2%、±5%、±10%、±20% 的网格图像变形效果图，如图 2－37 所示。可以看出，基于人眼的分辨率，畸变绝对值小于 1% 的网格图变形，人眼已经看不出变形，这是我们设计光学系统对畸变量允许的经验值。

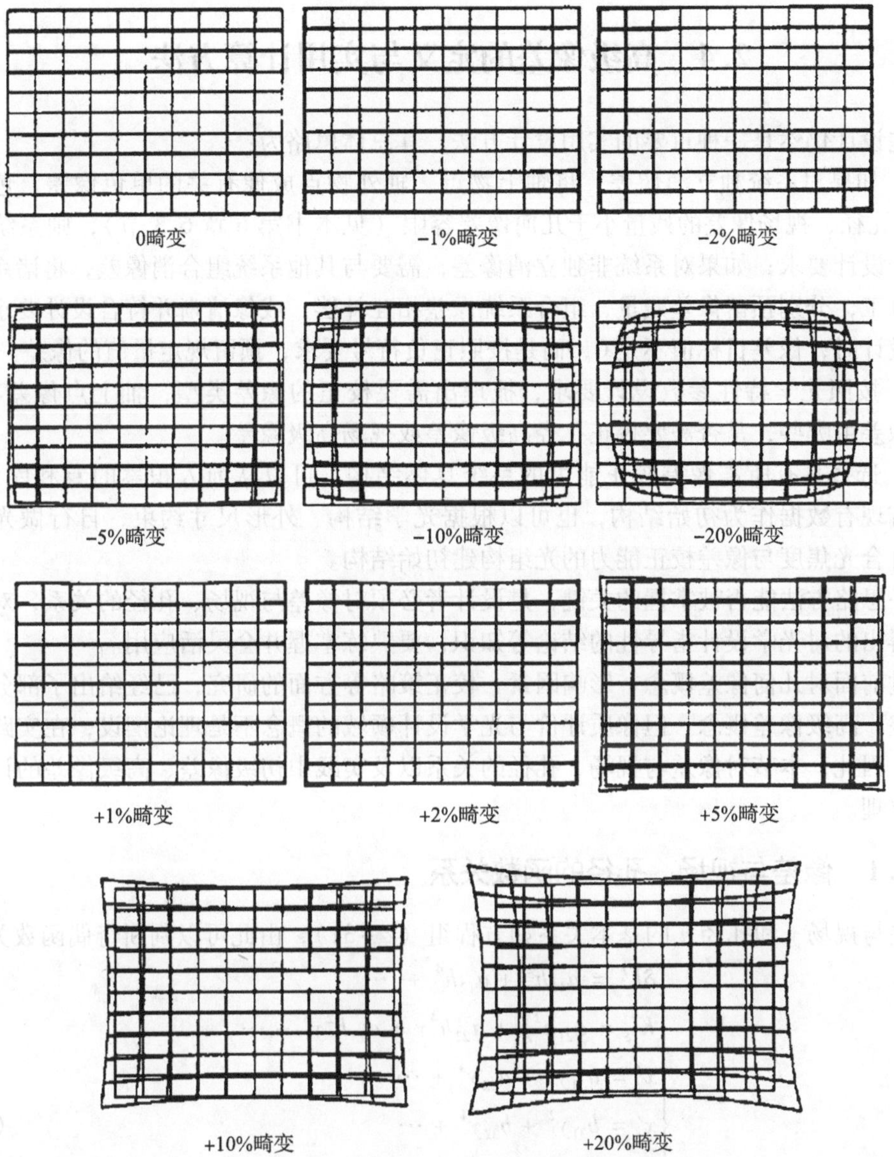

图 2-37　不同百分比畸变的变形效果

畸变与视场 y（或 ω）有关，是视场 y（或 ω）的奇函数，函数关系为

$$\delta Y'_z = A_1 y^3 + A_2 y^5 + \cdots \tag{2-29}$$

畸变很难完全消除，只有光阑位于中间，$\beta = -1$ 的对称光学系统，畸变才能被自动校正。

在可见波段，垂轴色差使一个白光像点形成一条由红到紫的短线，影响像面清晰度。$\Delta y'_{FC}$ 随视场 y（或 ω）大小变化：

$$\Delta y'_{FC}(y) = A_1 y + A_2 y^3 + A_3 y^5 + \cdots \tag{2-30}$$

式中，线性项为初级垂轴色差；高次项是不同色光的畸变差别所致，是高级垂轴色差，又称色畸变。

2.4 高级像差的定义与实用计算方法

像差设计仍然是一种重要的实用设计方法，其总体思路为：

（1）如果对系统独立消像差，将轴上物点、轴外物点成像有关的单色像差、色差校正到0，各孔径、视场像差的残量小于几何像差容限（见本书第6章6.3节），则系统成像清晰，符合设计要求；如果对系统非独立消像差，需要与其他系统组合消像差，将诸系统做像差校正分工，分别预留像差残量，组合系统像差相互补偿，成像清晰并符合设计要求。此时各系统设计时，像差目标值不是0，而是按照正负符号要求，预留规定量值的像差。

（2）按照光学特性参数设计要求，梳理出需要校正的像差类型，轴上点像差有哪些，轴外点像差由哪些，是否需要校正孔径高级像差或视场高级像差。

（3）选择具有所需像差校正能力的系统具体结构，可以从前人积累的专利库中选择，如果没有现有数据作为初始结构，也可以根据光学结构、外形尺寸约束，自行做光焦度分配，由符合光焦度与像差校正能力的光组构建初始结构。

这一思路方法能否被掌握的关键，是设计者必须对像差与视场、孔径的关系，对像差理论及其得出的对光学设计指导性的结论等知识，要熟练掌握并会灵活应用。

经过前面对几何像差概念、影响因素、校正策略等方面的研究，已经给出了部分像差的初级像差、高级像差概念。但像质评价与光学设计领域的概念不是理论摆设，在实践要被灵活应用，因此，本节对像差与视场、孔径的关系以及实践中初级像差、高级像差的计算方法做如下整理。

2.4.1 像差与视场、孔径的函数关系

像差与视场 y 和孔径 h 的基本关系如方程组（2-31），由此可以判断奇偶函数关系。

$$\begin{cases} \delta L' = a_{11}h^2 + a_{12}h^4 + \cdots \\ K'_S = a_{21}h^2y + a_{22}h^4y + a_{23}h^2y^3 + \cdots \\ x'_t = a_{31}y^2 + a_{32}y^4 + \cdots \\ x'_s = b_{31}y^2 + b_{32}y^4 + \cdots \\ \delta Y'_z = a_{51}y^3 + a_{52}y^5 + \cdots \\ \Delta L'_{FC} = \Delta l'_{FC} + c_{12}h^2 + c_{13}h^4 + \cdots \\ \Delta Y'_{FC} = c_{21}y + c_{22}y^3 + \cdots \end{cases} \tag{2-31}$$

式中，a_{ij}、b_{ij}、c_{ij} 是函数多项式的系数，可以无视其具体物理含义，仅关注等式右边，哪些仅跟孔径 h 有关？哪些仅跟视场 y 有关？哪些既与 h 有关又与 y 有关？分别是几次方？次方越大，代表 h 或 y 影响越严重。

一般方程组（2-31）右边的第一项，代表初级像差与 h、y 的关系。这种初级像差关系适用于小视场、小相对孔径光学系统应满足的像差规律。

对于大视场、大相对孔径光学系统，像差随 h、y 的变化关系式，将出现高次项，仅消除初级像差是不够的。

2.4.2　高级像差的计算关系式

（1）孔径高级球差：

$$\delta L'_{sn} = \delta L'_{0.707h} - \frac{1}{2}\delta L'_{m} \tag{2-32}$$

（2）孔径高级正弦差：

$$SC'_{sn} = SC'_{0.707h} - \frac{1}{2}SC'_{1.0h} \tag{2-33}$$

（3）子午孔径高级彗差：

$$K'_{Tsnh} = K'_{T}(0.707h, 1.0y) - \frac{1}{2}K'_{T}(1.0h, 1.0y) \tag{2-34}$$

（4）子午视场高级彗差：

$$K'_{Tsny} = K'_{T}(1.0h, 0.707y) - 0.707K'_{T}(1.0h, 1.0y) \tag{2-35}$$

（5）子午高级场曲：

$$x'_{tsn} = x'_{t0.707y} - \frac{1}{2}x'_{t1.0y} \tag{2-36}$$

（6）弧矢高级场曲：

$$x'_{ssn} = x'_{s0.707y} - \frac{1}{2}x'_{s1.0y} \tag{2-37}$$

（7）高级畸变：

$$\delta Y'_{zsn} = \delta Y_{z}(0.707y) - 0.35\delta Y'_{z}(1.0y) \tag{2-38}$$

（8）色球差：

$$\delta L'_{FC} = \Delta L'_{FC}(1.0h) - \Delta l'_{FC}(0h) \tag{2-39}$$

（9）色畸变（高级垂轴色差）：

$$\Delta Y'_{FCsn} = \Delta Y'_{FC}(0.707y) - 0.707\Delta Y'_{FC}(1.0y) \tag{2-40}$$

以上高级像差是比较常用的，一般先校正初级像差后，计算的高级像差数值才有意义。

2.5　赛德像差多项式

2.3 节详细阐述了评价系统成像质量的多种几何像差，这些几何像差，称之为独立几何像差。仅使用这些独立几何像差，对初学者而言，不利于获得这些几何像差对系统成像质量影响的综合印象。

因此，研究人员进行像质评价时，还需关注成像质量的综合评价指标，如几何点列图（也称为弥散斑）、波像差等。一般先用综合评价指标，评价成像质量好坏。如果质量不理想，判断主要由何种几何像差降低了像质，再设法控制校正该几何像差，提高成像质量。

如果光线系统对某一物点理想成像，则该物点发出充满入瞳的所有光线，经过系统后，将全部聚焦同一像点。也可以说，由该物点发出的球面波经过系统后，仍然是球面波，其球心就是该物点的理想像点。如果成像不理想，物点发出的所有光线经过系统后，将不再交于像面上同一点，而是在像面上产生弥散斑，用某一根光线离开主光线与像面交点的二维偏差（$\delta x'$，$\delta y'$）表示，称为光线像差。遍历所有光线，可得到弥散斑或几何点列图。同样，成像不理想时，像方的出射波面不是理想球面波，通过光线追迹数据可以计算出实际波面，实际波面与理想球面波之间的光程差，称为波像差。

ZEMAX 软件中给出了系统每一个光学面的赛德（Seidal）像差贡献量。实际上，赛德像差本身不是一种几何像差，而是为了直观表示球差、彗差、场曲、像散、畸变等几何像差对成像的影响，在仅存在初级像差情况下，描述像点的弥散斑或波像差随光瞳极坐标（h，θ）、视场 y 的函数关系。在软件已做光线追迹得到系统弥散斑数据或波像差数据的情况下，可以由赛德像差多项式拟合出系数，得到各种几何像差的总贡献量；也可以由各光学面上的光线追迹数据和几何像差贡献量公式（具体公式早就定型，限于篇幅，不再推导或给出），给出每个面的贡献量。ZEMAX 给出这些贡献量数据，供设计人员做分析并决定是否增加设计变量做参考。

赛德像差多项式也是描述初级像差与视场 y 和孔径 h 的关系式，主要特色在于：采用弥散斑（$\delta x'$，$\delta y'$）或波像差等像质综合评价指标，建立它们与入瞳极坐标（h，θ）和视场 y 或 ω 之间的关系式。如运用本节独立几何像差的基本概念，由赛德像差多项式很容易理解或判别独立几何像差的基本特征。

2.5.1 垂轴像差分量表达形式

$$\delta x' = S_1 h^3 \sin\theta + S_2 y h^2 (2\sin\theta\cos\theta) + (S_3 + S_4) y^2 h \sin\theta \tag{2-41}$$

$$\delta y' = S_1 h^3 \cos\theta + S_2 y h^2 (1 + 2\cos^2\theta) + (3S_3 + S_4) y^2 h \cos\theta + S_5 y^3 \tag{2-42}$$

式中，$\delta x'$,$\delta y'$ 为物点发出的光线在像面上与主光线交点之间的坐标分量之差；h、θ 为入瞳面上极坐标；y 为物体高度。其中，系数 S_1、S_2、S_3、S_4、S_5 的含义为：

S_1——球差系数；

S_2——彗差系数；

S_3——场曲系数；

S_4——像散系数；

S_5——畸变系数。

垂轴像差分量表达式中每一项 y 与 h 的总次幂为 3，因此，该像差理论又称为三级像差理论。

2.5.2 波像差表达形式

$$W(Y,h,\theta) = W_{000} + W_{020} h^2 + W_{111} Y h\cos\theta + W_{131} Y h^3 \cos\theta + W_{220} Y^2 h^2 + W_{222} Y^2 h^2 \cos^2\theta + W_{311} Y^3 h\cos\theta + W_{040} h^4 + \cdots \tag{2-43}$$

波像差表示的 Seidal 像差多项式基本项为

$$W_{ijk} Y^i h^j \cos^k\theta$$

式中，W_{000} 为常数项系数；

W_{020} 为离焦项系数；

$W = W_{111} Y h\cos\theta$，表示波像差变化随光瞳上 $P_y(=h\cos\theta)$ 坐标分量成正比，表示倾斜项；

W_{131} 为彗差项系数；

W_{220} 为场曲项系数；

W_{222} 为像散项系数；

W_{311} 为畸变项系数；

W_{040} 为球差项系数。

波像差表达形式与垂轴像差分量表达形式之间的关系式为

$$\delta x' = -\frac{R}{n}\frac{\partial W}{\partial P_x} \tag{2-44}$$

$$\delta y' = -\frac{R}{n}\frac{\partial W}{\partial P_y} \tag{2-45}$$

式中，$P_x = h\sin\theta$，$P_y = h\cos\theta$，表示光瞳面直角坐标。

这两种形式的赛德像差多项式系数，在 ZEMAX 软件、Zygo 干涉仪和国产 CXM 系列数字波面干涉仪中均被使用，给出赛德像差系数。

图 2－38 给出了 ZEMAX 中某大相对孔径系统的 6 个光学面（最左边给出面序号）的垂轴像差分量的赛德像差数据（上）与波像差表示的赛德像差数据（下）贡献量，以及总贡献量。

Seidel Aberration Coefficients:

Surf	SPHA S1	COMA S2	ASTI S3	FCUR S4	DIST S5	CLA (CL)	CTR (CT)
STO	0.175530	0.000000	0.000000	0.000000	0.000000	-0.000000	-0.000000
2	0.747709	-0.000000	0.000000	-0.000000	0.000000	0.000000	-0.000000
3	-0.177000	-0.000000	-0.000000	0.000000	-0.000000	-0.000000	-0.000000
4	0.087729	-0.000000	0.000000	-0.000000	0.000000	0.000000	-0.000000
5	-0.655707	-0.000000	-0.000000	0.000000	-0.000000	-0.000000	-0.000000
6	0.000007	0.000000	0.000000	-0.000000	-0.000000	-0.000000	-0.000000
IMA	0.000000	0.000000	0.000000	0.000000	0.000000	0.000000	0.000000
TOT	0.178268	0.000000	0.000000	0.000000	0.000000	0.000000	0.000000

Seidel Aberration Coefficients in Waves:

Surf	W040	W131	W222	W220P	W311	W020	W111
STO	34.673223	0.000000	0.000000	0.000000	0.000000	-0.000000	-0.000000
2	147.698598	-0.000000	0.000000	-0.000000	0.000000	0.000000	-0.000000
3	-34.963711	-0.000000	-0.000000	0.000000	-0.000000	-0.000000	-0.000000
4	17.329579	-0.000000	0.000000	-0.000000	0.000000	0.000000	-0.000000
5	-129.524906	-0.000000	-0.000000	0.000000	-0.000000	-0.000000	-0.000000
6	0.001300	0.000000	0.000000	-0.000000	-0.000000	-0.000000	-0.000000
IMA	0.000000	0.000000	0.000000	0.000000	0.000000	0.000000	0.000000
TOT	35.214084	0.000000	0.000000	0.000000	0.000000	0.000000	0.000000

图 2－38　ZEMAX 中的赛德像差数据

2.6　像差的曲线表示方法

为了直观、全面地分析像差的变化与校正状态，现代光学设计软件都具有绘制像差随视场、孔径变化的曲线功能，便于光学设计人员分析使用。下面以 ZEMAX 软件为例，给出像差的系列曲线图。

2.6.1　独立几何像差曲线

直接绘制球差随孔径的变化关系，细光束场曲、像散随视场的变化关系等曲线，称为独立几何像差曲线。图 2－39 是各色光球差（Longitudinal Aberration，LA）的曲线图，图2－39 中纵轴表示光瞳归一化孔径，横轴表示各色光球差（以中间波长的像面为零位）。图 2－40 表示某柯克物镜的细光束场曲和畸变曲线。图 2－40（a）为细光束子午、弧矢场曲曲线，图 2－40（b）为百分畸变曲线。纵轴均为归一化视场，横轴表示像差标尺，实线与短、长虚线分别表示 0.486μm、0.587μm 和 0.656μm 波长的场曲和畸变曲线。图 2－41 表示了物镜的垂轴色差曲线，图中两边标以“AIRY”表示艾里斑的大小。

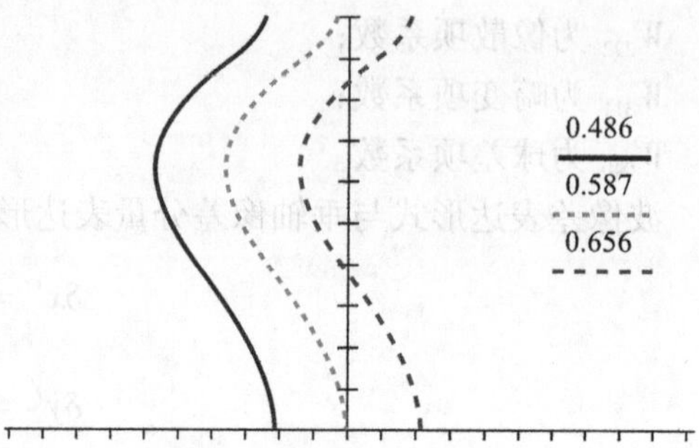

图 2－39　各色球差曲线图

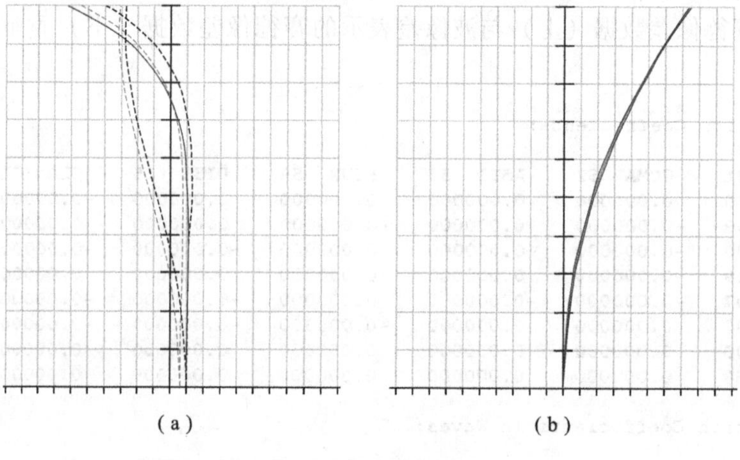

图 2－40　场曲和畸变曲线

（a）细光束子午、弧矢场曲曲线；（b）百分畸变曲线

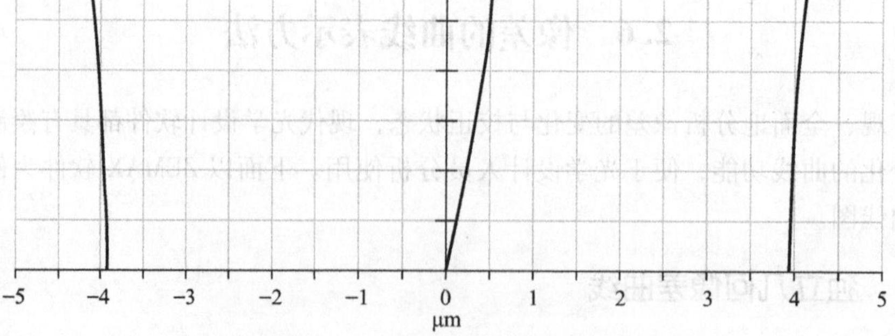

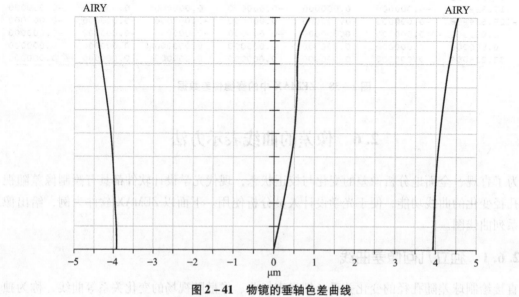

图 2－41　物镜的垂轴色差曲线

ZEMAX 软件中没有绘制彗差曲线，但彗差状况可以从光线像差（垂轴像差分量）曲线中分析。

2.6.2　光线像差（垂轴分量）曲线

光线像差（垂轴分量）曲线绘制了不同视场子午与弧矢垂轴像差随孔径的变化关系，横轴表示归一化孔径，纵轴表示垂轴像差。分析光线像差曲线，不但可以掌握不同视场点目标成点像的弥散情况，而且可以解析各种独立几何像差的量值与校正状态。图 2 -42 表示了同一柯克物镜光线像差的垂轴分量曲线，ZEMAX 软件中称之为 Ray aberration。图 2 -42 中分别给出 0°视场、0.7 视场（14°）和 1.0 视场（20°）的光线像差曲线。每一视场中的左图表示子午面内光线像差的 y 分量 ey（相当于 $\delta y'$，其 x 分量 $ex=0$，相当于 $\delta x'=0$）随归一化光瞳坐标 py 的变化关系，右图表示了弧矢面内光线像差的 x 分量 ex 随光瞳坐标 px 的变化关系。

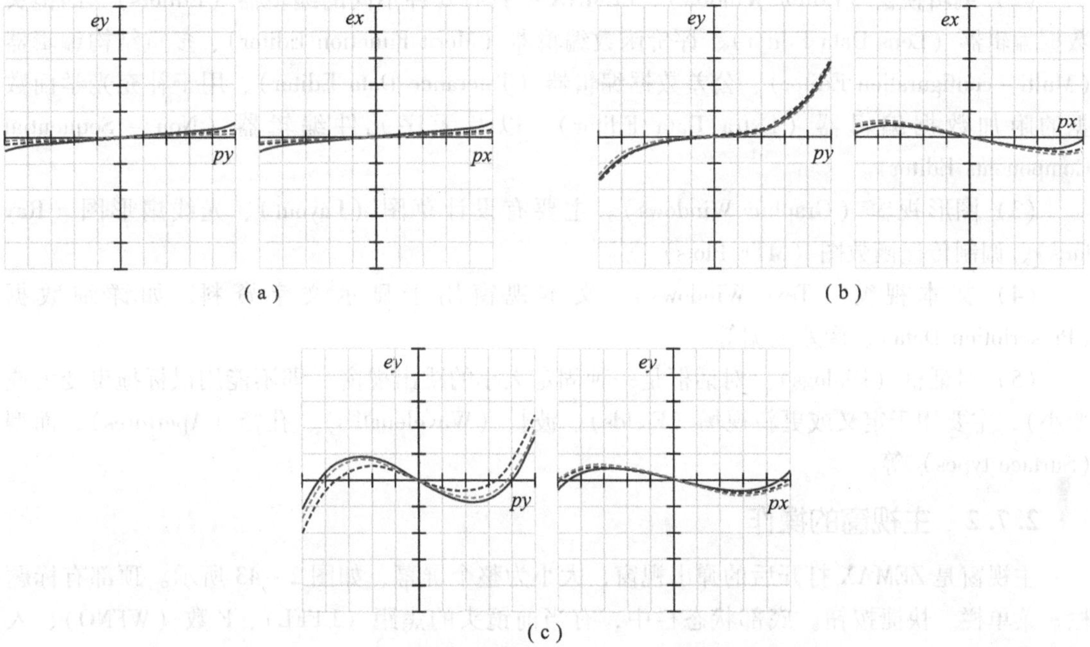

图 2 -42　光线像差的垂轴分量曲线

(a) 0°视场；(b) 0.7 视场（14°）；(c) 1.0 视场（20°）

这是一组非常适用的光线像差曲线图，其中包含了系统各种几何像差的丰富信息。例如，由原点处的曲线斜率可以解析系统的离焦、场曲、球差的欠或过校正信息，以及垂轴色差量值。由每一视场中的左图中间波长曲线相对于旋转对称状态的偏离程度，可以判断子午彗差的大小及是否存在孔径高级彗差，等等，具体解读见本章 2.9 节。

2.7　ZEMAX 软件简介

ZEMAX 是由美国 Focus Software Incorporated 公司（现已改名为 Zemax Development Corporation）公司设计的专用光学设计软件包。软件版本逐步升级，早期有 8.0、9.0、10.0 版，有 2003 版、2004 版，现在有 2013 版，甚至更高的版本。最新版本界面已经改变风格，归整了一些功能聚类，但包含的主要要素，如透镜数据编辑器、光学特性参数定义、评价函数编辑器、公差数据编辑器、局部优化与全局优化模块等核心要素没有改变。本书以2013版以前的界面为蓝本，介绍ZEMAX软件的基本情况。

ZEMAX是Windows平台上的视窗式用户界面，视窗的操作习惯同Windows平台，快捷键风格同Windows。

2.7.1 ZEMAX的视窗类型

ZEMAX的视窗类型，基本上同Windows，不同类视窗可以完成不同任务，主要视窗类型分为5种。

（1）主视窗（The main Window）。ZEMAX启动后，进入主视窗。主视窗顶端有标题栏（title bar）、菜单栏（menu bar）、工具栏（tool bar）。

（2）编辑视窗（Editor Window）。ZEMAX中具有6种不同的编辑器（Editors），即镜头数据编辑器（Lens Data Editor）、评价函数编辑器（Merit Function Editor）、多重结构编辑器（Multi - configuration Editor）、公差数据编辑器（Tolerance Data Editor）、用于补充光学面数据的附加数据编辑器（Extra Data Editor），以及无序元件编辑器（Non - Sequential Components Editor）。

（3）图形视窗（Graphic Windows）。主要有设计草图（Layout）、光线扇形图（Ray fans）、调制传递函数图（MTF Plots）等。

（4）文本视窗（Text Windows）。文本视窗用于显示文字资料，如详细数据（Prescription Data）、像差数据等。

（5）对话框（Dialogs）。对话框是一种固定大小的跳出视窗（即不能用鼠标拖曳变大或变小），主要用于定义或更新视场（Fields）、波长（Wavelengths）、孔径（Apertures）、面型（Surface types）等。

2.7.2 主视窗的操作

主视窗是ZEMAX打开后的弹出视窗，大小为整个屏幕，如图2-43所示。顶部有标题栏、菜单栏、快捷按钮。底部状态栏中，有当前镜头的焦距（EFFL）、F数（WFNO）、入瞳直径（ENPD）、总长（TOTR）。

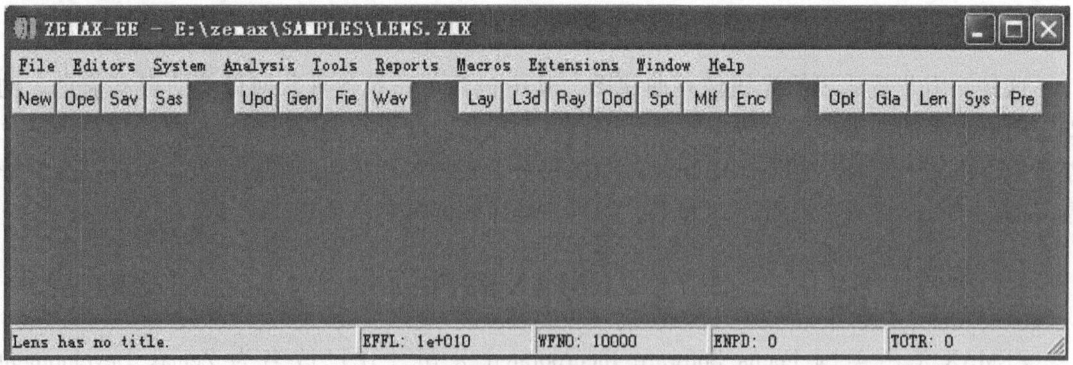

图2-43 ZEMAX主视窗

主视窗中快捷按钮和状态栏内容可以由用户重新定义。菜单栏有以下9种。

1. 文件（File）

用于镜头文件的打开（Open）、新建（New）、存储（Save）、重命名（Save as）等，其中 Preferences 可用于修改窗口中文字大小、快捷按钮、状态栏内容等。

2. 编辑器（Editors）

ZEMAX 中所有编辑器打开或唤醒的汇总。通过该菜单可打开或唤醒 Lens data editor、Merit function editor 等。

3. 系统（System）

用于更新或定义光学系统的光学特性数据，如相对孔径、视场与工作波长范围等。

4. 分析（Analysis）

这是 ZEMAX 中重要菜单之一，是像质评价与分析的主要工具，对于其中主要的选项数据含义、单位等要理解透彻。这些主要选项有：Fans 中的 Ray aberration；点列图（Spot diagrams）、调制传递函数（MTF）、点扩散函数（PSF）、波像差（Wavefront）、圆内能量集中度（Encircled Energy）、杂项（Miscellaneous）中的场曲与畸变（Field Curv/Dist）、轴向球差（Longitudinal aberration）、垂轴色差（Lateral Color）。

5. 工具（Tools）

也是 ZEMAX 中的重要菜单之一，主要分成7大块（用横线格开）。第一块用于光学镜头的局部优化设计（Optimization）、全局优化（Global Search、Hammer Optimization）等。第二块用于镜头的公差分析，计算传函点列图、波差等的变化量表。第三块用于查看玻璃库或向玻璃库追加或删除玻璃记录，或者寻找简单的透镜数据，并能插入到透镜数据编辑器（Lens data editor）中。第四块是简单的镀膜模型。第五块是关于系统中镜头的孔径定义，可以与渐晕系数配合使用。第六块主要用于按焦距或放大率缩放当前系统；在当前系统中加入或删除折转反射镜。第七块这里不作讨论。

6. 报告（Report）

用于形成镜头设计结果的报告，可以为每一个光学面形成报告（Surface data）；可以为镜头系统形成高斯参数或光学特性参数的报告（System data）；也可以给出设计结果的详细数据报告（Prescription data）。

7. 宏编程（Micros）

用于执行已编译的宏程序。宏程序的编程过程：

（1）使用一般的文本编辑器或使用 ZEMAX 自带的编辑功能创建扩展名 *. Zpl 的文件，该文件放于 ZEMAX 目录下的 Micros 目录中。

（2）使用 ZEMAX 提供的命名或函数库进行程序编写。

（3）用 Micros 菜单下的"Run/Edit Zpl Micros…"执行宏程序。宏程序可以提取光线追迹数据、像质指标等，可以定义新的优化设计用操作符等，执行时，宏程序作用的对象是当前的镜头系统。

8. 外部程序接口（Extensions）

在 ZEMAX 环境中，使用该接口，可以执行外部扩展名为 *. EXE 的执行程序，用于与 ZEMAX 交换数据，或 ZPL 宏不能完成的功能。外部程序可以用 C 语言等编程工具完成。

9. 视窗（Windows）与帮助（Help）菜单功能

与 Windows 平台中的相应功能相同。

2.8 ZEMAX 中光学系统的建立实例

2.8.1 设计要求

拟设计光学系统的技术指标：

$$f' = 200\text{mm}$$

视场角 $2\omega = 30°$，$\dfrac{D}{f'} = 1/10$；工作波长 $\lambda = 0.55\mu\text{m}$。

物距：①物距位于有限远，近轴放大率为 1；②物距位于无穷远。

2.8.2 初始结构

2.8.2.1 选取方法

初始结构选取方法有二：①从国内外的光学设计手册、专利、镜头数据库中选取；②如果手中没有以上资源，则需要进行计算，找出满足光焦度、视场等光学特性要求的雏形，作为初始结构。

现以第二种方法为例，建立初始结构。

2.8.2.2 计算建立初始结构

由总光焦度及视场要求，至少要两个组分构成，总光焦度为

$$\Phi = \Phi_F + \Phi_B - d\Phi_F\Phi_B \tag{2-46}$$

设两组分光焦度相等，即 $\Phi_F = \Phi_B$，则式（2－46）变成

$$\Phi = 2\Phi_F - d\,\Phi_F^2 \tag{2-47}$$

式（2－47）中，Φ 为已知量，Φ_F 为未知量，经解二次方程得

$$\Phi_F = \frac{1}{d}\left[1 \pm \sqrt{1 - d\Phi}\right] \tag{2-48}$$

如果使用双凸透镜，且两个凸面曲率半径大小相等，则曲率半径为

$$R_F = 2\,\frac{(n-1)}{\Phi_F} \tag{2-49}$$

代入设计要求，选透镜材料为 ZF1（$n_d = 1.64767, v_d = 33.87$），工作的波长为 $\lambda = 0.55\mu\text{m}$，则初始结构在 ZEMAX 中的数据输入界面如图 2－44 所示。

Lens Data Editor

Edit Solves Options Help

	Surf:Type	Comment	Radius		Thickness		Glass	Semi-Diameter	Conic	Par 0
OBJ	Standard		Infinity		Infinity			0.000000	0.000000	
1	Standard		343.020000		15.000000		ZF1	10.309831	0.000000	
2	Standard		-343.020000		90.000000			10.135498	0.000000	
STO	Standard		Infinity		90.000000			6.628069	0.000000	
4	Standard		343.020000	P	15.000000	P	ZF1	3.125913	0.000000	
5	Standard		-343.020000	P	54.683968	M		2.719430	0.000000	
IMA	Standard		Infinity					0.018174	0.000000	

图 2－44 初始结构数据输入界面

2.8.3　其他光学特性参数的输入方法

2.8.3.1　General 输入相对孔径

General 功能可以由“System”→“General…”选取，也可以由桌面上“Gen”快捷键来打开，打开后的 General 对话框如图 2－45 所示。

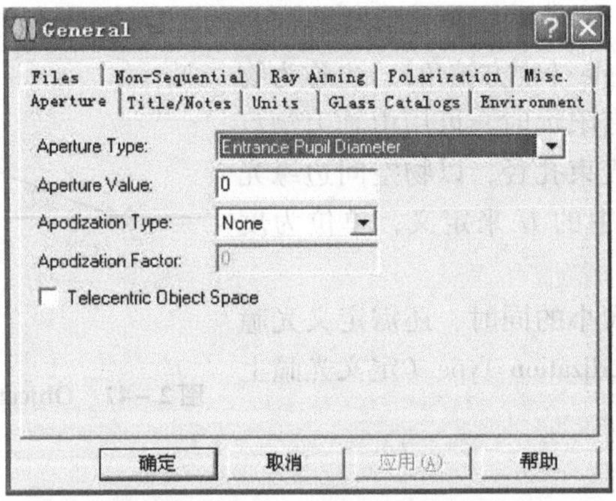

图 2－45　General 对话框

由图 2－45 可以看出，General 对话框中，有 Environment、Polarization、Misc.、Non－Sequential、Aperture、Title/Notes、Glass Catalogs、Ray Aiming 等选项。

相对孔径的定义在 Aperture 中完成。下面选择常用选项，阐述它们的含义。

1. Aperture

Aperture type 用于定于相对孔径，即轴上物点光束大小。定义的种类有：

（1）Entrance Pupil Diameter（入瞳直径）。当物体位于无限远时，可以选择它来定义，相当于定义相对孔径。此时在 Aper Value 中输入具体入瞳直径数值，选择 Lens Units 为 Millimeters（mm）。

（2）Image Space F/#（像方 F 数）。物体无论位于无限远，还是有限远，都可以用像方 F 数定义相对孔径，其物理含义为：“近轴有效焦距（EFFL）/入瞳直径”，此时在 Aper Value 中输入 F 数。

（3）Object Space Numerical Aperture（物方数值孔径 NA）。当物体位于有限远时，可用之定义，其含义为 $NA = n \cdot \sin\theta$，n 为物方介质折射率，θ 为高斯边缘光线孔径角，如图 2－46 所示。

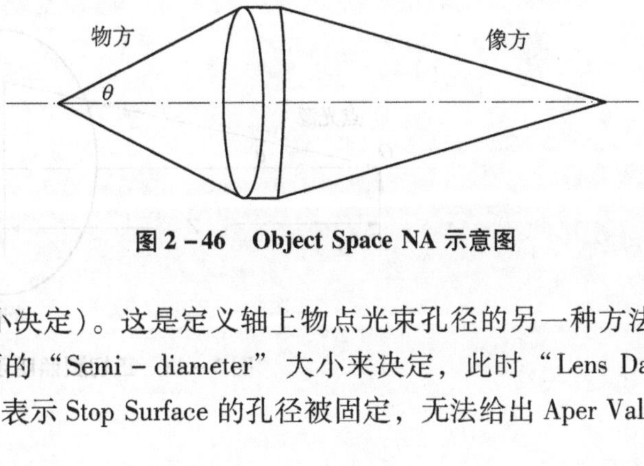

图 2－46　Object Space NA 示意图

在 Aper Value 中输入 NA 值。

（4）Float by stop size（由光阑大小决定）。这是定义轴上物点光束孔径的另一种方法，即由 Lens data Editor 中光阑（stop）面的“Semi－diameter”大小来决定，此时“Lens Data Editor”中光阑大小值右边显示“U”，表示 Stop Surface 的孔径被固定，无法给出 Aper Value

（自动变暗）。

（5）Paraxial Working F/#。称之为近轴工作 F 数，它的定义式为

$$F-\text{number}=\frac{1}{2n'\tan\theta} \tag{2-50}$$

式中，n' 为系统像方折射率；θ 为高斯边缘像方光线孔径角。在计算 θ 过程中，认为系统无像差，按照理想系统的边缘光线追迹方法。在 Aper Value 中输入 F 数，注意与前面的 Image Space F/#区别。

（6）Object Cone Angle（物方锥角）。也称为物方孔径角。当物体位于有限远时，可用由轴上物点发出的边缘光线来定义光束孔径，以物空间边缘光线的半角，即图 2-47 中的 U 来定义，单位为度（°），可以大于 90°。

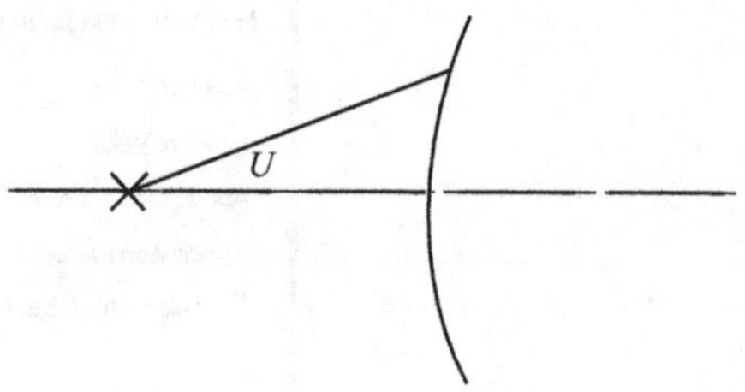

图 2-47　Object Cone Angle 定义示意图

定义成像光束孔径大小的同时，还需定义光瞳面上的照明状态，即 Apodization Type（定义光瞳上光强分布）。

选项有：

None 表示光瞳被均匀照明；

Gaussian 表示光瞳上光振幅扰动为高斯型，即

$$A(\rho)=e^{-G\rho^2} \tag{2-51}$$

式中，ρ 为光瞳归一化极坐标；G 为切趾（apodization）因子，如果 $G=0$，表示光瞳被均匀照明，一般 $G<40$。

Tangential 表示正切型光瞳光振幅分布，即

$$I(r)=\frac{Z^3}{(Z^2+r^2)^{\frac{3}{2}}} \tag{2-52}$$

式中，Z 为光瞳面上小面元到点光源的距离；r 为光瞳面上的位置坐标（离开光轴的距离），如图 2-48 所示。光瞳中心（轴上）为 0，最大值一般被归一化为单位 1。光振幅 $A(\rho)=\sqrt{I(r)}$。如 r 采用归一化的坐标 $r=\rho H$，其中 $0<\rho<1$，H 为光瞳半径。此时 $A(\rho)$ 为

$$A(\rho)=\frac{1}{[1+(\rho\tan\theta)^2]^{\frac{3}{4}}} \tag{2-53}$$

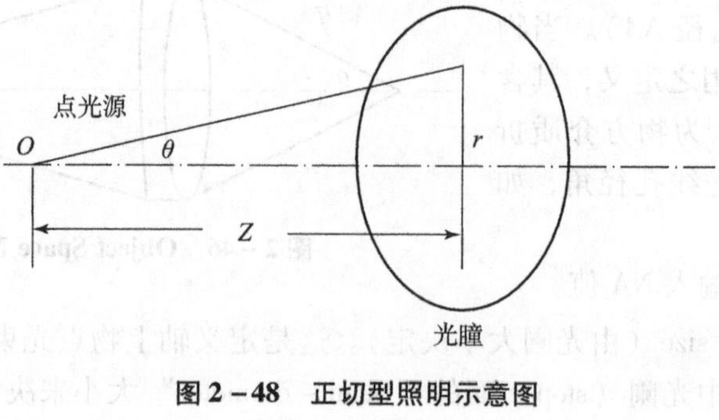

图 2-48　正切型照明示意图

式（2－53）中，θ 由 $\tan\theta = \frac{\rho H}{Z}$ 决定。

2. General 对话框中的其余常用功能

（1）Glass Catalogs（玻璃库）。ZEMAX 提供了德国 Schott、日本 Hoya、Ohara、美国 Corning、中国成都光明 CDGM 等玻璃生产厂商的玻璃库，还有红外、塑料材料（PMMA）、双折射材料等内建玻璃库。

过去老版（如 10.0）ZEMAX 软件内建玻璃库中没有中国玻璃库，此时，要选用中国玻璃库，有两种方法：

①使用 Len data Editor 视窗中 Glass 栏的 Model 功能，输入 v_d，n_d 即可；

②建立中国玻璃库，可以通过按 Schott 玻璃拟合公式中的 $A_0 \sim A_5$ 输入系数建立玻璃库，也可以建立每一个牌号 n（k）数据文件，通过 Tools→Glass Catalogs→Fit index Data→Load index data→Fit 过程建立玻璃库中玻璃牌号记录。

（2）Ray Aiming。适用于孔径光阑不在物方的大视场镜头设计中，确保主光线通过孔径光阑的中心。选项有：

①No Ray Aiming。这是 ZEMAX 预设选项，表示不进行光线瞄准，此时 ZEMAX 认为光瞳无像差。对于中等视场的光学系统，可以用该选项。但是对于大相对孔径或大视场光学系统，会存在严重的光阑像差，光阑像差的表现为：光瞳位置随视场值变化；光瞳边缘发生变形。

②Aim to aberrated（real）stop height。对于大视场光学系统，通常选该项，用于消除光阑像差。含义是：瞄准有像差时的孔径光阑高度。使用该选项后，ZEMAX 计算像差，孔径光阑大小由来自物面中心的主波长边缘光线在光阑面上的交点决定。然后使用迭代法追迹光线，找出一根经过孔径光阑中心的光线（此时不一定经过入瞳或出瞳中心，但经过像差校正后，也会同时经过入、出瞳中心），作为主光线。

③Aim to unaberrated（paraxial）stop height。该选项与前一选项的明显区别，在于该选项假设镜头系统没有像差，使用理想情况下的近光线追迹来瞄准光阑中心，优点是计算时间短。

2.8.3.2　Fields 对话框中定义视场

通过 System→Fields…可以打开视场定义对话框，如图 2－49 所示，该图中首先给出视场种类定义的四个选项：角度（视场角）、物高、近轴像高、实际像高，其中视场角单位为度（°），线视场的单位为 ZEMAX 选择的 Lens Units，一般为 mm。

视场类型勾选之后，一次可以勾选 12 个视场序号，即最多可定义 12 个视场。X－Field 与 Y－Field 同时选用时，适用于非旋转对称光学系统，或探测器靶面为矩形的光学系统；对于旋转对称系统，一般仅在 Y－Field 栏中输入数据，定义子午面内的视场。Weight 用于定义各个视场的权重。

对于大视场光学系统，一般要考虑渐晕现象，由渐晕系数来描述。ZEMAX 提供了 4 个参数，即 VDX、VDY、VCX、VCY，用来描述渐晕现象，其中 VDX、VDY 用于定义光瞳中心位置的 x、y 偏心；VCX、VCY 用于定义渐晕因子。当 VDX＝VDY＝VCX＝VCY＝0，表示无渐晕现象，对于旋转对称系统，仅使用 VDY 与 VCY 即可。

如轴上物点光瞳归一化坐标为 P_x、P_y，有渐晕时轴外光瞳归一化坐标为

$$\begin{cases} P_x' = \mathrm{VDX} + P_x(1 - \mathrm{VCX}) \\ P_y' = \mathrm{VDY} + P_y(1 - \mathrm{VCY}) \end{cases} \tag{2-54}$$

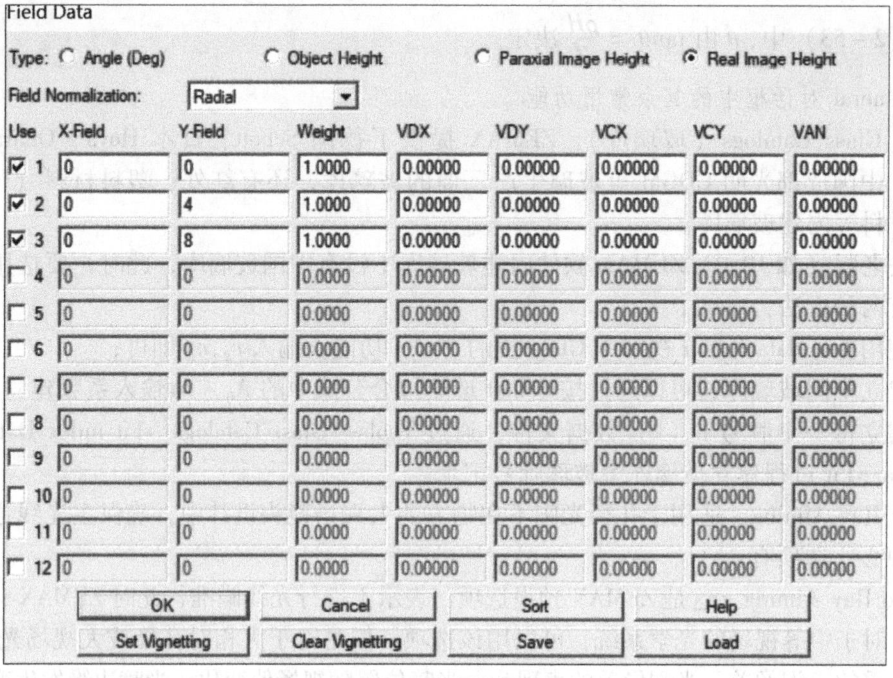

图 2-49　Fields 定义对话框界面

例如，图 2-50 表示了旋转对称光学系统在偏心 VDY=0.3，渐晕系数 $VCY=1-\dfrac{O'a}{H}$ 的渐晕光瞳，其中 H 为轴上物点光瞳半径，$O'a$ 表示轴外物点光瞳渐晕时的子午面上的半径，此时，VDX=0，VDY=0.3，VCX=0，$VCY=1-\dfrac{O'a}{H}$。

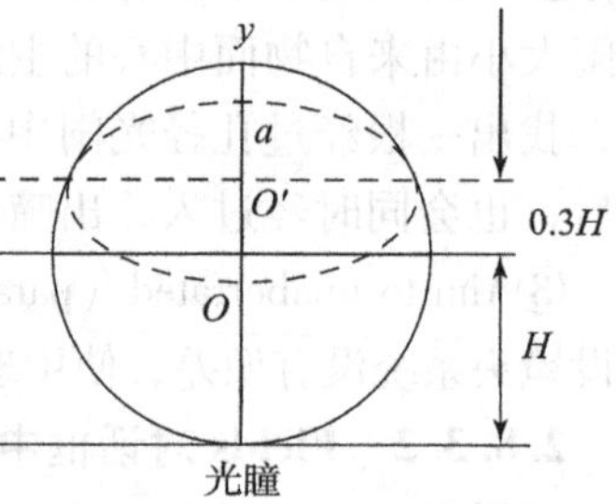

图 2-50　渐晕定义示意图

考虑渐晕后，优点为：①可以缩小透镜的口径，节省加工成本；②可以把引起严重轴外像差的光线去除掉（即选择光阑位置消除轴外像差）。

图 2-49 中，底部的 Set Vigneting 按钮，由 ZEMAX 可自动设置渐晕系数。在两种状态下可以自动设置渐晕系数：

（1）Lens data Editors 中，某一光学面的通光直径固定。

（2）使用 Tools→Convert Semi-Diameters to Floating Apertures。

Save 与 Load 对已建好的视场数据可以完成存储与调用，文件扩展名为 *.Fld。

2.8.3.3　Wavelengths 定义镜头工作波长

通过桌面上的快捷键 WAV 或 System→Wavelengths 打开 Wavelengths 对话框，可以定义最多 24 个波长，波长单位为 μm。典型波长的数据已经存储在对话框中，可以用通过 Select 选用。其中，“Primary” 定义的是主波长，用于计算镜头系统的单色像差。

2.8.3.4　本例中的光学特性数据输入方法

（1）定义近轴工作 F 数（Paraxial working f-number）为 10，选择 System→General…→Aperture→Paraxial working f-number。在 Aper Value 中输入 10。

（2）定义半视场 0：10.5 和 15°，选择 System→Fields⋯→，在对话框中，选用 1，2，3，视场序号，输入 Y－Field 分别为 0，10.5 和 15°。不定义权重与渐晕因子等。

（3）对有限远物距 1 000mm，在 Lens Data Editors 中 Object 的 Thickness 输入 1 000，目前镜头系统的近轴放大率可能不为 －1.0，输入恰当的有限远物距后，可经过优化设计，改变物距或改变结构参数以保证近轴放大率要求。

2.8.4　ZEMAX 中的像质评价方法

建立了初始结构如图 2－44 所示的镜头数据及关学特性参数以后，可以用 Analysis→Layout→3D Layout，画出初始结构的光学系统草图。如图 2－51 所示，由 3D Layout，可以检查输入数据是否存在错误，与预想的结构形式是否一样；然后，可以运用 ZEMAX 的像质评价功能对初始结构进行评价。当然，像质评价功能可以贯穿于光学设计的中间过程与最终设计环节之中。下面我们选取主要的像质评价指标，说明指标的具体含义。

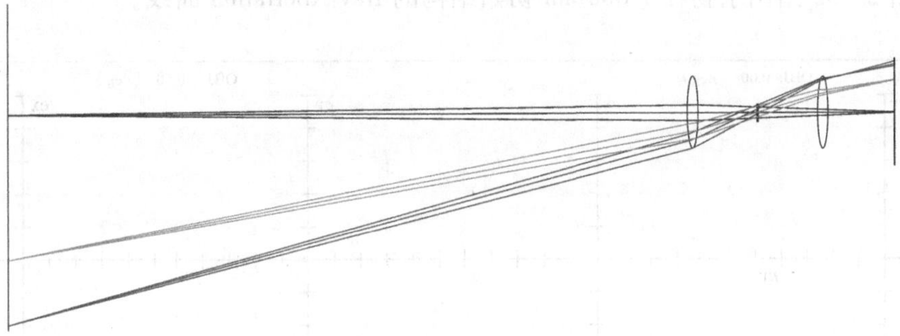

图 2－51　光学系统草图

2.8.4.1　Fans（光扇图）

光学中的 Fans，可以翻译成光扇图，与光学设计中的子午面和弧矢面的光线结构相对应。由任一物点发出的不同孔径高的光线组分别在子午面内和弧矢面内，形成子午扇形光线与弧矢扇形光线组，由这些扇形光线组描述与像差有关的像质指标，可统称为 Fans。因此，Fans 描述的是子午与弧矢两个截面内的像差曲线图。共有 Ray Aberration、Optical path 和 Pupil Aberration 三种。

（1）Ray Aberration。描述的是几何像差的垂轴表示法曲线。由 2.3～2.6 节，我们知道，独立几何像差是按几何光线的空间结构来定义的。轴上有球差、高级球差两种单色像差，有轴向色差（一般取 0.707h）、色球差、二级光谱三种色差；轴外有子午像差、弧矢像差与主光线像差；子午面与弧矢面单色像差有场曲、彗差、像散，主光线像差有畸变、垂轴色差。再考虑视场与孔径的高级像差时，种类更加繁多，有沿轴（或轴向）像差，也有垂轴像差，每一种像差反映了几何光线在成像时的空间位置结构，如果镜头系统理想成像，所有的像差必须为 0，数据量大，不利于总体掌握成像情况。

几何像差的垂轴表示法，只考虑由一个物点发出的子午面或弧矢面内不同孔径光线，在像面上交点离开主光线交点的变化情况，相当于弥散大小；不去考虑到底是沿轴分量的像差，还是垂轴分量的像差，让我们产生综合的印象。

Ray Aberration 为 Fields 对话框中定义的每一个视场序号，绘制出像面（xoy 平面）上 x 分量像差（x－aberration）和 y 分量像差（y－aberration）随光线孔径高的变化曲线。一般的，x

- aberration 用 *ex* 表示，*y* - aberration 用 *ey* 表示，光线孔径高用 *px*、*py* 表示。

在子午面（*yoz* 平面）内，某一物点（视场序号表示）发出不同孔径高的光线，经过镜头系统后，光线均在子午面内，光线坐标中 *px* = 0，*py* 从 0 到 1 变化，因此离开主光线在像面上交点的位置表示只有 *y* 分量（*y* - aberration），*x* - aberration 均为 0，即 Tan Fan（子午光扇图）只有 *y* - aberration，只有 *ey* - *py* 关系曲线图。

在弧矢面（*xoz* 平面）内，某一物体发出的不同孔径高的光线，此时光线坐标 *px* 从 0 到 1 变化，*py* = 0。这些光线经过镜头系统后，孔径高绝对值相等的光线对仍以子午面对称，即与像面交点离开主光线交点位置偏差既具有 *x* 分量（*x* - aberration），也具有 *y* 分量（*y* - aberration）；且光线对的 *x* - aberration 大小相等，符号相反，*y* - aberration 相等；Sag Fan（弧矢光扇图）既有 *ey* - *px* 曲线，也有 *ex* - *px* 曲线，*ey* - *px* 以 *ey* 呈轴对称，*ex* - *px* 曲线以原点呈旋转对称。

在旋转对称系统中，轴上物点的子午面与弧矢面相同，所以其 *ey* - *py* 与 *ex* - *px* 曲线完全相同。图 2 - 52 给出了物在 1 000mm 初始结构的 Ray Aberration 曲线。

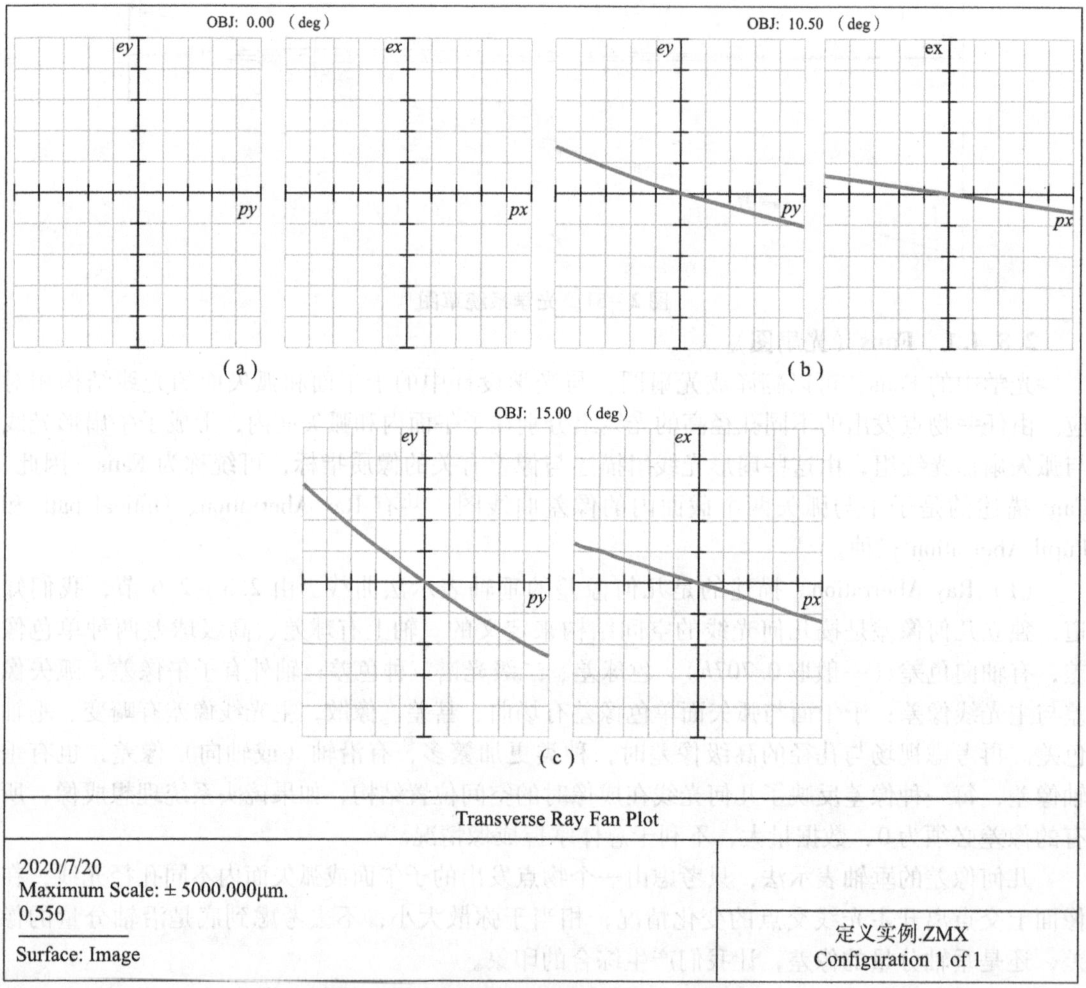

图 2 - 52　例子的 Ray Aberration 的曲线

(a) 0 视场；(b) 10.5°视场；(c) 15°视场

图 2 - 52（a）是 0 视场的 Ray Aberration 曲线，图 2 - 52（b）是 10.5°视场角的 Ray Aberration 曲线，图 2 - 52（c）是 15°视场角的 Ray Aberration 曲线。每一条曲线的横坐标为归一化光瞳坐标，由 - 1.0 变化到 1.0。纵坐标表示几何像差在像面上的弥散情况，其每一格值由图下方给出的 Maximum Scale 确定。图 2 - 52 中，纵轴正半轴大小为 5 000μm，每一格值为 1 000μm。所以 0 视场弥散像差很小，10.5°视场子午弥散半径近似为 1 500μm，弧矢弥散半径为近 800μm，15°视场子午弥散半径近似为 3 000μm，弧矢弥散半径近似为 1 300μm。

如果在 Ray Aberration 曲线窗口中，选择 Setting 或在任一位置，右击鼠标，将弹出"Setting 设置"对话框，对话框中选项的含义列于表 2 - 5。

表 2 - 5 Ray Aberration 中的 Setting 选项含义

选项	含义
Plot Scale	绘图比例，输入的数值用于定义纵轴正半轴长度，单位为 μm；数值越小，曲线被放大，数值越大，曲线被压缩，0 表示正半轴最大数值自动选定
Number of Rays	子午或弧矢面主光线两侧追迹的光线数目
Wavelength	波长序号选项，All 表示全选
Field	视场，All 表示全选
Tangential	每一视场中左边曲线纵轴像差的选项，有 x - aberration 与 y - aberration 两种选项，如选 x - aberration，纵轴变为 ex，否则为 ey
Sagital	每一视场中右边曲线纵轴像差的选项，有 x - aberration 与 y - aberration 两种选项，如选 x - aberration，纵轴变为 ex，否则为 ey
Use Dashes	选中，则曲线以黑白虚线表示
Check apertures	选中，则检查光线是否在每个光学面上的有效通光孔径内
Vignetted Pupil	选中，则横轴 1.0 表示轴上物点的光瞳直径，对大视场光学系统，如存在渐晕，则轴外视场的 Ray Aberration 曲线中横轴取值会小于 1.0，能明显地反映渐晕现象；如不选，横轴 1.0 可以表示渐晕时的光瞳归一化孔径，取值从 0 变化到 1.0，曲线反映不出渐晕现象。此时，0 视场与轴外视场曲线中横轴 1.0 表示的绝对孔径长度是不相等的

（2）Optical path。显示光瞳归一化坐标（px，py）为横轴的光程差曲线，相当于一维波差曲线。纵轴为光程差，以主光线所走过的光程为基准。

（3）Pupil Aberration。反映光瞳像差。表示实际主光线与光瞳面交点，离开高斯主光线与光瞳面交点的距离，一般用占光瞳半径的百分数表示，图 2 - 53 给出了物在 1 000mm 处初始结构的光瞳像差曲线，由图 2 - 53 可以看出，由于物位于子午面内，在子午面内存在明显的光瞳像差，表示轴外光瞳偏心。此时，如不消除光瞳像差，会影响各种轴外像差值的准确计算，如选 System→General…→Ray Aiming→Aiming to aberrated（real）stop height，则可很好地消除光瞳像差。

2.8.4.2 Stop Diagrams（几何点列图）

Ray Aberration 仅能反映子午、弧矢面内光线造成像的弥散情况，几何点列图则能反映

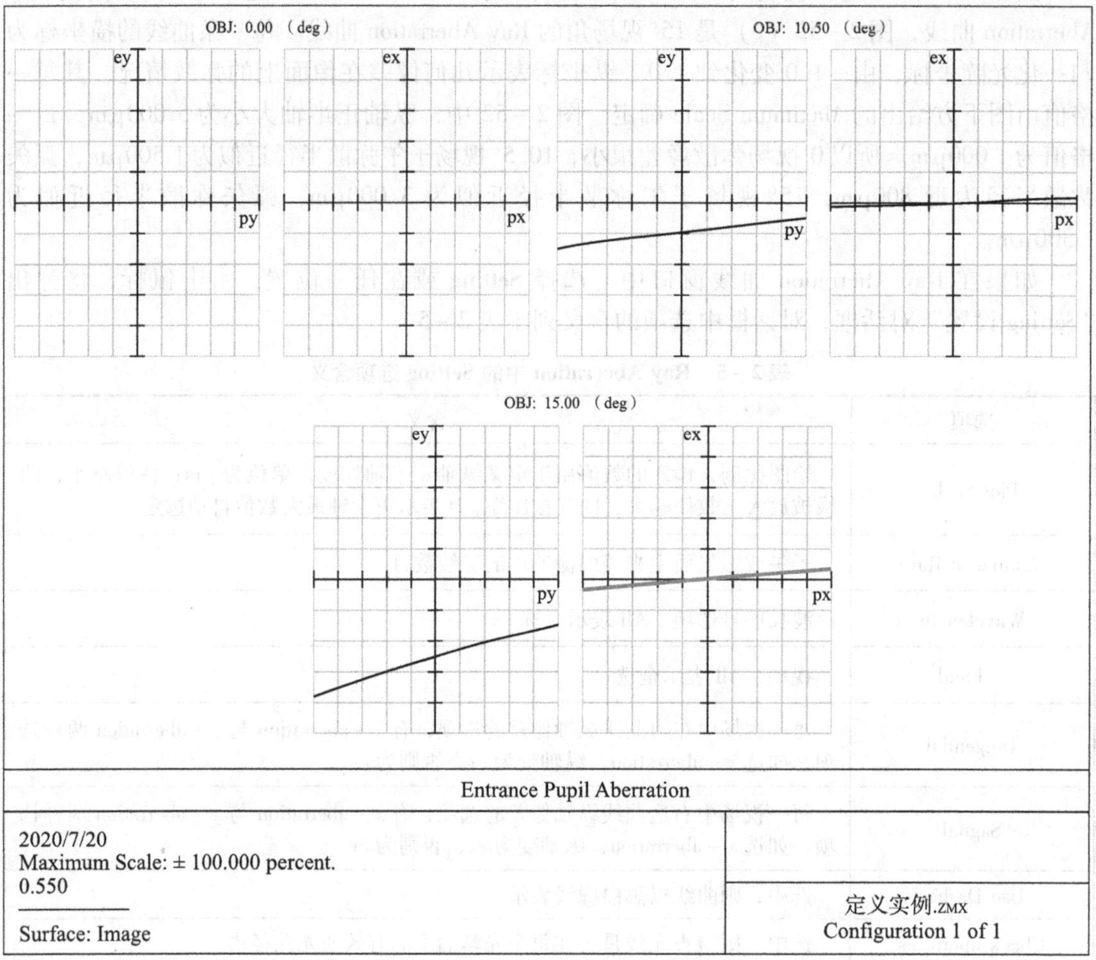

图 2 –53　物在 1 000mm 处初始结构的 Pupil Aberration

任一物点发出充满入瞳的光锥在像面上的交点弥散情况。

几何点列图通常以主光线与像面交点为原点，进行量化计算点列图的弥散情况，ZEMAX 在此基础上，还给出以虚拟的“质心”“平均”为原点的量化点列图。

图 2 –54 表示了本节例子物在 1 000mm 处初始结构的像面点列图。使用点列图评价像质，除了观察点列图形状外，一般还使用两个指标，即：图 2 –54 下方的 RMS Radius 与 GEO Radius，单位一般为 μm。前者表示点列图中大多数点的分布范围，即集中的弥散半径；后者表示点列图弥散的实际几何半径。有时，如仅有两根光线与像面交点散得厉害，而其他光线分布比较集中，即 RMS Radius 值较小，而 GEO Radius 较大，仍认为像质比 RMS Radius 值较大时好一些。

过去在设计使用胶卷的照相物镜时，常用点列图进行像质评价，如果每一视场点列图的 RMS Radius 小于 15μm，则可认为设计中的照相系统已具有较好的像质。

图 2 –54 给出了三个视场的点列图情况，由点列图的图案及 RMS Radius、GEO Radius 值也可以估算独立几何像差大小，即可以判断是什么样的像差影响点列图的减小。从图 2 –54

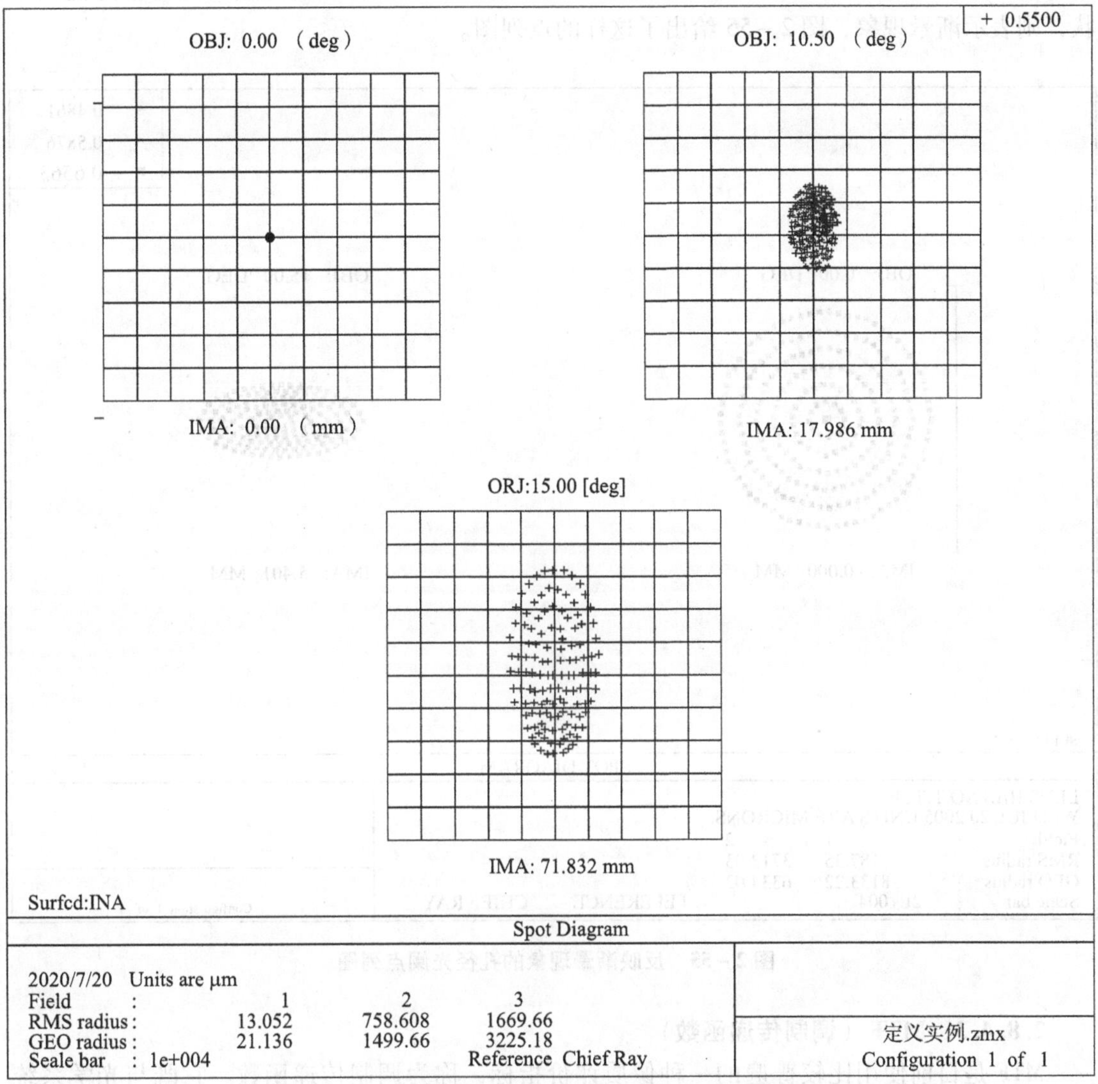

图 2－54　本节实例物在 1 000mm 处初始结构的点列图

中，可以明显地看出场曲与像散是该初始结构主要存在的几何像差。

点列图（Spot Diagrams）的表现形式有 5 种：标准点列图（standard）、离焦点列图（Through Focus）、反映视场像高的点列图（Full Field Spot Diagrams）、随视场与波长变化的点列图阵列（Matrix Spot Diagrams）、随视场与多重结构变化的点列图阵列（Configuration Matrix Spot Diagram）。其中常用的是标准点列图。

计算点列图时入瞳上光线的选取有以下几种：有极径、极角划分的极坐标形式，在 ZEMAX 中称为 hexapolar（六极向）；有直角坐标网格划分的方形网格式（Square）形式；ZEMAX 中还提供了基于伪随机方法的颤抖式（dithered）光瞳划分方法。

如将点列图设置（Setting）中的 Surface number 由像面改变成其他光学面序号，此时点列图反映光线与光学面的交点分布，也反映光学面的通光情况；如将 Surface number 设置成光阑面序号，则此时点列图可反映光阑通光面的形状；如轴外光阑面点列图分布为椭圆形状，则表示渐晕现象，图 2－55 给出了这样的点列图。

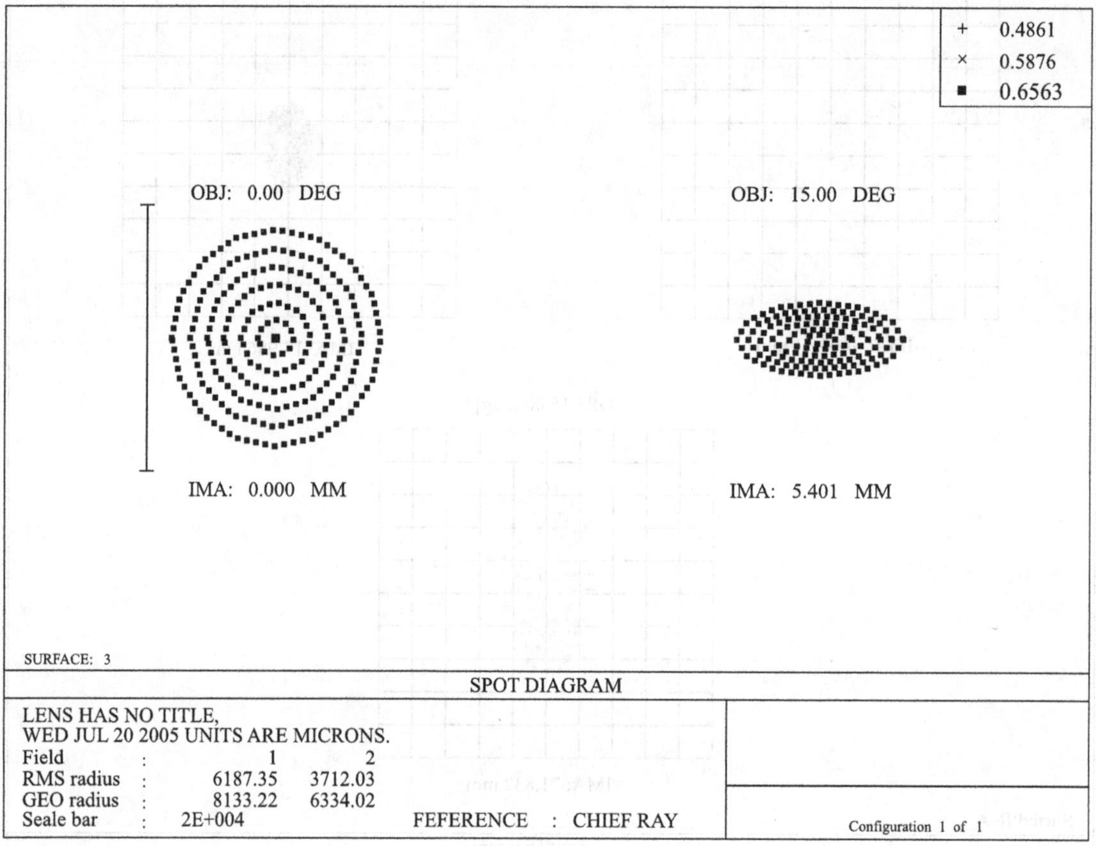

图 2－55 反映渐晕现象的孔径光阑点列图

2.8.4.3 MTF（调制传递函数）

MTF 是目前使用比较普遍的一种像质评价指标，称为调制传递函数。它既与光学系统的像差有关，又与光学系统的衍射效果有关，是光学传递函数（OTF）的模。曲线横轴表示像面上的空间频率，单位为 1/mm，即每毫米多少对线；纵轴表示分辨这些黑白细实线物的调制度。

任何一种物信息都可以细分到点，也可以细分到线。MTF 的物理含义是：应用傅里叶变换原理与光学系统相干成像理论，计算出镜头对逐渐变细的黑白线对分辨的调制度。

据计算模型的不同，MTF 可分为三类：

（1）FFT MTF：基于快速傅里叶变换，先计算 PSF（点扩散函数），再由 PSF→MTF。

（2）Huygens MTF：基于惠更斯波面包络原理，先计算出瞳面上的光瞳函数，然后把出瞳面细分，看成次级光源，再向像面传递；因此计算惠更斯传函时，要将出瞳面细分网格，也将像面细分网格采样。

（3）几何 MTF：基于几何点列图，转化成子午面或弧矢面上的线扩散函数，再经傅里叶变换，得到调制传递函数。

以上几种 MTF 都可客观评价成像质量，由于计算模型不同，计算结果会出现较小差别，但变化趋势及量值不会差别很大，使用时要注意以下概念的区别：

（1）从计算速度上看，FFT MTF 最快，Huygens MTF 与 Geometric MTF 速度较慢，但在初始结构像质太差（如波差 PV > 6λ）时，FFT MTF 计算会显示出错，这是正常现象，此时几何传函仍可进行正常计算，只是传函值太低。

（2）从网格采样来看，FFT MTF 与 Geometric MTF 只需对像面（或物面）空间坐标进行 $2^n \times 2^n$ 网格采样，但 Huygens MTF 因计算模型差别，还要增加对出瞳面网格采样，这是导致 Huygens MTF 计算速度变慢的主要原因。

（3）FFT MTF 与 Huygens MTF 都能计算出 Surface MTF（即 3D - MTF），但 Geometric MTF 一般只计算子午与弧矢面上 MTF，不提供 Surface MTF。

在使用 MTF 进行像质评价时，要注意以下几个方面问题：

（1）对每一种镜头系统，要据物面特征、探测器像素与响应情况，确定评价时的特征频率和对比度阈值，确定特征频率处的 MTF 值至少为多少，否则无法确定 MTF 曲线的好坏；截止频率（υ_c）跟镜头系统的 F 数及工作波长（λ）有关，即 $\upsilon_c = \dfrac{1}{\lambda F}$。

（2）查看 MTF 数值时，要看多色 MTF 在每一个视场处的子午和弧矢传函曲线，还要查看每一个波长下每一个视场处的子午和弧矢单色传函曲线，并注意选择恰当的离焦量。

（3）MTF 值跟波像差、点列图等像质指标一样，只反映成像清晰度，不反映变形，所以要检查物像相似程度，还要再看畸变曲线。

ZEMAX 在 MTF 曲线计算中，还可以绘制 Through Focus MTF 及 MTF vs. Field 曲线，通过查看不同视场、某一离焦量范围内特征频率处的传递函数值，由此可选择恰当的离焦量。

图 2 - 56 给出了某一多媒体投影物镜的复色 MTF 曲线。一般情况下，无须查看截止频率处的传递值，因此实际评价像质时，会选择比特征频率稍大一些的最大频率范围，对常规成像镜头系统，最大频率可选 50/mm，或者 100/mm 左右。图 2 - 56 中选择了最大频率为 50/mm。

2.8.4.4　PSF（点扩散函数）

PSF（Point Spread Function）反映点物经过镜头系统后，因像差或衍射在像面上造成的扩散情况，横轴为像面上的线性尺度，纵轴为归一化能量（强度）分布。PSF 的计算模型也有 FFT 和 Huygens 两种。PSF 一般使用在精细成像或小像差系统场合。

2.8.4.5　Wavefront（波像差）

波像差也是一种评价成像质量的常用指标，可用于小像差光学系统和大像差光学系统。同时，因有瑞利标准（波像差小于 λ/4，镜头系统成像质量接近理想），使波像差评价像质易被量化，只是对大像差系统时，可将波像差容限取成 2 ~ 4 倍的瑞利标准。

波像差跟视场有关，由一个视场物点发出充满入瞳面的光线，相当于一个球面波入射，经过镜头系统后，出射波面因像差的存在发生变形，表示存在波像差。因此，对于一个视场，某一波长下，计算波像差时，要对入瞳面进行网格点采样，一般采样密度为 $2^n \times 2^n$，由光线追迹，计算每一个光线到达像面时所走过的光程差。波像差是一种相对光程差，一般取主波长（Primary wavelength）主光线所走过光程作为参考光程，相当于取主光线跟像面的交点，作为参考球面的球心，并使参考球面经过出瞳中心。

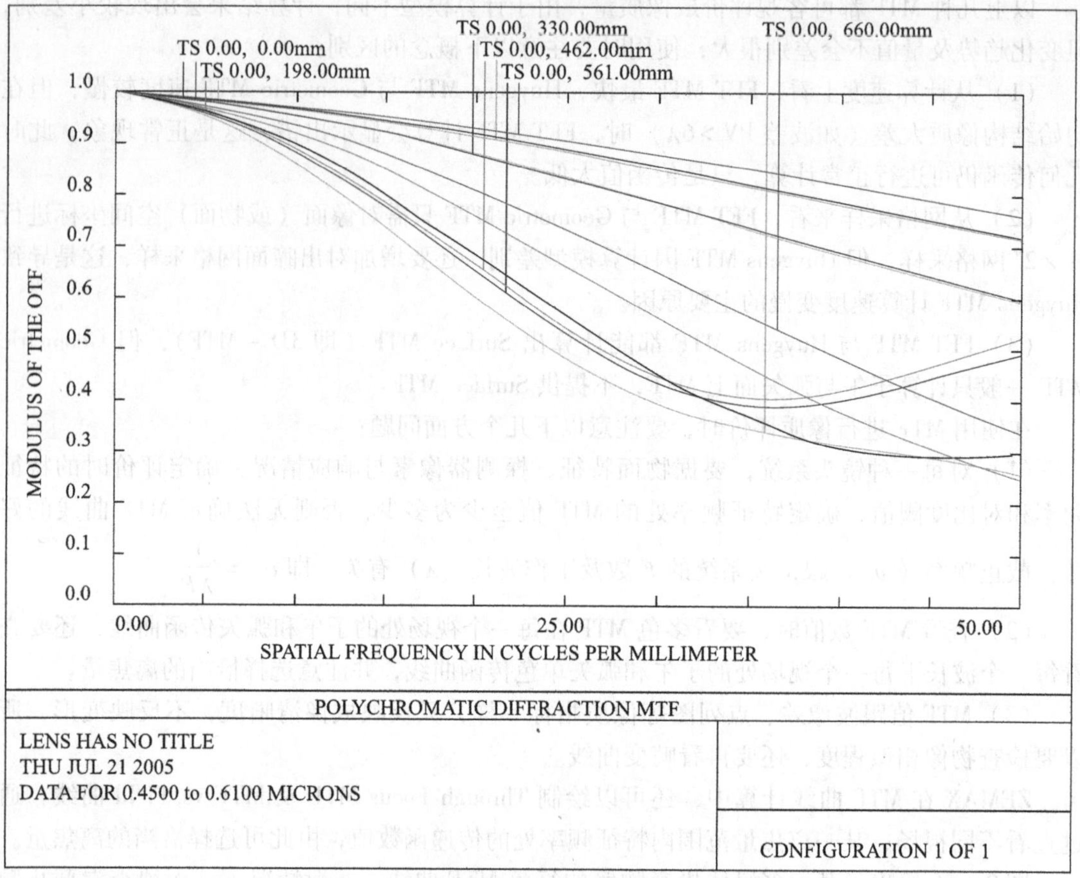

图 2-56　某一投影物镜的复色 MTF 曲线

显示波像差图时，可通过 Analysis→wavefront→Wavefront Map 给出某一视场、某一波长下的三维波面图，如需查看其他波长、视场下的波像差图，则要使用表 2-6 所示的设置(Setting)。

表 2-6　Wavefront Map 对应的设置选项

选项	含义
Sampling	选择光瞳面采样密度，得到波像差的 X，Y 坐标点阵
Rotation	对波面进行旋转显示的选项
Scale	显示比例选项，一般情况下不做放大与缩小，取为 1。如取成小于 1 的值，则波像差高度方向被缩小；如取成大于 1 的数，则波像差高度方向被放大
Wavelength	工作波长序号选项，只有单一波长序号选项，无 All 选项，表示不能计算复色波像差
Field	波差图对应的视场序号选项
Reference to Primary	复选框，对应于参考球面的选取。选中，表示用主波长参考球面；不选，不用主波长参考球面。对轴上物点，选与不选没有差别；对轴外物点，选与不选结果不一样，不选可体现垂轴色差的影响

续表

选项	含义
Use Exit Pupil Shape	复选框，对应于光瞳形状的选取。如果存在光瞳像差，则选与不选结果不一样；如光瞳像差被消除时，选与不选无差别
Show as	波像差图的显示形式选项

ZEMAX 对波像差还提供了 Interferogram 和 Foucault Analysis 的菜单选项，前者可以为两束光相干以干涉图表示，尤其适用于分析干涉系统；后者用于产生傅科刀口阴影图。

2.8.4.6　Miscellaneous（其他）

Miscellaneous 可以翻译成“其他”或“杂项”，表示不太重要或不入大类的功能。Miscellaneous 中放置几何像差的分析功能，按先后顺序，有细光束场曲与畸变（Field Curvature/Distortion）、轴向球差（Longitudinal Aberration）、垂轴色差（Lateral Color）。

（1）Field Curvature/Distortion（细光束场曲与畸变曲线）细光束场曲与畸变曲线，之所以称之为细光束场曲，是因为场曲曲线不与光束孔径有关。图 2－57 给出了本节例子物在 1 000mm 处初始结构的场曲与畸变曲线。

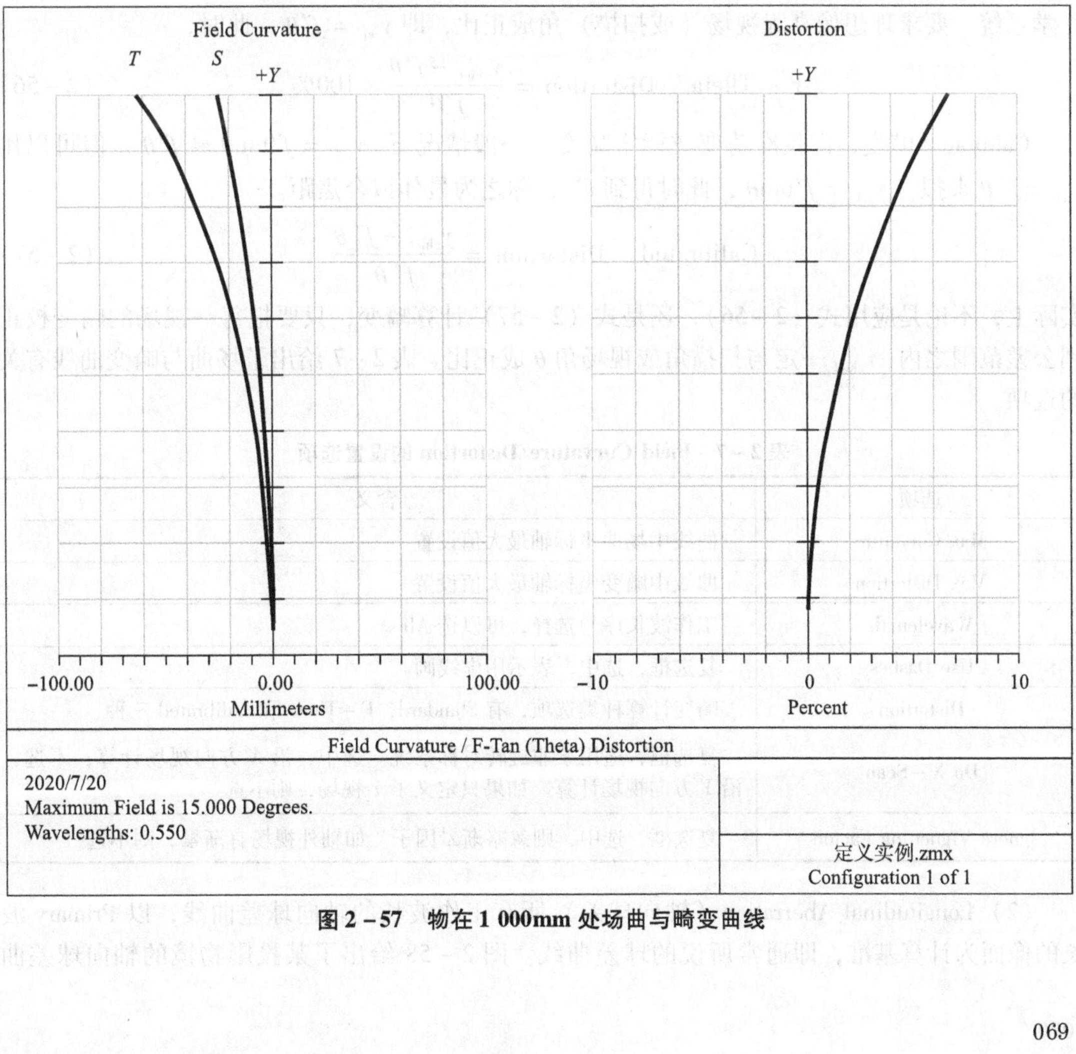

图 2－57　物在 1 000mm 处场曲与畸变曲线

图2-57左边为细光束子午、弧矢场曲，如果工作波长有多个，则图中会给出每一个波长的细光束子午、弧矢场曲；图2-57右边为归一化百分畸变。图2-57两个曲线图的纵轴都是归一化视场。图2-57的左图横轴为场曲，单位为mm；图2-57右图横轴为百分畸变。由图2-57还可以看出像散信息。

细光束场曲反映了不同视场点的细光束像点离开像面的位置变化，初级细光束场曲与视场的平方成正比，其对成像的影响，是使一平面物体成一弯曲像面。细光束像散反映了子午和弧矢细光束像点（或子午与弧矢弯曲像面）的不重合而分开的轴向距离。

畸变属于主光线像差，反映物像的相似程度，如小于1%，则认为物像几乎完全相似。实际使用时，根据镜头的功用还会衍生出其他计算形式，主要有：标准畸变；F-Theta畸变；校准（Calibrated）畸变。

标准畸变，与式（2-21）相同，ZEMAX也采用常规的定义形式，即

$$\text{Distortion} = \frac{y_{\text{chief}} - y_{\text{ref}}}{y_{\text{ref}}} \times 100\% \tag{2-55}$$

其中，y_{chief}为主光线与像面的交点高度，y_{ref}为理想像高，如物在无限远，且视场角为θ，则$y_{\text{ref}} = f'\tan\theta$，$f'$为镜头系统的焦距。

F-Theta畸变，俗称$f\theta$畸变，为扫描仪或傅氏变换透镜专用的畸变形式，因为这一类光学系统，要求理想像高跟视场（或扫描）角成正比，即$y_{\text{ref}} = f'\theta$，此时，

$$\text{F-Theta Distortion} = \frac{y_{\text{chief}} - f'\theta}{f'\theta} \times 100\% \tag{2-56}$$

Calibrated畸变，即校准畸变或标定畸变。一般情况下，$y_{\text{ref}} = f'\tan\theta \neq f'\theta$，但可以用$y_{\text{ref}} = f^{*}\theta$来拟合$y_{\text{ref}} = f'\tan\theta$，此时得到$f^{*}$，称之为最佳拟合焦距。

$$\text{Calibrated Distortion} = \frac{y_{\text{chief}} - f^{*}\theta}{f^{*}\theta} \tag{2-57}$$

实际上，不论是应用式（2-56），还是式（2-57）计算畸变，只要把每一视场的畸变校正到公差范围之内，y_{chief}一定与扫描角或视场角θ成正比。表2-7给出了场曲与畸变曲线有关的选项。

表2-7　Field Curvature/Distortion的设置选项

选项	含义
Max Curvature	曲线中场曲坐标轴最大值设置
Max Distortion	曲线中畸变坐标轴最大值设置
Wavelength	工作波长序号选择，可以选 All
Use Dashes	复选框，选中，表示用虚线画
Distortion	畸变计算种类选项，有 Standard，F-Theta 和 Calibrated 三种
Do X-Scan	复选框，适用于非旋转对称系统。选中，沿 X 方向视场计算；不选，沿 Y 方向视场计算。如果只定义了 Y 视场，则不选
Ignore Vignetting Factors	复选框，选中，则忽略渐晕因子。如轴外视场有渐晕，则不选

（2）Longitudinal Aberration（轴向球差）所有工作波长的轴向球差曲线，以Primary波长的像面为计算基准，即通常所说的球差曲线。图2-58给出了某投影物镜的轴向球差曲

线。其中，左边一根曲线为主波长的球差曲线，中间一根曲线为 C 光球差曲线，右边一根为 F 光球差曲线。

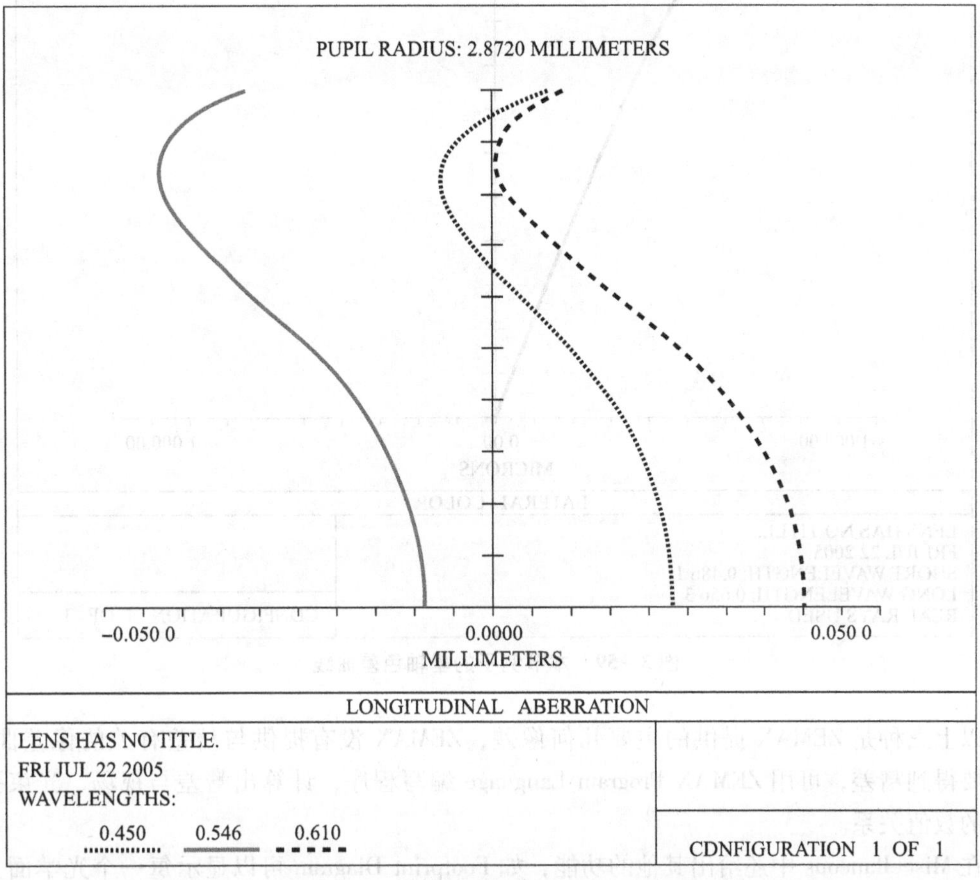

图 2-58 某投影物镜的轴向球差曲线

图 2-58 中轴向球差曲线纵轴表示归一化孔径。横轴表示轴向球差值，球差与光束孔径之间的数值关系，由 Longitudinal Aberration 曲线视窗中 "Text" 给出详细数据。由球差曲线，可以看出单色球差值、高级球差数值、0.707 孔径轴向色差和色球差数值。Primary 波长球差曲线在 0 孔径时的球差值，表示镜头系统的像面与高斯像面之间有无离焦量。

球差一般用于评价轴上物点的成像质量，如果镜头系统具有大相对孔径，那么球差是影响成像质量的主要像差，且球差与光束孔径高之间的关系已不仅仅是二次函数关系（即初级球差），还会存在高次方关系（指高级球差）。

(3) Lateral Color（垂轴色差），又称倍率色差，是主光线的像差。物方的一根复色主光线，因折射系统存在色散，在像方出射时将变成多根光线，F 光和 C 光在像面上的交点位置之差，称为垂轴色差。图 2-59 表示了本节例子工作波长选成 F、D、C 光时的垂轴色差曲线，图 2-59 中纵轴是归一化视场，横轴为垂轴色差数值，单位为 μm（Microns）。垂轴色差是一种只与视场有关的像差，如果视场不大则呈现与视场的线性关系，如视场较大，但还会出现与视场的三次方关系；也可以对每一种波长绘出它与 Primary 波长交点之间差值的垂轴色差曲线。

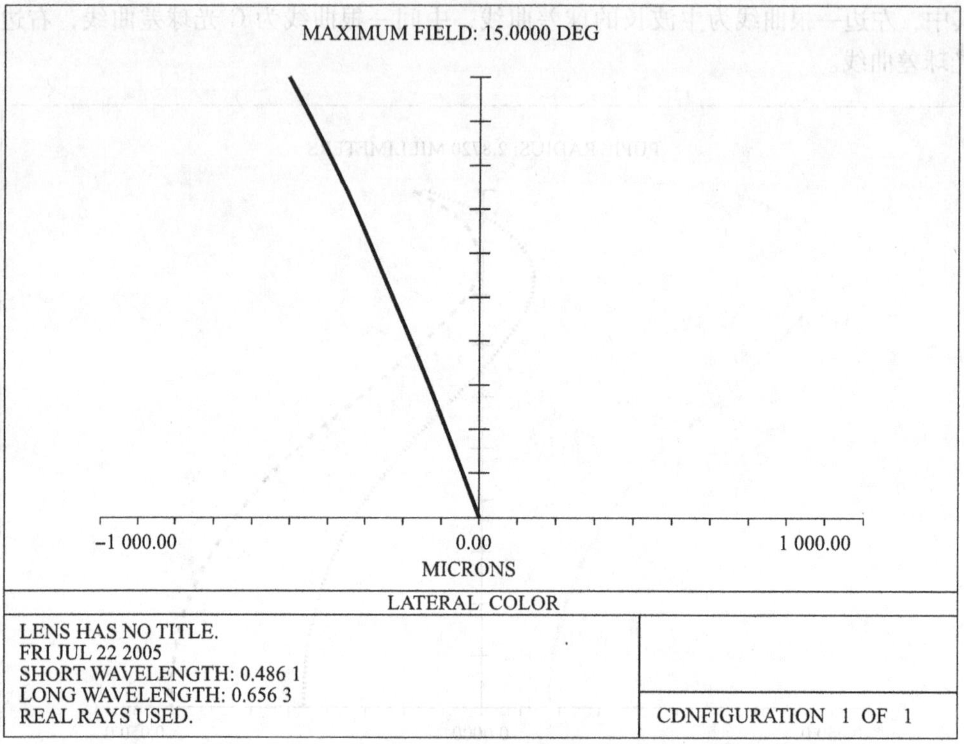

图 2-59　本节例子的垂轴色差曲线

以上三种是 ZEMAX 提供的主要几何像差，ZEMAX 没有提供与彗差有关的像差曲线。如果要得到彗差，可用 ZEMAX Program Language 编写程序，计算出彗差与视场、光束孔径之间的数值关系。

在 Miscellaneous 中还给出其他的功能，如 Footprint Diagram 可以显示每一个光学面上的通光情况，用于查看渐晕或检查表面通光面积；$Y-\bar{Y}$ bar Diagram 是国外教材和专著讨论较多的作图法光学设计方法。Y 指轴上物点边缘光线在每一个光学面上的高度，$\bar{Y}$ 指全视场主光线在每一个光学面上的高度。从理论上来讲，只要知道每一个光学面上的 Y、$\bar{Y}$，以及拉氏不变量，就能求出每一个光学面的曲率 C_j、焦距及光学面之间的间隔，且解为唯一的。

2.9　ZEMAX 中几何像差垂轴表示法（Ray Fans）的解读

ZEMAX 中直接给出独立几何像差情况可供分析与评价的数据结果并不多，也就是所谓的 Miscellaneous 中，给出了轴向球差、细光束场曲与畸变、垂轴色差这几种独立几何像差。借助于这几种像差数据，不能全面评价和指出系统设计下一步改进方向，尤其是对成像质量影响较大的彗差，没有给出专门的彗差曲线或数据供设计者查看。

获得彗差的途径有两种：

（1）通过光线追迹数据，用 ZEMAX 宏语言编写 ZPL（ZEMAX Program Language）程序，计算与绘制彗差曲线。

（2）通过垂轴几何像差曲线，依据像差概念，得到彗差或其他独立几何像差。

第一种途径，对设计人员的要求较高，一方面需理解编程，另一方面需熟悉像差概念与计算方法。第二种途径是借助于 ZEMAX 已经提供的 Ray aberration 曲线图，结合像差定义与光线结构，“取出”我们需要的像差数据。

由 Ray aberration 图，可看出几何像差存在时的综合弥散情况，还可看出其他独立几何像差的大小，如由原点处曲线的斜率可以反映轴向像差量，诸如球差、场曲、离焦的大小，图 2－52 中表明目前初始结构的场曲较大；再如由曲线边缘孔径（±1.0）处的 y－aberration 之和，能够反映彗差值的大小；如果工作波长是一光谱段，则每一视场的 Ray Aberration 曲线中每一幅图有三根曲线，反映波长序号为 1、2、3 的 Ray aberration 数据。这样，Ray Aberration 曲线中，1、3 波长的曲线与 ey 轴的交点之差反映垂轴色差的大小。随着视场的变化，可以看出垂轴色差的变化。

图 2－60 是典型双高斯物镜的 Ray Aberration 曲线图，该双高斯物镜工作在可见光波段，最大视场半角为 14°，系统定义了 0°视场、10°视场、14°视场，共三个视场，下面结合像差概念与计算方法，阐述几何像差的垂轴表示法（Ray Fans）中的像差解读方法。

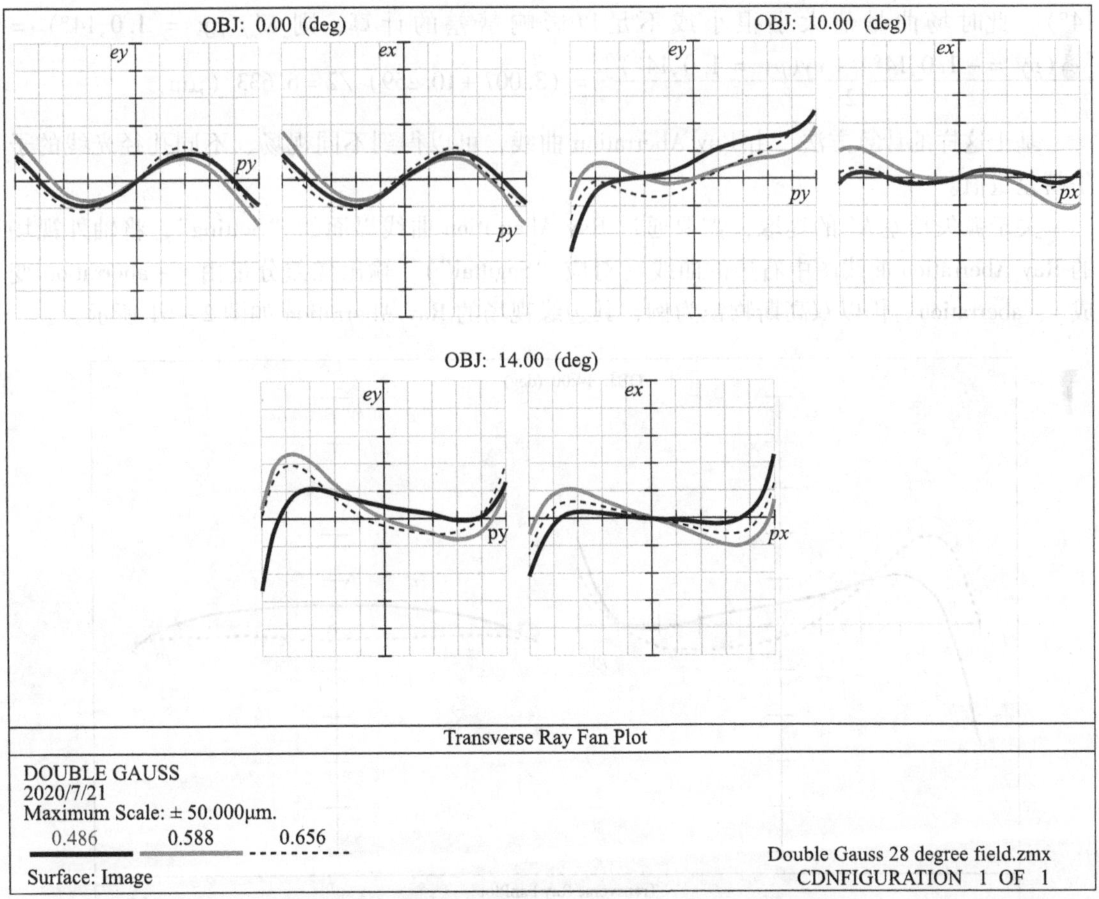

图 2－60　典型双高斯物镜的 Ray Aberration 曲线图

像差量值接近于 0 的 Ray Aberration，一定是每根曲线贴着横轴延伸。任何造成曲线上翘的因素，都对应某种像差，造成弥散圆变大，降低成像质量。

2.9.1 彗差的提取

彗差为轴外像差，有子午彗差、弧矢彗差两种。根据彗差的光线结构，是由一对子午或弧矢的光线对在像方交点偏离主光线的垂轴距离来度量的，其本质是反映了光线对在像方相对于主光线的不对称性。如果光线对仍以主光线对称，则线对交点位于主光线上，与主光线的夹角绝对值相等，光线对在像面上的交点偏离主光线及像面交点的 y 方向垂轴距离绝对值必然相等；反之，如果不相等，就是光线对相对于主光线不对称，则必然存在彗差。

有了以上的认识，从 Ray Aberration 曲线提取彗差的问题也就迎刃而解。如图 2－60 中 10°视场与 14°视场 Ray Aberration 的左边曲线，是反映随光瞳坐标 py 变化的光线与像面交点偏离主光线及像面交点的 y 方向偏差，光瞳坐标 py 从 －1 到 1 变化，对应子午面上的光线对；如果提取中间波长的彗差，则查看图 2－60 中 0.588μm 波长的曲线，使用 Ray Aberration 曲线界面的“Text”功能，可以查到具体的数据，如 14°视场的数据如表 2－8 所示。将表 2－8 中 py 大小相等、符号相反的行对应的数据，看成子午光线对的像差数据，这样，$ey(py=-1.0,14°)+ey(py=1.0,14°)$，如果值不为 0，则边缘视场的边缘孔径线对存在子午彗差 $K'_T(py=1.0,14°)$。此时场曲量值大小很小或不足以影响彗差的计算，则 $K'_T(py=1.0,14°)=\dfrac{[ey(py=-1.0,14°)+ey(py=1.0,14°)]}{2}=(3.007+10.259)/2=6.633$（μm）。

基于这样的计算方法，由 Ray Aberration 曲线，可以得到不同视场、不同孔径光线的子午彗差量值。

关于弧矢彗差 K'_s 的提取，需要通过 Ray Aberration 曲线界面的“Setting”，将轴外视场的 Ray Aberration 曲线图中右边的曲线（对应“Sagittal”），输出像差分量由 x－aberration 变成 y－aberration。仍以双高斯物镜为例，其边缘视场的 Ray Aberration 如图 2－61 所示。

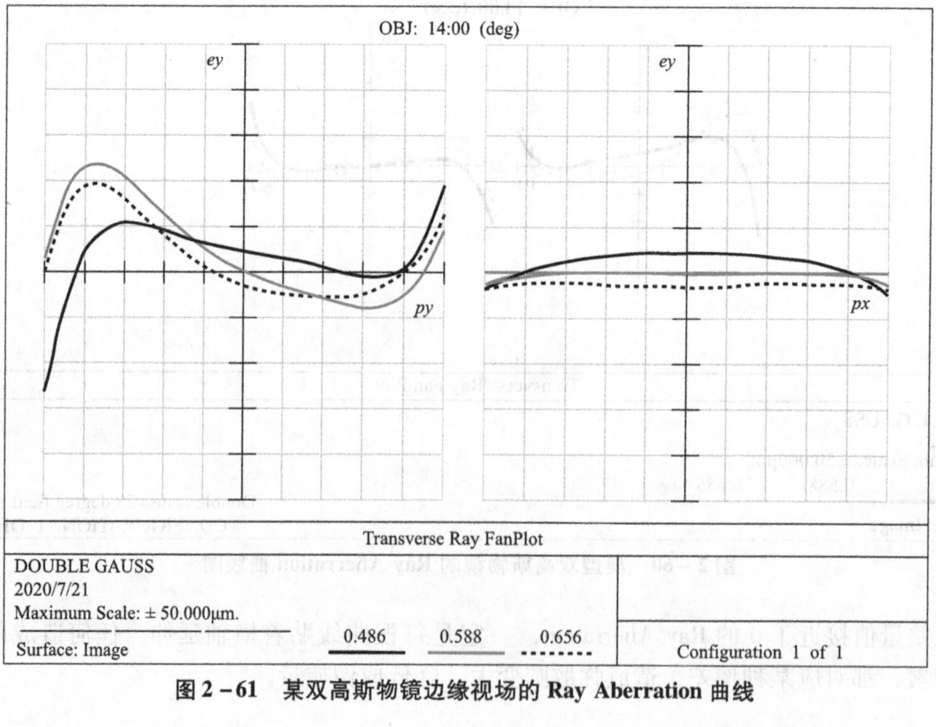

图 2－61 某双高斯物镜边缘视场的 Ray Aberration 曲线

此时右边的曲线纵坐标变成 *ey*，横坐标是 *px*，代表弧矢面的光线对。图 2－61 中与三个波长对应的三根曲线都具有轴对称性，以纵轴对称。此时中间波长（对应波长序号 2）不同孔径的 *ey* 量值，就是边缘视场不同孔径的弧矢彗差数据。

表 2－8　典型双高斯物镜在边缘视场 14°的三个波长的垂轴像差数据

单位：μm

Tangential fan，field number 3＝14.00（deg）

Pupil	0.486 100	0.587 600	0.656 300
－1.000	－26.566 027	3.007 131	0.100 477
－0.950	－14.756 269	11.790 770	8.547 091
－0.900	－6.005 082	17.688 471	14.139 082
－0.850	0.318 355	21.326 392	17.504 983
－0.800	4.732 581	23.217 767	19.159 586
－0.750	7.663 065	23.782 354	19.523 584
－0.700	9.457 805	23.362 230	18.939 516
－0.650	10.400 092	22.234 682	17.684 770
－0.600	10.719 024	20.622 817	15.982 285
－0.550	10.598 213	18.704 346	14.009 404
－0.500	10.183 059	16.618 905	11.905 251
－0.450	9.586 841	14.474 185	9.776 905
－0.400	8.895 873	12.351 115	7.704 612
－0.350	8.173 877	10.308 252	5.746 214
－0.300	7.465 732	8.385 541	3.940 925
－0.250	6.800 697	6.607 556	2.312 589
－0.200	6.195 227	4.986 310	0.872 511
－0.150	5.655 425	3.523 721	－0.378 065
－0.100	5.179 226	2.213 796	－1.445 758
－0.050	4.758 356	1.044 593	－2.343 081
0.000	4.380 102	－0.000 000	－3.086 652
0.050	4.028 952	－0.938 626	－3.695 538
0.100	3.688 129	－1.790 913	－4.189 708
0.150	3.341 055	－2.576 007	－4.588 550
0.200	2.972 771	－3.311 140	－4.909 429
0.250	2.571 344	－4.010 204	－5.166 253
0.300	2.129 295	－4.682 317	－5.368 022
0.350	1.645 055	－5.330 340	－5.517 329

续表

Pupil	0.486 100	0.587 600	0.656 300
0.400	1.124 507	-5.949 314	-5.608 787
0.450	0.582 613	-6.524 802	-5.627 347
0.500	0.045 183	-7.031 086	-5.546 477
0.550	-0.449 190	-7.429 189	-5.326 155
0.600	-0.846 978	-7.664 680	-4.910 647
0.650	-1.077 320	-7.665 204	-4.226 004
0.700	-1.049 286	-7.337 685	-3.177 228
0.750	-0.648 777	-6.565 138	-1.645 028
0.800	0.265 061	-5.202 982	0.517 910
0.850	1.863 978	-3.074 777	3.491 261
0.900	4.355 465	0.032 765	7.492 126
0.950	7.988 435	4.375 641	12.780 981
1.000	13.059 960	10.259 498	19.668 745

2.9.2 像面与近轴像面之间离焦量的判别

对于像面与近轴像面离焦量的判别，需要解读轴上物点的 Ray Aberration 曲线数据。近轴光束确定近轴像面，离焦量是实际像面偏离近轴像面的轴向距离，因此我们要特别关注曲线在 $py=0$ 附近的走向。如果没有离焦量，实际像面就是近轴像面，则曲线在坐标原点附近变化趋势并不陡峭，即原点附近曲线斜率 $\left.\frac{ey}{py}\right|_{py}=0$；反之，则在原点附近曲线斜率不为0。

图2-60中0°视场的曲线在坐标原点处存在明显的斜率，表明实际像面偏离近轴像面，由系统数据知实际像面的像距为57.315mm，其近轴像距为57.498mm，因此离焦量为0.183mm，具体离焦量可以由 Longitudinal Aberration 曲线得到验证。图2-62给出了双高斯系统的 Longitudinal Aberration 曲线。由该曲线可以看出在孔径为0时的球差数据不为0，中间波长存在不到0.2mm的离焦。

2.9.3 场曲的判别

与轴向离焦一样，系统的场曲是否严重，需要查看轴外视场 $ey-py$ 与 $ex-px$ 的 Ray Aberration 曲线。仍然是查看这些曲线中中间波长（ZEMAX 中的 Primary wavelength）的曲线在原点附近的斜率大小。如果斜率较大，则场曲较大；如果 $ey-py$ 与 $ex-px$ 的 Ray Aberration 曲线在原点处的斜率不同，则存在像散。

仅查看 Miscellaneous 中的细光束场曲像差，对于没有经验的初学者，往往不知道场曲校正到什么程度才算可以。使用 Ray Aberration 曲线判别场曲，能够看到造成系统像面弥散斑变大的主要原因、次要原因是什么，依据艾里斑大小作为参照值，能够初步确定首先要校正

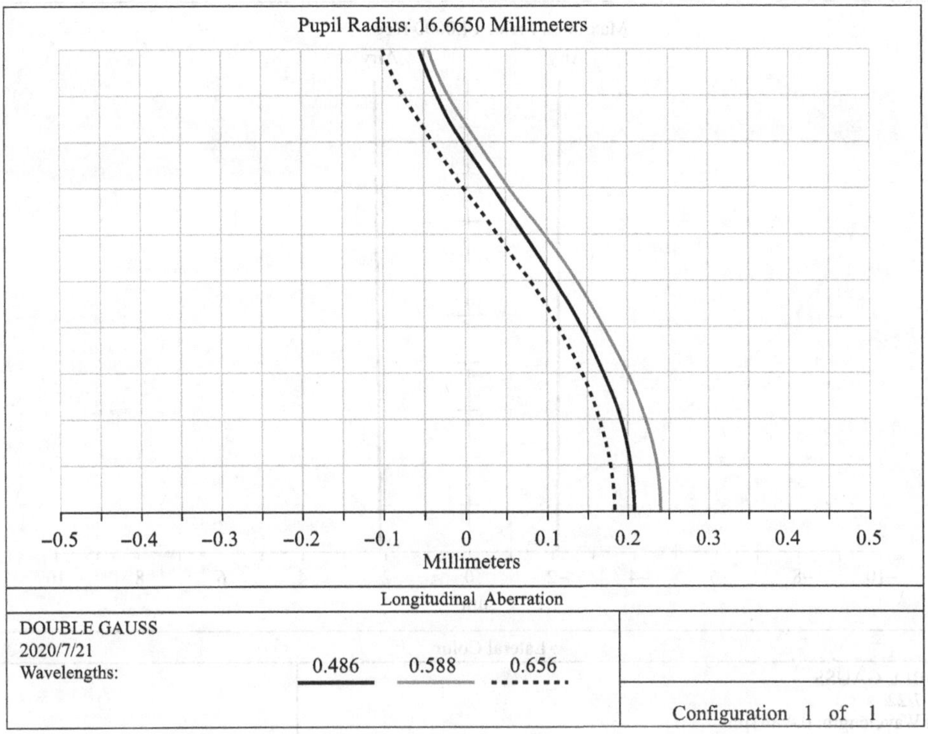

图 2－62　双高斯系统的 Longitudinal Aberration 曲线

像差，才能让弥散斑变小。

2.9.4　垂轴色差的解读

除了 0 视场之外，图 2－60 中其他视场的 $ey-py$ 与图 2－61 中 $ey-px$ Ray Aberration 曲线，在 $py=0$ 或 $px=0$ 位置，会出现系统几个波长的曲线并不重合，是分开的。依据垂轴色差的定义，原点处曲线在纵轴分开的距离，就是垂轴色差。通过 Text 查看 0 孔径处的具体数据，参见表 2－8，可以计算出边缘视场垂轴色差为：4.380 －（－3.087）＝7.467（μm）。该双高斯物镜的实际垂轴色差（Lateral color）如图 2－63 所示，可以看出，最大视场的垂轴色差量值与从 Ray Aberration 曲线中解读出的值是相同的。

2.9.5　Ray Aberration 的地位

在用 ZEMAX 软件进行像质评价、光学设计时，Ray Aberration 曲线是被频繁使用与查看的曲线。无论是对小像差系统还是大像差系统，初始结构设计时，只是满足了焦距、相对孔径、视场、工作波段等方面的要求，此时系统的像差比较大，需要逐步修改结构，降低像差。通过仔细查看 Ray Aberration 曲线，可以知道，是什么样的像差或者说有哪些像差是造成系统弥散斑很大的原因。知晓原因之后，才能依据像差理论，修正系统结构，缩小弥散斑。

Ray Aberration 曲线是一种既能反映系统全面像质的信息源，又能从中分析出影响成像质量的根源。根据曲线在哪个视场哪个孔径处的值最大，可以在评价函数中，定义针对性很强的像差控制操作符，对其进行“头痛医头、脚痛医脚”的校正。

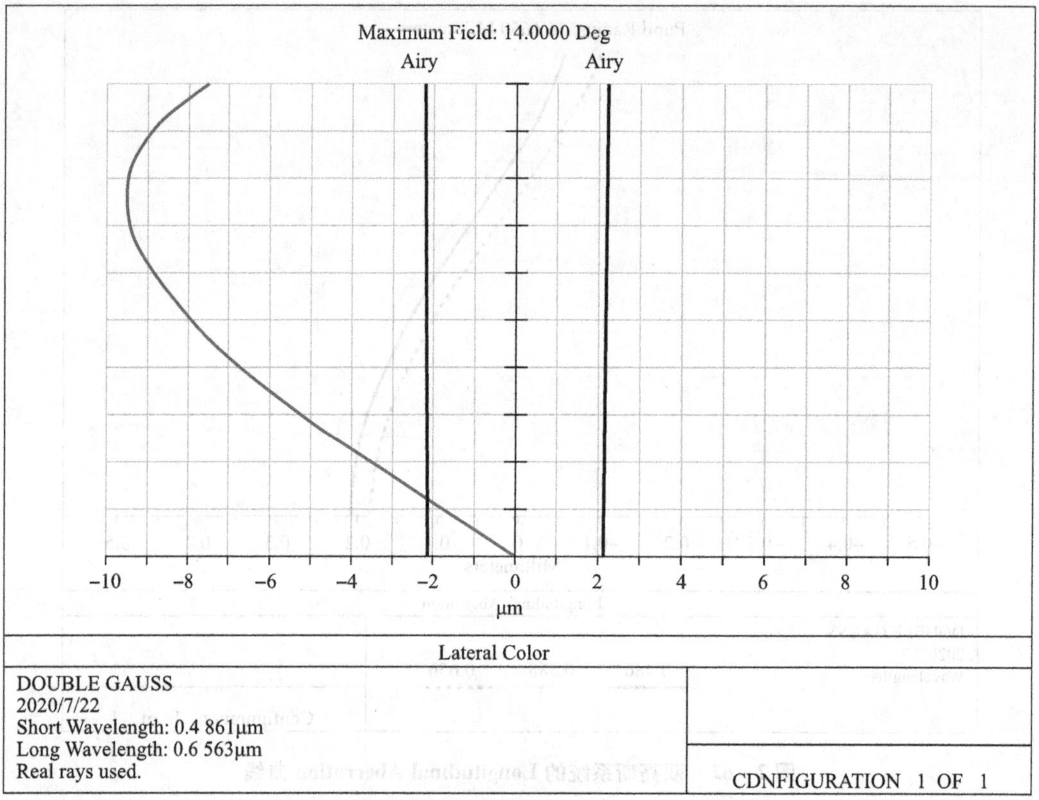

图 2-63 某双高斯物镜的 Lateral Color 曲线

因此，Ray Aberration 曲线在使用 ZEMAX 软件的像质评价与光学设计中占有很高的地位，对于设计难度很大的系统，设计者往往花费很长时间去仔细分析 Ray Aberration 曲线，边看边思考对策。

复 习 题

1. 简答题

(1) 阐述成像光学系统的作用。

(2) 描述光学系统的参数有哪些?

(3) ZEMAX 软件中描述光学系统结构参数所用的坐标系有哪些?

(4) 描述光学系统的 5 种光学特性参数分别是什么?

(5) 阐述渐晕及其描述方法。

(6) 阐述实际光学系统等同于理想光学系统需要具备的条件。

(7) 在 5 个光学特性参数中，球差与什么有关？能写出关系式的，用关系式表示。试分别给出初级球差的数学表达与在光学设计实践中的初级球差表征方法。阐述正、负透镜的球差符号和校正球差的结构选型方法。

(8) 对单折射球面而言，什么情况下不产生球差?

(9) 在5个光学特性参数中，轴向色差与什么有关？什么是近轴色差？什么是倍率色差？试分别给出初级色差的数学表达与光学设计实践中的表达形式。什么情况下产生色球差？什么情况下产生二级光谱色差？

(10) 阐述轴上物点像差的校正顺序。

(11) 阐述可见光波段的波长定义方法，代表轴外视场完整成像的视场定义方法。

(12) 5个光学特性参数中，宽光束子午彗差、子午场曲与什么有关？给出具体的数学表达式。什么是正弦彗差、细光束场曲？在常规情况下，为什么轴外视场的像差用彗差、细光束场曲、细光束像散、畸变、垂轴色差代表即可？

2. 操作题

(1) 在ZEMAX软件平台上，建立一个等凸单透镜的例子，玻璃材料为肖特玻璃BK7，焦距为100mm，工作波段为可见光，物位于无穷远，分别设置入瞳直径为10mm、20mm、30mm，观察其球差、色差的变化规律，写出具体数值和变化规律。

(2) 以第 (1) 题建立的等凸单透镜为基础，分别选择入瞳直径10mm、30mm情况下，孔径光阑位于单透镜上、离开单透镜30mm，观察轴外子午光线对的光线结构变化，描述彗差、场曲、像散三个轴外像差的变化规律。

3. 作图题

画出球差、色差的光线结构，给出球差、色差的定义式或度量方式。

4. 计算题

(1) 一个光学系统，已知其只包含初级和二级球差，更高级的球差可忽略不计。已知该系统的边光球差 $\delta L'_m$，0.707 带光球差 $\delta L'_{0.707} = -0.015$，求：

①此系统的球差随相对高度 h/h_m 的展开式，并计算0.5和0.85带光线的球差；

②边缘光的初级球差和高级球差；

③最大的剩余球差出现在哪一高度带上？数值是多少？

(2) 设计一齐明透镜，第一面曲率半径 $r1 = -95$mm，物点位于第一面曲率中心处，第二个球面满足齐明条件，若该透镜厚度 $d = 5$mm，折射率 $n = 1.5$，该透镜位于空气中，求：

①透镜第二面的曲率半径；

②齐明透镜的垂轴放大率。

第3章
光学自动设计原理

3.1 概　述

第2章已经介绍了对光学系统两个方面的要求，即光学特性与成像质量，给出了具体的描述参数；同时也介绍了光学系统结构参数的表示方法。设计一个光学系统，就是在满足系统全部要求的前提下，确定系统的结构参数。

现代光学设计专用软件包有效而快捷，极大提高了光学设计的速度，但从事光学设计的研究人员必须清醒地认识到，各种专用软件包只能帮助设计人员完成复杂的数值计算，不能包揽所有工作。当前，在像质评价与光学设计领域，影响比较大或被广泛使用的软件包都来源于美国，有 Sinclair Optics 公司研制的 OSLO：Optics Software for Layout and Optimization、Radiant Zemax 公司推出的一个综合性光学设计软件 ZEMAX；美国 ORA（Optical Research Associates，ORA）公司研制的具有国际领先水平的大型光学工程软件 CODE V。

国内在20世纪80年代，诞生了许多光学设计软件包，具有影响的中国科学院长春光机所与成都光电所合作研发的CAOD，北京理工大学的SOD88与GOSA，南京理工大学的OP，等等。但20世纪90年代末到21世纪初，因继续投入不足和国外软件大量涌入冲击，目前国内软件包所剩无几，呼吁国家有关部门引起重视。

光学设计软件只是作为人类设计的工具。作为工具的使用者，我们没有必要知道工具的具体设计与制作方法，但需要用专业知识理解软件的输出/输入接口涉及数据的物理含义。对于光学自动设计原理，需要知道自动设计中评价函数的物理含义与建立方法，优化设计方法中的一般算法过程，权因子、阻尼因子的作用，等等。

为此，本章将应用数学手段描述光学系统的设计要求与结构函数之间函数关系，如何在复杂并隐晦的函数关系下，借助于数值计算，来实现结构参数改变以满足设计要求的优化设计方法。

3.2　广义像差与结构参数的隐晦函数关系

首先需要明确，光学自动设计过程，起步必须找到或建立作为设计起点的初始结构，作为变量的是初始结构的结构参数，包括描述光学面面型的顶点曲率半径、非球面系数、面后面的光学材料折射率（或牌号）、面间距离。

在光学自动设计中，对系统的全部要求，根据它们与结构参数的关系不同，划分成两大类。

第一类是不随系统结构参数改变的常数，如物距 L，光束孔径高 H 或物像方 NA，视场角 ω 或物高 y，入瞳或孔径光阑位置，等等。在计算与校正光学系统像差的过程中，这些参数永远保持不变，它们是和自变量（结构参数）无关的常量。

第二类是随结构参数改变的参数，包括代表系统成像质量的各种几何像差或波像差，同时还包括某些近轴光学特性参数，例如焦距 f'、放大率 β、像距 l'、出瞳距 l'_z、系统总长等。

为了简单方便，我们将第二类参数统称为“像差”，因为这里的像差与第 2 章介绍的像差概念不一样，可以称之为“广义像差”，用符号 $F_1,\cdots,F_m$ 代表。系统的结构参数变量用符号 $x_1,\cdots,x_n$ 代表。两者之间的函数关系，如式（3－1）所示。

$$\begin{cases} F_1 = f_1(x_1,x_2,\cdots,x_n) \\ F_2 = f_2(x_1,x_2,\cdots,x_n) \\ \vdots \\ F_m = f_m(x_1,x_2,\cdots,x_n) \end{cases} \tag{3-1}$$

式中，f_1 是广义像差 F_1 与自变量 $x_1,x_2,\cdots,x_n$ 的函数关系，f_2 是广义像差 F_2 与自变量 $x_1,x_2,\cdots,x_n$ 的函数关系；f_m 是广义像差 F_m 与自变量 $x_1,x_2,\cdots,x_n$ 的函数关系。这里的函数关系，是一种隐晦且无法用显式函数表示的函数关系。

式（3－1）是一个十分复杂的非线性方程组，我们称之为像差方程组。

光学自动设计问题，从数学角度看，就是建立和求解这个像差方程组，总体思路为：根据系统要求的像差值 $F_1,\cdots,F_m$，从上述方程组中找出 $x_1,\cdots,x_n$ 的解，就是要求的结构参数。

但是，实际问题十分复杂，主要表现在：

（1）光学系统千变万化，系统像差与结构参数的函数关系千变万化，而我们讨论的方程组求解方法应该具有普适性。

（2）即使对某一具体系统，也根本找不出函数 $f_1,\cdots,f_m$ 的具体形式，当然就谈不上如何求解这个方程组了。

老一辈的研究人员手工计算的方案：在确定初始结构并满足第一类光学特性参数的前提下，用数值计算的方法求出对应的广义像差函数值 $F_1,\cdots,F_m$，如果像差不满足要求，则依靠设计者的经验和像差理论知识，对系统的部分结构参数进行修改，然后重新计算像差，这样不断反复，直到像差值满足要求为止。

电子计算机出现后，立即被引入到光学设计领域，用它来计算像差，计算速度得到了极大的提高。但结构参数修改仍然依靠设计人员来确定。随着计算机运算速度的提高，计算像差所需的时间越来越少。此时，人们很自然想到能否让计算机既计算像差，又能代替人自动修改结构参数呢？这一问题的解决萌生了光学自动设计方法。

要利用计算机来自动修正结构参数，找出符合要求的解，关键的问题还是要给出像差与结构之间的函数关系。为了解决这样的棘手问题，工程数学中最常用的一种方法就是将函数表示成自变量的幂级数，根据需要和可能，选到一定的级次，再通过实验或数值计算的方法，得出若干抽样点的函数值，则可以列出足够数量的方程式，求解出幂级数的系数，这样即可确定函数的幂级数形式。

最简单的情形，是只选取幂级数的一次项，即将像差与结构参数之间的函数关系，近似用线性方程式来替代：

$$f = f_0 + \frac{\partial f}{\partial x_1}(x_1 - x_{01}) + \cdots + \frac{\partial f}{\partial x_n}(x_n - x_{0n}) \tag{3-2}$$

式中，f_0 为初始结构的像差值，（$x_{01}, x_{02}, \cdots, x_{0n}$）为初始结构的结构参数，$f$ 为像差的目标值，$\frac{\partial f}{\partial x_1} \cdots \frac{\partial f}{\partial x_n}$ 为像差对各个自变量的一阶偏导数。

目前存在的问题是如何得到 $\left(\frac{\partial f}{\partial x_1} \cdots \frac{\partial f}{\partial x_n}\right)$？为此，通过差商替代偏导的方法，解决这一问题。具体的方法是，首先计算初始结构的像差值 F_0，然后将初始结构的某一结构参数改变一微小增量，使 $x = x_0 + \Delta x$，重新计算像差值得到 F，计算相应的像差增量 $\Delta f = f - f_0$，用像差对该自变量的差商 $\frac{\Delta f}{\Delta x_1}$ 代替微商（偏导）$\frac{\partial f}{\partial x_1}$。

对每个自变量重复上述计算，可得到各种像差对各个自变量的全部偏导数。利用这些近似的偏导数，像差与结构参数之间的隐晦关系就可以用式（3-2）的线性方程式近似表示。

将这些像差线性方程式全部列出，得到像差和自变量之间的线性方程组：

$$\begin{cases} f_1 = f_{01} + \frac{\delta f_1}{\delta x_1}\Delta x_1 + \cdots + \frac{\delta f_1}{\delta x_n}\Delta x_n \\ \vdots \\ f_m = f_{0m} + \frac{\delta f_m}{\delta x_1}\Delta x_m + \cdots + \frac{\delta f_m}{\delta x_n}\Delta x_n \end{cases} \tag{3-3}$$

方程组（3-3）称为像差线性方程组。用它近似代替像差式（3-1），由此，利用计算机进行光学自动设计的想法才具有可实施性。

一般地，为了表达简便，数学上，可以用矩阵表示线性方程组。设

$$\Delta \boldsymbol{X} = \begin{vmatrix} \Delta x_1 \\ \vdots \\ \Delta x_n \end{vmatrix} = \begin{vmatrix} x_1 - x_{01} \\ \vdots \\ x_n - x_{0n} \end{vmatrix} \tag{3-4}$$

$$\Delta \boldsymbol{F} = \begin{vmatrix} \Delta f_1 \\ \vdots \\ \Delta f_m \end{vmatrix} = \begin{vmatrix} f_1 - f_{01} \\ \vdots \\ f_m - f_{0m} \end{vmatrix} \tag{3-5}$$

$$\boldsymbol{A} = \begin{vmatrix} \frac{\delta f_1}{\delta x_1} & \cdots & \frac{\delta f_1}{\delta x_n} \\ \vdots & \vdots & \vdots \\ \frac{\delta f_m}{\delta x_1} & \cdots & \frac{\delta f_m}{\delta x_n} \end{vmatrix} \tag{3-6}$$

这样像差线性方程组的矩阵形式为

$$\boldsymbol{A}\Delta \boldsymbol{X} = \Delta \boldsymbol{F} \tag{3-7}$$

3.3　光学自动设计中的优化方法

要求解像差线性方程组（3－7），得到结构参数解，虽然似乎是一个简单的数学问题，但实际上并不简单。实际情况中，有可能方程组约束个数 m 大于自变量个数 n，也可能方程组个数 m 小于自变量个数 n。前者不易获得完全满足所有像差要求的解；后者似乎有无穷个解，但哪一个解是最优的，需要优选。

同时，方程组（3－7）是一个近似情况下的线性方程组，即用像差线性方程组代替实际的非线性像差方程组，用差商代替偏导，与实际情况像差与自变量的函数关系不完全一样。线性近似，则要求自变量在很小的范围内变化，一次求得的解不一定满足实际的非线性像差方程组，因此，需要多次渐近。

要想让计算机进行光学自动设计，计算机只能依据计算的量值大小进行判别后续如何渐近。因此需要引入一种给计算机作为评价依据的评价函数，评价函数由人来设立，体现人的设计思想，以及人对设计进程的控制。

光学自动设计的目标，是得到符合像差要求的光学系统结构。评价函数要能够充分体现这些像差要求。

3.3.1　评价函数

评价函数，又称价值函数、误差函数，它是计算辅助光学设计（光学 CAD）中出现的概念，是光学系统如何与设计目标相符的数字代表。

一般将评价函数定义成设计目标像差值与当前系统像差值之差的平方和，结合权因子构成。常见的评价函数定义为

$$\phi = \sum_i W_i f_i^2,\quad f_i = f_{vi} - f_{ti} \tag{3-8}$$

式中，ϕ 为评价函数，f_{vi} 为像差的实际值，f_{ti} 为像差的目标值。由于有的像差为轴向量，有的为垂轴量，还有的是光程差等，物理含义不同，量级也不同。关键是像差对成像质量的影响程度，与像差自身的量级无关。因此，要给每一个像差引入权因子 W_i。权因子一方面具有平衡像差量级的作用，另一方面可以突出关键要控制的像差。

ZEMAX 中对评价函数的定义，与此含义相同，只是用的符号不同，具体如下：

$$\mathrm{MF}^2 = \frac{\sum W_i (V_i - T_i)^2}{\sum W_i} \tag{3-9}$$

式中，MF（Merit Function）表示评价函数；V_i 是第 i 个像差的实际值，如选 m 种像差构成评价函数，则 $i=1,2,\cdots,m$；T_i 是第 i 个像差的目标值；W_i 为第 i 个像差的权因子。

式（3－8）、式（3－9）中的像差，可以是独立几何像差，可以是独立几何像差的垂轴像差（弥散尺寸）分量，也可以是塞德像差，更广义地讲，可以是一切需控制的高斯参数、边界条件、形状参数如焦距、放大倍率、径厚比等。

ZEMAX 中比较简便地建立评价函数的方法，是用通过入瞳栅格的光线在像面处的均方根弥散斑直径或出瞳处的均方根波像差，建立的最易于使用的评价函数。

对入瞳栅格的划分与选取推荐使用图 3－1 所示的极坐标划分方法。图 3－1（a）是缺

省栅格形式，适合于球面系统；图 3-1（b）适合于使用高次非球面或二元光学器件的系统。

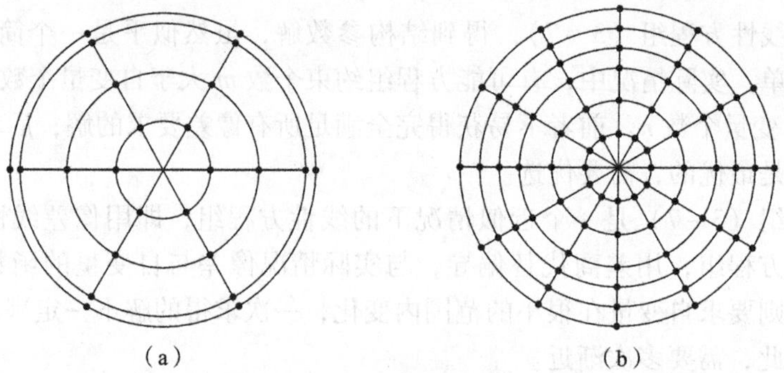

（a）　　　　　　　　　　　　（b）

图 3-1　光瞳极坐标划分方法

（a）3 个圆环，6 条臂 18 条光线/色光；（b）6 个圆环，12 条臂 72 条光线/色光

权因子的确定体现了设计者像差校正与平衡艺术的不同风格，但上述简便建立评价函数的方法是由软件包自动设定。能让计算机自动调整的变量是系统的结构参数，可以是每一光学面的曲率半径、非球面系数、表面之间间隔、玻璃的折射率及其色散等。

3.3.2　最小二乘法

本质上，式（3-8）与式（3-9）定义的评价函数，其变量为系统的结构参数。一般情况下，优化的目的是找到评价函数的极小值，为了得到评价函数 ϕ 的极值，数学上使评价函数的偏导数为 0，即

$$\frac{\partial \phi}{\partial x_j} = 0,\quad j = 1,2,\cdots,n \tag{3-10}$$

$$\sum_i f_i \frac{\partial f_i}{\partial x_j} = 0 \tag{3-11}$$

式中，$i=1, 2, \cdots, m$；$j=1, 2, \cdots, n$。将式（3-11）展开成方程组形式：

$$\begin{cases} f_1 \dfrac{\partial f_1}{\partial x_1} + f_2 \dfrac{\partial f_2}{\partial x_1} + \cdots + f_m \dfrac{\partial f_m}{\partial x_1} = 0 \\ f_1 \dfrac{\partial f_1}{\partial x_2} + f_2 \dfrac{\partial f_2}{\partial x_2} + \cdots + f_m \dfrac{\partial f_m}{\partial x_2} = 0 \\ \quad\vdots \\ f_1 \dfrac{\partial f_1}{\partial x_n} + f_2 \dfrac{\partial f_2}{\partial x_n} + \cdots + f_m \dfrac{\partial f_m}{\partial x_n} = 0 \end{cases} \tag{3-12}$$

用差商替代偏导，并用矩阵表示：

$$\boldsymbol{A}^{\mathrm{T}}\boldsymbol{F} = 0 \tag{3-13}$$

其中，矩阵 $\boldsymbol{A}$ 的元素由式（3-6）表示。$\boldsymbol{A}^{\mathrm{T}}$ 是矩阵 $\boldsymbol{A}$ 的转秩，矩阵 $\boldsymbol{F}$ 表示如式（3-14）。

$$\boldsymbol{F} = \begin{vmatrix} f_1 \\ \vdots \\ f_m \end{vmatrix} \tag{3-14}$$

再结合式（3－3），也写成矩阵形式：

$$\boldsymbol{F} = \boldsymbol{F}_0 + \boldsymbol{A}\Delta\boldsymbol{X} \tag{3-15}$$

联立式（3－13）与式（3－15），得到最小二乘法方程解：

$$\Delta X = -(\boldsymbol{A}^{\mathrm{T}}\boldsymbol{A})^{-1}\boldsymbol{A}^{\mathrm{T}}\boldsymbol{F}_0 \tag{3-16}$$

如果应用最小二乘法进行光学自动设计中的结构参数求解，则步骤如下：

（1）选定初始结构，结构参数变量为 $X_0 = (x_{01}, x_{02}, \cdots, x_{0n})$；计算初始结构点处各种像差残量 $\boldsymbol{F}_0$。

（2）计算偏导矩阵 $\boldsymbol{A}$；

（3）计算 $\boldsymbol{A}^{\mathrm{T}}$，$(\boldsymbol{A}^{\mathrm{T}}\boldsymbol{A})^{-1}$，$(\boldsymbol{A}^{\mathrm{T}}\boldsymbol{A})^{-1}\boldsymbol{A}^{\mathrm{T}}$。

（4）得到 ΔX。

（5）新的结构 $X_1 = X_0 + \Delta X$，评价像质 $\boldsymbol{F}_1$。

（6）若不符合，以 X_1 为初始点，重复迭代。

3.3.3　阻尼最小二乘法（Damped Least Square，DLS）

最小二乘法存在以下缺点：

（1）光学系统中的自变量很多，自变量之间可能存在相关性，导致 $\boldsymbol{A}^{\mathrm{T}}\boldsymbol{A}$ 为奇异矩阵，则 $|\boldsymbol{A}^{\mathrm{T}}\boldsymbol{A}| = 0$，$\Delta X$ 为无穷，即解不收敛，大大偏离了式（3－3）假设的线性近似要求。

（2）式（3－3）泰勒展开是一个线性近似，这与实际情况不符，没有在理论上出现其控制变量在线性区变化的控制因子。

为了克服以上缺点，出现了阻尼最小二乘法。目前应用最普遍的优化方法是阻尼最小二乘方法。其评价函数为

$$\mathrm{MF}^2 = \frac{\sum W_i f_i^2}{\sum W_i} + p\sum \Delta x_j^2 \tag{3-17}$$

式中，$f_i = W_i(V_i - T_i)$ 是结构参数 x_j（变量，$j = 1, 2, \cdots, n$）的函数，与前相同：

$$f_i = f_i(x_1, x_2, \cdots, x_n) \tag{3-18}$$

式中，$i = 1, 2, \cdots, m$，共有 m 个方程。

使 $\dfrac{\mathrm{dMF}^2}{\mathrm{d}x_j} = 0$，可以得到变量 $x = (x_1, x_2, \cdots x_n)$ 的变化量 $\Delta x = (\Delta x_1, \Delta x_2, \cdots, \Delta x_n)$，与最小二乘法推导过程相似，得到阻尼最小二乘法方程：

$$\Delta x = (\boldsymbol{A}^{\mathrm{T}}\boldsymbol{A} + p\boldsymbol{I})^{-1}\boldsymbol{A}^{\mathrm{T}}\boldsymbol{F}_0 \tag{3-19}$$

阻尼最小二乘法与最小二乘法之间的显著不同点，就是在评价函数中引入一个控制因子 p，称之为阻尼因子。

阻尼因子的作用：控制优化步长，不能太大，保证在线性区泰勒级数展开正确。p 的选取必须适当，p 取得过大，会使评价函数收敛过慢，耗费机时；反之，可能导致评价函数的发散。

3.3.4　阻尼因子与权因子的自动赋值方法简介

对于初学者，如何为阻尼因子与权因子赋值是很困难的。一般地，在自动设计程序中，阻尼因子是由程序自动赋值的，一般不开放让使用者去调节；权因子一般出现在评价函数的

编辑器窗口，是开放式的，可以由程序自动赋值，使用者也可以修改。

为了让使用者有个初步了解，下面介绍几种阻尼因子与权因子的自动赋值方法。

3.3.4.1 阻尼因子的自动赋值方法

根据线性判据选择阻尼因子，如式（3－20）中的 θ：

$$\theta = \frac{\phi - \phi'}{\phi - \phi_L} \tag{3-20}$$

式中，ϕ' 为本次迭代的评价函数值；ϕ 为上次迭代的评价函数值；ϕ_L 为本次求解线性近似的评价函数值。

如何计算 ϕ_L？可以将 ϕ 中的像差函数按照式（3－3）展开成泰勒级数，取一次项代入评价函数 ϕ：

$$\phi = \sum_i W_i f_i^2 = \sum_{i=1}^{m}\left[f_{0i} + \sum_{j=1}^{n}\frac{\partial f_i}{\partial x_j}\Delta x_j\right]^2 \tag{3-21}$$

根据式（3－20）的 θ 值，判读阻尼因子 p 的动态取值方法：若 $0.9<\theta<1$，表明当前线性程度好，可以缩小阻尼因子，让变量增大步长，以 $p/4$ 作为下次迭代的阻尼因子；若 $0.5\leqslant\theta\leqslant0.9$，表明当前线性程度适宜，阻尼因子不变；若 $0<\theta<0.5$，表明当前线性程度差，可以增大阻尼因子，让变量缩小步长，以 $4p$ 作为下次迭代的阻尼因子。

3.3.4.2 权因子的自动赋值方法

权因子的作用，是平衡不同种类像差量级和强调像差的重要性。基于这样的作用，可将权因子拆分为人工权与自动权的乘积，即

$$W_i = \tau_i\sigma_i \tag{3-22}$$

式中，τ_i 为人工权因子，默认值为 1.0；σ_i 为自动权因子，或者修正权因子。

$$\sigma_i = \frac{1}{|\mathrm{gradf}_i|^2}, \quad |\mathrm{gradf}_i|^2 = \sum_{j=1}^{n}\left(\frac{\partial f_i}{\partial x_j}\right)^2 \tag{3-23}$$

将式（3－23）代入式（3－22）得

$$W_i = \frac{\tau_i}{|\mathrm{gradf}_i|^2{}_i}, \quad i=1, 2, \cdots, m \tag{3-24}$$

一般地，所有权因子的总和应该为 1.0，称之为规化权，记为 $\overline{W_i}$，则

$$\overline{W_i} = \frac{\tau_i}{\sum\limits_{i=1}^{m} W_i\,|\mathrm{gradf}_i|^2} \tag{3-25}$$

权因子的自动赋值还有其他方法。但是，权因子的取值，往往是使用者思想的代表。多数情况下，当自动权因子不能反映使用者对像差的校正要求时，需要人工设定与修改权因子，因此，受限于篇幅，不再介绍权因子的其他设置方法。

3.3.5 边界条件

优化过程，是在自变量的变化范围内，找到符合像差要求的结构参数解。自变量的变化范围属于自变量本身的边界条件，即对结构参数的变化范围的限制，包括负透镜的中心厚度、正透镜的边缘厚度和空气间隔等，应便于加工和装调；折射率的变化应能保证挑选到相

应的玻璃等，称为变量边界条件。

3.4　ZEMAX 中评价函数（Merit Function）的构成要素

ZEMAX 软件中，在主菜单 Editor 中，存在 Merit Function Editor，用于建立优化设计的评价函数，它是光学系统如何与指定的设计目标相符的数字代表。评价函数值为 0，表示当前光学系统完全满足设计目标要求。评价函数值越小，表示越接近。由 Editors→Merit Function 可打开评价函数编辑器。

与式（3-9）大致相同，评价函数可定义为设计目标像差值与当前系统像差值之差的平方和，结合权因子构成，定义式可写为

$$MF^2 = \frac{\sum W_i(V_i - T_i)^2 + \sum (V_j - T_j)^2}{\sum W_i} \tag{3-26}$$

式中，符号含义同式（3-9），也可以表述为：V_i 为第 i 种操作符的实际值；T_i 为第 i 种操作符的目标值；W_i 为第 i 种操作符的权因子。这里的操作符是 ZEMAX 使用的可以代表“广义像差”的符号。

式（3-26）中除以 $\sum W_i$ 表示评价函数中权因子被自动归一化。

$W_i > 0$，该操作符被当作像差，ZEMAX 设计让 $W_i(V_i - T_i)^2$ 达到局部最小；

$W_i = 0$，该操作符不起作用；

$W_i < 0$，则 ZEMAX 自动设置 $W_i = -1$；

此时，$W_i(V_i - T_i)^2$ 自动用 $(V_j - T_j)^2$ 代替，称之为 Lagrangian multipliers（拉格朗日乘子），一般 $(V_j - T_j)^2$ 对应透镜的边界条件。

因此，评价函数由操作符及相应的目标值、权因子构成。

3.5　ZEMAX 默认评价函数（Default Merit Function）定义方法

评价函数的建立及构成元素的确定，是光学设计人员参与的重要内容之一，需要使用者确定由哪些像差构成评价函数中的元素。这里的像差，可以指独立几何像差、弥散图（点列图）、波像差、传递函数等，以及光学系统高斯数据，如焦距、放大倍率、总长等。因此评价函数的建立是光学设计初学者的难点之一，主要涉及：①选择哪些像差元素构成评价函数；②每一个像差的元素权因子选择为多少？

ZEMAX 提供了便捷的评价函数建立方法，也提供了柔性的由设计者自由发挥的建立方法，前者便捷的评价函数建立方法，是指“Default Merit Function”。为了便于记忆或所指，借用相机中免调焦、光圈等复杂参数调整的便捷相机——“傻瓜”相机词语，将其翻译为“傻瓜”评价函数建立方法。

通过 Editors→Merit Functions→Tools→Default Merit Function 可以打开“傻瓜”评价函数建立对话框，如图 3-2 所示。

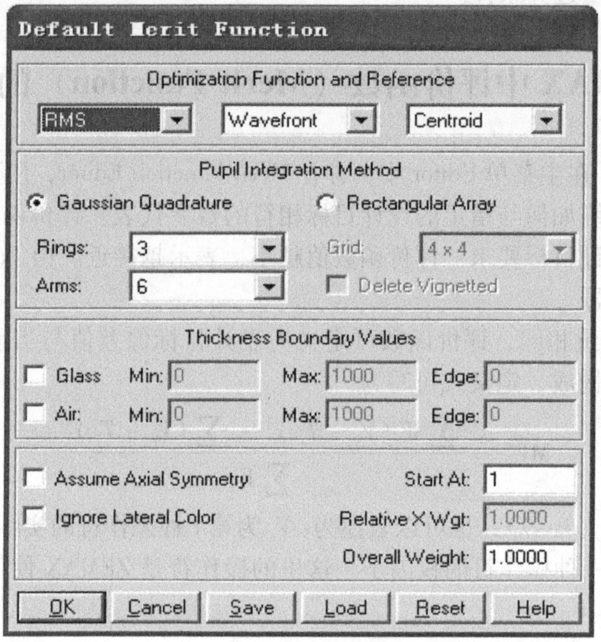

图 3－2 "傻瓜"评价函数建立的对话框

由图 3－2 可以看出，建立"傻瓜"评价函数时，一般选择反映像质的"总体"指标，如弥散或波像差等，并且要做如下考虑：

（1）选择像质评价指标的 RMS 值还是 Peak To Valley（PTV）？

（2）使用波像差（wavefront），还是点列图（弥散圆）（即 Spot Radius，Spot *X*，Spot *Y*，Spot *X*＋*Y*）？

（3）这些像质指标的计算基准（即零点）在哪里？

（4）选择哪种光瞳细分方式（Pupil integration method）？

图 3－2 中分成四大块，其中第一块为"Optimization Function Reference"，具有 RMS/PTV、Wavefront/Spot、Centroid/Chief ray/mean 等选项；第二块为"Pupil Integration Method"，选择入瞳面细分办法；第三块为"Thickness Boundary Values"，定义边界条件；第四块为评价函数有关的其他辅助选择。

3.5.1 RMS 或 PTV

RMS（Root Mean Square），表示求取均方根偏差。

PTV（Peak To Valley），即俗称的峰谷值。

3.5.2 Wavefront 或 Spot Radius 等

Wavefront 是波像差或波前误差，单位为波长。

Spot Radius 指像平面上点列图的弥散圆半径。

Spot *X* 指像面上 *X* 方向的最大垂轴几何像差值，Spot *Y* 类推。

Spot *X*＋*Y* 指像面上 *X*，*Y* 方向的最大弥散，考虑像差的符号。

一般的设计中常选择 Wavefront 或者 Spot Radius。

3.5.3 Centroid/Chief Ray/Mean

Centroid 译成"质心"，一般指某一视场的质心（即一个视场具有一个质心），尤其适用于波像差构成的评价函数。此时可扣除波差数据中的常数项（Piston）X – Tilt 与 Y – Tilt。Chief Ray 是使用主波长时的主光线作为计算基准，这是过去常被使用的计算基准。Mean 指平均，仅适用于选取 Wavefront 来构造评价函数的场合，其与 Centroid 的差别，是仅从波差数据中扣除常数项（相当于 Mean wavefront），但不扣除 X – Tilt 与 Y – Tilt。

3.5.4 Pupil Integration Method

Pupil Integration Method 可译成光瞳积分方法，需要对光瞳（一般指入瞳）进行细分，与某视场物点一起，产生充满光学系统入瞳的入射光线。光瞳细分方法有 Gaussian Quadrature 方法与 Rectangular array 方法。

Gaussian Quadrature 译成"高斯二重积分"，简称 GQ，用 Rings × Arms 来定义光线数目，高斯积分方法是诸多方法中需要计算光线数目少但精度高的一种方法，所以在 ZEMAX 中为首选方法。Rectangular array 译成"矩形网格"，简称 RA，用 Grid（4 × 4，6 × 6，8 × 8，……）形式确定光线数，计算速度慢且精度低。

3.5.5 Thickness Boundary Values

用于定义光学系统中玻璃或空气的最小与最大中心厚度，以及最小边缘厚度，其中玻璃最小与最大中心厚度要依据光学系统中元件的口径按经验或文献［103］中 P118 透镜边缘及中心最小厚度确定。

定义完成以后，要注意查看评价函数编辑器中当前光学系统参数的边界条件有无越界，尤其是空气间隙中像距与普通透镜间隔边界要求不同，要注意区分。

3.5.6 其余辅助选项

Assume Axial Symmetry 为复选框，如果当前光学系统为旋转对称系统，则选之，此时仅追迹一半光瞳的光线。

Ignore Lateral Color 也为复选框，缺省条件下，不予选择，表示 ZEMAX 计算所有的 RMS 或 PTV 时，相同视场不同波长的光线选用同一计算基准，即主波长光线或质心（Centroid）；如果选中，每一波长光线具有自己独立的计算基准，适用于设计分色棱镜或分光光谱光学系统。

Start At 指评价函数编辑器中的操作符起始行序号，定义该序号的目的主要是防止覆盖掉原先定义好的操作符。

Relative X Weight 定义相对权重，仅当选用 Spot $X + Y$ 时才起作用，定义点列图中 X 分量和 Y 分量之间的相对权重。如大于 1，则 X 分量重要；小于 1，Y 分量重要；等于 1，则一样重要。

完成以上选项，选择 OK 后，则在 Merit Function Editor 中会出现多行的控制内容。接着，再设置好光学系统的变量后，就可以进行优化设计了。

“傻瓜”评价函数建立方法的特点是比较便捷，无须搞清楚具体操作符的含义，以及权因子究竟选多少合适。因主要采用 wavefront 和 Spot Radius 作为评价指标，所以该评价函数建立方法适用于像面面型固定的设计场合，如照相机镜头、平行光管物镜、波面变换物镜等。

复习题

1. 简答题

(1) 光学自动设计过程中程序会按照一定的数学优化设计模型，不断改变阻尼因子的取值，以便找到满足像差要求的最优解。请给出两种优选阻尼因子的算法。

(2) 光学 CAD 并非是计算机包办代替，而是计算机辅助设计者来进行光学设计，试解释为什么。

(3) ZEMAX 软件中优化算法有哪些？如何定义评价函数？

(4) 结合阻尼最小二乘法光学优化设计原理，试回答下列问题：

①阻尼因子的作用。

②权因子。

③评价函数的组成。

④为什么用差商代替偏导？

2. 论述题

(1) 光学 CAD 的阻尼最小二乘法是常用的优化设计方法，试回答下列问题：

①阻尼因子的优选方法；

②评价函数的构成方法；

③阻尼最小二乘法的方程。

第4章 像差精准优化设计在ZEMAX中的实现方法

4.1 概　　述

光学系统优化设计，最早用于评价像质的指标是几何像差。如果光学系统成像符合理想，由同一物点发出的所有光线通过系统后，应该聚焦于理想像面上的同一点，满足应用光学中高斯成像公式，而且高度和理想像高一致。实际上光学系统成像不可能完全符合理想，由同一物点发出的光线，经系统后在像空间的出射光线，不再是聚焦于理想像的同心光束，而是具有较为复杂的几何结构的像散光束。描述像散光束的参数是光线位置和结构的几何参数，称为几何像差。

在第2章，我们已经学习了光学系统的像差概念，如在可见波段和旋转对称系统，对于轴上物点，有球差（$\delta L'$）、轴向色差（$\Delta L_{FC}'$），而且这两种像差仅是光束孔径 h 的函数，对于大相对孔径光学系统，还需考虑球差（$\delta L'$）和轴向色差（$\Delta L_{FC}'$）的高级情况，即高级球差 $\delta L'_{sn}=\delta L'_{0.707h}-0.5\delta L_m'$ 和色球差 $\delta L'_{FC}=\Delta L'_{FCm}-\Delta l'_{FC}$。对于轴外物点，因光束结构复杂，像差描述分子午、弧矢和主光线像差，有反映子午或弧矢光束像面相对于像平面的弯曲，即子午场曲 X_T' 和弧矢场曲 X_S'；有反映子午光束线对、弧矢光束线对偏离主光线的不对称性像差，即子午彗差 K'_T 和弧矢彗差 K'_S；有反映子午面和弧矢面成像光束的不对称性像差，即像散 $X'_{TS}=X'_T-X_S'$；当光学系统相对孔径较小时，子午与弧矢场曲可以用细光束场曲 x'_t 和 x'_s 代表，像散变成 $x'_{ts}=x'_t-x_s'$；主光线像差有畸变和垂轴色差。

以上这些像差，初学者要熟悉它们与孔径、视场的函数关系，分别搞清楚小视场小相对孔径、小视场大相对孔径、大视场小相对孔径、大视场大相对孔径光学系统的像差特征。

当光学系统的像质没有达到要求时，我们需要建立评价函数和确定变量、边界条件，对现有初始结构进行改进优化设计。由上一章内容可知，建立评价函数的方法有多种，评价函数反映了设计者的设计思想。当用 Default merit function 建立评价函数，经过优化后，如像质还不符合要求，此时应该如何修改评价函数，往往还需归结到几何像差的分析与校正上来；同时，由过去的理论学习我们了解到，像差理论是多年的光学设计实践与理论研究的结晶，使用像差（指独立几何像差）设计方法，能够快捷地获得设计结果或中间结果，为后续采用 MTF 优化提供基础；另外，有些设计场合，为了简化结构，需采用分阶段设计与像差补偿的设计方案，即让其中不同部分的光学系统留有残余像差，但符号相反，光学组合后，残余像差自动抵消。为了设计时能恰当地控制残余像差量，要采用像差设计方法；另外，有些设计情况下，像面不一定要求为平面，也无法知道像面的面型具体方程，这时的设计也宜采用像差设计方法，配合像差容限来完成。

因此有必要讨论像差设计的概念与方法，像差设计是在熟悉当前光学系统的特性基础上，根据像差校正方案，确定轴上与轴外分别需校正哪些像差，在评价函数编辑器中建立这些像差控制操作符，然后再进行优化设计。

4.2 ZEMAX 中评价函数与现有操作符

由 Editors→Merit Function 可以打开评价函数编辑器，用 Insert 或 Delete 键可增删、编辑评价函数。评价的编辑器是一种电子表格形式，每一行都是对一个操作符的描述，该电子表格的表头如表 4－1 所示。

表 4－1 Merit Function 编辑器电子表格表头样式

Oper#	Type	Int1	Int2	*hx*	*hy*	*px*	*py*	Target	Weight	Value	% Contrib

表 4－1 中给出的表头共有 12 个符号，这是完整表头的情况。实际使用中，表头出现的符号数量是随特定的操作符变化的，对不同的操作符出现的形式不一样。有的会全部出现，如反映百分畸变的 DISG；有的只出现部分，如控制有效焦距的 EFFL；但最后 4 个，即 Target、Weight、Value、% Contrib 是所有操作符都会用到的。对于表头的具体含义下面做详细介绍。

（1）Oper#表示操作符所处的位置序号。

（2）Type 指操作符的名称，一般由 4 个大写英文字母组成，如后面介绍的 EFFL，就是用于控制系统有效焦距的操作符。

（3）Int1 与 Int2 为两正整数，用于定义操作符所需的参数。

（4）*hx* 和 *hy* 用于定义归一化视场。

（5）*px* 和 *py* 用于定义归一化光瞳直径。

（6）Target 定义操作符的目标值。

（7）Weight 用于定义操作符的权因子。

（8）Value 由 ZEMAX 自动计算该操作符的实际值。

（9）% Contrib 由 ZEMAX 自动根据操作符的目标值与实际值偏差及权因子计算在整个评价函数中的贡献量，贡献量最大值为 100，最小值为 0。贡献量大小决定该操作符控制的像差被优化设计优先满足的程度。

表 4－1 的空白行，根据实际需要控制的像差数量确定，可以增加行数，用于输入像差控制操作符。早期版本 ZEMAX 提供了 285 种优化设计操作符，作为评价函数构建所用的“砖头”，如果能弄清楚这些操作符的物理含义，就能信手拈来使用，进行自定义评价函数。操作符种类的分布情况如表 4－2 所示。

表 4-2　ZEMAX 优化设计所用的内建操作符分布

种类	数量
高斯光学参数	16
像差控制操作符	37
光学传递函数	9
圆内能量	2
透镜边界条件	50
光学面 8 个参数控制	$24=3\times8$
Extra data	3
光学材料控制	10
光线数据（近轴、实际光线）	44
光学件全局坐标控制	6
数学运算操作符	20
多重结构	5
其他（包括高斯光束，渐变折射率，用户自定义操作符，无序控制等）	59
总计	285

下面分别介绍内建操作符中部分常用的操作操和所代表的意义。

4.2.1　高斯光学参数（外形尺寸数据）

First - order Optical properties 代表高斯光学参数，属于基本光学特性。包括以下参数：

EFFL：Effective focal length 的缩写，指定波长号的有效焦距。

EFLX：主波长情况下，指定面范围内 X 面里的有效焦距。

EFLY：主波长情况下，指定面范围内 Y 面里的有效焦距。

注意：对于旋转对称系统而言，EFLX 和 EFLY 可以控制中间系统的焦距。

PIMH：指定波长的近轴像平面上的近轴像高。

POWR：标准类型面（standard surface）中指定面指定波长的光焦度 $\phi=\dfrac{n'-n}{r}$。

PMAG：指定波长近轴垂轴放大率 $\beta=\dfrac{y'}{y}$，y' 表示主光线在近轴像平面上的高度，y 表示物高。仅适用于有焦系统，如果有畸变，β 与应用光学中的 β 有差别。

AMAG：角放大率，近轴像空间与物空间的指定波长主光线角度之比。

ENPP：以第一面为零点的入瞳位置（近轴），无参量指定。

EXPP：以像面为零点的出瞳位置，无参量指定。

EPDI：无参量指定的入瞳直径。

LINV：拉氏不变量，用指定波长近轴子午和主光线数据计算。

WFNO：是 Working F/#的简写，$W=\dfrac{1}{2n\sin\theta}$，其中 θ 为像空间边缘光线孔径角，n 为像

空间的折射率，无参量指定。

ISFN：英文含义是 Image Space *F/#*，表示近轴有效焦距/近轴入瞳直径，无参量指定。

SFNO：英文含义是 Sagittal Working F/#，指定视场和波长的弧矢工作 F/#。

TFNO：英文含义是 Tangential Working F/#，指定视场和主波长的子午工作 F/#。

OBSN：英文含义是 Object space numerical aperture，针对轴上点的主波长计算物空间数值孔径。

4.2.2 像差控制操作符

SPHA：由指定面贡献的球差值，单位为波长，指定 Surf 与 Wave；如果 Surf = 0，则指整个系统的球差总和。因没有指定 *Px*，*Py*，故只为初级球差。

COMA：指定面贡献的彗差。单位为波长。指定 Surf 与 Wave；如果 Surf = 0，则指整个系统的彗差总和。没有指定孔径（*Px*，*Py*）与视场（*hx*，*hy*），因此仍为三级彗差（属赛德像差）。

ASTI：三级像散，指定面贡献的像差，单位为波长。

FCGS：指定视场和波长的归一化弧矢场曲。

FCGT：指定视场和波长的归一化子午场曲。

FCUR：指定光学面贡献的场曲，单位为波长；指定 Surf 与 Wave；如果 Surf = 0，则指像面上的彗差，三级彗差，属赛德像差。

DIST：指定光学面贡献的畸变。单位为波长，三级畸变，属赛德像差。

DIMX：指定视场和波长的最大畸变。如果视场号为 0，则指最大视场。对非旋转对称系统无效（即 *x*，*y* 视场要一样）。

DISC：校准畸变，用于设计 $f\theta$ 透镜。指定波长。

DISG：控制归一化百分畸变。指定任何视场点作为参考。Ref Fid 指定波长和视场，指定孔径（光瞳）。

AXCL：控制近轴轴向色差，单位为长度单位，无参数指定。新版本 ZEMAX 中，其含义有了变化，需要设定三个参数：Wave 1 和 Wave 2，以及 Zone；其中，Wave 1 和 Wave 2 用于定义计算轴向色差的两个波长序号，Zone 用于定义轴向色差是哪一个孔径带，其取值范围 0≤Zone≤1.0。

LACL：控制垂轴色差。无指定参数，指初级像差 $\delta y'_{FC} = C_2 y'$；同样，新版本 ZEMAX 中对 LACL 做了修改，也要设置计算垂轴色差的两个波长 Minw 和 Maxw。

4.2.3 以主光线为参照的垂轴几何像差

TRAR：径向尺寸，指定波长孔径（*px*、*py*）及视场（*hx*、*hy*）。

TRAD：TRAR 的 *x* 分量，指定同上。

TRAE：TRAR 的 *y* 分量，指定同上。

TRAI：垂轴几何像差半径，指定面号、波长、孔径和视场。

TRAX：*x* 面（弧矢面）内的垂轴几何像差；指定面号、波长、*hx*、*hy*、*px*、*py*。

TRAY：*y* 面内（子午面）的垂轴几何像差；指定面号、波长、*hx*、*hy*、*px*、*py*；

4.2.4　以质心为参照垂轴几何像差

TRCX：垂轴几何像差的 x 分量；指定面号、波长、hx、hy、px、py。

TRCY：垂轴几何像差的 y 分量；指定面号、波长、hx、hy、px、py。

TRAC：像面上的弥散圆半径；建议用户在 Merit function 的“Default merit function”中使用，不要单独使用。

4.2.5　波像差控制操作符

OPDC：以主光线为参照的波像差，单位为波长，指定波长、孔径和视场。

OPDM：以 Mean 为参照的光程差，指定同上。

OPDX：光程差，以质心为参照。

其余项不太常用，在此不作介绍。

4.2.6　光学传递函数操作符

4.2.6.1　衍射传递函数

MTFA：指定采样密度、波长、视场和空间频率的平均衍射调制传递函数（子午与弧矢的平均）。

MTFT：子午调制传递函数（衍射）。

MTFS：弧矢调制传递函数。

MTFA、MTFT、MTFS 操作符需指定的指定参数：

采样密度：1 - 32 ×32，2 - 64 ×64，…。

波长：0 - 多色，1 - 波长 1，……。

视场：有效视场编号。

空间频率：单位 1/mm。

4.2.6.2　几何传递函数

GMTA：平均几何调制传递函数。

GMTS：子午几何调制传递函数。

GMTT：弧矢几何调制传递函数。

4.2.6.3　方波调制传递传函

MSWA：平均方波调制传递函数。

MSWT：子午方波调制传递函数。

MSWS：弧矢方波调制传递函数。

注意：

（1）传函优化速度慢，一开始先应用 RMS wavefront or Spot 评价函数优化，使像质较好后，如需提高传函，则再用传函优化。

（2）Wavefront 很大，如大于 2λ 时，衍射传函计算出错，此时可用几何传函查看传递函数情况；如像质很好，可计算或优化衍射传函。

（3）几何传函计算时间长于衍射传函。

4.2.7 透镜边界条件

4.2.7.1 控制玻璃厚度与空气间隔以及边缘厚度

在下列符号中，第三个字母为 E 的控制符只适用于旋转对称系统，其余均可适用于旋转与非对称系统，需要指定光学面范围。

MNCG：最小玻璃中心厚度。

MNEG：最小玻璃边缘厚度。

MXCG：最大玻璃中心厚度。

MXEG：最大玻璃边缘厚度。

MNCA：最小空气中心厚度。

MNEA：最小空气边缘厚度。

MXCA：最大空气中心厚度。

MXEA：最大空气边缘厚度。

以下控制符既适合于控制玻璃、也适合于控制空气间隔：

MEXT：最大边缘厚度。

MNET：最小边缘厚度。

MNCT：最小中心厚度。

MXCT：最大中心厚度。

下列符号适用于非旋转对称系统。通过检查周长上许多点，看边缘厚度是否超标，需要指定光学面范围。

XNEG：最小玻璃边缘厚度。

XNEA：最小空气边缘厚度。

XNET：最小边缘厚度。

XXEA：最大空气边缘厚度。

XXEG：最大玻璃边缘厚度。

XXET：最大边缘厚度。

4.2.7.2 单个光学面的控制符

CTLT：中心厚度小于。

CTGT：中心厚度大于。

CTVA：中心厚度值。

ETGT：边缘厚度大于。

ETLT：边缘厚度小于。

ETVA：边缘厚度值。

使用上述控制符时，需要指定面号。

4.2.7.3 控制透镜形状，使用控制符时，需要指定某一光学面号

CVVA：曲率值。

CVGT：曲率值大于。

CVLT：曲率值小于。

COGT：Conic 大于。

COLT：Conic 小于。

COVA：Conic 值。

SVGZ：*xz* 平面内矢高。

SAGY：*yz* 平面内矢高。

4.2.7.4　控制透镜口径及口径与厚度比

DMVA：口径值。

DMGT：口径大于。

DMLT：口径小于。

MNSD：最小半口径。

MXSD：最大半口径。

使用上述控制符时，需要指定某一光学面。

MNDT：最小直径/中心厚度之比。

MXDT：最大直径/中心厚度之比。

MNDT 和 MXDT 需要指定 First Surf、Last Surf，只有对玻璃或介质有效，对空气介质无效。

TTLT：总厚度小于。

TTGT：总厚度大于。

TTVA：总厚度值。

使用上述控制符时，需要指定 surf 号与 code。其中 code 为 0，代表 $+y$ 轴；为 1 代表 $+x$ 轴；为 2 代表 $-y$ 轴，为 3 代表 $-x$ 轴。图 4－1 表示了光学透镜的总厚度含义。

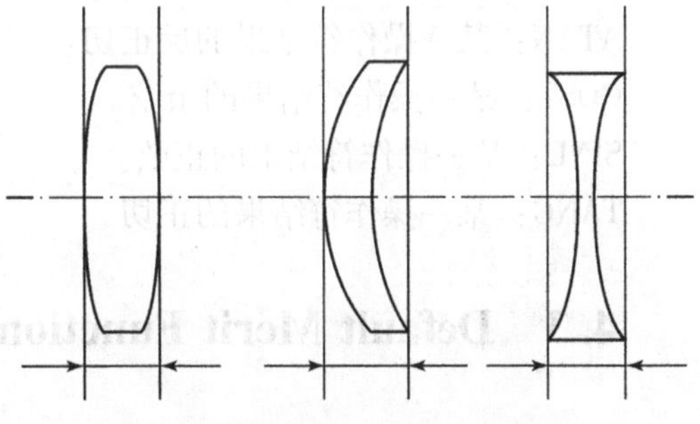

图 4－1　光学透镜总厚度含义示意图

TTHI：指定起始面（first surf）到最后一个面（last surf）之间的光轴厚度总和；该控制符适用于控制光学系统的实际长度。

TOTR：从第一面到像面，称为系统总长或光学筒长，无指定参数。

4.2.8　光学材料控制操作符

MNIN：最小 d 光折射率。

MXIN：最大 d 光折射率。

MNAB：最小阿贝色散系数（ν_d）。

MXAB：最大阿贝色散系数（ν_d）。

MNPD：最小部分色散（ΔP_{gF}）。

MXPD：最大部分色散（ΔP_{gF}）。

这里的 6 个操作符可用于需要将玻璃材料作为变量优化的场合，控制玻璃的折射率、色散系数符合常见玻璃的变化范围；其中阿贝色散系数与部分色散的定义分别为：$\nu_d = \dfrac{n_d - 1}{n_F - n_C}$，$\Delta P_{gF} = \dfrac{n_g - n_F}{n_F - n_C}$。

4.2.9 数学运算操作符

ABSO：某一操作符结果的绝对值。

SUMN：两个操作符结果的和。

OSUM：指定操作符序号之间所有操作符之和。

DIFF：两个操作符结果的差。

PROD：两个操作符结果的积。

DIVI：两个操作符结果的商。

SQRT：某一操作符结果的开方。

OPGT：某一操作符结果大于。

OPLT：某一操作符结果小于。

CONS：定义一个常数。

QSUM：Quadratic Sum，平方和再开方。

EQUA：几个操作符跟目标值产生相同的差值。

MINN：最小值操作符。

MAXX：最大值操作符。

ACOS：某一操作符结果的反余弦。

ASIN：某一操作符结果的反正弦。

ATAN：某一操作符结果的反正切。

COST：某一操作符结果的余弦。

SINE：某一操作符结果的正弦。

TANG：某一操作符结果的正切。

4.3 Default Merit Function 和现有像差控制操作符的局限性

如4.2节所述，Default Merit Function 定义的评价函数由点列图或波像差构成，用于优化像平面或具有固定面型的像面上的成像质量，不能完成任意独立几何像差的控制。

ZEMAX 也提供了内建的像差控制操作符，下面我们对这些操作符进行比较分析，阐述现有像差控制操作符的局限性。

4.3.1 轴上点的像差操作符局限性

ZEMAX 为轴上点提供了两个像差操作符，即 SPHA、AXCL，其中 SPHA 是控制指定光学面的球差贡献量，单位为波长，无须指定孔径，因此，不能控制某一特征孔径的球差；AXCL 原来用于控制近轴位置色差 $\Delta l'_{FC}$，后来版本经过改进，增添了设置孔径功能，可以控制其他孔径轴向色差。

球差是影响中央视场成像清晰度的重要像差，现有像差操作符仅适用于小视场小相对孔径的设计场合。根据第2章对轴上点像差概念的阐述，对于大相对孔径光学系统，要控制其轴上物点的成像质量，至少要控制 $\delta L'_m$、$\Delta L'_{FC0.707h}$、$\delta L'_{sn}$ 和 $\delta L'_{FC}$ 到预定的目标值，但是利用 ZEMAX 内建控制操作符不能完成这些控制。

4.3.2　轴外物点的像差操作符局限性

轴外物点的像差设计比较复杂，对不同光学特性的系统，像差设计要求不一样。对小相对孔径小视场光学系统，像差设计最简单，最多要求校正孔径与视场的初级像差；对大相对孔径小视场光学系统，则将像差控制集中到与孔径有关的高级像差上面来；至于视场像差，仍只控制视场初级像差；对小相对孔径大视场光学系统，则将像差控制集中到与视场有关的像差上面来，根据视场达到的程度，如中等视场、广角、超广角，决定是否校正与视场有关的高级像差。

ZEMAX 的内建像差控制操作符中，轴外像差操作符含义如表 4－3 所示。

表 4－3　轴外像差操作符及其局限性

种类	名称	含义	局限性
彗差	COMA	某一面彗差贡献量，单位：波长	无法控制跟视场、孔径有关的子午、弧矢彗差
场曲	FCUR	某一面场曲贡献量，单位：波长	无法控制宽光束场曲（应用于大相对孔径大视场情形）
	FCGS	某一视场细光束子午场曲	
	FCGT	某一视场细光束弧矢场曲	
像散	ASTI	某一面像散贡献量，单位：波长	无法控制宽光束像散
畸变	DIST	某一面畸变贡献量，单位：波长	
	DIMX	视场最大畸变允许量	
	DISG	控制跟视场有关的归一化百分畸变	
	DISC	控制校准畸变	
垂轴色差	LACL	两边缘波长主光线与像面交点之间的 y 轴距离	无法控制视场高级色差

综上所述，现有 ZEMAX 的内建像差控制操作符无法控制指定孔径的球差、高级球差与色球差；也无法控制与孔径和视场有关的彗差、高级彗差，与孔径有关的宽光束场曲、像散，无法控制需要的垂轴色差曲线、高级垂轴色差。对这些问题，是一个好的光学设计工作者必须要解决的。下面我们将举例说明常见像差在评价函数中控制的实现方法，这些方法可为今后建立其他控制操作符提供参考。

4.4　常见像差控制在评价函数中的实现

在评价函数中建立像差控制操作符，仍然要从像差的概念入手，利用现有操作符进行像差控制的建立方法，同时，对照复习第 2 章的像差概念。

4.4.1　轴上球差、色差的控制操作符

轴上物点球差、色差、高级球差、色球差都是与孔径有关的像差，控制操作符的建立都

可源于球差概念。首先我们复习球差概念，如图 4-2 所示。

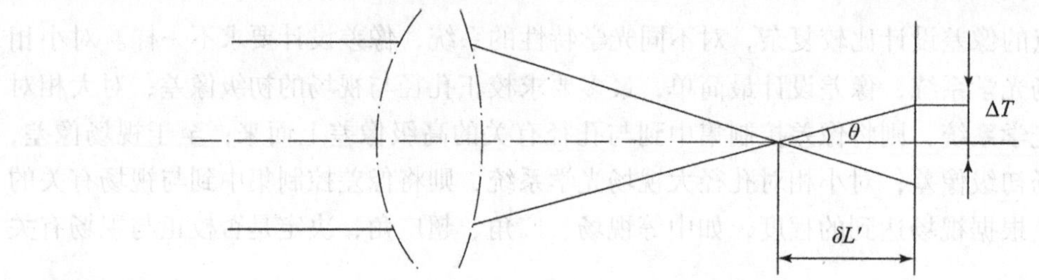

图 4-2　跟孔径有关的球差示意图

轴向球差 $\delta L'$ 跟垂轴球差 ΔT 的关系如下：

$$\delta L' = \frac{\Delta T}{\tan\theta} \tag{4-1}$$

如果知道某孔径光线在像面上的交点高度 ΔT，该孔径光线在像方的孔径角 θ，就能得到任意孔径的轴向球差 $\delta L'$。因此需要 ZEMAX 进行光线追迹，查看 ZEMAX 对实际光线追迹的控制操作符，我们选用 TRAY 得到 ΔT、RAGC 得到该孔径光线的方向余弦，再经 ACOS、TANG 得到 $\tan\theta$。

图 4-4 给出了控制球差实例的评价函数编辑器显示的屏幕拷贝图，用于控制某一物镜（图 4-3）的单色球差方法；图 4-4 还给出了控制 0.707h 轴向色差的控制实例。

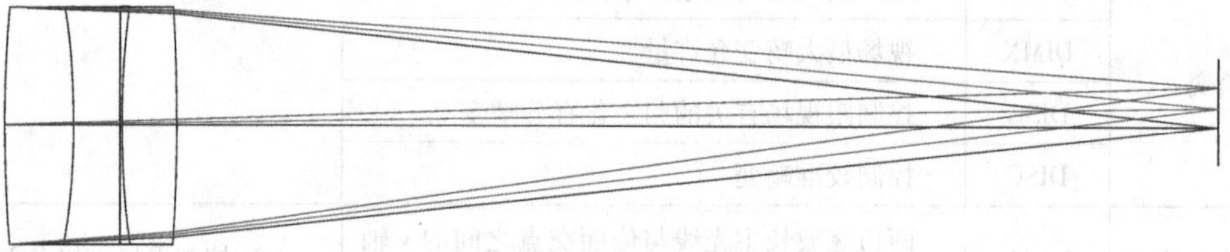

图 4-3　控制球差应用的光学系统实例

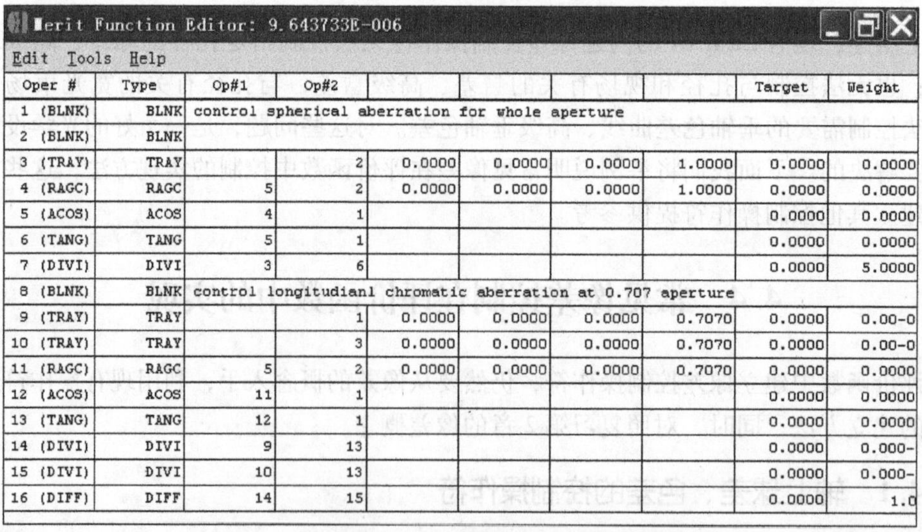
Merit Function Editor: 9.643733E-006

Edit　Tools　Help

Oper #	Type	Op#1	Op#2					Target	Weight
1 (BLNK)	BLNK	control spherical aberration for whole aperture							
2 (BLNK)	BLNK								
3 (TRAY)	TRAY		2	0.0000	0.0000	0.0000	1.0000	0.0000	0.0000
4 (RAGC)	RAGC	5	2	0.0000	0.0000	0.0000	1.0000	0.0000	0.0000
5 (ACOS)	ACOS	4	1					0.0000	0.0000
6 (TANG)	TANG	5	1					0.0000	0.0000
7 (DIVI)	DIVI	3	6					0.0000	5.0000
8 (BLNK)	BLNK	control longitudianl chromatic aberration at 0.707 aperture							
9 (TRAY)	TRAY		1	0.0000	0.0000	0.0000	0.7070	0.0000	0.00-0
10 (TRAY)	TRAY		3	0.0000	0.0000	0.0000	0.7070	0.0000	0.00-0
11 (RAGC)	RAGC	5	2	0.0000	0.0000	0.0000	0.7070	0.0000	0.0000
12 (ACOS)	ACOS	11	1					0.0000	0.0000
13 (TANG)	TANG	12	1					0.0000	0.0000
14 (DIVI)	DIVI	9	13					0.0000	0.000-
15 (DIVI)	DIVI	10	13					0.0000	0.000-
16 (DIFF)	DIFF	14	15					0.0000	1.0

图 4-4　控制图 4-3 所示光学系统的球差实例

由图 4－4 可以看出，控制的球差是全口径的球差，其中 TRAY 定义的光束孔径、波长号应与 RAGC 定义的光束孔径、波长号一致，其中第 7 操作符计算的结果就是轴上点中间波长、1.0h 的球差，第 16 操作符计算的结果是轴上点 0.707h 孔径的轴向色差。

在任意孔径、任意波长的球差能够控制的基础上，我们可以建立任意孔径的轴向色差的控制操作符，也可以建立高级球差、色球差的控制。

图 4－5 给出了图 4－3 所示结构的高级球差、色球差的控制方法屏幕拷贝图。其中第 1~7 个操作符完成全孔径球差的计算，其结果可用于高级球差的计算；第 6 个操作符计算出的 1.0h 孔径光线在像方的孔径角，用于计算 1.0h 孔径的轴向色差，供计算色球差使用。其中，第 15 个操作符的结果是高级球差，第 27 个操作符的结果是色球差。需要注意，其中在计算轴向色差与色球差时，都要利用中间波长的像面为计算基准；另外，为了确保无误，应搞清楚这一系列控制符中，哪一个结果是想要控制的像差，并注意检查其值与 ZEMAX 中曲线给出的值是否一致。

Merit Function Editor: 2.957204E-009

Edit　Tools　Help

Oper #	Type							Target	Weight	Value	% Contrib
1 (BLNK)	BLNK	control spherical aberration for whole aperture									
2 (TRAY)	TRAY		2	0.0000	0.0000	0.0000	1.0000	0.0000	0.0000	6.30E-010	0.0000
3 (RAGC)	RAGC	5	2	0.0000	0.0000	0.0000	1.0000	0.0000	0.0000	0.9781	0.0000
4 (ACOS)	ACOS	3	1					0.0000	0.0000	12.0244	0.0000
5 (TANG)	TANG	4	1					0.0000	0.0000	0.2130	0.0000
6 (DIVI)	DIVI	2	5					0.0000	5.0000	2.96E-009	100.0000
7 (BLNK)	BLNK	high order spherical aberration									
8 (TRAY)	TRAY		2	0.0000	0.0000	0.0000	0.7071	0.0000	0.000	-0.00898573	0.0000
9 (RAGC)	RAGC	5	2	0.0000	0.0000	0.0000	0.7071	0.0000	0.0000	0.9891	0.0000
10 (ACOS)	ACOS	9	1					0.0000	0.0000	8.4724	0.0000
11 (TANG)	TANG	10	1					0.0000	0.0000	0.1490	0.0000
12 (DIVI)	DIVI	8	11					0.0000	0.0000	-0.0603237	0.0000
13 (CONS)	CONS							0.5000	0.0000	0.5000	0.0000
14 (PROD)	PROD	13	6					0.0000	0.0000	1.48E-009	0.0000
15 (DIFF)	DIFF	12	14					0.0000	0.0000	-0.0603237	0.0000
16 (BLNK)	BLNK	high charmatic spherical aberration									
17 (TRAY)	TRAY		1	0.0000	0.0000	0.0000	1.0000	0.0000	0.0000	2.63E-002	0.0000
18 (TRAY)	TRAY		3	0.0000	0.0000	0.0000	1.0000	0.0000	0.0000	7.45E-003	0.0000
19 (DIVI)	DIVI	17	5					0.0000	0.0000	0.1236	0.0000
20 (DIVI)	DIVI	18	5					0.0000	0.0000	3.50E-002	0.0000
21 (DIFF)	DIFF	19	20					0.0000	0.0000	8.87E-002	0.0000
22 (BLNK)	BLNK	axcl results error by -1									
23 (AXCL)	AXCL							0.0000	0.0000	7.89E-002	0.0000
24 (CONS)	CONS							-1.0000	0.0000	-1.0000	0.0000
25 (PROD)	PROD	23	24					0.0000	0.0000	-0.0789376	0.0000
26 (BLNK)	BLNK										
27 (DIFF)	DIFF	21	25					0.0000	0.0000	0.1676	0.0000

图 4－5　高级球差、色球差的控制

还须注意，ZEMAX 给出的近轴位置色差的控制操作符计算结果，符号反了，为和实际结果相符，需乘以－1。在图 4－5 中，由第 24 个、第 25 个操作符完成。

当然，新版软件已经做了内建操作符的修改，我们在使用操作符时，需要设法检查其在评价函数编辑器中输出的数据是否正确。

4.4.2　轴外初级像差的控制操作符

由表 4－3 可知，ZEMAX 仅给出轴外像差中细光束场曲、像散、畸变的控制操作符，由此可以控制与视场有关的初级与高级像差。至于孔径与视场初级彗差、宽光束场曲与像散，需要我们定义它们的控制操作符。另外，对于轴外色差，低版本 ZEMAX 仅给出 LACL 操作符，但该操作符不能控制任意视场的色差，也无法控制整条色差曲线走向，我们也要建立垂轴色差的控制操作符。

4.4.2.1　轴外宽光束子午像差控制操作符

依据第 2 章图 2－27 给出彗差、场曲的概念。由定义可以看出，如果上边光与像面交点离开主光线交点高度差为 Δy_+，下边光与像面交点离开主光线交点高度差为 Δy_-，则子午彗差为 $K'_T=(\Delta y_+ + \Delta y_-)/2$；如果上边光与光轴的夹角为 θ_+，下边光与光轴的夹角为 θ_-，则根据几何关系，子午场曲为 $X'_T=(\Delta y_+ - \Delta y_-)/(\mathrm{tg}\theta_- - \mathrm{tg}\theta_+)$。由此定义的宽光子午彗差与场曲控制操作符屏幕拷贝图如图 4－6。其中，第 6 个操作符的计算结果是彗差，利用了近似计算式，可以断言，如果第 6 个操作符的结果为 0，则彗差必然等于 0；第 20 个操作符的计算结果是宽光束场曲，为了比较，特意将图 4－3 系统的光束孔径缩小成细光束，这样，第 20 个操作符的结果与 ZEMAX 内建的 FCGT（第 8 个操作符）的结果一致。

Merit Function Editor: 0.000000E+000

Edit　Tools　Help

Oper #	Type							Target	Weight	Value	% Contrib
1 (BLNK)	BLNK	control tangital coma									
2 (TRAY)	TRAY		2	0.00	1.00E+000	0.00	1.00E+000	0.00	0.00	-2.32E-002	0.00
3 (TRAY)	TRAY		2	0.00	1.00E+000	0.00	-1.00E+000	0.00	0.00	2.31E-002	0.00
4 (SUMM)	SUMM	2	3					0.00	0.00	-1.48E-004	0.00
5 (CONS)	CONS							5.00E-001	0.00	5.00E-001	0.00
6 (PROD)	PROD	4	5					0.00	0.00	-7.39E-005	0.00
7 (BLNK)	BLNK	control tangital field curvature									
8 (FCGT)	FCGT		2	0.00	1.00E+000			0.00	0.00	-10.94	0.00
9 (BLNK)	BLNK	self-defined tangital field curvature									
10 (TRAY)	TRAY		2	0.00	1.00E+000	0.00	1.00E+000	0.00	0.00	-2.32E-002	0.00
11 (TRAY)	TRAY		2	0.00	1.00E+000	0.00	-1.00E+000	0.00	0.00	2.31E-002	0.00
12 (DIFF)	DIFF	10	11					0.00	0.00	-4.63E-002	0.00
13 (RAGC)	RAGC	5	2	0.00	1.00E+000	0.00	1.00E+000	0.00	0.00	9.85E-001	0.00
14 (ACOS)	ACOS	13	1					0.00	0.00	9.82E+000	0.00
15 (TANG)	TANG	14	1					0.00	0.00	1.73E-001	0.00
16 (RAGC)	RAGC	5	2	0.00	1.00E+000	0.00	-1.00E+000	0.00	0.00	9.85E-001	0.00
17 (ACOS)	ACOS	16	1					0.00	0.00	10.06	0.00
18 (TANG)	TANG	17	1					0.00	0.00	1.77E-001	0.00
19 (DIFF)	DIFF	18	15					0.00	0.00	4.23E-003	0.00
20 (DIVI)	DIVI	12	19					0.00	0.00	-10.94	0.00

图 4－6　宽光束子午彗差与场曲的控制操作符屏幕拷贝图

4.4.2.2　轴外宽光束弧矢像差控制操作符

类似地，我们可以建立弧矢彗差、场曲的计算控制，弧矢场曲的定义如图 4－7 所示。由于弧矢线对 BD－和 BD＋（假设为 －1.0h 和 ＋1.0h）以主光线对称，所以，在像方两线对的出射光线在像面上交点偏离主光线的 x 分量大小相等、符号相反，即 TRAX（－1.0h）＝－TRAX（＋1.0h）。设 －1.0h 孔径的出射光线与 x 轴夹角为 θ_{-x}，与光轴的夹角为 θ_{-z}，

则 1.0h、1.0y 的弧矢场曲为

$$X'_S = TRAX_{(1.0y,-1.0h)} \tan\theta_{-x} \cos\theta_{-z} \qquad (4-2)$$

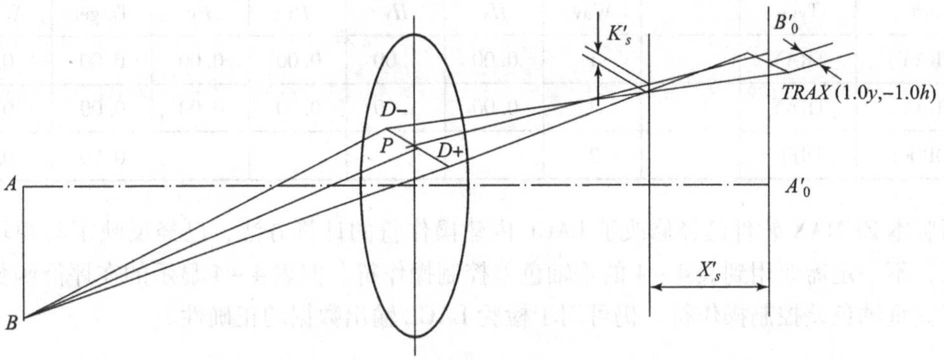

图 4-7　弧矢场曲与彗差的定义

由式（4-2）建立的弧矢宽光束场曲控制操作符屏幕拷贝图见图 4-8。其中，第 10 个操作符结果是 1.0y、1.0h 的弧矢场曲。为了比较，同子午宽光束场曲一样，将光学系统的口径缩小，以便与细光束场曲比较，验证操作符计算结果的正确性。在通过模型建立这样的操作符时，由于中间的三角函数运算和模型中没有考虑到符号规则，要注意结果的符号是否正确，要设法验证。

Merit Function Editor: 0.000000E+000

Edit　Tools　Help

Oper #	Type	Op#	Flag					Target	Weight	Value	% Contrib
1 (BLNK)	BLNK	control saggital field curvature at 1.0h,1.0y									
2 (TRAX)	TRAX		2	0.00	1.00E+000	-1.00E+000	0.00	0.00	0.00	1.00E-003	0.00
3 (RAGA)	RAGA	5	2	0.00	1.00E+000	-1.00E+000	0.00	0.00	0.00	2.00E-003	0.00
4 (ACOS)	ACOS	3	1					0.00	0.00	89.89	0.00
5 (CONS)	CONS							180.00	0.00	180.00	0.00
6 (DIFF)	DIFF	5	4					0.00	0.00	90.11	0.00
7 (TANG)	TANG	6	1					0.00	0.00	-499.52	0.00
8 (RAGC)	RAGC	5	2	0.00	1.00E+000	-1.00E+000	0.00	0.00	0.00	9.99E-001	0.00
9 (PROD)	PROD	2	7					0.00	0.00	-5.01E-001	0.00
10 (PROD)	PROD	9	8					0.00	0.00	-5.00E-001	0.00
11 (FCGS)	FCGS		2	0.00	1.00E+000			0.00	0.00	-5.00E-001	0.00
12 (BLNK)	BLNK										

图 4-8　弧矢宽光束场曲控制操作符屏幕拷贝图

图 4-8 中，第 4 个操作符的结果是 1.0y、-1.0h 的光线出射方向与 x 轴正方向之间的夹角，通过操作符 5、6 可以得到像方弧矢线对构成的等腰三角形内角 θ_{-x}；第 8 个操作符是为了得到 $\cos\theta_{-z}$；第 11 个操作符的结果是为了与第 10 个操作符结果比较。

至于弧矢宽光束彗差的控制操作符，依据上述方法，留给读者自己尝试建立。

4.4.2.3　轴外垂轴色差的控制操作符

垂轴色差又称倍率色差，是主光线因玻璃色散产生的像差。相对而言，与视场有关的垂轴色差控制操作符建立要容易得多。

表 4-4 给出了垂轴色差控制符的建立方法。表中第 1 个、2 个操作符给出了全视场短波长与长波长主光线及像面交点，偏离中间波长主光线的偏差；第 3 个操作符的结果就是全

视场的垂轴色差。

表 4－4　给出了垂轴色差控制符的建立方法

Oper#	Type		Wav	*Hx*	*Hy*	*Px*	*Py*	Target	Weight
1（TRAY）	TRAY		1	0.00	1.00	0.00	0.00	0.00	0.00
2（TRAY）	TRAY		3	0.00	1.00	0.00	0.00	0.00	0.00
3（DIFF）	DIFF	1	2					0.00	0.00

新版本 ZEMAX 软件已经修改了 LACL 内建操作符的计算方法，已经反映了与视场之间的关系，不一定需要用到表 4－4 的垂轴色差控制操作符。但表 4－4 显示的在评价函数编辑器中建立垂轴色差控制操作符，仍可用于检验 LACL 输出数据的正确性。

4.4.3　轴外物点视场孔径高级像差的定义及其控制操作符

解决了初级像差的控制操作符以后，我们就可以根据高级孔径或视场像差的定义［第 2 章中式（2－32）~式(2－40)］，建立高级像差的控制操作符。

有了以上任意孔径、任意视场初级像差的控制操作符建立方法，由式（2－32）~式（2－40）可以看出，高级像差由不同孔径或视场初级像差运算而得，所以控制操作符可以通过前面的初级像差操作符组合得到。读者如果有兴趣，可以尝试练习建立，我们在后面的例子中再建立，这里不再赘述。

4.5　ZEMAX 中与色差有关操作符的像差计算基准

ZEMAX 中直接计算色差的内建操作符，有轴向色差 AXCL 和垂轴色差 LACL，还有可计算得到轴向色差与垂轴色差的内建操作符 TRAY。这些操作符为与孔径和视场有关的高级色差控制提供了便捷的途径。但从应用实践看，当工作波段较宽，存在多个工作波长时，需要弄清楚这些操作符的像差计算基准，即以哪一个波长的像面位置或在哪一个波长的像面上以哪一个波长主光线交点为计算基准？这一点对色差计算的准确性与控制校正非常重要。下面以 ZEMAX 软件自带的 Cooke 40°物镜为例（镜头文件位于 Zemax \ Samples \ Sequential \ Cooke 40 degree field. zmx），阐述 ZEMAX 中与色差有关操作符的像差计算基准。图 4－9 是 Cooke 40°物镜的光学结构图示。

4.5.1　AXCL 操作符的计算基准

ZEMAX 用户手册中对操作符 AXCL 的解释："Axial color，measured in lens units for focal systems and diopters for a focal systems. This is the image separation between the two wavelengths defined by Wave1 and Wave2. If Zone is zero，paraxial rays are used to determine the paraxial image locations. If Zone is greater than 0.0 and less than or equal to 1.0，real marginal rays are used to determine the image locations. In this case，Zone corresponds to the Py coordinate of the real marginal ray." 由该解释可知看出，由于 AXCL 对有焦系统计算的是指定两个波长的像之间的轴向间隔，按照约定的符号规则，应该是 Wave2 的像距减去 Wave1 的像距，即以 Wave1

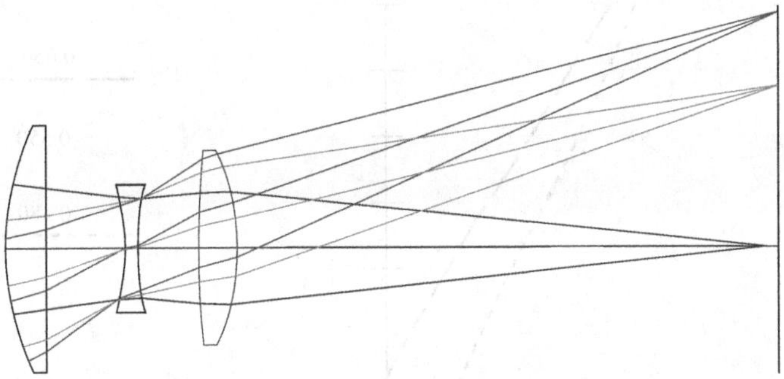

图 4－9　Cooke 40°物镜的光学结构

的像点为零位。

图 4－10 给出了评价函数编辑器中使用 AXCL 操作符的输出结果，其中孔径带（Zone）分别设置成 0、0.71、1.0，轴向色差操作符输出的轴向色差值分别为 0.07721mm、0.05138mm、0.02156mm。为了校验与比较，图 4－11 给出了 ZEMAX 在“Analysis”菜单输出的 Longitudinal aberration 曲线，表 4－5 给出了图 4－11 曲线对应的数据结果。表 4－5 中最后一列数据是用第四列数据（波长 0.65μm）减去第二列数据（波长 0.48μm）的结果。计算结果与图 4－10 中 AXCL 的输出结果吻合较好，可以相互验证。

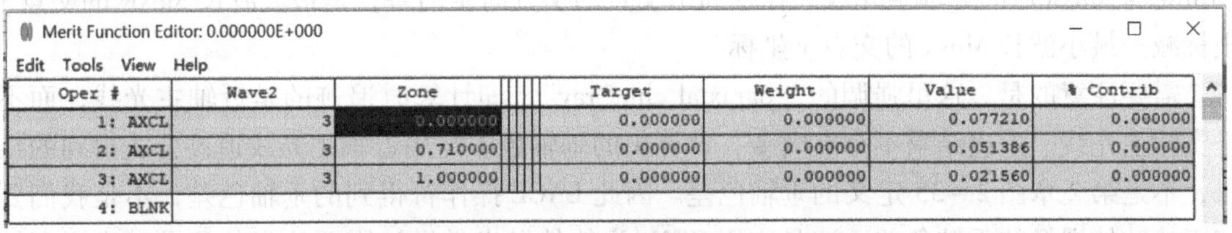

Merit Function Editor: 0.000000E+000

Edit　Tools　View　Help

Oper #	Wave2	Zone	Target	Weight	Value	% Contrib
1: AXCL	3	0.000000	0.000000	0.000000	0.077210	0.000000
2: AXCL	3	0.710000	0.000000	0.000000	0.051386	0.000000
3: AXCL	3	1.000000	0.000000	0.000000	0.021560	0.000000
4: BLNK						

图 4－10　AXCL 操作符的输出结果

表 4－5　图 4－11 曲线对应的孔径带色差数据

Zone \ 波长/μm	0.48	0.55	0.65	轴向色差
0	－0.010 5	8.7×10^{-6}	0.066 7	0.077 2
0.71	－0.148 8	－0.152 7	－0.097 43	0.051 37
1.0	－0.228	－0.248 6	－0.206 4	0.021 6

4.5.2　LACL 操作符的计算基准

ZEMAX 用户手册中对操作符 LACL 的解释：“Lateral color. For focal systems, this is the y－distance between the paraxial chief ray intercepts of the two extreme wavelengths defined by Minw and Maxw, measured in lens units. For a focal systems, this is the angle in a focal mode units between the paraxial chief rays of the two extreme wavelengths defined by Minw and Maxw.”由该解释可以看出，对于有焦系统，操作符 LACL 定义的垂轴色差，是系统工作波段两端波长

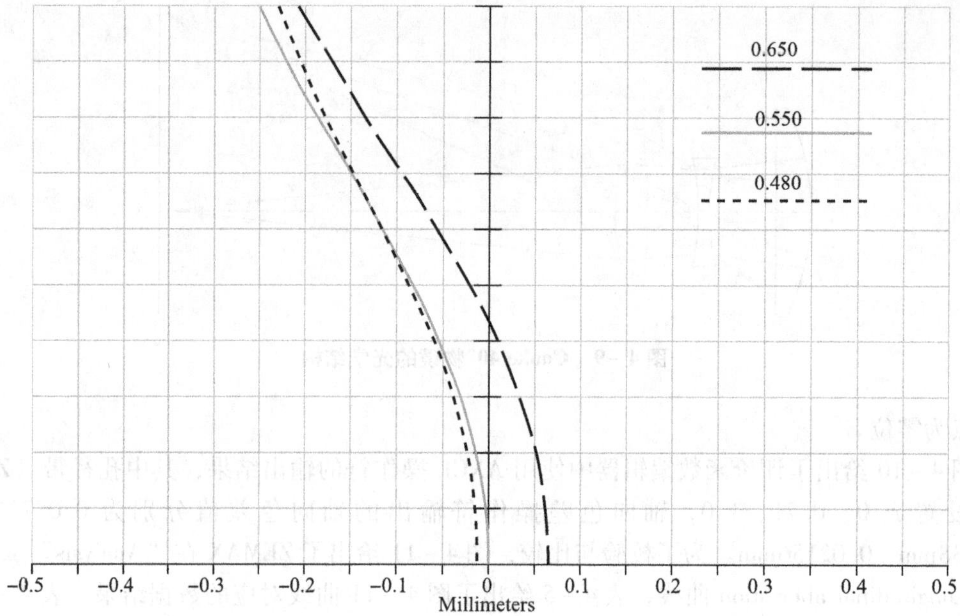

图 4－11　Cooke 40°物镜的轴向球差曲线

（Minw 与 Maxw）的近轴主光线，在像面上交点的 y 方向距离差，是最大波长 Maxw 的交点 y 坐标减去最小波长 Minw 的交点 y 坐标。

需要注意的是，这里强调的“paraxial chief ray”，即计算时追迹的是近轴主光线，而不是实际主光线。追迹结果不存在畸变，计算出的垂轴色差是用近轴主光线追迹公式得到的结果，不是第 2 章图 2－35 定义的垂轴色差。因此 LACL 操作符得到的垂轴色差，不是我们要校正的轴外视场的垂轴色差，这是应用 ZEMAX 软件做光学设计需要注意的问题。为了理解 LACL 操作符的物理含义并比较其与自建垂轴色差操作符之间的区别，作者在 ZEMAX 软件的评价函数编辑器中，使用与 LACL 操作符相关的操作符，对计算结果做了比较，如图 4－12 所示。

Merit Function Editor: 0.000000E+000

Edit　Tools　View　Help

Oper #	Type	Surf	Wave	Hx	Hy	Px	Py			Target	Weight	Value	% Contrib
1: LACL	LACL	1	3							0.00000	0.00000	9.33E-004	0.00000
2: TRAY	TRAY		1	0.00000	1.00000	0.00000	0.00000			0.00000	0.00000	-2.6E-004	0.00000
3: TRAY	TRAY		3	0.00000	1.00000	0.00000	0.00000			0.00000	0.00000	3.19E-004	0.00000
4: DIFF	DIFF	3	2							0.00000	0.00000	5.75E-004	0.00000
5: PARY	PARY	7	2	0.00000	1.00000	0.00000	0.00000			0.00000	0.00000	18.19851	0.00000
6: PARY	PARY	7	1	0.00000	1.00000	0.00000	0.00000			0.00000	0.00000	18.19791	0.00000
7: PARY	PARY	7	3	0.00000	1.00000	0.00000	0.00000			0.00000	0.00000	18.19884	0.00000
8: BLNK	BLNK												
9: DIFF	DIFF	7	6							0.00000	0.00000	9.33E-004	0.00000
10: BLNK	BLNK												
11: RAGY	RAGY	7	2	0.00000	1.00000	0.00000	0.00000			0.00000	0.00000	18.20735	0.00000
12: RAGY	RAGY	7	1	0.00000	1.00000	0.00000	0.00000			0.00000	0.00000	18.20709	0.00000
13: RAGY	RAGY	7	3	0.00000	1.00000	0.00000	0.00000			0.00000	0.00000	18.20767	0.00000
14: DIFF	DIFF	13	12							0.00000	0.00000	5.75E-004	0.00000
15: BLNK	BLNK												

图 4－12　LACL 操作符物理含义的验证

图 4－12 中，操作符序号#1 定义 LACL 操作符，需要在该操作符行中指定最小波长（MinW）为波长序号 1、最大波长（MaxW）为波长序号 3，得到的结果是 9.33×10^{-4}（mm）。操作符序号#2 与 3 定义 TRAY 操作符，它是计算几何像差的垂轴分量，用于计算某一波长、某一视场、某一孔径光线与中间波长主光线在像面上交点的 y 坐标位置之差；操作符序号#2 与 3 行分别指定 TRAY 计算的光线为波长 1 的最大视场主光线（$Hy=1.0$）和波长 3 的最大视场主光线（$Hy=1.0$）。操作符序号#4，用 DIFF 计算波长 1 与 3 最大视场主光线的 y 垂轴像差分量之差。根据第 2 章垂轴色差的定义可知，这一差值就是轴外视场色差校正需要的垂轴色差，其结果为是 5.75×10^{-4}（mm），该结果与 ZEMAX 在"Analysis"菜单输出的 Lateral Color 曲线结果一致，如图 4－13 所示。

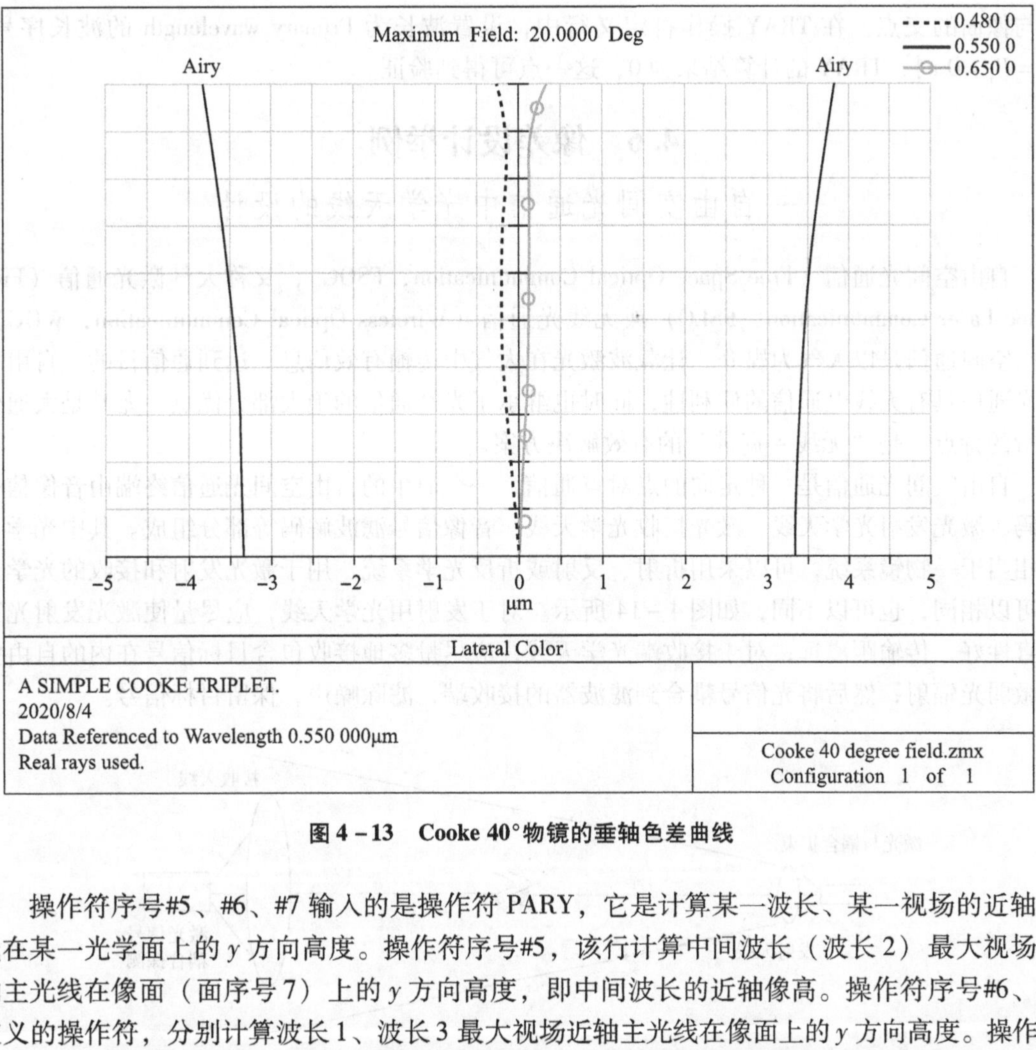

图 4－13　Cooke 40°物镜的垂轴色差曲线

操作符序号#5、#6、#7 输入的是操作符 PARY，它是计算某一波长、某一视场的近轴光线在某一光学面上的 y 方向高度。操作符序号#5，该行计算中间波长（波长 2）最大视场近轴主光线在像面（面序号 7）上的 y 方向高度，即中间波长的近轴像高。操作符序号#6、#7 定义的操作符，分别计算波长 1、波长 3 最大视场近轴主光线在像面上的 y 方向高度。操作符序号#9，使用操作符 DIFF，用于计算操作符序号#6、#7 计算结果的差值，结果为 9.33×10^{-4}（mm），该差值与操作符 LACL 的物理含义一致，因此二者结果相等。

操作符序号#11、#12、#13 输入的操作符是 RAGY，它是计算某一波长、某一视场、某一孔径的实际光线在某一光学面上的 y 方向高度。操作符序号#11，该行计算中间波长（波长2）最大视场实际主光线在像面（面序号7）上的 y 方向高度，即中间波长的实际像高，其与操作符序号#5 的计算结果之差，是最大视场的畸变值。操作符序号#12、#13 定义的操作符，分别计算波长 1、波长 3 最大视场实际主光线在像面上的 y 方向高度。操作符序号#14 使用操作符 DIFF，用于计算操作符序号#12、#13 计算结果的差值，结果为 5.75×10^{-4}（mm），也是轴外视场色差校正需要的垂轴色差。

因此，图 4－12 中，操作符序号#2、#3、#4 组合与序号#12、#13、#14 组合一样，均可以作为轴外最大视场垂轴色差的控制操作符，设计实践中，不是使用 LACL 操作符。

4.5.3　TRAY 操作符的计算基准

TRAY 操作符的计算基准，是中间波长（即 ZEMAX 中定义的 Primary wavelength）主光线与像面的交点。在 TRAY 操作符定义行中，设置波长为 Primary wavelength 的波长序号，$P_x=P_y=0$ 时，TRAY 的计算结果为 0，这一点可得到验证。

4.6　像差设计举例
——自由空间光通信中光学天线的设计

自由空间光通信（Free Space Optical Communication，FSOC），又称大气激光通信（Free Space Laser Communication，FSLC）或无线光通信（Wireless Optical Communication，WOC）。自由空间通信是以大气为媒介，让载波激光在大气中传输有效信息，达到通信目的。自由空间光通信具有无线电通信的便利性，同时也继承了光纤通信的绝大部分优点，尤其是大通信容量的特点，是“无线＋宽带”的有效解决方案。

自由空间光通信是一种定向的点对点通信，一个简单的自由空间光通信终端由音像信号编码、激光发射光学天线、激光接收光学天线、音像信号滤波解码等部分组成。其中光学天线相当于一物镜系统，可以采用折射、反射或折反光学系统。用于激光发射和接收的光学天线可以相同，也可以不同，如图 4－14 所示。对于发射用光学天线，应尽量使激光发射光束准直性好，传输距离远；对于接收端光学天线，应尽量多地接收包含目标信号在内的自由空间微弱光辐射，然后将光信号耦合到滤波器的接收端，滤除噪声，保留目标信号。

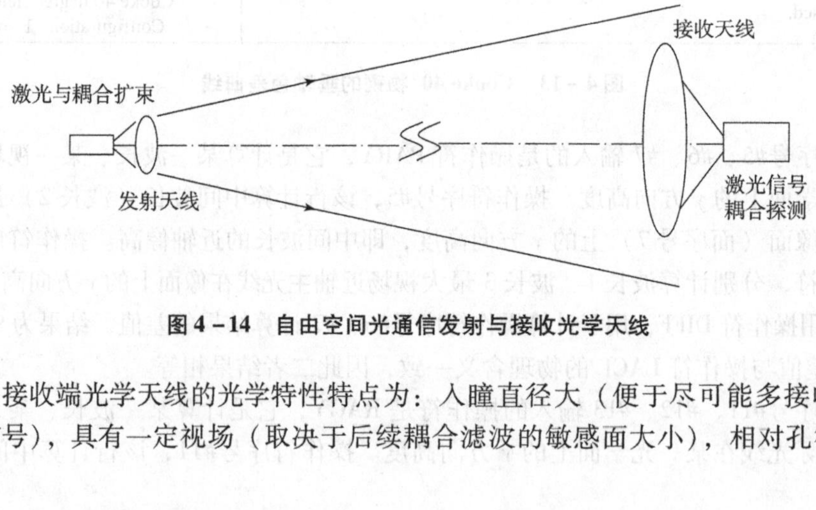

图 4－14　自由空间光通信发射与接收光学天线

因此，接收端光学天线的光学特性特点为：入瞳直径大（便于尽可能多接收来自自由空间的光信号），具有一定视场（取决于后续耦合滤波的敏感面大小），相对孔径大，工作波长一般为近红外（与激光器波长有关，常取 1.55μm，透过率高、大气损耗小、人眼安全），结构尽量简单以增加透过率。

像质评价时，应尽量减小弥散圆，光学分辨率与光电探测器分辨率相匹配；像差校正时，要考虑校正球差、彗差、场曲、像散等，还要校正色差等。

本节举一例，在 ZEMAX 中用像差设计建立评价函数，为以后传函优化建立较好的结构形式。

4.6.1　设计要求

设计接收用光学天线，满足下述技术要求：
焦距：$f'=60\text{mm}$，$D/f'=1/1.2$，视场角 $2\omega=\pm0.1°$。
激光波长：1.55μm；激光波长漂移：1.53 ~ 1.57μm。

4.6.2　光学特性特点与像差校正要求

根据设计要求，该天线属于一大相对孔径光学系统，视场与后续光纤的纤芯直径相当，因属定向发射与接收系统，所以视场角不是很大，即属于大孔径、小视场光学系统，可以采用望远物镜或照相物镜形式。工作波长为近红外，波长带宽不算很宽，为了保证足够透过率，天线片数要少，可以采用无色光学玻璃材料。

像差校正主要集中在轴上点的单色像差及高级像差，色差估计不大，也加入控制。像质评价可以采用弥散圆与 MTF 指标。

4.6.3　初始结构选择

选用《光学设计手册》（李士贤、郑乐年著，北京理工大学出版社，1990 年）P229 第一个镜头，具体结构参数如表 4 - 6 所示。

表 4 - 6　天线选用的初始结构数据

r	d	玻璃牌号	有效通光孔径
41.69	7.8	ZK10	34
274.312	0.4		
24.32	7.4	ZK10	30.2
62.713	7.0	QK1	29
-155.96	6.0	ZF6	28
15.488	9.8		
32.542	5.5	ZF1	22
-157.4			

其主要光学特性为：$f'=52.87$，$D/f'=1/1.5$，$2\omega=30°$，物位于无限远，工作波长在可见波段。考虑到许多无色玻璃透过的光谱波段可高达 2μm，所以本例可以选用该初始结构。使用时，要做如下修改：①将工作波段改成中间波长为 1.55μm，校正色差的波长为 1.53μm 和 1.57μm；②将结构以焦距由 $f'=52.87\text{mm}$ 放大到 $f'=60\text{mm}$。下面详细说明这些修改的操作方法。

由 Editors→Lens Data Editor→输入初始结构数据。透镜数据编辑器（LDE）的输入结果屏幕拷贝图如图 4-15 所示。孔径光阑放在第 1 光学面上，第 8 面到 Image 的距离（即像距）可以取为近轴像距。确定方法为：用鼠标单击 Lens data Editor 中第 8 面的 Thickness 栏，选择该栏并右击鼠标，从弹出的下拉选项中，选取 Marginal Ray Height，设置 Height 和 Pupil Zone 均为 0，表示近轴；确定以后，该栏计算得的数据后带有“M”。

Lens Data Editor

Edit Solves Options Help

Surf:Type		Radius	Thickness		Glass	Semi-Diameter
OBJ	Standard	Infinity	Infinity			Infinity
STO	Standard	41.690000	7.800000		ZK10	17.503362
2	Standard	274.312000	0.400000			16.748077
3	Standard	24.320000	7.400000		ZK10	15.460421
4	Standard	62.713000	7.000000		QK1	13.968225
5	Standard	-155.960000	6.000000		ZF6	11.683820
6	Standard	15.488000	9.800000			8.449671
7	Standard	32.542000	5.500000		ZF1	7.030942
8	Standard	-157.400000	17.607667	M		6.139736
IMA	Standard	Infinity				0.219951

图 4-15 Lens Data Editor 中输入的原始结构数据

选择 System→Wavelength…→波长输入对话框，输入波长 1.53，1.55，1.57，选择主波长（Primary）为 1.55，选择 OK。选择System→Fields…→视场输入对话框，选择 Angle，在 Y-field 框中输入视场 1 为 0，视场 2 为 0.05，表示物点在子午面内，选择 OK。选择 System→General…→Aperture→孔径输入对话框，选择 Aperture Type 为 Entrance Pupil Diameter，在 Aperture Value 中，先任意输入一个数，如 33，选择 OK。

此时，从主窗口状态栏中可以知道 EFFL（系统焦距）、WFNO（系统 F 数）、ENPD（入瞳直径）、TOTR（系统由第 1 面到最后一面的长度）。

选择 Tools→Make Focal→输入数据 60，然后选择 OK，完成焦距缩放。选择 System→General…→Aperture→孔径输入对话框，选择 Aperture Type 为 Entrance Pupil Diameter，在 Aperture Value 中，修改数据为 50（由技术要求中的焦距与相对孔径计算得到），选择 OK。并将厚度（Thickness）一栏数据做归整后，得到优化前的初始结构数据屏幕拷贝图如图 4-16 所示，此时系统焦距为 $f'=60.0883$，相对孔径为 1/1.234，总长为 69.009 4，系统弥散圆很大，如图 4-17 所示，半径为 331.271μm 和 332.637μm，需要进行优化，改善质量。

4.6.4 优化设计

该结构形式可以用作变量的数据有：8 个曲率半径，第 6 个空气间隔，必要时还可以将玻璃作为变量。要校正的像差有 6 个，即 $\delta L'_m$、$\Delta L'_{FC}$、SC'_m、$\delta L'_{sn}$、$\delta L'_{FC}$、SC'_{sn}，同时需控制焦距 $f'=60$mm。因此该系统具有很好校正上述像差的能力。将 8 个曲率半径设置成变量：将鼠标选中第 1 个曲率半径，按 Ctrl + Z 一次（连按两次，表示取消选为变量），该曲率半径栏后带有“V”字样，表示该曲率半径已被设置成变量，依次将其余 7 个曲率半径设置成变量。

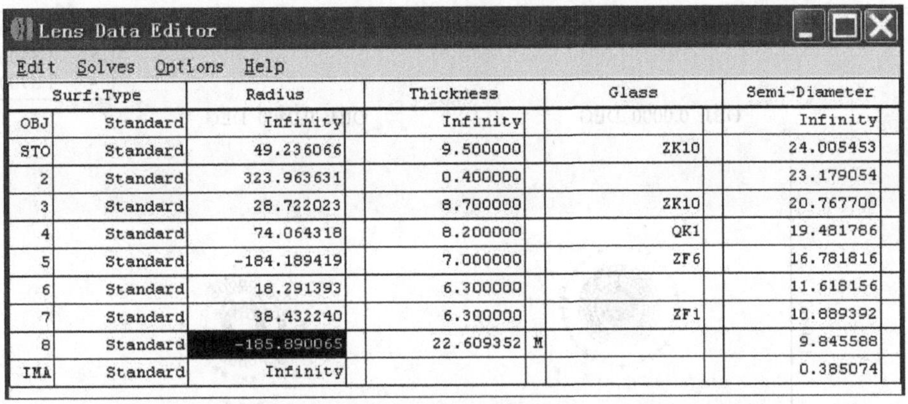

Lens Data Editor

Edit Solves Options Help

Surf:Type		Radius	Thickness		Glass	Semi-Diameter
OBJ	Standard	Infinity	Infinity			Infinity
STO	Standard	49.236066	9.500000		ZK10	24.005453
2	Standard	323.963631	0.400000			23.179054
3	Standard	28.722023	8.700000		ZK10	20.767700
4	Standard	74.064318	8.200000		QK1	19.481786
5	Standard	-184.189419	7.000000		ZF6	16.781816
6	Standard	18.291393	6.300000			11.618156
7	Standard	38.432240	6.300000		ZF1	10.889392
8	Standard	-185.890065	22.609352	M		9.845588
IMA	Standard	Infinity				0.385074

图 4－16　Lens Data Editor 中焦距缩放成 60 的初始结构数据

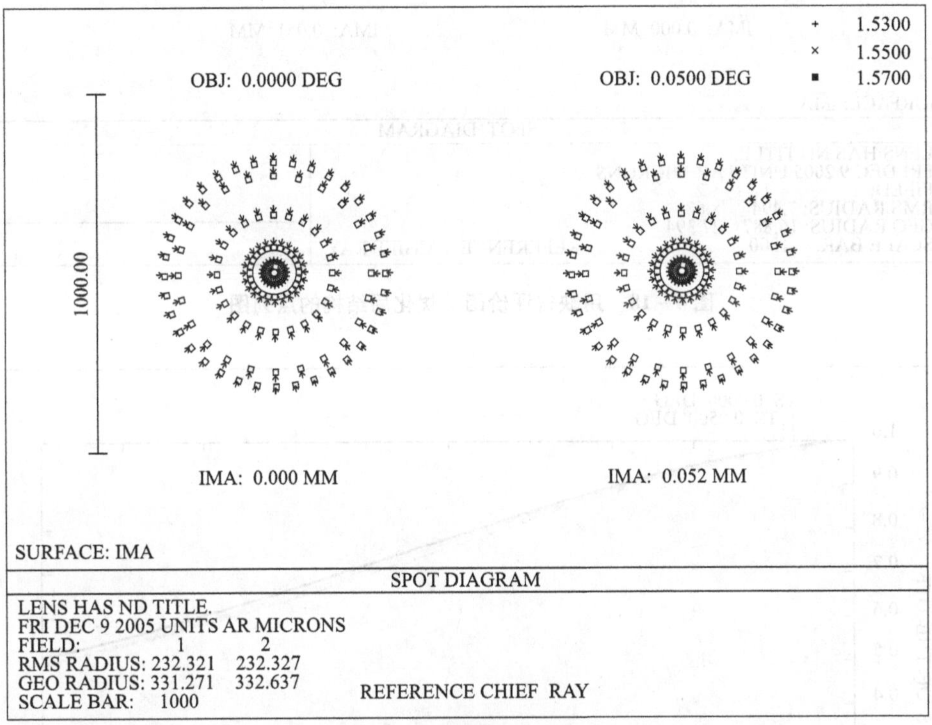

图 4－17　初始结构的点列图

4.6.4.1　使用 Default Merit Function 建立缺省评价函数进行优化

选择 Editors→Merit Function→打开评价函数编辑器，在第 1 行中先输入 EFFL，第 2、3 行中输入 OPLT、OPGT 控制焦距范围，在选择 Tools→Default Merit Function→Spot Radius→Start 中输入 4，再选择 OK，可以建立缺省评价函数。将 Lens Data Editor 中的第 1～8 个曲率半径设置成变量后，从主菜单中选择 Tools→Optimization→Automatic（或从桌面上选择 Opt 快捷键），ZEMAX 将进行优化设计，评价函数从 0.110 042 568 下降到 0.002 711 26，此时点列图等像质指标得到很大改善。点列图如图 4－18 所示，其中最大点列图弥散半径减少到 27.394μm，MTF 得到很大提高，如图 4－19 所示，在空间频率 50pl/mm 处，MTF 达到 0.5，已基本符合设计要求。

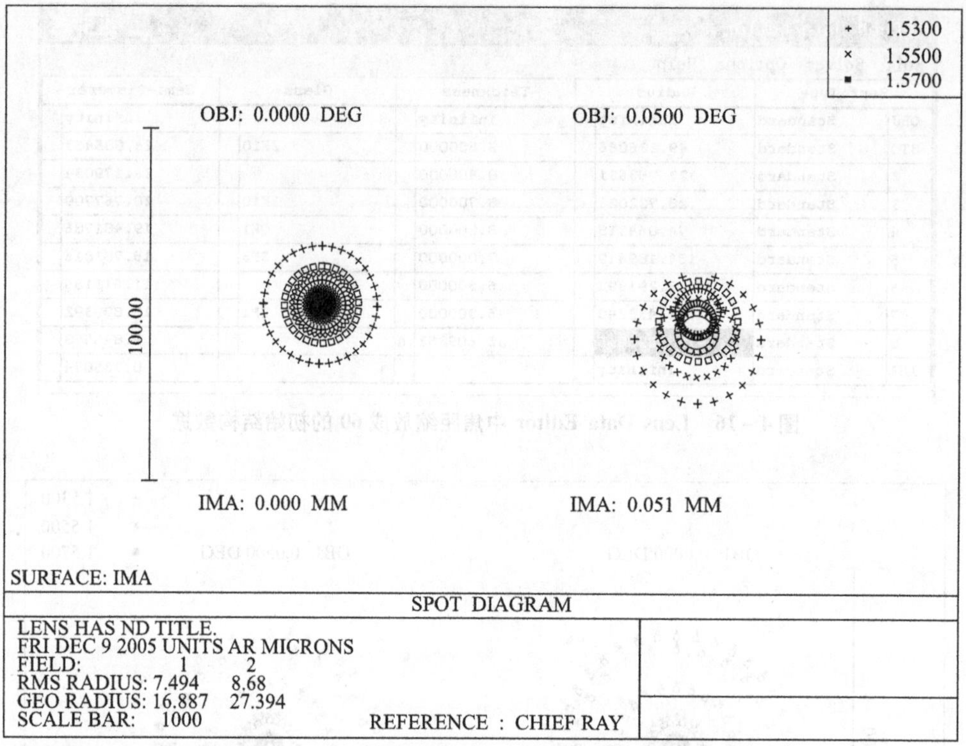

图 4－18　用缺省评价函数优化后结构的点列图

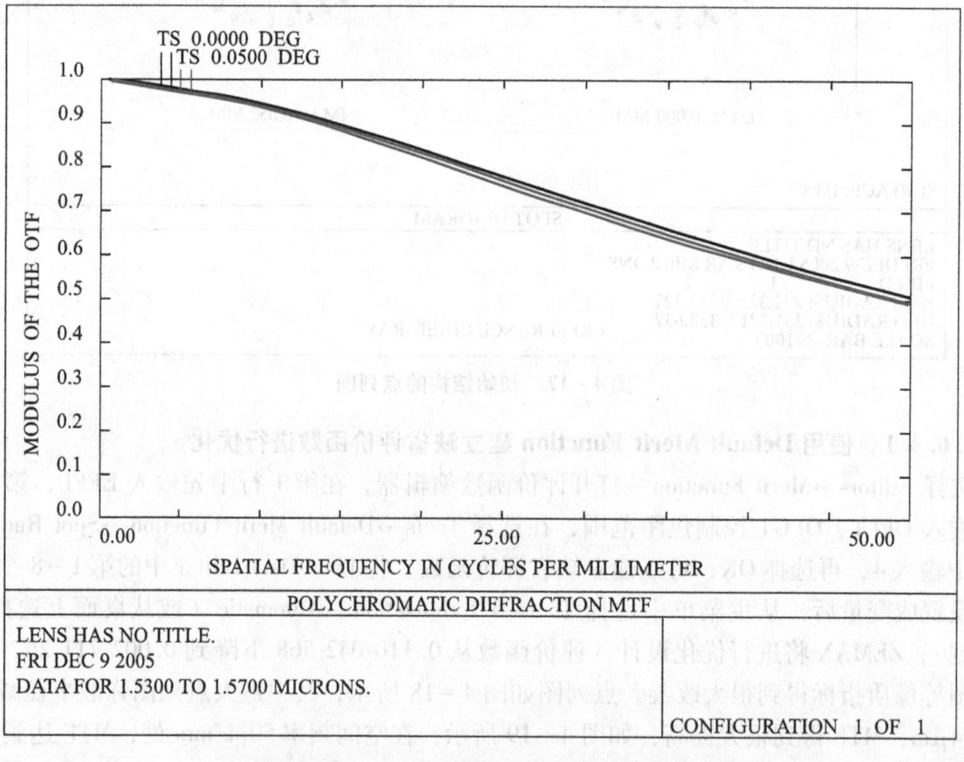

图 4－19　用缺省评价函数优化后结构的 MTF 曲线

优化后的结构参数屏幕拷贝图如图 4－20 所示，光学接收天线外形示意图如图 4－21 所示。光学特性参数：$L=\infty$，$f'=58.98\text{mm}$，$D/f'=1/1.2$，$2\omega=\pm0.1°$，工作中心波长为 1.55μm，激光波长漂移：1.53～1.57μm，孔径光阑在第 1 面。

Lens Data Editor

Edit　Solves　Options　Help

Surf:Type		Radius	Thickness		Glass	Semi-Diameter
OBJ	Standard	Infinity	Infinity			Infinity
STO	Standard	67.620000	9.500000		ZK10	23.403647
2	Standard	-258.000000	0.400000			22.817015
3	Standard	33.870000	8.700000		ZK10	20.473137
4	Standard	262.900000	8.200000		QK1	19.347786
5	Standard	-92.700000	7.000000		ZF6	16.391597
6	Standard	18.570000	6.300000			11.793668
7	Standard	15.100000	6.300000		ZF1	11.245696
8	Standard	28.600000	23.587312	M		9.952090
IMA	Standard	Infinity				0.059061

图 4－20　缺省评价函数优化后的结构参数屏幕拷贝图

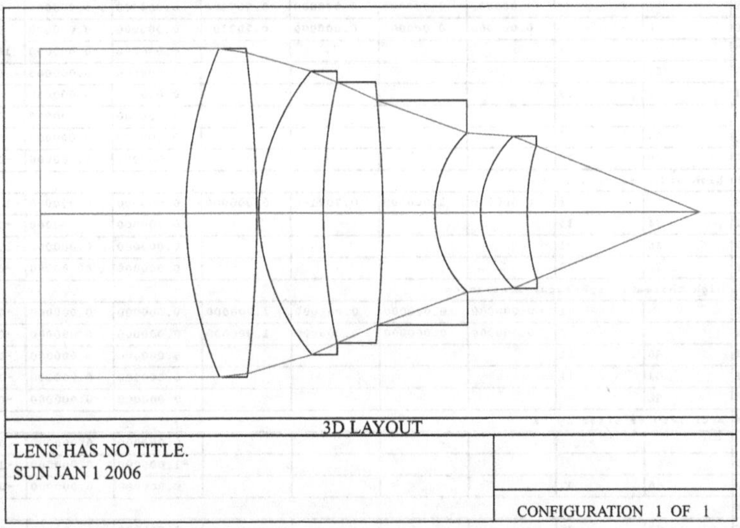

图 4－21　光学接收天线外形示意图

4.6.4.2　用自建的独立几何像差评价函数优化

如前所述，要校正的像差有 6 个，即 $\delta L'_m$、$\Delta L'_{FC}$、SC'_m、$\delta L'_{sn}$，$\delta L'_{FC}$、SC'_{sn}，同时需控制焦距 $f'=60\text{mm}$。应用本书第 4 章 4.4 节阐述的控制像差评价函数建立方法，自建的像差优化设计评价函的屏幕拷贝图如图 4－22 所示，其中操作符#1～#5 用于控制焦距与系统总长；操作符#7～#12 定义 $\delta L'_m$，操作符#12 加上权因子控制 $\delta L'_m$；操作符#14～#16 控制正弦彗差 SC'_m；操作符#18～#24 控制 0.707 孔径的轴向色差 $\Delta L'_{FC}$；操作符#26～#33 控制高级球差 $\delta L'_{sn}$；操作符#35～#38 控制高级正弦彗差 SC'_{sn}；操作符#40～#50 控制高级色球差 $\delta L'_{FC}$；操作符#52～#57 控制边界条件；操作符#59～#62 控制玻璃变量边界条件。

Merit Function Editor: 3.880049E-002

Edit Tools Help

Oper #	Type		Wav#					Target	Weight	Value	% Contri
1 (EFFL)	EFFL		2					0.000000	0.000000	50.088266	0.0000
2 (OPLT)	OPLT	1						61.000000	1.000000	61.000000	0.0000
3 (OPGT)	OPGT	1						59.000000	1.000000	59.000000	0.0000
4 (TTHI)	TTHI	1	8					0.000000	0.000000	69.009352	0.0000
5 (OPLT)	OPLT	4						70.000000	1.000000	70.000000	0.0000
6 (BLNK)	BLNK	control spherical aberration for whole aperture									
7 (BLNK)	BLNK										
8 (TRAY)	TRAY		2	0.000000	0.000000	0.000000	1.000000	0.000000	0.000000	-0.321098	0.0000
9 (RAGC)	RAGC	8	2	0.000000	0.000000	0.000000	1.000000	0.000000	0.000000	0.914249	0.0000
10 (ACOS)	ACOS	9	1					0.000000	0.000000	23.900639	0.0000
11 (TANG)	TANG	10	1					0.000000	0.000000	0.443152	0.0000
12 (DIVI)	DIVI	8	11					0.000000	5.000000	-0.724577	83.7097
13 (BLNK)	BLNK	control sinusoidal coma									
14 (TRAY)	TRAY		2	0.000000	1.000000	1.000000	0.000000	0.000000	0.000000	-2.80E-005	0.0000
15 (PIMH)	PIMH		2					0.000000	0.000000	0.052437	0.0000
16 (DIVI)	DIVI	14	15					0.000000	1000.00000	-5.35E-004	0.0091
17 (BLNK)	BLNK	control axial color									
18 (TRAY)	TRAY		1	0.000000	0.000000	0.000000	0.707100	0.000000	0.000000	-0.201202	0.0000
19 (TRAY)	TRAY		3	0.000000	0.000000	0.000000	0.707100	0.000000	0.000000	-0.187872	0.0000
20 (CONS)	CONS							0.707100	0.000000	0.707100	0.0000
21 (PROD)	PROD	11	20					0.000000	0.000000	0.313353	0.0000
22 (DIVI)	DIVI	18	21					0.000000	0.000000	-0.642092	0.0000
23 (DIVI)	DIVI	19	21					0.000000	0.000000	-0.599554	0.0000
24 (DIFF)	DIFF	22	23					0.000000	50.000000	-0.042539	2.8851
25 (BLNK)	BLNK	high order spherical aberration									
26 (TRAY)	TRAY		2	0.000000	0.000000	0.000000	0.707100	0.000000	0.000000	-0.194569	0.0000
27 (RAGC)	RAGC	8	2	0.000000	0.000000	0.000000	0.707100	0.000000	0.000000	0.958066	0.0000
28 (ACOS)	ACOS	27	1					0.000000	0.000000	16.651360	0.0000
29 (TANG)	TANG	28	1					0.000000	0.000000	0.299089	0.0000
30 (DIVI)	DIVI	26	29					0.000000	0.000000	-0.650537	0.0000
31 (CONS)	CONS							0.500000	0.000000	0.500000	0.0000
32 (PROD)	PROD	31	12					0.000000	0.000000	-0.362289	0.0000
33 (DIFF)	DIFF	30	32					0.000000	5.000000	-0.288248	13.2476
34 (BLNK)	BLNK	high order sinuodial coma									
35 (TRAY)	TRAY		2	0.000000	1.000000	0.707100	0.000000	0.000000	0.000000	-1.27E-004	0.0000
36 (DIVI)	DIVI	35	15					0.000000	0.000000	-0.002416	0.0000
37 (PROD)	PROD	16	31					0.000000	0.000000	-2.67E-004	0.0000
38 (DIFF)	DIFF	36	37					0.000000	1000.00000	-0.002149	0.1472
39 (BLNK)	BLNK	high charmatic spherical aberration									
40 (TRAY)	TRAY		1	0.000000	0.000000	0.000000	1.000000	0.000000	0.000000	-0.331271	0.0000
41 (TRAY)	TRAY		3	0.000000	0.000000	0.000000	1.000000	0.000000	0.000000	-0.310806	0.0000
42 (DIVI)	DIVI	40	11					0.000000	0.000000	-0.747533	0.0000
43 (DIVI)	DIVI	41	11					0.000000	0.000000	-0.701353	0.0000
44 (DIFF)	DIFF	42	43					0.000000	0.000000	-0.046180	0.0000
45 (BLNK)	BLNK	axcl results error by -1									
46 (AXCL)	AXCL							0.000000	0.000000	0.044309	0.0000
47 (CONS)	CONS							-1.000000	0.000000	-1.000000	0.0000
48 (PROD)	PROD	46	47					0.000000	0.000000	-0.044309	0.0000
49 (BLNK)	BLNK										
50 (DIFF)	DIFF	44	48					0.000000	10.000000	-0.001871	0.0011
51 (BLNK)	BLNK	boundary control									
52 (MNCA)	MNCA	1	7					0.200000	1.000000	0.200000	0.0000
53 (MXCA)	MXCA	1	7					10.000000	1.000000	10.000000	0.0000
54 (MNEA)	MNEA	1	7					1.000000	1.000000	1.000000	0.0000
55 (MNCG)	MNCG	1	7					1.500000	1.000000	1.500000	0.0000
56 (MXCG)	MXCG	1	7					15.000000	1.000000	15.000000	0.0000
57 (MNEG)	MNEG	1	7					2.000000	1.000000	2.000000	0.0000
58 (BLNK)	BLNK	control glass									
59 (MNIN)	MNIN	1	7					1.480000	1.000000	1.480000	0.0000
60 (MXIN)	MXIN	1	7					1.810000	1.000000	1.810000	0.0000
61 (MNAB)	MNAB	1	7					25.000000	1.000000	25.000000	0.0000
62 (MXAB)	MXAB	1	7					64.200000	1.000000	64.200000	0.0000
63 (BLNK)	BLNK										

图 4 – 22　自建的像差优化设计评价函数屏幕拷贝图

优化后的结构参数经归整的 LDE 屏幕拷贝图如图 4－23 所示。

Lens Data Editor

Edit　Solves　Options　Help

Surf:Type		Radius	Thickness		Glass	Semi-Diameter
OBJ	Standard	Infinity	Infinity			Infinity
STO	Standard	65.200000	9.500000		ZK10	24.003996
2	Standard	-213.700000	0.400000			23.475125
3	Standard	33.720000	8.700000		ZK10	20.697475
4	Standard	99.000000	8.200000		QK1	19.061839
5	Standard	-123.800000	7.000000		ZF6	16.403757
6	Standard	17.370000	6.300000			11.593288
7	Standard	15.830000	6.300000		ZF1	11.127409
8	Standard	35.400000	23.583616	M		9.918051
IMA	Standard	Infinity				0.060957

图 4－23　优化的结构参数经归整的 LDE 屏幕拷贝图

光学特性参数为：$L=\infty$，$f'=58.98\text{mm}$，$D/f'=1/1.23$，$2\omega=\pm0.1°$，工作中心波长为 $1.55\mu\text{m}$，激光波长漂移：$1.53\sim1.57\mu\text{m}$，孔径光阑在第 1 面。

对应的点列图如图 4－24 所示，最大弥散圆半径为 $16.21\mu\text{m}$，从数值上看，比用弥散圆优化的数值小。

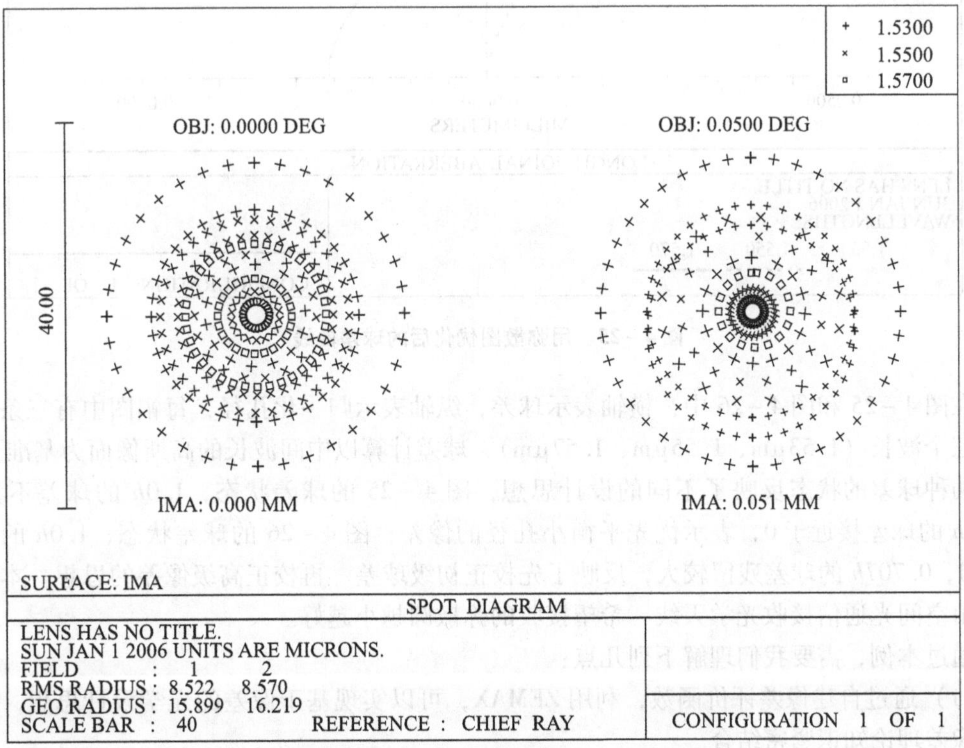

图 4－24　自建像差评价函数优化结果的点列图

4.6.4.3 优化方式比较与分析

由上述的优化结果可以看出，缺省评价函数与自建的像差优化评价函数都能有效地减少像差。但对本例设计要求，设计关注的是天线接收光能的聚焦程度，提高光能的利用率，因此后者比前者要好些，聚焦程度更好。

本例中，影响像质的主导像差是高级孔径像差，轴外视场不大，几乎与轴上具有相同的成像质量。二者结果的差别，可以通过二者的球差曲线来分析。用弥散圆优化后的球差曲线，如图 4－25 所示；用像差优化后的球差曲线，如图 4－26 所示。

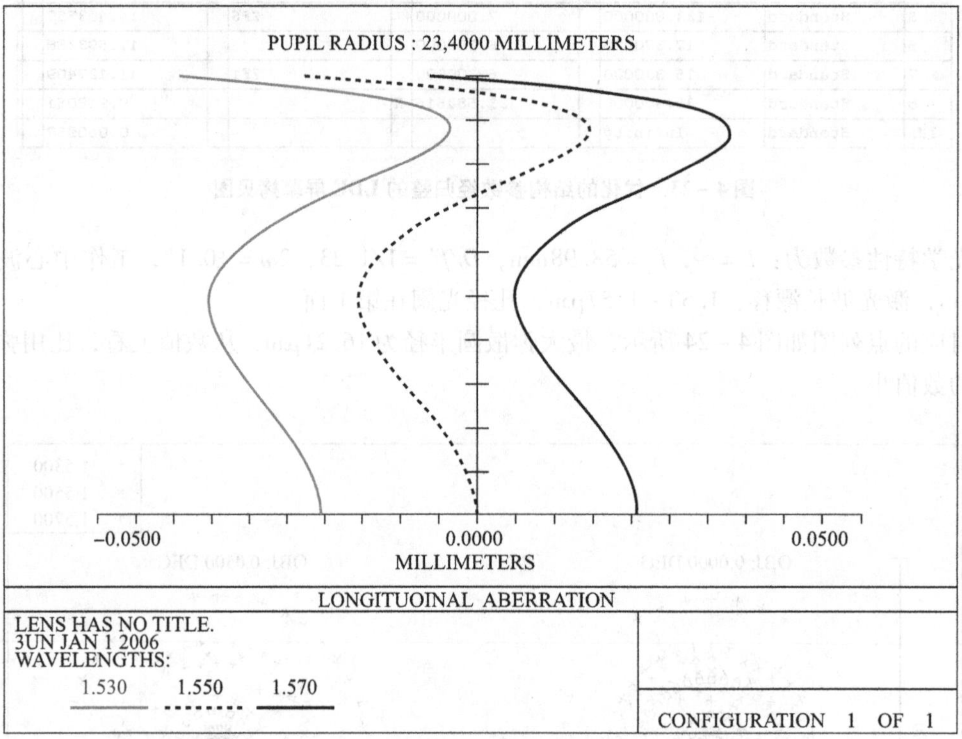

图 4－25 用弥散图优化后的球差曲线

在图 4－25 和图 4－26 中，横轴表示球差，纵轴表示归一化孔径，每幅图中有三条曲线对应三个波长（1.53μm、1.55μm、1.57μm），球差计算以中间波长的高斯像面为基准。

两种球差的状态反映了不同的设计思想，图 4－25 的球差状态，1.0h 的球差不为 0，0.707h 的球差接近于 0，表示优先平衡小孔径的像差；图 4－26 的球差状态，1.0h 的球差接近 0，0.707h 的球差残留较大，反映了先校正初级球差、再校正高级像差的思想。本例是一自由空间光通信接收光学天线，希望接收的弥散圆越小越好。

通过本例，需要我们理解下列几点：

（1）通过自建像差评价函数，利用 ZEMAX，可以实现基于像差的光学设计思想，与过去的像差理论知识紧密结合。

（2）像差设计可以校正不同孔径、不同视场的所有像差，具有很大的柔性可控变化空间，可以满足任何设计思想的需要。

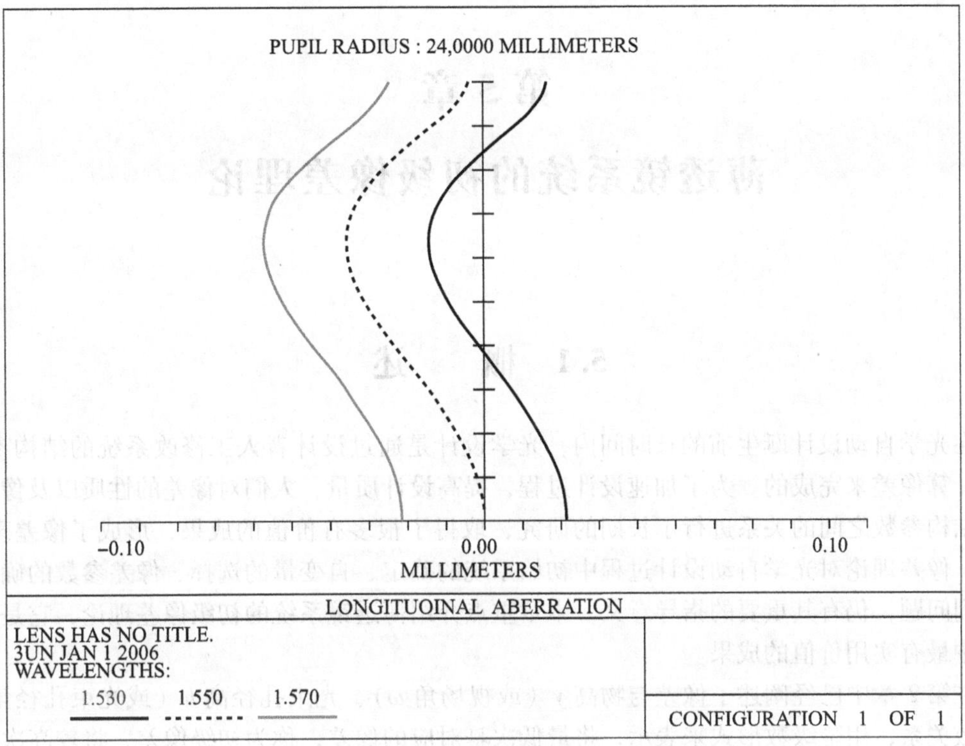

图 4－26　用像差优化后的球差曲线

（3）像差设计还可以与其他像质指标设计组合，构成评价函数。

复习题

简答题

（1）ZEMAX 软件中，缺省评价函数的定义方法有何优缺点？

（2）ZEMAX 软件中，独立几何像差控制操作符有哪些？如何将像差精准控制到每一根光线？

（3）ZEMAX 软件中，用于控制边界条件的操作符有哪些？

（4）ZEMAX 软件中，控制焦距的操作符有 EFFL、EFLX、EFLY，它们之间的区别是什么？

（5）ZEMAX 软件中，如果经过检验，有些操作符的数据是错误的，应该怎么解决？

（6）ZEMAX 软件中，轴上色差与轴外色差的计算基准分别是什么？

第 5 章

薄透镜系统的初级像差理论

5.1 概　　述

在光学自动设计诞生前的长时间内，光学设计是通过设计者人工修改系统的结构参数，然后计算像差来完成的。为了加速设计过程，提高设计质量，人们对像差的性质以及像差与系统结构参数之间的关系进行了长期的研究，取得了很多有价值的成果，形成了像差理论。今天，像差理论对光学自动设计过程中初始系统的确定、自变量的选择、像差参数的确定等一系列问题，仍有其重要的指导意义。本章重点介绍薄透镜系统的初级像差理论，它是像差理论中最有实用价值的成果。

在第 2 章中已经阐述了像差与物高 y（或视场角 ω）、光束孔径高 h（或光束孔径角 U）的函数关系，用幂级数形式来表示，将最低次幂对应的像差，称为初级像差，将较高次幂对应的像差，称为高级像差。在第 3 章中的光学自动设计中，在 y、h 一定的条件下，将像差和结构参数之间的关系也用幂级数表示，并且仅取其中的一次项，建立像差与结构参数之间的线性近似关系。

如果一个透镜组的厚度和它的焦距比较可以忽略，这样的透镜组称为薄透镜组。由若干个薄透镜组构成的系统，称为薄透镜系统，此时透镜组之间的间隔可以是任意的。对于这样的系统，在初级像差范围内，可以建立像差和系统结构参数之间的直接函数关系。利用这种关系，可以全面、系统地讨论薄透镜系统和薄透镜组的初级像差性质；甚至可以根据系统的初级像差要求，直接求解出薄透镜组的结构参数。

厚透镜可以看作是由两个平凸或平凹的薄透镜加一块平行玻璃板构成，如图 5-1 所示。因此，任何光学系统都可以看作是由一个薄透镜系统加若干平行玻璃板构成。

本章主要介绍薄透镜系统的初级像差理论、平行玻璃板的初级像差理论，并且不费笔墨于烦琐复杂的理论推导过程，而重点介绍由初级像差理论得到的实用性结论，并介绍薄透镜系统的初级像差理论在光学设计中的应用。

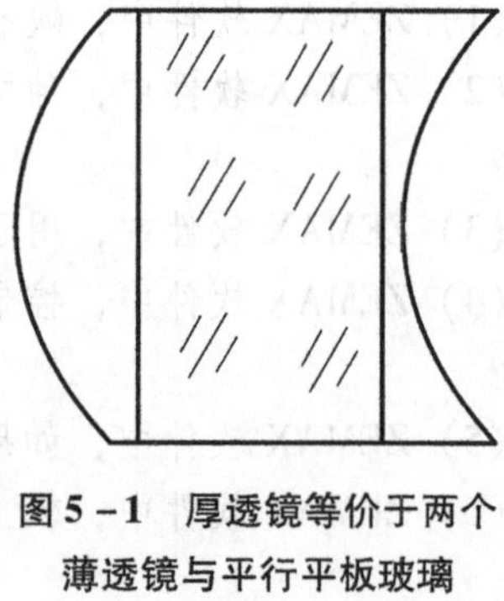

图 5-1　厚透镜等价于两个薄透镜与平行平板玻璃

5.2 薄透镜系统的初级像差方程组

这里的薄透镜系统的初级像差方程组，通过内部参数 P、W、C 将像差与系统的结构选型建立起联系。

图 5-2 中，薄透镜系统由两个薄透镜组和位于中间的孔径光阑组成。该系统的物体是 AB，物高为 y。一般地，系统的物平面位置、物高（y）和光束孔径角（u）都是作为设计要求，是已知的，在系统完成外形尺寸计算完成以后，每个透镜组的光焦度 φ，以及各透镜组之间的间隔 d 都是确定的。

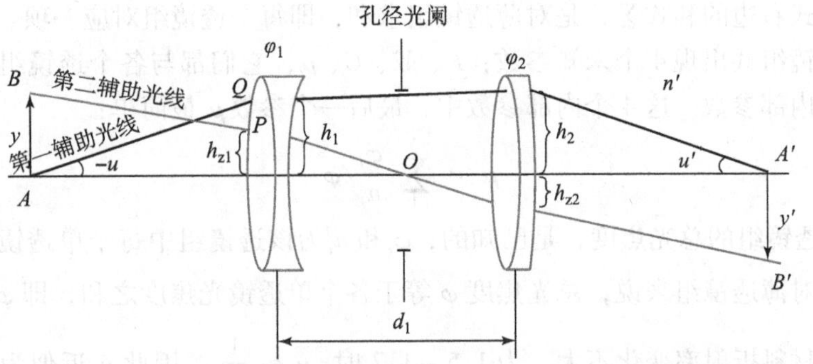

图 5-2　薄透镜系统初级像差理论涉及的参量物理含义标注

前已阐明，光学系统的像差与结构参数的显函数关系是无法准确表征的。为了建立与结构参数之间的关系，得到薄透镜系统的初级像差方程组，变通的方法是追迹两条辅助光线，根据辅助光线走过的轨迹表征的参量，给出薄透镜系统的初级像差方程组。

图 5-2 给出了两条辅助光线的定义。第一辅助光线，是由轴上物点 A 发出，经过孔径光阑边缘的光线 AQ；应用理想光学系统中的光路计算公式（或近轴光路公式），可以计算出它在每个透镜组上的投射高 h_1、h_2。第二辅助光线，是由视场边缘的轴外物点 B 发出，经过孔径光阑中心的光线 BP；它在每个透镜组上的投射高 h_{z1}、h_{z2} 也可以用近轴公式计算出来。这样，通过追迹获取 h、h_z、J、φ、u' 等都是已知的，我们称它们为透镜组的外部参数，与薄透镜组的具体结构无关。像差既和这些外部参数有关，当然也和透镜组的内部结构参数（r，d，n）有关。薄透镜系统的初级像差方程组的作用，就是把系统中各个薄透镜组已知的外部参数和未知的内部参数与像差的关系分离开来，使像差与内部结构参数之间关系的讨论简化。下面直接给出薄透镜系统的初级像差方程组，如式（5-1）~式(5-7) 所示。

$$-2n'u'^2\delta L' = S_{\mathrm{I}} = \sum_1^N hP \tag{5-1}$$

$$-2n'u'K'_S = S_{\mathrm{II}} = \sum_1^N h_z P - J\sum_1^N W \tag{5-2}$$

$$-2n'u'^2x'_{ts} = S_{\mathrm{III}} = \sum_1^N \frac{h_z^2}{h}P - 2J\sum_1^N \frac{h_z}{h}W + J^2\sum_1^N \varphi \tag{5-3}$$

$$-2n'u'^2x'_p = S_{\mathrm{IV}} = J^2\sum_1^N \mu\varphi \tag{5-4}$$

$$-2n'u'\delta Y_z = S_V = \sum_1^N \frac{h_z^3}{h^2}P - 3J\sum_1^N \frac{h_z^2}{h^2}W + J^2\sum_1^N \frac{h_z}{h}(3+\mu) \tag{5-5}$$

$$-n'u'^2\Delta l'_{FC}=S_{\mathrm{I}C}=\sum_1^N h^2C \tag{5-6}$$

$$-n'u'\Delta Y'_{FC}=S_{\mathrm{II}C}=\sum_1^N h_z hC \tag{5-7}$$

以上公式中，N 为系统中薄透镜组数，n'、u' 为系统最后像空间的折射率与孔径角；J 是系统的拉格朗日不变量，$J=n'u'y'$，它们是已知常数，每个透镜组的外部参数 h、h_z、φ 也是已知的。方程式右边的和式 $\sum$，是对薄透镜组求和，即每个透镜组对应一项。这样，以上方程组中每个透镜组共出现 4 个未知参数：P、W、C、μ，它们都与各个透镜组的内部结构参数有关，称为内部参数。这 4 个内部参数中，最后一个参数 μ 最简单：

$$\mu=\sum_1^N \frac{\varphi_i}{n_i}/\varphi \tag{5-8}$$

式中，φ 为薄透镜组的总光焦度，是已知的；φ_i 和 n_i 为该透镜组中每个单透镜的光焦度和玻璃的折射率。对薄透镜组来说，总光焦度 φ 等于各个单透镜光焦度之和，即 $\varphi=\sum\varphi_i$。另外，一般光学材料折射率变化不大，为 1.5～1.7 时，$\mu\approx\dfrac{1}{n}$，因此 μ 近似为一个与薄透镜组结构无关的常数。通常我们取 μ 的平均值为 0.7。

这样，每个薄透镜组的内部参数实际上只剩下 P、W、C 三个。其中 C 只和两种色差有关，称为“色差参数”，它的公式为：

$$C=\sum\frac{\varphi_i}{\gamma_i} \tag{5-9}$$

以上 $\sum$ 和式中，也是对某个薄透镜组中的每个单透镜求和，φ_i 为薄透镜组中每个单透镜的光焦度，γ_i 为该单透镜玻璃的阿贝数。

$$\gamma=\frac{n-1}{n_F-n_C} \tag{5-10}$$

式中，γ 是光学玻璃的一个特性常数，n 为指定波长的折射率，（n_F-n_C）为计算色散时所用两种波长光线的折射率差——色散。由式（5-9）看到，C 只与透镜组中各单透镜的光焦度和玻璃的色散有关，而与各单透镜的弯曲形状无关。

其余的两个参数 P、W 决定了系统的单色像差，称为“单色像差参数”。它们与透镜组中各个折射面的半径 r_i 以及介质的折射率 n_i 有关。但我们无法将 P、W 表示为（r_i、n_i）的函数，而用第一辅助光线通过各折射面的角度来表示：

$$P=\sum_1^k\left(\frac{\Delta u_i}{\Delta\dfrac{1}{n_i}}\right)^2\Delta\frac{u_i}{n_i} \tag{5-11}$$

$$W=\sum_1^k\left(\frac{\Delta u_i}{\Delta\dfrac{1}{n_i}}\right)\Delta\frac{u_i}{n_i} \tag{5-12}$$

式中，$\Delta u_i=u_i'-u_i$，$\Delta\dfrac{1}{n_i}=\dfrac{1}{n_i'}-\dfrac{1}{n_i}$，$\Delta\dfrac{u_i}{n_i}=\dfrac{u_i'}{n_i'}-\dfrac{u_i}{n_i}$；$k$ 为薄透镜组中折（反）面数。式（5-11）、式（5-12）中的求和式 $\sum$，是对薄透镜组中每个折射面求和。例如，一个双胶合透镜薄透镜组中有三个折射面，则 P、W 分别对这三个面求和。

式（5－4）中，关于场曲的方程，使用了新的场曲符号 x'_p，而不是第 2 章中提到的 x'_t、x'_s。原因是 x'_t、x'_s、x'_{ts} 这三个像差中至多只有两个独立像差；而且，像散 x'_{ts} 是影响成像清晰度的像差，需要校正 $x'_{ts}=0$。将 x'_{ts} 校正为 0 后，$x'_t=x'_s$，此时的场曲就是 x'_p，称之为 Petzval 场曲。因此，系统校正场曲，转变为校正 $x'_p=0$。

如果 x'_{ts} 不等于 0，则由 x'_p、x'_{ts} 可以得到 x'_t、x'_s：

$$x'_s = x'_p + \frac{1}{2}x'_{ts} \tag{5-13}$$

$$x'_t = x'_p + \frac{3}{2}x'_{ts} \tag{5-14}$$

实际上，x'_t、x'_s、x'_p、x'_{ts} 四者中，只要确定了其中任意两个，其他两个也就确定了。

由薄透镜系统的初级像差方程组和像差要求可以求解系统的初始结构，胶合透镜结构的 PW 法求解是该方程组成功实例。

求解步骤如下：

（1）按使用要求进行总体设计，得到系统焦距、视场与相对孔径。

（2）选型和进行外形尺寸计算，求得 J 和各薄透镜组的 h、h_z、φ。

（3）根据像差要求确定各薄透镜组的像差参量 P、W、C 值。

（4）由各薄透镜组 P、W、C 分别求解各组的 r、d、n 等结构参数。

由薄透镜系统的初级像差方程组，可以求解薄透镜系统的结构参数，还可以用来讨论薄透镜组的像差性质。

5.3　薄透镜组的普遍像差性质

薄透镜组是由一个或一个以上的单透镜组成的透镜组，各个单透镜的厚度都比较小，而且它们之间的间隔也很小，因此整个透镜组的厚度也不大，这样的透镜组为薄透镜组。薄透镜组是复杂光学系统的基本组成单元，了解薄透镜组的像差性质，是分析光学系统像差性质的基础。本节利用上节的初级像差方程组公式，讨论薄透镜组的像差性质。

5.3.1　薄透镜组的单色像差特性

5.3.1.1　一个薄透镜组只能校正两种初级单色像差

由初级像差公式可知，对于单薄透镜组，5 个单色像差方程（5－1）~（5－5）变为

$$S_{\mathrm{I}} = hP \tag{5-15}$$

$$S_{\mathrm{II}} = h_zP - JW \tag{5-16}$$

$$S_{\mathrm{III}} = \frac{h_z^2}{h}P - 2J\frac{h_z}{h}W + J^2\varphi \tag{5-17}$$

$$S_{\mathrm{IV}} = J^2\mu\varphi \tag{5-18}$$

$$S_{\mathrm{V}} = \frac{h_z^3}{h^2}P - 3J\frac{h_z^2}{h^2}W + J^2\frac{h_z}{h}\varphi(3+\mu) \tag{5-19}$$

由式（5－15）~式（5－19）可以看出，对于单薄透镜组，有 5 个方程，但只出现 2 个单色像差参数。不管薄透镜组的结构怎样，只要只有一个薄透镜组，因只有两个单色像差参数 P、W，最多只能满足 5 个方程中的 2 个，因此，一个薄透镜组最多只能校正两种初级单

色像差。

换句话说，我们在光学设计时，一个薄透镜组不论它有多少自变量，如一个薄透镜组可能由多片透镜组成，此时具有多个曲率半径和玻璃光学常数（折射率），可以作为自变量用，但只要它们仅构成一个薄透镜组，就不能校正两种以上的初级单色像差（不包括高级像差）。

5.3.1.2 光瞳位置对像差的影响

当薄透镜系统中各个透镜组的光焦度、间隔不变，只改变孔径光阑（光瞳）的位置时，则初级像差方程组中的 h、P、W 都不变，而 h_z 改变，从而引起像差的改变。

（1）球差与光瞳位置无关。在关于 S_{I} 的式（5－1）中，右边没有出现 h_z，球差显然与光瞳位置无关。

（2）彗差与光瞳位置有关。对于单薄透镜组，球差为0时，彗差与光瞳位置无关。

在关于 S_{II} 的式（5－2）中，出现了与 h_z 有关的项。因此，一般来说，彗差与光瞳位置有关。但是，如果该薄透镜系统只由一个薄透镜组与一个孔径光阑构成，当球差为0（一般设计首先将球差校正到0），则对应 $P=0$，由式（5－16）可知，$S_{\text{II}}=JW$，与 h_z 有关的项消失，则彗差与光瞳位置无关。

（3）像散与光瞳位置有关。对于单薄透镜组，当球差、彗差都为0时，则像散与光瞳位置无关。

由式（5－3）表示的 S_{III}，显然像散与光瞳位置（h_z）有关。对于由单薄透镜组和孔径光阑构成的薄透镜系统，由式（5－15）、式（5－16），当球差、彗差等于0时，则 $P=W=0$，代入式（5－17），$S_{\text{III}}=J^2\phi$，其中拉格朗日不变量 $J\neq0$，薄透镜组的光焦度 $\phi\neq0$，此时像散与光瞳位置无关，是一个常数。

对于上述像差与光瞳位置无关的情形，如果我们将入瞳或光阑位置作为一个自变量加入像差校正，实际上并不增加系统的校正能力。

（4）当光瞳与单薄透镜组重合时，像散为一个与透镜组结构无关的常数。

由式（5－17）可以看到，如果某个透镜组 $h_z=0$，则该透镜组的像散值为

$$x'_{ts}=\frac{S_{\text{III}}}{-n'u'^2}=\frac{J^2\phi}{-n'u'^2}=\frac{-n'}{f'}y'^2 \tag{5-20}$$

由式（5－20）可见，此时像散由薄透镜组的焦距 f' 和像高 y' 所决定，与透镜组的结构无关。

（5）当光瞳与单薄透镜组重合时，畸变等于0。

由式（5－19）可知，如果 $h_z=0$，则 S_V 中，与该薄透镜组对应的各项均为0。

（6）单薄透镜组的 Petzval 场曲 x'_p 近似为一个与结构无关的常量。

由式（5－18），得到单薄透镜组的 x'_p 为

$$x'_p=\frac{S_{\text{IV}}}{-2n'u'^2}=\frac{J^2\mu\varphi}{-2n'u'^2}=\frac{-n'y'^2}{2f'}\mu \tag{5-21}$$

前面已经阐明，μ 对薄透镜组来说，近似为与结构无关的常数，等于0.7，由式（5－21）看到，x'_p 显然应该是一个与结构无关的常数。

5.3.2 薄透镜组的色差特性

5.3.2.1 一个薄透镜组消除了轴向色差，必然同时消除了垂轴色差

薄透镜组的两种初级色差，由唯一的色差参数 C 确定。对于单薄透镜组，式（5－8）、

式(5－9) 变为

$$S_{\mathrm{I}C} = h^2 C \tag{5-22}$$

$$S_{\mathrm{II}C} = h_z h C \tag{5-23}$$

当轴向色差等于0，则 $C=0$。由式（5－23）看到，垂轴色差 $S_{\mathrm{II}C}$ 也同时等于0。

5.3.2.2　要薄透镜组消色差，必须使用两种不同 γ 值的玻璃

根据式（5－22）、式（5－23），要薄透镜组消色差，必须满足 $C=0$。根据式（5－9），$C=\sum \frac{\varphi_i}{\gamma_i}=0$。如果薄透镜组中各个透镜用同一 γ 值的玻璃，则有 $\sum \frac{\varphi_i}{\gamma_i}=\frac{1}{\gamma}\sum \varphi_i=0$，即 $\sum \varphi_i=0$。而薄透镜组的总光焦度等于各个透镜光焦度之和，如要满足消色差条件，$\sum \varphi_i=0$ 意味着薄透镜组的总光焦度必须等于0，但光焦度为0的薄透镜组不能成像，没有实际意义。

因此，具有指定光焦度的消色差薄透镜组，必须使用两种不同 γ 值的玻璃构成。

5.3.2.3　薄透镜组的消色差条件与物体位置无关

消色差条件 $\sum \frac{\varphi_i}{\gamma_i}=0$ 中，没有出现与物体位置有关的参数，因此，一个薄透镜组对某一物平面消了色差，对于任意物平面都没有色差。

以上讨论的薄透镜组像差的某些普遍性质，虽由薄透镜组的初级像差公式推导出，实际上对大多数厚度、间隔不很大的透镜组，同样在一定程度上具有这些性质，它们是使用光学自动设计程序进行像差校正时必须注意的。

5.4　单薄透镜组——双胶合、三胶合透镜像差校正能力的局限性

在未作以上像差性质讨论之前，对所选系统结构的像差校正能力，会存在一些误区——系统有几个曲率半径作为变量，就可以校正几种像差。依据这样的误区，对于双胶合透镜，具有3个曲率半径、2块玻璃，相当具有5个变量，应该可以校正5种“像差”；对于3胶合透镜，具有4个曲率半径、3块玻璃，相当于具有7个变量，应该可以校正7种“像差”；对于双胶合加单透镜，具有5个曲率半径、3块玻璃，相当于具有8个变量，应该可以校正8种“像差”。

但在光学设计实践中，以上的“应该”校正能力，似乎又没有看到这样校正能力的体验。例如，对双胶合加单透镜，控制7种“像差”：焦距、边缘孔径球差、边缘孔径彗差、0.707孔径轴向色差、高级球差、高级彗差、色球差，都显得能力有限，没有达到8个变量的校正能力。这就是薄透镜组情况下，双胶合、三胶合、双胶合加单透镜这些形式，存在像差校正能力的局限性。

依据第5章5.3节对单薄透镜组像差性质讨论得到的结论，可以解释以上像差校正能力的局限性，即无论薄透镜组是双胶合透镜形式，还是双分离形式、三胶合形式、双胶合加单透镜或三分离形式中的任一种形式，只要仍然是单薄透镜组，满足透镜系统总厚度远小于其总焦距的条件，尽管组成薄透镜组的曲率半径数量众多，但只能校正球差、彗差、轴向色差三种初级像差，与视场有关的像散、场曲无论如何也校正不了，因此单薄透镜组只能作为小视场光学系统的设计选型。

5.5 基于 ZEMAX 软件仿真的单透镜像差性质的讨论

单透镜是组成光学系统的最简单元件，满足薄透镜条件、焦距为正的单透镜形状，有平凸、双凸、正弯月形式。这些单透镜形式的球差规律、光阑远离时的彗差、像散规律，对光学系统的光路安排或光学设计具有理论指导意义，要求设计者对透镜的像差性质有所了解。本节将依据初级像差公式和 ZEMAX 软件，对物平面位于无限远的单透镜像差特性进行讨论。这一讨论方法对其他情况的像差性质讨论具有借鉴意义，读者在今后的实际工作中可以应用这些方法，针对遇到的实际问题进行分析讨论。

5.5.1 物位于无限远时球差随透镜形状的变化规律

为了讨论单透镜球差随透镜形状的变化规律，使球差量值具有可比性，在 ZEMAX 软件平台上，保持焦距与相对孔径不变，建立平凸透镜、双凸透镜、正弯月透镜的光学系统，在可见光单一波长（$\lambda=0.55\mu m$）、焦距 $f'=50mm$、$D/f'=1/4$ 下，计算出系统的球差数据（曲线），并做如下比较：

（1）凸面朝向平行光与平面朝向平行光的平凸透镜球差数据。

（2）双凸透镜在等凸、曲率半径绝对值前大后小、前小后大情况下的球差值。

（3）正弯月透镜在凸面弯向平行光的球差值。

（4）正弯月透镜在凹向平行光的球差值。

在此基础上，对单透镜的球差变化规律做总结，给出结论。

图 5－3 给出了相同光学特性参数下的平凸透镜球差数据。

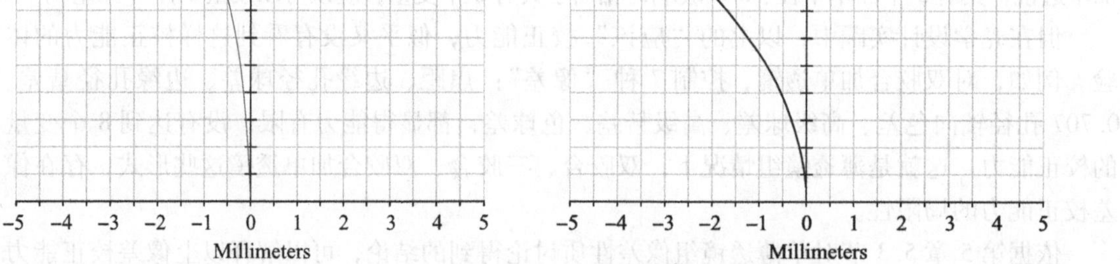

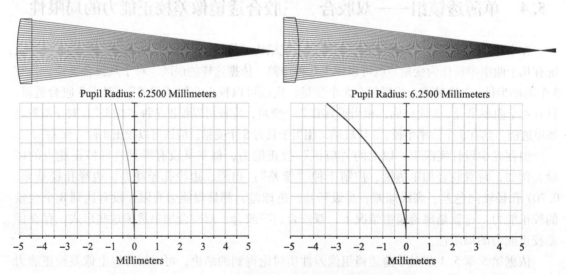

图 5－3 平凸透镜的会聚性能与球差状况比较

由图 5－3 可以看出，凸面迎向平行光的会聚性能优于平面迎向平行光；二者的球差值都是负的，满足正透镜产生负球差的规律，最大球差均出现在边缘孔径；前者边缘孔径球差为 －0.86mm，后者边缘孔径球差为 －3.44mm。因此，在相同条件下，优选选用凸面朝向平行光的光路安排，具有较小的会聚点和能量集中度。

图 5 - 4 给出了双凸透镜在相同光学特性参数下的会聚性能与球差曲线。由图 5 - 4 可以看出，曲率半径为 51. 34mm 的等双凸透镜对平行光的会聚情况与球差大小，介于凸面迎向平行光的平凸透镜与平面迎向平行光的平凸透镜之间，其边缘孔径球差为 - 1. 25mm。当前表面曲率半径变大，由 51. 34mm 变成 60mm 时，为了保持焦距不变，后表面曲率半径变成 - 44. 873mm，此时边缘孔径球差为 - 1. 453mm；如果前表面曲率半径进一步增大，则会聚性能与球差演变情况向平面迎向平行光的平凸透镜逼近，即随着前表面形状越来越平，会聚性能越来越差，边缘孔径球差绝对值越来越大。当前表面曲率半径变小，由 51. 34mm 变成 40mm 时，为了保持焦距不变，后表面曲率半径变成 - 71. 799mm，此时边缘孔径球差为 - 0. 961mm。如果前表面曲率半径进一步减小，则会聚性能与球差演变情况向凸面迎向平行光的平凸透镜逼近，即随着前表面形状越来越凸，会聚性能越来越好，边缘孔径球差绝对值越来越小。

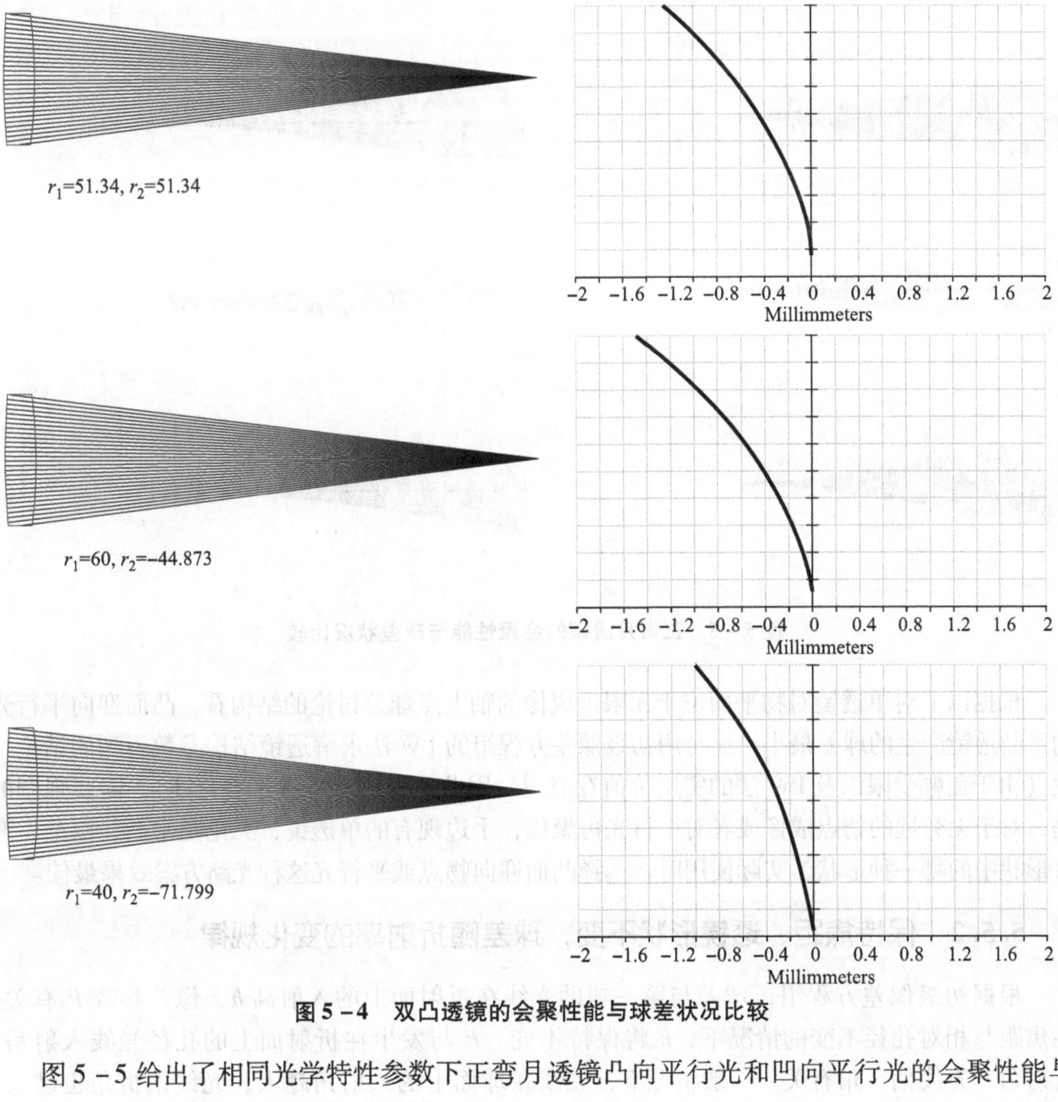

图 5 - 4　双凸透镜的会聚性能与球差状况比较

图 5 - 5 给出了相同光学特性参数下正弯月透镜凸向平行光和凹向平行光的会聚性能与

球差曲线，所用图片都在同一比例尺下。

图 5 – 5 中，对于凸面迎向平行光情况，随着透镜形状由近平凸向弯曲度越来越大方向发展，会聚性能越来越差，边缘孔径球差为负球差，绝对值越来越大。图 5 – 5 中第一行右边弯曲度较大的弯月透镜，曲率半径分别为 8. 5mm、10. 089mm，边缘孔径球差达到 – 17. 94mm。对于凹面迎向平行光情况，通过与左边相同形状弯月透镜相比，它们的会聚性能明显差于凸面迎向平行光方向的相同弯月透镜，边缘孔径球差明显变大。图 5 – 5 中最后一个透镜（凹面迎向平行光）的曲率半径分别为 – 22. 16mm、– 12. 5mm，其边缘孔径球差达到 – 15. 89mm，而同款透镜在凸面迎向平行光时的边缘孔径球差只有 – 5. 60mm，小了近 3 倍。

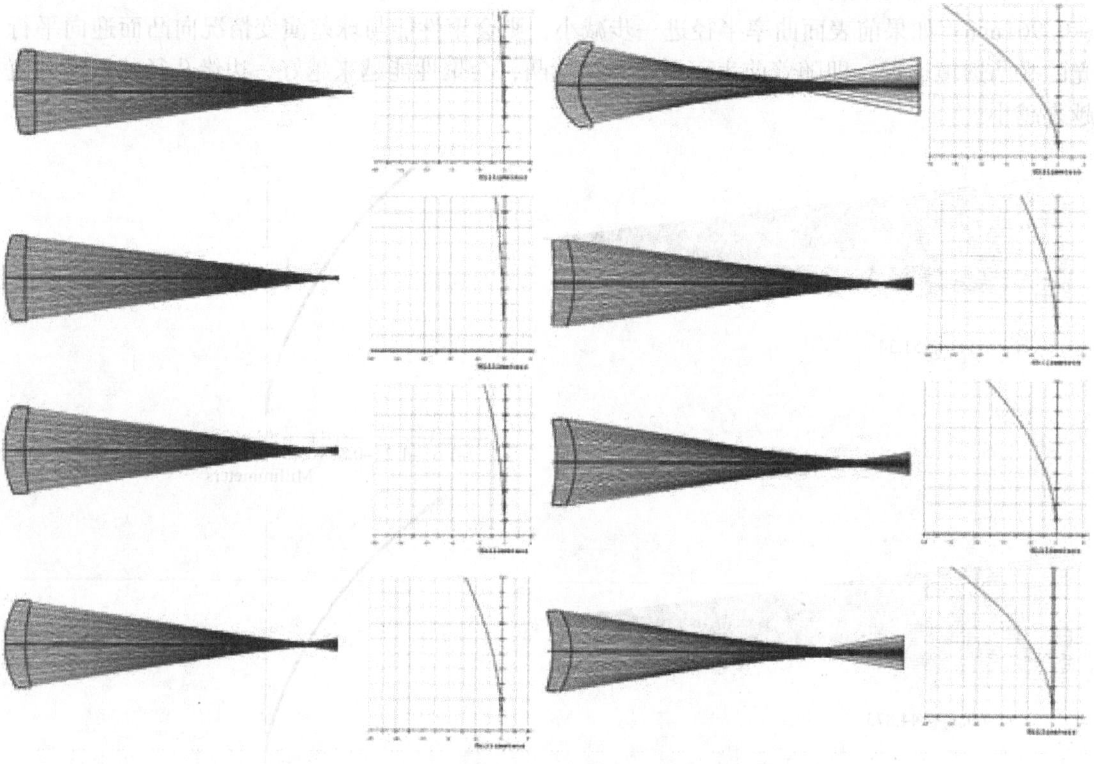

图 5 – 5　正弯月透镜的会聚性能与球差状况比较

根据以上对单透镜对物平面位于无限远成像的轴上点球差讨论的结构看，凸面迎向平行光的平凸透镜产生的球差最小，这与用初级像差方程组的 PW 法求解透镜结构参数得到的结论一致（由于篇幅受限以及 PW 法的实用价值在衰退，因此本书对 PW 法不再赘述）。需要强调的是，对于无穷远的物点成像或者对平行光再聚焦，手边现有的单透镜，无论是平凸、双凸、弯月形状中的哪一种形状，实际使用时，选择凸面迎向物点或平行光这种光路方案效果最佳。

5. 5. 2　保持焦距、透镜形状不变，球差随折射率的变化规律

根据初级像差方程组，球差与第一辅助光线在折射面上的入射高 h、像差参数 P 有关，在焦距与相对孔径不变的情况下，h 将保持不变。P 与发生在折射面上的孔径光线入射角、折射角、光线偏折角有关。一般情况下，光线在球面上的入射角越大，光线偏折角也越大，

引起的球差贡献越大。

以球差贡献最小的平凸透镜为例，在保持透镜焦距不变的情况下，在 ZEMAX 中建立平凸透镜数据，讨论球差随折射率的变化规律。表 5－1 给出了边缘孔径球差 $\delta L'_m$ 随透镜折射率 n_0 的变化关系。

表 5－1　球差随透镜折射率的变化关系

n_0	1.47	1.51	1.61	1.72	1.92
$\delta L'_m$/mm	－1.03	－0.86	－0.64	－0.50	－0.40

由表 5－1 得出，随着透镜材料折射率的增大，球差量变小。分析其原因，在保持透镜承担的光焦度与相对孔径不变的情况下，随着透镜材料折射率的增大，对透镜光焦度贡献的球面曲率半径也在增大，入射光线的入射角变小，偏折角也在变小，因此折射球面的球差贡献量在变小。

国际上各大玻璃厂商相互竞争，不断推出高折射率光学材料新产品。目前无色光学玻璃的 d 光折射率已经高达 2.2，这为许多大相对孔径的镜头设计带来了福音。

5.5.3　物位于无限远时光瞳在透镜上的彗差规律

根据式（5－16），光瞳与透镜重合时，$h_z=0$，彗差 $S_{\text{II}}=-JW$，像散 $S_{\text{III}}=J^2\varphi$。图 5－6 给出了 $f'=50\text{mm}$、$D/f'=1/4$ 的单透镜在视场角 0°、1°、3°、5°情况下的点列图（Spot Diagrams）。

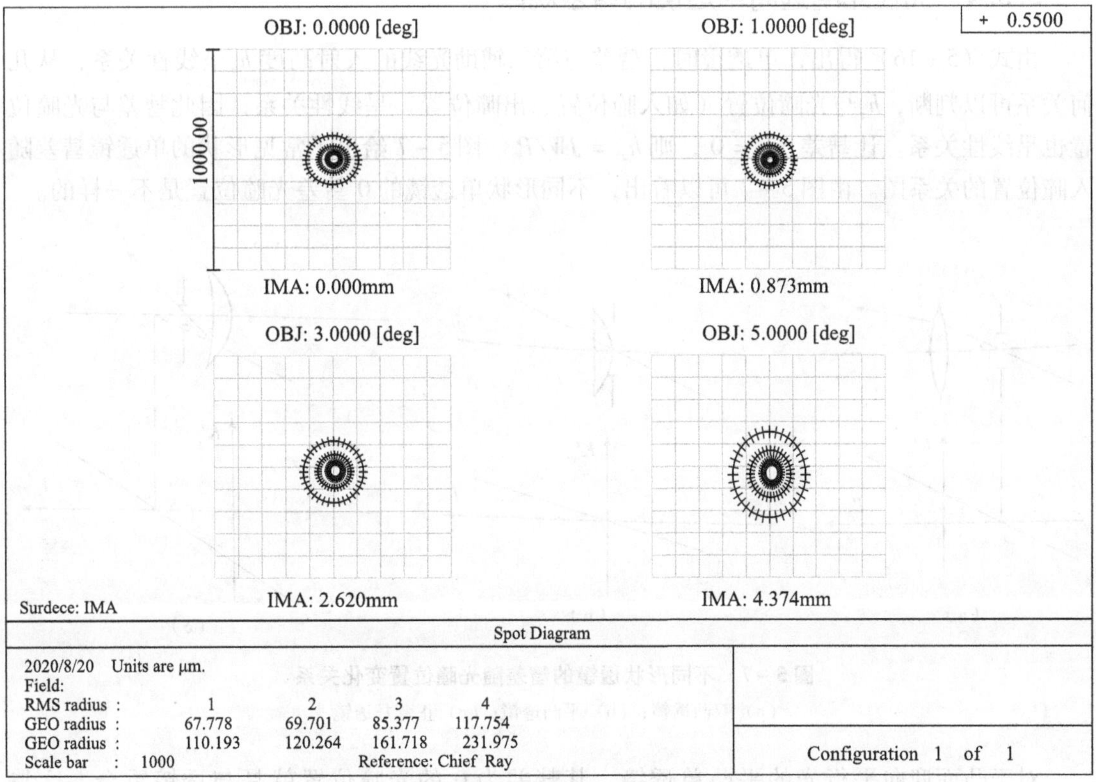

图 5－6　光瞳位于平凸单透镜上的系统点列图

由图 5－6 发现，当物平面位于无限远、光瞳与平凸单透镜重合时，随着视场的增大，在 3°视场内，轴外物点的像差成分与轴上物点一样，球差占主要成分，具有几乎相同的成像缺陷。即使到了 5°视场，表现的像差成分仍然是球差，出现了明显的像散。

表 5－2 给出了与球差、彗差、像散对应的 Zernike 多项式系数随视场的变化情况，也给出了与图 5－6 一样的像差演变现象。

表 5－2　平凸单透镜 Zernike 多项式像差系数随视场的变化关系

视场/(°)	0	1	3	5
球差系数（Z9）	1.050	1.051	1.060	1.077
彗差系数（Z8）	0	0.178	0.549	0.963
像散系数（Z5）	0	−0.108	−0.967	−2.678

依据上述在 ZEMAX 中的仿真结果可以得出结论，当光瞳与单透镜重合时，在一定的小视场范围内，轴外物点与轴上物点具有相同成像缺陷，称之为“等晕成像”。如果球差被校正到 0，则轴外虽然彗差与光瞳无关，并不为 0，等于 $-JW$。但依据式（5－11）、式（5－12），视场较小时，轴外物点的物像方光线偏折角与轴上物点相比，变化不大，在 $P=0$ 时，$W\approx 0$，因此彗差也不大，仍然满足等晕成像。随着视场的增大，轴外物点对应的像高不断变大，$y'=f'\tan\omega$，像散 $x'_{ts}=\dfrac{-n'}{f'}y'^2$，随像高 y' 的平方增加，表现出较大的像散。

5.5.4　孔径光阑远离单透镜的彗差规律

由式（5－16）得出，单透镜时，彗差与第二辅助光线的入射高度 h_z 呈线性关系，从几何关系可以判断，h_z 与光瞳位置（如入瞳位置、出瞳位置）呈线性关系，因此彗差与光瞳位置也呈线性关系。让彗差 $S_{\text{II}}=0$，则 $h_z=JW/P$。图 5－7 给出了常见形状的单透镜彗差随入瞳位置的关系图。由图 5－7 可以看出，不同形状单透镜的 0 彗差光瞳位置是不一样的。

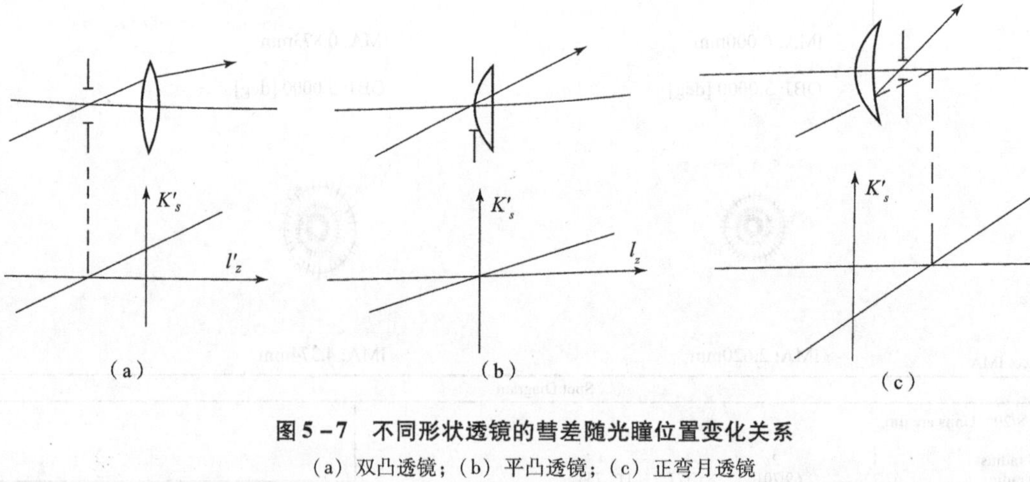

图 5－7　不同形状透镜的彗差随光瞳位置变化关系

（a）双凸透镜；（b）平凸透镜；（c）正弯月透镜

对于凸面迎向平行光的平凸单透镜，其彗差为 0 的光瞳位置就是与透镜重合，这与

图 5－6、表 5－2 得到的结论相同。

为了表现光瞳位置对单透镜彗差的影响规律，在 ZEMAX 上，分别建立凸面迎向平行光的平凸透镜、双等凸透镜、正弯月透镜的系统数据，建立入（出）瞳距分别为 0、5mm、10mm、15mm、20mm 的多重结构，通过 Spot diagrams 中的 Configuration matrix，给出点列图随视场、入瞳距的变化阵列。

图 5－8 为平凸透镜的多视场点列图随光瞳位置的变化关系阵列。

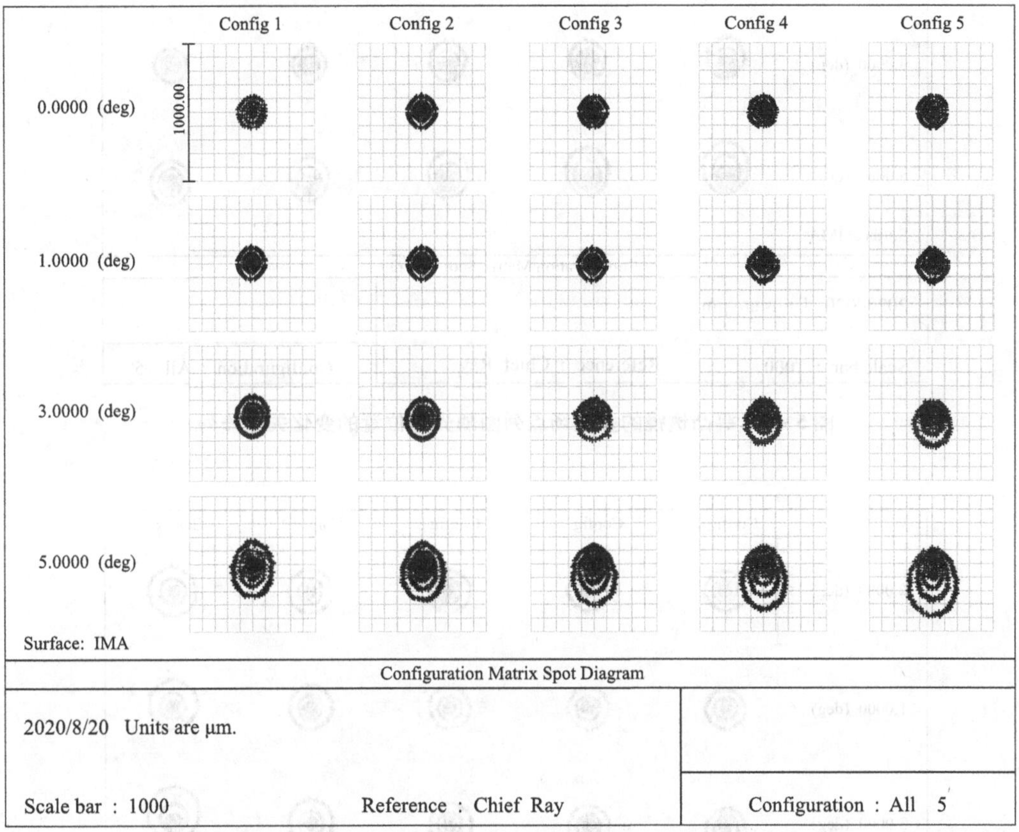

图 5－8　平凸透镜的多视场点列图随光瞳位置的变化关系阵列

图 5－8 左边为 0°、1°、3°、5°。顶部的 Config 1 ~ Config 5 表示 5 个多重结构，其中 Config 1 对应入瞳距为 0，其余对应 5mm、10mm、15mm、20mm。点列图中第一列彗差最小，即几乎无彗差，对应入瞳距为 0，这与图 5－7（b）中显示的彗差情况一致。

图 5－9 给出了双等凸单透镜与图 5－8 相同视场、相同入瞳距情况下的点列图分布。由图 5－9 看出，随着入瞳距由 0 到 20mm 增大时，点列图的彗差成分越来越小，最右边一列（对应出瞳距 20mm）点列图，其随光瞳孔径高变化的点列图不带同心度很好，表明此时彗差接近于 0，这与图 5－7（a）中显示的彗差情况一致。

图 5－10 给出了凸面迎向平行光的正弯月透镜的点列图随着视场与入瞳距的变化。

图 5－10 中视场设置与图 5－8 一致，具有 0°、1°、3°、5° 4 个视场。5 个多重结构 Config 1 ~ Config 5 对应出瞳距 0、5mm、7.5mm、10mm、15mm。图 5－10 中多重结构

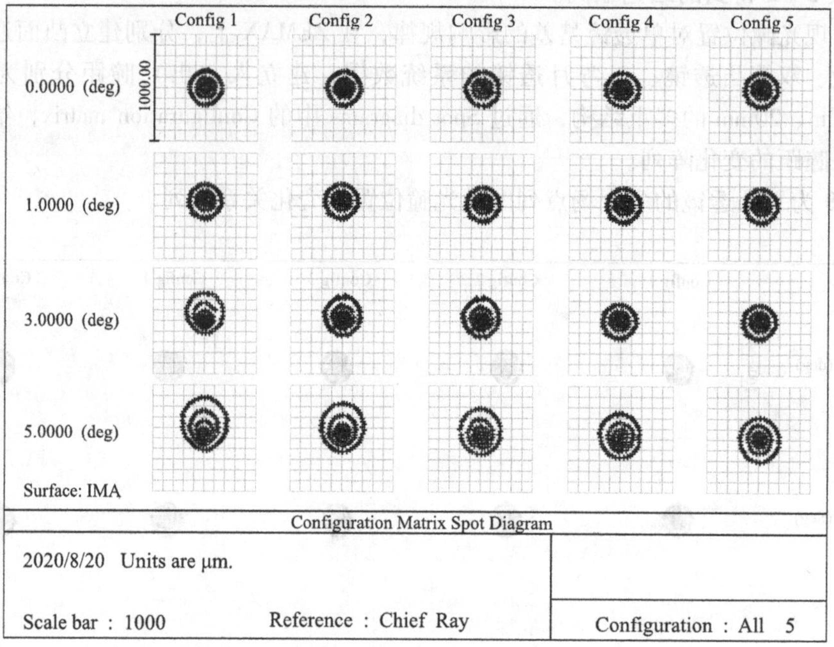

图 5-9 等凸透镜的多视场点列图随光瞳位置的变化关系阵列

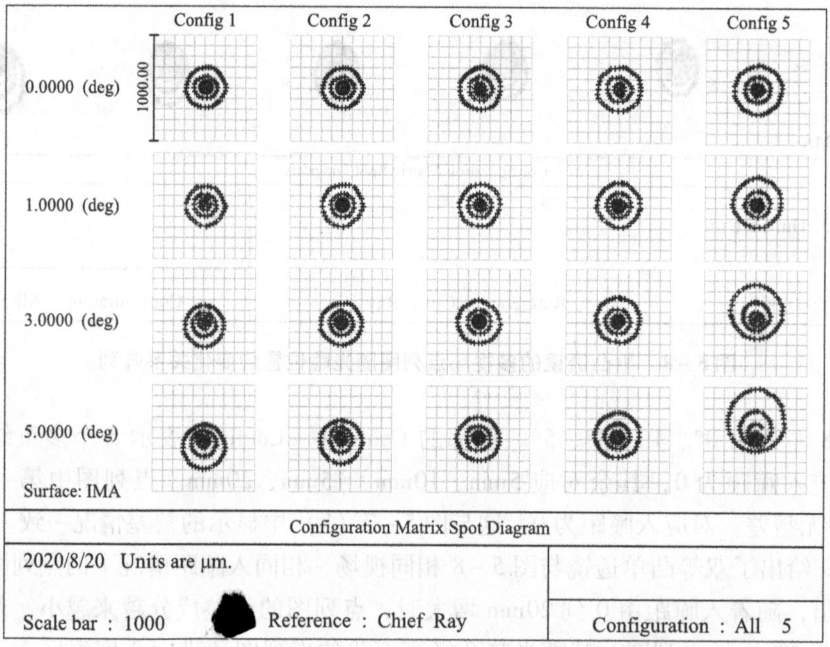

图 5-10 弯月正透镜的多视场点列图随光瞳位置的变化关系阵列

Config2、Config4 在 5° 视场的点列图，其弥散圆偏心方向刚好相反，表明出瞳距 5mm 与 10mm 的彗差符号相反。为了找到 0 彗差的出瞳位置，结构 Config3，对应出瞳距 7.5mm，是专门设立的。可以看出，出瞳距 7.5mm 时正弯月透镜彗差近似为 0，这与图 5-7（c）中显示的彗差情况一致。

5.5.5　像散随孔径光阑位置的变化规律

根据式（5-17），像散与光瞳位置参数 h_z 成二次函数关系，即像散与入瞳距 l_z 成抛物线关系，抛物线顶点就是像散为极值的入瞳位置。如该式对 h_z 求导，得到

$$\frac{dS_{\mathrm{III}}}{dh_z}=\frac{2h_z}{h}P-2JW\frac{1}{h} \tag{5-24}$$

让偏导等于 0，得到 $h_z=JW/P$，正是彗差为 0 的入瞳位置。需要注意，像散有正负，这里像散达到极值点，是数学意义上的极值点，不一定是对成像影响最严重的像散值。

对于成像光学系统，第 2 章我们已经提到，反映中央视场成像清晰度的球差、彗差是优先校正的像差。因此，对像散与光阑位置的关系，我们只对彗差为 0 时像散也为 0 的入瞳位置感兴趣。

凸面迎向平行光的平凸物镜，随视场、入瞳距变化的点列图如图 5-8 所示。由图 5-8 看出，Config1 的入瞳距为 0，球差最小，彗差最小，像散也最小；最大 5°视场时，彗差最大，像散也最大。随着孔径光阑远离单透镜，即入瞳距增大，5°视场的彗差增大，弥散斑的不圆度也增大，表明像散在增大。像散随入瞳距变化的规律如图 5-11 所示。从图 5-11 看出，对于最大 5°视场的单透镜，像散为负，其绝对值随入瞳距 0、5mm、10mm、15mm、20mm 的变化是逐步增大，但变化幅度不大。

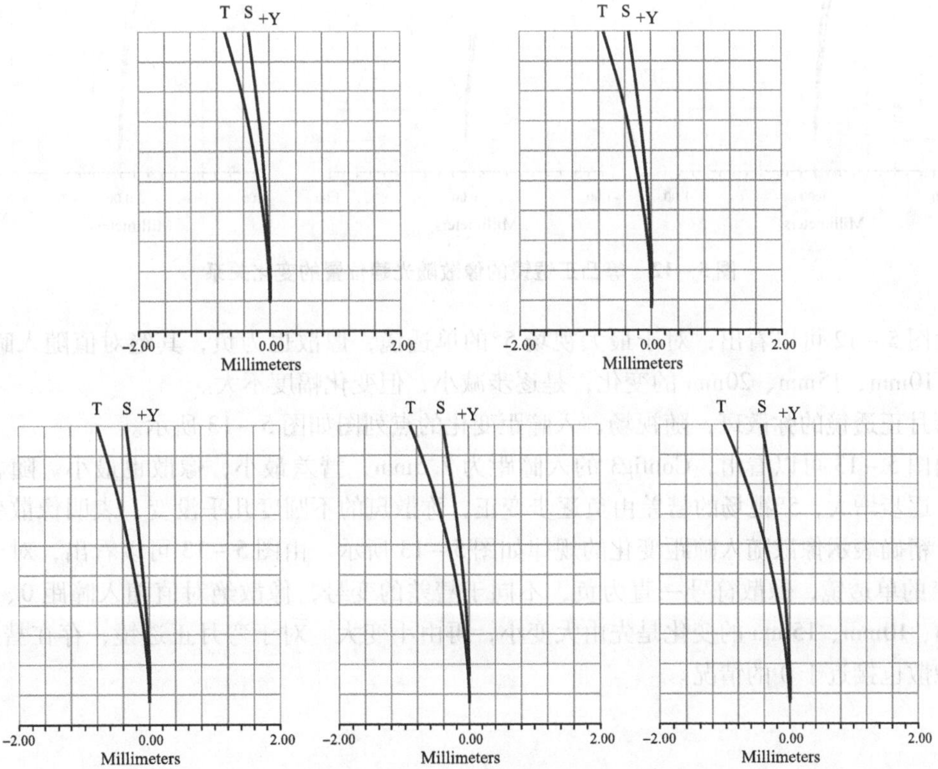

图 5-11　平凸正透镜的像散随光瞳位置的变化关系

双等凸单透镜的弥散斑，随视场、入瞳距变化的点列图如图 5－9 所示。由图 5－9 看出，Config5 的入瞳距为 20mm，彗差最小，像散也最小。随着孔径光阑远离单透镜，即入瞳距增大，5°视场的彗差减小，弥散斑的不圆度也减小，表明像散在减小。像散随入瞳距变化的规律如图 5－12 所示。

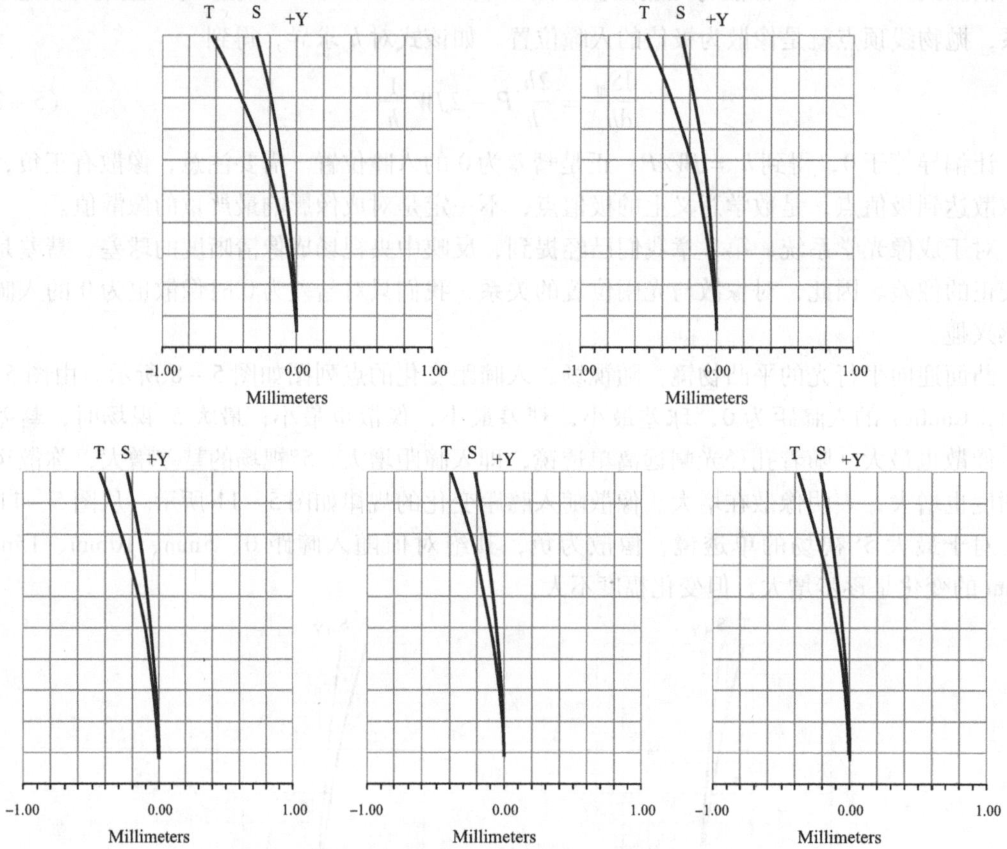

图 5－12　等凸正透镜的像散随光瞳位置的变化关系

由图 5－12 可以看出，对于最大视场 5°的单透镜，像散也为负，其绝对值随入瞳距 0、5mm、10mm、15mm、20mm 的变化，是逐步减小，但变化幅度不大。

弯月正透镜的弥散斑，随视场、入瞳距变化的点列图如图 5－13 所示。

由图 5－13 可以看出，Config3 的入瞳距为 7.5mm，彗差最小，像散也最小。随着入瞳距由 0 逐步增大，5°视场的彗差由负逐步变正，弥散斑的不圆度几乎没变，表明像散变化不明显。精确表示像散随入瞳距变化的规律如图 5－13 所示。由图 5－13 可以看出，对于最大视场 5°的单透镜，像散符号一直为负，不同于彗差的变号，像散绝对值随入瞳距 0、5mm、7.5mm、10mm、15mm 的变化是先由大变小，再由小变大。对于弯月正透镜，存在彗差为 0 同时像散也接近于 0 的情况。

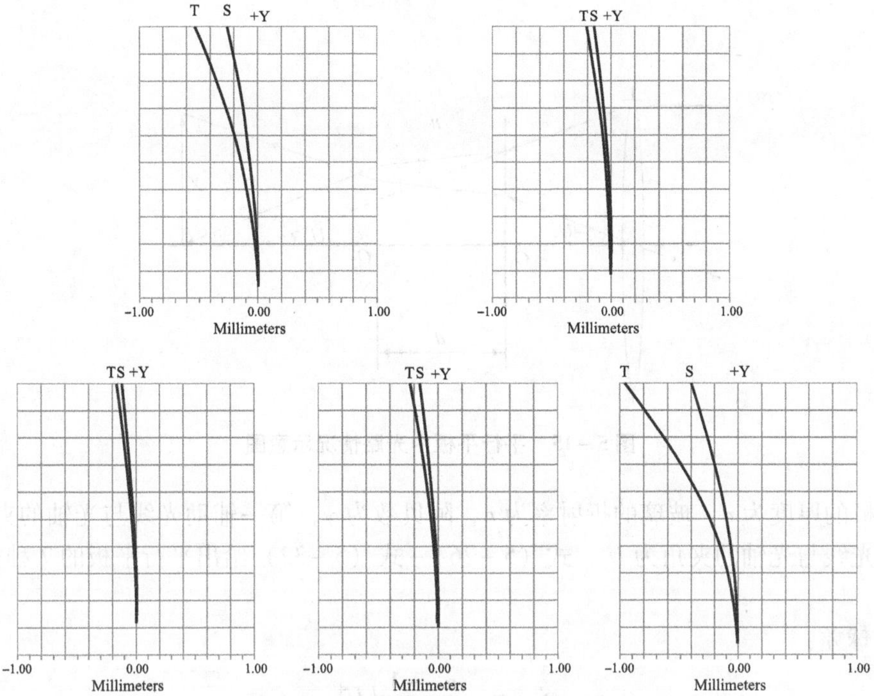

图 5－13　弯月正透镜的像散随光瞳位置的变化关系

5.6　平行平板引入的像差讨论

5.6.1　平行玻璃板的初级像差公式

前面讨论了薄透镜系统和薄透镜组的初级像差。薄透镜系统因转像、缩短尺寸、分光等需要，还会包含分划板、测微平板、保护玻璃、盖玻片、反射棱镜、分光棱镜或平板玻璃等。反射棱镜与分光棱镜展开后，相当于一定厚度的平行玻璃板。

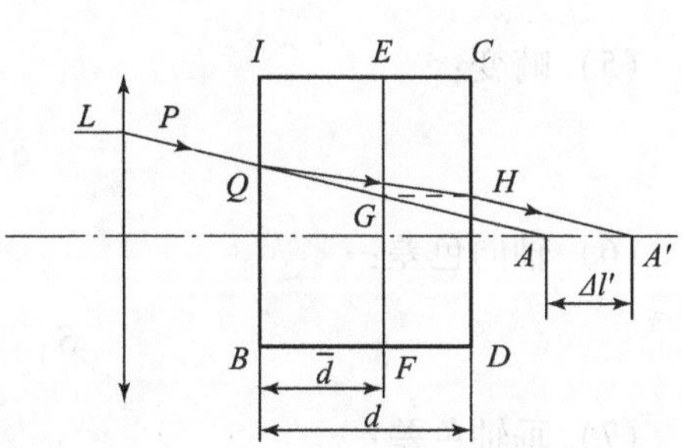

图 5－14　平行平板的侧向位移

平行平板用于会聚或发散光路中，总会造成像的侧向位移，如图 5－14 所示。无限远物体发出的平行光束经会聚透镜 L 后应成像于 A 点，中间含有平行平板时，将成像于 A' 点，侧向位移 $\Delta l'$，由式（5－25）计算：

$$\Delta l' = d\left(1 - \frac{1}{n}\right) \tag{5-25}$$

式中，d 为平行平板厚度。

平行平板用于会聚（或发散）光路中时，会引起附加像差，这些像差平行平板无法消除，只有依靠有焦系统补偿消除。

图5－15给出了平行平板玻璃位于有焦系统中时第一辅助光线和第二辅助光线的光路情况。

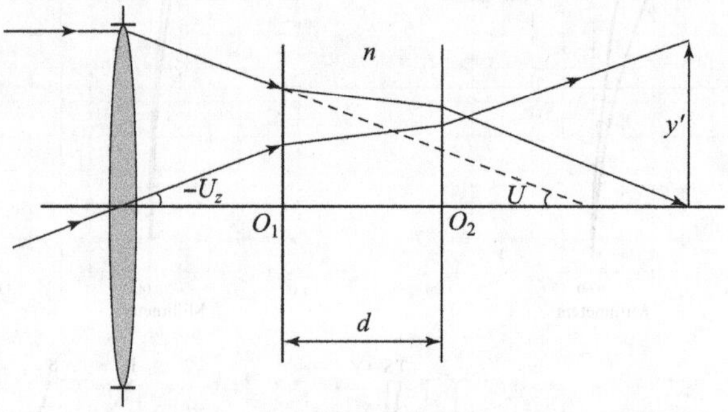

图5－15　平行平板中光路情况示意图

玻璃板的厚度为 d，玻璃的折射率为 n，阿贝数为 γ，第一辅助光线与光轴的夹角为 U，第二辅助光线与光轴的夹角为 U_z，式（5－26）~式（5－32）给出平行平板的7种初级像差方程组。

（1）球差：

$$S_{\mathrm{I}} = -\frac{n^2-1}{n^3} d U^4 \tag{5-26}$$

（2）彗差：

$$S_{\mathrm{II}} = S_{\mathrm{I}}\left(\frac{U_z}{U}\right) \tag{5-27}$$

（3）像散：

$$S_{\mathrm{III}} = S_{\mathrm{I}}\left(\frac{U_z}{U}\right)^2 \tag{5-28}$$

（4）场曲：

$$S_{\mathrm{IV}} = 0 \tag{5-29}$$

（5）畸变：

$$S_{\mathrm{V}} = S_{\mathrm{I}}\left(\frac{U_z}{U}\right)^3 \tag{5-30}$$

（6）轴向色差：

$$S_{\mathrm{I}C} = -\frac{d}{\gamma}\frac{n-1}{n^2}U^2 \tag{5-31}$$

（7）垂轴色差：

$$S_{\mathrm{II}C} = S_{\mathrm{I}C}\left(\frac{U_z}{U}\right) \tag{5-32}$$

式（5－26）~式(5－32）清晰地说明：

（1）平板玻璃在有焦光路中引起的附加像差与厚度 d、折射率 n、色散系数 γ 以及光束的孔径角 U、视场角 U_z 大小有关，U、U_z 越大，附加像差越大，且球差、像散为负。

（2）附加像差大小与平板玻璃在光轴上的轴向位置无关。

(3) 平板玻璃不产生附加场曲。根据以上结论，如果在同一空间中，有相同材料的若干块玻璃板，则可以合成在一起进行计算，它的厚度等于各块玻璃板厚度之和，玻璃板的位置可以任意给定。

如果平行平板倾斜置于旋转对称光路中，如图 5-16 所示，则光学系统就不再旋转对称，其结果是轴上视场位置，存在视场像差，比如彗差、像散、垂轴色差。引入的附加像差大小与垂直于光轴放置有所不同，尤其像散是引入的最严重像差。其余球差、场曲、轴向色差等同式（5-26)、式（5-29)、式（5-31)，不同之处由式（5-33)～式（5-35）描述。

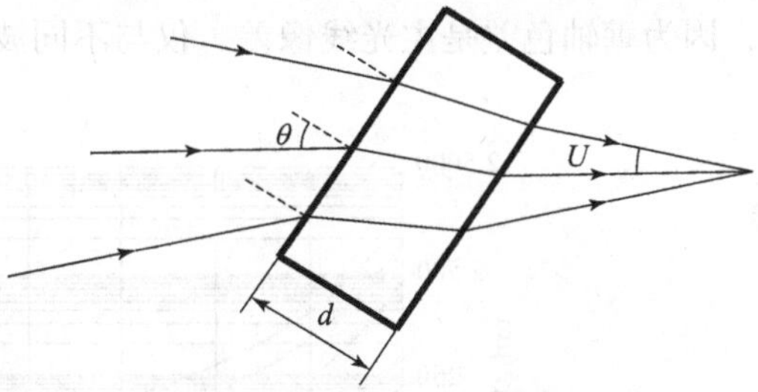

图 5-16　倾斜 θ 角的平行平板

$$S_{\mathrm{II}} = S_{\mathrm{I}}\left(\frac{\theta}{U}\right) \tag{5-33}$$

$$S_{\mathrm{III}} = S_{\mathrm{I}}\left(\frac{\theta}{U}\right)^2 \tag{5-34}$$

$$S_{\mathrm{II}C} = S_{\mathrm{I}C}\left(\frac{\theta}{U}\right) \tag{5-35}$$

式中，θ 为平行平板的法线与光轴的夹角，如 $\theta = 0°$，表示垂直放置，因倾斜引入的附加像差消失。由式（5-33)～式（5-35）可以看出，如果平行玻璃板倾斜 θ 放置于会聚光路中，即使没有轴外第二辅助光线的作用，仅考虑轴上一定孔径角 U 的光束（近似有 $f/\# = 1/(2\sin U)$），也会产生严重的像散、彗差与垂轴色差。

假设有一个衍射极限的 $f/1.0$ 镜头，其会聚光束被分成两束，一束折转 90°被第一平面反射；另一束通过倾斜的平板分束器。反射光束从平板反射后没有变化，但透过光束却具有由倾斜平板产生的像散，平板越厚，存在的像散越大。

为了给出影响像散的直观情况，不失一般性，倾斜平行玻璃板材料为德国肖特公司的 BK7，用弥散斑直径，描述因平板倾斜 45°（一般分光镜的工作姿态）引入的像散（图 5-17）随平板厚度 d、透镜 f/D 的变化关系曲线。

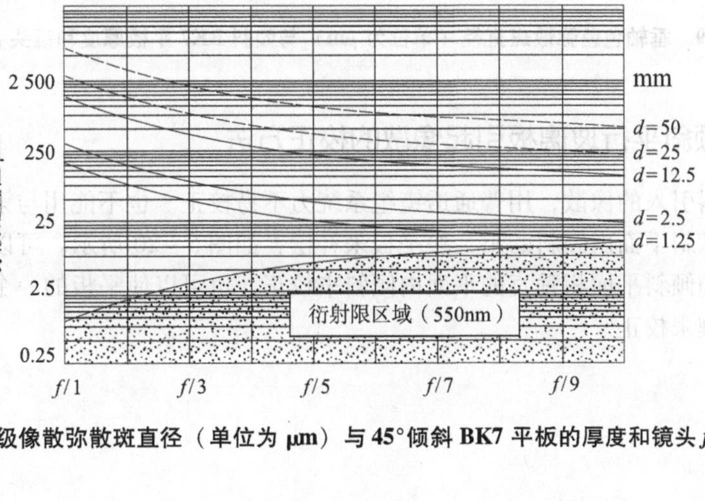

图 5-17　三级像散弥散斑直径（单位为 μm）与 45°倾斜 BK7 平板的厚度和镜头 f/D 的关系

倾斜平板在光学系统中引入的最为严重的像差是像散。但在某些情况下，即使平行平板厚度小于1mm，彗差和垂轴色差也是非常明显的。与前述相同，在平行平板倾斜45°，残余子午彗差引起的弥散斑与平板厚度、镜头 $f/\#$的关系如图 5－18 所示，垂轴色差引起的弥散斑与平板厚度、镜头 $f/\#$的关系如图 5－19 所示。由图 5－19 可以发现，垂轴色差与 $f/\#$无关，因为垂轴色差是主光线像差，仅与不同波长主光线的高度有关。

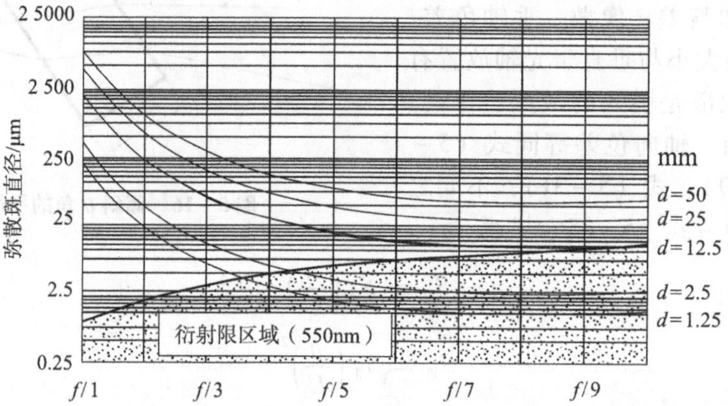

图 5－18　子午彗差弥散斑直径与折射率 1.5 的倾斜 BK7 平板的厚度和镜头 f/D 的关系

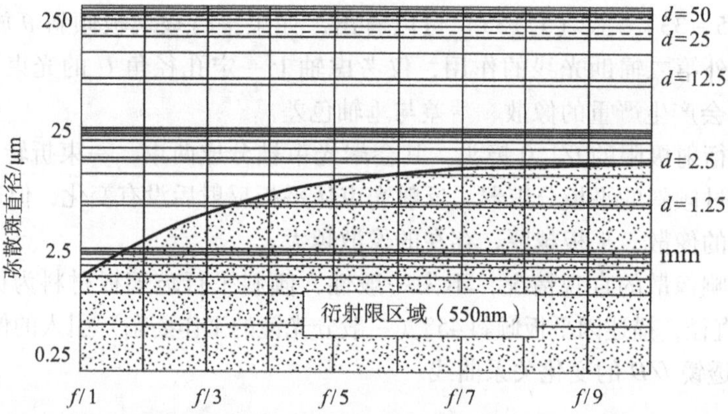

图 5－19　垂轴色差弥散斑直径（单位为 μm）与倾斜 BK7 平板厚度和镜头 $f/\#$的关系

5.6.2　倾斜平行玻璃板引起像散的校正方法

因平板倾斜引入的像散，用普通透镜组系统力不易校正。也不能用与第一块平板方向相反而且在同一倾斜平面内倾斜的第二块平板来补偿，如图 5－20 所示。可以用第二块平板在与第一块平板的倾斜平面相垂直的平面内倾斜来校正，也可以使平板的一个面变为弱球面或平板变为弱光楔来校正。

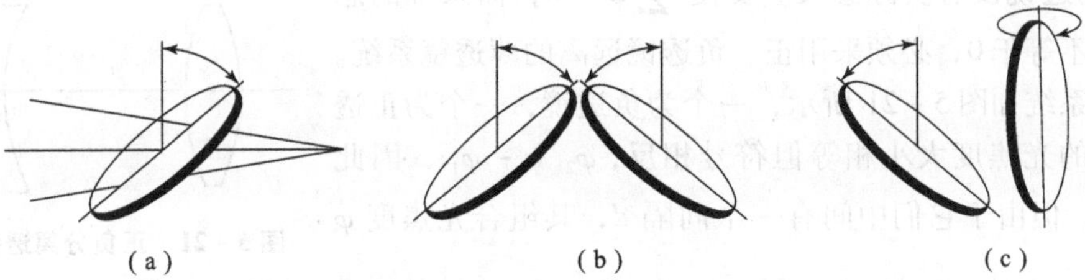

图 5-20　会聚光束中倾斜平板的像散的校正

(a) 需要校正轴上像散；(b) 不能校正轴上像散；(c) 可以校正轴上像散

5.7　光学系统消场曲的条件

根据式 (5-13)、式 (5-14)，要校正光学系统的子午和弧矢焦面都和理想像面重合，即 $x'_t = x'_s = 0$，则系统必须满足的条件是：$x'_{ts} = 0$ 和 $x'_p = 0$。

根据式 (5-3)，x'_{ts} 除了和光焦度 φ 有关外，还与透镜组的内部结构参数 (P、W) 以及光阑的位置 (h_z)、物体位置 (h) 等一系列因素有关，因此比较容易校正。

但是式 (5-4) 中的 x'_p 只与透镜的光焦度 φ、透镜材料的折射率 $\mu = 1/n$ 有关，所以，x'_p 是一种很难校正的像差。根据式 (5-4)，光学系统消除场曲的条件是

$$\sum \mu\varphi = \sum \frac{\varphi}{n} = 0 \tag{5-36}$$

以上消场曲条件，是根据薄透镜系统的初级像差公式得到的。对厚透镜来说，可以看作是两个平凸或平凹的薄透镜加一块平行玻璃板构成。根据式 (5-29)，平行玻璃板不产生场曲。因此，讨论厚透镜的场曲校正方案，等同于厚度为 0 的平凸透镜（光焦度为正）与平凹透镜（光焦度为负）远离的正负透镜分离方案。为了便于区分，统一薄透镜系统的消场曲方案与厚透镜的消场曲方案，将式 (5-36) 中的对单薄透镜求和的光焦度 φ，用符号 $[\varphi]$ 代表相当于薄透镜的光焦度。这样，无论是薄透镜系统还是厚透镜系统，消场曲的条件均表示为

$$\sum \frac{[\varphi]}{n} = 0 \tag{5-37}$$

该式称为光学系统的消场曲条件，也叫 Petzval 条件。下面根据该式讨论能够校正场曲的光学系统结构。

5.7.1　正、负光焦度远离的薄透镜系统

对于薄透镜系统式 (5-37) 变为 $\sum \frac{\varphi}{n} = 0$。由于玻璃的折射率 n 变化不大，为1.8～1.5，以下关系近似成立：

$$\sum \frac{\varphi}{n} \approx \frac{1}{n}\sum \varphi = 0 \tag{5-38}$$

对于密接薄透镜组来说，$\sum \varphi$ 等于透镜组的总光焦度，要消场曲，透镜组的总光焦度要等于

0，这样的透镜没有实际意义。要使 $\sum\varphi=0$，而系统的总光焦度又不等于0，必须采用正、负透镜远离的薄透镜系统。最简单的系统如图5-21所示，一个为负透镜，一个为正透镜，它们的光焦度大小相等但符号相反，$\varphi_2=-\varphi_1$，因此 $\sum\varphi=0$，但由于它们中间有一个间隔 d，其组合光焦度 φ 不等于0。

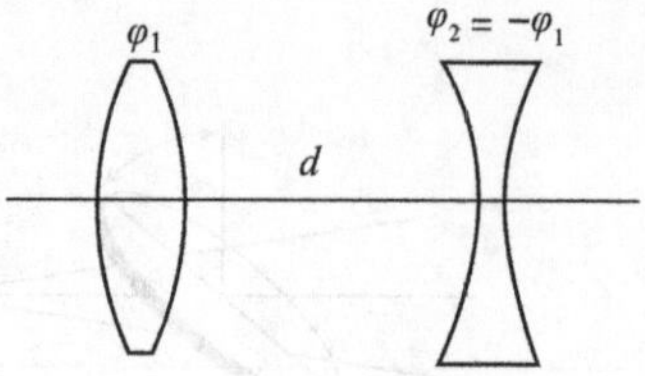

图5-21　正负分离透镜结构

$$\varphi=\varphi_1+\varphi_2-d\varphi_1\varphi_2=d\varphi_1^2 \tag{5-39}$$

适当选择透镜之间间隔 d，可以得到所要求的组合光焦度。

5.7.2　弯月形厚透镜

一个弯月厚透镜，相当于一个平凸透镜和一个平凹透镜，再加一块平行玻璃板，它等效于两个分离薄透镜，因此能校正场曲，如图5-22所示。

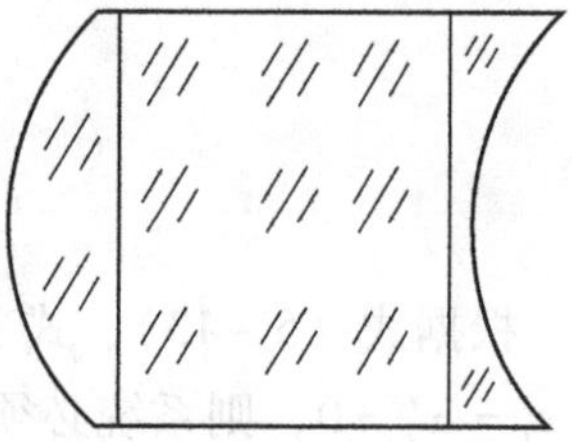

图5-22　弯月厚透镜结构

以上两种基本结构单元，是一切消场曲光学系统中必须具备的。因此，根据透镜结构，可以直观地判断光学系统是否可能消场曲。

5.7.3　消场曲条件典型应用

由前面讨论可知，校正或尽量减小场曲的光学结构必须包含正负透镜远离或相当于正负透镜远离的弯月厚透镜，这条件在典型透镜设计中得到广泛应用，图5-23是应用正负远离的弯月透镜校正广角物镜场曲的结构。图5-24是平场显微物镜中采用了这样的光学结构。

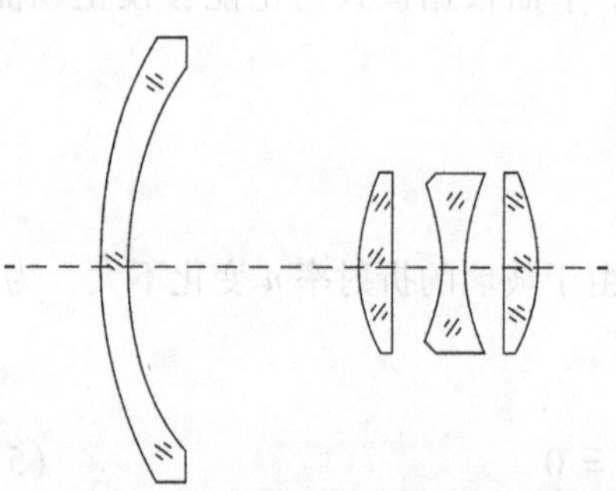

图5-23　运用正负透镜远离的广角物镜

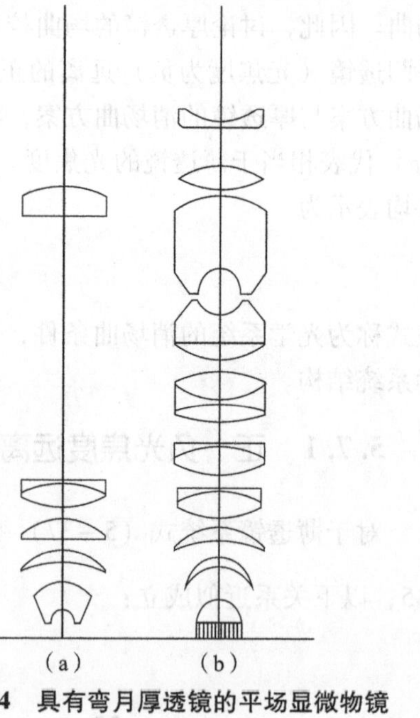

图5-24　具有弯月厚透镜的平场显微物镜

(a) 低倍；(b) 高倍

复 习 题

1. 名词解释

(1) 薄透镜　　(2) 薄透镜组

(3) 第一辅助光线　　(4) 第二辅助光线

(5) 薄透镜系统的外部参数　　(6) 内部参数

(7) 消场曲条件

(8) Petzval 场曲

2. 论述题

(1) 光学系统的类型可粗分为望远物镜、显微物镜、目镜、照相物镜，试阐述这四种光学系统的设计特点、像差校正特点。

(2) 用初级像差方程组，论述球差与光瞳无关。

(3) 试用初级像差方程组，论证一个薄透镜组满足以下结论：①只能校正两种单色像差；②消除了轴向色差，必然同时消除垂轴色差；③对某一物平面消除色差，对任意物平面都没有色差。

(此时初级像差方程组为：$S_{\mathrm{I}} = hp$，$S_{\mathrm{II}} = h_z p - JW$，$S_{\mathrm{III}} = Ph_z^2/h - 2JWh_z/h + J^2\varphi$，$S_{\mathrm{IV}} = J^2\mu\varphi$，$S_{\mathrm{V}} = S_V(h_z,h,P,W)$，$S_{\mathrm{I}C} = h^2C$，$S_{\mathrm{II}C} = h_Z hC$)

(4) 论述平行平板的初级像差特点。如果平行平板与光轴夹角为45°，论述其引入像差的特点及消除方法。

(5) 如果用 h 表示光束孔径，y 表示轴外点的视场，试阐述初级像差与 h、y 之间的关系。

第6章

衍射成像与像质评价

6.1 衍射成像及基本概念

6.1.1 衍射成像

光是一种电磁波，衍射是由光与光学系统中的尖锐边缘限制，即光与孔径相互作用，产生的一种现象。如用数学符号表达光的孔径衍射现象，看起来非常复杂，如果不做数值运算，无法对衍射现象产生直观的理解。这里，不对衍射现象的数学描述做反复的理论推导，而是以日常生活中我们经常见到的水波为例，阐述衍射的原因和最终可见的影响。

假设无风情况下一个足够大的游泳池，其水面就像一块玻璃，如果在游泳池的一端向水中扔一块大石头，平静的水面将产生从石头入水的地方向外扩展的水波，就像不断扩展的同心圆。实际上，水波的物理过程和电磁波的物理过程一样，只是电磁波因时间响应太快，人眼看不到波动过程。

现在，走到游泳池的另一端，如果泳池足够大，水波将近似于直线，而且彼此平行，当然实际上它们是弯曲的，只是此时以石头入水点为中心的圆太大，看起来是直线。再用吊装机构，向池中垂直于水面浸入一块 $1m \times 2m \times 0.02m$ 的木板，如图 6－1（a）所示，将会看到木板边缘以上的合适范围内，水波继续从左向右传播，并没有受到影响；在木板主体部分所在的位置，即图6－1（a）中下部，会看到木板的右边并没有水扰动；在木板上部边缘和水波相交处的右边，会看到从木板边缘向外散发小波纹。实际上，这些波纹就是水波的衍射。

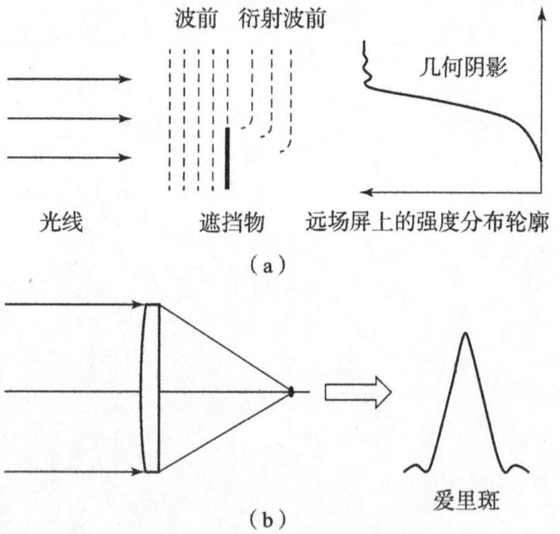

图6－1 衍射现象及其影响

（a）直边衍射；（b）透镜衍射

光波除频率远高于水波外，与水波并无明显差别。水波的波峰叫波前，与光波的波前物理含义相同，与波前垂直的是光线。

再举一个例子，如果一束平行光或准直光入射到锋利刀片的刀刃上，同样可以得到类似水波衍射的电磁辐射衍射现象。在远处放置接收屏，在屏上不会看到非常锐利的边界，即阶跃函数，而会看到强度变化的波纹，其轻微的强度变化和水波的波纹相似。

对于常规光学系统，成像光束孔径不可能无限大。即使光学系统没有像差，理想成像，成像光束的光波会受到系统元件或孔径光阑有限孔径的限制。对于圆孔限制，所成的像点呈现圆孔衍射的图案，这种具有旋转对称形状的衍射图案称为“艾里斑”，如图6-1（b）所示。

当然，限制光波传输的孔径形状不同，衍射形成的艾里斑的形状也随之改变。刃边衍射的衍射图案平行于刃边；圆孔衍射，实际上是以360°包围光轴的圆孔光束在360°方向受到圆孔的限制，衍射图样是旋转对称的艾里斑。如果孔径是如图6-2（a）所示的三角形产生的衍射图样，如图6-2（c）所示，呈现带有三个穗的星形，因为衍射是发生在图6-2（b）所示3条孔径直边的垂直方向，穗的相对长度与刃边长度成比例。

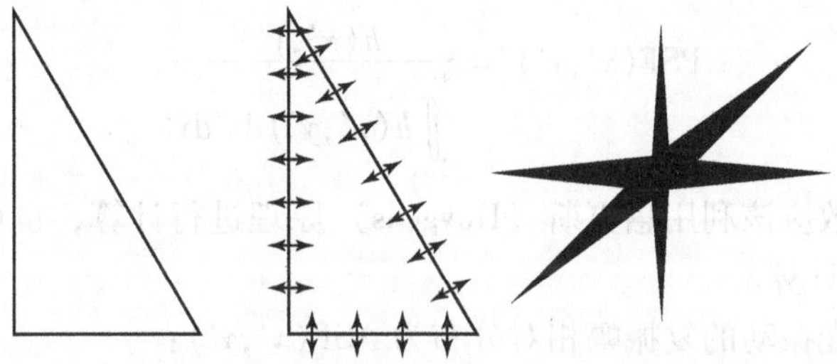

图6-2 三角形孔径造成的衍射

如果光学系统的几何像差引起的弥散斑小于艾里斑的大小，则该光学系统理想成像，其像点的大小，就是艾里斑大小，孔径衍射是造成像点弥散的主要原因，称这样的光学系统为衍射受限系统。

艾里斑的大小与工作波长 λ、系统的 $f/\#$成正比：

$$\delta = 1.22\lambda f/\# = \frac{1.22\lambda f'}{D} \quad (6-1)$$

式中，D 为系统的入瞳直径，f' 为系统焦距。只要系统的 $f/\#$ 不变，其艾里斑直径就不变。图6-3显示了同一入瞳直径 D、不同焦距的艾里斑大小对比，与不同入瞳直径 D、相同 $f/\#$ 的三种透镜具有相同的艾里斑大小。

像差可以校正，但衍射极限是光波的基本属性，避免不了，因此，艾里斑大小决定了光学系统的分辨率尺寸。

如果用艾里斑对入瞳中心的张角表示光学系统的分辨率，称之为角分辨率，适

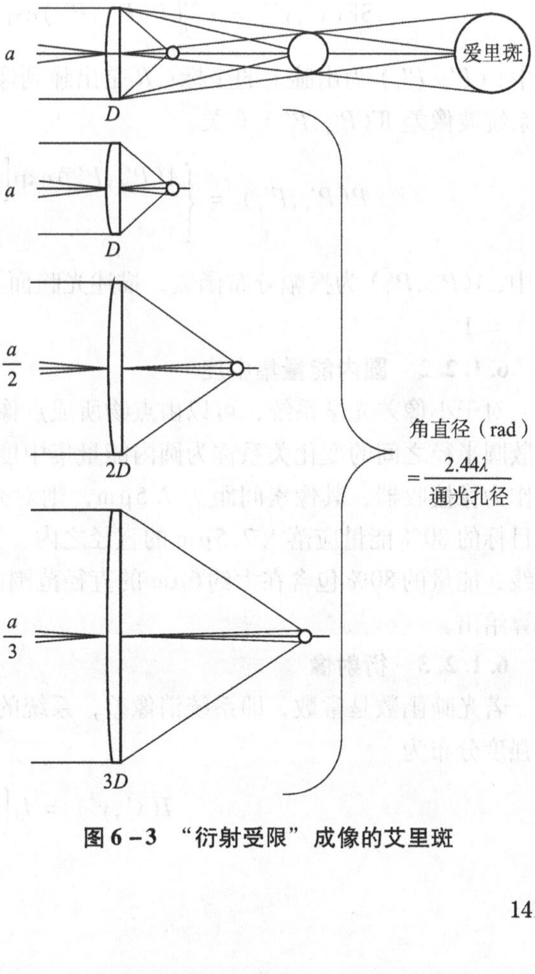

图6-3 “衍射受限”成像的艾里斑

合于描述系统对远距离目标的分辨本领。角分辨率用符号 a 表示：

$$a = \frac{2.44\lambda}{D} \tag{6-2}$$

6.1.2 成像基本概念

像质要求达到衍射极限的光学系统，使用几何光学方法往往得不到正确的评价，需要用关于衍射理论的衍射成像方法。

6.1.2.1 点扩散函数

点扩散函数（Point Spread Function，PSF）指一个理想的几何物点，经过光学系统后像点的能量展开分布。如物点经光学系统成像的辐照度分布为 $h(x',y')$：

$$\mathrm{PSF}(x',y') = \frac{h(x',y')}{\iint_{-\infty}^{+\infty} h(x',y')\,\mathrm{d}x'\mathrm{d}y'} \tag{6-3}$$

真实的点扩散函数应该利用惠更斯（Huygens）原理进行计算，也可用快速傅里叶变换（FFT）算法进行近似计算。

光学系统像面上光振动的复振幅相对分布为 $\mathrm{ASF}(x',y')$：

$$\mathrm{PSF}(x',y') = \mathrm{ASF}(x',y') \cdot \mathrm{ASF}(x',y')^* \tag{6-4}$$

其中，$\mathrm{ASF}(x',y')$ 与光学系统光瞳函数 $P(P'_x,P'_y)$ 具有如式（6-5）的关系：

$$\mathrm{ASF}(x',y') = c\iint_{-\infty}^{\infty} P(P'_x,P'_y)\exp\left[\mathrm{j}\frac{2\pi}{\lambda R}(x'P'_x + y'P'_y)\right]\mathrm{d}P'_x\mathrm{d}P'_y \tag{6-5}$$

式中，(P'_x,P'_y) 为出瞳上的坐标；R 是出瞳到像平面的距离；$P(P'_x,P'_y)$ 为光瞳函数，与光学系统波像差 $W(P'_x,P'_y)$ 有关。

$$P(P'_x,P'_y) = \begin{cases} A(P'_x,P'_y)\exp\left[\mathrm{j}\dfrac{2\pi}{\lambda}W(P'_x,P'_y)\right], & \text{光瞳内} \\ 0, & \text{光瞳外} \end{cases} \tag{6-6}$$

式中，$A(P'_x,P'_y)$ 为振幅分布函数，描述光瞳面上光透射均匀与否。当为均匀透射时，$A(P'_x,P'_y) = 1$。

6.1.2.2 圆内能量集中度

对于小像差光学系统，可以由点物所成点像的能量集中程度来表示，能量百分比随点像弥散圆半径之间的变化关系称为圆内能量集中度（Encircled Energy，EE）。假如，CCD 传感器作为像接收器，其像素间距为 7.5μm，则对光学系统简单又可靠的像质评价方法就是点物目标的 80% 能量应落入 7.5μm 的直径之内。图 6-4 给出了柯克三片型的圆内能量集中度曲线，能量的 80% 包含在大约 6μm 的直径范围内。PSF 和 EE 在现代光学设计软件中都能被计算给出。

6.1.2.3 衍射像

若光瞳函数是常数，即系统消像差，系统的透过率在整个圆孔瞳面上是一致的，则点像的强度分布为

$$I(x',y') = I_0\left[\frac{2J_1(m)}{m}\right]^2 \tag{6-7}$$

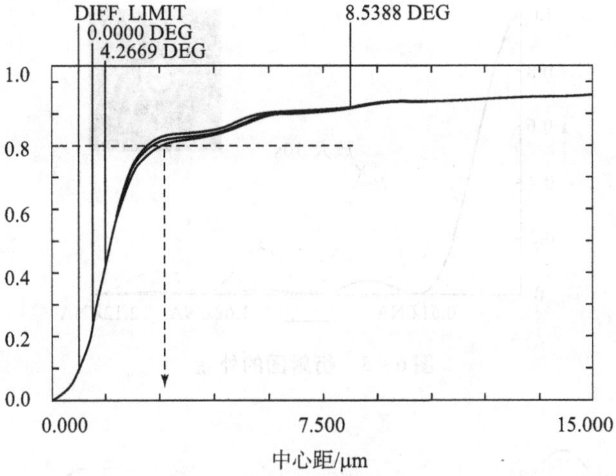

图6-4 圆内能量集中度曲线

式中，$I_0 = I(x' = 0, y' = 0)$，为轴上点的强度；J_1 为一阶贝塞尔函数，表达式为

$$J_1(x) = \frac{x}{2} - \frac{\left(\frac{x}{2}\right)^3}{1^2 \times 2} + \frac{\left(\frac{x}{2}\right)^5}{1^2 \times 2^2 \times 3} - \cdots \tag{6-8}$$

m 是规划的像面极坐标。

贝塞尔函数 $J_n(x)$ 的基本定义用积分表示：

$$J_n(x) = \frac{j^{-n}}{2\pi}\int_0^{2\pi}\exp(jx\cos\alpha)\exp(jn\alpha)\,d\alpha \tag{6-9}$$

其递推关系为

$$\frac{d}{dx}[x^{-n} J_n(x)] = -x^{-n} J_{n+1}(x) \tag{6-10}$$

$$m = \frac{2\pi}{\lambda}\cdot NA \cdot (x'^2 + y'^2)^{\frac{1}{2}} = \frac{2\pi}{\lambda}\cdot NA \cdot r \tag{6-11}$$

落在离开衍射斑中心距离 r_0 内的能量（总能量的百分数）为

$$I = 1 - J_0^2(m_0) - J_1^2(m_0) \tag{6-12}$$

式中，$m_0 = \frac{2\pi}{\lambda}\cdot NA \cdot r_0$；$J_0(x)$ 为零阶贝塞尔函数，

$$J_0(x) = 1 - \frac{\left(\frac{x}{2}\right)^4}{1^2 \times 2^2} - \frac{\left(\frac{x}{2}\right)^6}{1^2 \times 2^2 \times 3^2} - \cdots \tag{6-13}$$

式（6-7）的结果示于图6-5，它显示出衍射图的外貌。图的中心为艾里斑，斑的周围环绕着能量急剧减小的圆环。图6-6表示不同间隔的两个点像衍射图，虚线表示各自的衍射图，实线表示衍射图的叠加。表6-1给出了完善透镜圆孔和矩孔的能量分布。

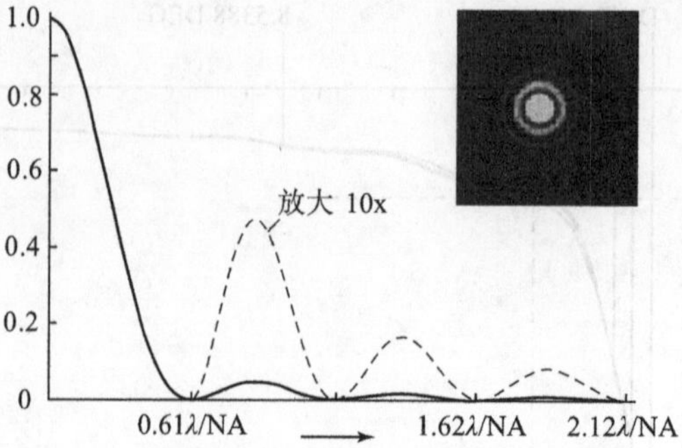

图 6－5 衍射图的外貌

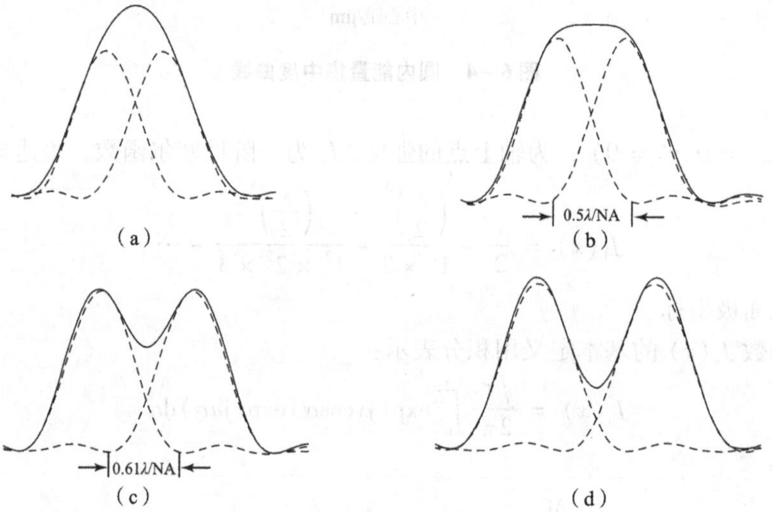

图 6－6 不同间隔的两个点像衍射图

表 6－1 完善透镜圆孔和矩形的能量分布（表示成离开衍射图中心距离 *r* 的函数）

环带	圆孔			矩形	
	r	峰值	各环能量	r	峰值
中心极大值	0	1.0	83.9%	0	1.0
第一暗环	$\frac{0.61\lambda}{NA}$	0.0	—	$\frac{0.5\lambda}{NA}$	0.0
第一亮环	$\frac{0.82\lambda}{NA}$	0.017	7.1	$\frac{0.72\lambda}{NA}$	0.047
第二暗环	$\frac{1.12\lambda}{NA}$	0.0	—	$\frac{1.0\lambda}{NA}$	0.0
第二亮环	$\frac{1.33\lambda}{NA}$	0.004	2.8	$\frac{1.23\lambda}{NA}$	0.017

续表

环带	圆孔			矩形	
	r	峰值	各环能量	r	峰值
第三暗环	$\frac{1.62\lambda}{NA}$	0.0	—	$\frac{1.5\lambda}{NA}$	0.0
第三亮环	$\frac{1.85\lambda}{NA}$	0.001 8	1.5	$\frac{1.74\lambda}{NA}$	0.008 3
第四暗环	$\frac{2.12\lambda}{NA}$	0.0	—	$\frac{2.0\lambda}{NA}$	0.0
第四亮环	$\frac{2.36\lambda}{NA}$	0.000 78	1.0	$\frac{2.24\lambda}{NA}$	0.005 0
第五暗环	$\frac{2.62\lambda}{NA}$	0.0	—	$\frac{2.5\lambda}{NA}$	0.0

若为矩形孔时，

$$I(x',y') = I_0\left(\frac{\sin\alpha}{\alpha}\right)^2\left(\frac{\sin\beta}{\beta}\right)^2 \tag{6-14}$$

式中，$\alpha = 2\pi \cdot \mathrm{NA} \cdot x'/\lambda$，$\beta = 2\pi \cdot \mathrm{NA} \cdot y'/\lambda$。

6.1.2.4 分辨率

当叠加的衍射图可以认为是两点而不是一个点时，可以说这两个点光源（或点物）能被分辨。两点不同距离时，叠加衍射图的变化如图 6-6 所示。

瑞利（Rayleigh）判据认为，若一个衍射斑的第一暗环与另一衍射斑中心重合时，那么两个点源刚好能被分辨，分辨率定义为

$$\sigma = \frac{0.61\lambda}{\mathrm{NA}} \tag{6-15}$$

斯帕罗（Sparrow）认为可分辨的两点距离，是当叠加衍射斑在两点衍射斑之间没有最小值时，分辨率为

$$\sigma = \frac{0.5\lambda}{\mathrm{NA}} \tag{6-16}$$

对于有限共轭距的成像关系，像方分辨距离可以转化为物方分辨距离，用像方分辨距离除以系统放大率。

对于无穷远目标成像，有时用物空间两物点的分辨角表示分辨率：

$$瑞利分辨角 = \frac{1.22\lambda}{D}(\mathrm{rad})$$

$$斯帕罗分辨角 = \frac{\lambda}{D}(\mathrm{rad})$$

式中，D 为光学系统入瞳直径，对于目视观察系统，当 D 以毫米表示，分辨角用角秒表示时，则上述分辨角分别约为 $140/D$ 和 $115/D$。

此处分辨率是理想光学系统可获得的，它们常被用于设计和制造优劣的标准，一个达到瑞利判据的系统有时称为衍射极限系统。

6.1.2.5 切趾法和变迹法

图6-5、图6-6所示的衍射图是假设系统理想，没有像差，具有均匀透过率的光瞳。如果光瞳面上透过率式（6-6）中的 $A(P'_x,P'_y)$ 不是常数，则需要修正衍射图样。方法有两种：一种是减小次极大的光能，增加主极大（艾里斑）的光能；另一种是减小艾里斑的大小。例如，通过镀制的非均匀吸收膜，使光瞳上从中心到边缘透过率越来越小，结果是艾里斑直径稍有增加，但亮环中心光能减少，次极大被切掉，这是第一种方法，称为切趾法，适用于观察亮度相差很大的相邻物体，可提高对比度以提高分辨率。如图6-7（a）所示。

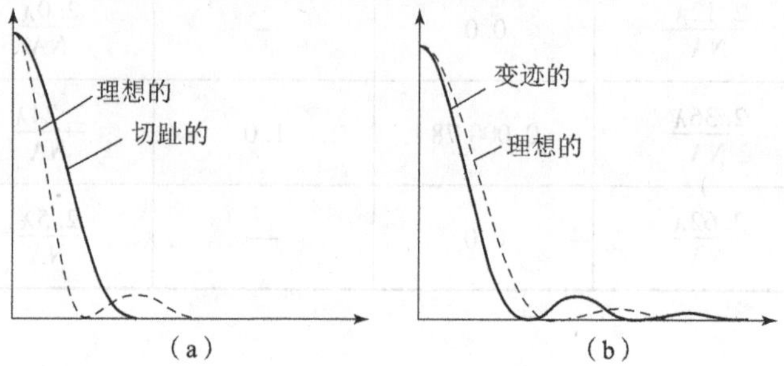

图6-7 改变艾里斑大小的方法

（a）切趾法；（b）变迹法

通过将光瞳变成中心被挡住的环形。此时减小了光瞳中心的透过率，结果是次极大更亮，但艾里斑的直径减小，这是第二种方法，称为变迹法，适用于观察同等亮度高对比的细小物体，可提高分辨率，如图6-7（b）所示。

6.2 综合像质评价指标

实际光学系统有小像差光学系统，也有大像差光学系统，对这些光学系统，像质评价时会选用不同的指标。下面介绍几种普遍采用的像质评价指标与标准。

6.2.1 波像差与像差容限

6.2.1.1 波像差

应用波面描述光学系统对点物的成像，一般采用波像差来评价像质。定义波像差是实际波面对理想波面的偏离，两波面的球心取为给定视场的像点，波像差也是实际波面与理想波面之间的光程差。一般在出瞳面上计算由出瞳上每一点（P'_x,P'_y）出射光线与主光线之间的光程差得到波像差 $W(P'_x,P'_y)$ 。所以波像差函数 $W(P'_x,P'_y)$ 可以绘成图6-8所示的三维波差图。

波像差的量值可用峰谷波前误差（PV）和均方根波前误差（RMS）两种评价指标来描述，峰谷值波前误差是波差图上最高点（在参考波前之前）与最低点（滞后，在参考波前之后）波差值之差来

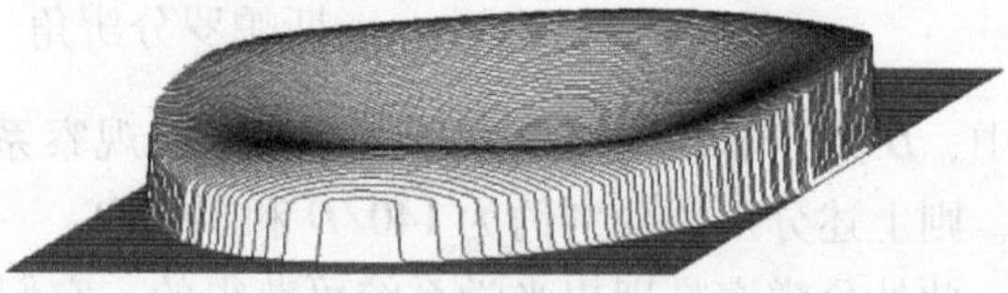

图6-8 三维波差图

计算。均方根波前误差是瞳面上所有点的波前与最佳参考球面波前的光程差的平方和平均值的开方。图 6-9 给出了 PV 值相同但 RMS 明显不同的两种波前的实例。

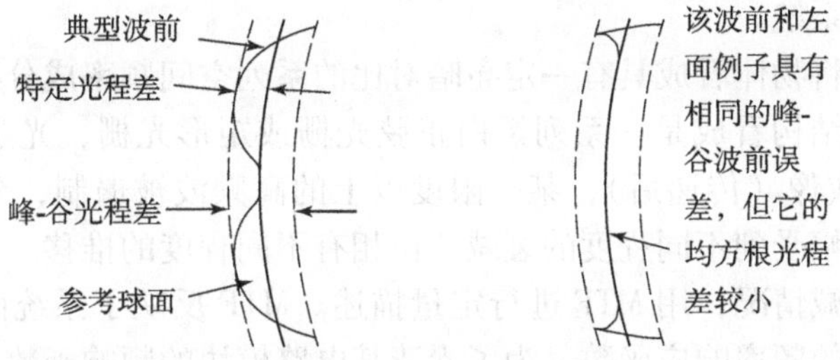

图 6-9　PV 值相同，RMS 值完全不相同的两个波前

6.2.1.2　瑞利 1/4 波长极限

如果某一视场物点发出的通过系统整个孔径的光束，其光程差不超过1/4 波长（即波像差的 PV $\leqslant \lambda/4$），则系统对这一物点所成的像是完善的，符合这个判据的系统是衍射极限系统。如用均方偏差 RMS 值来建立判据，则为 Marechal 判据，RMS$\leqslant\lambda/14$。

6.2.2　斯特列尔值

斯特列尔值（S·D）又称中心点亮度，它是一个比值，表示有像差时衍射像中心最大亮度与无像差最大亮度之比。比值为 0.8 时与瑞利 1/4 波长极限等效，尤其在用星点法检测与调校物镜（如显微物镜）中具有较广泛的应用，要求在设计物镜时，就要注意物镜 S.D 值的提高。

$$S\cdot D=\frac{1}{\pi^2}\left|\int_0^1\int_0^{2\pi}\exp[\mathrm{j}kW(\rho,\theta)]\rho\mathrm{d}\rho\mathrm{d}\theta\right|^2 \tag{6-17}$$

式中，ρ,θ 为光瞳面极坐标；$W(\rho,\theta)$ 为系统的波像差。

小像差情况下，S·D 可大于 0.8，其近似式为

$$S\cdot D\approx 1-k^2[\overline{W^2}-(\overline{W})^2] \tag{6-18}$$

式中，$\overline{W}$ 与 $\overline{W^2}$ 分别为光瞳面上波像差的平均值和平方平均值，即

$$\overline{W^2}=\frac{1}{\pi}\int_0^1\int_0^{2\pi}W^2(\rho,\theta)\rho\mathrm{d}\rho\mathrm{d}\theta \tag{6-19}$$

$$\overline{W}=\frac{1}{\pi}\int_0^1\int_0^{2\pi}W(\rho,\theta)\rho\mathrm{d}\rho\mathrm{d}\theta \tag{6-20}$$

S·D≥0.8，等同于

$$W_{P-V}\leqslant\frac{\lambda}{4}$$

$$\overline{W^2}-(\overline{W})^2\leqslant\frac{\lambda^2}{197.4}$$

$$W_{\mathrm{RMS}}=\sqrt{\overline{W^2}-(\overline{W})^2}\leqslant\frac{\lambda}{14}$$

6.2.3 调制传递函数

调制传递函数（Modulation Transfer Function，MTF）是光学系统性能评价最全面的指标，尤其适用于成像系统。

其基本思想是：将物体看成具有一定亮暗对比的系列空间频率成分物体元的组合。换句话说，将物体的精细结构看成是一系列黑白正弦光栅或矩形光栅，光学系统犹如线性“滤波器”，经光学系统成像（传递后），某一限度以上的高频波被遏制，允许通过的低频也因衍射和像差影响，振幅受到不同程度的衰减，位相有不同程度的推移。这些不同空间周期的黑白光栅的对比度衰减情况，用 MTF 进行定量描述。MTF 反映了系统由物到像的调制度的传递，相当于电学中的频率响应函数。为了弄清某电路模块的频响函数，常输入时间域上的冲击响应或方波，通过对输出信号做频谱分析即可。与其类似，光学中，通过让系统对点光源（相当于冲击信号）、狭缝（相当于方波）或刀口（上升沿冲击）成像，不同之处在于光学中的频率域为空间频率域，单位为 lp/mm。

6.2.3.1 MTF 的基本定义

设物面上的光强分布函数（非相干照明情况）为 $O(x, y)$，其傅里叶变换为

$$I_0(\nu_x,\nu_y) = \iint_{-\infty}^{+\infty} O(x,y)\exp[-2\pi j(\nu_x x + \nu_y y)]\,dx\,dy \tag{6-21}$$

经光学系统后，像面上得到的光强分布为 $i(x',y')$，其傅里叶变换为

$$I_i(\nu_x,\nu_y) = \iint_{-\infty}^{+\infty} i(x',y')\exp\left[-2\pi j\left(\frac{\nu_x}{\beta}x' + \frac{\nu_y}{\beta}y'\right)\right]dx'\,dy' \tag{6-22}$$

则 $\mathrm{MTF}(\nu_x,\nu_y)$ 定义为

$$\mathrm{MTF}(\nu_x,\nu_y) = \left|\frac{I_i(\nu_x,\nu_y)}{I_0(\nu_x,\nu_y)}\right| \tag{6-23}$$

ν_x,ν_y 为系统物面上空间频率，通过放大率可以转化为像面上空间频率。

如物面为点物，则 MTF 可以由 PSF 的傅里叶变换获得：

$$\mathrm{MTF}(\nu_x,\nu_y) = \left|\iint_{-\infty}^{+\infty} \mathrm{PSF}(x',y')\cdot\exp\left[2\pi j\left(\frac{\nu_x}{\beta}x' + \frac{\nu_y}{\beta}y'\right)\right]dx'\,dy'\right| \tag{6-24}$$

6.2.3.2 MTF 的计算方法

（1）FFT 定义的调制传递函数。由式（6-3）计算 PSF，直接由式（6-24）获得 MTF。FFT 定义的 MTF 计算方法只需计算 PSF，再对像面做细分采样，再做傅里叶变换，计算速度快，但仅适用于对系统做像差初步校正的系统。

（2）由光瞳函数计算的 MTF。可以用式（6-4）和式（6-5）由光瞳函数 $P(P'_x,P'_y)$ 计算出 PSF，再用 PSF 经二重傅里叶变换计算出 MTF。

也可以基于惠更斯波面包络原理，先计算出出瞳面上的光瞳函数，然后再将出瞳细分，看成次级光源，再向像面传递，称之为 Huygens MTF。这种计算方法相当于光瞳函数的自相关运算。

$$\begin{aligned}\mathrm{MTF}(\nu_x,\nu_y) &= |\mathrm{OTF}(\nu_x,\nu_y)| \\ &= \frac{\int P(P'_x,P'_y)\cdot P^*(P'_x - R\lambda\nu_x, P'_y - R\lambda\nu_y)\,dP'_x\,dP'_y}{\int |A(P'_x,P'_y)|^2\,dP'_x\,dP'_y}\end{aligned} \tag{6-25}$$

式中，OTF 为光学传递函数，其模为 MTF；R 为参考球面半径，约为出瞳面到像面的轴向距离；λ 为工作波长；$A(P'_x, P'_y)$ 为式（6－6）中的振幅函数。

（3）几何光学 MTF。前述 FFT MTF 和 Huygens MTF 的计算公式，都考虑到了有限光瞳的衍射作用，考虑了光的波动性，称它们为物理光学传递函数。

对一些大像差光学系统，如果忽略了衍射效应，也可以计算出 MTF，称之为几何调制传递函数（Geometric MTF）。

算法为：由几何光学的光线追迹方法，求出系统的点列图，每根光线携带能量，以点列图中像面交点的密度作为像面光强分布，求出 PSF，再做 FFT，即可得到 Geometric MTF。

$$\mathrm{MTF}(v_x, v_y) = \frac{1}{N}\sum_{i=1}^{N}\exp[-\mathrm{j}(v_x x'_i + v_y y'_i)] \tag{6-26}$$

式中，N 为计算点列图时光瞳上追迹光线数量；x'_i, y'_i 为第 i 根光线在像面上交点坐标。

现代光学设计软件中，由于 Geometric MTF 的计算量大，计算速度慢，只给出子午和弧矢面上的 MTF 曲线，不提供三维调制传递函数（Surface MTF）。

6.2.3.3 用 MTF 评价像质应注意的问题

影响 MTF 曲线的走向有像差、中心遮拦或光瞳形状和离焦等多种因素，用 MTF 评价像质时，应概念清楚、考虑全面。

（1）特征频率和截止频率。对每一光学系统，要根据物面特征、探测器像素及响应情况，确定评价时的特征频率和调制度阈值，确定特征频率处的 MTF 值至少为多少；系统的截止频率（ν_c）与系统的 F 数及工作波长（λ）有关。

$$\nu_c = \frac{1}{\lambda F} \tag{6-27}$$

特征频率 ν_0 至少为 ν_c 的一半，即 $\nu_0 \geqslant \frac{1}{2}\nu_c$，因此光学系统的相对孔径应足够大。

像质评价时，截止频率的确定还应考虑探测器、底片等接收器的特征。镜头需要评价的特征频率与经验频率上限（v_m），一定小于其理论上的截止频率 ν_c。常见的光学系统的特征频率与经验频率上限如表 6－2 所示。

表 6－2 常见的光学系统的特征频率与经验频率上限

应用场合		特征频率 v_0(lp/mm)/MTF（v_0）	经验频率上限 ν_m(lp/mm)/MTF（v_m）
电视物镜		16/　≥0.6	30/　≥0.3
背投电视物镜		25/　≥0.6	50/　≥0.3
单反数码相机物镜		28/　≥0.6	50/　≥0.25
CCD 阵列探测器、光纤传像束等		—	$\frac{1}{2p}$（p 为像元大小，单位 mm）/ -
光刻物镜	G 谱线	50/　≥0.6	100/　≥0.3
	准分子激光	1 000/　≥0.5	2 000/　≥0.15
手机镜头		110/　≥0.6	220/　≥0.25

MTF 值上限确定也与物镜的应用场合有关，需要考虑探测器的对比度响应阈值，如人

眼在良好照明下，对比度阈值最低达到0.02，而胶片对比度响应阈值需要至少大于0.1。霍普金斯（Hopkins）提出的传函判别准则为

$$M(v_x, v_y) = \frac{\mathrm{MTF}(v_x, v_y)}{\mathrm{MTF}_0(v_x, v_y)} = 1 - k^2\left[\overline{W^2} - (\overline{W})^2\right] \geqslant 0.8 \tag{6-28}$$

等同于瑞利标准。

（2）中心遮拦导致低频段MTF值下降，随着中心遮拦比的增加，PSF的中心主极大直径会减小，如图6-10所示，相应的MTF曲线下降趋势如图6-11所示。

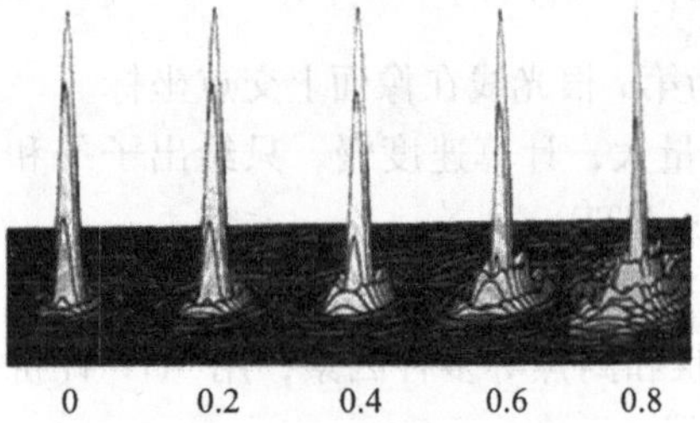

图6-10　无像差系统的点扩散函数和中心遮拦的关系

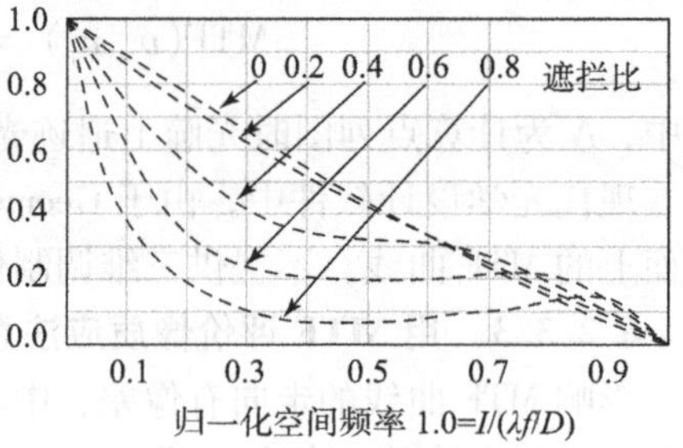

图6-11　完善系统的MTF与中心遮拦的关系

（3）MTF小于0时表示位相倒转。光学设计中，高频段的MTF可能小于0；另外，性能良好的系统因离焦、像差或制造误差会性能下降，MTF也会降低，当性能连续降低时，MTF值可能为负。图6-12给出了一完善无像差 $f/5$ 系统在离焦 1.5λ 时的MTF曲线，在50lp/mm左右，MTF ≈ -0.1，图6-13是用于证明假分辨或位相倒转的径向靶条图案，图6-14是这一离焦状态下靶条成像的位相倒转情况。

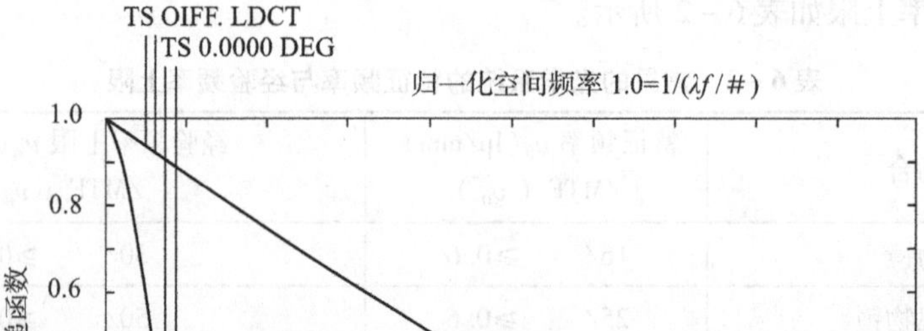

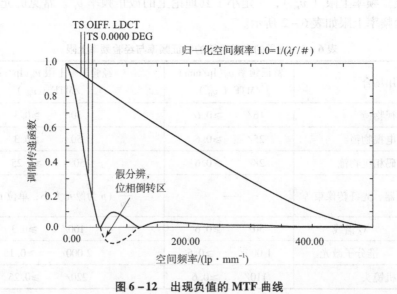

图6-12　出现负值的MTF曲线

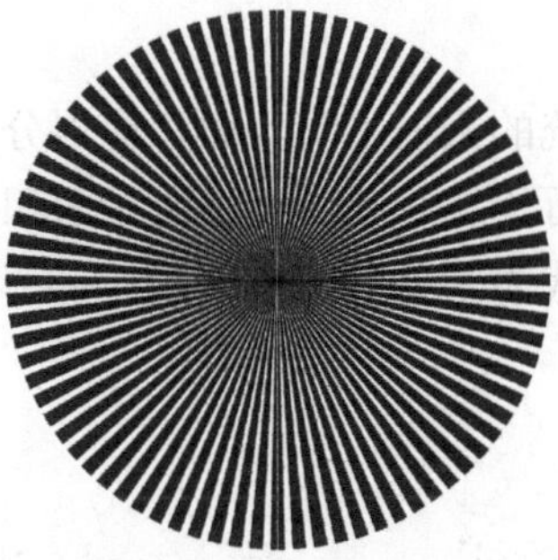

图 6 - 13　径向靶条图案

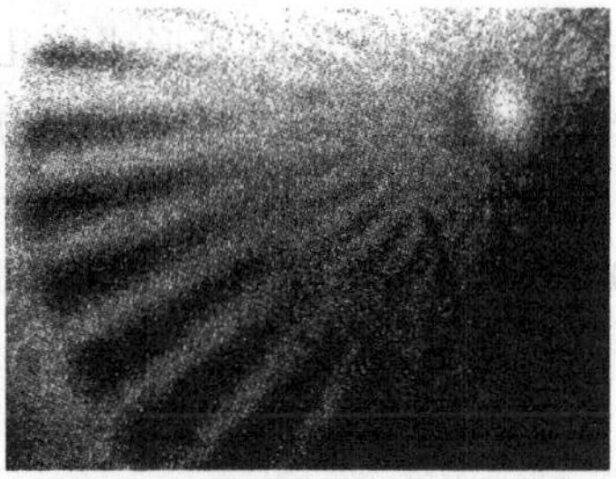

图 6 - 14　MTF 为负值造成径向靶条黑白反转示意图

（4）恰当离焦可以提高特征频率处的 MTF。如离焦量为 $d\,l'$，则 MTF 变化关系为

$$\mathrm{MTF}(\nu) = \frac{J_1(2\pi d\,l'\mathrm{NA}\cdot\nu)}{\pi d\,l'\mathrm{NA}\cdot\nu} \tag{6-29}$$

式中，$J_1(\ast)$ 为一阶贝塞尔函数；$d\,l'$ 为轴向离焦量；NA 为数值孔径；ν 为空间频率。

图 6 - 15 表示了 $f/5.0$ 镜头系统，离焦量分别为 0（1）、0.5 倍焦深（2）、1 倍焦深（3）、1.5 倍焦深（4）和 2 倍焦深（5）的 MTF 变化曲线。

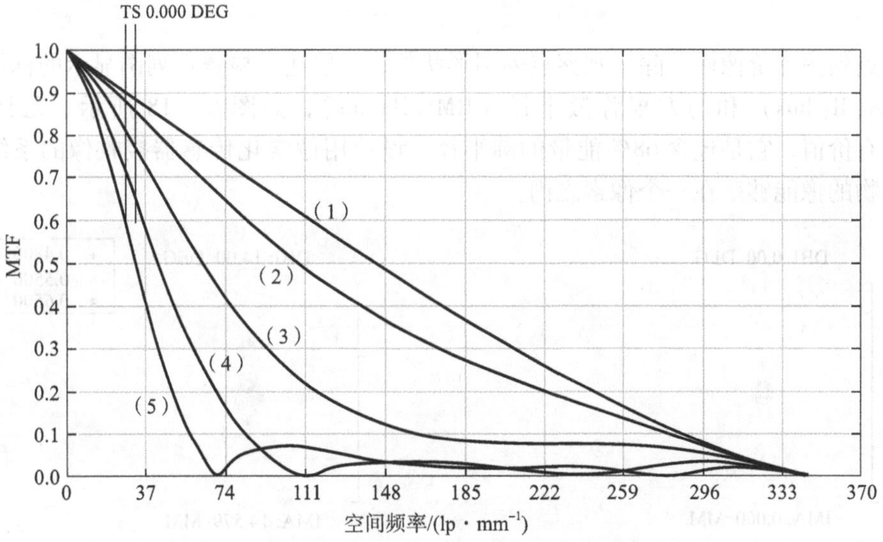

图 6 - 15　*f*/5.0 镜头系统 MTF 随焦深的变化曲线

（5）MTF 评价像质时不反映畸变。MTF 跟波像差、点列图等像质指标一样，只反映成像清晰度，不反映变形，所以要查看物像相似程度，还要检查畸变像差曲线。

（6）用 MTF 评价像质时数据检查要全面。MTF 曲线与波长、视场、离焦量、多重结构等方面关系密切。用 MTF 评价像质，须查看多色 MTF 在每一视场处的子午和弧矢传递函数曲线，还要查看 MTF 在每一单色波长下，各视场的子午和弧矢传递函数曲线。

6.2.4 点列图

点列图是系统对点物成像时所形成的几何像斑。通过将系统的入射光瞳等面积地划分为许多块（有极坐标划分方法和网格状划分方法，如图 6 - 16 所示），由点物到每块元面积的中心追迹光线，它与像面的交点构成一个点列图，其交点密度代表了能量密度，图 6 - 17 表示了离焦从 - 0.5mm 到 0.5mm 某系统的点列图情况。

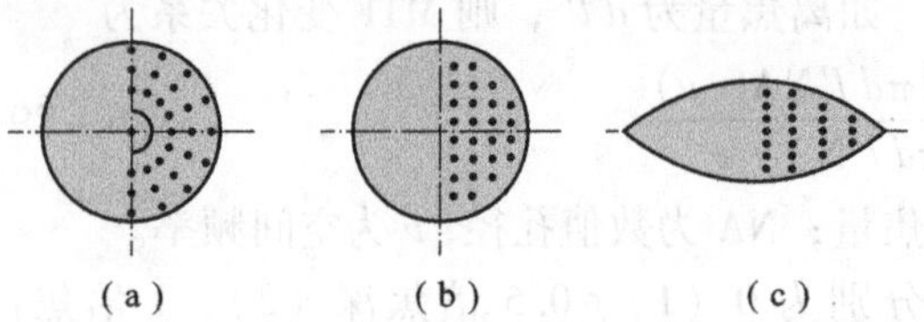

图 6 - 16　光瞳上的坐标选取

（a）极坐标布点；（b）直角坐标布点；（c）遮挡效应

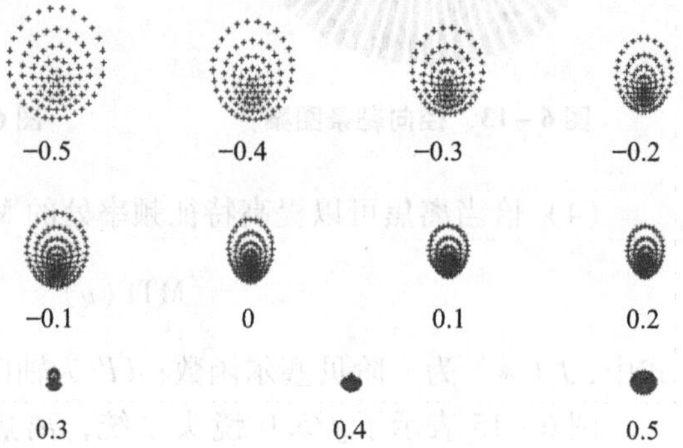

图 6 - 17　轴外物点的点列图计算实例

使用点列图评价像质，除了观察点列图形状外，一般还要检查点列图显示的标尺、几何半径（Geo Radius）和均方根弥散半径（RMS Radius），如图 6 - 18 所示。尤其是 RMS Radius 更有价值，它是包含 68% 能量的圆半径。设计用像素化传感器接收像的系统时，总希望让点物的像能够落在一个像素之内。

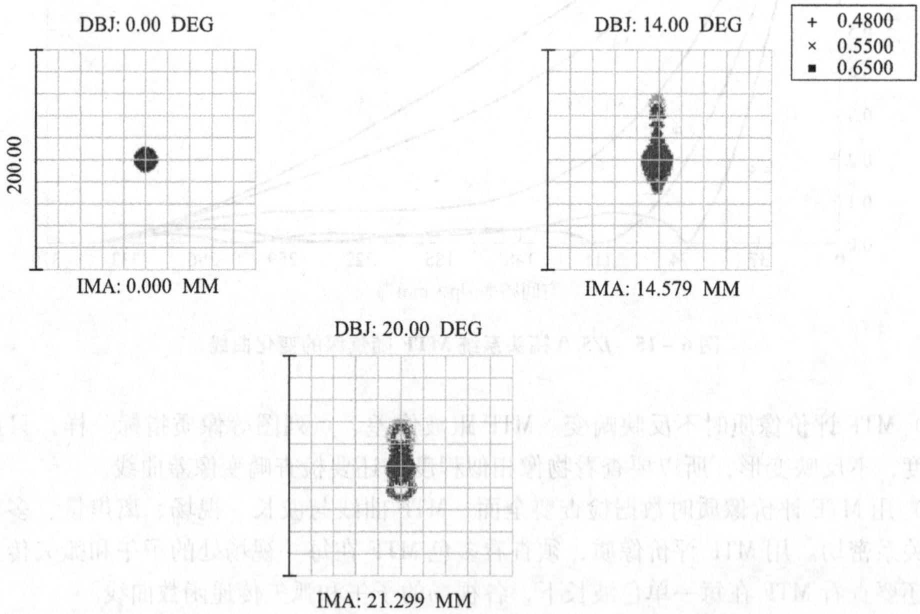

图 6 - 18　某镜头的点列图

6.3　像差容限

利用瑞利 1/4 波长极限评价系统设计的质量，非常适合于小像差光学系统。但像差理论长期以来指导光学设计工作，利用几何像差评价指标进行光学设计，必须回答像差量级校正到什么程度才算合适，同时，既使用其他像质指标评价像质，也仍需用几何像差校正方案来引导设计，查看像差数据，修改评价函数，因此像差容限是据多年设计与生产实践总结出来的，实践证明是可靠的。

用波像差与几何像差的关系，及瑞利 1/4 波长极限可以推导出几何像差的容限。当然，对于大像差系统，需要将瑞利 1/4 波长极限做放松几倍来导出像差容限。表 6－3 给出了小像差系统的像差容限。

表 6－3　小像差系统的像差容限

像差名称	像差容限	像差名称	像差容限
初级球差	$\leqslant \dfrac{4\lambda}{n'\sin^2 U'_m}$	弧矢彗差	$K'_s \leqslant \dfrac{\lambda}{2n'\sin U'_m}$
高级球差	$\leqslant \dfrac{6\lambda}{n'\sin^2 U'_m}$	波色差	$W_{FC} < \dfrac{\lambda}{2} \sim \dfrac{\lambda}{4}$
正弦彗差	$\leqslant 0.0025$	像散	$x'_{ts} \leqslant \dfrac{\lambda}{n'\sin^2 U'_m}$
轴向色差	$\leqslant \dfrac{\lambda}{n'\sin^2 U'_m}$	畸变	$\leqslant 5\%$
色球差	$\leqslant \dfrac{4\lambda}{n'\sin^2 U'_m}$	二级光谱色差	$\leqslant \dfrac{\lambda}{n'\sin^2 U'_m}$

6.4　天文光学中的椭率

暗物质探测是天文光学的一个重要研究方向。暗物质是存在于宇宙中的一种不可见的物质，它占据宇宙中全部物质总质量的 85%，对暗物质的观测可以帮助天文学家完善物理学理论体系，进而揭示宇宙的本质（图 6－19）。但天文望远镜作为一种成像型光学仪器，无法直接观测宇宙中的暗物质，目前通过对弱引力透镜效应的观测实现暗物质的间接探测是暗物质探测的主流方法。

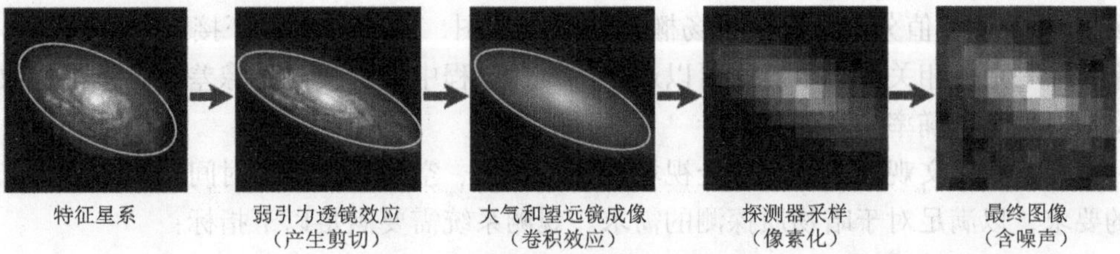

图 6－19　星系形状的观测过程

椭率是天文光学中定义一个星系形状的重要参数。天文学家通过精确测量由弱引力透镜效应导致的天体椭率变化反推宇宙中影响光线传播路径的暗物质。宇宙中星系的本征椭率大约为0.3，由弱引力透镜效应造成的剪切量极小，大约为0.01。在对星系成像的过程中，除了弱引力透镜会影响星系成像的椭率外，天文望远系统自身的不完善成像也会导致像面星系椭率的变化。为保证弱引力透镜效应的观测准确度，必须在系统设计过程中控制并精确测量天文望远系统引入的椭率变化。因此，在天文望远系统设计中，定义光学椭率作为评估天文望远系统核心性能的新指标。

天文望远镜的常规像质指标有点列图、波像差、MTF、畸变等。此外，点扩散函数（PSF）也是反映望远镜成像质量的一项重要指标参数，根据PSF的分布可以计算半高全宽（FWHM）、椭率（e_1，e_2）、80%能量圈半径（EE80）以及等效噪声区（ENA）等性能指标。FWHM表征PSF的大小，椭率表征PSF的形状，椭率的特性是PSF随时间和空间而变化。望远镜的光学椭率是一项与暗物质探测科学目标密切相关的性能。光学系统的PSF与光瞳孔径函数和系统波像差两个因素相关，定义如下：

$$\mathrm{PSF} = |\mathrm{FFT}(P)|^2, P = A\mathrm{e}^{2\pi i \mathrm{OPD}/\lambda} \tag{6-30}$$

式中，P为光瞳函数；A为光瞳孔径函数；OPD是望远镜系统的光程差。

利用精确的光学PSF模型可以对椭率的特性进行建模和分析。采用天文光学中表示星系各向异性的KSB+方法：

$$Q_{ij}^W = \frac{\int I(x,y)x_i x_j W(x,y)\mathrm{d}x\mathrm{d}y}{\int I(x,y)W(x,y)\mathrm{d}x\mathrm{d}y} \tag{6-31}$$

式中，$I(x, y)$是PSF的强度，$W(x,y)$是比例长度的高斯权函数，比例长度是描述PSF弥散大小的一种度量，例如半光半径（half-light radius），且有$x_i = x - \bar{x}$，$x_j = y - \bar{y}$。椭率e和它的大小R由下式定义：

$$e = \frac{Q_{xx}^W - Q_{yy}^W + 2iQ_{xy}^W}{Q_{xx}^W + Q_{yy}^W} = e_1 + ie_2 \tag{6-32}$$

$$R = \sqrt{Q_{xx}^W + Q_{yy}^W} \tag{6-33}$$

椭率的计算受制于采样范围、采样距离和高斯半径，采用不同的采样范围和距离、高斯半径，会获得不同的结果，因此可根据实际情况采取相应的值。

由式（6-30）可知，PSF与望远镜的像差相关，因此，光学椭率与光学系统的像差大小与成分相关。已有研究表明，7种初级像差中，对称特性像差都不会影响椭率的大小，而失去对称性的像散和彗差则直接影响系统的椭率。高阶彗差是系统中光学椭率的主要来源，像散对椭率的影响取决于系统的离焦量，离焦量越大，像散对于椭率的影响越明显，若系统不存在离焦，则系统中不存在由像散引入的椭率。图6-20为一个离轴反射式望远镜系统的全视场波像差RMS值分布图与全视场椭率大小分布图，两者分布特征接近，可以看出波像差椭率存在一定的相关性。因此，可以通过在设计过程中控制失对称像差以及限制波像差大小来实现降低光学椭率的目的。

一个良好的天文观测系统，对全视场椭率的大小、空间稳定性和时间稳定性都有着非常严格的要求，以满足对于暗物质探测的需求。观测系统需要满足以下指标：

（1）全视场椭率均小于0.15；

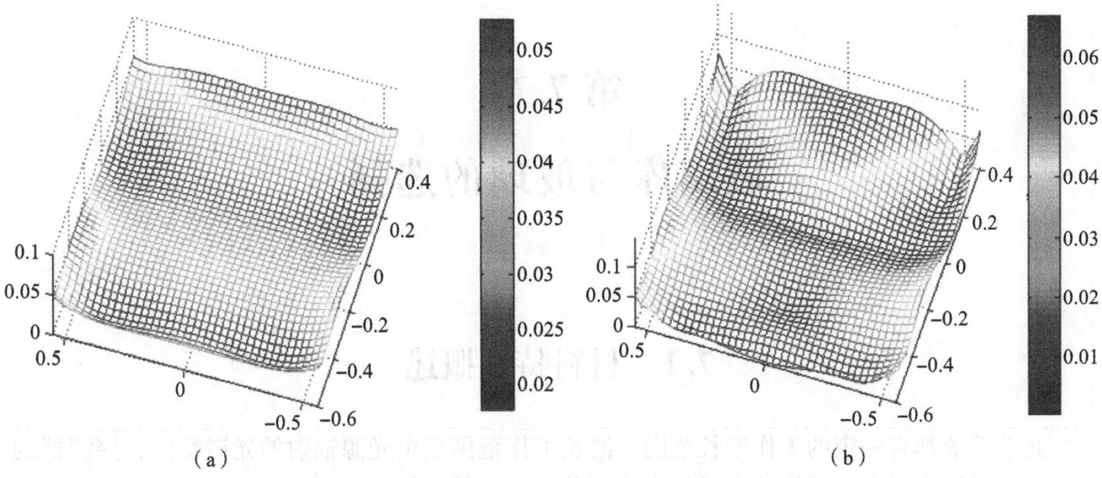

图 6－20　某一望远镜系统的分布图

（a）全视场波像差 RMS 值分布图；（b）全视场椭率分布图

（2）探测器上椭率的插值误差小于 2×10^{-4}；

（3）两次连续曝光之间，椭率变化量小于 5×10^{-3}。

为了能对宇宙中暗物质和暗能量开展探测和研究，近年来各国争相开展大科学计划。欧洲航天局计划在 2020 年左右发射欧几里得空间望远镜，我国计划在 2022 年前后发射中国空间站望远镜。面向天文望远镜暗物质探测的科学目标，光学椭率是一个全新的光学设计指标，在光学系统设计时光学椭率被纳入评价范围，也对天文光学系统的设计提出了新的要求。

复习题

1. 名词解释

（1）衍射成像　　（2）切趾法　　（3）变迹法

（4）波像差　　（5）斯特列尔值　　（6）调制传递函数

（5）点扩散函数　　（7）点列图　　（8）椭率

2. 论述题

光学系统的理论分辨率，是设计中确定系统相对孔径的关键参数。试针对显微物镜、大口径空间光学载荷，分别讨论分辨率的计算公式与应用方法。

3. 简答题

（1）光学传递函数是信息科学中光学系统的重要评价指标。结合实用场景，阐述应用 MTF 评价指标时需要注意的问题。设计中，有时出现 MTF＜0 情形，请回答 MTF 小于 0 有无物理意义？

（2）使用星点法检验物镜质量时，会关注斯特列尔值。试给出斯特里尔值的定义式，及其与波像差之间的关联表达。

（3）天文光学探测中，通常要求控制天文观察系统的椭率很小，此时，重点需要校正哪些几何像差？

第7章

玻璃库与玻璃的选择

7.1 材料特性概述

光学系统都有一定的工作波长范围。波长工作范围是由光源辐射的光谱特性、探测器的光谱响应灵敏度与光学系统的光谱带宽范围共同决定的。如果对于目视光学系统，作为探测器的人眼，其光谱响应范围是可见光波段，人眼眼底细胞响应的光谱灵敏度曲线如图7-1所示，则目视系统所用的光学材料大致波段为425~675nm，应具有较好的透射效果。光学玻璃是光学系统中最常用的材料，包括无色光学玻璃、红外光学玻璃、紫外光学玻璃等。其中，无色光学玻璃因首先满足于人眼的观察需求，被国内外玻璃制造厂商广泛研究并且大量生产，其稳定性优良，形成了成体系的命名规则。绝大部分无色光学玻璃在1.0μm的近红外波段，具有良好的透过效果。波长更长的红外与更短的紫外光学玻璃组成的光学系统，可以帮助人眼看到裸眼看不见的目标，获得了国内外广泛重视与研究；但因研究历史时间不长，具有优良化学稳定性、工艺性的红外与紫外玻璃种类不多，远少于无色光学玻璃。如红外波段，具有优良加工性能和稳定性的常见材料有硅（Si）、锗（Ge）、硒化锌（ZnSe）、硫化锌（ZnS）；紫外波段，具有优良加工性能和稳定性的常见材料有光学熔融石英、萤石。

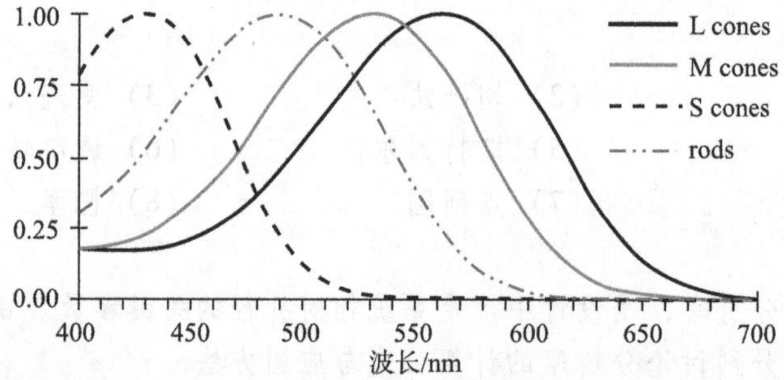

图7-1 人眼眼底细胞的光谱响应灵敏度曲线

另外，有一些可以注塑成型的光学塑料在可见光区有良好的透射性。在大批量生产中，光学塑料因具有优良的注塑成型技术，其制造成本要比传统的玻璃制造法便宜得多。在小型镜头与数码相机等光学系统方面，结合具有强大像差校正能力的非球面，使得光学塑料成为设计中优先选用的光学材料。

选择光学材料时，需要考虑镜头系统的工作温度范围。光学材料的折射率随温度变化而改变，其膨胀程度也随温度而变化，温度的变化将改变透镜的形状和光焦度。光学塑料的热膨胀系数要比玻璃的热膨胀系数大一个数量级左右。光学熔融石英具有极低的热膨胀系数，成为无热设计或要求较高的标准器具设计中优先选用的材料。

如果环境温度升高到几百摄氏度，光学系统就不能使用塑料材料，因为高温时塑料会软化。大多数光学玻璃能承受几百摄氏度的高温而不变形。在靠近光源的照明系统中，温度可能高达 900℃，在这种情况下，光学玻璃也会软化；或者因环境温度极高，需要使用应力双折射较低的材料，以防爆裂。高温环境的光学系统，经常应用膨胀系数较小的熔融石英，因为它可以在接近 1 000℃的温度下工作。

光学元件制造商经常在产品样本中提供有关标准光学材料的信息。图 7－2 给出由美国 Melles－Griot 公司提供的用于可见光、近紫外（UV）和近红外（IR）光谱区的光学材料的综合信息。

材料	可用的透射波长范围/μm	折射率	热膨胀系数	特征
BK7		1.52@0.55μm		优良的材料、宽波段透射、优良的力学性能
LaSFN9		1.86@0.55μm		高折射率
SF11		1.79@0.55μm		高折射率
F2		1.62@0.55μm		同时具有较高折射率和令人满意的力学性能
BaK1		1.57@0.55μm		普通的优良材料，化学性能不如 BK7
光学级熔融石英		1.46@0.55μm		良好的紫外透射能力和卓越的力学性能
UV级熔融石英		1.46@0.55μm		良好的紫外透射能力和卓越的力学性能
光学冕牌玻璃		1.52@0.55μm		耐受性较差
LEBG		1.48@0.55μm		优良的热稳定性
蓝宝石		1.77@0.55μm		优良的热稳定性和机械稳定性
硒化锌		2.4@10.6μm		良好的红外透射能力

0.1　0.5　1.0　5.0　10.0　10^{-7}　10^{-6}　10^{-5}

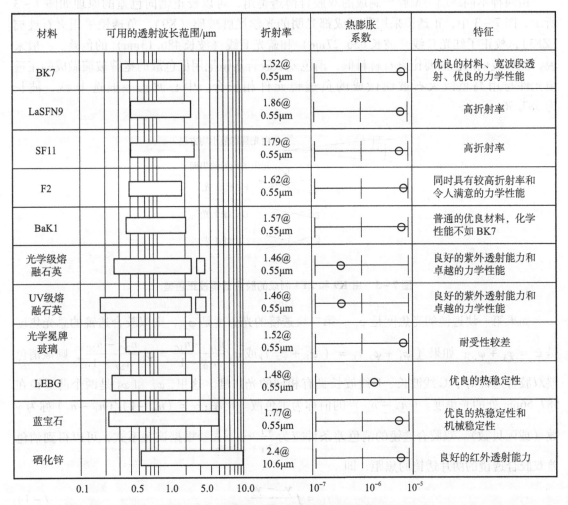

图 7－2　Melles－Griot 公司样本的材料特性

7.2 玻璃图和部分色散

一般光学材料的折射率都随波长不同而变化。光学材料的折射率通常随波长减小而增大，因此，具有折射元件的折射型光学系统存在色差。实际上，色差经常会成为影响光学系统的性能的主要像差。

伟大的物理学家和天文学家牛顿认为所有透镜的色差都与其光焦度成比例，所有玻璃的比例常数相同，认为通过组合不同类型的玻璃，不可能校正色差。因此，牛顿望远镜采用反射式系统。18 世纪人们发现，通过适当选择玻璃和光焦度，可以设计消色差双胶合透镜，双胶合透镜可以校正两种波长的色差。

由两种不同玻璃类型胶合制成的双胶合薄透镜组，可以校正轴向色差的原理如图 7-3 所示。图 7-3 中，正透镜采用我国成都光明的光学冕牌玻璃（K9）、负透镜采用火石玻璃（ZF3），校正了红光 C 线（波长 656.27nm）和蓝光 F 线（波长 486.13nm）的色差。一般来说，冕牌玻璃的色散要比火石材料低，消色差双胶合透镜把用低色散的冕牌玻璃做成的正透镜元件与用高色散火石玻璃做成的负透镜元件相胶合。中心波长一般选 D 线，波长为 587.56nm。

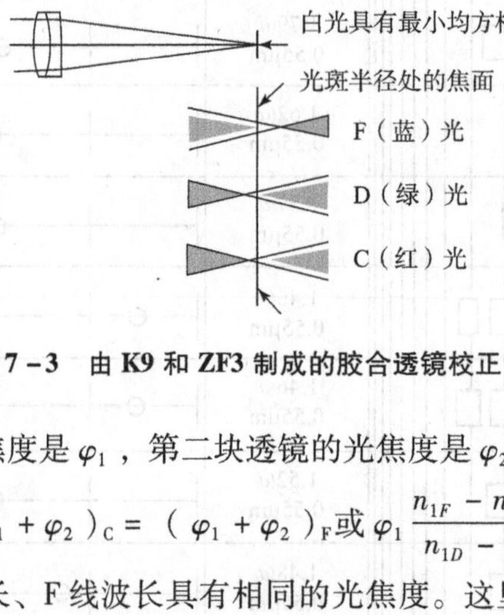

图 7-3 由 K9 和 ZF3 制成的胶合透镜校正色差

如果第一块透镜的光焦度是 φ_1，第二块透镜的光焦度是 φ_2，则双胶合透镜的总光焦度是 $\varphi = \varphi_1 + \varphi_2$；如果 $(\varphi_1 + \varphi_2)_C = (\varphi_1 + \varphi_2)_F$ 或 $\varphi_1 \dfrac{n_{1F} - n_{1C}}{n_{1D} - 1} = \varphi_2 \dfrac{n_{2F} - n_{2C}}{n_{2D} - 1}$，则该消色差双胶合透镜对于 C 线波长、F 线波长具有相同的光焦度。这里，φ_1 和 φ_2 是两个薄透镜在 587.56nm 处的光焦度。$(n_F - n_C)$ 的值称为主色散。比率：$\gamma = (n_D - 1)/(n_F - n_C)$ 称为 γ 数（或阿贝数）。双胶合透镜的消色差条件变为 $\dfrac{\varphi_1}{\gamma_1} = -\dfrac{\varphi_2}{\gamma_2}$。根据该关系式，可以得到消色差双胶合透镜的两片透镜的焦距，即

$$f_1 = f\frac{\gamma_1 - \gamma_2}{\gamma_1} \tag{7-1}$$

$$f_2 = -f\frac{\gamma_1 - \gamma_2}{\gamma_2} \tag{7-2}$$

式中，f 为双胶合透镜的焦距。根据式（7-1）、式（7-2），可以计算出低色散冕牌元件和高色散火石元件的光焦度，其本质是，使双胶合透镜在红、蓝两个波长处的焦距相同。当该

条件得到满足时，则双胶合透镜在中心波长（绿色）处略有离焦。

18 世纪下半叶，阿贝与肖特（Schott）密切合作，致力于研发不同类型的光学玻璃，促进了新型玻璃的发展。描述无色光学玻璃特性的比较全面的方法，就是应用玻璃的两个特征参数：D 线的折射率 n_D 和反映玻璃色散的阿贝数 γ。通常，国内外的光学玻璃制造商都会提供 $n_D \sim \gamma$ 玻璃图或（$n_F - n_C$）$\sim \gamma$ 图。玻璃图中一般将阿贝数作为横坐标，将折射率 n_D 作为纵坐标。图 7－4、图 7－5 给出了德国肖特玻璃厂商玻璃目录的 $n_D \sim \gamma$ 玻璃图。

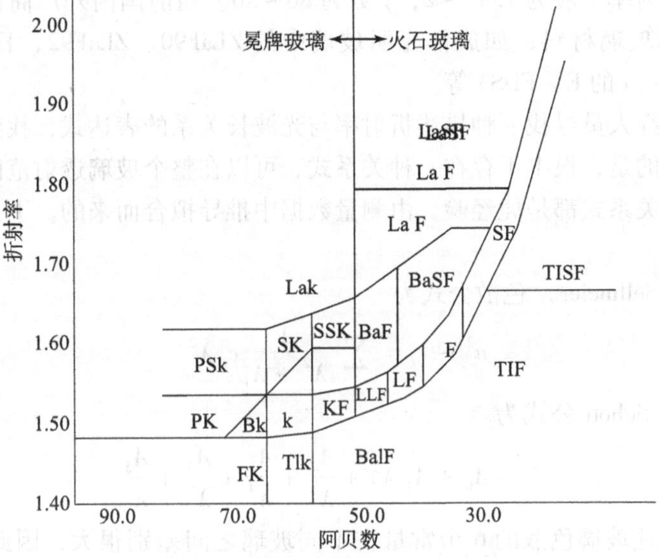

图 7－4　德国肖特玻璃厂的 $n_D \sim \gamma$ 玻璃图

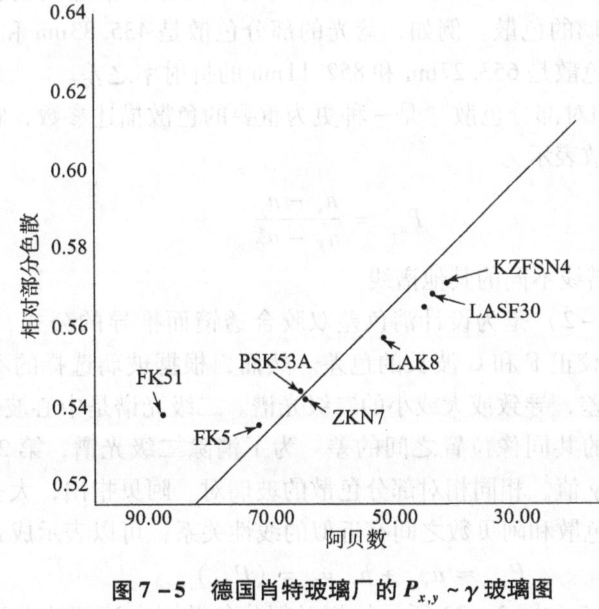

图 7－5　德国肖特玻璃厂的 $P_{x,y} \sim \gamma$ 玻璃图

肖特玻璃厂是世界上最大的玻璃制造商，其他制造商包括日本的豪雅（Hoya）、日本的小原（Ohara），英国的皮尔金顿（Pilkington），美国的 Corning 等。我国玻璃厂商有成都光明玻璃、湖北新华光等。

按照 $n_D \sim \gamma$ 图，可将不同类型的玻璃分成几组，每组都具有特定的标记。以德国肖特玻璃为例，如 BK7 ~ BK1 等的 BK，这些标记通常与玻璃熔炼过程中所用的基本材料有关，如 LAFN31，是镧火石玻璃。一般将玻璃分成玻璃冕牌和火石玻璃。冕牌玻璃是 $n_D > 1.60$ 而 $\gamma_D > 50$，或 $n_D < 1.60$ 而 $\gamma_D > 55$ 的玻璃。火石玻璃的阿贝数一般较小，大部分小于 40。无色光学玻璃的折射率一般为 1.45 ~ 2，γ 数为 80 ~ 20。当前国内外厂商都研制了折射率高于 2.0 的高折射率玻璃材料，如成都光明玻璃中的 ZLaF90、ZLaF92，日本 Sumita 的 K－PSFn214P，日本 Hoya 的 E－FDS3 等。

在数学上，研究人员寻找一种描述折射率与光波长关系的表达式，找到了几种不同的表达方式。需要注意的是，根本不存在一种关系式，可以在整个玻璃透射范围内都具有较高的描述精度。现有的关系式都是凭经验，由测量数据中推导拟合而来的。下面给出一些代表型的关系式。

塞耳迈耶尔（Sellmeier）色散公式为

$$n^2 - 1 = \sum_i \frac{1}{\lambda^2 - \lambda_i^2} c_i \lambda^2 \tag{7-3}$$

1967 年出现的 Schott 公式为

$$n^2 = A_0 + A_1 \lambda^2 + \frac{A_2}{\lambda^2} + \frac{A_3}{\lambda^4} + \frac{A_4}{\lambda^6} + \frac{A_5}{\lambda^8} \tag{7-4}$$

式（7－4）中，描述玻璃色散的 6 个常量在不同玻璃之间差别很大，因此所有色散曲线的形状各不相同。当然，还有赫兹本格（Herzbenger）公式和科拉第（Conrady）公式。这里不再赘述，需要了解的，可以查阅 ZEMAX 等软件的用户手册。

除了用主色散（$n_F - n_C$）（即蓝线和红线的折射率之差）描述玻璃色散外，还经常使用“部分色散”描述玻璃的色散。例如，蓝光的部分色散是 435.83nm 和 486.13nm 的折射率之差，而红光的部分色散是 653.27nm 和 852.11nm 的折射率之差。

大部分情况下，“相对部分色散”是一种更为重要的色散描述参数，它是部分色散和主色散之比。相对部分色散表示为

$$P_{x,y} = \frac{n_x - n_y}{n_F - n_C} \tag{7-5}$$

式中，x，y 是与 F、C 谱线不同的其他谱线。

式（7－1）、式（7－2）是为设计消色差双胶合透镜而推导的公式，根据该公式计算出的双胶合透镜，可以校正 F 和 C 波长的色差。然而，根据玻璃选择的不同，还会存在式（2－19）所示的残余色差，导致或大或小的二级光谱。二级光谱是中心波长（绿色或黄色）的像位置与蓝色和红色的共同像位置之间的差。为了消除二级光谱，第 2 章中已经做了论述，即应找出具有不同 γ 值、相同相对部分色散的玻璃对。阿贝指出，大多数玻璃即所谓的正常玻璃，在相对部分色散和阿贝数之间有近似的线性关系，可以表示成式（7－6），即

$$P_{x,y} \approx a_{x,y} + b_{x,y}\nu_D = (P_{x,y})_{\text{nomal}} \tag{7-6}$$

这一规律，可以从图 7－5 和图 2－23 所示的相对部分色散图中清楚地看到。二级光谱的减

小需使用至少一种不在（$P_{x,y}$）$_{nomal}$ 线上的玻璃。偏离正常玻璃线的玻璃，通常比较昂贵而且难于加工。图7-5是相对部分色散图，图中示出一些价格昂贵的玻璃，其中KZFSN4的价格是BK7的7倍，LaK8、PSK53A和LaSFN30的价格分别是BK7的8倍、11倍和24倍。

7.3　玻璃牌号的命名规律与折射率特征

无色光学玻璃材料有火石玻璃、冕牌玻璃之分，其名称上一般含有字母“F”或“K”。同时，玻璃牌号命名中还会包含数字。一般规律为：火石玻璃的折射率大于冕牌玻璃，火石玻璃的阿贝数小于冕牌玻璃；但到BAF、BAK玻璃处，二者折射率大致相等。玻璃牌号中，随着数字由小到大变化，材料的折射率逐步增大。

在字母F或K之前，可以加字母Q、Ba、Z、ZBa、ZLa，前缀分别称之为轻……、钡……、重……、重钡……、重镧……。如QF1（$n_d=1.548\ 103$，$\gamma_d=45.9$）、BaF1（$n_d=1.548\ 089$，$\gamma_d=53.97$）、ZF1（$n_d=1.647\ 667$，$\gamma_d=33.89$）、ZBaF1（$n_d=1.622\ 306$，$\gamma_d=53.16$）、ZLaF1（$n_d=1.801\ 660$，$\gamma_d=44.27$）。其中，ZF系列玻璃一般透明呈淡淡的黄色，比重较大；QF的比重较低。

除此之外，前缀还有T、P、ZP，如TF3（$n_d=1.612\ 423$，$\gamma_d=44.09$）、PK3（$n_d=1.525\ 006$，$\gamma_d=70.36$）。也有K与F组合的玻璃材料，如FK61（$n_d=1.496\ 999$，$\gamma_d=81.61$）、FK71（$n_d=1.456\ 500$，$\gamma_d=90.27$）、KF6（$n_d=1.517\ 419$，$\gamma_d=52.19$）。这些牌号的命名密度不大，属于21世纪开发的新品玻璃。其中的FK玻璃，在相对部分色散和阿贝数关系的玻璃图中是偏离了直线的玻璃，可以用于校正二级光谱色差。

我国光学玻璃中，一般大批量常年供应的玻璃材料最便宜，常将K9材料的相对价格设置为1.0；其他玻璃牌号是K9价格的倍数，即以“相对价格”来衡量其价格情况。表7-1给出了这几种玻璃的价格对比情况。

表7-1　成都光明玻璃的价格对比列表

牌号	K9	QF1	BaF1	ZF1	ZBaF1	ZLaF1	TF3	PK3	ZPK3	FK61	FK71
相对价格	1.0	2.7	2.6	1.2	2.3	8.6	9.0	14.0	14.4	9.6	20.3

玻璃牌号的命名中最左边，还会有字母H-、D-等前缀，这是21世纪以来出现的名称，其中H-表示环保玻璃，D-表示玻璃的软化温度比较低，可以用于需要软化成型制造工艺。

7.4　玻璃选择的参数化范例

玻璃的选择与配对组合，是消除色差或高级像差的重要校正方法。ZEMAX软件中，将玻璃牌号作为变量，采用“Substitute”替代方式，使用“锤形”优化（Hammer Optimization）方法，直接将玻璃牌号通过优化进行选择。本节以校正二级光谱、球差为例，将玻璃配对作为可见的参数变量，通过阐述玻璃配对与球差、二级光谱色差的数值关系，期望从中明白正确选择玻璃的方法，以及这些像差可以校正到的水平；同时，通过实例阐述双胶合透镜的球差、二级光谱色差与$f/\#$的依赖关系。

首先，玻璃从德国肖特玻璃库选择，针对焦距 $f'=100\text{mm}$、$f/10$ 的双胶合透镜，使用不同玻璃组合，研究 $f/10$ 双胶合透镜的消色差情况，共比较 4 种玻璃配对组合。

第一个双胶合透镜使用两种正常玻璃 BK7 和 SF2 来设计。它是一个焦距为 100mm 的 $f/10$ 透镜，其光线像差曲线（Ray Aberration）如图 7－6 所示，这些曲线的物理解释已在第 1 章做了详细说明。

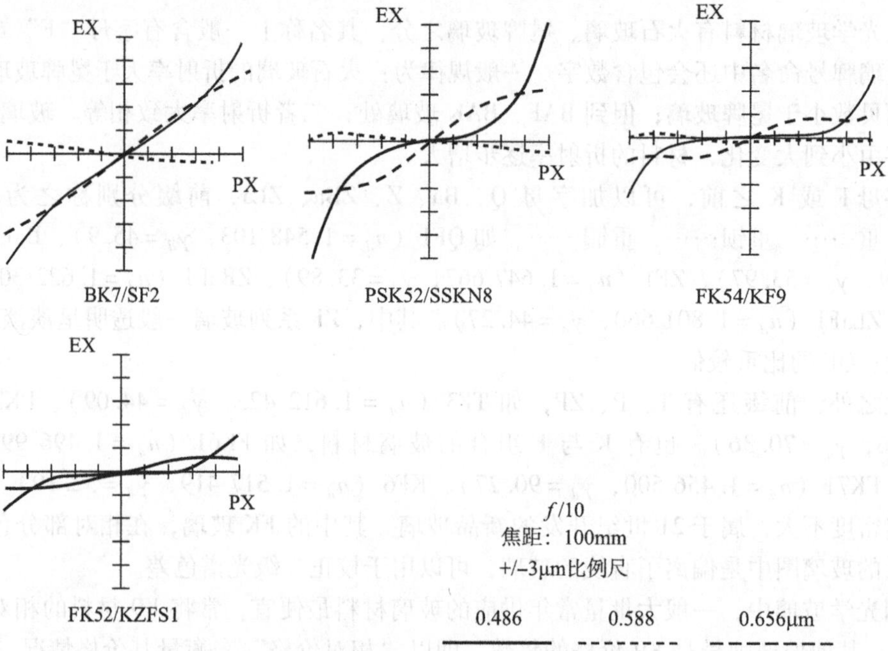

图 7－6　二级光谱校正与玻璃选择的关系

图 7－6 中，分别选用了 4 种玻璃配对情况。一般情况下，两种玻璃应该具有足够大的阿贝数差，这样，双胶合透镜组中正负单透镜的形状或光焦度都比较合理；否则，如两种玻璃之间的阿贝数差较小，正负透镜的相对光焦度会变大，这种情况反而会产生较大的球差。

从图 7－6 中可以看出，对于 $f/10$ 的 4 种胶合透镜，中心波长的球差很小，均方根光斑直径都不到 1μm。

图 7－6 中，左边第一组曲线是由常规玻璃 BK7/SF2 组合，其中，红光和蓝光焦点均远离绿光焦点，说明二级光谱像差没有得到校正。

第二个消色差双胶合透镜用 PSK52 和 SSKN8 玻璃来设计。SSKN8 是正常玻璃，但 PSK52 却有反常色散。绿光光斑直径与第一个双胶合透镜的情况相同，但复色光光斑直径略小一些，因为二级光谱较小。但是，随波长而变化的球差增加了，蓝光有正球差，而红光有负球差。即第二种玻璃组合的胶合透镜存在较大的色球差，是造成弥散斑直径没有减小的主要像差。

第三种情况是由 FK54 和 KF9 组成的双胶合透镜。KF9 是一种正常玻璃，但 FK54 却具有非常高的反常色散，导致比前一种情况更好的二级光谱校正。但是，FK54 玻璃比标准玻璃 BK7 贵 30 多倍。

第四种情况是由 FK52 和 KZFSN4 构成的双胶合透镜。这两种玻璃都有反常色散。复色光光斑直径小于1μm，二级光谱得到完全校正，而且色球差也得到极好的校正。

接下来，在保持焦距为$f'=100$mm不变的情况下，选定玻璃组构成的胶合透镜，研究分析其球差和二级光谱校正与胶合透镜$f/\#$的关系。

第一个玻璃对是FK52和KZFS1，$f/\#$分别取为$f/2$、$f/5$、$f/10$、$f/20$，结果如图7－7所示。对于$f/10$的透镜，二级光谱可以得到很好校正，因为两种玻璃都有反常色散特性。

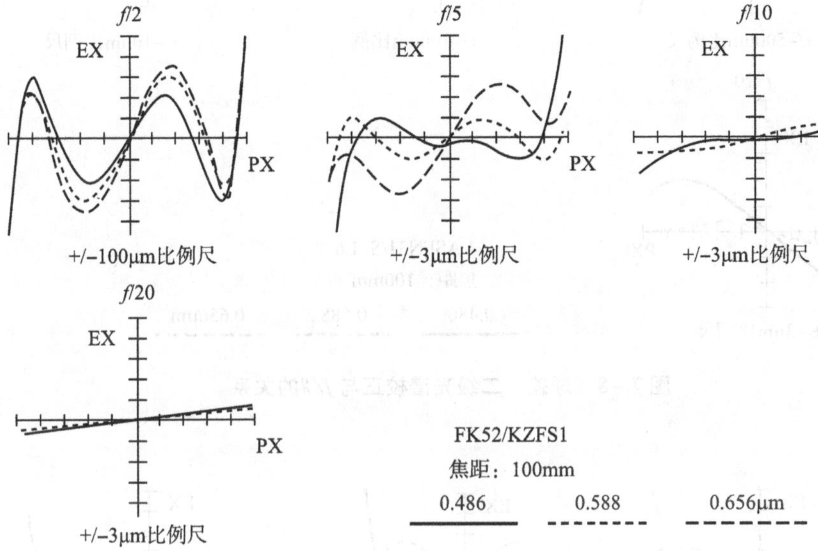

图7－7　球差、二级光谱校正与$f/\#$的关系

两种玻璃的阿贝数差别很大，但相对部分色散差别却不大。在$f/2$透镜的情况下，因相对孔径较大，球差是主要像差，弥散斑直径接近200μm；当$f/\#$增大到$f/5$时，弥散斑直径迅速地减小到3μm，此时的色差比较明显；当$f/\#$增大到$f/20$时，球差和色差都得到极好的校正，弥散斑直径不足1μm。

第二个玻璃对是LASFN31和SFL6，$f/\#$仍分别取为$f/2$、$f/5$、$f/10$、$f/20$，如图7－8所示。尽管LASFN31（$n_d=1.880\,669, \gamma_d=41.0$）和SFL6（$n_d=1.805\,182, \gamma_d=25.39$）的折射率都很高，且具有反常色散，但其阿贝数相差不大，相对部分色散大不相同，因此，二级光谱校正效果很差。相比之下，球差也没有得到很好的校正。结果说明，LASFN31/SFL6玻璃配对，不适合同时校正两种像差，目前的结果只是设法找到它们之间的最佳平衡点。在$f/2$透镜的情况下，弥散斑直径约为400μm；当$f/\#$增大时，弥散斑直径在$f/20$处只减小到2μm，因为仍存在未校正的二级光谱。

最后，保持焦距$f'=100$mm、相对孔径$f/4$不变，胶合透镜采用不同的玻璃组合，一个表面引入非球面，以便完全校正球差，研究二级光谱校正与玻璃组合的关系，同时，可以观察分析剩余球差即色球差随波长的变化。玻璃组合与图7－6相同，即分别由BK7/SF2、PSK52/SSKN8、FK54/KF9、FK52/KZFSN4玻璃组合成4个双胶合透镜，其光线像差曲线如图7－9所示。

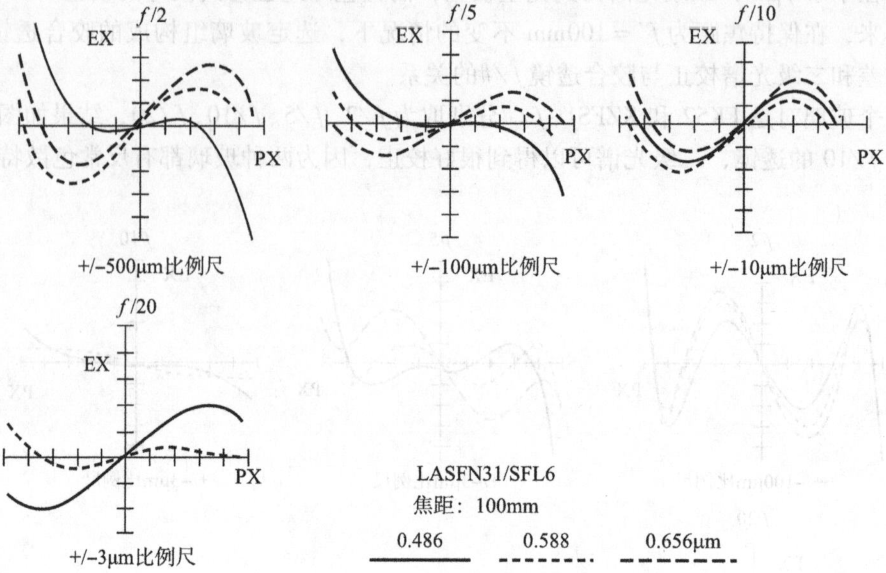

图 7-8　球差、二级光谱校正与 *f*/#的关系

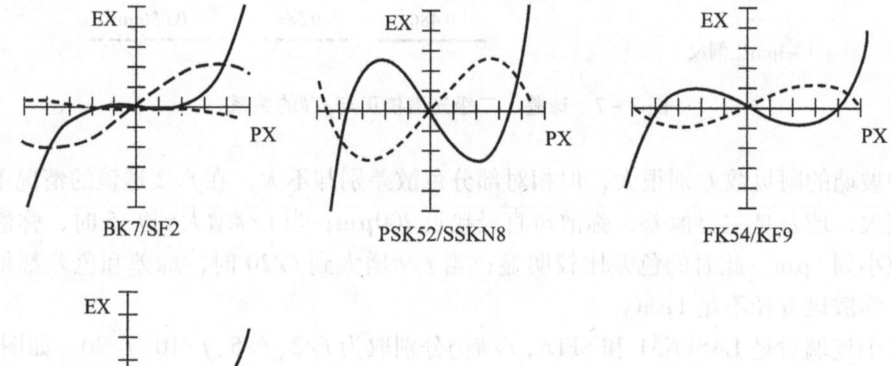

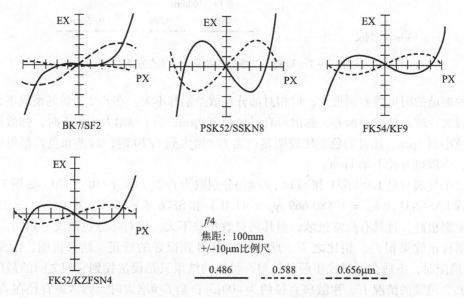

图 7-9　使用一个非球面时 4 种玻璃组合的二级光谱与玻璃选择的关系

从图 7-9 可以发现，在 4 种玻璃配对情况下，中心波长的球差几乎被双胶合透镜前表面上的非球面完全校正。此时，弥散斑直径完全由蓝光和红光波长的色弥散决定，并且 4 种玻璃组合情况之间的差别很小。需要说明的是，蓝光和红光的光线像差曲线的形状，在所有情况下都是类似的。

7.5　选择玻璃的方法

设计可见光范围的一个鱼眼镜头或广角物镜时，初始结构可能需要 5 ~ 7 片光学透镜元件，初始结构建立方法可以根据设计者的经验自行建立，或者根据基本原理来推导建立。比较简便的方法，是查询手头拥有的镜头数据库或专利库，获取初始结构。在大多数情况下，如果系统是目视系统，如第 9 章的设计例子，则只对 3 个波长优化镜头就足够了。但是，在大视场的情况下，轴外像差比较严重，需要设置 5 个经适当加权的波长和较多的视场点，以便对轴外视场做足够采样。由于轴外视场较大，会存在轴外高级像差，如子午彗差、场曲、垂轴色差等校正问题，一般需要选择合适的玻璃组合。改变玻璃种类，可以根据设计经验，用手工改动方法；或者用软件具有的玻璃自动优化功能，作为自动方法来实现。玻璃自动改变方法，是以评价函数值作为判据，在自动改变玻璃配对的过程中，光学设计程序根据设计者设定的玻璃边界条件，限定玻璃只在玻璃图内变化，并实时监测评价函数值达到最小的位置。以德国肖特玻璃库使用为例，自动优化过程选择玻璃，玻璃趋向于从 FK、PSK 经过 SK、Lak、LaSF 达到 SF，很少选择 KF、LLF、LF 玻璃或 F 玻璃，甚至连 BaLF、BaF 玻璃或 BaSF 玻璃这样的玻璃在优化的过程中也很少被使用。但是，处于玻璃图中心区域的某些玻璃类型，如 KzFS 玻璃和 TiF 玻璃，经常在玻璃优化过程中被选用。其原因在于，与正常玻璃 BaF 或 BaLF 不同，这些玻璃具有反常的相对部分色散，因此使用这些玻璃更容易校正色差，尤其是更容易校正二级光谱。

如前所述，处于玻璃图中心区域的玻璃（BaLF、BaF、BaSF）属于正常玻璃，不能校正二级光谱；同时，它们的阿贝数 γ 相比来说，数值大小处于中等位置，用于校正初级色差都不太好用。具有反常色差的 KzFS 玻璃，虽然很容易校正二级光谱，但在肖特玻璃库中，KzFS 玻璃不属于常用或大批量使用的玻璃类型，设计中不能作为首选玻璃，否则会使设计数据不实用或者会带来昂贵的成本。

对于光学设计人员而言，设计之前，必须对国内外玻璃厂商的玻璃库做深入的了解，整理出玻璃性能优越、属于玻璃厂商大批量供应的玻璃库供设计使用。整理可用玻璃的玻璃库时，必须核对每种玻璃的光学参数与理化性能参数，包括玻璃的可用性、价格、光谱透射特性、热特性、着色性等，要确保是最优的选择。下面介绍光学设计人员在玻璃选择过程中必须考虑的最重要参数。

7.5.1　可用性

玻璃库玻璃一般被分为三类：首选玻璃、标准玻璃和咨询玻璃。

（1）首选玻璃，玻璃库中一般用“preferred”标识，无论何时，玻璃供应商都处于有货状态。当然，首选玻璃并不代表它具有良好的光学特性或者价格低，也不一定是这种玻璃特别适用加工制造。

（2）标准玻璃，玻璃库中一般用“Standard”标注，这些玻璃一般有存货，指通常可以迅速交付的玻璃。

（3）咨询玻璃，仅在要求订购的情况下才可获得，一般没有现货。

光学设计人员应该尽量用首选玻璃或标准玻璃来设计系统。ZEMAX 光学设计软件中，包含有一个选项，在使用“锤形”（Hammer）优化处理算法优化并“替换”玻璃时，该选项只使用来自所选玻璃库目录的首选玻璃。

7.5.2 光谱透射性

大多数光学玻璃都能较好地透射可见光和近红外光谱，但是，在近紫外区，大部分玻璃都或多或少地吸收光，光谱透过率低。如果光学系统必须透射紫外线，最常用的光学材料是熔融二氧化硅和熔融石英。某些光学玻璃，如几种 SF 玻璃，在深蓝波长区具有较低的透射比，且具有微黄的外观。玻璃目录通常会给出玻璃板厚度为 5mm、10mm 和 25mm 时玻璃的吸收或者透过率与波长的关系。

7.5.3 应力双折射对折射率的影响

机械诱导应力和热诱导应力会使光学上各向同性的玻璃变成各向异性的玻璃，这意味着光的 s 和 p 偏振分量以不同的折射率折射。高折射率的碱性硅酸铅玻璃（重火石玻璃）在小的应力双折射下，一般重火石玻璃的折射率较高，就会出现较大的绝对折射率变化；另外，硼硅酸盐玻璃（冕牌玻璃）在较大的应力双折射下，也会出现较大的绝对折射率变化。如果光学系统必须透射偏振光，而且必须在整个系统或部分系统中保持偏振状态，则材料的选择非常重要。例如，在尺寸较大的光学系统中有一个棱镜，棱镜的附近有一个热源，则棱镜内部可能存在一个温度梯度，它将引入应力双折射，偏振轴将在棱镜内旋转。在这种情况下，棱镜材料的最佳选择，应该是 SF 玻璃（对应中国玻璃率的 F 玻璃）而不是冕牌玻璃。

7.5.4 化学特性

光学玻璃通过其化学成分、融炼过程及抛光方法来获得其特性。为了获得所希望的光学特性，经常会降低光学玻璃对环境和化学影响的抵抗力，对每种玻璃都给出其抵抗环境和化学影响的 4 种特性。在肖特玻璃库目录中，根据玻璃的抗吸湿性，即抵抗空气中水蒸气影响的特性，将玻璃分成 4 组。空气中的水蒸气，尤其是高相对湿度和高温度下的水蒸气，通常会造成玻璃表面起雾，并且起雾是擦不掉的。根据它们的抗着色性（即对非汽化弱酸性水影响的抵抗力）和可能的玻璃表面变化，将玻璃分成 6 组。当玻璃接触酸性水媒介时，不仅玻璃表面上会出现斑点，而且玻璃也可能被分解。根据它们的抗酸性可以将光学玻璃分成 8 组。根据它们的抗碱性可将玻璃分成 4 组。有关详细分组信息可以查询玻璃厂商提供的信息。

7.5.5 热膨胀特性

光学玻璃具有正的热膨胀系数，这就是说玻璃随温度的升高而膨胀。光学玻璃的热膨胀系数 α 介于 $4\times10^{-6}\sim16\times10^{-6}/\mathrm{K}$。在设计一定温度范围的光学系统时，需考虑以下几个问题：

（1）玻璃的热膨胀或收缩，不应与镜头结构件的膨胀或收缩相矛盾。

（2）光学系统应无热化，即在温度变化导致透镜形状和折射率变化时，系统的光学特性不变。

（3）温度的变化可能在玻璃中产生温度梯度，并导致温度诱导的应力双折射。

大多数光学设计程序，都具有同时在几个不同温度下进行系统优化的能力。这些程序既考虑玻璃元件的膨胀及其形状的变化，又考虑镜筒和透镜间隔圈的膨胀以及玻璃材料的折射率变化。

7.6　塑料光学材料

在大批量生产条件下，光学元件或光学系统需要低成本的材料和低成本的加工技术，例如工业监控镜头、数码相机镜头、单反相机镜头，经常使用具有非球面等复杂面型的塑料光学元件。与玻璃材料相比，塑料光学材料具有较轻的质量和较强的抗冲击性，并能提供更多的形状可塑性。外形适应性是塑料光学材料的最大优点之一。非球面透镜和复杂的形状都可以注塑制造。例如，为便于调整，可以一次成型制造带有整体固定架、隔圈和支撑外形的透镜。

但是，在将塑料用作光学材料时必须考虑几个问题：塑料的主要缺点是耐热性较低，其融化温度比玻璃低得多，表面耐磨性和抗化学性较差。薄膜的附着力也比玻璃低，因为塑料的融化温度低，薄膜的沉积温度受到限制；另外，塑料透镜上膜层的耐用性也不如玻璃，经过一段时间，塑料上的膜层经常开裂。使用离子辅助沉积方法实现的塑料镀膜，能提供较坚固而耐用的薄膜。

光学塑料材料的选择十分有限，表明光学设计过程的自由度减少。一般光学塑料的热膨胀系数大，折射率随温度升高而减小（玻璃是增加的），变化量比玻璃高约 50 倍。塑料的热膨胀系数比玻璃大约高 10 倍。高质量的光学系统设计可以通过玻璃和塑料透镜的组合来实现，与系统中的玻璃元件相结合，塑料透镜可以极大地降低光学系统的价格和复杂性。当光焦度主要分布在系统中的玻璃元件时，使用一片或两片弱光焦度的塑料非球面校正器，可以有效地校正光学像差，特别是广角镜头系统中的畸变。使用弱光焦度塑料元件可将温度变化对焦点的影响降至最小。

塑料光学元件可以用注塑成型、压塑成型的方法来制造，或者用浇注的塑料块来制造。对于成型工艺存在严重限制的大光学元件，用车削和抛光浇注塑料块的方法制造，成本也较低。压塑成型可提供高精度和对光学参数的控制，注塑成型是最经济的方法。一般情况下，压塑与注塑工艺都需要高精度的模具。模具制造虽然价格昂贵，但在大批量生产中可以分摊成本，经济上也比较合算。在系统的原型样机开发阶段，可利用金刚石车削的塑料光学元件来制造样机，因为金刚石车削的成本比制造模具的成本低。利用现代的高质量单点金刚石车削技术，车削槽纹的散射影响需要得到控制。如果供应商的水平很高，则不必担心可见光应用的散射影响，但有时也需要事后抛光，去除车削的残余痕迹。

与用玻璃元件相比，用塑料元件进行系统设计时，光学设计人员必须更仔细地控制透镜的形状。对透镜的形状（即弯曲）应该进行优化，可以保证塑料材料在模具中有很好的流动性。同时，透镜的厚度应该很小，分界线即两个模具的接触线应该通过透镜材料。在压塑成型情况下，必须消除透镜表面上的拐点，因此，可用的透镜形状不是任意的，要求在优化过程中控制更多的参数。另外，必须监控透镜的形状和随温度变化的折射率，或者说必须对特定的温度范围进行优化。

几种最常用的塑料材料是丙烯酸（聚甲基丙烯酸甲酯）、聚苯乙烯、聚碳酸酯和 COC

(环烯共聚物)。

(1) 丙烯酸。丙烯酸是最常用和最重要的光学塑料材料，具有良好的透明度，在可见光范围内有很好的透射比，有较高的阿贝数（55.3）和很好的机械稳定性。丙烯酸易于车削和抛光，是注塑成型的良好材料。

(2) 聚苯乙烯。聚苯乙烯也是一种好塑料，比丙烯酸便宜，但在深蓝光谱区有略高的吸收率。其折射率（1.59）比丙烯酸高，但阿贝数（30.9）较低。它的抗紫外辐射性和抗刮擦性比丙烯酸低。丙烯酸和聚苯乙烯形成可行的消色差材料配对。

(3) 聚碳酸酯。聚碳酸酯比丙烯酸贵，但具有很高的抗撞击强度，在较大温度范围内有很好的性能。聚碳酸酯经常用于制作塑料眼镜片。眼镜片中聚碳酸酯的常见类型是 CR39。

(4) COC。COC 是光学工业中相对较新的材料，有许多类似于丙烯酸的特性。COC 的吸水性低，而且具有较高的热变形温度，易碎。COC 的新名称是 Zeonex。

以上几种光学塑料的特性对比如表 7-2 所示。

表 7-2　光学塑料的光学和物理特性

特性	丙烯酸	聚苯乙烯	聚碳酸酯	COC
折射率@588nm	1.49	1.59	1.586	1.533
阿贝数	55.3	30.87	29.9	56.2
$dn/dt/(\times10^{-5}℃)$	−8.5	−12	−10	−9
线膨胀系数/℃	6.5×10^{-5}	6.3×10^{-5}	6.8×10^{-5}	6.5×10^{-5}
透射比/%	92	82	142	120~180
双折射	低	高/低	高/低	低
抗拉强度/$(kg\cdot cm^{-2})$	703.3	422	633	611.9
压力为 $18.56kg/cm^2$ 下的 HDT/℃	92	82	142	120~180
抗冲击强度/$(kg-cm\cdot cm^{-1})$	1.63	2.18	>27.2	2.45
密度/$(g\cdot cm^{-3})$	1.2	1.05	1.2	1.02
吸水性/%	0.3	0.02	0.15	0.01
优点	高强度，高化学耐性和低成本	高折射率和低成本	极好的抗冲击强度和高 HDT	高硬度，高 HDT，低吸水性
缺点	易碎和抗热性差	紫外吸收，双折射和低抗冲击强度	高双折射，低阿贝数，抗擦性差	易碎

7.7　红外材料

可见光系统有许多玻璃类型可以使用，工作波长在 0.8~1.5μm 的近红外系统，也具有大量的无色光学玻璃可用。但对于 MWIR 和 LWIR 波段的红外系统，只有极其有限的材料可用。表 7－3 列出了比较常用的材料及其重要特性。图 7－10 给出了这些较常用红外透射材料的光谱透射比，数据中包括了表面的反射损失。但是，在应用高效抗反射膜后，可以实现相当高的透过比。

表 7－3　常用热红外光学材料的特性

材料	折射率（4μm）	折射率（10μm）	dn/dt/℃	备注
锗	4.024 3	4.003 2	0.000 396	昂贵，dn/dt 大
硅	3.425 5	3.417 9★	0.000 150	dn/dt 大
硫化锌（CVD）	2.252 0	2.200 5	0.000 043 3	
硒化锌（CVD）	2.433 1	2.406 5	0.000 060	昂贵，低色散
AMTIR I（Ge/As/Se：33/12/55）	2.514 1	2.497 6	0.000 072	
氟化镁	1.352 6	+	0.000 20	低成本
蓝宝石	1.675 3	+	0.000 010	很硬，高温下低发射率
三硫化砷	2.411 2	2.381 6	※	
氟化钙	1.409 7	+	0.000 011	
氟化钡	1.458 0	§	−0.000 016	

注：“★”不推荐；“+”不透射；“※”得不到；“§”透射到 10μm 但剧烈下降。

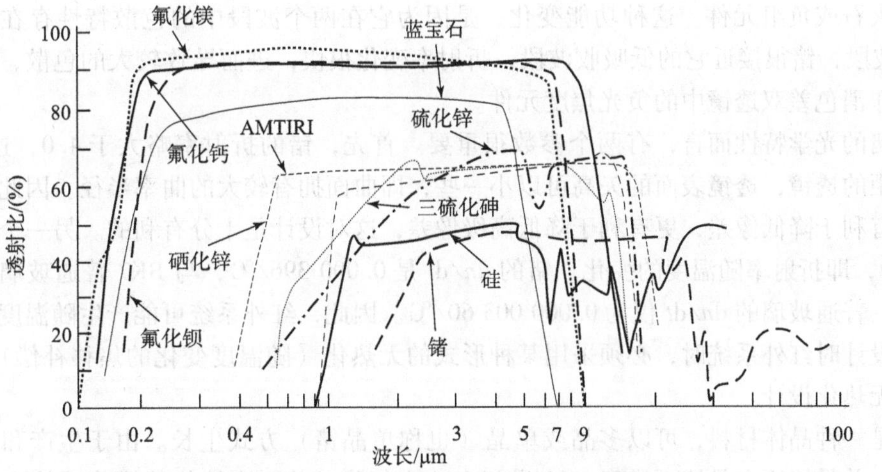

图 7－10　红外材料的光谱透射比（包括表面损失）

图 7－11 为常用红外透射材料的玻璃图，纵坐标表示折射率，横坐标表示阿贝数 γ。γ 数反比于材料的色散系数；对锗来说，在 LWIR 波段 γ 为 1 000 左右（色散很低），而在 MWIR 波段 γ 为 100 左右。红外玻璃图的使用方法，与可见光系统相同。

下面讨论几种常用红外材料。

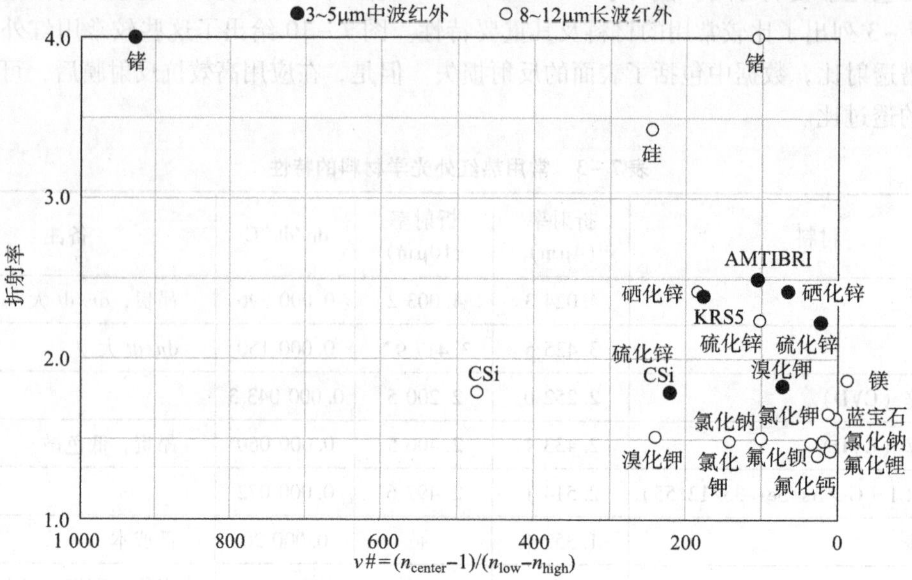

图 7－11　常用红外透射材料的玻璃图

7.7.1　锗

锗是最常用的红外材料，既用于 LWIR 波段又用于 MWIR 波段。在 LWIR 波段，它相当于可见光消色差双透镜中的冕牌或正组元件；在 MWIR 波段，它相当于可见光消色差双透镜中的火石或负组元件。这种功能变化，是因为它在两个波段中的色散特性存在差异。在 MWIR 波段，锗很接近它的低吸收波段，折射率变化很快，进而导致较大的色散，因此，适宜于用作消色差双透镜中的负光焦度元件。

就锗的光学特性而言，有两个参数很重要。首先，锗的折射率略大于 4.0，这意味着，同样焦距的透镜，透镜表面的矢高可以小一些，即曲面拥有较大的曲率半径。因此，较高的折射率有利于降低像差，更有利于降低高级像差，这对设计是十分有利的。另一个重要参数是 dn/dt，即折射率随温度的变化。锗的 dn/dt 是 0. 000 396/℃，与 BK7 普通玻璃相比，该值很大，普通玻璃的 dn/dt 仅为 0. 000 003 60/℃。因此，红外系统可能产生随温度变化的大焦移。设计时红外系统时，必须采用某种形式的无热化（随温度变化的焦移补偿），即通常所说的无热化设计。

锗是一种晶体材料，可以多晶或单晶（也称单晶锗）方式生长。由于生产和提炼过程的不同，单晶锗比多晶锗更昂贵。20 世纪七八十年代，关于高性能热成像系统中单晶锗的相对需求，国际上存在不同观点。大体来讲，欧洲设计师指定单晶材料，而美国一般订购多晶材料。20 世纪 80 年代中后期的研究表明，多晶锗会存在较大的折射率不均匀性。

因为多晶硅生长过程中，会出现颗粒边界状的杂质。此时，用多晶硅材料制作的透镜，如果位于或接近中间像面，则这些杂质颗粒会被成像到焦平面阵列（FPA）上。这样的锗透镜或平面元件应该选用单晶锗。随着材料生长工艺的不断发展，单晶硅的成本已经显著降低，缩短了单晶硅与多晶硅材料成本上的差距，大部分光学元件可以使用单晶锗。

需要注意，在高温下，锗变得易于吸收，200℃时透射比将接近 0。

单晶锗的折射率不均匀性为 0.000 05 ~ 0.000 1，多晶锗的折射率不均匀性为 0.000 1 ~ 0.000 15。对于光学应用，通常以 Ω · cm 为单位指定锗的电阻系数，普遍接受的电阻系数值整个毛坯为 5 ~ 40Ω · cm。图 7 – 12 是多晶锗毛坯的电阻系数图，右侧有一块多晶区域。单晶区域内电阻系数表现正常而且沿径向缓慢变化，而多晶区的电阻系数则变化迅速。如果用一个分辨率适当的红外相机来观察材料，则会看到奇异的类似于蜘蛛网的回旋状图像，这种现象主要集中在颗粒边界处，即源于边界处诱导的杂质。

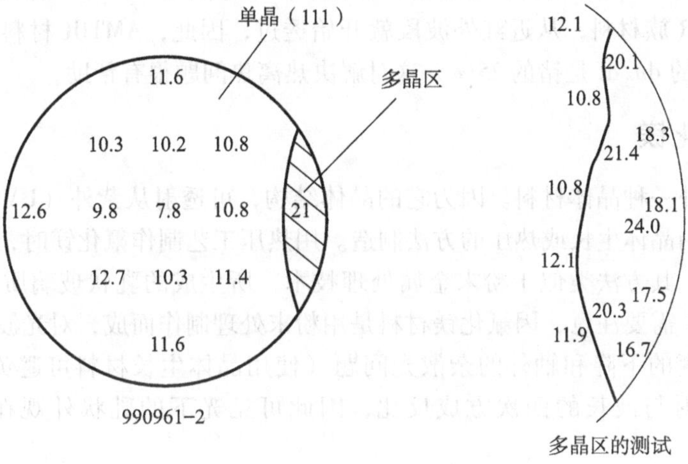

图 7 – 12 多晶锗毛坯的电阻系数图

锗具有变成碎屑的脆性。在光学加工、镀膜和装配过程中必须格外小心，因为对锗元件边缘的不合理敲打，就会导致碎屑的剥落。因此，经常使用半适应性的粘接材料将锗元件装入镜筒中。硅和一些其他晶体材料也存在这个问题，使用时需要特别注意。

7.7.2 硅

硅也是与锗很类似的晶体材料，主要用于 3 ~ 5μm 的 MWIR 波段。在 8 ~ 12μm 的 LWIR 波段，硅存在吸收。硅的折射率比锗略低（硅为 3.4255，锗为 4.0243），但折射率仍然很大，有利于像差的控制。另外，硅的色散也相对较低。硅的生产虽然存在一定的难度，但也可以用金刚石车削方法进行加工。

7.7.3 硫化锌

硫化锌也是 MWIR 和 LWIR 波段常用的材料。虽然它的外观变化很大，但一般呈现锈黄色，对可见光半透明，因此硫化锌的光谱透过范围从可见光到长波红外。生产硫化锌的最普通工艺为化学气相沉积（CVD）。

如果硫化锌经热压（HIP）而成，可将它做成水一样透明。只有几家制造商销售透明硫化锌，其中最普通的商售透明硫化锌可用于从可见光到 LWIR 波段的多光谱窗口和透镜。

7.7.4 硒化锌

硒化锌在很多方面与硫化锌类似，折射率比硫化锌略高，但结构不如硫化锌牢固。因此，考虑到环境耐久性，有时将一薄层硫化锌沉积到厚的硒化锌基底上。与硫化锌相比，硒化锌的最显著优点是吸收系数极小，所以硒化锌通常应用于高能 CO_2激光系统中。

7.7.5 AMTIR Ⅰ和 AMTIR Ⅲ

AMTIR Ⅰ和 AMTIR Ⅲ材料，是由锗、砷和硒，以近似 33 : 12 : 55 的比例生产出来的玻璃质材料。AMTIR 族材料，从近红外波段就开始透过，因此，AMTIR 材料可以透过深暗红色光，AMTIR Ⅰ的 dn/dt 是锗的 25%，这对解决热离焦问题很有帮助。

7.7.6 氟化镁

氟化镁是另外一种晶体材料。因为它的晶体结构，可透射从紫外（UV）到 MWIR 的光谱段。氟化镁可用晶体生长或热压的方法制造。用热压工艺制作氟化镁时，材料的精细粉末经受高温和高压，其方法类似于粉末金属处理技术，所生成的乳状玻璃质材料在 MWIR 波段透射情况良好。需要注意，因氟化镁材料是用粉末处理制作而成，对光波可能存在一定的散射，造成对比度的下降和轴外的杂散光问题（使用晶体生长材料可避免该问题）。一般地，由于微粒散射与波长的四次方成反比，因此可见光下的乳状外观在 5μm 处会减少 16 倍。

7.7.7 蓝宝石

蓝宝石是一种极其坚硬的材料，硬度值为 2 000 努普（Knoop）（钻石为 7000 努普），可透射从远 UV 到 MWIR 波段的光。蓝宝石的独特性能是在高温下具有很低的辐射率，表明高温下这种材料的辐射比其他材料少得多，因此可将蓝宝石用于经受高温的箱体窗口，尤其是红外波段窗口。蓝宝石的另一个应用是作为超声速运载工具的保护窗口，在这种系统中窗口加热是一个重要问题。蓝宝石的主要缺点是硬度较高，使光学加工变得困难、耗时而且成本很高。另一种与之有关的材料为尖晶石（Spinel）。尖晶石在效果上类似于热压蓝宝石，可以替代蓝宝石使用。尖晶石还具有很高的色散。

蓝宝石具有双折射特性，其折射率是入射极化面的函数。

7.7.8 三硫化砷

三硫化砷是另外一种可用于 MWIR 和 LWIR 波段的材料，它呈现深红色外观，价格十分昂贵。

7.7.9 其他可用材料

还有许多适用于从深紫外到中波红外波段的其他材料，如氟化钙、氟化钡、氟化钠、氧化锂、溴化钾等。其色散特性可使其用于更宽的谱段范围，从近红外到中红外甚至到远红外。但是，这些材料中有许多不良特性，尤其是吸潮性。

通常，红外材料如锗、硅、硫化锌和硒化锌的光学加工方法类似于玻璃光学材料。国内外制造商都会在该领域保守其行业的工艺秘密，但可以给设计者一个准确信息——以上材料都是可以加工的。有些晶体材料具有吸潮性，给光学加工带来一些问题，制造商可能会在环境控制以及完成抛光后立即镀膜解决这些问题。使用时，这些材料需要适当镀膜以避免潮气的破坏，其镜筒经常需要干燥氮气净化。红外材料通常具有很高的折射率，需要镀减反射膜，否则，系统的透射比会很低。

前面已指出蓝宝石的硬度问题。有些红外材料可以用单点金刚石进行车削，这些材料包括锗、硅、硫化锌、硒化锌、AMTIR 和氟化物，但蓝宝石不能用单点金刚石车削。硅可用单点金刚石车削，但硅中的碳会和金刚石中的碳起反应，导致刀具寿命的缩短和成本的提高。如果需要采用非球面或衍射表面，则金刚石车削技术十分重要。

7.8　高折射率的红外材料有利于降低像差的讨论

许多红外透射材料具有较高的折射率，导致表面具有较小的矢高和较小的陡度，按照像差理论，可以显著地降低像差，尤其是高级像差。为了方便讨论得到这样的结论，图 7 – 13 给出 6 个通光直径为 25.4mm 的 *f*/2 单透镜，通过改变单透镜的弯曲程度获得最小球差。透镜的折射率取值范围为 1.5 ~ 4.0，其中折射率 1.5 接近于常规 BK7 玻璃，而折射率 4.0 接近于锗。由图 7 – 13 发现，折射率为 1.5 时，透镜前表面陡峭外凸，后表面轻微外凸；折射率近似为 1.62 时，后面变为平面。随着折射率的增大，透镜变得越来越同心。

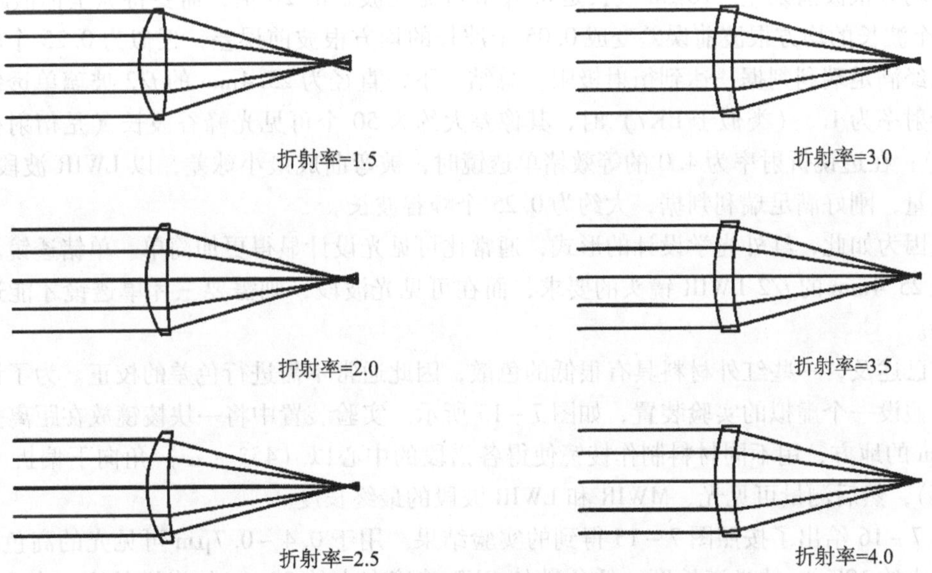

图 7 – 13　实现最小球差的透镜弯曲与折射率的关系

图 7 – 14 给出了最小球差弯曲透镜的均方根波前误差（波长为 0.5μm）随折射率变化的曲线。在折射率 1.5 处，均方根波前误差超过 10 个波长，峰谷波像差大约 50 个波长，球差表现非常大。

图 7 – 14 表现出，像差随折射率增大而迅速减小。在折射率为 2.0 处（该折射率是可见

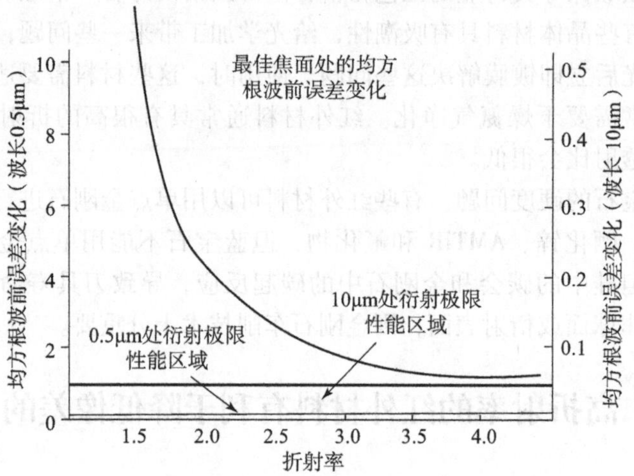

图 7-14　直径 25mm $f/2$ 透镜的球差与折射率关系

光玻璃中最高的)，均方根波前误差大约有 3 个波长，峰谷波像差约为 15 个波长。在折射率为 4.0 处，均方根波前误差约为 1 个波长，峰谷波像差约为 5 个波长。可以看出，像差的减小很显著，但是，在折射率为 4.0 时，肯定会想到热红外波长的锗材料，因为普通玻璃不会具有这样高的折射率。在 LWIR 波段，需要改变曲线的纵坐标比例，以表示以 10μm 波长为单位的均方根波前误差。10μm 波长是 0.5μm 可见光波长的 20 倍，需要将纵坐标值减小 20 倍，1 个波长的均方根波前误差变成 0.05 个波长的均方根波前误差，近似为 0.25 个峰谷波长，已经满足瑞利判据，达到衍射极限。总结一下，直径为 25.4mm 的 $f/2$ 玻璃单透镜在透镜的折射率为 1.5（类似于 BK7）时，其像差大约为 50 个可见光峰谷波长（是衍射极限的 200 倍）；在透镜折射率为 4.0 的等效锗单透镜时，被弯曲成最小球差，以 LWIR 波段 10μm 波长度量，刚好满足瑞利判据，大约为 0.25 个峰谷波长。

正因为如此，红外光学设计的形式，通常比可见光设计显得更加简单。单锗透镜足以满足直径 25.4mm 的 $f/2$ LWIR 镜头的要求；而在可见光波段，则需要三片单透镜才能达到衍射极限。

前已述及，一些红外材料具有很低的色散，因此通常不需进行色差的校正。为了说明这一点，假设一个虚拟的实验装置，如图 7-15 所示。实验装置中将一块棱镜放在距离垂直墙面 2.5m 的地方，用不同材料制作棱镜使得各谱段的中心以（$45° - \alpha$）角向下偏折（α 是棱镜角)，然后测量可见光、MWIR 和 LWIR 波段的最终长度。

图 7-16 给出了按照图 7-15 得到的实验结果。用于 0.4 ~ 0.7μm 可见光的高色散 SF6 玻璃有大约 120mm 的光谱长度，低色散的 BK7 玻璃有大约 30mm 的光谱长度。在 3 ~ 5μm 波段，硫化锌的光谱长度为 35mm，硒化锌为 17mm，硅为 12mm。锗在 MWIR 波段的色散很大，其光谱长度为 35mm。在 LWIR 波段，硒化锌的光谱长度大约为 50mm，而锗的光谱长度为 4mm。该值比任何其他材料的值都小得多，表明在 LWIR 波段使用锗，可不必进行色差校正。

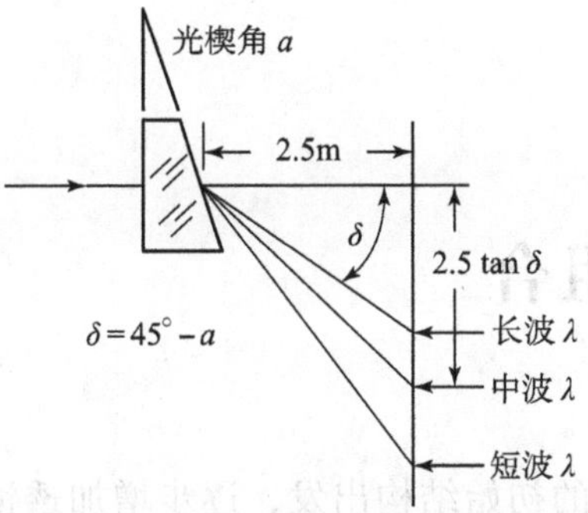

图7－15　不同材料光谱长度虚拟实验

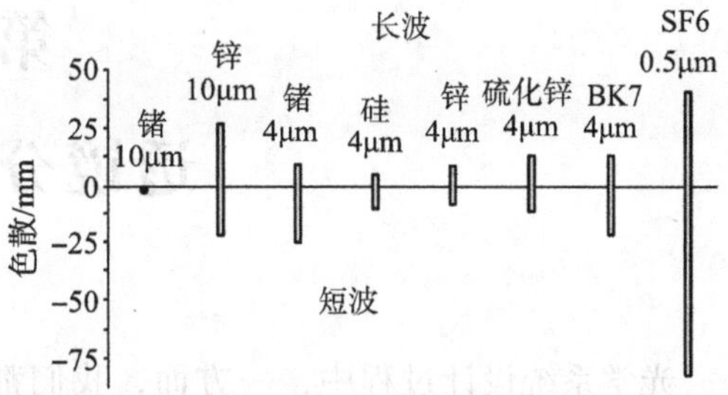

图7－16　离棱镜2.5m远墙上的光谱长度

复习题

1. 简答题

（1）玻璃材料是光学系统现实化的基础，试阐述表征玻璃材料的重要光学参数有哪些。

（2）冕牌玻璃与火石玻璃是国际上玻璃库的基本玻璃类别，这两种玻璃的材料组分不同，造成玻璃的折射率产生变化，试分别给出冕牌与火石玻璃的光学参数变化趋势。

2. 论述题

（1）试论述消色差玻璃的配对原则、复消色差玻璃的配对原则。

（2）根据设计经验，高折射率玻璃有利于透镜组的高级像差校正，试论述其理论依据。

第 8 章

透镜分裂与组合

光学系统设计过程中，一方面，我们都是从简单的初始结构出发，逐步增加透镜的片数，提供更多的优化变量，直至满足像差校正的需求；另一方面，可以将一些典型的结构进行有效组合，实现光学系统的目标性能要求。

8.1 透镜分裂的理论依据

光线在光学面上的入射角是光学系统像差的源头，以折射面为例，入射角与折射角的偏差称为光线偏折角。光线偏折角能够反映光学系统的像差大小、公差松紧程度以及光路结构的合理性。透镜分裂指的是将原先一个单透镜所承担的光焦度分配到两个、三个甚至多个密接透镜上。根据光组的组合公式和透镜的焦距公式，系统的总光焦度保持不变，增加透镜片数后，其中单个透镜的光焦度减小，即焦距变长，相应的各个折射面的曲率半径变大，光线偏折角变小，光学像差变小。因此，通过透镜分裂，合理地分配光焦度，可以有效减小光学系统的像差。

下面以焦距为 100mm（按照 ZEMAX 中操作符的定义，EFFL = 100mm）、入瞳直径为 25mm、工作波长为 0.55μm，玻璃材料为 H－K9L 的透镜系统作为分析样例。仅考虑轴上零度视场，分析透镜分裂时光学系统的球差变化情况。

考虑单透镜的方案，假定前后表面曲率半径相同，按照薄透镜的光焦度公式：

$$R_1 = -R_2 = \frac{2(n-1)}{\varphi} \tag{8-1}$$

式中，$\varphi = 0.01\text{mm}^{-1}$，$n$ 为 H－K9L 在 0.55μm 的折射率，$n = 1.518\ 52$，代入上式可得 $R_1 = -R_2 = 103.704$mm。同时，设置单透镜的中心厚度 $d = 7$mm，将上述参数输入 ZEMAX 软件中，如图 8－1（a）所示，可得单透镜的焦距 EFFL = 101.166mm，与目标值存在偏差，是因为式（8－1）仅对薄透镜成立。通过 ZEMAX 软件中的近轴光线追迹功能，将像面设置在薄透镜的高斯像面上，据此分析单透镜的球差（W_{040}）为 16.708λ。以上述作为初始结构，设置单透镜前表面曲率半径为变量，设置后表面曲率半径变化使光学系统的 F 数为 4，以严格控制单透镜的焦距 EFFL = 100mm。以光学系统的波像差为评价函数，优化获得的单透镜的结构如图 8－1（b）所示，球差（W_{040}）下降为 11.083λ。比较图 8－1 中优化前后的单透镜形式，通过将透镜弯曲至合理的方向，可以有效降低像差。

将单透镜分裂为双透镜，设置两片透镜的光焦度相同，4 个面的曲率半径相同，则

$$R_1 = -R_2 = R_3 = -R_4 = \frac{2(n-1)}{\varphi/2} = 207.408\ (\text{mm}) \tag{8-2}$$

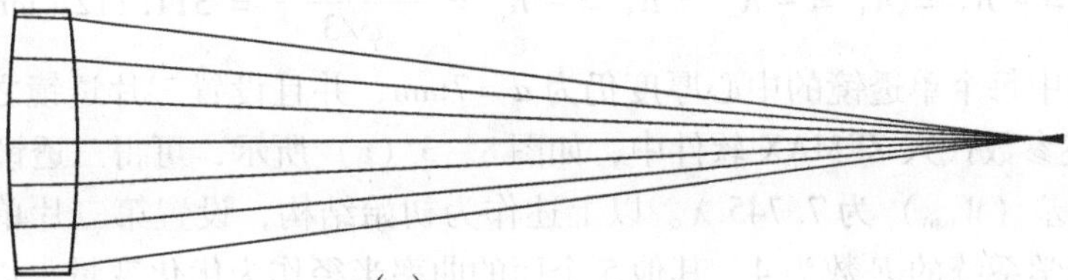

（a）

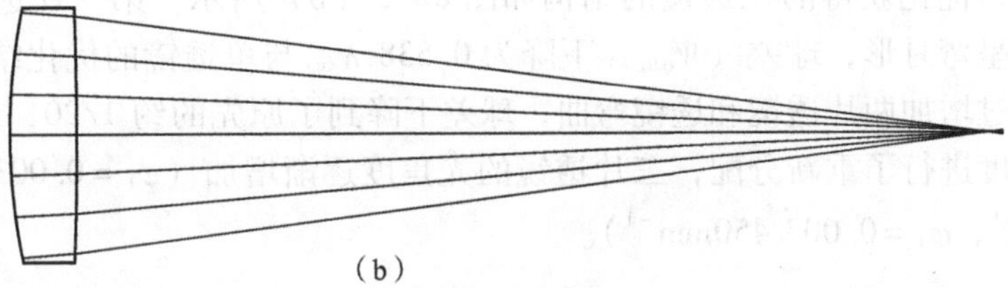

（b）

图 8－1　单透镜

（a）初始结构；（b）优化后结构

双透镜中每片单透镜的中心厚度仍为 $d=7\text{mm}$，并且设置两片透镜之间的空气间隔为 1mm，将上述参数代入 ZEMAX 软件中，如图 8－2（a）所示，可得双透镜的组合焦距 EFFL ＝102.009mm，球差（W_{040}）为 9.328 λ。以上述作为初始结构，设置第二片单透镜后表面曲率半径变化使光学系统的 F 数为 4，其他三个面的曲率半径作为优化变量。以光学系统的波像差为评价函数，优化获得的双透镜结构如图 8－2（b）所示，第二片透镜呈弯月形，球差（W_{040}）下降为 2.167λ。与单透镜的优化结构相比，双透镜的优化结构通过增加一片透镜和透镜弯曲，球差下降到了原先的 1/5；并且，经过优化，两片透镜的光焦度进行了重新分配，第一片透镜的光焦度略小于第二片透镜（$\varphi_1=0.004\,962\text{mm}^{-1}$，$\varphi_2=0.005\,090\text{mm}^{-1}$）。优化的过程使得每一片透镜的球差贡献量都有明显下降。

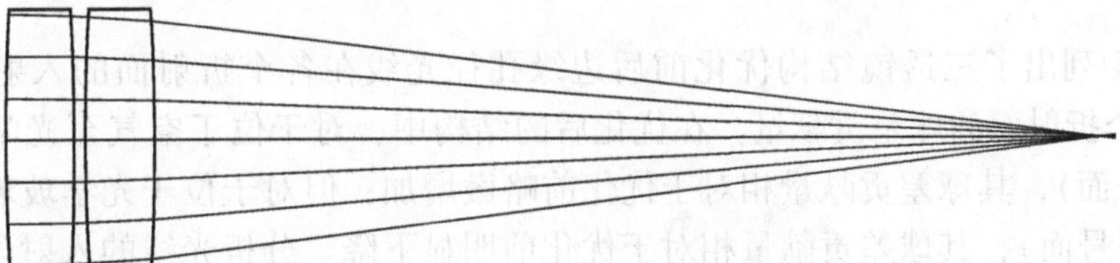

（a）

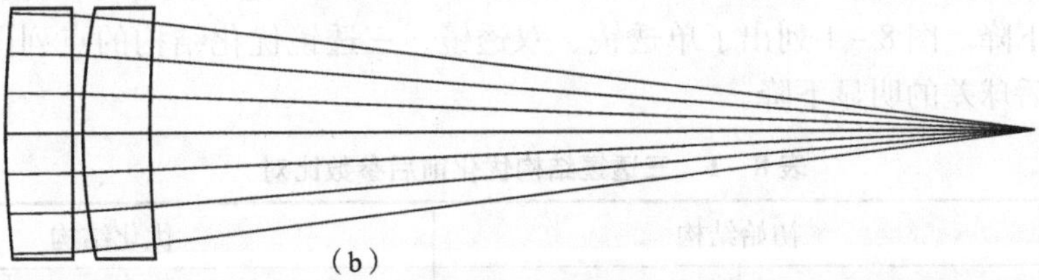

（b）

图 8－2　双透镜

（a）初始结构；（b）优化后结构

更进一步，将单透镜分裂为三透镜结构，设置 3 个透镜的光焦度相同，6 个面的曲率半径相同，则

$$R_1 = -R_2 = R_3 = -R_4 = R_5 = -R_6 = \frac{2(n-1)}{\varphi/3} = 311.112\,(\text{mm}) \tag{8-3}$$

三透镜结构中每个单透镜的中心厚度仍为 $d=7\text{mm}$，并且设置三片透镜之间的空气间隔为1mm，将上述参数代入 ZEMAX 软件中，如图 8－3（a）所示，可得三透镜的焦距EFFL＝102.939mm，球差（W_{040}）为7.745 λ。以上述作为初始结构，设置第三片单透镜后表面曲率半径变化使光学系统的 F 数为4，其他5个面的曲率半径作为优化变量。以光学系统的波像差为评价函数，优化获得的三透镜的结构如图 8－3（b）所示。第一片透镜仍是双凸透镜，第三片透镜呈弯月形，球差（W_{040}）下降为0.538 λ。与单透镜的优化结构相比，三透镜的优化结构通过增加两片透镜和透镜弯曲，球差下降到了原先的约1/20，并且经过优化，三片透镜的光焦度进行了重新分配，三片透镜的光焦度逐渐增加（$\varphi_1=0.003\,288\text{mm}^{-1}$，$\varphi_2=0.003\,346\text{mm}^{-1}$，$\varphi_3=0.003\,450\text{mm}^{-1}$）。

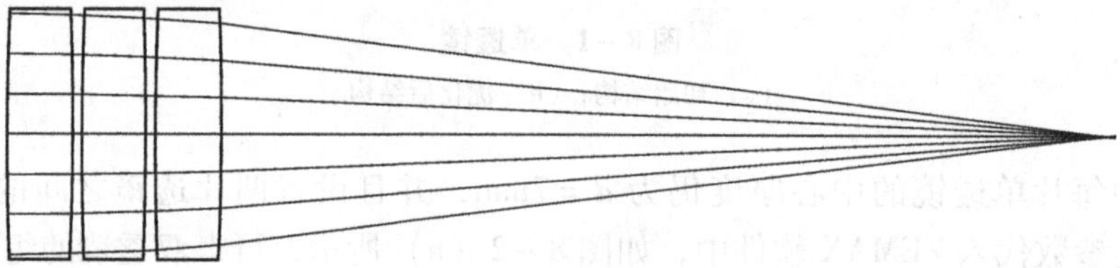

（a）

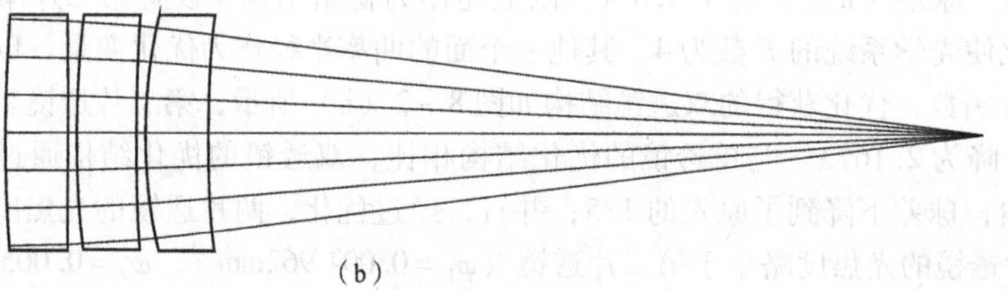

（b）

图 8－3　三透镜

（a）初始结构；（b）优化后结构

表 8－1 中列出了三透镜结构优化前后边缘孔径光线在各个折射面的入射角（操作符RAID）和各个折射面的球差贡献量。在优化后的结构中，对于位于空气至光学玻璃的折射面（奇数序号面），其球差贡献量相对于优化前略微增加；但对于位于光学玻璃至空气的折射面（偶数序号面），其球差贡献量相对于优化前明显下降。分析光线的入射角度变化，也有相同的现象。将其中各个透镜前后表面的球差相加，优化的过程使得每一片的透镜球差贡献量都有明显下降。图 8－4 列出了单透镜、双透镜、三透镜优化结构的点列图分布，能够看出透镜分裂后球差的明显下降。

表 8－1　三透镜结构优化前后参数比对

表面序号	初始结构		优化结构	
	W_{040}/λ	入射角/(°)	W_{040}/λ	入射角/(°)
1	0.041 434	2.302 676	0.208 462	3.947 734
2	0.606 190	3.072 737	0.190 510	1.946 200

续表

表面序号	初始结构		优化结构	
	W_{040}/λ	入射角/(°)	W_{040}/λ	入射角/(°)
3	-0.000 128	0.107 934	0.116 338	4.981 324
4	2.224 181	4.571 405	0.116 545	1.314 331
5	-0.197 186	2.522 661	-0.130 099	6.087 437
6	5.070 300	5.985 806	0.036 774	0.676 498
Σ	7.744 791		0.538 529	

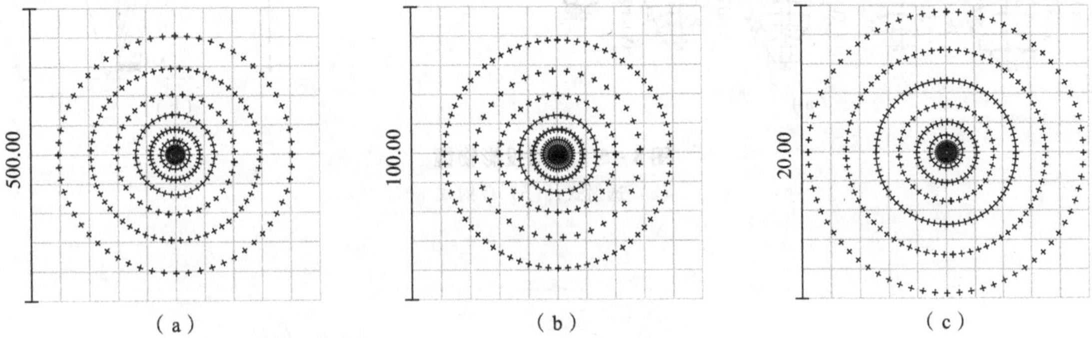

图 8-4 点列图比较

(a) 单透镜；(b) 双透镜；(c) 三透镜

8.2 光刻投影系统

用于集成电路刻蚀的光刻投影物镜系统，是目前公认的在设计、加工、装调和检测领域的难题。其分辨率要求达到近衍射极限，根据艾里斑的半径公式 $a = \dfrac{0.61\lambda}{NA}$，要提高分辨率（即减小最小加工线宽），可采用降低工作波长和提升光刻投影物镜数值孔径两种方式。图 8-5（a）为日本 Nikon 公司透射式光刻投影物镜的发展过程，工作波长从汞 G 线 436nm 发展到深紫外（DUV）193nm，而数值孔径从 0.3 提高到 0.85，甚至沉浸式光刻投影物镜中数值孔径最大可达到 1.35。对于透射式投影物镜系统，在波长低于 180nm 时，材料不透光，所以进一步降低工作波长必须采用反射式系统，主要开发的是工作波长为极紫外（EUV）13.5nm 全反射式光刻投影物镜。图 8-5（b）为包含 6 片离轴球面或非球面反射镜的反式光刻投影物镜，出射波面 NA 可达 0.3。

图 8-6 所示为工作波长 248nm 的光刻投影物镜的光路结构。主要由两个组分构成：前组中后方的透镜呈现弯月形，后组中前方的透镜也呈现弯月形，并且两者对称。这样的对称型结构形式不仅能够减小球差，还能够有效控制彗差、像散以及畸变。

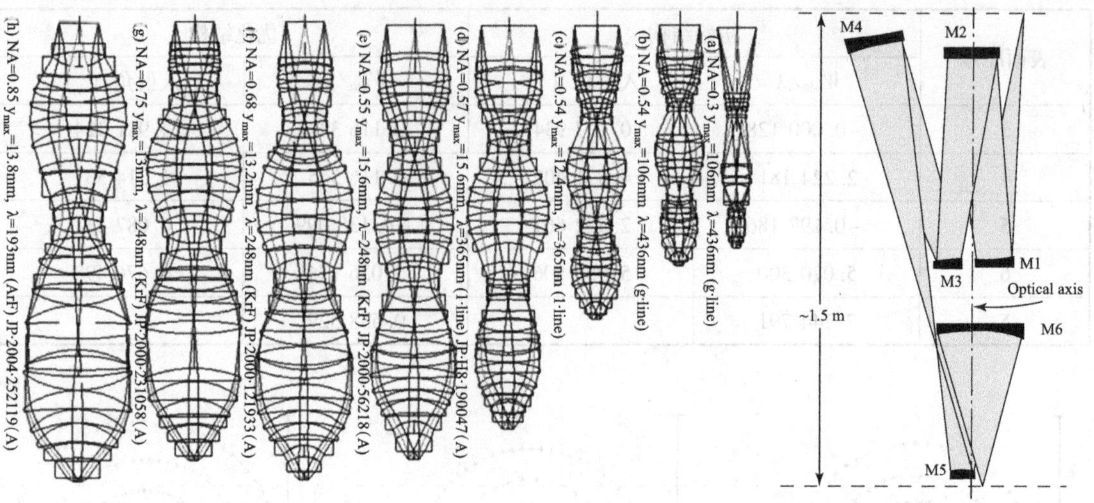

(a)　　　　　　　　　　(b)

图 8-5　光刻投影物镜

(a) 透射式；(b) 反射式

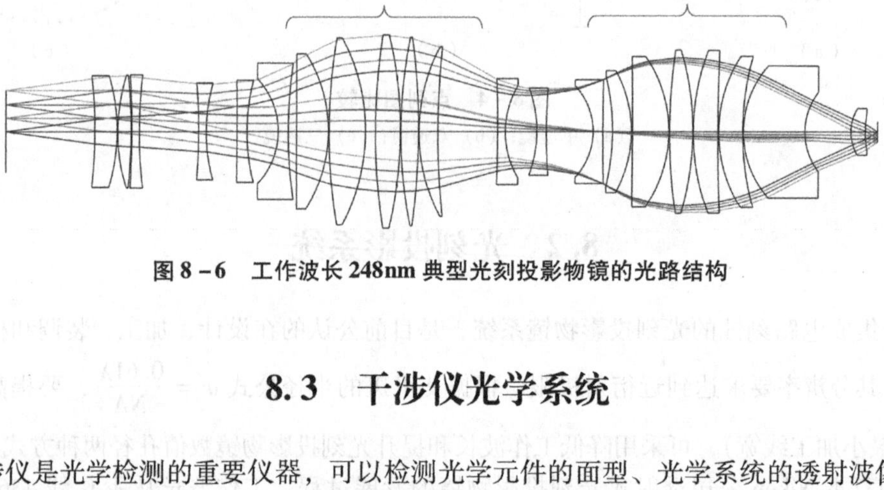

图 8-6　工作波长 248nm 典型光刻投影物镜的光路结构

8.3　干涉仪光学系统

干涉仪是光学检测的重要仪器，可以检测光学元件的面型、光学系统的透射波像差。干涉仪的结构形式多种多样，其中斐索型结构具有共光路的特征，多数商用干涉仪均采用此结构类型。斐索型干涉仪的典型光路结构如图 8-7 所示，斐索型干涉仪的成像关系如图 8-8 所示。激光器作为干涉仪的相干光源，经过扩束镜和准直镜组成的扩束准直系统形成大口径准直波前。显微镜常被用作扩束镜，在其焦点位置放置针孔作为滤波器。标准透射平晶（TF）前表面作为参考面，其面型 PV 值通常优于 λ/20。标准透射平晶的后表面作为非工作面，面型可以略差于参考面。标准透射平晶具有一定的楔角，这使得经其后表面返回的光束被成像光路中的小孔滤除，参考面返回的光路与待测件返回的光束经成像镜在探测器上形成干涉图。干涉仪的探测光束经过待测件返回后，携带被测件面形信息，其波面变化为 2 倍的待测件面形误差。根据对干涉图的条纹运算（通常采用移相干涉算法），求解获得待测件面形误差。

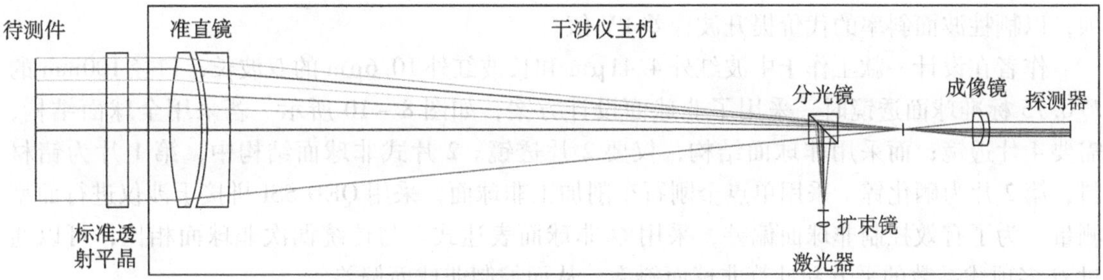

图 8－7　斐索型干涉仪的典型光路结构

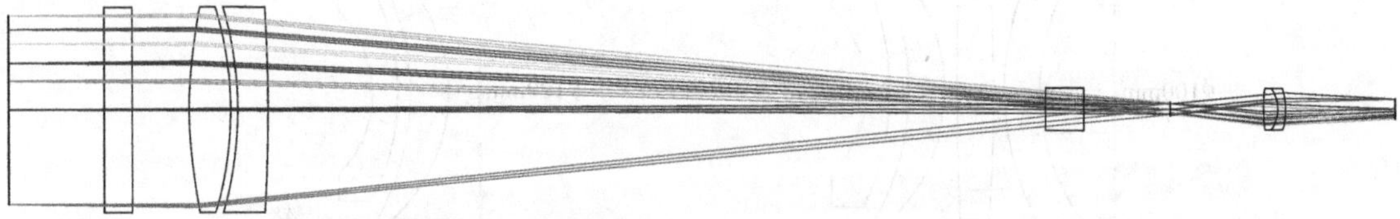

图 8－8　斐索型干涉仪检测平面的成像关系

图 8－7 中显示的是干涉仪的照明光路，图 8－8 展示了干涉仪中的成像关系。待测件与探测器关于干涉仪中包含标准透射平晶、准直镜、分光镜和成像镜在内的光学系统共轭。一般情况下，干涉成像光路是远心光路，这样保证待测件放置在不同位置时，通过探测器位置的调焦实现物像关系的匹配，并且物像的放大率不发生变化。

如果待测件为球面，则必须采用标准球面透镜（TS）作为参考镜。其几何结构是一种齐明透镜组，最后一块透镜的后表面作为干涉测量的参考球面，曲率中心与标准球面透镜的焦点重合。典型的标准球面透镜光路如图 8－9 所示。在照明光路中，其作用是将干涉仪主机出射的准直波前转化成相应 F 数的测试球面波，并提供经参考球面返回的参考波前。在成像光路中，它将与干涉主机结构中的准直镜、分光镜和成像镜一起，将待测球面成像到探测器上。检测球面元件时，干涉腔内待测球面的曲率中心与标准球面透镜的焦点重合，形成共焦结构。由参考球面返回的波前作为参考球面波，由待测球面返回的波前作为测试球面波，二者在探测器上形成干涉条纹。

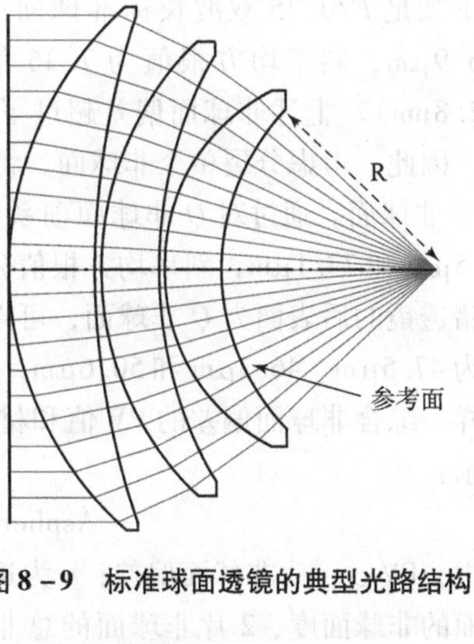

图 8－9　标准球面透镜的典型光路结构

可见光干涉仪中配备的小 F 数标准球面透镜一般由 3～6 片镜头组成。透镜片数较多时对移相器的负载要求增加，并且使得标准球面透镜的 R 值较小，减小了凸面测量能力。因此，在小 F 数标准球面透镜设计时可以考虑采用非球面减小透镜片数。非球面的使用需要考虑如下几个因素：①非球面的加工能力，不能在透镜表面产生较多的中高频误差；②非球面的检测能力，如果采用补偿器检测将使标准球面透镜成本增加；③不建议使用非球面的高阶项，以牺牲波面斜率的代价提升波像差 PV 值。

作者在设计一款工作于中波红外 4.41μm 和长波红外 10.6μm 的双波长，口径 100mm 的 *F*/0.75 标准球面透镜时，采用了非球面设计方案，如图 8－10 所示。若采用全球面结构，需要 4 片透镜；而采用非球面结构，仅要 2 片透镜。2 片式非球面结构中，第 1 片为锗材料，第 2 片为硒化锌。采用单点金刚石车削加工非球面，采用 QED SSI 拼接干涉仪进行面型测量。为了有效控制非球面偏差，采用 *Q* 非球面表达式。与传统偶次非球面相比，可以通过 *Q* 多项式系数的平方和计算非球面斜率，从而控制非球面偏差。

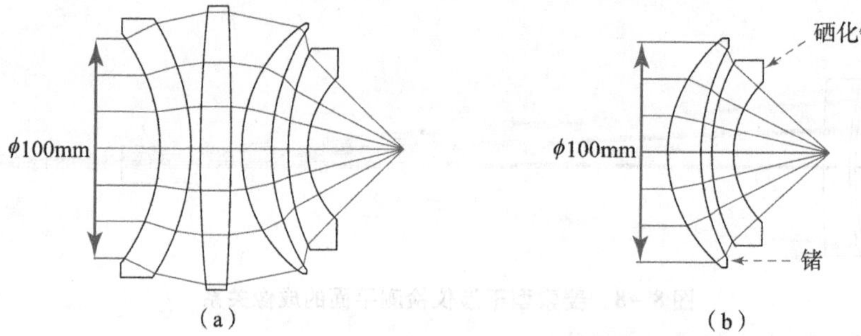

图 8－10　*F*/0.75 红外双波长标准球面透镜

(a) 4 片式全球面结构；(b) 2 片式非球面结构

2 片式非球面标准球面透镜结构中，最后一个面作为参考球面，所以一共有 3 个面可以被用作非球面。从引入单个非球面开始考虑，首先将锗透镜的前表面设置为 Q 非球面，为了满足 *F*/0.75 双波长标准球面透镜的设计要求，此非球面与最佳拟合球面的偏差为 126.9μm，斜率均方根值为 7.36 倍 Nyquist 采样（相邻像素的非球面偏差为 $\lambda/4$，$\lambda=632.8\text{nm}$）。上述非球面偏差超过了加工单位拼接干涉仪最大 120μm 非球面偏差的检测能力。因此，考虑分裂单个非球面，将非球面度分摊到其他球面上，增加硒化锌透镜的前表面为 *Q* 非球面。通过对 *Q* 非球面项系数的优化控制，2 片非球面方案中，非球面偏差分别为 85.5μm 和 77.1μm，斜率均方根值分别为 4.50 倍和 4.55 倍 Nyquist 采样。进一步，如果增加锗透镜的后表面为 *Q* 非球面，可以继续分摊非球面度。3 片非球面方案中，非球面偏差分别为 47.5μm、46.3μm 和 50.6μm，斜率均方根值分别为 2.47 倍、2.50 倍和 2.48 倍 Nyquist 采样。综合非球面偏差的 PV 值和材料的折射率定量表征非球面度 Asphericity，用如下公式表示：

$$\text{Asphericity} = \text{PV}_{\text{depature}} \times (n-1) \tag{8-4}$$

式中，$\text{PV}_{\text{depature}}$ 为非球面偏差；*n* 为透镜材料的折射率。根据式（8－4）计算可知，单片非球面的非球面度、2 片非球面的总非球面度和 3 片非球面的总非球面度三者基本相同。因此，在上述 *F*/0.75 双波长标准球面透镜中采用非球面。为了满足设计指标要求，系统的总非球面度是固定的，采用 *Q* 非球面可以将非球面度分摊到多个非球面上，从而减小非球面的检测难度。如果采用偶次非球面，由于 2 片式非球面结构中各个非球面为相邻面，容易出现优化不收敛的情况，即各个非球面的非球面度都很大，但作用相互抵消，优化效果不佳。另外，在 *Q* 非球面标准球面透镜中，因为总非球面度基本不变，所以从单片非球面演变为 2

片、3 片非球面，尽管非球面片数增加，但整个系统对装调误差的敏感性仍保持不变。

应用 Q 非球面成功实现了非球面分裂，采用 2 片 Q 非球面，设计了 2 片式红外双波长 $F/0.75$ 双波长标准球面透镜。与传统的 4 片式全球面结构相比，2 片式非球面结构尽管采用了 2 片非球面，但由于均可直接采用拼接干涉仪检测，且红外材料使用量减小，整体的成本并未显著提高。此外，透镜片数的减少提升了标准球面透镜的透过率，降低了移相器的负载要求。因而，依据当前非球面加工和检测的能力，合理使用非球面方案，在可见光标准球面透镜设计时也具有应用价值和前景。上述的非球面度分裂的思路与 8.1 节中透镜的光焦度分裂的方法具有异曲同工之妙。

8.4　透镜的组合

光学系统一般由多个透镜组成，通常情况下，可以根据成像关系和光路形式，将光学系统中的透镜分成多个组分。以望远镜系统为例，由物镜和目镜组成。在进行望远系统光学设计时，可以直接进行整体设计，也可以对物镜和目镜进行单独设计再组合。在对物镜和目镜进行单独设计时，可以对物镜和目镜独立校正像差，像差目标值均是 0；也可以使物镜残留像差，用目镜补偿物镜的残留像差。

使用透镜组合校像差的设计实例参见第 9 章内容。

复　习　题

1. 论述题

(1) 对于轴上物点的光线，试论述为什么边缘孔径的光线带来的像差比近轴光线大。

(2) 将单透镜拆分成几个单透镜，在总光焦度和相对孔径不变的情况下，论述像质变好的根本原因。

2. 简答题

透镜拆分后，还符合薄透镜组的条件吗？透镜拆分后其像差规律是否违反薄透镜组的像差理论？

第 9 章

像差精准控制方法的应用实践

第 4 章介绍了像差优化设计在 ZEMAX 中的实现方法，即以 ZEMAX 软件为例，针对现有软件工具的优化设计中存在不能精准控制与孔径、视场有关的所有独立几何像差问题，提出了自建独立几何像差的初级、高级像差精准控制方法。为了使读者更好地掌握这一像差优化方法在光学设计中的应用，本章使用 ZEMAX 软件举例设计典型光学系统。本章的学习有三个目标：①掌握不同光学系统光学设计的像差校正方案；②使用 ZEMAX 定义不同光学特性光学系统的方法与像质评价技术；③使用 ZEMAX 进行像差设计或像差与其他控制的组合设计方法。

9.1　特殊像差控制要求的物镜设计

常见的光学设计，其像差设计要求，大都是要求对某物平面理想成像，目标像差校正到 0，像面也为平面。这种设计要求，评价函数的建立相对容易，因为光学系统理想成像，可以通过弥散斑或波像差等综合像质指标来构建评价函数，一般软件都提供这种评价函数内建方法，设计目标是控制弥散斑或波像差大小为 0。

但光学设计要求情况千变万化，如有些情况，因结构的像差校正能力与体积限制，采取光组之间像差补偿实现整体系统的像差校正方法；也有情况，像面可以为未知面型形状的曲面，允许保留一定的场曲等。这些情况，并不要求所要设计的系统目标像差为 0，而是精准控制某些像差为某一约定值，符号有正负要求。此时需要应用像差精准控制方法。

9.1.1　目标像差不为 0 的望远物镜设计

9.1.1.1　设计要求

焦距：$f'=250\text{mm}$；

通光孔径：$D=40\text{mm}$；

视场角：$2\omega=6°$；

入瞳与物镜重合。

物镜后棱镜系统的总厚度为 150mm，要求：

$$\delta L'_m=0.1\text{mm},\ SC'_m=-0.001,\ \Delta L'_{FC}=0.05$$

9.1.1.2　经初级像差理论 PW 法求解其结构参数

r、d 结构参数与玻璃牌号如表 9-1 所示。

表 9－1　r、d 结构参数与玻璃牌号

r	d	玻璃牌号
153.1	6	K9
－112.93	4	ZF1
－361.68	50	
∞	150	K9
—	—	∞

现焦距为 $f'=251.076$，球差 $\delta L'_m=-0.074$

对于正弦差 $SC'_m=-0.00063$，ZEMAX 没有直接数据，可以通过其他数据估计。

（1）用 Ray aberration 中弥散圆大小：

Ray aberration →Fans →Setting →Sagittal →Y aberration →Text。

$$SC'_m=\frac{K'_s}{y'}=\frac{-8.383\,2}{y'}=-0.000\,64$$

（2）用控制符 COMA 计算出的值估计：

1.021 271 ×0.000 587 65 =0.000 6（注意无正负，不确切）

轴向色差 $\Delta L'_{FC}$ 由球差曲线获得：

$\Delta L'_{FC1.0h}=0.170\,9+0.018\,1=0.189$；

$\Delta l'_{FC}=0.133\,4-0.099=0.034\,4$；

一般 $\Delta L'_{FC}$ 指 0.707h 的轴向色差，其值为

$\Delta L'_{FC0.707h}=0.133\,3-0.024\,6=0.108\,7$

以上像差数据与要求的目标值有差别，需要建立像差精准控制方法。

9.1.1.3　精准控制方法

我们要控制：$f'=250$mm，$\delta L'_m=0.1$mm，$SC'_m=-0.001$mm，$\Delta L'_{FC}=0.05$，但是 ZEMAX 中没有这些像差的专门控制操作，如何找到这些控制呢？

（1）球差控制。按照 4.4 节图 4－2 所示的球差定义，建立与孔径、波长有关的球差精准控制操作符，具体步骤如下：

$$\delta L'=\frac{\Delta T}{\tan\theta}$$

ΔT 由 TRAY 得到；

$\tan\theta$ 由 RAGC（$py=1.0$）→ACOS→TANG 得到；

$\delta L'$ 由 DIVI 比值得到。

（2）控制正弦差。按照图 9－1 所示的光线结构、弧矢彗差定义来逐步建立正弦彗差的精准控制操作符。

Ks' 由垂轴的几何像差 TRAY（$hy=1.0$，$px=1.0$）得到；

y' 由 PIMH 得到；

$SC'=\dfrac{K'_s}{y'}$。

（3）轴向色差的精准控制。按照精准控制与孔径、波长有关的球差方法，代入控制色

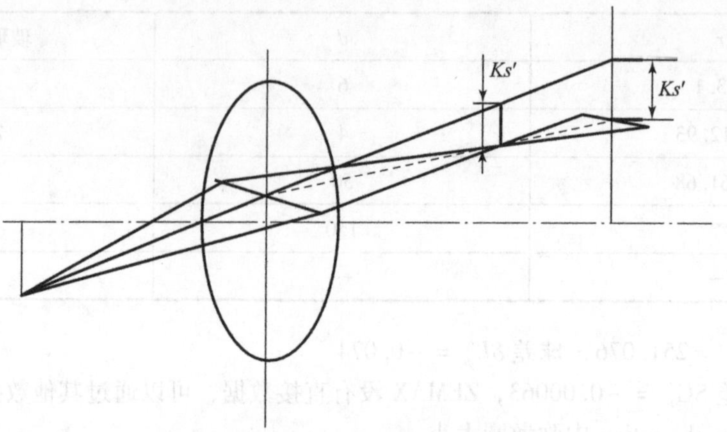

图 9-1　正弦彗差精准控制方法的图示

差需要的波长序号，可得到与孔径有关的轴向色差精准控制方法，其思路如下：

TRAY（wav=1，py=0.707 1）：取出轴上物点波长 1、0.707 1h 光线的垂轴像差；

TRAY（wav=3，py=0.707 1）：取出轴上物点波长 3、0.707 1h 光线的垂轴像差；

DIVI［TRAY（py=0.707 1，wav=1）/tanθ（wav=2）］：将波长 1、0.707 1h 光线的垂轴像差除以主波长（波长 2）0.707h 光线的孔径角正切；

DIVI［TRAY（py=0.707 1，wav=3）/tanθ（wav=2）］：将波长 3、0.707 1h 光线的垂轴像差除以主波长（波长 2）0.707h 光线的孔径角正切；

DIFF：将得到的商二者相减，得到 0.7071h 的轴向色差。

9.1.1.4　建立在像差精准控制基础上的优化

找到目标像差的精准控制方法后，可进行下一步优化。

因需要控制的广义像差量有 4 个：焦距、球差、轴向色差、正弦差。但双胶合结构属于薄透镜组，可以控制两种单色像差和一种色差。所以优化时，先不控制球差，只控制焦距、轴向色差、正弦差，选定三个曲率半径为变量进行第一次优化；之后，用选换玻璃的方法再来控制球差，即将玻璃牌号作为变量，按照球差精准控制方法，控制球差。

第一次优化后新系统的结构参数如表 9-2 所示。

表 9-2　第一次优化后玻璃牌号及 r、d 参数

r	d	玻璃牌号
145.812	6	K9
-120.306 4	4	ZF1
-413.584 7	50	
∞	150	K9
∞	96.08	

$f'=250$，$\delta L'_m=-0.222$，$\Delta L'_{FC}=0.050\,2$，$SC'_m=-0.001$。

此时的球差值 $\delta L'_m=-0.222$，而要求的目标值为 0.1，所以接下来要用更换玻璃的方法

来控制球差。

将玻璃材料 K9、ZF1 设为变量，评价函数中 $\delta L'_m$ 加入权因子，并且限制玻璃变化范围：MNIN，MXIN，MNAB，MXAB。第一步，仅将 K9 作为变量，ZF1 不变，经优化后，K9 自动变成 K16。因 K16 不常用，可以选 BaK2。第二步，将结构参数再做优化，最后得到像差数据如表 9－3 所示。

表 9－3　像差数据

实际值/mm	目标值/mm
$f'=250$	250
$l'_F=95.99$	
$\delta L'_m=0.0745$	0.1
$SC'_m=-0.001$	-0.001
$\Delta L'_{FC}=0.05$	0.05

其中，球差的实际值和目标值相差 0.025 5mm，小于公差 0.34mm $\left(公差为\dfrac{4\times0.00055}{(40/250)^2}=0.34\ (\mathrm{mm})\right)$。

9.1.2　高级像差精准控制的物镜设计

大相对孔径的光学系统设计，涉及与孔径有关的高级像差的校正。与孔径有关的轴外高级孔径像差概念，已在第 2 章 2.4 节中阐明。这里仅将与孔径有关的高级像差概念做一下复习，便于获得对其精准控制的方法。

1. 高级球差

如果球差仅存在初级项，则 $0.7071h$ 和 $1.0h$ 的球差之间关系为

$$\delta L'_{0.7071h}=a_1(0.7071h)^2=\frac{1}{2}a_1h^2=\frac{1}{2}\delta L'_{1h}$$

高级球差的定义：$\delta L'_{sn}=\delta L'_{0.7071h}-\dfrac{1}{2}\delta L'_{1h}$，如为初级像差，则 $\delta L'_{sn}=0$。

2. 高级彗差

$$SC'_{sn}=SC'_{0.7071h}-\frac{1}{2}SC'_{1h}$$

3. 色球差

$$\delta L'_{FC}=\Delta L'_{FC(1h)}-\Delta l'_{FC(0h)}$$

9.1.2.1　大相对孔径的望远物镜的设计要求

$f'=120\mathrm{mm}$；

$D=50\mathrm{mm}$，$\dfrac{D}{f'}=\dfrac{1}{2.4}$；

$2\omega=4°$；

入瞳与物镜重合 $l_z=0$。

据设计要求可知，视场角$2\omega=4°$不大，但$\frac{D}{f'}=\frac{1}{2.4}$，双胶合不能满足要求。需选用双胶合加单透镜结构。

9.1.2.2　初始结构

（1）直接查阅《光学设计手册》（见文献［103］），得到r、d结构参数及玻璃牌号如表9－4所示。

表9－4　r、d结构参数与玻璃牌号

r	d	玻璃牌号
82.2	5.5	K9
−58.81	3	ZF1
−4742	2.8	
71.45	3.5	K9
∞		

$f'=89.94$，$D/f'=1/3.2$，$2\omega=2°$，$l_z=0$。

（2）焦距缩放。上述系统的焦距与设计要求差很多，首先要把结构参数缩放到$f'=120$mm，具体做法如下：①Tools→Make Focal；②规整入瞳直径，$H=25$mm；③适当加大厚度（因孔径加大）。

按照第4章4.4节图4－4、图4－5所示控制初高级像差的精准控制方法，建立评价函数，得到初级像差值：

$f'=119.3$，$\delta L'_m=0.2186$，$SC'_m=-0.000915$，$\Delta L'_{FC}=-0.0506$，$\Delta l'_{FC}=0.228$，$x'_{tm}=-0.26$，$x'_{sm}=-0.122$

9.1.2.3　第一阶段像差校正：控制初级像差

（1）变量有5个：曲率半径。

首先校正初级像差，监测高级像差。

（2）设立边界条件。

优化后，主要像差如表9－5所示。

表9－5　第一阶段像差校正的结果

像差参数	f'	$\delta L'_m$	SC'_m	$\Delta L'_{FC}$	x'_{tm}	x'_{sm}	$\delta L'_{sn}$	SC'_{sn}	$\delta L'_{FC}$
数值	120	0	0	0	−0.259	−0.121	−0.06	0.000 37	0.167

球差的公差是$\delta L'_m\leqslant\frac{4\times0.00055}{(1/4.8)^2}=0.05$（mm）

从校正结果看，所要校正的初级像差都已达到目标值，但是三种高级像差或剩余像差：

$\delta L'_{sn}=-0.06$接近于高级球差的容限量值，处于超差边界。

$\delta L'_{FC}=0.167$较大，需校正。

$SC'_{sn}=0.00037$较小，无须校正。

9.1.2.4　第二阶段像差校正：主要校正高级像差

分析结构：双胶合＋单透镜结构。单透镜自身不能校正色差和球差，要靠前双胶合组，但希望单透镜产生的像差越小越好。一般在光线结构相同的情况下，玻璃的折射率越高，球差越小，色散系数越小，色差越小。玻璃材料 K9，色散系数已经最低了（$n_d=1.5163$，$\gamma_d=64.1$），但折射率小，所以可以将 K9 改成 ZK1。评价函数不变，重新校正。

新结构的参数表 9－6 所示。

表 9－6　r、d 参数与玻璃牌号

r	d	玻璃牌号
203.29	10.26	K9
−64.258	5.0	ZF1
−711.31	0.2	
89.65	6.0	ZK1
−791.84		

新结构的主要像差，如表 9－7 所示。

表 9－7　将 K9 换成 ZK1 后的系统主要像差

像差参数	f'	$\delta L'_m$	SC'_m	$\Delta L'_{FC}$	x'_{tm}	x'_{sm}	$\delta L'_{sn}$	SC'_{sn}	$\delta L'_{FC}$
数值	120	0	0	0	−0.257	−0.121	−0.056	0.000 371	0.154

从表 9－6 结果看高级像差略有减少，但不十分显著，可作为下阶段像差自动校正的原始系统。接下来，编辑评价函数，加入高级像差校正要求——权因子；变量不够，需将玻璃作为变量，并限制边界条件；增大原初级像差的权因子，以表示初级的重要性。

优化后，按玻璃找到实际牌号：

$n_d=1.48$，$\gamma_d=64.2\rightarrow$K9。

$n_d=1.82$，$\gamma_d=28.5\rightarrow$ZF7。

将厚度值 10.26→10.5，重新优化，结果如表 9－8 所示。

表 9－8　r、d 参数与玻璃牌号

r	d	玻璃牌号
184.84	10.5	K9
−98.97	5.0	ZF7
−291.84	0.2	
81.67	6.0	ZK1
488.71		

再次优化后，像差情况如表 9－9 所示。

表 9－9　第二阶段优化后结构的像差数据

像差	f'	$\delta L'_m$	SC'_m	$\Delta L'_{FC}$	x'_{tm}	x'_{sm}	$\delta L'_{sn}$	SC'_{sn}	$\delta L'_{FC}$
数值	120.003	0.001 3	0	0	−0.265	−0.123	−0.014	0.000 18	0.092

其中，高级像差：$\delta L'_{sn}$ 由 $-0.056 \to -0.014$；色球差 $\delta L'_{FC}$ 由 $0.154 \to 0.092$，已经下降很多，已基本完成。

最后进行规范半径，规整后数据表 9-10 所示。

表 9-10　r、d 参数与玻璃牌号

r	d	玻璃牌号
184.5	10.7	K9
-98.95	5.2	ZF7
-291.1	0.2	
81.66	6.6	ZK1
483.1		

$f' = 120$，　$H = 25$，　$2\omega = 2°$

最终设计结果的像差情况，如表 9-11 所示。

表 9-11　设计结果的像差数据

像差	f'	$\delta L'_m$	SC'_m	$\Delta L'_{FC}$	x'_{tm}	x'_{sm}	$\delta L'_{sn}$	SC'_{sn}	$\delta L'_{FC}$
数值	120	0.006 5	0	0	-0.265	-0.123	-0.014 5	0	0.092

根据以上设计过程，对高级像差精准控制的特性总结说明如下：

（1）精准控制高级像差，是一种高效率的像差设计方法。大孔径或大视场的光学系统的设计难点是高级像差的校正。

（2）必须在校正初级像差的基础上校正高级像差。

（3）高级像差很难校正到 0。

（4）玻璃材料作为自变量是校正高级像差的重要手段，但必须限制边界。更换玻璃要有利于高级像差的减小，同时要注意尽量采用常用的玻璃。

（5）同时在一定的相对孔径和视场角下，焦距增加，剩余像差会按比例增大，所以焦距越长，所用的相对孔径和视场角要减小。

9.1.3　多组分系统的分组独立像差校正设计方法

有时需要设计的物镜系统是由多个光组组成，如果先按照外形尺寸计算与光焦度分配，采用各组分独立像差校正的方式，则有利于平衡各组分的像差贡献和各组分的独立装校。

9.1.3.1　设计要求

设计一物镜系统，其光学特性参数如下：

焦距：$f' = 250\text{mm}$；

通光孔径：$D = 50\text{mm}$；

视场角：$2\omega = 2°$；

系统总长度 $< 165\text{mm}$。

根据设计要求，该物镜的特征：①焦距长于筒长；②焦距较长。因此该系统应该是典型的摄远物镜类型。

9.1.3.2　光焦度分配

摄远型物镜由正组和负组组成。

由 $\phi'_1+\phi'_2-d\phi'_1\phi'_2=\phi'$ 和 $\dfrac{d}{f'_1}=1-\dfrac{l'_f}{f'}$，$d+l'_f<165$，及 $\dfrac{1}{l'_f}-\dfrac{1}{f'_1-d}=\dfrac{1}{f'_2}$，共 4 个方程，可进行外形尺寸计算，求出两薄透镜组的焦距和间隔：

前组焦距：$f'_1=120\text{mm}$；

后组焦距：$f'_2=-48\text{mm}$；

前后两组间的主面间距：$d=95\text{mm}$。

9.1.3.3　系统像差精准控制校正方案

对两薄透镜组，可以组合消像差设计，也可以采用独立校正像差方法设计。采用各组分独立消像差的优点是方便光组独立检测与调校装配。本例中采用光组像差独立校正方案，前组直接利用 9.1.2 节上一个例子的结果 $f'=120\text{mm}$，$D=50\text{mm}$，所以这里只要设计一个后组透镜，其光学特性为

$$f'_2=-48\ (\text{mm})$$

$$D_2=D\frac{f'_1-d}{f'_1}=10.4\ (\text{mm})$$

物距：$l_2=f'_1-d=25\ (\text{mm})$

故相对孔径为

$$\left|\frac{D_2}{f'_2}\right|=\left|\frac{10.4}{-48}\right|=\frac{1}{4.6}$$

可以采用双胶合透镜组。但由于物平面位于有限距离的负透镜组难以找到初始结构，可以通过初级像差理论的 PW 法求解。由于前后透镜组独立校正像差，所以目标要求后透镜组的球差、正弦差、色差都等于 0。求解的初始结构如表 9－12 所示。

表 9－12　r、d 参数与玻璃牌号

r	d	玻璃牌号
14.58	2.5	BaF8
−76.18	1	ZK3
8.32		

该双胶合透镜为负组透镜，负透镜在后。如图 9－2 所示，其物方主面后移。

所以，对该负组的物距做调整，物距改为 25＋2.5＋1＝28.5，即 $L=28.5$，由 $2\omega=2°$ 得 $y=f'_1\tan1°=2.09\approx2.1$。总结起来光学特性参数为：

$L=28.8\text{mm}$，$y=2.1\text{mm}$，光阑在前组上，$l_z=-110\text{mm}$，$\sin U=\dfrac{h}{f'_1}=\dfrac{25}{120}=0.2083$。

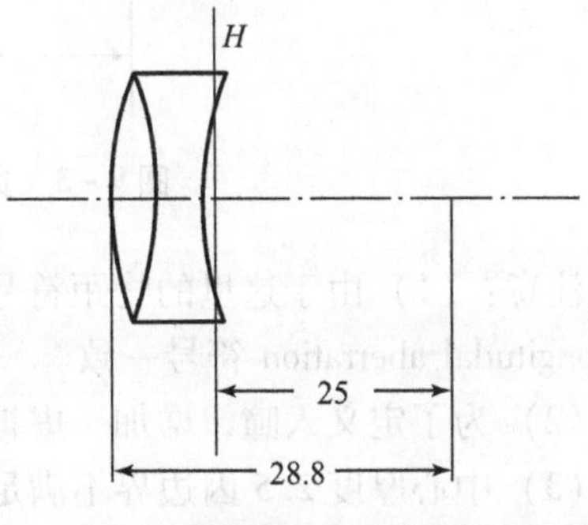

图 9－2　负组透镜的主面与物距示意图

这里的入瞳距应等于前组的出瞳距 l'_{z1} 减前后组间隔 d，它并不要求很准确，只要注意光瞳衔接

即可。

查看一下 9.1.2 节设计结果的出瞳距，如以像面起算 $l'_{z1}=-15\text{mm}$，所以 $l_z=l'_{z1}-d=-15-95=-110$。这样，定义负组镜头数据时，第一面设置为虚拟面，定义为 STO，作为入瞳，如图 9-3 所示。

9.1.3.4 后组的优化设计

定义光学特性：

波长：F，d，C；

Field：Object Height；

L 物距：28.8；

Aperture：Object cone angle（不用 Object Space N. A.）　$U=12°$。

构建独立像差控制的评价函数。

后组采用双胶合透镜结构，承担的相对孔径 $D/f'=1/4.6$，仍为小相对孔径系统，校正的像差种类与本节第一个设计示例相同。需要校正的像差值：$f'_2=-48$，$SC'_m=0$，$\Delta L'_{FC}=0$。可以选用的变量是 3 个曲率半径。

优化的结构参数如表 9-13 所示。

表 9-13　*r*、*d* 参数与玻璃牌号

r	*d*	玻璃牌号
38.943	4.0	BaF8
-48.156	1.0	ZK3
14.675	46.4	

基本参数：$f'=-48$，$L=28.8$，$\sin U=0.208$，$l_z=-110$。

负组透镜的入瞳位置与物距如图 9-3 所示。

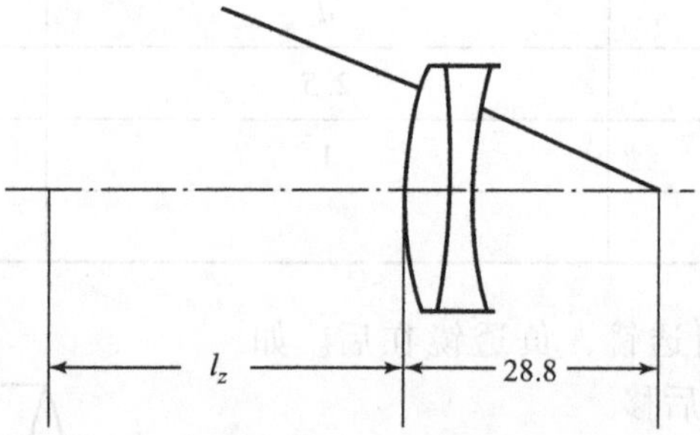

图 9-3　负组透镜的入瞳位置与物距示意图

注意：（1）由于这里的物距符号意义与实际情况相反，所以这里的球差值符号要注意与 Longitudal aberration 符号一致。

（2）为了定义入瞳，增加一虚拟面，物距改为 $L=-110-28.8=-138.8$。

（3）中心厚度 2.5 因边界不满足改为 4.0。

（4）优化控制 f'、SC'_m、$\Delta L'_{FC}$，球差由玻璃配对解决。

此时的像差数据如表 9－14 所示。

表 9－14　初步优化的像差数据

像差	f'	SC'_m	$\Delta L'_{FC}$	$\delta L'_m$
目标值	－48	0	0	0
实际值	－48.002	0.000 22	0	－0.174 5

为了保证垂轴放大率 $\beta = -\dfrac{f}{x} = -\dfrac{48}{25-48} = 2.083$，控制垂轴放大率 $\beta > 2.083$，通过改变物距作为变量优化。如发现相对孔径变小，增大 Object cone angle：12→13，保证 F 数为 4.6。调整优化后的结构参数如表 9－15 所示。

表 9－15　*r*、*d* 参数与玻璃牌号

r	d	玻璃牌号
45.033	4.00	BaF8
－37.37	1.00	ZK3
15.79	54.07	

$L = 140.37 - 110 = 30.37$，$y' = 4.374$，$y = 2.1$，$u' = 0.11$，$L' = 54.074$。

此时的像差数据如表 9－16 所示。

表 9－16　负组独立设计的像差数据

像差	f'	SC'_m	$\Delta L'_{FC}$	$\delta L'_m$
目标值	－48	0	0	0
实际值	－48	0	0	－0.27

只有球差 $\delta L'_m = -0.27$ 太大（注意评价函数中的球差与实际球差反号，这是由于反三角运算造成的）。需要采用合适的玻璃配对，在不改变色差状态的情况下消除球差。采用初级像差理论求解玻璃配对是一种快速方法，但需要设计者掌握 PW 法求解结构参数的算法过程。也可采用软件中玻璃替代优化方法。得到的玻璃配对结果为 BaF8—ZK6。优化得到的结构参数如表 9－17 所示。

表 9－17　*r*、*d* 参数与玻璃牌号

r	d	玻璃牌号
43.865	4.0	BaF8
－29.994	1.0	ZK6
16.479		

$f' = -48$，　$y' = 4.37$，　$L' = 54.11$，　$u' = 0.11$

像差结果如表 9－18 所示。

表 9-18　负组独立设计的最终像差数据

像差	f'	$\delta L'_m$	SC'_m	$\Delta L'_{FC}$	$\delta L'_{sn}$	$\delta L'_{FC}$
目标值	-48	0	0	0	0	
实际值	-48	0.024 5	0	0	0.012	-0.168

根据表 9-17 结果，可以看到，更换玻璃后，即使保持校正 f'、SC'_m、$\Delta L'_{FC}$，不校正 $\delta L'_m$，但 $\delta L'_m$ 仍然有很大下降：$-0.27\to-0.024\,5$。

其高级像差：$\delta L'_{sn}=0.012$，$\delta L'_{FC}=-0.168$，$SC'_{sn}=0$。查看表 9-10，前组 3 片式剩余高级像差：$\delta L'_{sn}=-0.014\,5$，$\delta L'_{FC}=0.092$，$SC'_{sn}=0$。

9.1.3.5　将前后组合成

将前后组组合起来，计算像差。合成后的结构参数表 9-19 所示。

表 9-19　*r*、*d* 参数与玻璃牌号

r	*d*	玻璃牌号
184.5	10.7	K9
-98.95	5.2	ZF7
-291.1	0.2	
81.66	6.4	ZK1
483.1	82.42	
43.65	4.0	BaF8
-30.2	1.0	ZK6
16.444	54.14	

$f'=250.028$，$L'=54.14$，$y'=4.364$，$u'=0.099\,988=0.1$；

$L=\infty$，$w=-1°$，$H=25$，总长度 $L=164.262$，小于 165mm。

我们比较前组像差、后组像差、组合系统的像差，各种像差都增加了。原因是后组将前组的像差放大造成的，而不是后组本身造成的。因为后组的垂轴放大率为 $\beta=2.083$，其轴向放大率为 $\alpha=\beta^2=4.34$。以色球差为例，前组色球差 $\delta L'_{FC}=0.092$，经后组放大后，前组在系统最后像空间的像差贡献为：$\delta L'_{FC前}=\delta L'_{FC}\cdot\alpha=0.092\times4.34=0.399\,28$；后组的色球差的 $\delta L'_{FC}=-0.168$。系统最后的色球差应等于两者之和：$0.399\,28-0.168=0.231$。而组合系统的 $\delta L'_{FC}$ 为 0.266，二者相差不大。

9.1.3.6　设计总结

（1）多组分相同的设计，可以分组设计再合成，也可以直接将正负组放在一起设计。分组独立设计的优点，是便于光组独立检测与装校。

（2）设计时，如果物距变号，注意评价函数中几何像差值与像差曲线符号一致性。

（3）注意前后两组的像差对组合系统像差的贡献关系。

9.2　物方远心光路的无限筒长显微物镜与管镜设计

9.2.1　显微物镜的特点

显微镜，顾名思义，具有显微放大作用。我们听过的有关显微镜的名称很多，如生物显微镜、荧光显微镜、相衬显微镜、暗场显微镜、金相显微镜、测量显微镜等。光学专业领域的显微镜，按照光路结构和设计特点的不同，分为有限共轭距显微镜、无限筒长显微镜。有时为了探测物体的相位信息，在显微镜光路中加入相衬板或干涉腔组件，构成相衬显微镜、干涉显微镜或微分干涉显微镜。因此，从光学设计的角度，掌握有限共轭距显微镜、无限筒长显微镜的设计方法，是显微镜设计的根本。而在显微镜光路中添加一定厚度的平板，其引起的像差规律可以参见本书 5.6 节，对其附加像差的校正由物镜来承担。由此，可很容易转到其他类型显微镜的设计。下面从系统的角度，阐述一般显微镜的光路特点。

早期的显微镜，一般为目视显微镜，显微镜的视放大率或视觉放大率由其物镜决定。后来，随着光电探测技术水平不断提高与器件的研发，现在的显微镜大多用探测器接收成像信息传输到显示设备上，供数字处理或观察。但是，显微镜的基本特点并没有多大改变。常规的特点阐述如下：

物镜要具有互换性，要求不同倍率的显微物镜的共轭距离（由物平面到像平面的距离）相等。有限筒长显微物镜光路原理和无限筒长显微物镜光路原理如图 9 – 4 所示。

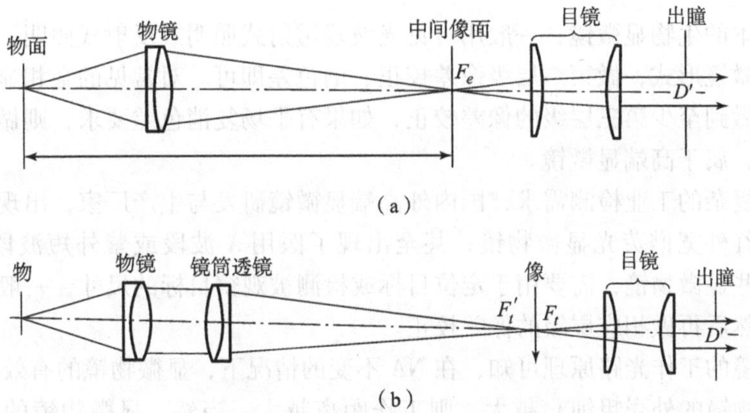

图 9 – 4　显微物镜光路原理图

（a）有限筒长显微镜光路原理图；（b）无限筒长显微物镜光路原理图

显微物镜的光学特点如下。

（1）显微物镜的倍率 β：

$$f' = \frac{-\beta}{(1-\beta)^2}L \text{ 或 } f' = -\frac{250}{\beta}$$

式中，β 取负值。

$|\beta|$ 越大，f'越小，所以显微物镜的焦距比望远物镜短得多，可以用作扩束、内窥镜、

光纤耦合等。

（2）显微物镜的数值孔径（相对孔径）：

$NA = n\sin U$ 决定了物镜的衍射分辨率，$\delta = \frac{0.61\lambda}{NA}$，数值孔径 NA 与倍率 β 的关系近似为 $NA = \frac{\beta}{50}$，倍率越高，NA 越大；与物镜常用的相对孔径 D/f' 的近似关系为 $\frac{D}{f'} = 2NA$，所以 $NA = 0.25$，相当于 $\frac{D}{f'} \approx \frac{1}{2}$。

（3）显微物镜的视场：

一般显微物镜的线视场 $2y'$ 不大于 20mm，对于无限筒长的显微物镜，筒镜（又称管镜）焦距随应用情况不同而变化，有 250mm、200mm、190mm，有时还有 100mm。这里以 $f' = 250\text{mm}$ 为例，计算物方孔径角为

$$\tan\omega = \frac{y'}{f'_{筒}} = \frac{10}{250} = 0.04, \omega = 2.3°$$

总之，显微物镜的普遍光学特点为：焦距短，视场小，相对孔径大。

设计显微物镜时，主要校正像差，分为四层次：对于低倍率显微物镜，校正 $\delta L'_m$、$\Delta L'_{FC}$、SC'_m；对于较高倍率的物镜，追加校正高级孔径像差 $\delta L'_{sn}$、$\delta L'_{FC}$、SC'_{sn}；对于平场要求的物镜，还需进一步追加 x_s'、x_t'、x_{ts}'、$\Delta y_{FC}'$ 像差；如果还有复消色差要求，需要追加二级光谱色差 $\Delta L'_{FCD}$。

9.2.2 物方远心无限筒长物镜设计举例

普通低成本的生物显微镜，一般用可见光波段透射式照明或反射式照明，采用有限共轭距或筒长的显微镜形式，做第二层级像差校正、消色差即可。对常见的金相显微镜、测量显微镜等，需要做到至少第三层级的像差校正，如果有平场复消色差要求，则做到全部四个层级的像差校正，属于高端显微镜。

当前，应复杂的工业检测需求，国内外高端显微镜研发与生产厂家，出现了近红外显微物镜、可见近红外宽谱荧光显微物镜；甚至出现了医用 X 波段或紫外短波段显微物镜等，品种繁多。这些显微物镜，需要用于定位目标或检测被观察目标的尺寸，一般需要设计成物方远心光路，然后再做相应层级的像差校正。

由显微物镜的工作光路原理可知，在 NA 不变的情况下，显微物镜的有效通光直径（直观地看，显微物镜的外壳粗细）越大，则工作距离越大。当然，显微物镜的工作距还取决于物镜的复杂程度，如采用至少两个光组的反远距型，也可以获得更大的工作距。如果工作距离不变，显微物镜的外壳越粗，则其 NA 越大。因此，显微物镜的外表有粗细之分，需要查看铭牌，识别其物镜的性能参数。常见的显微物镜筒径为 45mm 或者 90mm 左右。

9.2.2.1 设计要求

设计一 20 倍无限筒长、物方远心物镜，其性能参数如下：

NA = 0.4；

工作波段：可见光；

工作距：大于 11mm；

筒径：45mm；

管镜焦距：200mm；

物方视场：$2y = 1.3$mm。

9.2.2.2　初始结构

根据管镜焦距和倍率，可以计算初物镜焦距：

$$f' = \frac{-200}{\beta} = \frac{-200}{-20} = 10\ (\text{mm})$$

轴向平行光束的孔径高为：$H \approx f'\sin U = 10 \times 0.4 = 4$（mm）。

因此设计总要求如下：$f' = 10$mm，$H = 4$mm，$\omega = 3.58°$，相对孔径 $\frac{D}{f'} = \frac{2H}{f'} = \frac{1}{1.25}$。

由于物方工作距要大于 11mm，大于物镜焦距，因此，该物镜结构形式，需要采取正组在前、负组在后的反远距形式。

由 $\phi'_1 + \phi'_2 - d\phi'_1\phi'_2 = \phi'$ 和 $\frac{d}{f'_1} = 1 - \frac{l'_f}{f'}$，$l'_f \geqslant 11$，及 $\frac{1}{l'_f} - \frac{1}{f'_1 - d} = \frac{1}{f'_2}$，共 4 个方程，可进行外形尺寸计算求出两薄透镜组的焦距和间隔：

$f'_1 = -40.9$mm，$f'_2 = 13.4$mm，$d = 26.1$mm，$l'_f = 16.7$mm

这样，负组透镜相对孔径约为 1/(40.9/8) = 1/5.1，属于小相对孔径系统，可以采用双胶合透镜组；正组需要承担的 NA = 0.4，相对孔径约为 1/1.25，为大相对孔径系统，需要采取更复杂的结构，一般至少两个双胶合透镜组以上的组合。由于正组的相对孔径很大，焦距又比较短，透镜厚度和焦距之比不能忽略，不能用薄透镜系统的初级像差求解。我们直接查现有手册，找一个现有结构作为正组的原始数据。显微物镜的结构参数如表 9 – 20 所示。

表 9 – 20　*r*、*d* 参数与玻璃牌号

r	*d*	玻璃牌号
−10.68	4.8	TF1
12.359	3.2	ZF10
−82.31	11.45	
100	1.2	LAF4
13.38	3.7	FK1
−19.3	0.4	ZF2
19.0	3.6	FK1
−19.0	1.2	ZF7
−100	1.85	
11.25	3.65	LAF6
26.79	12.17	

该物镜系统焦距：$f' = 10.5$mm，其光学结构图如图 9 – 5 所示。

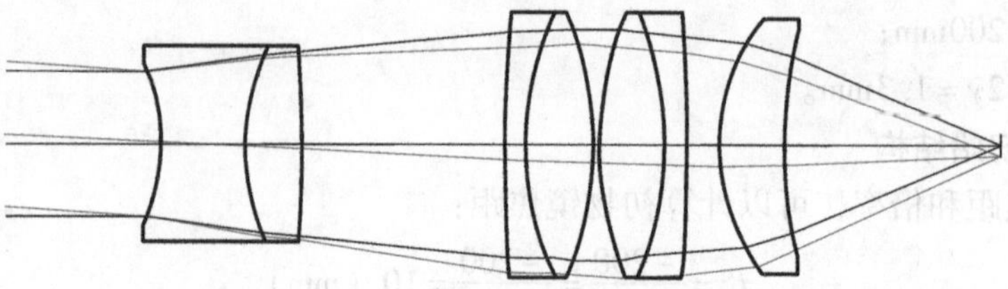

图 9－5　20X 无限筒长显微物镜光学结构图

9.2.3　远心光路定义

图 9－5 以物位于无限远的形式定义显微物镜光路。过去的设计中，为了便于在有限距离的像面上评价物镜的像差，常采取这种光路定义方法，称之为“正向光路”，此时应该定义的远心形式，为“像方远心”。从图 9－5 看，像方主光线没有很好地平行于光轴，还不是严格意义上的像方远心。如果要求定义成像方远心，需要将物镜的孔径光阑设置在透镜组的前（物方）焦面上，这种定义方法在后续的动态优化过程中，需要采样几根像方主光线与光轴的夹角，控制夹角小于一定的数值，需要根据控制精度来计算夹角上限。

直观的定义方法，可以将光路反向，由物（线视场）出发，依次过显微物镜、理想成像系统定义的管镜到达像面，是一种放大作用的显微成像结构。此时，以引入位于物方无穷远“虚拟面”作为孔径光阑，定义物方远心，评价函数专心于像差的精准控制，为设计带来方便。

图 9－6 给出了这种定义方式透镜数据截图。图 9－6 中，在物后面 10 000mm 远处设置孔径光阑，为了与显微物镜的实际工作距相符，再定义“虚拟面”将物距补偿为正常情况。

Lens Data Editor

Edit　Solves　View　Help

Surf:Type		Radius	Thickness	Glass	Semi-Diameter		Focal Length
OBJ	Standard	Infinity	1.0000E+004		0.62500		
STO	Standard	Infinity	-1.000E+004		4364.35780		
2	Standard	Infinity	12.17000		0.62500		
3*	Standard	-26.79000	3.65000	LAF6	6.30000	U	
4*	Standard	-11.25000	1.85000		7.00000	U	
5*	Standard	100.00000	1.20000	ZF7	7.30000	U	
6*	Standard	19.00000	3.60000	FK1	7.30000	U	
7*	Standard	-19.00000	0.40000		7.30000	U	
8*	Standard	19.30000	3.70000	FK1	7.30000	U	
9*	Standard	-17.38500	1.20000	LAF4	7.30000	U	
10*	Standard	-100.00000	11.45000		7.30000	U	
11*	Standard	82.31000	3.20000	ZF10	5.40000	U	
12*	Standard	-12.35900	4.80000	TF1	5.40000	U	
13*	Standard	10.68000	10.00000		4.50000	U	
14	Paraxial		200.00000		4.57520		200.00000
IMA	Standard	Infinity	-		12.20627		

图 9－6　20 倍显微物镜与 200mm 焦距管镜合成系统的远心光路定义截图

显微物镜的设计，一般采取独立消像差方式，因此图 9－6 中 14 面设置为“Paraxial”，表示定义焦距为 200mm 的近轴透镜，它对轴上轴外物点都理想成像，不带入任何像差。

版本稍高的 ZEMAX 软件，为了便于物方远心光路的定义，在“General”对话框中，给出了“Telecentric Object Space”勾选方法，选中后，解决了物方远心光路的定义问题。如图 9－7 所示。

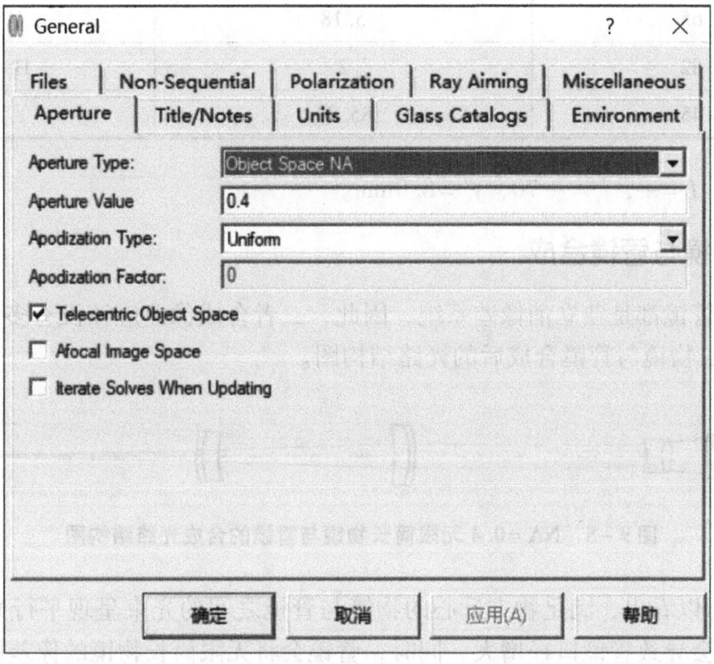

图 9－7　ZEMAX 中定义物方远心的勾选功能

9.2.4　管镜设计

管镜是完整无限筒长显微物镜的组分之一，基本成像原理是，物镜将近距离的物点成像到无限远，再由管镜将物点的像成到位于管镜焦面的像面上，一般管镜的后焦面上会放置阵列探测器。与有限共轭距显微物镜相比，由于物镜与管镜之间的光束为平行光束，只要管镜口径足够，理论上，物镜与管镜之间的间隔可以无限大，便于显微镜的光路布局与独立调校。实际使用中，由于受到管镜口径限制与物镜出瞳距的限制，物镜与管镜之间的距离不是任意的，但定位精度要求不高，这是无限筒长物镜明显的优越之处。管镜焦距随仪器应用场景变化。其有两个特点：①为了使物镜具有足够的放大倍率，其焦距一般远长于物镜焦距，一般大于 100mm；②孔径光阑不在管镜上，根据显微镜组成情况，一般需要在物镜与管镜之间插入一些用于引入照明光源或光路折转、分光作用的平面元件。因此，光阑是远离管镜的，管镜的轴外像差成为管镜需要校正的主要像差。

管镜的设计要求一般包括工作波段、入瞳距、焦距、入瞳直径、视场角（像方线视场）。

这里给出我们设计过的典型管镜结构参数，如表 9－21 所示。

表 9－21　r、d 参数与玻璃牌号

r	d	玻璃牌号
38.56	2.00	H－ZF2
28.37	5.18	H－FK61
195.62	58.5	
－24.65	5.18	H－ZF2
－22.82	2	H－FK61
－50.45	85.93	

$f'=200\text{mm}$，$L=\infty$，$l_z=-70$，$y'=8.0\text{mm}$。

9.2.5　物镜与管镜合成

由于物镜与管镜都是独立消像差系统，因此，二者合成像差应该没有多大变化。图 9－8 给出了无限筒长物镜与管镜合成后的光路结构图。

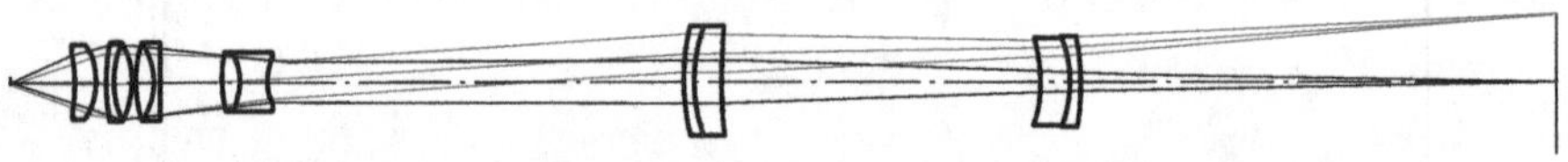

图 9－8　NA＝0.4 无限筒长物镜与管镜的合成光路结构图

由图 9－8 可以看出，满足物方远心的物镜与管镜之间的光束呈现平行光束，如果二者之间距离增大，会导致管镜口径增大。同时，管镜会将无限筒长物镜的像差放大，因此无限筒长物镜的成像质量受物镜像差影响较大，设计时，需要对物镜的像差校正足够重视。

9.3　光瞳外置光学模拟器与目镜设计

根据像差理论，光瞳或孔径光阑在透镜组上的光学系统，像差校正相对容易，并且选用一些典型结构形式，可以应对孔径像差或者视场像差的校正。如大相对孔径光学系统，一般选用多个双胶合或者三胶合透镜组，即可实现大相对孔径系统的设计；对于大视场光学系统，一般尽量选用光阑位于中间的对称式结构，垂轴像差自动抵消，轴向像差相互叠加，而结构具有消除轴向像差的能力。对于离轴反射系统，光瞳位于主镜上的三反结构，可以设计的系统相对孔径较大；孔径光阑位于中间次镜上的离轴三反结构，同样可以满足较大的视场需求。

对于光瞳远离透镜组的系统结构，因轴外主光线在后方光组上的投射高较大，且符号相同，轴外像差的校正难度变大。尤其是像面上放置平面性阵列探测器的系统结构，因校正场曲的难度加大，结构变得更加复杂，透镜片数明显增加。

光瞳远离透镜组的典型应用例子，包含前一节的管镜，还有给空间或航天相机提供无穷远目标的各种光学模拟器、头盔/头戴光学系统、目镜光学系统。这些系统的共同特点，都要求其与前端光学系统满足光瞳衔接原则。

如果前端光学系统是独立消像差设计，则光瞳远离透镜组的系统也需要独立消像差。此时，除了校正轴上物点的像差外，还需要校正轴外视场像差，其中校正难度较大的像差是场曲与畸变。

9.3.1　光瞳外置的光学模拟器设计

光瞳外置的光学模拟器，是空间光学载荷、导引头光学系统等研制过程中在实验室环境开展检测与性能评估的重要光学器具。一般由显示器（LCD、LED、TFT、OLED 等）产生可用的空间星图、导星等目标数字/模拟信号，由光学系统再将其成像到无限远，供后方的相机等光学系统接收。

为了保证光瞳衔接和空间布局需要，光瞳外置的光学模拟器其入瞳距都很大。某光学模拟器的设计要求如表 9-22 所示。

表 9-22　期刊报道的某光学目标模拟器设计要求

LCD 液晶板	15.3mm 对角线
分辨率/pixel	1440×1080
出瞳距离/mm	700
出瞳直径/mm	40
光谱范围/nm	500~700
视场角/(°)	7
畸变/%	<0.5
MTF	0°视场 >0.8@40lp/mm
	全视场 >0.6@40lp/mm

表 9-22 中出瞳距离为 700mm，视场角为 7°。针对本系统出瞳距离长，主光线入射较高的特点，依据其像差特性，使用“+ - +”三组镜片，通过镜片分解和失对称处理，合理分配前、中、后组各镜片光焦度，解决了由大出瞳距造成的系统彗差、垂轴色差和畸变难以校正的问题，最终系统畸变小于 0.5%；调制传递函数在零视场 40lp/mm 处大于 0.8，全视场 40lp/mm 处大于 0.6；点列图的 RMS 半径均小于 5μm；单个 LCD 像元内能量集中度达到 80%。

系统的三组分分解如图 9-9（a）所示，光学模拟器采用“+ - +”三组式结构，前组由两片正镜组成；中组为一正两负，总光焦度为负；后组由一个双胶合与两片平场透镜组成。由于出瞳距较大，主光线在透镜 1 前表面的入射高较大引入的彗差、畸变和垂轴色差较严重，像散也比较大；同时，在前组需要将光线快速向光轴偏折，使用了两片正透镜，使前组留下较大像差。在中组光焦度为负引入像差与前组符号相反，后组调整焦距并且起到平衡剩余像差的作用。透镜 2 使用 ZF6 与 LaK11 的组合主要作用是平衡色差，同时使二级光谱也得到了一定校正。透镜 3 使用弯月透镜校正匹兹伐和以及剩余像差。

设计完成的某光学模拟器的光学结构图如图 9-9（b）所示。图 9-10 给出了设计结果的系统 MTF 曲线。整体设计结果满足设计要求。

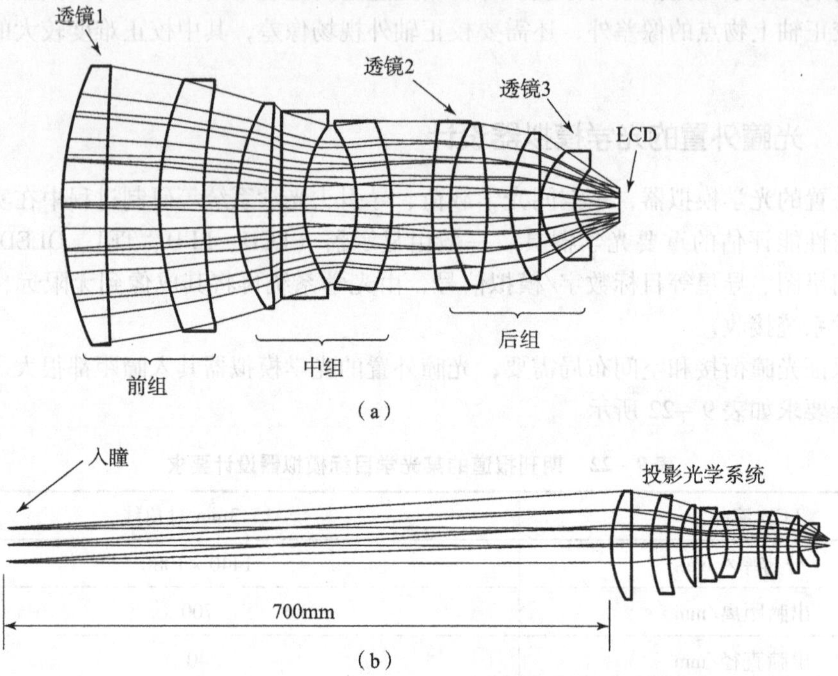

图 9－9　某光学模拟器的光学结构图

（a）光组分解；（b）设计结果的光路结构图

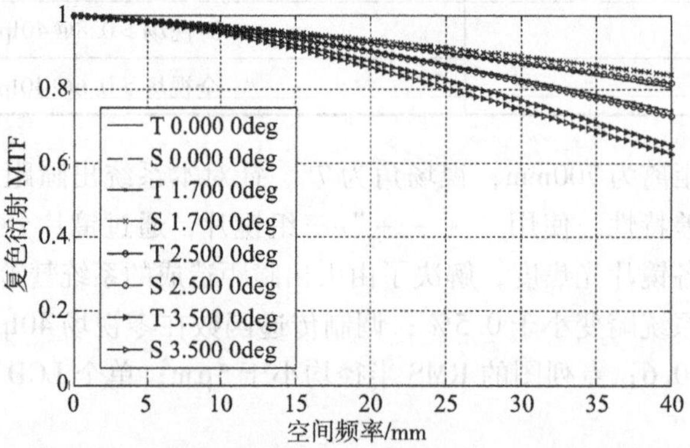

图 9－10　某光学模拟器设计结果的 MTF 曲线图

9.3.2　光瞳外置的目镜设计

目镜是光学系统中特点鲜明的光学系统，其结构选型与像差精准控制的方法很具有代表性，名为“目镜”，可以演变到光瞳外置的所有光学系统。通过对这一类光学系统设计方法的研究，对其余光瞳外置光学系统的设计具有重要的参考价值。下面我们以对称式光学结构与双胶合加单透镜的光学结构为例，来阐明其设计思想与像差校正方案。

9.3.2.1　目镜光学特性特点

目镜是一类特殊的光学系统，与人眼联用。作用：将物镜所成的像，通过目镜成像到无限远，供人眼观察。

（1）焦距短。对于望远镜用目镜，$f'_{物} = -\Gamma f'_{目}$，如 $f'_{目}$ 大，则 $f'_{物}$ 很快增加（因为 $|\Gamma| \gg 1$），为了减小体积，尽可能减小目镜的焦距。另外，目镜使用时，要求有一定的出瞳距离。对于显微镜用目镜，$f'_{目} = \dfrac{250}{\Gamma_e}$，$\Gamma_e$ 一般在 10×，$f'_{目}$ ~5mm。所以目镜焦距短。

（2）相对孔径比较小。目镜的出射光束直接进入人眼的瞳孔 $\varphi_{瞳} = 2 \sim 4$mm，所以望远镜的出瞳孔径 4mm（军用）；显微镜（入瞳孔径小）的出瞳孔径 1 ~ 2mm；而人眼焦距 $f'_{\varphi} = 15 \sim 30$mm，所以 $D/f' \leqslant 1/5$。

（3）视场角大。

望远镜，$\tan\omega' = \Gamma\tan\omega$，无论增加 Γ，还是增大物方视场 ω，都要增加 ω'；显微镜，要增加物镜的线视场，也是相当于增加目镜物方焦面的线视场。用 $y' = f'\tan\omega'$，如目镜焦距 f' 一定，则 ω' 变大。视场大小如下：

一般视场角 $2\omega' = 40°$

广角视场 $2\omega' = 60°$

特广角 $2\omega'' = 100°$

（4）入瞳与出瞳远离透镜组。如图 9－11 所示，目镜的入瞳位于前方的物镜上，出瞳位于后方一定距离上。

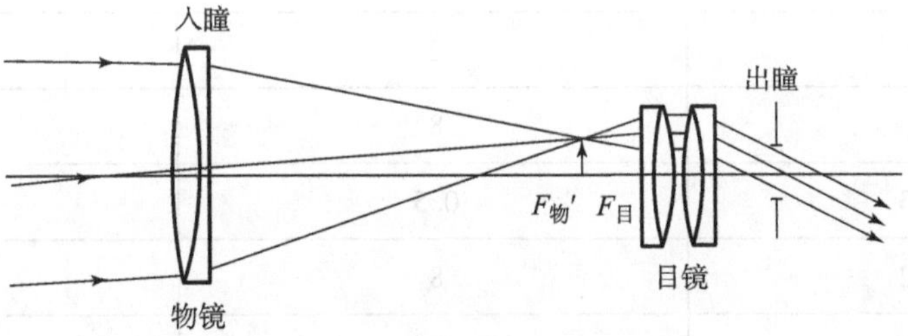

图 9－11　目镜的出入瞳情况

9.3.2.2　目镜的像差校正

目镜视场大：出入瞳远离透镜组，轴外光束在透镜组上的透射高较大，在透镜表面上的入射角自然很大，所以斜光束像差（彗差、像散、场曲、畸变、垂轴色差）很大，目镜的结构一般比较复杂。目镜焦距短，相对孔径比较小，目镜透镜组数比较多，所以目镜的球差、轴向色差一般不大，不用作刻意校正。

主要校正轴外像差（以影响成像清晰度像差为主）：K'_s，K'_T，x'_t，x'_s，x'_{ts}，$\Delta L'_{FC}$，$\delta y'_z$。对于 $\delta y'_z$，目镜随着视场变大，都允许有较大的畸变。随视场变化，目镜允许的畸变关系如下：

$2\omega' = 40°$时，$\delta y_z' \leqslant 5\%$；$2\omega = 60° \sim 70°$时，$\delta y_z' \leqslant 10\%$；$2\omega' > 70°$时，$\delta y_z$可以大于 10%。

目镜中场曲一般不进行校正。如要消场曲，必须正负分离或采用厚弯月型透镜，使光束进一步增大，但焦距不大，这样会使高级像差变得很大。即使用若干透镜组合，轴外像差如彗差、像散、畸变、垂轴色差也无法达到很好的校正，所以一般不校正场曲。目镜设计中应

该校正 K'_s，K'_T，x'_{ts}，$\Delta y'_{FC}$。

初级彗差和光束孔径的平方成比例。而目镜的出瞳直径较小，所以彗差不会太大，在这三种像差中居于次要位置。目镜设计对 F 光和 C 光消色差，对 D 光或 e 光校正单色像差。

设计目镜时，通常按反向光路设计，即入瞳在目镜的前方，在其焦平面上计算像差。

9.3.2.3 举例设计——对称式光学结构的目镜设计

设计要求：4×望远镜的目镜，$f'=25\text{mm}$；视场角 $2\omega'=40°$；出瞳直径 $D'=4\text{mm}$；出瞳距离 $l'_{zm}>20\text{mm}$；望远系统的入瞳与物镜重合；不考虑目镜结构和物镜之间的像差补偿。

按反向光路设计，设计要求转化为：

焦距：$f'=25\text{mm}$；

视场角：$2\omega=40°$；

入瞳直径：$D=4\text{mm}$；

入瞳距离：$|l_z|>20\text{mm}$；

出瞳距：$L'_{zm}=f'_{物}+f'_{目}\approx 100+20=120$。

根据设计要求，系统的相对孔径为 1/6.25，视场为 40°，属于中等视场的物镜。可以选用对称式光学结构。

为了控制出入瞳距，在像方加入虚拟平面，控制出瞳距为 120mm。

初始结构数据如表 9－23 所示。

表 9－23　*r*、*d* 参数与玻璃牌号

r	*d*	玻璃牌号
1 000	2	ZF2
32.2	8	K9
－21.3	0.5	
－32.2	8	K9
－1 000	2	ZF2
(STO) ∞	120	
∞	－120	

表 9－22 中倒数第二行，设置虚拟光瞳面，保证出瞳距离。

由于系统选用对称式结构，自变量只有三个曲率半径，所以只能校正三种像差，应该是 f'，x_{ts}'，$\Delta y_{FC}'$。对于 K_s' 或 K_T'，因相对孔径较小，彗差值不太大。

讨论一下像散的校正方案，像散校正方案有两种：①直接校正像散 $x_{ts}'=x'_t-x_s'=0$，则 $x_t'=x_s'=x'_p$；②通过校正 $x_t'=0$，间接缩小 x_{ts}'，则 $x_s'=\dfrac{2}{3}x'_p$。

这两种校正像散的方案得到的像差校正状态，如图 9－12 所示。

显然，由图 9－12 发现，第二种（b）校正状态比第一种（a）校正状态的轴外成像质量好。在目镜设计中，往往采用 $x_t'=0$ 的像散校正状态，不采用 $x_{ts}'=0$ 的校正状态。需要

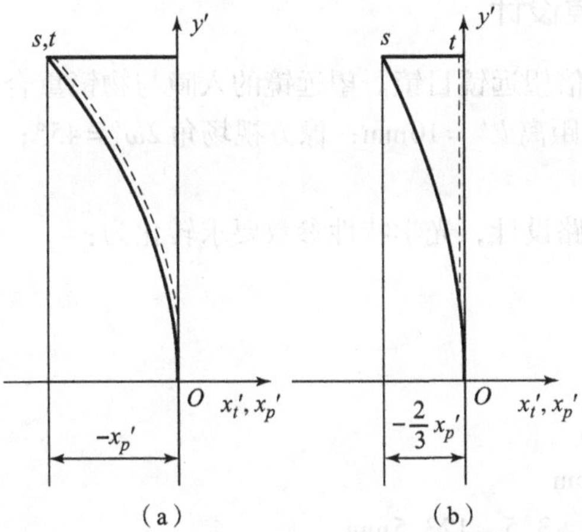

图 9－12　光瞳外置系统校正像散的两种方案呈现的像差状态

（a）第一种校正像散的方案；（b）第二种校正像散的方案

注意：$x_t'=0$ 与 $x_p'=0$ 的条件不一样，因为 x_t' 与 h_z、h 都有关系，而 x_p' 只与 φ 有关。

所以，评价函数要体现校正 $f'=25\text{mm}$，$x_t'=0$，$\Delta y_{FC}'=0$。优化并归一化后，得到结构数据如表 9－24 所示。

表 9－24　r、d 参数与玻璃牌号

r	d	玻璃牌号
783. 4	2	ZF2
32. 66	8	K9
－22. 28	0. 5	
22. 28	8	K9
－32. 66	2	ZF2
－783. 4		

其像差结果如表 9－25 所示。

表 9－25　对称式结构优化后的像差结果

像差 / h or $\tan\omega$	$\delta L'$	SC'	$\Delta L'_{FC}$	x_t'	x_s'	K'_{T1h}	$\delta y_z'$	$\Delta y_{FC}'$
1	－0. 128	－0. 001 3	－0. 026	－0. 048	－0. 95	－0. 004	－0. 706	－0. 013 9
0. 707 1	－0. 062 6	－0. 000 89	－0. 026	－0. 47	－0. 54		－0. 26	0. 009

通过计算几何像差的容限，可以判断表 9－9 中有关像差的校正效果。

9.3.3 凯涅尔目镜设计

设计要求：设计一6倍望远镜目镜。望远镜的入瞳与物镜重合，目镜的焦距 $f'=20$mm；出瞳直径 $D'=4$mm；出瞳距离 $l_z'=10$mm；像方视场角 $2\omega'=45°$；设计目镜时，不考虑与物镜的像差补偿。

与前相同，按反向光路设计，光学特性参数要求转化为：

焦距 $f'=20$mm

视场角 $2\omega=45°$

入瞳直径 $D=4$mm

入瞳距离 $l_z=-10$mm

像方焦截距 $l'_F=3.5$mm

出瞳距离 $L'_{zm}=6\times20+3.5=123.5$mm

该例中，入瞳距离 $l_z=-10$mm，要求为定值，不同于上一个例子。采取在物方引入虚拟面，定义孔径光阑。初始结构如表9-26所示。

表9-26 r、d参数与玻璃牌号

r	d	玻璃牌号
(STO) ∞	10	
48	1.5	ZF6
13.36	4.5	ZK3
-16.14	16	
21	4.5	K9
∞	-4.37	

设计中，可以用作自变量的有：5个曲率半径，1个透镜间隔。

在像差控制上，根据设计要求，可以校正多个像差，像质要求方面的像差控制，选择：

$x'_{tm}=0$（相当于 x_{ts}'）

$\Delta y'_{FCm}=0$

$K'_{Tm}=0$

在工作条件要求方面，选择控制：

$f'=20$m

$l'_F=3.5$mm

$L'_{zm}=123.5$mm

在系统的边界条件方面，使用“MNCA，MXCA”，控制双胶合透镜与单透镜之间的间隔范围。

经优化后，被控制的像差很快达到要求，结构参数如表9-27所示。

表 9－27　*r*、*d* 参数与玻璃牌号

r	d	玻璃牌号
STO ∞	10	
45.28	1.5	ZF6
13.30	4.5	ZK3
−15.08	15.48	
30.3	4.5	K9
−41.21	3.5	

设计结果的系统像差数据如表 9－28 所示。

表 9－28　系统优化后的像差结果

像差 / h or $\tan\omega$	$\delta L'$	SC'	$\Delta L'_{FC}$	x_t'	x_s'	K'_{T1h}	$\delta y'_z$	$\Delta y_{FC}'$
1	−0.34	−0.002 1	0.042	0	−1.22	0	−4.86%	0
0.707 1	−0.165	−0.001 6	0.041	−0.25	−0.61	−0.037	−2.52%	0.009 98

根据像差容限公式，计算公差如下：

$$u' = \frac{2}{20} = 0.1$$

$$\delta L'_m \leqslant \frac{4 \times 0.000\,58}{0.1 \times 0.1} = 0.232$$

$$\Delta L'_{FCm} \leqslant \frac{0.000\,58}{0.1^2} = 0.058$$

$$x'_{ts} < \frac{2 \times f'^2_{目}}{1\,000} = \frac{2 \times 20^2}{1\,000} = 0.8$$

$$\frac{x'_t + x'_s}{2} < \frac{f'^2_{目}}{1\,000} = 0.4$$

对彗差和垂轴色差，按角像差：$\Delta y' = \dfrac{-f'\Delta}{3\,438\cos^2\omega} \leqslant \dfrac{-f'(8' \to 10')}{3\,438\cos^2\omega}$。

对于最大半视场 $\omega = 22.5°$，$|\Delta y'| \leqslant 0.054\text{mm}$，当前系统值为 −0.041 6mm（由 Ray Aberration 曲线中查看，最大出现在 1.0 孔径处）；$\omega = 15.75°$ $|\Delta y'| \leqslant 0.031\text{mm}$（$\Delta = 5'$），当前系统值为 −0.087mm。

从具体数据看，不论是边缘视场还是 0.707 1 视场，垂轴色差都不算大。在 0.7071 视场，角像差超标，是由彗差引起的，$K_{T1h\,0.707\,1w} = -0.037$，彗差值较大，说明有高级像差存在（视场高级彗差）。

对于视场高级彗差，需要进一步校正，但实际情况是无变量可以增加。

在没有新变量可用于校正高级像差的前提下，可以通过改变边缘像差的校正状态来适当改善系统的成像质量，称为“像差平衡”。

上述 $K_{T1\ h0.707\ 1w}=-0.037$，说明0.707 1w处成像质量不好，希望视场中央部分成像质量好，允许边缘差一些。

高级彗差（视场）$K'_{Tsny}=K'_{T1h0.707\ 1y}-0.707\ 1K'_{T1h,1y}$，如将 $K_{T1h,1y}=0$，代入有 $K'_{Tsny}=-0.037$。现假定 K'_{Tsny} 不变，我们改变彗差的校正状态，使 $K'_{T1h1y}=0.03$，代入则 $K'_{T(1h,0.707\ 1y)}=K'_{Tsny}+0.707\ 1\ K'_{T1h1y}=-0.037+0.707\ 1\times0.03=-0.016$。

将上面结构参数作为新的原始结构，将 K'_{Tm} 的目标值由0改为0.03，重新优化，得结构参数如表9－29所示。

表9－29　r、d参数与玻璃牌号

r	d	玻璃牌号
(STO) ∞	10	
35.87	1.5	ZF6
12.45	4.5	ZK3
－16.38	15.15	
32.44	4.5	K9
－36.16	3.5	

相应的光学特性参数为：

$f'=20$，　$2\omega=45°$，　$D=4\text{mm}$，　$l'_F=3.5$，　$L'_{zm}=123.52$，　$l_z=-10$

像差平衡后，系统的像差数据如表9－30所示。

表9－30　像差平衡后系统像差结果

像差 / h or tanω	$\delta L'$	SC′	$\Delta L'_{FC}$	x_t'	x_s'	K'_{T1h}	$\delta y'_z$	$\Delta y_{FC}'$
1	－0.283	－0.001	－0.037	－0.000 8	－1.22	0.03	－5.37%	0
0.707 1	－0.138	－0.000 76	－0.036	－0.265	－0.62	－0.019 9	－2.77%	0.009 9

由表9－30可以看出，$K_{T1h0.707\ 1w}$ 由0.037减到－0.019 9，与预估的略有出入。对彗差来说，整个像面成像质量已得到提高。

以上光瞳外置光学系统的设计举例，特殊之处是通过这些例子，阐述了一些设计中的像差控制思想与实用方法，如：用虚拟面定义入瞳的方法；用“TTHI”控制顶焦距的方法；像差校正中的“像差平衡”的概念；等等。

复习题

1. 操作题

(1) 设计一望远镜的物镜，根据外形尺寸计算，对其提出光学特性要求及像差要求为：

焦距：$f'=125\text{mm}$，物镜中均无棱镜。

相对孔径：1/5.6，视场角：$2\omega=4°$

像差要求：$\delta L'_m = -0.1\text{mm}$，$SC'_m = -0.001$，$\Delta F'_{FC} = 0.05\text{mm}$

(2) 设计一中等倍率显微物镜，(像差校正到0)，设计要求为：

无限筒长，$\beta = -10$，NA = 0.35，$2\omega' = 6°$

(3) 设计4倍望远镜的目镜，焦距 $f' = 25\text{mm}$，出瞳直径 $D' = 4\text{mm}$，出瞳距 >20mm，视场角 $2\omega' = 30°$，不考虑与物镜的像差补偿，采用 $x'_t = 0$ 的像散校正方案，望远物镜的入瞳与物镜重合。

2. 论述题

试分别论述大相对孔径与光瞳外置系统的像差规律。

第10章
照明系统的设计

多数光学仪器或装置中，都包含照明系统。照明系统在显微镜、投影仪、机器视觉、工业内窥、汽车车灯、舞台布景等领域具有广泛的应用。照明系统的设计与成像系统的设计具有显著区别，前者的设计是通过光线投影关系在被照明面上形成所需要的照明场分布和照明亮度，后者的目标是将物面信息清晰、无畸变地传递到像面上。通常情况下，成像光学系统中的照明系统，要求光源照明目标，供成像系统将一定范围的目标，清晰成像到规定的像面上。设计照明系统，要求像面内具有高亮度和高均匀性，高亮度意味着对光源发出光的高聚集效率。

10.1 照明系统的基本概念

光源类型多种多样，形状和尺寸各异。光源可以是不同形状的卤钨灯、金属卤化物灯、发光二极管（LED）、氙灯、磨砂灯、弧光灯或硫磺灯等。照明光学系统的设计选择与光源的类型密切相关。有些光源在其发光面内有足够的亮度和均匀性，可以将这些光源直接成像于需要照明的目标上。但在多数情况下，光源的发光面并不均匀，照明光学系统需具有匀化作用，以在像面上实现所要求的亮度均匀性，同时保证光通量损失最小。

光度学中用于描述光源和照明系统的最常见物理参数是光通量、强度、照度和亮度。光度学主要与视觉系统关联，与人眼的光谱敏感性相关联。所以，如果希望通过照明系统的优化设计使得被目视观察的目标具有一定亮度，则必须考虑眼睛的光谱响应。辐射度学是另一个与照明系统密切相关的学科，它直接描述从光源发出并最终照射目标表面的能量。辐射度学的概念和基本原理与光度学所用的概念和基本原理完全相同，但单位不同。

基本的光度学参数及其对应的单位，主要有如下几种：

（1）光通量对应于辐射度学的能量，是光源发出的总能量，单位是流明（lm）。

（2）强度是单位立体角内的光通量，或立体角通量密度，或角通量分布。强度的定义中假设通量来源于一个点光源。强度的单位是坎德拉 = 流明/球面角。

（3）照度是入射到被照明表面的单位面积内的通量，或面积通量密度。它与入射到表面的角通量分布无关。照度的单位是勒克斯 = 流明/平方米。

（4）亮度是单位面积单位立体角内的通量，或面积和立体角通量密度。亮度的单位是尼特 = 坎德拉/平方米。

10.2　阿贝照明和柯勒照明

依据光源的特性，照明系统的设计有两种经典形式：阿贝照明和科勒照明。大多数现代照明系统设计，都是对这两个基本形式的运用及改进。

阿贝照明，也称临界照明，是指把光源直接成像到需要照明的物体上，原理光路如图 10－1 的近轴模型所示。被照明物体可以是电影放映机中的胶片、幻灯片或液晶板。阿贝照明要求光源本身是均匀的，或者聚光器有足够的像差使光源的像足够模糊，以防止将光源的不均匀结构成像在幻灯片平面。然后，投影镜头将物（如幻灯片）成像到屏幕上，同时也将光源的像成像到屏幕上。阿贝照明采用磨砂灯泡或大尺寸光源，不采用高亮度光源。因为高亮度光源具有明显的不均匀结构特征，如采用阿贝照明，结构特征会被明显地叠加到投影屏幕上。采用阿贝照明方案，屏幕上的最终亮度和均匀性取决于光源的亮度和均匀性。光源的均匀性，既指光源的空间均匀性，也指光源的角均匀性。

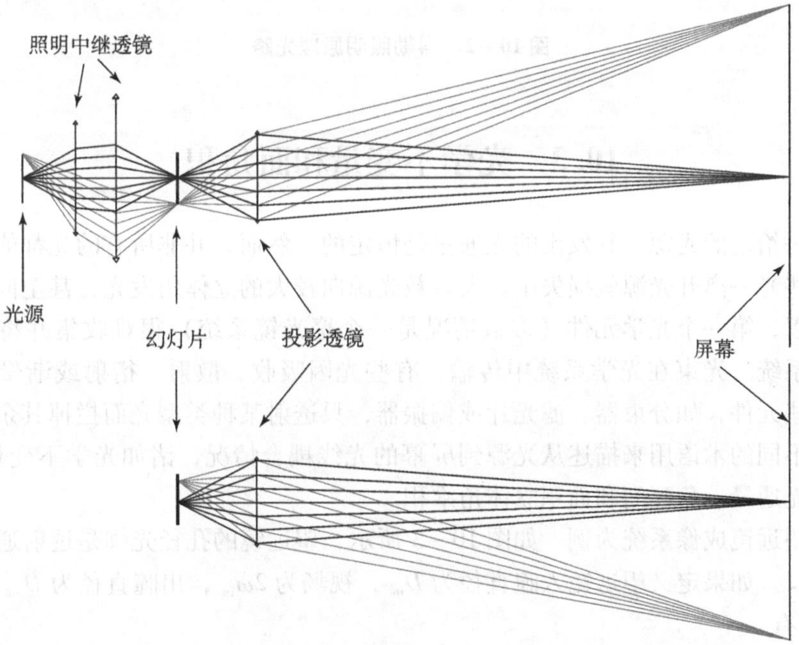

图 10－1　阿贝照明原理光路

弧光灯和钨丝灯是典型的低亮度、高非均匀性的光源，为在像面处获得均匀亮度，则必须采用科勒照明形式，原理光路如图 10－2 的近轴模型所示。照明中继透镜或聚光镜将光源成像到投影镜头的光瞳上，而不是要被投影的物体上。另外，该照明系统的孔径光阑位于被照明的物体上，即位于胶片、幻灯片或液晶板的位置，然后该物体被投影到屏幕上或进入眼睛。科勒照明本质上将光源细分成多个点光源，由于光源的每一个点都照射整个胶片表面，所以胶片被均匀照明。

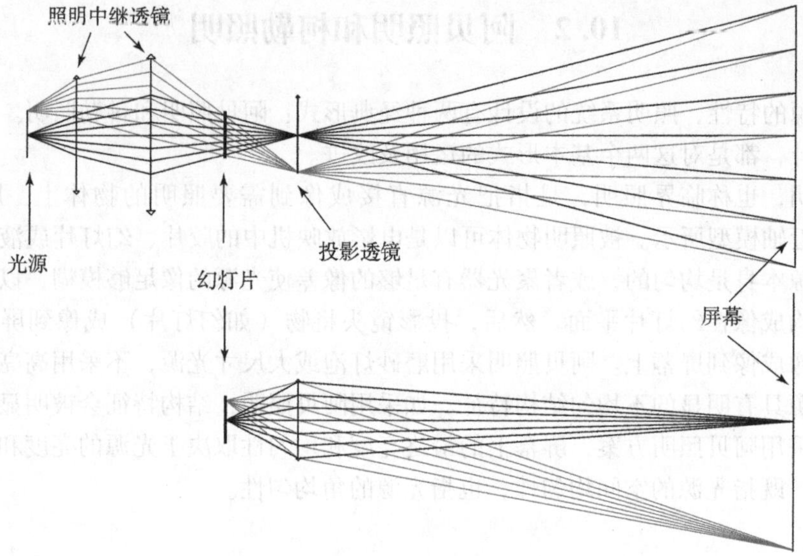

图 10－2　科勒照明原理光路

10.3　光学不变量和面角积

对于某一给定的光源，其发出的光通量是恒定的。然而，并非所有的光都能到达屏幕或探测器，有些光一离开光源就损失了。大多数光源向较大的立体角发光，甚至向整个球立体角发光。所以，第一个光学元件（多数情况是一个聚光镜系统）很难收集并将所有光线指向投影光学系统。光束在光学系统中传输，有些光因吸收、散射、衍射或渐晕而损失。此外，还有一些元件，如分束器、滤光片或偏振器，只透射某种类型光而拦掉其余的光。

有许多不同的术语用来描述从光源到屏幕的光线耦合情况，诸如光学不变量、面角积、聚光能力、光通量、角到面和面积立体角乘积。

以下以望远镜成像系统为例。如图 10－3 所示，望远镜的孔径光阑是透射通过望远镜的光通量的入口。如果定义望远镜入瞳直径为 D_{in} ，视场为 $2\omega_{in}$ ，出瞳直径为 D_{out} ，出射视场为 $2\omega_{out}$ ，则有

$$D_{in}\sin(\omega_{in}) = D_{out}\sin(\omega_{out}) \tag{10-1}$$

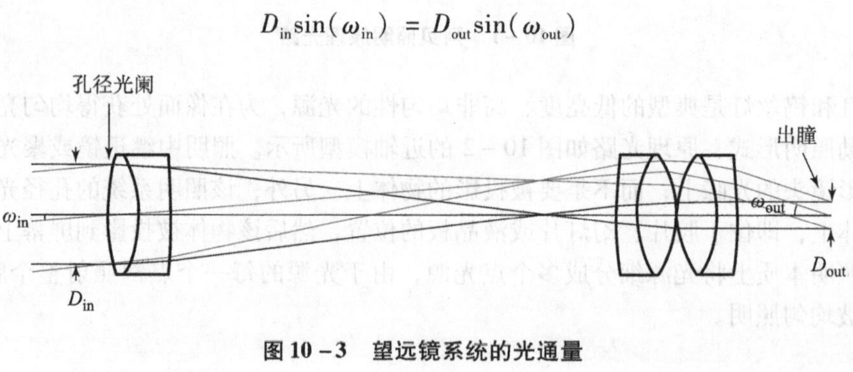

图 10－3　望远镜系统的光通量

换句话说，光学不变量在入瞳和出瞳处具有相同的值，这个乘积量在整个光学系统中保持不变。如果对上式两边分别平方，则得到

$$D_{\text{in}}^2 \sin^2(\omega_{\text{in}}) = D_{\text{out}}^2 \sin^2(\omega_{\text{out}}) \tag{10-2}$$

如果系统没有因吸收、渐晕、分束、滤光或散射造成的损失，则通过望远镜入瞳的总通量将全部通过出瞳。乘积 $D_{\text{in}}^2 \sin^2(\omega_{\text{in}})$ 是描述光学系统光通量的参数，它与面积立体角乘积（即面角积）成比例。对于有源光学系统，需要尽可能多地利用光源发出的光，并将光耦合到诸如投影镜头的后续光学系统中。光源的面角积应该等于或稍大于投影镜头的面角积。如果光源的面角积远大于投影镜头的面角积，则有许多光被光学系统中的光阑所遮挡而无法到达屏幕。另外，如果将投影镜头设计成本身的面角积大于光源的面角积，则是人为地为光学设计制造难题，因为光通量不能充满孔径光阑或视场。

在某些情况下，光束在光学系统内传输时，面角积会增加。例如，如果需要使光偏振，则可以将不需要的偏振态旋转而不是将其丢弃，其代价是面角积的增加。面角积增加的另一个典型案例是系统中存在衍射元件。如果使用多个衍射级次，则衍射元件之后的面角积大于衍射元件之前的面角积。另外，要减小面角积，但还要求光学系统没有光损失是不可能的。

对于成像光学系统而言，多数优化设计是优先将中央视场的像差校正到最小。照明系统的设计目标则正好相反，必须对视场边缘进行最佳像差校正，以便在胶片、LCD 或幻灯片上获得具有明显边界特征的照明区域。

光管是一种典型的照明匀化元件，如图 10－4 所示。光管可以是内表面为反射面的中空结构，也可以是全反射的实心结构。光管在照明系统中有两个重要的作用。首先，它是一种匀光器件，以便将光管入口处的空间非均匀分布变成均匀的输出。根据定义，光管输入表面处的面角积等于光管输出表面处的面角积。

光管的另一项重要功能是可以实现光线角度变换。锥形光管可以将入射光锥的角度变成系统可以接收的出射光锥角，来自光源的光被耦合进该系统。光管输入端的光学不变量等于输出端的光学不变量：

$$\frac{D_{\text{out}}}{D_{\text{in}}} = \frac{\sin(\omega_{\text{in}})}{\sin(\omega_{\text{out}})} \tag{10-3}$$

式（10－3）给出了光锥的角度变换，如图 10－5 所示。有多次内反射的光锥非常像万花筒。每次内反射后都改变光线和光轴之间的夹角，产生虚光源阵列，有利于光锥输出端的亮度均匀化。光锥表面的输入形状非常重要，矩形、三角形和六角形等形状在内反射展开后都是瓦片形，它们在空间上很好地将光均匀化。在圆形输入的情况下，采用抛物线形管壁替代锥形管壁更易实现较好的匀化效果，这类光管称为复合抛物线聚光器。

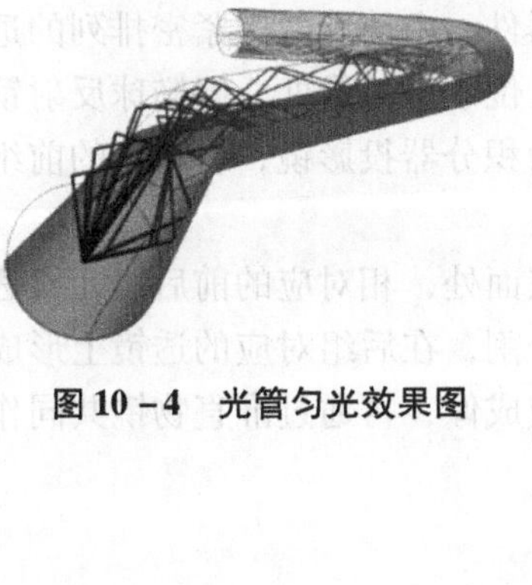

图 10－4　光管匀光效果图

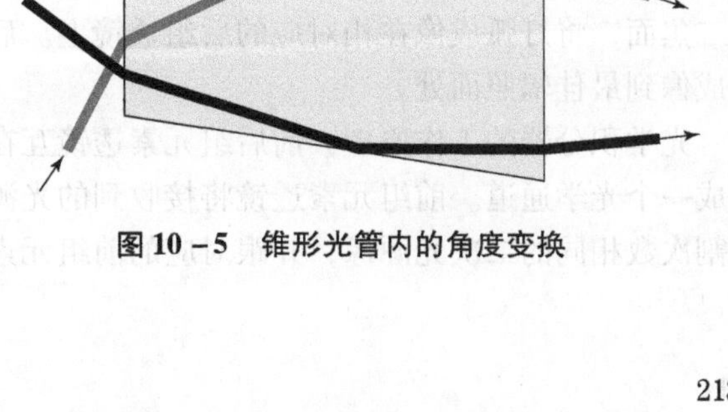

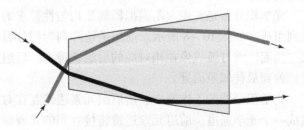

图 10－5　锥形光管内的角度变换

10.4 太阳模拟器匀光系统的设计

太阳模拟器是一种非常典型的照明光学系统，用来模拟太阳辐射的准直性、均匀性和光谱特性。太阳模拟器利用人工光源模拟太阳光辐射，以克服太阳光辐射受时间和气候的影响，并且实现总辐照度的灵活调节，广泛用于航空航天、光伏、农业等领域。

太阳模拟器的核心技术指标包含光谱匹配度、辐照度不均匀性、辐照度不稳定度。太阳模拟器校准规范（JJF 1615－2017）中规定了 A/B/C 三种等级的太阳模拟器性能参数要求。太阳模拟器的辐照面从数十毫米到数米不等。多数情况下，用于航天载荷地面标定的太阳模拟器等级要求高，辐照面口径超过 200mm。

太阳模拟器光学系统主要包含模拟光源、光学匀光器件、准直系统。球形氙灯是通常选用的光源，其光谱分布接近真实的太阳光谱，具有较大的输出功率，可以保证对辐照强度的要求。氙灯的光谱在紫外和可见光区域内与太阳光谱比较一致，但在近红外区域 800～1 100nm 存在许多强烈的尖峰状谱线，如图 10－6 所示。因此，在光源确定后，需要在光学系统中加入光学滤光片进行修正，使太阳模拟器的光谱分布与太阳光谱分布相符。

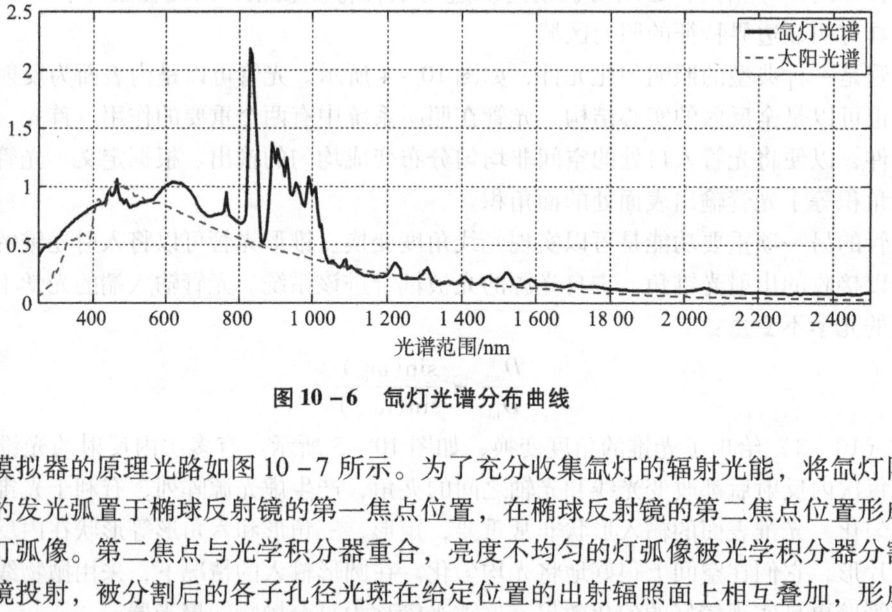

图 10－6　氙灯光谱分布曲线

太阳模拟器的原理光路如图 10－7 所示。为了充分收集氙灯的辐射光能，将氙灯阳极和阴极之间的发光弧置于椭球反射镜的第一焦点位置，在椭球反射镜的第二焦点位置形成被放大的氙灯灯弧像。第二焦点与光学积分器重合，亮度不均匀的灯弧像被光学积分器分割，再经过准直镜投射，被分割后的各子孔径光斑在给定位置的出射辐照面上相互叠加，形成照度均匀的辐照面。

光学积分器是实现太阳模拟器辐照均匀性要求的核心器件，由前后两组紧密排列的透镜阵列组成，如图 10－8 所示。前组透镜阵列为积分器场镜，位于灯弧像处，即椭球反射镜的第二焦面，将灯弧成像在相对应的后组透镜上。后组透镜为积分器投影镜，将对应的前组透镜成像到最佳辐照面处。

光学积分器的工作原理：前后组元素透镜互在对方的焦面处，相对应的前后组元素透镜组成一个光学通道。前组元素透镜将接收到的光源像对称分割，在后组对应的透镜上形成与分割次数相同的二次光源像，并跟对应的前组元素透镜对应成像，再通过准直物镜共同作用

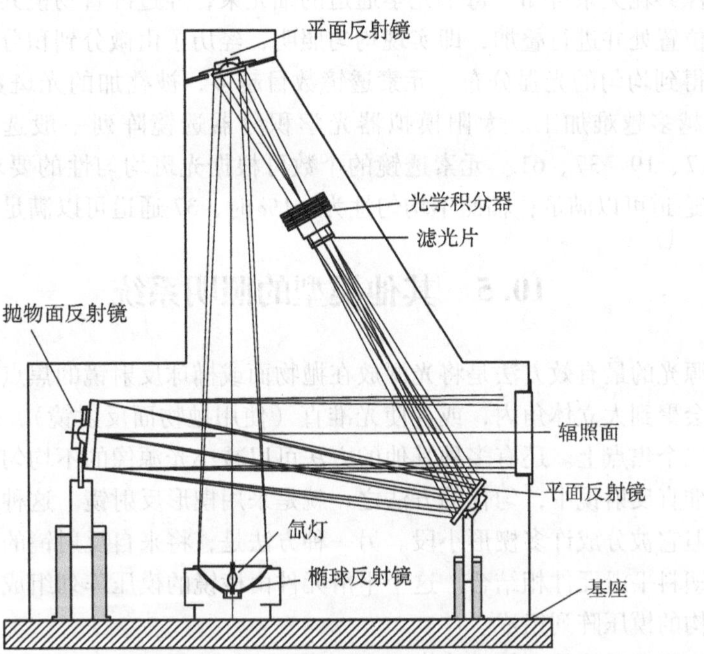

图10-7 典型的太阳模拟器原理光路

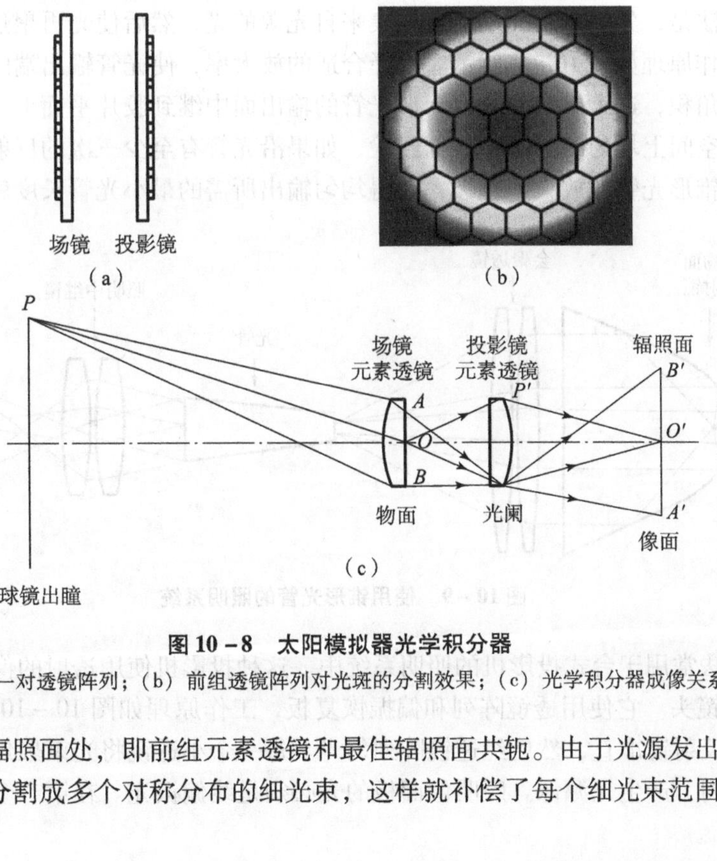

图10-8 太阳模拟器光学积分器

(a) 一对透镜阵列；(b) 前组透镜阵列对光斑的分割效果；(c) 光学积分器成像关系

重叠成像于最佳辐照面处，即前组元素透镜和最佳辐照面共轭。由于光源发出的整个宽光束经前组透镜阵列分割成多个对称分布的细光束，这样就补偿了每个细光束范围内的微小不均匀性。根据物像共轭关系可知，每个光学通道的细光束，经过准直物镜共同作用成像在最佳辐照面的同一位置处并进行叠加，即实现均匀照明，经历了由微分到积分的过程，这样在最佳辐照面上可得到均匀的光强分布。元素透镜数目越多，被叠加的光斑数越多，均匀性就越好，但通道越多越难加工。太阳模拟器光学积分器透镜阵列一般选用六角孔径透镜。通道数可以为 7、19、37、61。元素透镜的个数可根据光斑均匀性的要求，辐照不均匀性为 ±5% 时，7 通道可以满足；辐照不均匀性为 ±1% 时，37 通道可以满足。

10.5　其他类型的照明系统

收集小光源光的最有效方法是将光源放在抛物面或椭球反射镜的焦点上。这些反射镜将光源发出的光会聚到大立体角内，或者使光准直（使用抛物面反射镜），或者将光聚焦到椭球反射镜的第二个焦点上。还有多种其他的方法可以减小光源像的不均匀性。在闪光灯、路灯或汽车灯的准直反射镜中，匀化的方法之一就是采用楔形反射镜。这种反射镜具有基本的抛物面外形，但它被分成许多楔形小段。另一种方法是，将来自反射镜的平行光与位于反射镜前部的一个塑料平滑元件相结合。这个平滑元件由棱镜的模压阵列组成或由具有棱镜和正弦复合轮廓结构的模压阵列组成。

胶片投影仪照明系统的目标是将光源光照明胶片的矩形区域，并且照明系统的数值孔径和投影镜头的数值孔径相匹配。用非均匀的非矩形光源获得矩形均匀照明区域的方法有两种。

第一种方法是，先用抛物面反射镜聚集来自光源的光，然后使光再聚焦到矩形光管的输入表面上，工作原理如图 10－9 所示。选择合适的放大率，使光管输出端的面角积等于中继光学系统的面角积，这个中继系统将矩形光管的输出面中继到胶片平面上。光管必须有足够的长度以获得空间上均匀的输出。根据经验，如果沿光管有至少三次的反射，则输出的光斑将是均匀的。锥形光管的放大率越大，获得均匀输出所需的最小光管长度就越小。

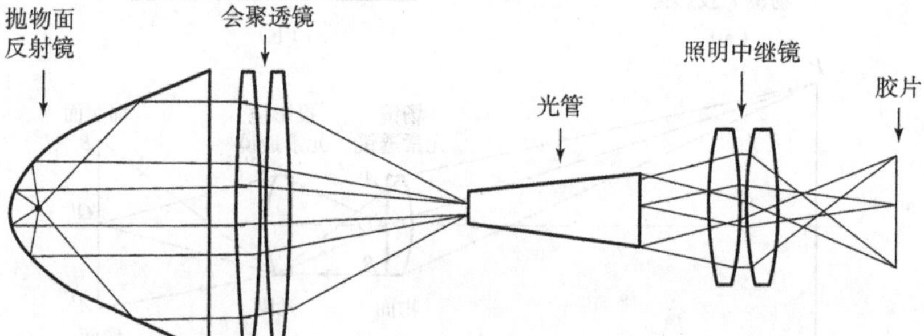

图 10－9　使用锥形光管的照明系统

第二种方法常用于台式投影机的照明系统中。这种投影机使用透射的像面板和 *F*#3（或更大）的投影镜头。它使用透镜阵列和偏振恢复板，工作原理如图 10－10 所示。来自光源的光由抛物面反射镜准直，然后经透镜阵列匀光。每一个小透镜将光束聚焦在第二个小透镜阵列的小透镜内，产生光源像。照明像面板的光必须是线偏振光。在第二个阵列之后有一个偏振分束器阵列，它把光分成两束正交的线偏振光。其中一束经过其偏振面旋转，两束光以相同的偏振态从偏振还原阵列中射出。第二个小透镜阵列和聚焦镜头一起将第一个阵列的矩形小透镜成像到像面板上。聚焦镜头将第一个阵列小透镜的像在像面板平面内叠加。来自抛物面的圆形通量分布被透镜阵列的矩形孔径元件采样，然后被叠加在像面板处。这样使非均匀的抛物面的输出均匀化，并改变其几何形状以匹配像面板的几何形状。

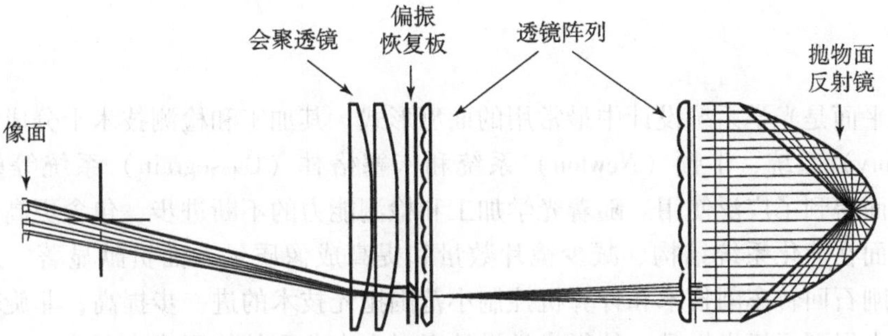

图 10－10　使用透镜阵列的照明系统

使用光管的照明系统光通量高且体积小。但是，光管的安装是一个难题，因为光管的所有表面都是光学面，与光管各面的任何接触都会破坏全反射，导致光的损失。尽管使用小透镜阵列的系统需要更大的空间，但采用偏振还原方法可以使光通量增加 30%～40%。

复　习　题

1. 名词解释

(1) 照明光学不变量　(2) 面角积　(3) 临界照明
(4) 阿贝照明　(5) 科勒照明

2. 简答题

(1) 比较临界照明与科勒照明光路的形式特点。
(2) 比较科勒照明与复眼匀光照明的光路特点、匀化效果。
(3) 使用黑体辐射模型，计算太阳光的光谱辐射强度曲线。

3. 设计题

通过查询资料，设计将 $\phi 10\mu m$ 点光源转化成 $\phi 10mm$ 面光源的照明光路系统，可以采用市面上的匀光照明器件产品，试给出反映设计方案的光路图与辐照均匀性估计值。

第11章 自由曲面光学设计

球面和平面是光学系统设计中最常用的面型形式，其加工和检测技术十分成熟。在格雷戈里（Gregory）系统、牛顿（Newton）系统和卡塞格林（Cassegrain）系统等望远镜系统中，二次曲面得到了广泛使用。随着光学加工和检测能力的不断进步，包含更高阶项非球面系数的非球面在简化系统结构、减少镜片数量和提高成像质量方面贡献显著。近10年来，多轴单点金刚石回转车削技术和计算机控制小范围抛光技术的进一步提高，非旋转对称光学面的加工能力得到了极大提升，使得光学设计者对自由曲面的使用成为可能。

自由曲面光学设计主要分为非成像光学设计和成像光学设计。在非成像光学设计中，光学自由曲面主要应用于光束整形、聚能器以及照明，对光线进行合理有效地调控，以提高光能分布的均匀性和能源的利用率。在成像光学设计中，光学自由曲面主要应用于超短距投影光学镜头、虚拟现实和增强现实的头戴显示系统、空间相机以及离轴反射式红外成像系统等。

11.1 自由曲面定义方法

从几何角度，光学自由曲面是指具有非旋转对称性的光学面，有别于传统的旋转对称球面和偶次非球面。从设计和加工角度，光学自由曲面被认为是由光学元件加工中心的 C 轴加工成型（X、Y 和 Z 轴为单点金刚石加工中心的线性平移轴，C 轴为加工中心装载被加工元件的转动轴），制造与设计相一致的非旋转对称型的光学面。以上两种表述方式都阐释了光学自由曲面的非旋转对称性。

自由曲面面型灵活，可以为光学设计提供丰富的设计自由度，需要使用较多的面型参数进行描述。在照明系统设计等非成像领域，经常使用离散数据点进行自由曲面描述。但应用于成像领域，从光学设计过程中对光线追迹的速度和精度，以及对成像像质优化的要求考虑，如果仍采用大量的离散点数据进行自由曲面面型描述，并以离散数据坐标作为优化变量，将给优化设计带来极大的不便。因此，在成像光学系统中，自由曲面通常有具体的函数表达式。常用的光学自由曲面数学描述，包括变形非球面（Anamorphic Asphere）、XY 多项式曲面、Zernike 多项式曲面、Q 多项式自由曲面、径向基函数自由曲面以及非均匀有理 B 样条曲面（NURBS）等。

多数情况下，自由曲面的描述方式都是在基底球面或二次曲面的基础上叠加非旋转对称项得到的。二次曲面基底可以表示为

$$z(x,y) = \frac{c^2(x^2+y^2)}{1+\sqrt{1-(1+k)c^2(x^2+y^2)}} \tag{11-1}$$

式中，x 和 y 是基底坐标，z 是矢高，c 是曲率，k 是二次曲面系数。$k=0$ 时，基底为球面。

自由曲面的描述种类繁多，本书将其分为正交多项式、非正交多项式，以及局部梯度可控的函数。

11.1.1　正交多项式

11.1.1.1　Zernike 多项式

Zernike 于 1934 年提出了 Zernike 多项式。Zernike 多项式在单位圆域内完备正交，采用其拟合面型时，各项系数相互之间不干扰，与采用的项数无关。由于 Zernike 多项式各项与像差的对应关系明确，所以它在光学设计和光学检测中都得到了广泛使用。此外，当前发展的针对自由曲面光学系统的矢量像差理论，都是针对面型中的 Zernike 项成分。因此，Zernike 多项式是自由曲面光学系统设计时最重要的一种面型表达形式。Zernike 多项式自由曲面的表征通常是在二次曲面的基础之上叠加 Zernike 多项式。也有光学设计者不使用二次曲面基底，而是直接采用 Zernike 多项式表征自由曲面，此时 Zernike 多项式中的旋转对称项与二次曲面等效。

Zernike 多项式自由曲面的面型矢高可以表示为

$$z=\frac{c^2(x^2+y^2)}{1+\sqrt{1-(1+k)c^2(x^2+y^2)}}+\sum_{j=1}^{M}c_jZ_j \tag{11-2}$$

式中，Z_j是第 j 项 Zernike 多项式，c_j是该项系数。Z_j通常用极坐标函数表征，但可以与笛卡儿坐标系进行转换。

圆形孔径上的 Zernike 多项式常被分为两种形式：一种为 Zernike 标准多项式（ZEMAX 中将其定义为 Zernike standard polynomials，D. Malacara 编著的 *Optical shop testing* 一书中将其定义为 Zernike circle polynomials）；另一种为 Zernike 条纹多项式（ZEMAX 中将其定义为 Zernike fringe polynomials，James C. Wyant 在 *Basic wavefront aberration theory for optical metrology* 中将其定义为 Zernike radial polynomials）。

两种类型的 Zernike 多项式虽然表达形式不完全一致，但它们具有相同的径向多项式：

$$R_n^m(\rho)=\sum_{s=0}^{(n-m)/2}\frac{(-1)^s(n-s)!}{s!\left(\frac{n+m}{2}-s\right)!\left(\frac{n-m}{2}-s\right)!}\rho^{n-2s} \tag{11-3}$$

式中，$n-m\geqslant 0$ 且为偶数，$R_n^m(\rho)$ 可以看作是 ρ 的 n 级多项式，包含 ρ^n，ρ^{n-2}，…和 ρ^m 项，$R_n^m(\rho)$ 中 ρ 的多项式阶数的奇偶性与 n 或 m 的奇偶性相同。

Zernike 标准多项式的表达形式为

$$Z_n^m(\rho,\theta)=\begin{cases}\sqrt{2(n+1)}R_n^m(\rho)\cos(m\theta), & m\neq 0\\ \sqrt{2(n+1)}R_n^m(\rho)\sin(m\theta), & m\neq 0\\ \sqrt{(n+1)}R_n^m(\rho), & m=0\end{cases} \tag{11-4}$$

式中，$R_n^m(\rho)$ 前的系数可以有通用表达式 $[2(n-1)/(1+\delta_{m0})]^{1/2}$，其中 δ_{ij}是克罗内克函数，该系数的作用是对该项进行归一化处理。

Zernike 条纹多项式的表达形式为

$$Z_n^m(\rho,\theta)=\begin{cases}R_n^m(\rho)\cos(m\theta), & m\neq 0\\ R_n^m(\rho)\sin(m\theta), & m\neq 0\\ R_n^m(\rho), & m=0\end{cases} \tag{11-5}$$

由此看出，Zernike 标准多项式与 Zernike 条纹多项式的表达形式的区别是 $R_n^m(\rho)$ 前的系数。此外，两者多项式各项序号 j 的排序方式不同：Zernike 标准多项式以 n 的大小依次排列，且 cos 项对应的 j 为偶数，sin 项对应的 j 为奇数；Zernike 条纹多项式以 $n+m$ 的大小依次排列，且 cos 项排列在前，sin 项排列在后。表 11-1 和表 11-2 分别列出了 Zernike 标准多项式自由曲面与 Zernike 条纹多项式自由曲面的初级像差项。

表 11-1 Zernike 标准多项式自由曲面的初级像差项（1~11 项）

j	n	m	$Z_j(\rho,\theta)$	像差
1	0	0	1	平移项
2	1	1	$2\rho\cos\theta$	x 向倾斜
3	1	1	$2\rho\sin\theta$	y 向倾斜
4	2	0	$\sqrt{3}(2\rho^2-1)$	离焦
5	2	2	$\sqrt{6}\rho^2\sin2\theta$	45°初级像散
6	2	2	$\sqrt{6}\rho^2\cos2\theta$	0°初级像散
7	3	1	$\sqrt{8}(3\rho^3-2\rho)\sin\theta$	y 向初级彗差
8	3	1	$\sqrt{8}(3\rho^3-2\rho)\cos\theta$	x 向初级彗差
9	3	3	$\sqrt{6}\rho^2\sin3\theta$	y 向三叶草
10	3	3	$\sqrt{6}\rho^2\cos3\theta$	x 向三叶草
11	4	0	$\sqrt{5}(6\rho^4-6\rho^2+1)$	初级球差

表 11-2 Zernike 条纹多项式自由曲面的初级像差项（1~9 项）

j	n	m	$Z_j(\rho,\theta)$	像差
1	0	0	1	平移项
2	1	1	$2\rho\cos\theta$	x 向倾斜
3	1	1	$2\rho\sin\theta$	y 向倾斜
4	2	0	$2\rho^2-1$	离焦
5	2	2	$\rho^2\cos2\theta$	0°初级像散
6	2	2	$\rho^2\sin2\theta$	45°初级像散
7	3	1	$(3\rho^3-2\rho)\cos\theta$	x 向初级彗差
8	3	1	$(3\rho^3-2\rho)\sin\theta$	y 向初级彗差
9	4	0	$6\rho^4-6\rho^2+1$	初级球差

Zernike 标准多项式与 Zernike 条纹多项式的表达形式相似，但 Zernike 标准多项式具有

归一化特性。$W(\rho,\theta)$ 表示待拟合的曲面，$Z_j(\rho,\theta)$ 表示 Zernike 标准多项式，c_j表示各项系数，$\hat{W}(\rho,\theta)$ 表示用 Zernike 标准多项式拟合产生的自由曲面，那么有

$$c_j = \frac{1}{\pi}\int_0^1\int_0^{2\pi} W(\rho,\theta)Z_j(\rho,\theta)\rho d\rho d\theta \tag{11-6}$$

$$\hat{W}(\rho,\theta) = \sum_{j=1}^{J} c_j Z_j(\rho,\theta) \tag{11-7}$$

Zernike 标准多项式的正交性是指

$$\frac{1}{\pi}\int_0^1\int_0^{2\pi} Z_j(\rho,\theta)Z_{j'}(\rho,\theta)\rho \mathrm{d}\rho \mathrm{d}\theta = \delta_{jj'} \tag{11-8}$$

上式中的系数 $1/\pi$ 由单位圆上的面积决定，即 $\int_0^1\int_0^{2\pi}\rho \mathrm{d}\rho \mathrm{d}\theta = \pi$。由于 $Z_1(\rho,\theta)=1$，所以由式（11-8）可知，其他各项 $Z_{j\neq1}(\rho,\theta)$ 在圆形孔径上的平均值为0，所以对于整个自由曲面偏差的均值和标准差值有

$$\langle \hat{W} \rangle = c_1 \tag{11-9}$$

$$\delta_W^2 = \langle \hat{W}^2(\rho,\theta) \rangle - \langle \hat{W}(\rho,\theta) \rangle^2 = \sum_{j=2}^{J} c_j^2 \tag{11-10}$$

Zernike 标准多项式自由曲面的正交性具有以下几个特点：

（1）采用不同项数的 Zernike 标准多项式对同一自由曲面进行拟合时，项数越多，拟合误差越小，但相同项对应的拟合系数相同，每一项系数之间的求解相互不干扰。

（2）常数项系数 c_1 等于整个自由曲面偏差的平均值。

（3）$j\geqslant2$ 的各项系数的平方和等于整个自由曲面 RMS 值的平方。

Zernike 多项式的正交特性保证了自由曲面光学系统优化设计的效率。但 Zernike 多项式自由曲面由二次曲面基底叠加 Zernike 项的表达形式，使得难以从自由曲面项系数直观判断自由曲面与最佳拟合球面的偏差，不能在光学系统设计过程中兼顾自由曲面的可加工性和可检测性。

11.1.1.2　*Q* 多项式

Q 多项式自由曲面是美国 QED 公司的 G. Forbes 博士提出的一种新型的自由曲面表征形式，便于光学设计者在光学系统设计时，直接建立自由曲面项系数与该自由曲面偏差的关系。

Q 多项式的提出首先被用于非球面，有 Q_{con} 和 Q_{bfs} 两种非球面表征形式。前者称为强效非球面，用于描述非球面度较大的非球面面型；另一种称为温和非球面，用于描述非球面度不太大的非球面面型；。

Q_{con} 非球面多项式定义了一个偏离二次曲面的非球面，矢高表达式为

$$z = \frac{cr^2}{1+\sqrt{1-(1+k)c^2r^2}} + u^4\sum_{m=0}^{M} a_m Q_m^{\mathrm{con}}(u^2) \tag{11-11}$$

Q_{bfs} 非球面多项式定义了一个偏离最佳拟合球面的非球面，矢高表达式为

$$z = \frac{c_{\mathrm{bfs}}r^2}{1+\sqrt{1-c_{\mathrm{bfs}}^2r^2}} + \frac{u^2(1-u^2)}{\sqrt{1-c_{\mathrm{bfs}}^2r^2}}\sum_{m=0}^{M} a_m Q_m^{\mathrm{bfs}}(u^2) \tag{11-12}$$

式（11-11）和式（11-12）中，$r=\sqrt{x^2+y^2}$，$u=r/r_{\max}$ 为归一化半口径，$r_{\max}$ 为非球面的

最大半口径；$Q_m^{con}(u^2)$ 和 $Q_m^{bfs}(u^2)$ 均是 m 阶正交化雅可比多项式，a_m 为多项式所对应的系数。

式（11－12）中第二项所描述的 Q_{bfs} 非球面多项式，为该非球面与最佳拟合球面的 z 向偏差，考虑到 z 向偏差与法向偏差的转换，再对矢高的法向偏差求导，可以得到非球面的斜率表达式：

$$S_m(u)=\frac{d}{du}u^2(1-u^2)Q_m^{bfs}(u^2) \tag{11-13}$$

依据 Q_{bfs} 非球面多项式的各项系数 a_m 可以直接计算出非球面斜率的 RMS 值。因此，在优化设计过程中，可以通过对各项系数 a_m 值的优化控制，实现非球面斜率的控制，从而在优化设计的过程中兼顾加工和检测的可行性。Q_{bfs} 非球面也称为斜率受控型 Q_{bfs} 非球面。

在此基础上，通过引入含有 $Q_n^m(u^2)\cos m\phi$ 的对称函数项和 $Q_n^m(u^2)\sin m\phi$ 的非对称函数项，则构建了斜率受控型 Q_{bfs} 自由曲面多项式表征：

$$z=\frac{c_{bfs}r^2}{1+\sqrt{1-c_{bfs}^2r^2}}+\frac{1}{\sqrt{1-c_{bfs}^2r^2}}\left\{u^2(1-u^2)\sum_{n=0}^{N}a_n^0Q_n^0(u^2)\right.$$
$$\left.+\sum_{m=1}^{M}u^m\sum_{n=0}^{N}\left[a_n^m\cos m\phi+b_n^m\sin m\phi\right]Q_n^m(u^2)\right\} \tag{11-14}$$

式中，ϕ 为极坐标系中的极角；当 $m=0$ 时，$Q_n^0(u^2)$ 与 $Q_n^{bfs}(u^2)$ 是相同的；当 $m>0$ 且为整数时，$Q_n^m(u^2)$ 用于表征沿着曲面法矢方向的偏差；a_n^m 为 $Q_n^m(u^2)\cos m\phi$ 对称函数项的系数，b_n^m 为 $Q_n^m(u^2)\sin m\phi$ 非对称函数项的系数。

令 $t=u^2$，$Q_n^m(u^2)=Q_n^m(t)$，与 $Q_n^m(t)$ 相关联的雅可比多项式 $J_n^m(t)$ 为

$$J_n^m(t)=\begin{cases}1-\dfrac{t}{2}, m=1\text{ 且 }n=1\\ \dfrac{(-1)^n(2n)!!}{2(2n-1)!!}J_n^{(-\frac{3}{2},m-\frac{3}{2})}(2t-1),\text{其他}\end{cases} \tag{11-15}$$

式中，$m>0$ 且为整数，n 为非负整数，$Q_n^m(t)$ 多项式可见相关文献。

11.1.1.3 二维切比雪夫多项式

与 Zernike 多项式和 Q 多项式不同，二维切比雪夫多项式（2D Chebyshev Polynomials）是一种在方形区域内正交的多项式，可以用来描述方形孔径自由曲面的面型。

二维切比雪夫多项式分别由 x 和 y 方向的一维第一类切比雪夫多项式相乘得到。x 方向的一维第一类切比雪夫多项式 $T_n(x)$ 在区间 $[-1,1]$ 上相对于权重函数 $w(x)=1/\sqrt{1-x^2}$ 正交，如式（11－16）所示：

$$\int_{-1}^{1}\frac{T_n(x)T_m(x)}{\sqrt{1-x^2}}dx=\begin{cases}\dfrac{1}{2}\pi\delta_{nm} & n\neq0,m\neq0\\ \pi & n=m=0\end{cases} \tag{11-16}$$

前 7 项非归一化的一维第一类切比雪夫多项式 $T_n(x)$ 如表 11－3 所示。

表 11－3　前 7 项非归一化的一维第一类切比雪夫多项式

n	$T_n(x)$
0	1
1	x

续表

n	$T_n(x)$
2	$2x^2-1$
3	$4x^3-3x$
4	$8x^4-8x^2+1$
5	$16x^5-20x^3+5x$
6	$32x^6-48x^4+18x^2-1$

将 $T_n(x)$ 中的变量 x 替换为 y 即为 y 方向的一维第一类切比雪夫多项式，$T_n(y)$ 与 $T_n(x)$ 具有相同的特性。由上述可知，正方形域（边长为 2）的二维切比雪夫多项式 $C_j(x,y)$ 为

$$C_j(x,y)=T_n(x)T_m(y) \tag{11-17}$$

式中，下标 j 为二维切比雪夫多项式的排序序号，为正整数；n 和 m 为非负整数。二维切比雪夫多项式的正交特性为

$$\int_{-1}^{1}\int_{-1}^{1}C_j(x,y)C_{j'}(x,y)\frac{\mathrm{d}x\mathrm{d}y}{\sqrt{1-x^2}\sqrt{1-y^2}}=\begin{cases}0, & j\neq j'\\ K, & j=j'\end{cases} \tag{11-18}$$

式中，K 为二维切比雪夫多项式归一化系数，取值如式（11－19）所示。

$$K=\begin{cases}\pi^2, & n=m=0\\ \pi^2/4, & n=m\neq 0\\ \pi^2/2, & \text{其他}\end{cases} \tag{11-19}$$

因此，归一化的二维切比雪夫多项式 C_{Nj} 为

$$C_{Nj}=\frac{C_j/\sqrt{K}}{\|C_j/\sqrt{K}\|}=\frac{C_j/\sqrt{K}}{\left[\dfrac{1}{4}\int_{-1}^{1}\int_{-1}^{1}(C_j/\sqrt{K})^2\mathrm{d}x\mathrm{d}y\right]^{1/2}} \tag{11-20}$$

前 15 项非归一化的二维切比雪夫多项式 $C_j(x,y)$ 如表 11－4 所示。

表 11－4　前 15 项非归一化的二维切比雪夫多项式

多项式阶数	$C_j(x,y)$
0	$C_1=T_0(x)T_0(y)$
1	$C_2=T_1(x)T_0(y)$
1	$C_3=T_0(x)T_1(y)$
2	$C_4=T_2(x)T_0(y)$
2	$C_5=T_1(x)T_1(y)$
2	$C_6=T_0(x)T_2(y)$
3	$C_7=T_3(x)T_0(y)$
3	$C_8=T_2(x)T_1(y)$
3	$C_9=T_1(x)T_2(y)$
3	$C_{10}=T_0(x)T_3(y)$

续表

多项式阶数	$C_j(x,y)$
4	$C_{11} = T_4(x)T_0(y)$
4	$C_{12} = T_3(x)T_1(y)$
4	$C_{13} = T_2(x)T_2(y)$
4	$C_{14} = T_1(x)T_3(y)$
4	$C_{15} = T_0(x)T_4(y)$

11.1.1.4 二维勒让德多项式

二维勒让德多项式（2D Legendre Polynomials）也是一种在方形区域内正交的多项式，可以用来描述方形孔径自由曲面的面型。二维勒让德多项式的获得过程与二维切比雪夫多项式类似，也是由 x 和 y 方向的一维勒让德多项式相乘得到。x 方向的一维勒让德多项式 $P_n(x)$ 在区间 $[-1,1]$ 上相对于权重函数 $w(x)=1$ 正交，如式（11-21）所示。

$$\int_{-1}^{1} P_n(x)P_m(x)\,\mathrm{d}x = \frac{2}{2n+1}\delta_{nm} \tag{11-21}$$

前 7 项归一化的一维勒让德多项式 $P_n(x)$ 如表 11-5 所示。

表 11-5 前 7 项归一化的一维勒让德多项式

n	$P_n(x)$
0	1
1	$\sqrt{3}x$
2	$(\sqrt{5}/2)(3x^2-1)$
3	$(\sqrt{7}/2)(5x^3-3x)$
4	$(3/8)(35x^4-30x^2+3)$
5	$(\sqrt{11}/8)(63x^5-70x^3+15x)$
6	$(\sqrt{13}/16)(231x^6-315x^4+105x^2-5)$

对于 y 方向的一维勒让德多项式，将 $P_n(x)$ 中的变量 x 替换为 y，即为 $P_n(y)$，$P_n(y)$ 与 $P_n(x)$ 具有相同的特性。由上述可得，正方形域（边长为2）的二维勒让德多项式 $L_j(x,y)$ 为

$$L_j(x,y) = P_n(x)P_m(y) \tag{11-22}$$

式中，下标 j 为二维勒让德多项式的排序序号，为正整数；n 和 m 为非负整数。二维勒让德多项式的正交特性为

$$\frac{1}{4}\int_{-1}^{1}\int_{-1}^{1} L_j(x,y)L_{j'}(x,y)\,\mathrm{d}x\mathrm{d}y = \delta_{jj'} \tag{11-23}$$

前 15 项二维勒让德多项式如表 11-6 所示。

表 11-6 前 15 项二维勒让德多项式

多项式阶数	$L_j(x,y)$
0	$L_1 = P_0(x)P_0(y)$
1	$L_2 = P_1(x)P_0(y)$
1	$L_3 = P_0(x)P_1(y)$
2	$L_4 = P_2(x)P_0(y)$
2	$L_5 = P_1(x)P_1(y)$
2	$L_6 = P_0(x)P_2(y)$
3	$L_7 = P_3(x)P_0(y)$
3	$L_8 = P_2(x)P_1(y)$
3	$L_9 = P_1(x)P_2(y)$
3	$L_{10} = P_0(x)P_3(y)$
4	$L_{11} = P_4(x)P_0(y)$
4	$L_{12} = P_3(x)P_1(y)$
4	$L_{13} = P_2(x)P_2(y)$
4	$L_{14} = P_1(x)P_3(y)$
4	$L_{15} = P_0(x)P_4(y)$

11.1.1.5 非圆域的正交多项式

除了常规的圆形和方形孔径的自由曲面，在实际工程应用中，非圆形孔径光学元件的使用越来越多。对于此类非圆形口径的元件，圆域正交多项式失去了其正交特性。对于规则类型的方形、椭圆形、环形、六边形或扇形孔径等，可以采用格林姆－施密特正交化法(Gram－Schmidt Orthogonalization) 获得所对应孔径上的解析正交多项式。

格林姆－施密特正交化法是以一组完备的多项式函数作为基函数，通过迭代变换，得到所对应孔径形状上的解析正交多项式。因为 Zernike 标准多项式广泛应用于面型和波前分析，而且在单位连续圆域内具有正交完备性，所以通常将 Zernike 标准多项式作为基函数。通过格林姆－施密特正交化法得到相应非圆域孔径上的解析正交多项式，具体过程如下。

为简便起见，将直角坐标系表示的 Zernike 标准多项式 $Z_j(x,y)$ 简写为 Z_j，其中下标 j 为正整数，从 1 开始，为 Zernike 标准多项式的排序序号。同样，F_j 为相应非圆域孔径上的解析正交多项式，G_j 为中间转换多项式，用于实现格林姆－施密特正交化过程。通常对于第一项常数项有

$$F_1 = G_1 = Z_1 = 1 \tag{11-24}$$

G、Z 和 F 满足递推关系：

$$G_{j+1} = Z_{j+1} + \sum_{k=1}^{j} c_{j+1,k} F_k \tag{11-25}$$

那么相应非圆域孔径的归一化正交多项式 F 为

$$F_{j+1} = \frac{G_{j+1}}{\| G_{j+1} \|} = \frac{G_{j+1}}{\left[\frac{1}{A} \int_{aperture} G_{j+1}^2 \mathrm{d}x\mathrm{d}y \right]^{1/2}} \tag{11-26}$$

式（11－25）中变换系数 $c_{j+1,k}$ 为

$$c_{j+1,k} = -\frac{1}{A} \int_{\text{aperture}} Z_{j+1} F_k \mathrm{d}x\mathrm{d}y \tag{11-27}$$

其中，A 为内切于单位圆域的规则非圆形孔径的面积。

对于内切于单位圆域的规则非圆形孔径如环形、正方形、矩形、六边形和椭圆形等的面积 A_{AA} 、A_{SA} 、A_{RA} 、A_{HA} 和 A_{EA} 分别如下：

$$A_{AA} = \pi(1 - \varepsilon^2) \tag{11-28}$$

$$A_{SA} = 2 \tag{11-29}$$

$$A_{RA} = 4a \sqrt{1 - a^2} \tag{11-30}$$

$$A_{HA} = \frac{3\sqrt{3}}{2} \tag{11-31}$$

$$A_{EA} = \pi b \tag{11-32}$$

式（11－28）中，ε 为环形孔径的遮拦比；式（11－30）中，a 为矩形孔径沿 X 轴方向的半宽度，沿 Y 轴方向的半宽度为 $\sqrt{1 - a^2}$ ；式（11－32）中，b 为椭圆形孔径沿 Y 轴方向的椭圆半短轴，沿 X 轴方向的椭圆半长轴为单位 1。

根据上述格林姆－施密特正交化法，通过迭代递推公式，可以获得相应规则非圆域孔径的解析正交多项式。此类非圆域正交多项式是以 Zernike 标准多项式为基函数变换得到的，在相应孔径上，对应的解析正交多项式具有与 Zernike 标准多项式相似的像差特性，它们分别可以用于相应孔径形状的自由曲面表征、拟合与分析等。

11.1.2 非正交多项式

除了前文中论述的各种类型正交多项式之外，还有一些非正交类型的函数也用于自由曲面的表征，主要包括由 xy 型多项式演变的多种曲面。

11.1.2.1 双曲率复曲面

双曲率复曲面（Anamorphic Asphere Surface，AAS）也称为变形非球面，是以双曲率面为基底面，分别叠加 XY 的对称项和非对称项。

双曲率面是指在子午面和弧矢面上分别有不同的曲率半径和圆锥系数的曲面，双曲率面没有旋转对称型，但具有双面对称性。双曲率复曲面的表征方程为

$$z(x,y) = \frac{c_x x^2 + c_y y^2}{1 + \sqrt{1 - (k_x + 1)c_x^2 x^2 - (k_y + 1)c_y^2 y^2}} + \sum_{n=0}^{N} a_n \left[(1 - b_n)x^2 + (1 + b_n)y^2 \right]^{n+2} \tag{11-33}$$

式中，c_x 和 c_y 分别为弧矢面和子午面内的曲率半径；k_x 和 k_y 分别为弧矢面和子午面上的圆锥系数；a_n 为旋转对称项的系数，b_n 为非旋转对称项的系数。因为双曲率复曲面在子午方向和弧矢方向具有不同的曲率半径，所以在离轴非旋转对称自由曲面光学系统设计中，可以使用该曲面校正离轴像散。

11.1.2.2　*xy* 多项式面

xy 多项式面是以二次曲面为基底面，叠加多个 $x^m y^n$ 单项式，其表征方程为

$$
\begin{aligned}
z(x,y) &= \frac{c(x^2+y^2)}{1+\sqrt{1-(k+1)c^2(x^2+y^2)}} + \sum_{j=2}^{J} a_j x^m y^n, \\
j &= \frac{(m+n)^2+m+3n}{2}+1
\end{aligned}
\tag{11-34}
$$

式中，c 为顶点曲率半径；k 为圆锥系数；a_j 为 $x^m y^n$ 项的系数，上标 m 和 n 为非负整数，且 $m+n\geqslant 1$。将自由曲面与最佳拟合球面或二次曲面的偏差表示为 $x^m y^n$ 线性组合的形式，含有非对称项，可用于表征光学自由曲面。此外，由于多数的加工机床输入的参数都为 *xy* 多项式面，所以为了避免数据转换的精度丢失，*xy* 多项式也是自由曲面光学系统设计中普遍采用的面型表征方式。从像差理论角度分析，当不考虑系统对称性时，对于某一固定视场，系统像差近似表示为 *xy* 多项式泰勒级数展开的形式，这充分体现了 *xy* 多项式较强的自由曲面表征能力和像差校正能力。

11.1.2.3　双曲率基面 *xy* 多项式面

双曲率基面 *xy* 多项式面是以双曲率面为基底面，再叠加多个 $x^m y^n$ 单项式的曲面。该曲面结合了双曲率复曲面和 *xy* 多项式面的优点，进一步提高了光学设计自由度和光学自由曲面的表征能力，其表征方程为

$$
\begin{cases}
z(x,y) = \dfrac{c_x x^2 + c_y y^2}{1+\sqrt{1-(k_x+1)c_x^2 x^2-(k_y+1)c_y^2 y^2}} + \displaystyle\sum_{j=2}^{J} a_j x^m y^n \\
j = \dfrac{(m+n)^2+m+3n}{2}+1
\end{cases}
\tag{11-35}
$$

式中，c_x 和 c_y 分别为弧矢面和子午面内的曲率半径；k_x 和 k_y 分别为弧矢面和子午面上的圆锥系数；a_j 为 $x^m y^n$ 项的系数，上标 m 和 n 为非负整数，且 $m+n\geqslant 1$。在现有商业化光学设计软件中，需要利用自定义面型的特性，在软件中定义该双曲率基面 *xy* 多项式面，便于在自由曲面光学系统设计中使用。北京理工大学程德文和王涌天等人采用该曲面用于大视场结构紧凑的头戴显示器的设计。

11.1.3　局部面型可控的函数

前文论述的正交多项式和非正交多项式，面型描述中任意系数的变化，均会使得全局所有位置的矢高以及斜率发生变化。与之相对应的是局部面型可控的自由曲面面型，主要包括非均匀有理 B 样条自由曲面和径向基函数自由曲面。

11.1.3.1　非均匀有理 B 样条自由曲面

样条曲面以其灵活多样性在计算机辅助设计和自由曲面造型技术中具有广泛的应用，其中非均匀有理 B 样条曲面（NURBS）正逐步应用到光学设计中。NURBS 的数学表征方程为

$$
z(u,v) = \frac{\sum_{i=0}^{n}\sum_{j=0}^{m} w_{i,j} B_{i,k}(u) B_{j,l}(v) P_{i,j}}{\sum_{i=0}^{n}\sum_{j=0}^{m} w_{i,j} B_{i,k}(u) B_{j,l}(v)}
\tag{11-36}
$$

式中，下标 i、j、k 和 l 均为非负整数；$P_{i,j}$ 为控制点；$w_{i,j}$ 为权重因子；$B_{i,k}(u)$ 和 $B_{j,l}(v)$ 分别为沿着 u 方向的 k 阶 B 样条基函数和沿着 v 方向的 l 阶 B 样条基函数。式（11－37）为沿着 u 方向的 k 阶 B 样条基函数。

$$\begin{cases} k = 0, B_{i,0}(u) = \begin{cases} 1, u_i \leqslant u < u_{i+1} \text{ 且 } u_i < u_{i+1} \\ 0, \text{其他} \end{cases} \\ k \geqslant 1, B_{i,k}(u) = \dfrac{u - u_i}{u_{i+k} - u_i} B_{i,k-1}(u) + \dfrac{u_{i+k+1} - u}{u_{i+k+1} - u_{i+1}} B_{i+1,k-1}(u) \end{cases} \tag{11-37}$$

对于沿着 v 方向的 l 阶 B 样条基函数，只需将式（11－37）中的下标 i、k 换为 j、l，自变量 u 换为 v，如式（11－38）所示。

$$\begin{cases} l = 0, B_{j,0}(v) = \begin{cases} 1, v_j \leqslant v < v_{j+1} \text{ 且 } v_j < v_{j+1} \\ 0, \text{其他} \end{cases} \\ l \geqslant 1, B_{j,l}(v) = \dfrac{v - v_j}{v_{j+l} - v_j} B_{j,l-1}(v) + \dfrac{v_{j+l+1} - v}{v_{j+l+1} - v_{j+1}} B_{j+1,l-1}(v) \end{cases} \tag{11-38}$$

从非均匀有理 B 样条曲面的数学表征函数可以看出，调节 NURBS 曲面的每一个控制点或者其权重只影响该点附近的面型，因而 NURBS 曲面是一种局部面形可控的自由曲面。同时，NURBS 自由曲面具有一般性和较大的灵活性，通过调整控制点和权重因子，可以改变自由曲面的形状，但是其计算相对烦琐复杂。Chrisp 采用 NURBS 自由曲面设计了无像散离轴三反光学系统，相比于 Zernike 多项式面，其性能得到一定提高。在商业化光学设计软件 ZEMAX 的高级版本中，已经含有 Radial NURBS 和 Toroidal NURBS 自由曲面，但是相对于只有全局面型控制能力的自由曲面表征，此类 NURBS 自由曲面在光学设计中光线追迹速度和效率相对较低。尽管如此，可以进一步研究 NURBS 自由曲面的优化和追迹算法，利用商业化光学设计软件中的自定义曲面特性，将 NURBS 自由曲面集成到软件中，用于光学自由曲面表征和自由曲面光学系统设计。

11.1.3.2 径向基函数为基函数的自由曲面

以径向基函数为基函数的自由曲面是以二次曲面作为基底面，叠加径向基函数线性组合的形式，其表征方程为

$$z(x,y) = \frac{c(x^2 + y^2)}{1 + \sqrt{1 - (k+1)c^2(x^2 + y^2)}} + \sum_{n=1}^{N} w_n \Phi_n \tag{11-39}$$

式中，c 为顶点曲率半径；k 为圆锥常数；Φ_n 为径向基函数；w_n 为该径向基函数的权重。径向基函数具有紧致特性，在以某个固定点为中心的支撑域范围内，径向基函数表示为

$$\Phi_n(p) = \varphi(\| p - p_n \|_2) \tag{11-40}$$

式中，p 为支撑域内的任意点 (x,y)；p_n 为支撑域中心点 (x_n, y_n)；$\| p - p_n \|_2$ 为二范数，表示两点之间的欧几里得距离；φ 为构成径向基函数的径向函数，如高斯函数。在某个径向基下的某一点处的函数值仅与该点到径向基中心处的径向距离有关，因此径向基函数曲面是一种局部面型可控的自由曲面。同时，由式（11－40）可以看出，一个径向函数 $\varphi(\cdot)$ 通过平移到不同的支撑域中心点，就得到了所有的径向基函数 $\Phi(\cdot)$，体现了径向基函数的多中心特性。

径向基函数具有控制曲面局部形变的特性，因此也可用于表征光学自由曲面。实际使用

时是在曲面的孔径区域内将其分成 $m \times n$ 个网格。每个网格中心位置为每个高斯基函数的中心位置。最后将所有带权重的基函数进行叠加生成最终曲面。Ozan Cakmakci 等人利用光学设计软件自定义面型的特性，将高斯径向基函数集成到软件中，用于头戴显示器的设计。对于径向基函数的自由曲面面型，每个基函数仅影响局部面型，调整每个基函数的权重即可控制曲面在该基函数中心附近处的面型改变。此外，高斯函数平滑连续且具有任意阶导数，有利于光线追迹和优化分析。应用径向基函数面型时要特别注意合理选取每个基函数的空间影响区域，同时要保证设计过程中合理选择采样视场的数量，避免面型出现过度的起伏以及某些视场对应的局部面型未被优化。当前对高斯径向基函数用于自由曲面表征和自由曲面光学系统设计的研究尚不充分，径向基函数的曲面局部表征特性值得进一步探讨分析。

11.1.4 离散数据点表征的数值化正交多项式

如 11.1.1 节所述，对于非圆域孔径形状的自由曲面的表征，可以采用正交完备的 Zernike 标准多项式为基函数，通过格林姆 - 施密特正交化法，获得相应孔径形状的解析正交多项式。严格意义上，这些解析正交多项式只在连续域内具有正交特性。在实际工程应用中，无论是光学设计中在自由曲面面型上的光线追迹坐标点，还是干涉检测中自由曲面波面上的测试数据点，通常所获得的采样数据均为离散点。此时传统的解析正交多项式失去了其正交特性，因此需要一组正交多项式能够适应离散数据点的分析。另外，对于复杂孔径形状的自由曲面表征或波前分析，若采用迭代形式的格林姆 - 施密特正交化法获得该复杂孔径形状的正交多项式，计算相对烦琐，效率较低。Malacara 采用离散正交多项式用于单位圆域的波前分析；Dai 和 Mahajan 提出一种非迭代且快速的算法用于获得任意可积区域内的解析正交多项式。结合这两方面的研究，依据自由曲面面型或波前的矢高离散数据点，针对由离散数据点拟合自由曲面和复杂孔径自由曲面的表征技术等问题，本书作者所在的研究团队提出了基于矩阵变换的数值化正交多项式用于表征自由曲面。

由于 Zernike 标准多项式在圆形孔径内具有正交完备性，用于离散数据点分析的归一化的数值化正交多项式，可以表示为 Zernike 标准多项式线性组合的形式：

$$F_l(x_n,y_n) = \sum_{j=1}^{J} M_{lj}Z_j(x_n,y_n) \tag{11-41}$$

式中，$F_l(x_n,y_n)$ 为数值化正交多项式，下标 l 为其排序序号；坐标点的下标 n 表示该有效数据点的序号，$n=1,2,\cdots,N$，相应孔径范围内有效离散数据点的个数即为 N 个；M_{lj} 为变换系数，j 为 Zernike 标准多项式 Z_j 的排序序号；J 为 Zernike 标准多项式的总项数。式（11-41）对相应孔径内的任意一个有效数据点 (x_n,y_n) 具体展开为

$$\begin{cases} F_1(x_n,y_n) = M_{11}Z_1(x_n,y_n) + M_{12}Z_2(x_n,y_n) + \cdots + M_{1j}Z_j(x_n,y_n) + \cdots + M_{1J}Z_J(x_n,y_n) \\ F_2(x_n,y_n) = M_{21}Z_1(x_n,y_n) + M_{22}Z_2(x_n,y_n) + \cdots + M_{2j}Z_j(x_n,y_n) + \cdots + M_{2J}Z_J(x_n,y_n) \\ \vdots \\ F_j(x_n,y_n) = M_{j1}Z_1(x_n,y_n) + M_{j2}Z_2(x_n,y_n) + \cdots + M_{jj}Z_j(x_n,y_n) + \cdots + M_{jJ}Z_J(x_n,y_n) \\ \vdots \\ F_J(x_n,y_n) = M_{J1}Z_1(x_n,y_n) + M_{J2}Z_2(x_n,y_n) + \cdots + M_{Jj}Z_j(x_n,y_n) + \cdots + M_{JJ}Z_J(x_n,y_n) \end{cases} \tag{11-42}$$

由式（11-42）可知，变换矩阵 $\boldsymbol{M}$ 可表示为

$$M=\begin{bmatrix} M_{11} & M_{12} & \cdots & M_{1j} & \cdots & M_{1J} \\ M_{21} & M_{22} & \cdots & M_{2j} & \cdots & M_{2J} \\ \vdots & \vdots & \vdots & \vdots & \vdots & \vdots \\ M_{j1} & M_{j2} & \cdots & M_{jj} & \cdots & M_{jJ} \\ \vdots & \vdots & \vdots & \vdots & \vdots & \vdots \\ M_{J1} & M_{J2} & \cdots & M_{Jj} & \cdots & M_{JJ} \end{bmatrix} \tag{11-43}$$

式（11-43）可表示为矩阵形式：

$$[F_1(x_n,y_n) \quad F_2(x_n,y_n) \quad \cdots \quad F_j(x_n,y_n) \quad \cdots \quad F_J(x_n,y_n)]$$

$$=[Z_1(x_n,y_n) \quad Z_2(x_n,y_n) \quad \cdots \quad Z_j(x_n,y_n) \quad \cdots \quad Z_J(x_n,y_n)]\begin{bmatrix} M_{11} & M_{21} & \cdots & M_{j1} & \cdots & M_{J1} \\ M_{12} & M_{22} & \cdots & M_{j2} & \cdots & M_{J2} \\ \vdots & \vdots & \vdots & \vdots & \vdots & \vdots \\ M_{1j} & M_{2j} & \cdots & M_{jj} & \cdots & M_{Jj} \\ \vdots & \vdots & \vdots & \vdots & \vdots & \vdots \\ M_{1J} & M_{2J} & \cdots & M_{jJ} & \cdots & M_{JJ} \end{bmatrix} \tag{11-44}$$

进一步，式（11-44）对孔径范围内所有 N 个有效离散数据点可表示为

$$\begin{bmatrix} F_1(x_1,y_1) & F_2(x_1,y_1) & \cdots & F_j(x_1,y_1) & \cdots & F_J(x_1,y_1) \\ F_1(x_2,y_2) & F_2(x_2,y_2) & \cdots & F_j(x_2,y_2) & \cdots & F_J(x_2,y_2) \\ \vdots & \vdots & \vdots & \vdots & \vdots & \vdots \\ F_1(x_n,y_n) & F_2(x_n,y_n) & \cdots & F_j(x_n,y_n) & \cdots & F_J(x_n,y_n) \\ \vdots & \vdots & \vdots & \vdots & \vdots & \vdots \\ F_1(x_N,y_N) & F_2(x_N,y_N) & \cdots & F_j(x_N,y_N) & \cdots & F_J(x_N,y_N) \end{bmatrix}$$

$$=\begin{bmatrix} Z_1(x_1,y_1) & Z_2(x_1,y_1) & \cdots & Z_j(x_1,y_1) & \cdots & Z_J(x_1,y_1) \\ Z_1(x_2,y_2) & Z_2(x_2,y_2) & \cdots & Z_j(x_2,y_2) & \cdots & Z_J(x_2,y_2) \\ \vdots & \vdots & \vdots & \vdots & \vdots & \vdots \\ Z_1(x_n,y_n) & Z_2(x_n,y_n) & \cdots & Z_j(x_n,y_n) & \cdots & Z_J(x_n,y_n) \\ \vdots & \vdots & \vdots & \vdots & \vdots & \vdots \\ Z_1(x_N,y_N) & Z_2(x_N,y_N) & \cdots & Z_j(x_N,y_N) & \cdots & Z_J(x_N,y_N) \end{bmatrix}\begin{bmatrix} M_{11} & M_{21} & \cdots & M_{j1} & \cdots & M_{J1} \\ M_{12} & M_{22} & \cdots & M_{j2} & \cdots & M_{J2} \\ \vdots & \vdots & \vdots & \vdots & \vdots & \vdots \\ M_{1j} & M_{2j} & \cdots & M_{jj} & \cdots & M_{Jj} \\ \vdots & \vdots & \vdots & \vdots & \vdots & \vdots \\ M_{1J} & M_{2J} & \cdots & M_{jJ} & \cdots & M_{JJ} \end{bmatrix} \tag{11-45}$$

式（11-45）可简写为矩阵表示的形式：

$$\boldsymbol{F}=\boldsymbol{Z}\boldsymbol{M}^{\mathrm{T}} \tag{11-46}$$

式（11-46）中，$\boldsymbol{F}$ 和 $\boldsymbol{Z}$ 分别为大小 $N\times J$ 的数值矩阵；$\boldsymbol{M}^{\mathrm{T}}$ 为变换矩阵 $\boldsymbol{M}$ 的转置矩阵。

矩阵 $\boldsymbol{F}$ 是由归一化的数值化正交多项式在相应孔径范围内所有有效离散数据点构成的数值矩阵，满足 $\boldsymbol{F}^{\mathrm{T}}\boldsymbol{F}=N\boldsymbol{I}$，其中 $\boldsymbol{I}$ 为 $J\times J$ 的单位矩阵，将式（11-46）代入其中得到

$$\boldsymbol{F}^{\mathrm{T}}\boldsymbol{F}=\boldsymbol{F}^{\mathrm{T}}\boldsymbol{Z}\boldsymbol{M}^{\mathrm{T}}=N\boldsymbol{I} \tag{11-47}$$

根据矩阵基本性质 $(\boldsymbol{ABC})^{\mathrm{T}}=\boldsymbol{C}^{\mathrm{T}}\boldsymbol{B}^{\mathrm{T}}\boldsymbol{A}^{\mathrm{T}}$，矩阵 $\boldsymbol{F}^{\mathrm{T}}\boldsymbol{Z}\boldsymbol{M}^{\mathrm{T}}$ 可变化为

$$(\boldsymbol{F}^{\mathrm{T}}\boldsymbol{Z}\boldsymbol{M}^{\mathrm{T}})^{\mathrm{T}}=\boldsymbol{M}\boldsymbol{Z}^{\mathrm{T}}\boldsymbol{F}=\boldsymbol{M}\boldsymbol{Z}^{\mathrm{T}}\boldsymbol{Z}\boldsymbol{M}^{\mathrm{T}}=(N\boldsymbol{I})^{\mathrm{T}}=N\boldsymbol{I} \tag{11-48}$$

由式（11－48）可得

$$MZ^{\mathrm{T}}ZM^{\mathrm{T}} = NI \tag{11－49}$$

令变换矩阵 M 为

$$M = (Q^{\mathrm{T}})^{-1} \tag{11－50}$$

将式（11－50）代入式（11－49），得到

$$Q^{\mathrm{T}}Q = Z^{\mathrm{T}}Z/N \tag{11－51}$$

式（11－51）中，矩阵 $Z^{\mathrm{T}}Z$ 为对称且为正定矩阵，因此式（11－51）可以用乔里斯基分解法（Cholesky Decomposition）唯一获得中间矩阵 Q。进一步，由式（11－50）得到变换矩阵 M，再由式（11－46）得到相应孔径范围内所有有效离散数据点构成的归一化数值化正交多项式的数值矩阵 F，用于自由曲面表征或波前分析。

不仅如此，上述数值化正交多项式的获得过程具有一般性，除采用 Zernike 标准多项式以外，可以根据具体需要将数值化正交多项式表示为其他正交完备的基函数线性组合的形式。数值化正交多项式表征光学自由曲面的具有任意孔径形状适应性的优势，能够快速、高效、高精度地由离散数据点拟合自由曲面，这一点对于自由曲面光学系统优化设计时动态的孔径变化十分有利。将数值化正交多项式的自由曲面表征融入到光学设计过程中仍值得深入研究。

11.2 自由曲面初始结构的生成方法

自由曲面成像光学系统的光学设计与传统的球面、非球面成像光学系统的设计方法类似，均是采用初始结构选取和后续多参数优化的基本设计思想。即按照系统的结构参数要求，选择一个初始结构，然后以此为起点，建立相应的评价函数限制条件，利用光学设计软件开展后续优化，得到最终结构。然而，由于自由曲面丰富的设计自由度，以及复杂的像差特性，在初始结构生成和优化设计策略方面都面临着新的问题，需要探索高效的新型设计方法。本节将重点论述自由曲面光学系统的初始结构生成方法，11.3 节着重论述自由曲面光学系统的优化设计策略。

按照传统的设计思路，建立自由曲面光学系统的初始结构主要有两种方法：一种是根据系统参数要求，从专利库或已有系统中寻找最接近的作为初始结构；另一种是按照系统参数要求根据近轴理论和初级像差理论求解相应的同轴结构，再做倾斜和偏心处理获取离轴初始结构。然而，自由曲面光学系统多是利用有限数量的曲面，实现大视场、小 F 数的设计要求，这些是传统光学系统难以实现的性能目标。因此，在多数情况下，专利库和已有设计案例能够提供的初始结构有限。另外，对同轴系统进行离轴化处理的方法，倾斜和偏心的方向选择对设计经验的依赖性较大，易产生对离轴像差校正能力不足的结构。

针对自由曲面光学系统存在的初始结构少的难题，研究者提出了直接设计的理念，即根据物像投影关系模型，建立光学追迹的路径，从而构建出自由曲面面型，完成自由曲面光学系统的初始结构构建。

11.2.1 基于专利数据库或已有系统优化

基于专利或已有系统结构的光学系统设计方法是根据系统的设计要求（如结构形式、

曲面数量、系统参数等)，参考镜头库或查询专利与文献，寻找类似的光学系统，也可以利用镜头库中的镜头组合出目标系统结构。在光学系统的设计过程中，系统初始结构的选取对光学设计结果的优劣有很大影响，甚至关系到光学系统设计的成败。在初始结构选取时，一个非常重要的原则就是尽量选取系统参数与设计指标接近、光学元件分布合理、光线偏折相对平缓的结构，这样的初始结构通常具有较大的优化潜力。

北京理工大学程德文等以专利 US5959780 中两个自由曲面和一个平面构成的楔形头戴显示系统为原型，按比例缩放生成初始结构，基于折反射和全反射的自由曲面楔形棱镜，设计了快焦比、大视场角、可透视的头戴显示器结构，如图 11－1 所示。

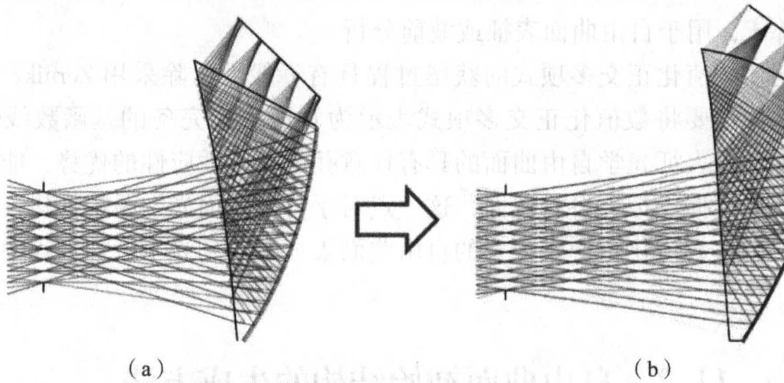

图 11－1　基于专利初始结构优化自由曲面光学系统的设计方法示意图

(a) 专利缩放后的初始结构；(b) 优化后的系统

11.2.2　对同轴结构做离轴化处理

自由曲面光学系统初始结构的另一种经典的求解方式是按照系统参数要求，根据近轴理论和初级像差理论求解相应的同轴结构，再做倾斜和偏心处理获取离轴初始结构。图 11－2 给出了该设计方法的示意图。

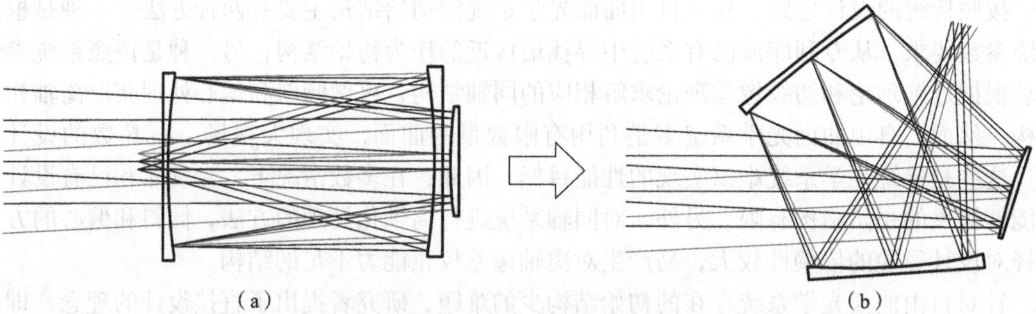

图 11－2　由同轴结构做离轴化处理的初始结构求解方法示意图

(a) 同轴三反；(b) 离轴三反

潘君骅院士在《光学非球面的设计、加工与检验》一书中针对圆锥曲面光学系统的设计问题，系统地推导了同轴两反系统和同轴三反系统的初始结构设计，给出了详细的像差校正的解析方法，奠定了离轴反射式自由曲面光学系统设计的基础。

以离轴三反光学系统为例，作为基础的同轴三反初始结构如图 11－3 所示。同轴三反结构参数有主镜半径 r_1、次镜半径 r_2、三镜半径 r_3，主镜到次镜的距离 d_1、次镜到三镜的距离 d_2 以及主镜二次非球面系数 $-e_1^2$、次镜二次非球面系数 $-e_2^2$ 和三镜二次非球面系数 $-e_3^2$。另外，潘君骅院士定义了轮廓参数：次镜对主镜的遮拦比 α_1、三镜对次镜的遮拦比 α_2、次镜的放大率 β_1 以及三镜的放大率 β_2。

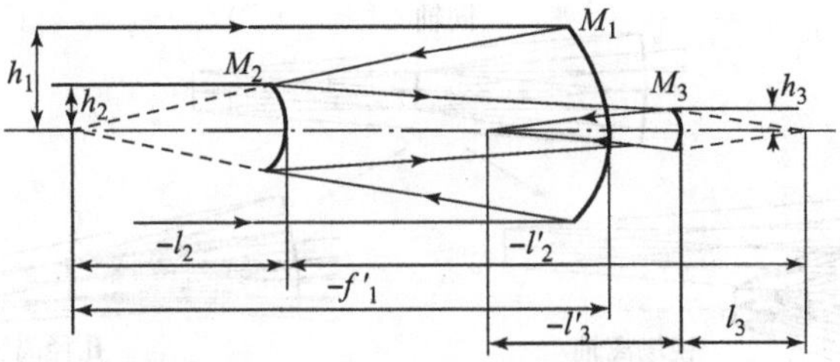

图 11－3　同轴三反初始结构参数

根据近轴理论，可以推导得到

$$\begin{cases} \alpha_1 = \dfrac{l_2}{f'_1} \approx \dfrac{h_2}{h_1} \\ \alpha_2 = \dfrac{l_3}{l'_2} \approx \dfrac{h_3}{h_2} \\ \beta_1 = \dfrac{l'_2}{l_2} = \dfrac{u_2}{u'_2} \\ \beta_2 = \dfrac{l'_3}{l_3} = \dfrac{u_3}{u'_3} \end{cases} \tag{11-52}$$

从轮廓参数可以计算得到结构参数的表达式为

$$r_1 = \frac{2}{\beta_1\beta_2}f' \tag{11-53}$$

$$r_2 = \frac{2\alpha_1}{\beta_2(1+\beta_1)}f' \tag{11-54}$$

$$r_3 = \frac{2\alpha_1\alpha_2}{1+\beta_2}f' \tag{11-55}$$

$$d_1 = \frac{r_1}{2}(1-\alpha_1)f' = \frac{1-\alpha_1}{\beta_1\beta_2}f' \tag{11-56}$$

$$d_2 = \frac{r_1}{2}\alpha_1\beta_1(1-\alpha_2)f' = \frac{\alpha_1(1-\alpha_2)}{\beta_2}f' \tag{11-57}$$

式（11－53）~式（11－57）中，f' 是系统的总焦距。根据系统选定合理的轮廓参数，然后求解三个反射镜的二次非球面系数，使得像差表达式 S_{I}、S_{II}、S_{III}、S_{IV} 为 0，最终获得系统的结构参数。且 α_1，α_2，β_1，β_2 取不同的值时，光学系统呈现不同的形式，可能有中间像面出现，需根据具体情况具体分析。

基于构建的同轴结构，单独采用或综合使用视场离轴、孔径离轴、曲面倾斜的手段实现系统的无遮拦，离轴处理的方式如图 11 -4 所示，并以此离轴结构作为系统进一步优化的初始结构。然而，同轴结构的建立只考虑了对旋转不变化的像差成分的校正，而旋转变化的像差才是离轴系统的主要像差成分。同轴结构的构建过程，以及后续的离轴化处理的过程，都没有考虑系统对旋转变化的像差的校正能力，这将影响自由曲面校正像差能力的上限。因而，系统的离轴化处理过程必须依托于像差理论的有效指导，才能获得合理的离轴初始结构。

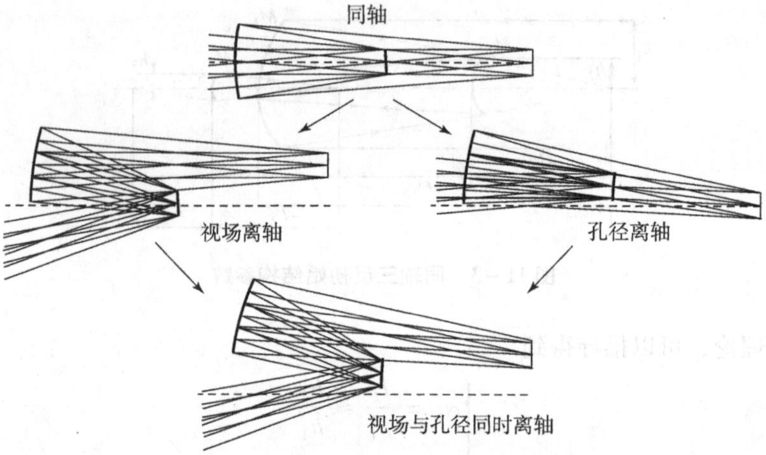

图 11 -4　同轴反射的三种离轴处理方式

传统的旋转对称系统的像差理论包括赛德（Seidal）像差理论和霍普金斯（Hopkins）波像差理论。对于将旋转对称元件倾斜和偏心的光学系统，K. Thompson 将由旋转对称元件组成的非旋转对称光学系统的波像差公式展开到了六阶。当系统中的元件发生偏心和倾斜后，整个系统并没有引入新的像差类型，而是引入了许多种原有像差类型的有特殊视场依赖特性的像差（如视场恒定彗差、视场恒定像散、视场线性像散、视场不对称像散、视场线性场曲等）。这些像差难以通过常规的旋转对称曲面（球面、二次曲面、非球面等）校正，造成非旋转对称光学系统的设计非常困难。由于元件的偏心和倾斜引入了各种有特殊视场依赖特性的像差，此时每种像差的全视场像差场（如彗差场、像散场等）中的节点位置（像差等于 0 的视场点）可能不再是中心零视场，而是相对于零视场发生了偏移，且有时会有多个节点。上述矢量像差理论也称作节点像差理论（Nodal Aberration Theory，NAT）。依据节点像差理论的上述特性，它也可以被用作自由曲面光学系统的像差分析。在离轴系统的自由曲面上叠加不同的 Zernike 多项式自由曲面项，将会在系统中引入相应的像差形式和大小，并且在光阑面或者非光阑面上的叠加效果是不相同的。

由节点像差理论分析并指导系统的离轴化处理，对设计经验要求极高。因此，离轴化过程中极易产生不合理的离轴初始结构，尽管采用相同数量的自由曲面以及相同数量的自由曲面项，但结构选型中偏心和倾斜的选择，会影响到自由曲面对离轴像差的校正能力，不合理的结构选型可能会导致各自由曲面的校正能力相互抵消，影响像差校正效率。图 11 -5 所示为罗切斯特大学 A. Bauer 分析的光焦度同为“正—负—正”分配的离轴三反系统的 8 种结构，它们的像差校正能力差异极大。图 11 -5 中，结构 Tier 1［图 11 -5（a）］，像差校正能力最强；结构 Tier 2［图 11－5（b）和图 11－5（c）］，有一定的像差校正能力，但体积受限；结构 Tier 4［图 11－5（d）、图 11－5（g）和图 11－5（h）］，像差校正能力有限；结构 Tier 3［图 11－5（e）和图 11－5（f）］，像差校正能力最弱。尽管 8 种结构都采用了相同阶数表达式表征的三个自由曲面反射镜，但由于结构选型不同，导致了不同的像差校正能力。

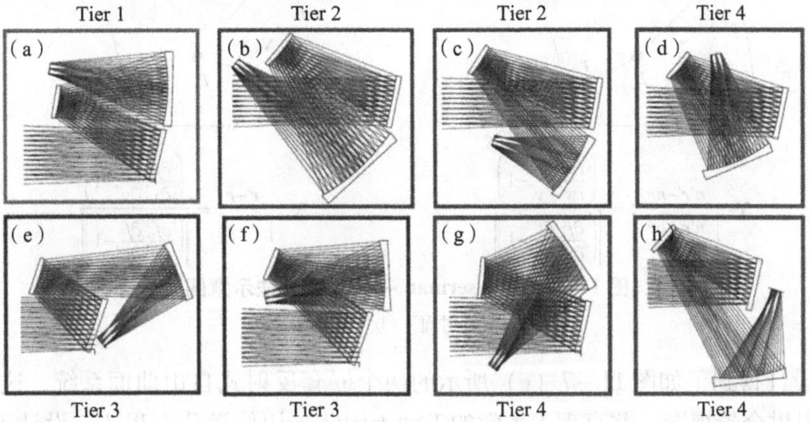

图 11－5　光焦度"正—负—正"分配的离轴三反系统的 8 种结构

11.2.3　直接设计法

直接设计方法是依据物像投影关系模型，建立光线追迹的路径，从而依据光线逐点直接求解构建出自由曲面面型。由于光学自由曲面的复杂性以及特殊性，目前尚没有一种普适的自由曲面初始结构的直接设计方法。现有的直接设计法，通常归类为以下 4 种。

11.2.3.1　偏微分方程法

偏微分方程法（Wasserman－Wolf，W－W）是根据入射光线、出射光线和曲面法线三者之间的矢量关系，并结合理想的物像关系，建立偏微分方程组，求解获得自由曲面的初始面型参数。图 11－6 所示的自由曲面面型分别作为折射面和反射面，以该两种类型的求解为例，某根光线从点 S 出射，经曲面 $z=f(x, y)$ 上的点 P 偏折后射向点 E，入射和出射方向的单位矢量分别为 $\boldsymbol{r}$ 和 $\boldsymbol{r}'$，n 和 n' 是两侧介质的折射率，$\boldsymbol{N}$ 为 $\boldsymbol{P}$ 点处的单位法向矢量。根据微分几何关系式，曲面上某一点处的法向量可以根据该点处的矢高关于位置坐标的导数计算得到。由此建立微分方程组，再通过数值计算得到曲面上每一点的坐标并拟合得到待求曲面。G. D Wasserman 和 E. Wolf 于 1949 年提出 Wasserman－Wolf 微分方程，最初是用于中心对称系统，且只限于相邻两个非球面的求解。1957 年，E. Vaskas 提出改进的 Wasserman－Wolf 方法，两个非球面可以不相邻。2002 年，D. J. Knapp 对非旋转对称系统的校正板设计进行了研究，在没有旋转对称的前提下，使用两个新的微分方程完成两个曲面面型的消球差设计。

美国德雷塞尔大学的 Andrew Hicks 基于反射定律，并结合自由曲面反射镜和像面的对应关系，构建了一阶微分方程组，求解后得到一个如图 11－7（a）所示的自由曲面反射镜面型，并结合小视场的成像物镜，设计得到一个广角镜头，实现了大视场成像系统的畸变校正。他又根据该方法设计了如图 11－7（b）所示的 45°大视场、低畸变的汽车侧边后视镜。该自由曲面反射镜与传统的平面或球面侧边后视镜相比，有效增大了汽车驾驶员的视野范

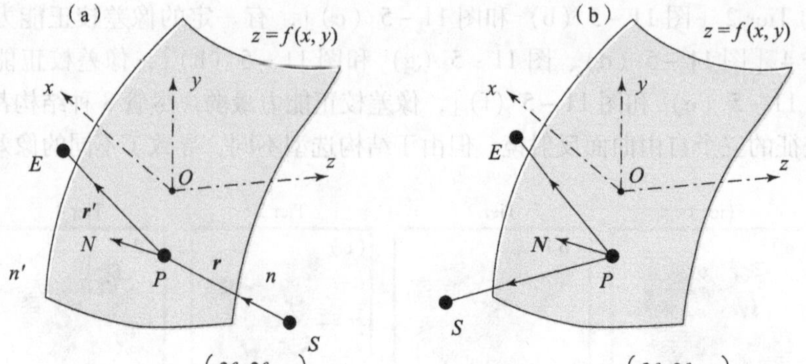

$$N=\frac{n'\boldsymbol{r}'-n\boldsymbol{r}}{|n'\boldsymbol{r}'-n\boldsymbol{r}|}=\frac{\left(\frac{\partial f}{\partial x},\frac{\partial f}{\partial y},-1\right)}{\left|\left(\frac{\partial f}{\partial x},\frac{\partial f}{\partial y},-1\right)\right|}$$

$$N=\frac{\boldsymbol{r}'-\boldsymbol{r}}{|\boldsymbol{r}'-\boldsymbol{r}|}=\frac{\left(\frac{\partial f}{\partial x},\frac{\partial f}{\partial y},-1\right)}{\left|\left(\frac{\partial f}{\partial x},\frac{\partial f}{\partial y},-1\right)\right|}$$

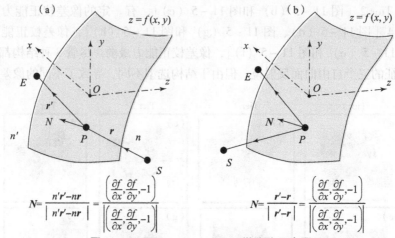

图 11－6　Wasserman－Wolf 微分法示意图

(a) 折射面；(b) 反射面

围；并继续设计得到了如图 11－7（c）所示的两个嵌套反射式自由曲面系统，这一对镜片可以为观察者提供全景视图。北京理工大学的王涌天团队采用偏微分方程法，设计了如图 11－7（d）所示的离轴自由曲面棱镜式头戴显示系统，该系统视场为 20°，出瞳 8mm，有效焦距 15mm。浙江大学侯佳等人将偏微分方程法用于成像畸变的校正，设计得到如图 11－7（e）所示的校正曲面成像畸变的自由曲面透镜，它可以按照要求改变每个视场的像点位置。

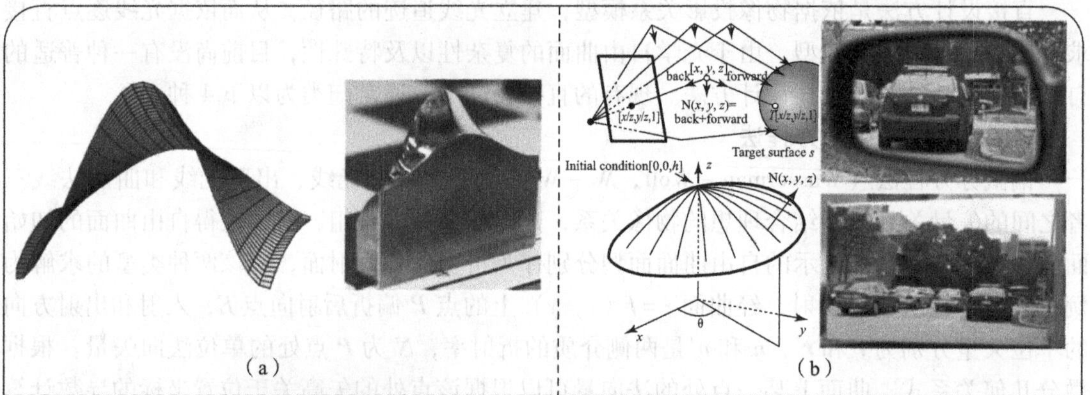

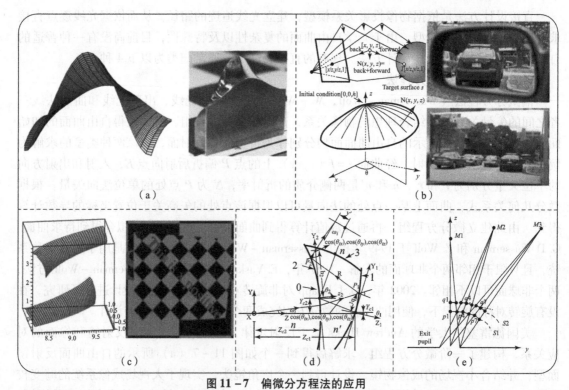

图 11－7　偏微分方程法的应用

(a) 自由曲面反射镜；(b) 大视场汽车后视镜；(c) 嵌套反射式自由曲面系统；
(d) 头戴显示系统；(e) 自由曲面透镜设计

偏微分方程法是一种设计自由曲面的通用方法，根据不同的设计参数，建立的微分方程的形式也不同。这种经典的方法只考虑了对每个视场的单根主光线进行控制，能够有效地控制畸变与细光束场曲，但没有考虑主光线周围一定孔径光束对应的像差校正，求解的初始结构存在孔径像差的校正缺陷与局限。

11.2.3.2　多曲面同步设计法

1990 年，美国的 LPI（Light Prescriptions Innovations）公司提出了多曲面同步设计法（Simultaneous Multiple Surface，SMS），又称等光程法，图 11－8 为采用 SMS 方法同步设计单片透镜前后两个表面的原理示意图。该方法最初用于非成像光学系统的设计，后来又被用于成像光学系统的设计。

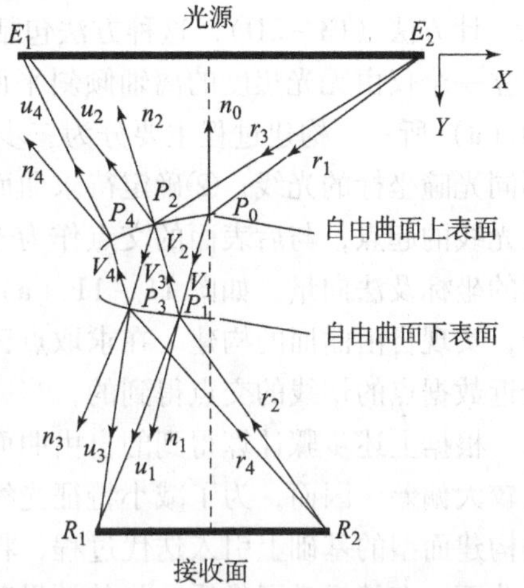

图 11－8　多曲面同步设计法示意图

根据入射光线矢量、出射光线矢量以及自由曲面法向矢量之间的关系，基于费马原理和折射定律，依次求解自由曲面上的离散数据点，再拟合得到自由曲面的初始面型。SMS 法可以同时计算多于两个的待求曲面，曲面个数由采用的视场个数决定，即对两个视场点计算，需要两个自由曲面，对四个视场点计算，需要四个自由曲面，依此类推。

2009 年，西班牙马德里理工大学的 J. C. Miñano 和 P. Benítez 等人继续改进和发展同步多重曲面法的设计策略，同时实现四个光学表面的设计，设计效果如图 11－9（a）所示，并用于超短距投影系统。布鲁塞尔自由大学的 Fabian Duerr 等人在 SMS 法的基础上，利用费马原理，改进原方法中两个视场点计算需要两个自由曲面的限制，发展为两个自由曲面耦合三个视场点的自由曲面设计方法，如图 11－9（b）所示。布鲁塞尔自由大学的 Yunfeng Nie 等人借助 SMS 法的设计思路，拓展多视场的自由曲面逐点设计方法，可以实现整个视场内像质的平衡，成功地设计了同轴和离轴两种结构形式自由曲面成像系统的初始结构。

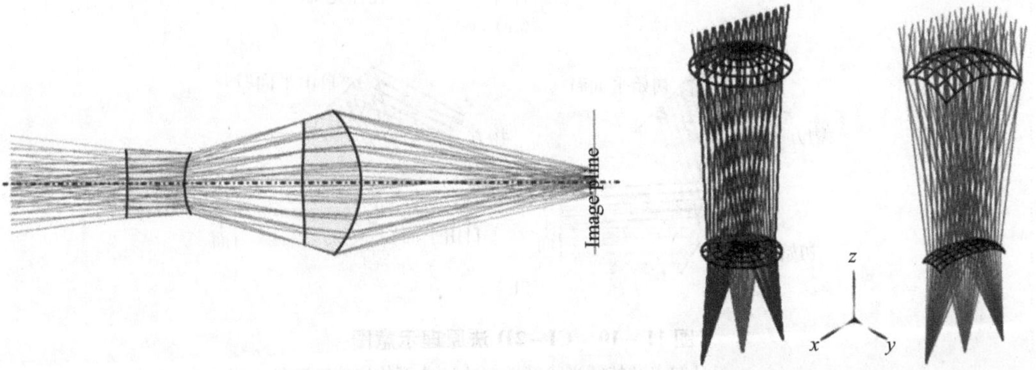

图 11－9　多曲面同步设计法的设计应用

（a）四个光学面型；（b）三个视场点下的两个自由曲面

目前，SMS 法已经相对成熟，但是该方法在设计中使用的视场数量有限，初始结构的三维自由曲面拟合精度受到离散点数据量的限制。目前该方法只适用于同轴线视场系统，且求解过程十分复杂，不利于实际应用。

11.2.3.3　逐点—构建迭代法

2014 年，清华大学的朱钧课题组提出一种基于逐点构建与迭代的自由曲面二维成像系统设计方法（CI－2D），这种方法包括逐点构建和迭代两个过程。在逐点构建设计之前，先建立一个仅由无光焦度的离轴倾斜平面或简单曲面构成的系统作为设计的起点，如图 11－10（a）所示。构建过程主要分为三步：①在极坐标系下对光瞳进行采样，采样多个视场和不同光瞳坐标的光线；②确定待求曲面前后两个表面的信息，将采样光线与前表面的交点作为光线的起点，与后表面的交点作为光线的终点，通过反射定律逐点计算自由曲面上点云数据的坐标及法向量，如图 11－11（a）所示；③对未知面上数据点的坐标和法向量进行拟合，实现自由曲面的构建。在求取点云数据的过程中，每个数据点都是通过计算采样光线与最近数据点的切线的交点得到的，当完成所有光线的计算时，便获得了所有离散数据点的信息。根据上述步骤计算得到的自由曲面，光线与计算曲面的交点和期望的目标点之间通常存在较大偏差。因而，为了减小特征光线与目标面的交点和理想目标点之间的偏差，在这种方法构建面型的基础上引入迭代过程，将直接构建设计法得到的自由曲面作为下一次迭代的初始曲面，有效提升了像质，收敛效果明显，如图 11－10（b）所示。该课题组应用该方法设计了一个子午面内视场 8°，入瞳直径 6mm 的反射式 $f-\theta$ 线视场扫描系，扫描误差小于 1μm，像面上的光斑大小随迭代次数增加快速收敛到衍射极限范围以内。

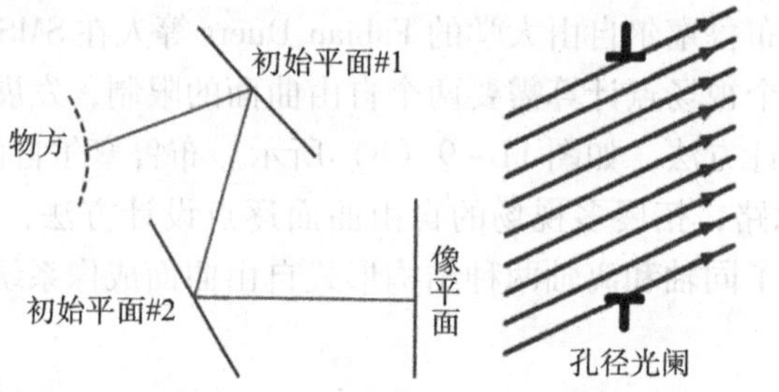

（a）

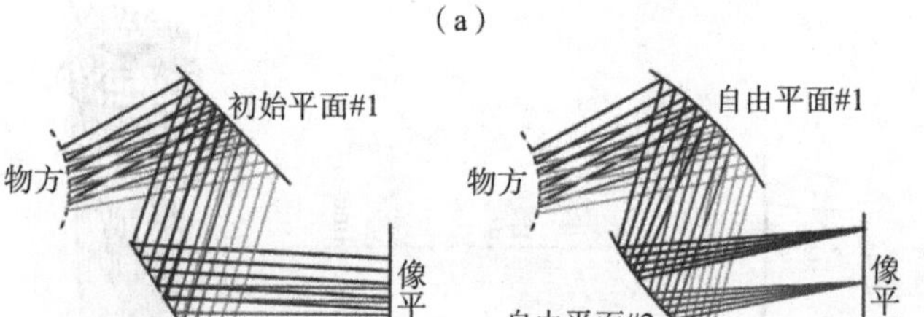

（b）

图 11－10　CI－2D 法原理示意图

（a）设计起点及特征光线采样；（b）曲面的构建和迭代

2016 年，该课题组将这种方法拓展到三维空间。求取自由曲面初始结构时，依然选取全视场与全孔径的特征光线进行计算，称为 C－3D 法。在三维空间中，对离散点云的求取方法作了改进，在逐点求解的过程中，每个待求特征数据点是该点对应的特征光线与和该数据点在三维空间内最接近的、已求得的数据点切平面的交点，如图 11－11（b）所示。并根据该方法设计了小 ***F*** 数，面视场为 8°×9°的离轴三反光学系统。

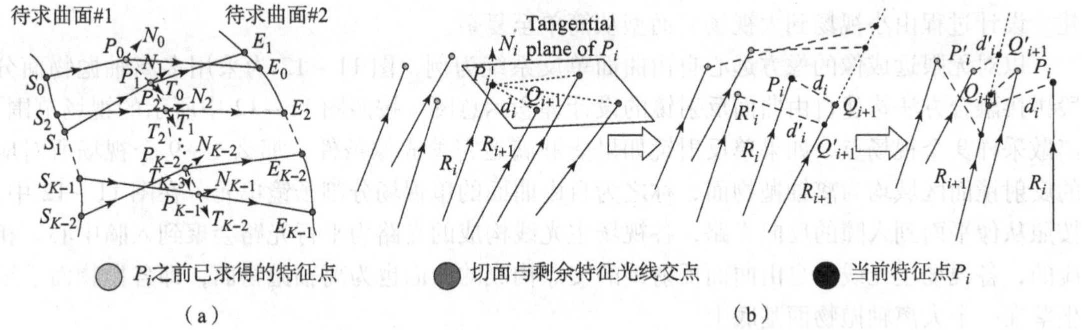

图 11－11　特征光线的选取和特征点的计算示意图

（a）CI－2D 法；（b）CI－3D 法

对于某些系统形式，通过 C－3D 法构建的系统像质与理想情况偏差较大，同样，引入迭代来大幅提高系统像质，简称为 CI－3D 方法。迭代过程中，每一轮迭代都要重新计算待求自由曲面。生成某个曲面时，直接将特征光线与本轮迭代中待求曲面对应的初始曲面的交点作为特征数据点，且保留坐标数据，重新求解每个点处的法向量，再拟合得到新的自由曲面。该课题组基于该方法做了一系列的应用研究。设计了主、三镜一体、次镜为平面反射镜的面视场、小 ***F*** 数自由曲面离轴反射式系统，有效降低了装调难度。设计了线视场，小 ***F*** 数，带有实出瞳的自由曲面离轴红外系统，该系统采用一种“分步式”设计方法，重点考虑实出瞳前面一个面，此面与其他曲面分开设计，通过重复迭代，减小由于该曲面在求解前后不一致引起的出瞳像差和畸变。

在逐点构建－迭代思路的基础上，2017 年北京理工大学杨通等提出了基于神经网络机器学习生成自由曲面离轴反射系统初始结构的设计方法。基于这种设计方法，可以针对某一种结构类型，在可选取的系统参数范围内（视场角、入瞳直径等）生成大量系统参数的排列组合。基于机器学习的方法对神经网络进行训练，根据给定的系统参数与结构的要求，可实现从无光焦度的简单平面到高像质自由曲面成像系统初始结构的快速建模。

逐点构建—迭代的方法是基于平面或简单曲面作为初始结构，按照物像关系追迹特征光线，拟合离散数据点云的坐标和法向量数据，通过构建和迭代两个过程获得自由曲面系统的初始结构。这种方法构建的自由曲面面型与初始平面或曲面差距较大，且平面初始结构与光学系统几何特性以及像差校正关联性不大，迭代构建过程相对耗时较多。

11.2.4　基于无像差点曲面的微区分段拼接融合方法

上述三种直接设计方法，都是依据物像关系，直接求解得到自由曲面面型，没有考虑结构选型的合理性，也没有与光学系统几何特性和像差校正的理论相结合。经典的二次曲面包括椭球面、抛物面、双曲面，对于给定的物像关系，它们具有完善的无像差共轭点。比如，抛物面可以对无限共轭处完善成像、椭球面可以对有限共轭处完善成像。但这些二次曲面几何体的视场有限。本书作者所在的研究团队提出了一种应用于自由曲面光学系统设计的基于特征几何体的分段拼接融合方法，将全视场光学系统看作多个单视场或小视场子系统的分段组合，由离轴二次曲面构成的无像差经典结构直接生成各子系统。进一步，将各子系统单元的二次曲面分段拼接，并融合形成连续光滑的自由曲面，实现全视场光学系统初始结构的构建。设计过程由小视场到大视场，面型从简单至复杂。

以对无限远成像的像方远心自由曲面单反系统为例，图 11－12 为采用多离轴抛物面分段拼接融合方法构建自由曲面反射镜的设计理念示意图。按照图 11－12 中所示的视场范围，离散采样 9 个视场点，如果单反射镜如果能够满足完善成像条件，那么 1～9 个视场所对应的反射镜面区域均为离轴抛物面，称之为自由曲面的单视场分割子镜单元。在图 11－12 中，按照从像平面到入瞳的反向光路，各视场主光线构成的光路为平行光路会聚到入瞳中心。相应的，各视场主光线与自由曲面反射镜的交点构成的曲面也为离轴抛物面，即各抛物面子镜坐落在一个大离轴抛物面基底上。

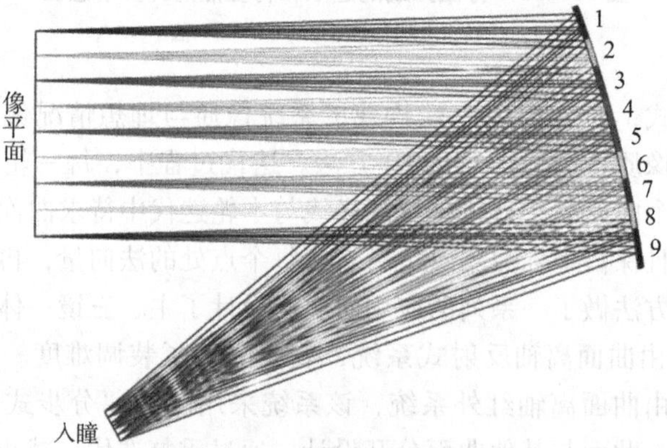

图 11－12　多离轴抛物面分段拼接融合方法构建自由曲面单反射镜设计理念图

离轴抛物面反射镜作为准直镜，对于 0°视场而言，无论孔径多大，离轴抛物面反射镜均可以完善成像于焦点处。但它在轴外现场无法做到完善成像，并且由于离轴抛物面的非旋转对称性，其对视场像差的容忍力较差。对于图 11－12 所示的全视场分割为多个单视场单元。其中，相邻视场的子镜面型存在重叠现象，或是单一子镜承接了来自多个视场的光束。所以，将各个离轴抛物面子镜单元拼接融合形成连续顺滑的自由曲面，其融合方法是核心问题。

根据单反射镜面的物像关系，包括入瞳直径、视场范围、像面大小等，可以计算出离轴抛物面基底和各离轴抛物面子镜的参数。尽管曲率半径、离轴角这些参数可以直接用于表征各小视场分割子镜单元，但拼接融合的过程无法直接对两面型表达式进行拟合，所以需将其看作是离散数据点集合。根据离轴抛物面的参数定义，可以获取反射镜面的特征点数据，根据各个反射子镜的特征点数据拟合形成自由曲面。传统的拟合方式只考虑坐标数据点进行拟合。但是，法线方向直接决定着反射光线的方向，法向数据比坐标数据更重要，它会使面型拟合更精确。因此，通过离轴抛物面的参数定义，计算特征采样点的坐标和法向数据，综合考虑坐标和法向的影响，拟合形成自由曲面。

然而，构成各离轴抛物面子镜单元上的离散点仅针对某一个采样视场，相邻离轴抛物面子镜单元在连接处矢高不同，重叠区域承接了两个视场的光束，连接处面型的不连续以及斜率的不相等会对融合造成障碍。针对此问题，本书作者所在的研究团队提出了一种以中心视场离轴抛物面子镜为基准，逐段调整相邻离轴抛物面子镜单元的方法，减小邻近子镜的矢高偏差，扩展生长融合自由曲面面型。离轴抛物面子镜单元的参数调整采用“旋转—平移”两步法：将待调整的离轴抛物面子镜单元绕中心点旋转，再将旋转后的离轴抛物面子镜单元沿入射至其表面的主光线的方向平移，使相邻离轴抛物面子镜单元重叠区域的面型矢高差最小。尽管离轴抛物面子镜单元进行了调整，调整后的各离轴抛物面子镜中心偏离原先设定的大离轴抛物面基底，但旋转的角度微小，远心度偏差不大。上述方法目前已经在线视场系统中得到了应用，具体见 11.4 节的案例。

进一步分析多离轴抛物面融合型自由曲面单反射镜的成像特性，如图 11－13 所示，系统的线视场范围为 $\pm\theta$。顶部离轴抛物面子镜单元和底部离轴抛物面子镜单元分别对应 $+\theta$ 和 $-\theta$ 的视场，为图 11－13 中标示出的最顶端和最底端曲面，中央曲面表示 0°视场对应的离轴抛物面子镜单元。它们对应的离轴角分别为 $\beta_{+\theta}$、$\beta_{-\theta}$ 和 β_0，离轴量分别为 $D_{+\theta}$，$D_{-\theta}$ 和 D_0，$+\theta$ 和 $-\theta$ 的视场对应的像高分别用 $H_{+\theta}$ 和 $H_{-\theta}$ 表示，其符号相反。

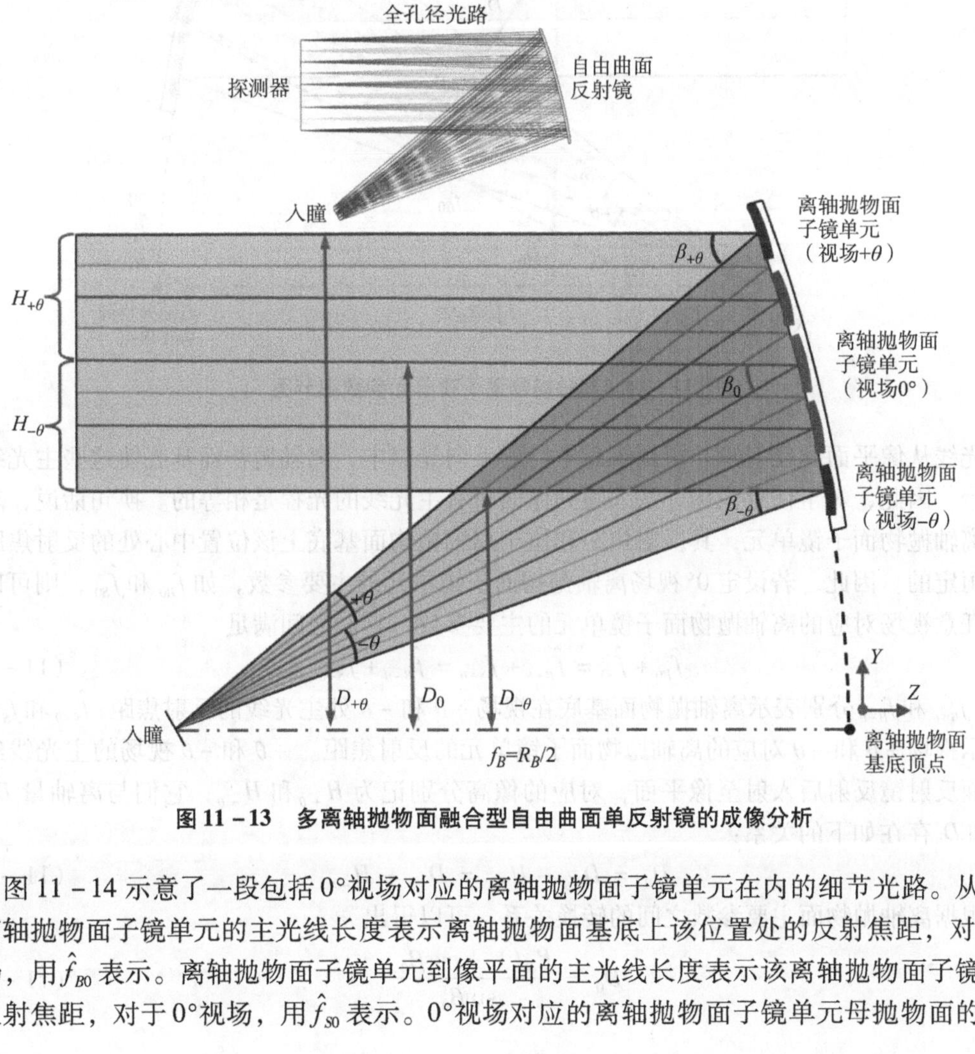

图 11－13　多离轴抛物面融合型自由曲面单反射镜的成像分析

图 11－14 示意了一段包括 0°视场对应的离轴抛物面子镜单元在内的细节光路。从入瞳到离轴抛物面子镜单元的主光线长度表示离轴抛物面基底上该位置处的反射焦距，对于 0°视场，用 $\hat{f}_{B0}$ 表示。离轴抛物面子镜单元到像平面的主光线长度表示该离轴抛物面子镜单元的反射焦距，对于 0°视场，用 $\hat{f}_{S0}$ 表示。0°视场对应的离轴抛物面子镜单元母抛物面的顶点

位置和离轴抛物面基底母抛物面的顶点位置不同。离轴角 β_0 的选取以单反射镜系统兼顾无遮拦和结构紧凑作为标准，离轴角 $\beta_{+\theta}$ 和 $\beta_{-\theta}$ 可以根据视场 $+\theta$ 和 $-\theta$ 以及离轴角 β_0 的几何关系确定，它们之间存在如下关系：

$$\beta_0 = \beta_{+\theta} - \theta = \beta_{-\theta} + \theta \tag{11-58}$$

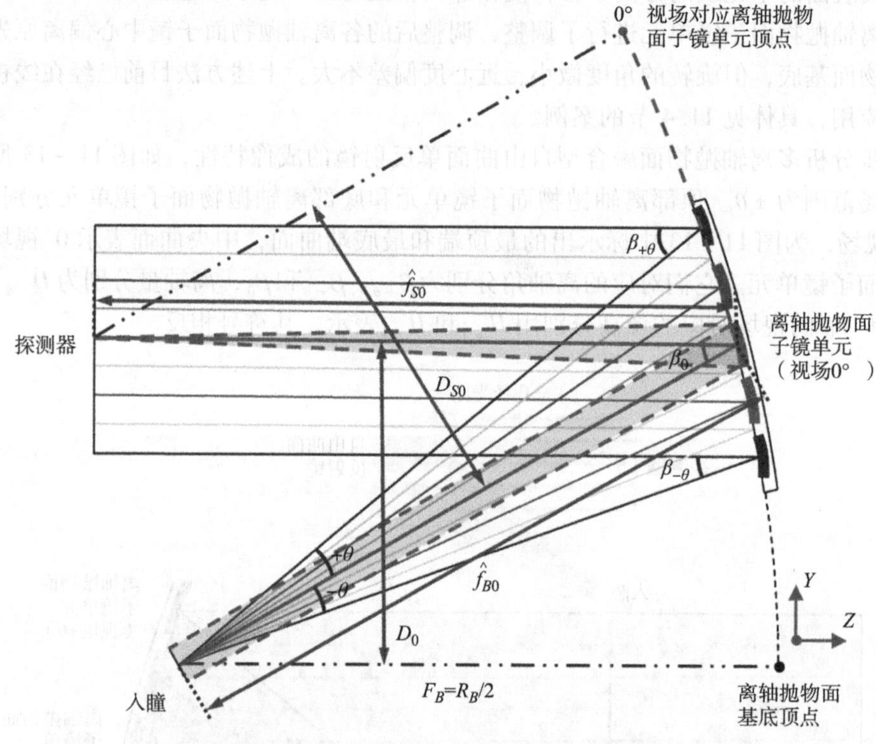

图 11-14　离轴抛物面子镜单元参数细节图

光线从像平面到反射镜，再到入瞳中心的反向光路中，离轴抛物面基底使这些主光线理想会聚。因此，对于任意视场，从入瞳到像面所有主光线的光程是相等的。换句话说，对于每个离轴抛物面子镜单元，其反射焦距和位于离轴抛物面基底上该位置中心处的反射焦距之和是恒定的。因此，若设定 0°视场离轴抛物面子镜单元的主要参数，如 $\hat{f}_{B0}$ 和 $\hat{f}_{S0}$，则可以推导出任意视场对应的离轴抛物面子镜单元的主要参数，它们之间满足

$$\hat{f}_{B0} + \hat{f}_{S0} = \hat{f}_{B+\theta} + \hat{f}_{S+\theta} = \hat{f}_{B-\theta} + \hat{f}_{S-\theta} \tag{11-59}$$

式中，$\hat{f}_{B+\theta}$ 和 $\hat{f}_{B-\theta}$ 分别表示离轴抛物面基底在视场 $+\theta$ 和 $-\theta$ 处主光线的反射焦距；$\hat{f}_{S+\theta}$ 和 $\hat{f}_{S-\theta}$ 分别表示视场 $+\theta$ 和 $-\theta$ 对应的离轴抛物面子镜单元的反射焦距。$+\theta$ 和 $-\theta$ 视场的主光线经自由曲面反射镜反射后入射至像平面，对应的像高分别记为 $H_{+\theta}$ 和 $H_{-\theta}$，它们与离轴量 $D_{+\theta}$，$D_{-\theta}$ 和 D_0 存在如下的关系：

$$D_0 = D_{+\theta} - H_{+\theta} = D_{-\theta} - H_{-\theta} \tag{11-60}$$

根据离轴抛物面主要参数之间的转换关系，可以得出

$$D_0 = \frac{R_B(1 - \cos\beta_0)}{\sin\beta_0} \tag{11-61}$$

$$D_{+\theta} = \frac{R_B(1 - \cos\beta_{+\theta})}{\sin\beta_{+\theta}} = \frac{R_B[1 - \cos(\beta_0 + \theta)]}{\sin(\beta_0 + \theta)} \tag{11-62}$$

$$D_{-\theta} = \frac{R_B(1 - \cos\beta_{-\theta})}{\sin\beta_{-\theta}} = \frac{R_B[1 - \cos(\beta_0 - \theta)]}{\sin(\beta_0 - \theta)} \tag{11-63}$$

像高 $H_{+\theta}$ 和 $H_{-\theta}$ 分别表示为

$$H_{+\theta} = D_{+\theta} - D_0 = \frac{2R_B}{\cot\dfrac{\theta}{2}(1 + \cos\beta_0) - \sin\beta_0} \tag{11-64}$$

$$H_{-\theta} = D_{-\theta} - D_0 = \frac{-2R_B}{\cot\dfrac{\theta}{2}(1 + \cos\beta_0) + \sin\beta_0} \tag{11-65}$$

根据表达式可以定量得出，视场 $+\theta$ 和 $-\theta$ 对应的像高 $H_{+\theta}$ 和 $H_{-\theta}$ 除了符号相反外，其大小的绝对值也不同，其原因正是由于离轴抛物面基底不对称的几何特征所致。换句话说，多离轴抛物面子镜的分段拼接融合机制会对自由曲面单反成像系统引入不可避免的成像畸变，且畸变校正与远心度控制之间存在着相互制约的问题。因此，单个自由曲面反射镜难以同时满足像方远心控制和畸变的校正。

成像畸变是一种主光线像差，表征的是实际像高和理想像高之间的差值。根据系统焦距和视场，以及投影关系（$f-\theta$ 或 $f-\tan\theta$）可以直接计算获取理想高度。如图 11－15 所示，$+\theta$ 和 $-\theta$ 视场对应的实际像高和理想像高分别为 $H_{+\theta}$ 和 $H_{-\theta}$，以及 $h_{+\theta}$ 和 $h_{-\theta}$。图 11－15 中，各视场的理想主光线用虚线表示。在经典结构中，牛顿望远镜就是利用平面镜来对光路进行折叠，根据这个设计理念，可以利用平面镜将主光线的方向偏折一个角度，从而入射至理想位置，实现畸变校正的同时，不会影响偏折前反射镜的会聚能力。

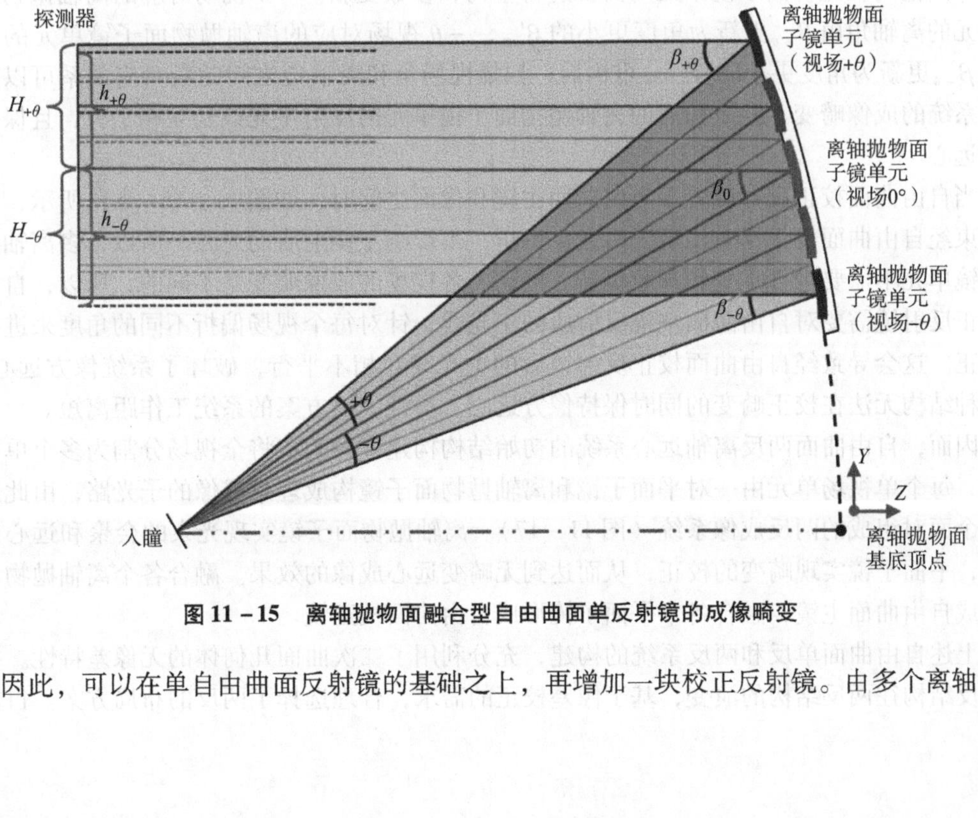

图 11－15　离轴抛物面融合型自由曲面单反射镜的成像畸变

因此，可以在单自由曲面反射镜的基础之上，再增加一块校正反射镜。由多个离轴抛物面子镜单元拼接融合形成的自由曲面作为两反离轴远心扫描系统的主镜，使主光线的方向发生偏折的由多个平面子镜拼接融合形成的自由曲面作为两反离轴远心扫描系统的校正反射镜。两个自由曲面镜上，离轴抛物面子镜和平面子镜一一对应，形成由多个面对组成的两反成像系统。

如图 11－16 所示，有两个位置可以放置由多个平面子镜单元构成的校正反射镜，一个是在入瞳和自由曲面主镜之间，另一个是在自由曲面主镜和像平面之间。由多平面子镜单元构成的校正反射镜，类似于望远镜系统中校正球差的施密特校正板，但这种反射式自由曲面校正板主要用于校正系统中的畸变。

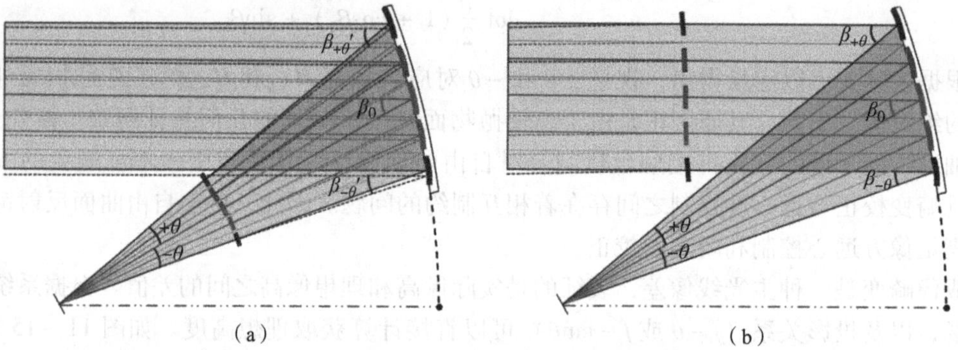

图 11－16　多平面融合型自由曲面校正镜的设置方案

当自由曲面校正反射镜置于入瞳和自由曲面主镜之间时，如图 11－16（a）所示，各视场光束在入射至自由曲面主镜前就发生偏折。所以，除了 0°视场对应的离轴抛物面子镜单元外，其他离轴抛物面子镜单元均需要进行重构和参数更新。$+\theta$ 视场对应的离轴抛物面子镜单元的离轴角由 $\beta_{+\theta}$ 更新为角度更小的 $\beta'_{+\theta}$，$-\theta$ 视场对应的离轴抛物面子镜单元的离轴角由 $\beta_{-\theta}$ 更新为角度更小的 $\beta'_{-\theta}$。重构后，扫描视场角和离轴角之间的新对应关系可以有效改善系统的成像畸变。经重构后的离轴抛物面子镜单元的反射主光线仍互相平行，且保持了像方远心。

当自由曲面校正反射镜置于自由曲面主镜和像面之间时，如图 11－16（b）所示，各视场光束经自由曲面校正反射镜反射后发生偏折，不影响主镜前后的光路。所以，多离轴抛物面子镜单元不需要进行重构和参数更新。然而，各视场的成像畸变是不同的，所以，自由曲面校正反射镜需要对自由曲面主镜反射后的主光线，针对每个视场偏折不同的角度来进行畸变校正。这会导致经自由曲面校正反射镜后的主光线互相不平行，破坏了系统像方远心性，即这种结构无法在校正畸变的同时保持像方远心。另外，该方案的系统工作距离短。

因而，自由曲面两反离轴远心系统的初始结构构建方案为：将全视场分割为多个单视场单元，每个单视场单元由一对平面子镜和离轴抛物面子镜构成理想成像的子光路，由此形成由多个面对组成的两反成像系统（图 11－17）。离轴抛物面子镜实现光束的会聚和远心度的控制，平面子镜实现畸变的校正，从而达到无畸变远心成像的效果。融合各个离轴抛物面子镜形成自由曲面主镜，融合各个平面子镜形成自由曲面校正镜。

上述自由曲面单反和两反系统的构建，充分利用了二次曲面几何体的无像差特性。并且从单反结构往两反结构的演变，基于像差校正的需求，合理选择了两反的布局方案。目前提

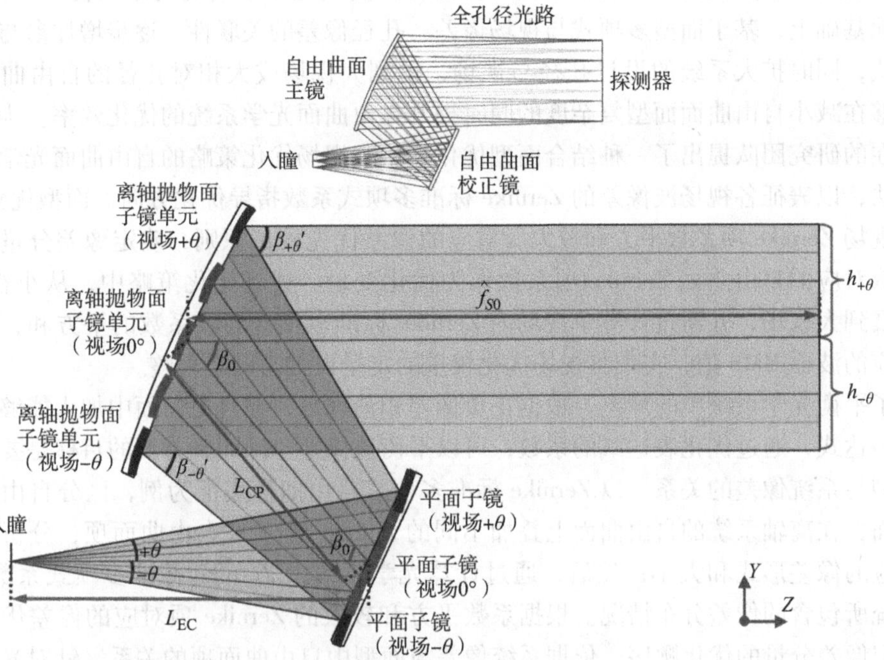

图 11－17　多面对融合型两反离轴远心系统初始结构构建方案示意图

出的构建方案均针对远心成像关系，如光学系统对远心成像不做要求，亦可以根据相应的物像关系求解各个离轴抛物面子镜的结构参数。此外，目前的分段拼接融合方案仅考虑了与离轴方向相同的线视场，本书作者所在的研究团队正在继续开展研究工作，从线视场往面视场拓展，旨在进一步发挥基于特征几何体的分段拼接融合方法的优势，实现充分考虑像差校正要素的自由曲面光学系统初始结构的构建。

11.3　自由曲面光学系统的优化方法

在完成光学系统的初始结构构建后，接下来便是利用光学设计软件的优化功能，建立评价函数，将系统中元件的曲率半径、圆锥系数、面型附加项系数、面倾斜、偏心、间隔等参数设置为变量，采用阻尼最小二乘法等算法进行优化，即多参数优化方法。

在非球面优化设计时，各非球面项从低阶到高阶被逐步设为变量加入优化过程，直至达到满足设计指标的优化结果，此过程避免引入不必要的高阶复杂面型。与非球面的优化类似，目前多数的设计者在优化自由曲面时，也是按照面型的复杂程度，由低阶到高阶逐步引入自由曲面项作为优化变量。然而，上述方法只考虑了自由曲面面型的复杂度，没有考虑依据当前光学系统的像差特性针对性地引入校正面型。分析光学系统的像差成分，优先校正占据最主要成分的像差，相应地添加自由曲面校正项，这是一种非常自然的优化思路。

另外，常规情况下，均是按照光学系统最终的视场、孔径等设计指标要求，构建相应的初始结构。一般而言，由于自由曲面光学系统需要满足大视场、小 F 数等条件，构建的初始结构的像质与目标像质偏差较大，不断增加自由曲面项的优化过程耗时较长。

大多数情况下，找到小视场、小相对孔径自由曲面光学系统的初始结构相对比较容易。如果在此基础上，基于面型多项式与视场像差、孔径像差的关联性，逐步增加参与优化的关联多项式，同时扩大系统的设计孔径与视场，得到大视场或大相对孔径的自由曲面光学系统，能够在减小自由曲面面型复杂度的同时提升自由曲面光学系统的优化效率。为此，本书作者所在的研究团队提出了一种结合面型优化策略和视场优化策略的自由曲面光学系统优化设计方法，以表征各视场波像差的 Zernike 标准多项式系数指导优化方向。面型优化策略中，采取各视场 Zernike 项系数平方和较大所对应的像差优先校正原则，确定像差分量的优化顺序，选取对应的自由曲面 Zernike 项系数作为优化变量。视场优化策略中，从小视场出发，逐步拓展到大视场，并通过计算单视场内 Zernike 标准多项式各项系数的平方和，得到各视场所对应的波面 RMS 值，实现各视场优化权重的定量设置与动态调整。

为了平衡光学系统中的像差，根据正负像差相消理论，在自由曲面中加入能够产生该像差项的表达式，通过优化表达式的系数，可以平衡该像差。因而，首要的目标是要建立自由曲面面型与系统像差的关系。以 Zernike 标准多项式自由曲面表征为例，区分自由曲面是否为光阑面，在离轴系统的自由曲面上叠加不同的 Zernike 多项式自由曲面项，分析在系统中引入相应的像差形式和大小；然后，通过计算光学系统中 Zernike 标准多项式系数平方和，分析系统所包含的像差分布情况。根据系数平方和较大的 Zernike 项对应的像差优先校正原则，确定像差分量的优化顺序。依据系统像差与面型中自由曲面项的关系，针对光学系统中的像差，在自由曲面中将相应的多项式系数作为优化变量。

面型优化策略的具体优化步骤如下：

（1）导出分项表征的 Zernike 标准多项式系数 $C_{ij}(1 \leqslant i \leqslant n, 1 \leqslant j \leqslant 37)$ 后，计算全部视场各项 Zernike 标准多项式系数平方和 $S1_j$。

（2）将 Zernike 标准多项式系数平方和最大项记作 $S1_m$。

（3）找到 Zernike 标准多项式系数平方和最大项 $S1_m$ 对应的 Zernike 标准多项式 Z_m，系统像差与面型中自由曲面项的对应关系，得到对应的自由曲面面型多项式的自由项 A_k。

（4）判断自由曲面面型多项式的自由项 A_k 的系数 a_k 是否满足作为优化变量的要求，且未曾作为优化变量。若满足上述要求，则将其设置为优化变量；若不满足上述要求，则除去该最大项 $S1_m$ 对应的 Zernike 项 Z_m，继续步骤（3）的操作。

视场优化策略旨在优化视场的同时实现对视场的拓展。视场拓展分为 X 方向和 Y 方向两个方向进行，可根据需要选择相应的拓展步长。其中 X 方向的视场拓展示意图如图 11－18 所示。视场拓展步长可以根据需要进行设置；若步长较小，则优化过程会随拓展次数增加，若步长较长，则每次优化过程中优化难度加大。因此，在实际优化过程中，可以根据各视场的像差分布情况，确定视场拓展步长，逐步拓展视场。

视场优化策略的具体优化步骤如下：

（1）首先对光学系统进行视场拓展，导出分项表征的 Zernike 标准多项式系数 C_{ij}，计算得到单个视场的各项 Zernike 标准多项式系数平方和 $S2_i$。

（2）根据视场优化权重的计算规则，计算各个视场的优化权重 W_i。

（3）根据 W_i 修改每个视场的优化权重。

在自由光学系统的设计过程中，为了减少优化次数，提高优化效率，将面型优化策略与视场优化策略结合进行同步优化。首先，根据初始结构计算方法得到离轴反射式自由曲面光

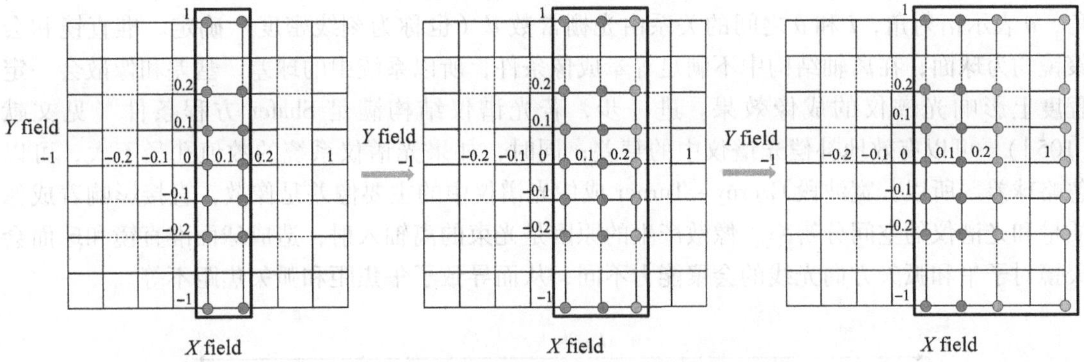

图 11－18　视场优化策略的视场拓展方案示意图

学系统的初始结构参数，在软件中建立初始结构模型。设置好初始视场后，对光学系统进行视场拓展。接着交替使用面型优化策略与视场优化策略。结合面型优化策略，根据系数平方和最大项对应的 Zernike 项 Z_m，得到对应的 xy 多项式 A_k 项，判断 A_k 项的系数 a_k 是否满足作为优化变量的要求：若满足，则将 a_k 作为优化变量；若不满足，则排除该 Zernike 项，按照像差分量排序选择下一项系数平方和最大项对应的 Zernike 项令其作为新的 Z_m。同时，结合视场优化策略，求解每个单视场波像差在总视场波像差的占比，将比值作为该视场的优化权重。确定好优化变量和视场优化权重后，根据选择的评价函数对系统进行优化。一轮优化完成后，需要判断当前像质是否满足要求，若满足要求则继续结合视场优化策略对视场进行拓展，然后继续结合面型优化策略和视场优化策略对光学系统进行优化；若不满足要求，则不重新拓展视场，重复交替使用面型优化策略和视场优化策略，直至当前视场内的像质满足要求。在进行视场拓展时，需判断当前视场是否满足要求，无须无限制拓展视场。当全视场像质满足要求时，整个优化过程结束。

11.4　自由曲面光学系统的设计实例

11.4.1　自由曲面光谱仪的优化设计

11.4.1.1　多抛物面融合的设计思路

本节主要介绍由基于特征几何体的分段拼接融合方法设计的自由曲面光谱仪的案例。Czerny－Turner 光谱仪是采用平面光栅作为分光元件的光谱类仪器，也是目前市面上的光谱仪中最为普遍的光学结构。Czerny－Turner 光谱仪是典型的离轴反射式光学系统，通常由平面光栅、球面准直镜和球面会聚镜组成，光路结构如图 11－19 所示。它的主要工作原理是：光源发出的复色光经狭缝或针孔由球面准直镜反射至平面光栅，光栅将入射的复色光分解为光谱范围内的单色光，单色光经球面会聚镜会聚至探测器，形成一系列按波长排列的单色连续光谱，探测器上的光谱越清晰，则像质越好，即设计的成像光谱仪性能越好。图 11－19 中，L_{EC}，L_{CG}，L_{GF} 和 L_{FD} 分别表示针孔到准直镜的距离、准直镜到光栅的距离、光栅到会聚镜的距离以及会聚镜到探测器的距离；R_C 和 R_F 分别表示球面准直镜和球面会聚镜的曲率半径。轴外光束入射至准直镜和会聚镜的入射角分别为 α_C 和 α_F。对于平面光栅，i 表示入射角，θ 表示衍射角，i 和 θ 之间的关系由光栅常数 d（也称为刻线密度）确定。准直镜和会聚镜均为球面，在离轴结构中不满足等晕成像条件，所以系统中的球差、彗差和像散会一定程度上影响光谱仪的成像效果。进一步，若光谱仪结构满足 Shafer 方程条件（见文献[105]），可以有效地补偿光谱仪中的彗差；同时，如果光谱仪系统的数值孔径不大，可以忽略球差。所以，宽波段 Czerny – Turner 成像光谱仪中的主要像差是像散，直接影响着成像质量和光谱仪的空间分辨率。像散产生的原因是光束的离轴入射，造成球面准直镜和球面会聚镜对子午和弧矢方向光线的会聚能力不同，从而导致子午焦距和弧矢焦距不等。

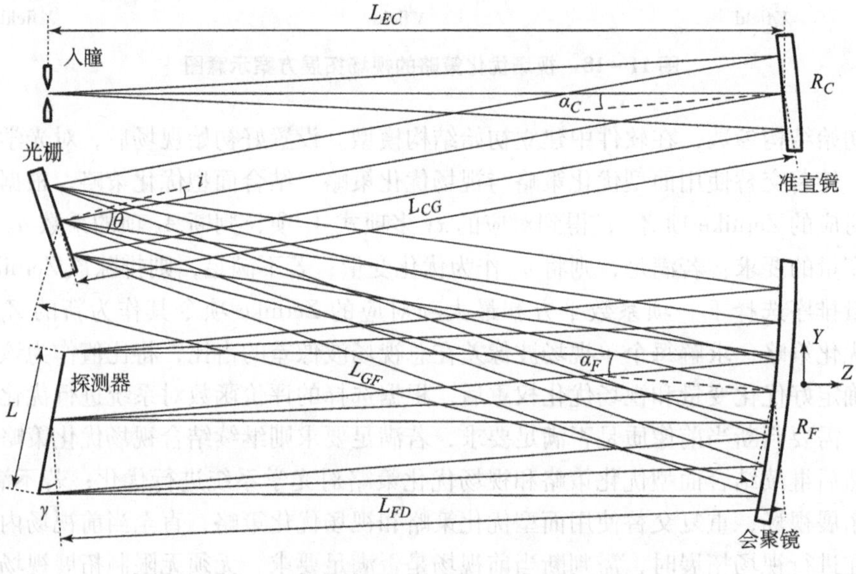

图 11 – 19　经典的 Czerny – Turner 光谱仪光路结构图

为了校正经典 Czerny – Turner 光谱仪中的像散，研究人员作出了一系列的努力：采用发散光束入射至平面光栅，用平面光栅自身产生的像散来补偿两离轴球面反射镜产生的像散，实现一定波段范围内的像散校正；采用其他类型的面型来取代球面镜，进行像散校正，例如，使用超环面会聚镜，将球面准直镜替换为两反结构的柱面准直镜，将球面准直镜和球面会聚镜均替换为自由曲面镜；在经典的 Czerny – Turner 结构中加入辅助的光学元件，例如，在光路中加入柱面透镜、楔形柱透镜、自由曲面柱透镜、定制球面透镜、环形透镜或者会聚镜和探测器之间的特殊滤镜。但这些方法或是引入了更多的元器件，或是降低了系统的紧凑性，或是增加了系统元件的装调定位难度。

进一步分析经典 Czerny – Turner 光谱仪的光路特点，平面光栅可以被看作虚拟的孔径光阑，衍射的一系列单色光可以被视作不同视场的光束，不同视场的光束入射至其对应会聚镜上的一段子区域。整个系统光路中，从平面光栅到球面准直镜再到针孔这样的反向光路，以及对于每个视场（波长），从平面光栅到球面会聚镜相应的子镜区域再到探测器这样的正向光路，都是离轴反射式结构。因此，我们可以充分发挥离轴抛物面对无限共轭处在无遮拦的情况下完美成像的优势，采用离轴抛物面代替球面准直镜，则可以实现从针孔至准直镜，再到平面光栅这段光路没有像差，并且以波前像差作为参考标准，对离轴抛物面准直镜独立装调。同时，若平面光栅衍射的一系列单色光均由各视场（波长）对应的离轴抛物面作为会聚镜的分割子镜单元，分别经各子镜单元反射至探测器。那么，每个单视场（波长）单元也不存在像差。整个会聚镜由一系列离轴抛物面组成，同样可以实现以波前像差作为参考标准，对会聚镜的独立装调。

多离轴抛物面融合型自由曲面 Czerny – Turner 光谱仪主光线光路示意图如图 11 – 20 所示。为了获取 Czerny – Turner 成像光谱仪中多离轴抛物面拼接融合型自由曲面的面型表达式，首先，需要计算一系列离轴抛物面子镜单元的主要参数。图 11 – 20 画出了整个光谱范围内，间隔均匀的五个波长下衍射光束的中心主光线，其对应的会聚镜上的离轴抛物面子镜单元以不同的色度示意。由于平面光栅被视作虚拟的孔径光阑，所以这些中心光线即为一系列单色光束的主光线，经其对应的离轴抛物面子镜单元的中心位置反射至探测器。五个波长的主光线经会聚镜上各离轴抛物面子镜单元的反射后相互平行，并且为增强探测器的响应效果，探测器靶面垂直于这些平行的主光线放置。

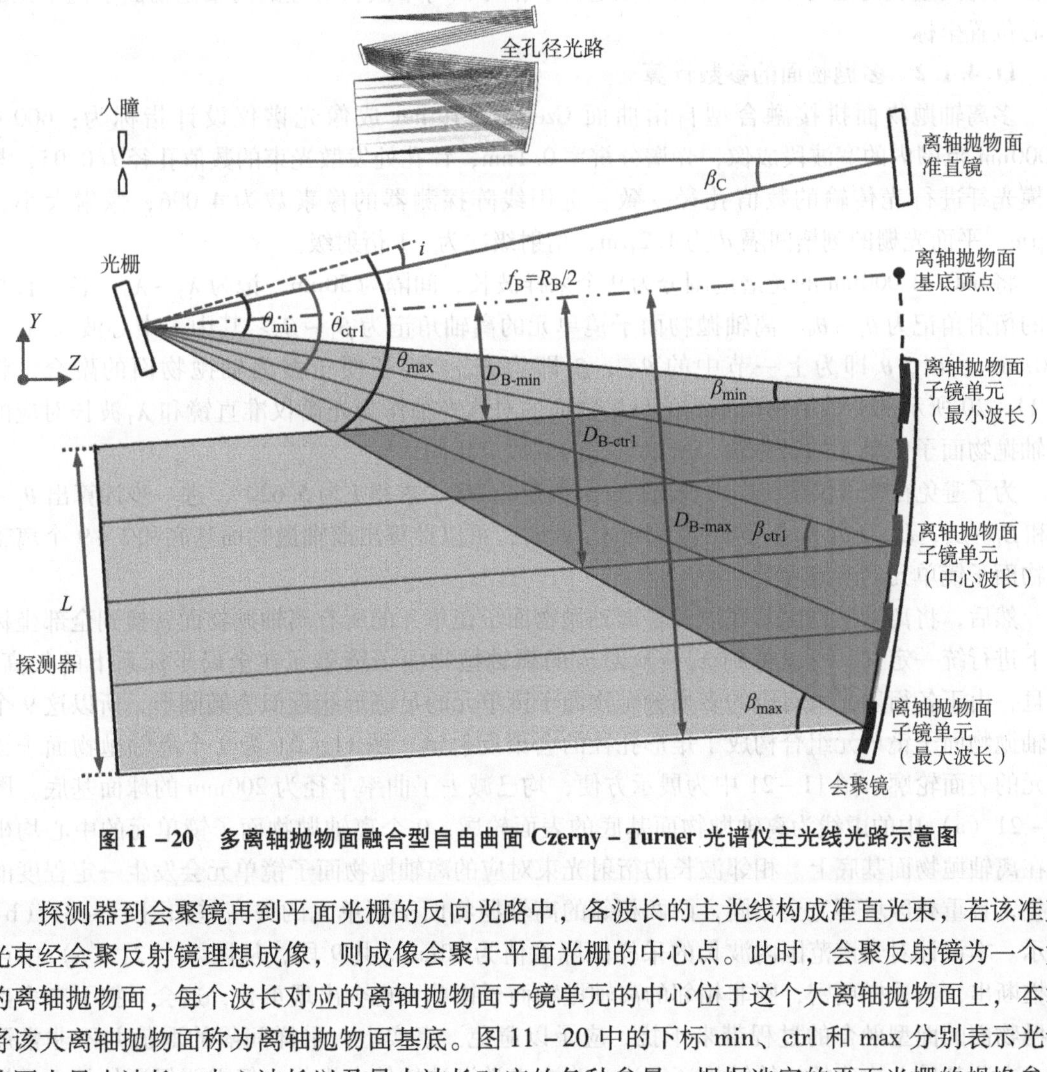

图 11 – 20　多离轴抛物面融合型自由曲面 Czerny – Turner 光谱仪主光线光路示意图

探测器到会聚镜再到平面光栅的反向光路中，各波长的主光线构成准直光束，若该准直光束经会聚反射镜理想成像，则成像会聚于平面光栅的中心点。此时，会聚反射镜为一个大的离轴抛物面，每个波长对应的离轴抛物面子镜单元的中心位于这个大离轴抛物面上，本章将该大离轴抛物面称为离轴抛物面基底。图 11 – 20 中的下标 min、ctrl 和 max 分别表示光谱范围内最小波长、中心波长以及最大波长对应的各种参量。根据选定的平面光栅的规格参数

及入射角 i，可以计算出衍射角 θ_{min}、θ_{ctrl}和 θ_{max}；最小波长、中心波长以及最大波长对应的 β_{min}、β_{ctrl}和 β_{max}不仅是其对应的离轴抛物面子镜单元的离轴角，也是离轴抛物面基底上不同位置处的离轴角。根据三角形的几何关系，衍射角和离轴角满足

$$\theta_{ctrl}-\theta_{min}+\beta_{min}=\beta_{ctrl} \tag{11-66}$$

$$\theta_{ctrl}-\theta_{max}+\beta_{max}=\beta_{ctrl} \tag{11-67}$$

D_{B-min}，D_{B-ctrl}和 D_{B-max}是离轴抛物面基底上不同位置处的离轴量，它们与探测器的像面长度 L 满足以下关系：

$$D_{B-max}-D_{B-min}=L \tag{11-68}$$

L 由光谱仪的光谱分辨率和光谱范围决定，并由此选择相应的探测器。离轴抛物面子镜单元中的中心子镜单元即为离轴抛物面基底在整个光谱范围内，中心波长对应的那段反射区域。离轴角 β_{ctrl}的选取应避免光谱仪系统产生遮拦，根据式（11－66）和式（11－67）可以求解得到 β_{min}和 β_{max}，离轴抛物面基底的曲率半径 R_B根据式（11－68）得出。至此，确定了离轴抛物面基底的主要参数，并且可以进一步推导出每个波长对应的离轴抛物面子镜单元的中心位置坐标。

11.4.1.2　多抛物面的参数计算

多离轴抛物面拼接融合型自由曲面 Czerny－Turner 成像光谱仪设计指标为：600～1 000nm 范围内的宽波段成像，光谱分辨率 0.1nm，针孔处发散光束的数值孔径为 0.05，与单模光纤进行光传输的数值孔径一致。选用线阵探测器的像素数为 4 096，像素大小为 10μm。平面光栅的刻槽间隔 d 为 1.2μm，衍射级次为－1 衍射级。

将 600～1 000nm 的光谱范围分为 9 个采样波长，间隔为 50nm，记为 $\lambda_1\sim\lambda_9$；各波长相应的衍射角记为 $\theta_1\sim\theta_9$，离轴抛物面子镜单元的离轴角记为 $\beta_1\sim\beta_9$。其中，中心波长 $\lambda_5=800$nm，所以，θ_5即为上一节中的 θ_{ctrl}，β_5即为 β_{ctrl}。为了便于多离轴抛物面的融合，将图 11－20 所示的离轴抛物面基底的母抛物面的对称光轴作为光谱仪准直镜和 λ_1波长对应的离轴抛物面子镜单元的对称轴，所以它们的参数应相同。

为了避免在光谱仪系统中出现遮拦，β_5选定为 20°，求得 i 为 5.620°，进一步计算出 $\theta_1\sim\theta_9$和 $\beta_1\sim\beta_9$，L_{FD}（即 $\hat{f}_{S5}$）选定为 95mm。此时，可以计算出离轴抛物面基底和 1～9 个离轴抛物面子镜单元的所有参数。

然后，将离轴抛物面基底以及各离轴抛物面子镜单元的所有离轴抛物面转换到全部坐标系下进行统一定义。可以得到 $\lambda_1\sim\lambda_9$对应的离轴抛物面子镜单元在全局坐标系下的矢高；并且，由于各衍射光束对应的多离轴抛物面子镜单元的足迹形状近似为椭圆形，所以这 9 个离轴抛物面子镜单元组合构成了矩形孔径的会聚反射镜。图 11－21 为 9 个离轴抛物面子镜单元的表面轮廓。图 11－21 中为展示方便，均已减去了曲率半径为 200mm 的球面基底。图 11－21（a）中的虚线为离轴抛物面基底的表面轮廓，9 个离轴抛物面子镜单元的中心均坐落在离轴抛物面基底上。相邻波长的衍射光束对应的离轴抛物面子镜单元会发生一定程度的重叠，且重叠区域不完全相同，两两相邻的离轴抛物面子镜单元的矢高差如图 11－21（b）所示。本设计对光谱范围内波长的采样间隔取值为 50nm，共 9 段，从图 11－21（a）中可以推断出，若采样更密，则非相邻的离轴抛物面子镜单元也会出现重叠，这会对接下来多离轴抛物面的面型融合的过程带来干扰，应予以避免。事实上，采样间隔的取值并不非常严格，在此基础上构建的初始结构还需进一步在光学设计软件中优化。但需要保证的是，采样

的相邻波段对应的离轴抛物面子镜单元可以相交，且不与其他波段对应的离轴抛物面子镜单元产生重叠。

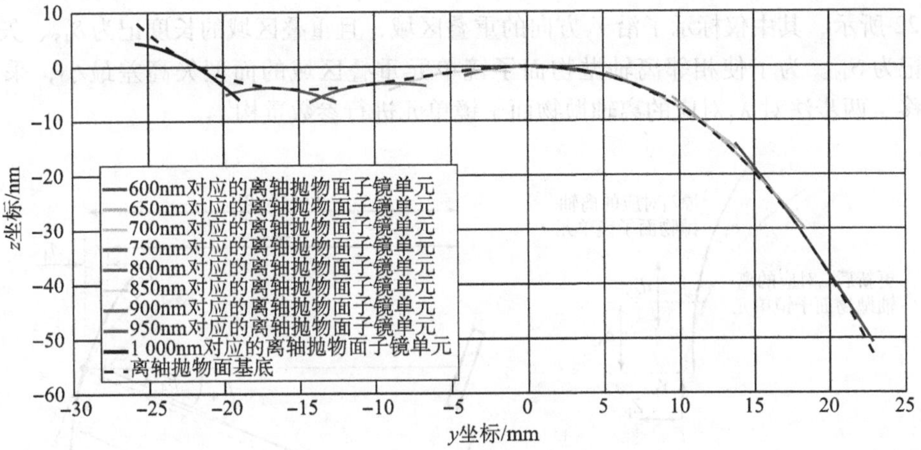

(a)

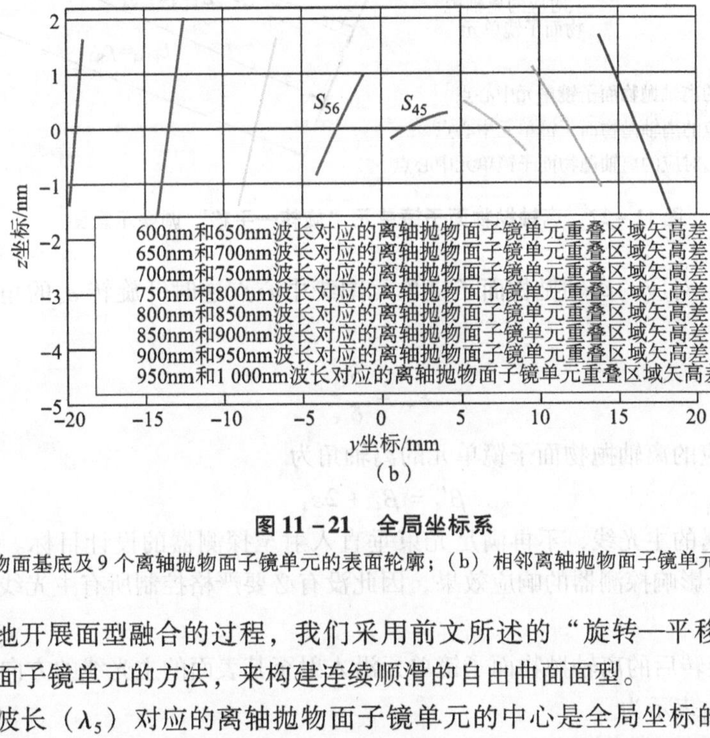

(b)

图 11－21 全局坐标系

(a) 离轴抛物面基底及 9 个离轴抛物面子镜单元的表面轮廓；(b) 相邻离轴抛物面子镜单元重叠区域矢高差

为了更好地开展面型融合的过程，我们采用前文所述的“旋转—平移”两步法，逐段调整离轴抛物面子镜单元的方法，来构建连续顺滑的自由曲面面型。

由于中心波长（λ_5）对应的离轴抛物面子镜单元的中心是全局坐标的原点，因此将其作为参考面，也是最先获取的离轴抛物面子镜单元。接下来，重构其相邻波长（λ_4和 λ_6）对应的离轴抛物面子镜单元，对其面型参数进行更新，使得重叠区域的面型矢高差最小。进一步，基于更新后的 λ_4和 λ_6对应的离轴抛物面子镜单元的面型参数，以相同的方法分别对与其相邻的 λ_3和 λ_7对应离轴抛物面子镜单元进行参数更新，并依此类推。总体来说，本章采用以中心波长对应的离轴抛物面子镜单元为基准，逐步更新边缘波长对应的离轴抛物面子镜单元参数，扩展生长融合曲面，直至生成融合准直镜和会聚镜、覆盖全光谱范围且连续顺滑的自由曲面反射镜。

离轴抛物面子镜单元的参数更新是多离轴抛物面扩展和融合的关键过程。由于一系列离轴抛物面子镜单元的定位是依次沿 Y_F 方向，为简单起见，在其各自有效的椭圆孔径内，主要关注沿 Y_F 方向而不是沿 X_F 方向的矢高差。以 λ_4 和 λ_5 对应的离轴抛物面子镜单元为例，如图 11－22 所示，其中仅标示了沿 Y_F 方向的重叠区域，且重叠区域的长度记为 δ_{45}、矢高差的峰谷值记为 S_{45}。为了使相邻离轴抛物面子镜单元重叠区域的面型矢高差最小，采用“旋转—平移”两步法对 λ_4 对应的离轴抛物面子镜单元进行参数重构。

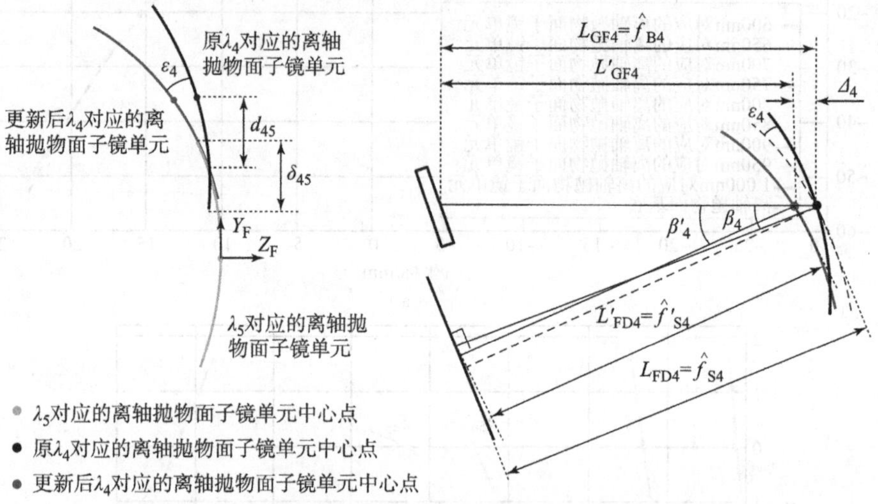

图 11－22　离轴抛物面子镜单元“旋转—平移”调整示意图

第一步，将 λ_4 对应的离轴抛物面子镜单元围绕中心点逆时针旋转 ε_4 的角度，该角度近似表示为

$$\varepsilon_4 = \frac{S_{45}}{\delta_{45}} \tag{11-69}$$

旋转后 λ_4 对应的离轴抛物面子镜单元的离轴角为

$$\beta'_4 = \beta_4 + 2\varepsilon_4 \tag{11-70}$$

此时，对于 λ_4 的主光线，不再满足光束垂直入射至探测器的设计目标。但是，这种光束的略微倾斜不会影响探测器的响应效果，因此没有必要严格控制所有主光线垂直入射至探测器。

第二步，将旋转后的离轴抛物面子镜单元沿入射至其表面的主光线的方向，向平面光栅平移，平移距离 Δ_4 表示为

$$\Delta_4 = d_{45}\tan\varepsilon_4 \tag{11-71}$$

式中，d_{45} 表示 λ_4 对应的离轴抛物面子镜单元的中心点与 λ_4、λ_5 对应的离轴抛物面子镜单元的交点在 Y_F 方向上的距离。这一步骤可保证经平面光栅衍射后的主光线仍入射至重构的离轴抛物面子镜单元的中心点。进一步更新平面光栅到重构后的 λ_4 对应的离轴抛物面子镜单元的距离参数 L'_{GF4}：

$$L'_{GF4} = L_{GF4} - \Delta_4 = \hat{f}_{B4} - \Delta_4 \tag{11-72}$$

此外，重构后，λ_4 对应的离轴抛物面子镜单元到探测器的距离 L'_{FD4}（反射焦距 $\hat{f}'_{S4}$）也可

根据图 11－22 的三角关系得出：

$$L'_{\mathrm{FD4}}=\hat{f}'_{\mathrm{S4}}=\frac{L_{\mathrm{FD4}}}{\cos 2\varepsilon_4}-\Delta_4=\frac{\hat{f}_{\mathrm{S4}}}{\cos 2\varepsilon_4}-\Delta_4 \tag{11-73}$$

根据式（11－70）和式（11－73），可以得出重构后的 λ_4 对应的离轴抛物面子镜单元的参数对（$\hat{f}'_{\mathrm{S4}}$，β'_4）。此时，通过“旋转—平移”两步法，λ_4 和 λ_5 对应的相邻离轴抛物面子镜单元的面型矢高差最小，便于接下来的融合。依此类推，以中心波长对应的离轴抛物面子镜单元作为初始参考面，会聚镜上的一系列离轴抛物面子镜单元均按照上述方式依次扩展、重构。

11.4.1.3　自由曲面光谱仪初始结构的生成

根据重构后的一系列离轴抛物面子镜单元上的离散数据点的坐标和法向量，将其拟合为单个自由曲面反射镜。自由曲面反射镜在全局坐标系下，采用以球面为基底，叠加五阶 XY 多项式定义。对于自由曲面上的任何一点坐标（x_F，y_F，z_F），矢高可表示为

$$\begin{aligned}z_F &= R_S+\sqrt{R_S^2-(x_F^2+y_F^2)}+p_{20}x^2+p_{02}y^2+p_{21}x^2y+p_{03}y^3+\\&\quad p_{40}x^4+p_{22}x^2y^2+p_{04}y^4+p_{41}x^4y+p_{23}x^2y^3+p_{05}y^5\end{aligned} \tag{11-74}$$

式中，等号右边的前两项表示球面基底，用以提高拟合效率，选定球面基底的曲率半径 $R_s=-200\mathrm{mm}$。xy 多项式是坐标 x 和 y 的幂级数和，将其除以归一化半径 R_N，得到 $x=x_F/R_N$，$y=y_F/R_N$。由于自由曲面关于子午平面旋转对称，因此除基底外，仅采用 10 项 xy 多项式进行表征。

完成自由曲面会聚镜的融合和表征后，接下来需要进一步将其与准直镜融合为自由曲面共体反射镜。本设计中准直镜和会聚镜融合为共体自由曲面镜只是设计的最后一步结果，使光谱仪系统的集成度更高，若不将这两镜融合为一体，仍不影响该系统的设计思想，依然可以根据每段光路理想成像的特点，利用波前像差对光谱仪系统中的光学元件逐个装调。

在图 11－20 中，准直镜和会聚镜没有重叠区域。因此，需要将自由曲面会聚镜的口径扩展延伸，与离轴抛物面准直镜的准直光束相交。为了便于将离轴抛物面准直镜和自由曲面会聚镜融合，仍采用类似于上文中的“平移—旋转”两步法，对离轴抛物面准直镜进行面型重构——离轴抛物面准直镜沿着其主光线向平面光栅移动，直到其中心点位于自由曲面会聚镜的延伸区域上，并旋转一定角度以最大限度地减小两个反射镜重叠区域的偏差，更新其离轴角和反射焦距。离轴抛物面准直镜的重构过程中，旋转和平移量并不需要严格设定，目的是减小两个反射镜重叠区域的偏差。更新后的参数对（$\hat{f}'_{S-C}$，β'_C）为（94.590mm，10.472°），重构后的离轴抛物面准直镜与平面光栅之间的距离为 94.125mm。

根据重构后反射镜上离散数据点的坐标和法向量，将离轴抛物面准直镜和自由曲面会聚镜拟合为一体，面型参数见表 11－7 的第二列。此时，多离轴抛物面拼接融合型自由曲面反射镜、平面光栅、探测器共同构成了自由曲面 Czerny－Turner 光谱仪，光谱仪光路如图 11－23 所示。自由曲面光谱仪初始结构的结构参数见表 11－8 的第二列。L_{EC} 表示针孔到自由曲面准直镜区域的距离。很显然，经针孔出射的任意波长的光束入射至自由曲面反射镜，若此时有效反射区域的面型非常接近离轴抛物面，光束准直效果最佳；经平面光栅衍射后，再次入射至自由曲面反射镜，若此时有效反射会聚区域的面型非常接近离轴抛物面，光束会聚效果最佳。

表 11－7　自由曲面反射镜的初始面型和最终面型参数

参数	初始面型	最终面型
R_S/mm	－200	－200
R_N/mm	50	50
p_{20}/mm	－0. 410 08	－0. 416 76
p_{02}/mm	－0. 223 18	－0. 217 08
p_{21}/mm	0. 852 72	0. 883 73
p_{03}/mm	0. 080 31	0. 115 74
p_{40}/mm	0. 161 20	0. 135 93
p_{22}/mm	－1. 092 60	－0. 753 94
p_{04}/mm	－0. 118 37	－0. 063 52
p_{41}/mm	－0. 009 00	－0. 266 77
p_{23}/mm	0. 212 44	0. 063 71
p_{05}/mm	0. 026 38	0. 003 77

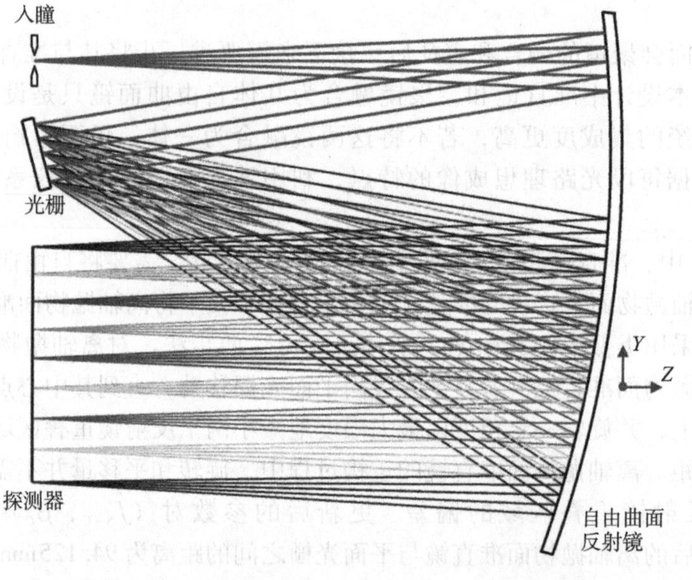

图 11－23　自由曲面 Czerny－Turner 光谱仪光路图

表 11－8　自由曲面光谱仪的初始结构和最终系统参数

参数	初始结构	最终系统
L_{EC}/mm	94. 570	97. 197
L_{CG}/mm	94. 105	97. 127
L_{GF}/mm	96. 332	910. 570

续表

参数	初始结构	最终系统
L_{FD}/mm	95.000	95.126
α_C/(°)	4.781	4.530
α_F/(°)	10	10

将构建的自由曲面 Czerny - Turner 成像光谱仪的初始结构在 ZEMAX 光学设计软件中进行光学性能评估，并且验证通过多离轴抛物面拼接融合型自由曲面替代球面准直镜和球面会聚镜的结构形式是否可以降低系统的装调难度。结果如图 11 - 24 所示，针孔出射的发散光束入射至自由曲面镜，反射光束近似为准直光束，其波前像差如图 11 - 24（a）所示，峰谷（PV）值为 0.633λ，均方根（RMS）值为 0.123λ。成像质量如图 11 - 24（b）和（c）所示，根据 600 ~ 1 000nm 波段范围的 RMS 弥散斑半径曲线以及点列图的分布可以看出，像面弥散斑未完全达到，但已接近衍射极限。其中，短波相较于长波段，对应的弥散斑半径更大。

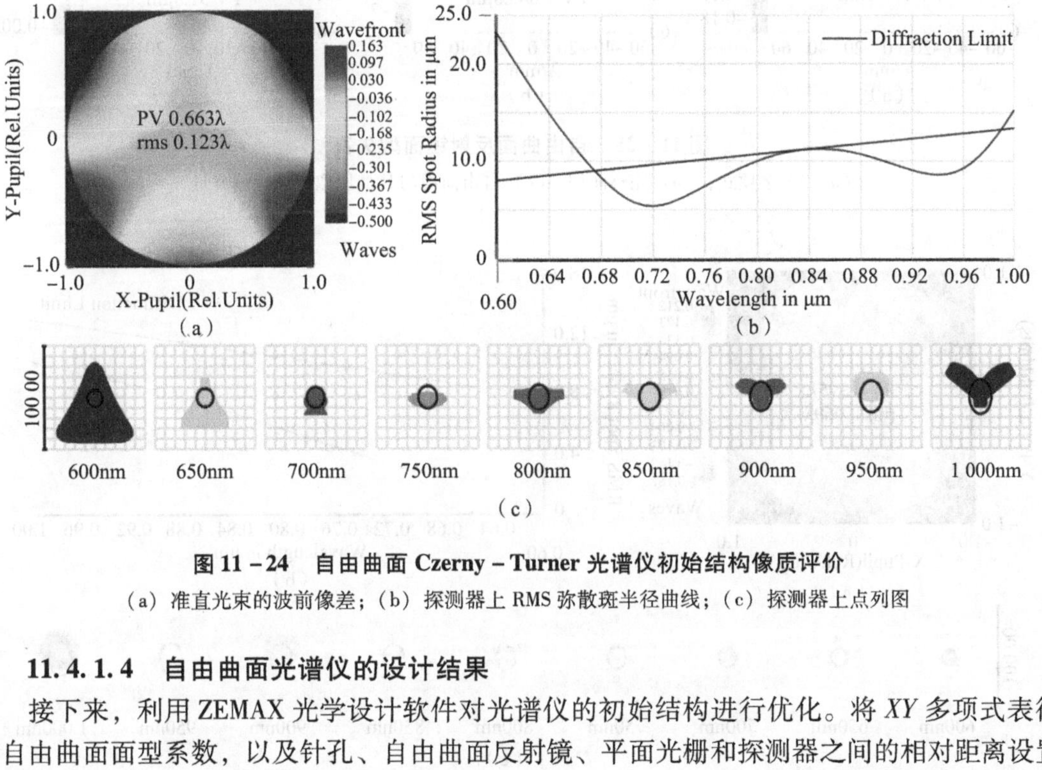

图 11 - 24　自由曲面 Czerny - Turner 光谱仪初始结构像质评价

（a）准直光束的波前像差；（b）探测器上 RMS 弥散斑半径曲线；（c）探测器上点列图

11.4.1.4　自由曲面光谱仪的设计结果

接下来，利用 ZEMAX 光学设计软件对光谱仪的初始结构进行优化。将 *XY* 多项式表征的自由曲面面型系数，以及针孔、自由曲面反射镜、平面光栅和探测器之间的相对距离设置为变量。优化后得到矩形孔径的自由曲面反射镜，面型矢高如图 11 - 25 所示，其中，*XY* 多项式部分对应的面型矢高 PV 值为 190.9μm，如图 11 - 25（a）所示；自由曲面反射镜面型连续且光滑，整个面型的矢高 PV 值为 7 683.8μm，[图 11 - 25（b）]。自由曲面最佳拟合球面的曲率半径为 -195.3mm（不同于自由曲面的球面基底曲率半径 R_s = -200mm），自由曲面面型与其最佳拟合球面的偏离量的 PV 值为 51.8μm [图 11 - 25（c）]，在子孔径拼接干涉仪（QEDSSI）的测量能力范围之内。针孔出射的发散光束，经自由曲面反射后为准直光束，其波前像差如图 11－26（a）所示，相较于初始结构，峰谷（PV）值下降至 0.395λ，均方根（RMS）值下降至 0.069λ，残存像差主要为三叶草像差。从图 11－26（b）和（c）中可以看出，优化后的像面 RMS 弥散斑半径曲线达到衍射极限以内，且弥散斑均接近于艾里斑大小。因此，系统光路从针孔到自由曲面镜上的准直区域，再反射至平面光栅；与平面光栅衍射光束到自由曲面镜上的会聚区域，再反射至探测器。这两段光路均为像差接近衍射极限的理想光路。光束的波前可以分别用作自由曲面反射镜和平面光栅装调时的标准，如图 11－27 所示。

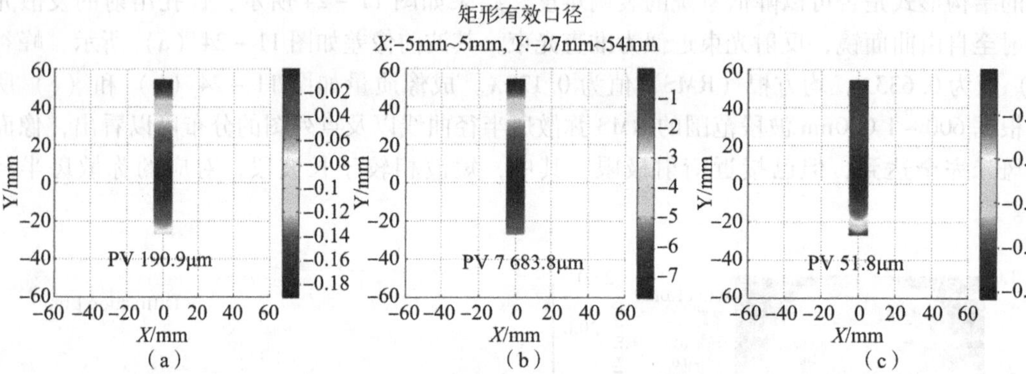

图 11－25　自由曲面反射镜面型矢高

（a）*XY* 多项式；（b）完整面型；（c）自由曲面与其最佳拟合球面偏离量

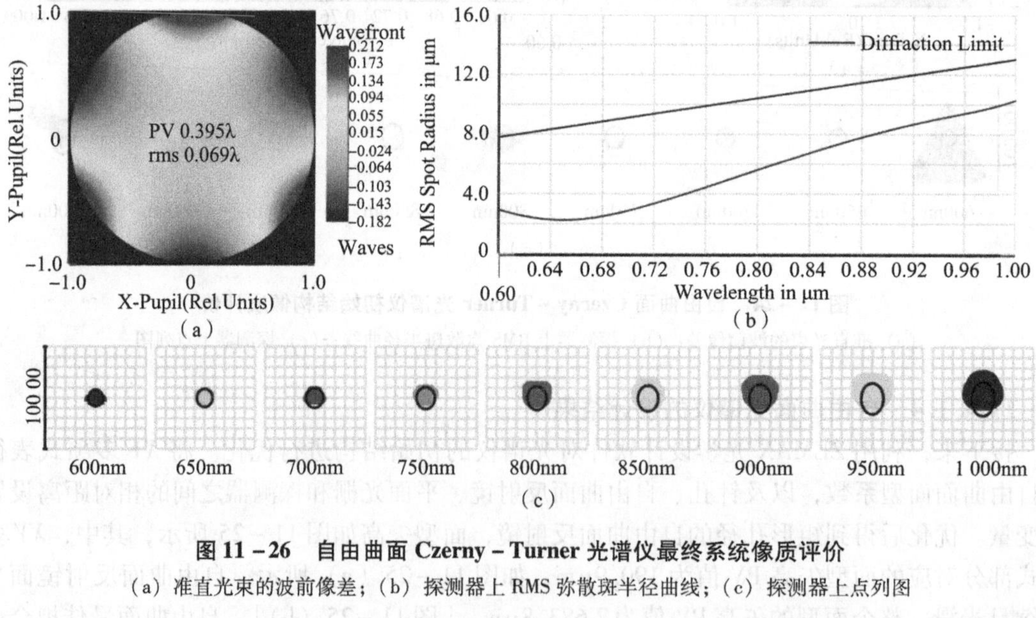

图 11－26　自由曲面 Czerny－Turner 光谱仪最终系统像质评价

（a）准直光束的波前像差；（b）探测器上 RMS 弥散斑半径曲线；（c）探测器上点列图

最终，自由曲面 Czerny－Turner 成像光谱仪中的自由曲面面型参数见表 11－7 的第三列，系统的结构参数见表 11－8 的第三列。根据两个表格中的数据可以看出，除了 *XY* 多项

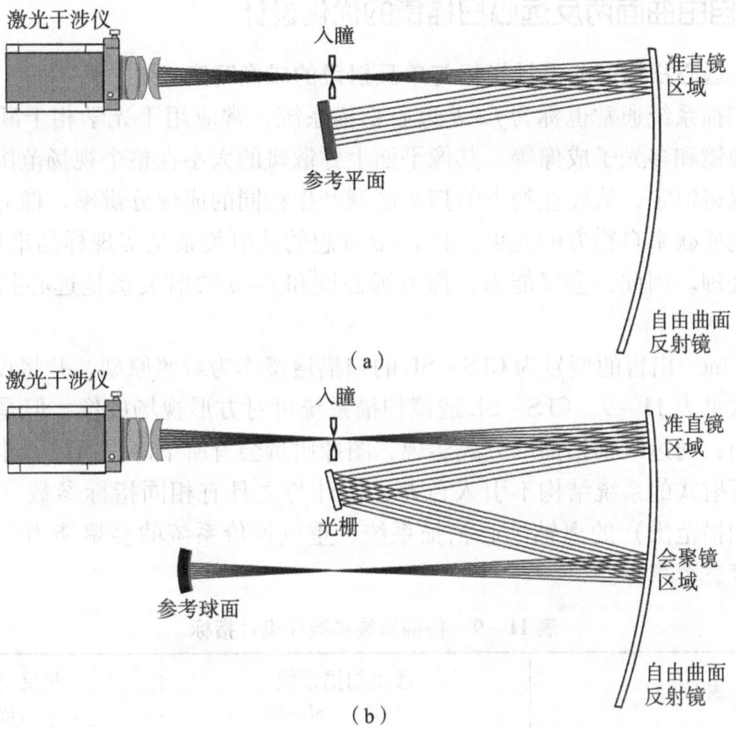

图 11 – 27　由干涉仪测量波前实现光谱仪光路的装调

（a）自由曲面反射镜的装调；（b）平面光栅的装调

式系数的改变外，中心波长对应的离轴抛物面子镜单元的入射角 α_F 保持 10°不变，准直镜区域的入射角 α_C 变化较大。此外，与 L_{EC}、L_{CG} 和 L_{GF} 相比，L_{FD} 的变化很小。自由曲面的会聚镜区域是由多离轴抛物面子镜单元融合而成，而准直镜区域仅通过一个离轴抛物面子镜单元来获取。所以与会聚镜区域的设计相比，对准直镜区域的参数限制不那么严格，定义准直镜区域的参数 α_C，L_{EC} 和 L_{CG} 优化后的变化也较大；并且通过对比图 11 – 24（a）和图 11 – 26（a）可以看出，优化后的准直光束更加理想。L_{GF} 的增加，有效减小了探测器上的弥散斑半径，尤其是对于短波波段。此外，正如一系列离轴抛物面子镜单元在重构过程中，重构后入射至探测器的主光线不再与探测器绝对垂直。各个采样波长对应的主光线入射至探测器时，最大夹角仅为 1.266°，这对于探测器的响应是可接受的，且相比于其他像散校正型光谱仪已非常小。

虽然通过光学设计软件对系统进一步优化是十分必要的，但多离轴抛物面分段拼接融合的设计思想可以为光谱仪提供一个很好的初始结构。另外，优化过程并不违背构建多离轴抛物面拼接融合型自由曲面的设计思想，以及独立的无像差光学元件的装调优势。最终光谱仪系统波长范围为 600 ~ 1 000nm，分辨率为 0.1nm，整个系统由单个自由曲面反射镜、平面光栅和探测器组成。其中，单个自由曲面镜是集成了准直镜和会聚镜为一体的单个反射镜，结构紧凑，易于装调。

11.4.2 自由曲面两反远心扫描镜的优化设计

11.4.2.1 远心扫描镜的设计指标与单反射镜的成像畸变

离轴远心扫描系统通常也称为$f-\theta$远心扫描系统，常应用于光学相干断层扫描、共聚焦激光扫描显微镜和多光子成像等。其像平面上弥散斑的大小在整个视场范围内受衍射极限的限制，基本保持恒定，从而在物方的扫描区域产生相同的成像分辨率。像方远心扫描光路可以最大限度地捕获来自物方的光束，且$f-\theta$理想的映射关系是实现样品准确扫描的保证，无后期的图像处理。因此，会聚能力、像方远心度和$f-\theta$映射关系是远心扫描系统的三大核心问题。

以 Thorlabs Inc. 出售的型号为 CLS - SL 的扫描透镜作为对照原型，并将设计结果与其对比，其主要参数见表 11 - 9。CLS - SL 透镜扫描系统可对方形视场成像，但是其入瞳必须位于两个振镜之间，通过双轴扫描的方式实现，图像质量会有所下降。所以，本章仅考虑单轴扫描，且离轴反射式的系统结构不引入色差，设计与之具有相同指标参数（有效焦距、入瞳直径和视场扫描范围）的离轴远心扫描系统，重点评价系统的会聚能力、像面畸变大小以及像方远心度三个指标。

表 11 - 9 扫描系统参数和设计指标

参数	透镜扫描系统（CLS - SL）	两反离轴远心扫描系统
波段范围/nm	400 ~ 750	宽波段
系统焦距/mm	70	70
入瞳直径/mm	4	4
工作距离/mm	54	44
扫描范围/(°)	± 10.4	± 10.4
$f-\theta$ 畸变/μm	< 5	< 5
远心度/(°)	< 1.05	< 0.2

由 11.2.4 节对多抛物面融合型自由曲面单反射镜成像系统的分析可知，畸变校正与远心度控制之间存在着相互制约的问题亟待解决。在 ± 10.4°扫描范围内，$f-\theta$畸变曲线如图 11 - 28 所示。0° ~ 1.4°的视场范围，畸变值为负，其他视场畸变值均为正值。换句话说，在像平面上，满足$f-\theta$映射关系的理想主光线大部分位于实际主光线之下。

11.4.2.2 自由曲面两反初始结构的生成

按照图 11 - 17 所示的自由曲面两反离轴远心系统的初始结构构建方案，将全视场分割为多个单视场单元，每个单视场单元由一对平面子镜和离轴抛物面子镜构成理想成像的子光路，由此形成由多个面对组成的两反成像系统。

离轴抛物面子镜实现光束的会聚和远心度的控制，平面子镜实现畸变的校正，从而达到无畸变远心成像的效果。融合各个离轴抛物面子镜形成自由曲面主镜，融合各个平面子镜形成自由曲面校正镜。按照表 11 - 9 中所示的设计指标，相应计算设置离轴角β_0为 50°。将自由曲面校正反射镜倾斜适当的角度，使从入瞳出射的 0°视场的主光线与入射至像面的主光

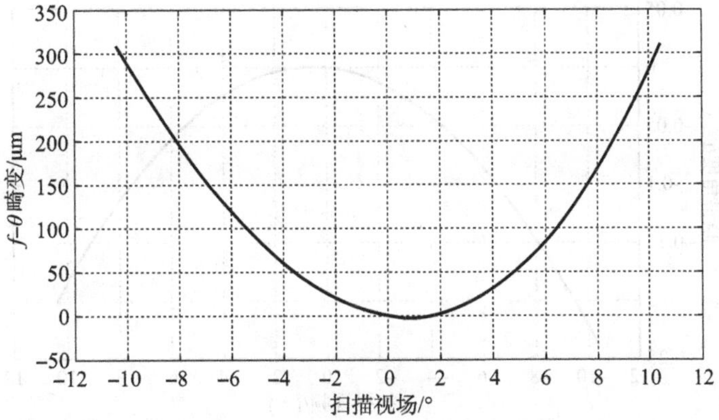

图 11－28　多离轴抛物面融合型自由曲面单反系统 $f-\theta$ 畸变曲线

线平行。根据自由曲面主镜在 ±10.4°全视场范围内的 $f-\theta$ 成像关系计算得到，$\beta_{+\theta}$ 为 60.4°，$\beta_{-\theta}$ 为 39.6°，$\hat{f}_{S0}$ 取 70mm。这样，D_0 和反射焦距 $\hat{f}_{B0}$ 分别为 53.379mm 和 610.682mm，R_B 为 114.473mm。L_{CP} 为自由曲面补偿镜到自由曲面主镜的距离。为了使系统结构紧凑的同时避免遮拦，将其设定为 32mm，L_{EC} 为入瞳到自由曲面子镜单元的距离，为 37.682mm。

为了校正系统畸变，使分割的单视场单元光束成像于理想高度，构成自由曲面主镜的离轴抛物面子镜单元需进行重构，重构后其相应的离轴角更新为

$$\beta_i' = \operatorname{atan}\frac{2R_B(D_0 + h_i)}{R_B^2 - (D_0 + h_i)^2} \tag{11-75}$$

经计算，$\beta'_{+\theta}$ 和 $\beta'_{-\theta}$ 分别为 60°和 39.1°。由此，视场角和多离轴抛物面子镜单元的离轴角之间的对应关系获得了更新。比如，视场 $+\theta$ 对应的离轴角 $\beta_{+\theta}$ 更新为 $\beta'_{+\theta}$，视场 $-\theta$ 对应的离轴角 $\beta_{-\theta}$ 更新为 $\beta'_{-\theta}$。为了更新这些参数，在光路中通过将多平面子镜单元（除 0°视场单元）倾斜一定的角度来实现，使得主光线发生偏折。任意视场角 i 对应的平面子镜倾斜角度可以根据图 11－17 中的几何关系获取：

$$\gamma_i = \frac{\beta_i' - \beta_0 - i}{2} \tag{11-76}$$

分割单视场单元对应的平面子镜倾斜角度曲线如图 11－29 所示，接下来需要将这一系列不同倾斜角度的平面子镜拼接融合为连续顺滑的自由曲面校正反射镜。各单视场单元光束经自由曲面校正反射镜反射的光束走向由其坐标和法向量决定，需要对构成这些平面子镜的离散数据点进行拟合。但是，如果这些平面子镜的中心点均坐落在一个大平面上，那么，两两相邻的平面子镜在连接处的矢高，会因为各单视场单元对应的平面子镜的倾斜角度不同而偏差很大。因此，相邻的平面子镜在重叠区域的矢高差会对构造连续顺滑的自由曲面产成阻碍。那么，用于定位多平面子镜的基底的设计就显得十分重要，可以有效减小多平面子镜融合的难度。

多平面子镜基底的构建模型如图 11－30 所示，全视场 $\pm\theta$ 以相等的间隔 $\Delta\theta$ 进行采样。本设计中 $\Delta\theta$ 取 0.1°，即全视场分为 209 个采样视场，对应的平面子镜的中心点记为 P_{-104} ~ P_{104}，如图 11－30（a）所示。这些平面子镜的中心点构成了所要求取的曲面基底，面型在局部坐标系（x，y，z）中定义。由于 L_{EC} 远大于曲面基底的矢高，所以该基底在坐标系中 y

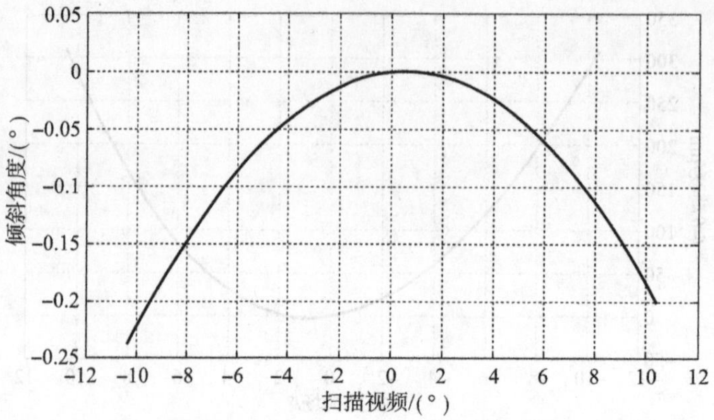

图11－29　平面子镜单元倾斜角度曲线

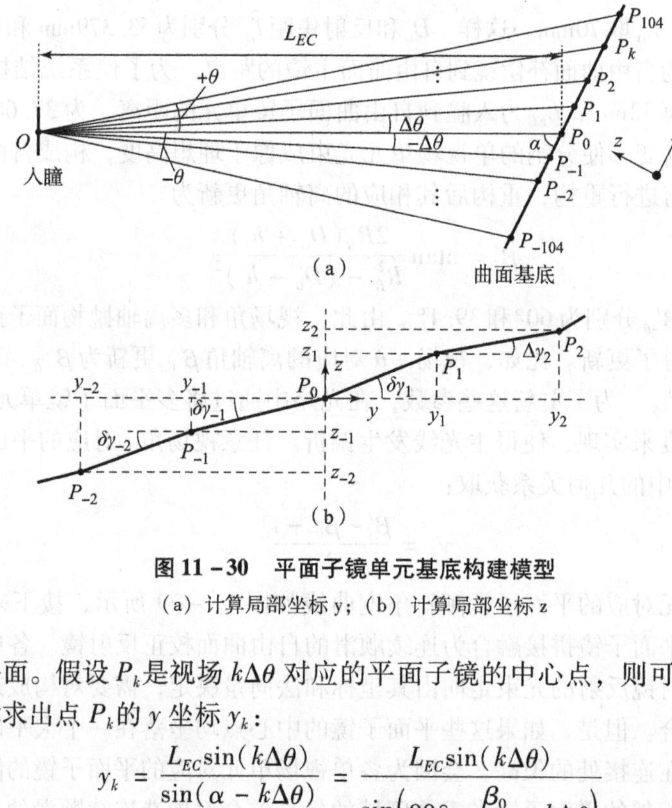

图11－30　平面子镜单元基底构建模型

(a) 计算局部坐标 y；(b) 计算局部坐标 z

方向上近似于平面。假设 P_k 是视场 $k\Delta\theta$ 对应的平面子镜的中心点，则可以在三角形 OP_0P_k 中根据三角定律求出点 P_k 的 y 坐标 y_k：

$$y_k = \frac{L_{EC}\sin(k\Delta\theta)}{\sin(\alpha - k\Delta\theta)} = \frac{L_{EC}\sin(k\Delta\theta)}{\sin\left(90° - \dfrac{\beta_0}{2} - k\Delta\theta\right)} \tag{11-77}$$

z 坐标可以根据 P_1，P_2，P_3，…，P_{k-1} 逐点获取，如图11－30（b）所示。视场 $k\Delta\theta$ 对应的平面子镜的倾斜角用 γ_k 表示，相邻两个平面子镜的倾斜角的差值用 $\delta\gamma_k$ 表示，表达式为

$$\delta\gamma_k = \gamma_k - \gamma_{k-1} \tag{11-78}$$

基底上相邻两个采样点 P_k 和 P_{k-1} 矢高的增量 Δz_k 可以根据其 y 坐标的增量和 $\delta\gamma_k$ 推导得出：

$$\Delta z_k = \begin{cases} z_k - z_{k-1} = (y_k - y_{k-1})\tan\delta\gamma_k, k > 0 \\ z_k - z_{k+1} = (y_k - y_{k+1})\tan\delta\gamma_k, k < 0 \end{cases} \tag{11-79}$$

P_0作为局部坐标系下的起始点，z_1等于 Δz_1，再进一步求取 z_2，z_3，…，z_{103}，z_{104}以及 z_{-1}，z_{-2}，z_{-3}，…，z_{-103}，z_{-104}。

至此，可以获取各单视场单元对应的平面子镜的中心点坐标。从中心视场拓展到边缘视场，由中心点绘制的平面子镜基底的曲线轮廓如图 11－31 所示，即得到了用于 $f-\theta$ 畸变校正的各平面子镜中心点的相对位置信息。综合考虑不同孔径和视场采样下的特征光线，可以根据平面子镜基底的曲线参数获取每个平面子镜上全部离散点的坐标和法向量；然后，将其拟合形成曲面基底上多平面子镜融合型自由曲面校正反射镜。

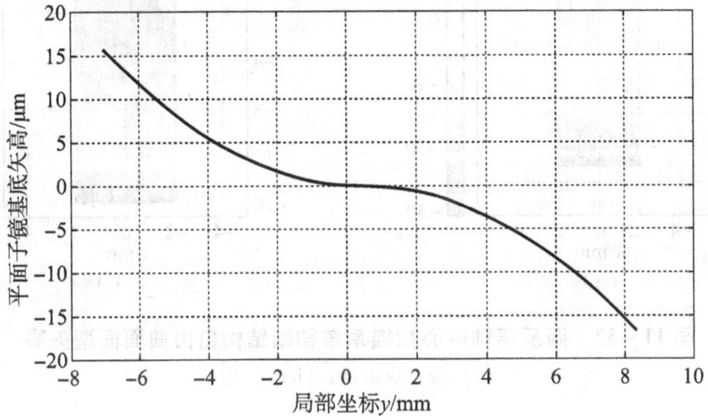

图 11－31　平面镜基底的曲线轮廓

在获取构成自由曲面校正反射镜的平面子镜参数后，其对应的离轴抛物面子镜单元的离轴角被更新，所以需要对这些离轴抛物面子镜单元进行重构和参数更新，然后再对坐落于离轴抛物面基底上的多离轴抛物面子镜单元进行扩展和融合，形成连续光滑的自由曲面，作为最终两反离轴远心扫描系统初始结构的主镜。每个“离轴抛物面－平面”子镜对均对应一个单视场单元，离轴抛物面子镜实现光束的会聚和远心度的控制，平面子镜实现畸变的校正，由此形成整个光路中的一段理想成像子光路。多面对融合型自由曲面主镜和校正反射镜分别是通过多离轴抛物面子镜和平面子镜的扩展和融合构建而成。

拼接融合型自由曲面校正反射镜和主镜的面型矢高分别如图 11－32（a）和（b）所示，两个面型的有效孔径均为矩形，采用五阶 *XY* 多项式对其面型进行表征，其中，自由曲面校正反射镜的表征仅用子午平面内的 *XY* 多项式项，如 y，y^2，y^3，y^4和 y^5。

通过 ZEMAX 光学设计软件，对构建的两反离轴远心扫描系统的初始结构进行光学性能评估，成像质量如图 11－33 所示。在 550nm 的工作波长下，整个视场范围内，像面弥散斑半径的均方根为 11.7μm，如图 11－33（a）所示；最大 $f-\theta$ 畸变值略高于 10μm，如图 11－33（b）所示；像方远心角小于 0.25°，基本满足像方远心条件，如图 11－33（c）所示。

11.4.2.3　自由曲面两反离轴远心扫描系统的设计结果

基于多面对融合的设计理念，构建了两反离轴远心扫描系统的初始结构，还需通过光学设计软件进一步优化。由于自由曲面校正反射镜的面型构建是在子午平面内，为了辅助校正系统畸变，所以，将关于子午平面对称的 *XY* 多项式的项设置为优化变量。L_{EC} 为入瞳到自由曲面补偿镜的距离，初始为 37.682mm，也将其设置为优化变量。

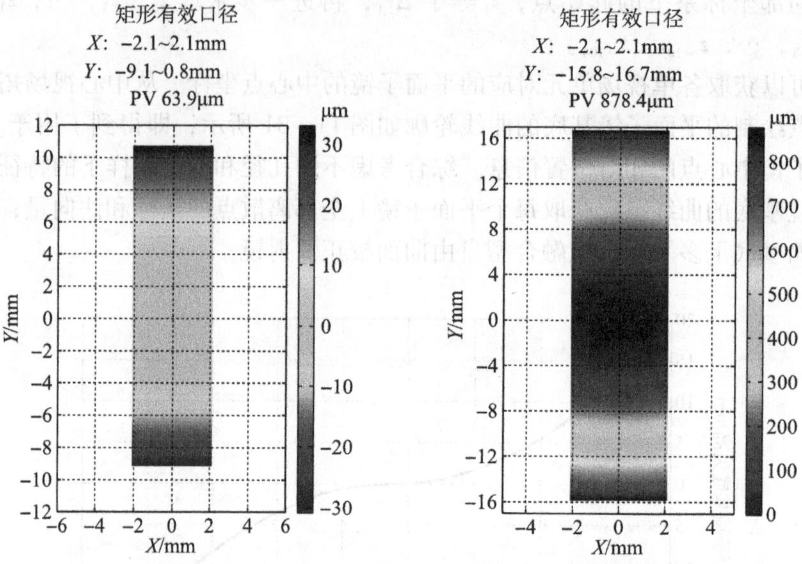

（a）　　　　　　　　（b）

图 11－32　两反离轴远心扫描系统初始结构自由曲面面型矢高

（a）校正反射镜；（b）主镜

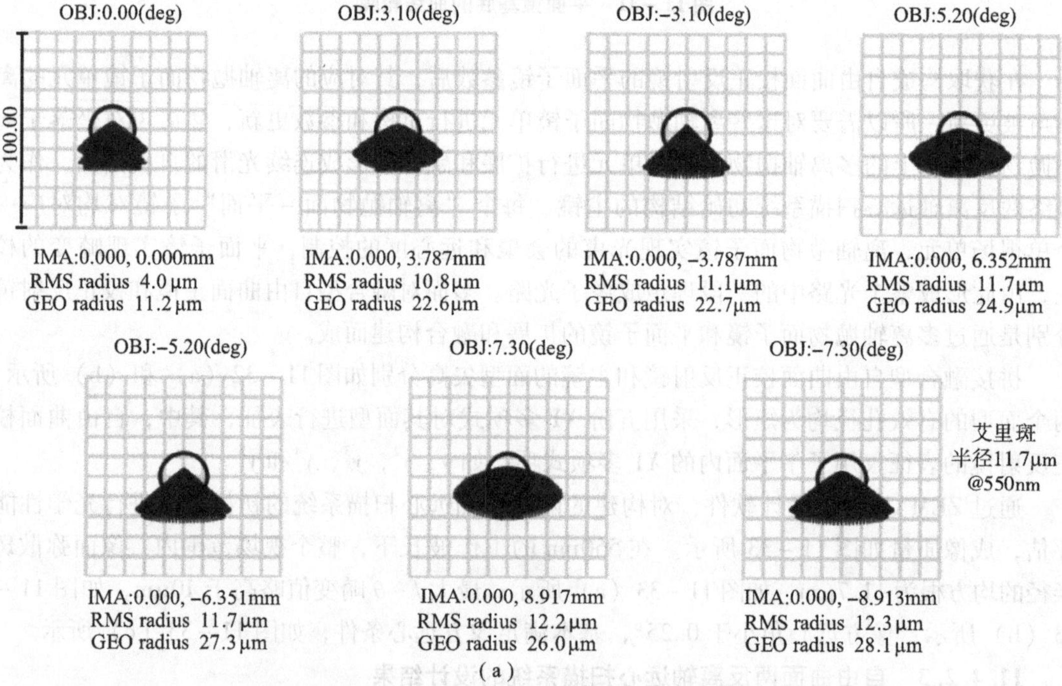

（a）

图 11－33　两反离轴远心扫描系统初始结构的光学性能

（a）

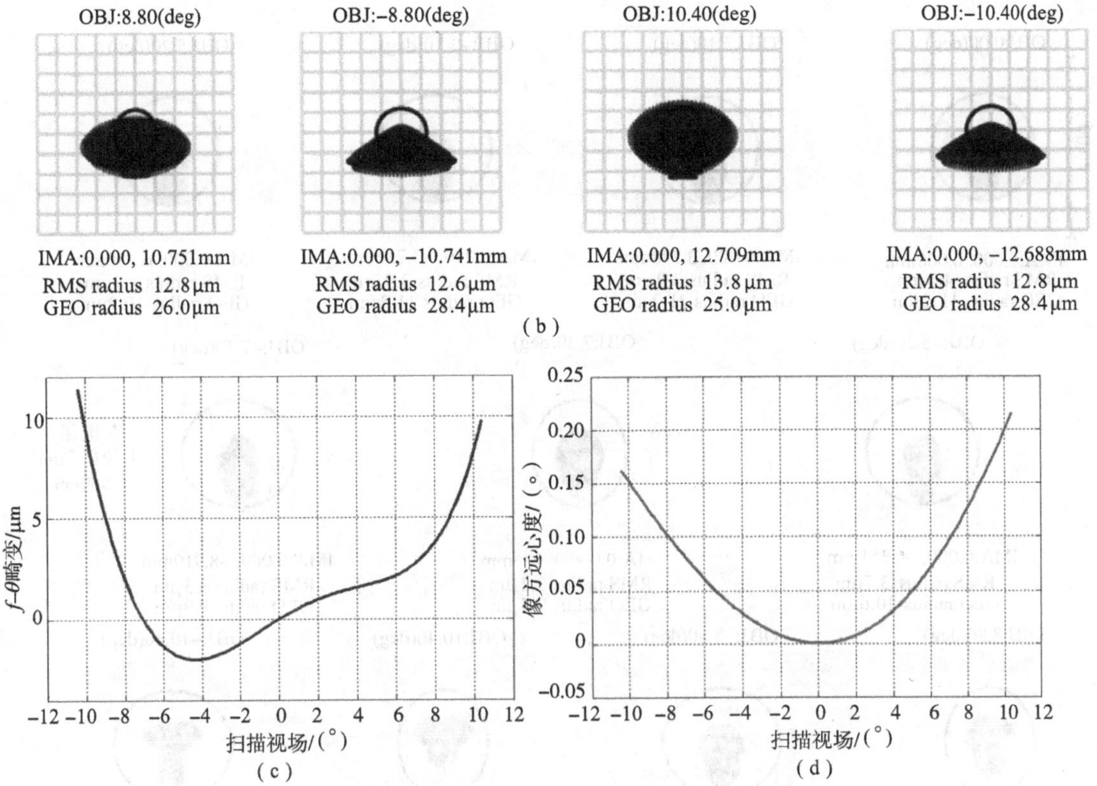

图 11－33　两反离轴远心扫描系统初始结构的光学性能（续）

（b）像面弥散斑；（c）$f-\theta$ 成像畸变；（d）像方远心度

优化后，两反离轴远心扫描系统结构的光路图如图 11－34 所示。单视场单元的弥散斑全部在艾里斑范围内，如图 11－35（a）所示，根据视场与弥散斑 RMS 的曲线可以看出，整个视场范围的弥散斑均接近衍射极限；扫描范围内，最大的 $f-\theta$ 畸变值不超过 5μm，如图 11－35（b）所示；像方远心角小于 0.2°，如图 11－35（c）所示。

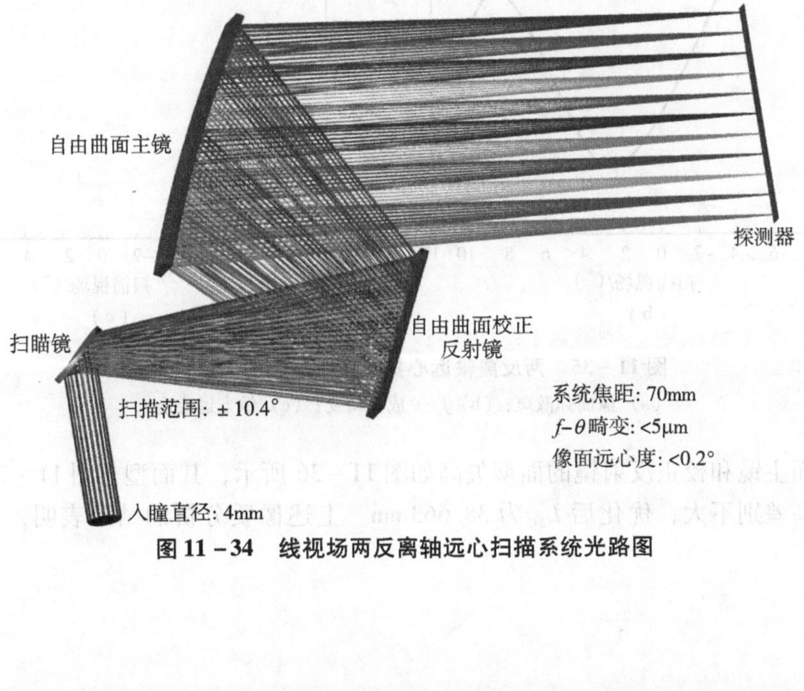

图 11－34　线视场两反离轴远心扫描系统光路图

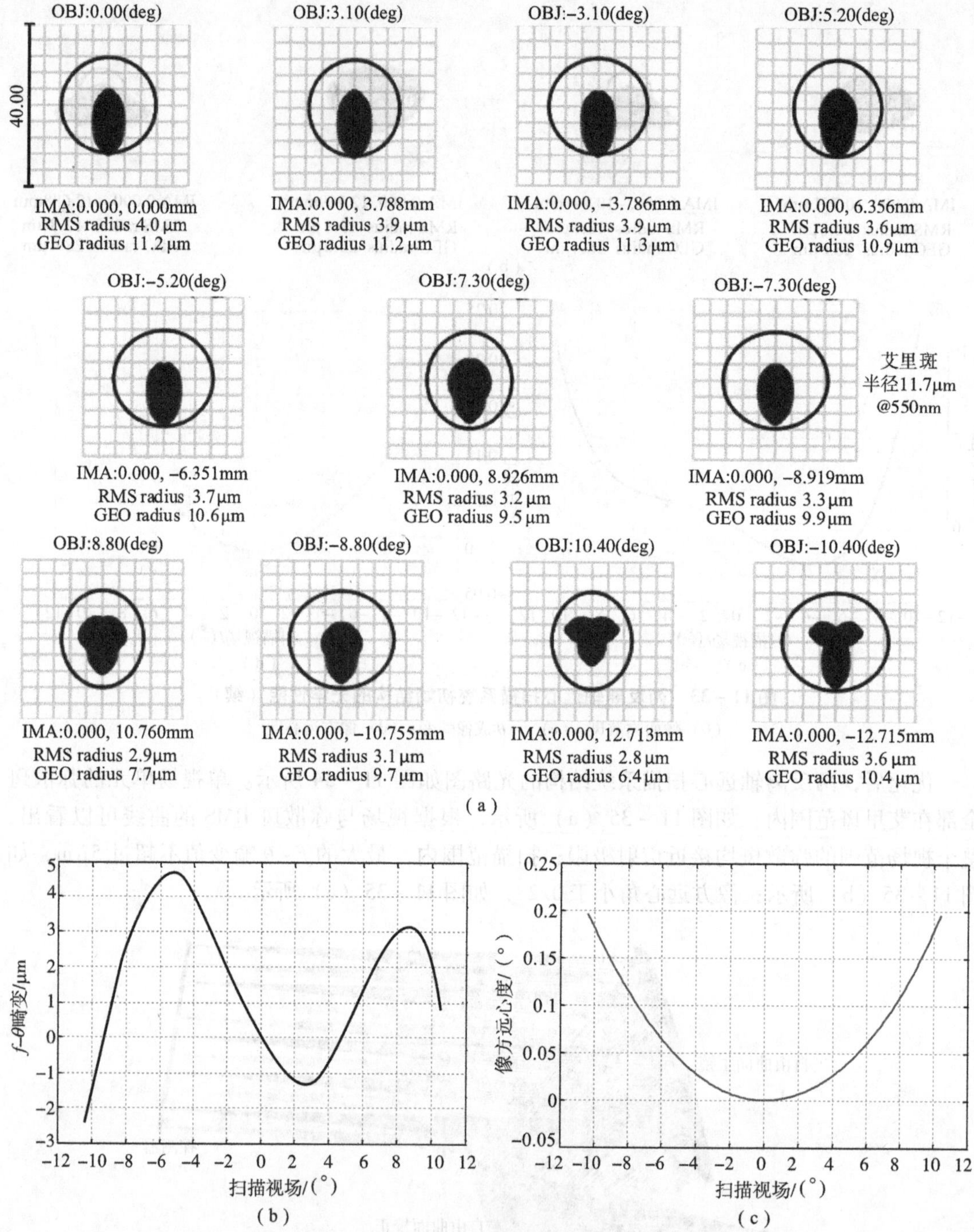

图 11－35　两反离轴远心扫描系统最终的光学性能

（a）像面弥散斑；（b）$f-\theta$ 成像畸变；（c）像方远心度

自由曲面主镜和校正反射镜的面型矢高如图 11－36 所示，其面型与图 11－32 初始结构中的面型矢高差别不大，优化后 L_{EC} 为 38.663mm。上述像质分析的结果表明，基于多面对拼接融合的设计理念建立的两反离轴远心扫描系统，具有理想映射关系的同时，满足像方远心条件，成像质量理想。

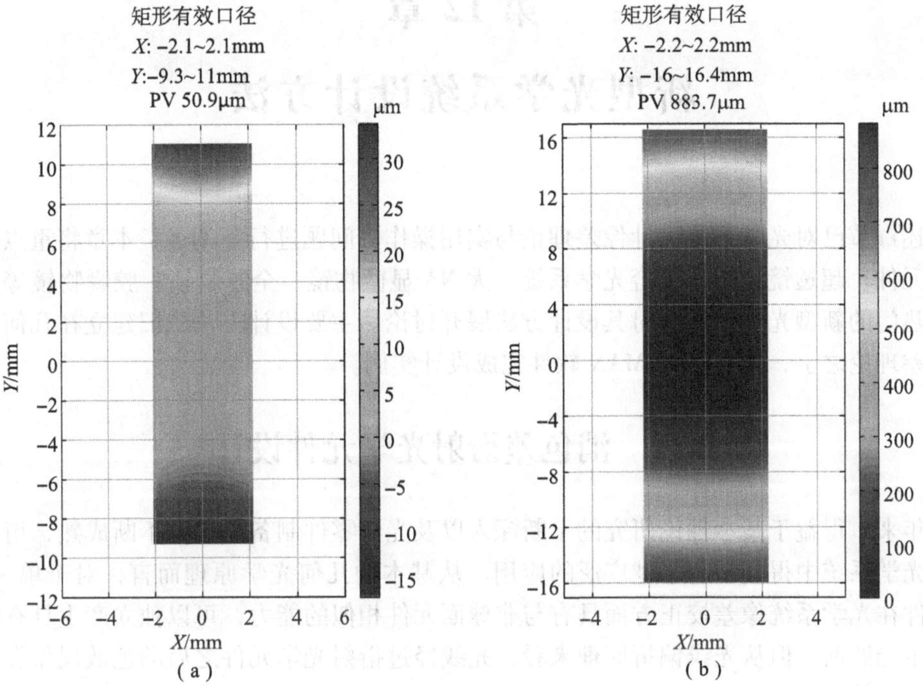

图 11 – 36　两反离轴远心扫描最终系统自由曲面反射镜面型矢高

(a) 校正反射镜；(b) 主镜

在系统构建的过程中，通过两反的结构形式来完成设计，通过自由曲面主镜实现光束的会聚和远心度的控制，通过自由曲面校正反射镜实现畸变的校正，且对初始结构的优化过程并不影响该设计理念。表 11 – 9 给出了系统的具体参数，与商用扫描镜头相比，除了不引入色差的优势之外，离轴扫描系统的像方远心度得到提升。出于对自由曲面面型检测以及系统紧凑性的考虑，系统中不采用凸面反射镜，且工作距离为 44mm，略短于商用扫描镜头 54mm 的工作距离。

复　习　题

1. 综合题

自行利用图书馆或其他科技信息资源，总结近 10 年来光学自由曲面系统的研究现状与发展动态，并附参考文献列表。

2. 简答题

(1) 光学自由曲面系统的设计难点。

(2) 常用的光学自由曲面系统初始结构的产生方法。

第12章
新型光学系统设计方法

前述章节已对光学系统设计像差理论与实用操作等问题进行了阐述，本章将重点关注衍射光学元件、超透镜、折衍混合光学系统、大 NA 显微物镜、全景物镜、胶囊物镜等近些年仍持续热门的新型光学系统，对其设计方法展开讨论。主要设计方法依旧建立在几何光学及几何像差理论之上，并通过 ZEMAX 软件完成设计实例。

12.1 消色差衍射光学元件设计

近年来，得益于基本理论研究的不断深入以及光学零件制备工艺的不断成熟，衍射光学元件在光学系统中得到了越来越广泛的应用。从基本的几何光学原理而言，对于单一波长，衍射元件在光学系统像差校正方面具有与非球面元件相似的能力，可以独立产生具有较好质量的特定光波前。但从光线偏折原理来看，光线经过衍射光学元件之后的色散现象表现出与常规折射器件截然不同的特点。然而，恰恰是这种独树一帜的特点赋予了衍射元件校正系统色差的能力。由前述章节可知，使用传统折射原理实现色差校正的关键是匹配材料，强大的玻璃库是光学系统色差校正的必要条件。在一些特殊光谱范围内可用的透明材料仅限于若干种，依赖传统设计思路难以实现色差校正。特别是在红外波段，光谱范围宽，可用材料少，采用衍射光学元件进行色差校正是一条极佳的技术途径。尤其是该谱段波长较长，衍射元件局部特征尺寸较大，降低了加工制备难度。

建立在波动光学基础上的衍射光学理论和应用，依然是一个较为复杂的研究领域。围绕该话题的论著及科技文献也十分丰富。受限于本章的篇幅及全书所针对的目标，此处仅对衍射元件在光学成像系统中的应用进行介绍，而衍射元件在照明和光束整形中的应用、衍射元件制备工艺、衍射元件微观形貌计算及优化等话题并不在本书的讨论范畴。

12.1.1 衍射光学元件工作原理

对于单一波长及衍射级次而言，衍射光学元件的工作原理可以抽象理解为局部光栅作用。衍射光学元件遵从光栅衍射基本原理。如图 12－1 所示，衍射元件局部区域的光栅常数，随空间位置而变化，记为 $g(x, y)$。可以通过改变 $g(x, y)$ 实现控制出射光线方向的目的，且自由度与光学非球面基本一致。然而，由前述章节可知，非球面通过控制面形矢高实现光线方向控制，而衍射光学元件对于面形矢高并无特殊要求。由图可见，衍射仅发生在微结构薄层。

对于传统折射面来说，入射光线经过折射后出射光线的传播方向是明确的，即“一入一出”。对于衍射面来说，在限定单波长入射光线情况下，出射光线的传播形式与衍射面的

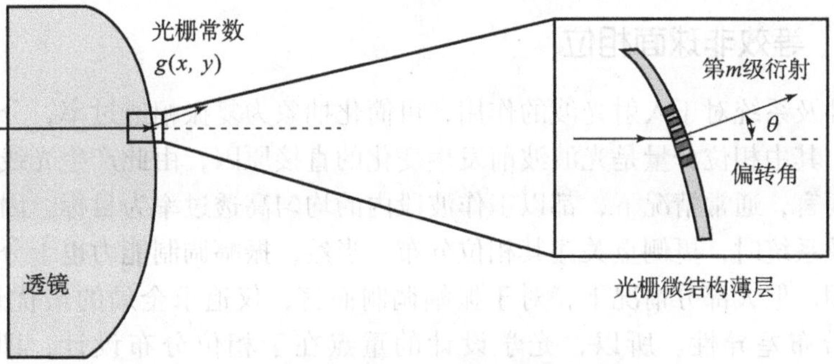

图 12－1　衍射光学元件工作原理局部示意图

具体形式密切相关。如果衍射面由闪耀光栅结构组成，那么衍射光线基本还是可以认为沿某一特定闪耀角方向传播，与前述类似，依旧为“一入一出”。如果衍射面由二元结构组成，那么会产生多级衍射现象，表现为“一入多出”。如图 12－2 所示为二元光学元件多级衍射示意图。在此作用下，由二元结构构成的轴对称衍射光学元件，将产生轴上多焦点汇聚的现象，每一个焦点对应一个不同的衍射级次。由于不同衍射级次之间存在衍射效率差异，不同焦点之间具有强度差异。在实际成像光学系统应用中，通常仅需要指定级次光，因此需要对多级衍射效率进行控制。

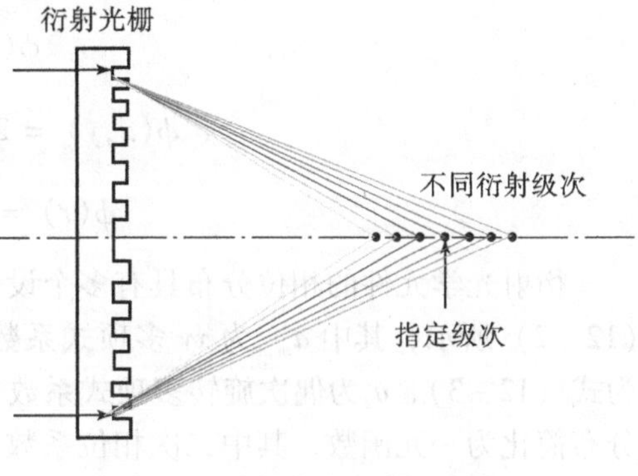

图 12－2　光栅多级衍射示意图

从波动光学角度来说，光学元件在光波传输中起到附加相位的作用。这种附加相位可用空间分布 $\phi(x, y)$ 描述，每个光学元件相位附加量具有不同特征，其决定了出射光线传播方向。衍射光学元件具有同样的特点，$\phi(x, y)$ 可以理解其全局相位分布，由局部微观结构决定。在光学设计阶段，可以根据目标全局相位函数 $\phi(x, y)$，经 2π 相位间隔包裹获取衍射光学元件微观局部周期性结构，图 12－3 所示为相位包裹过程示意图。

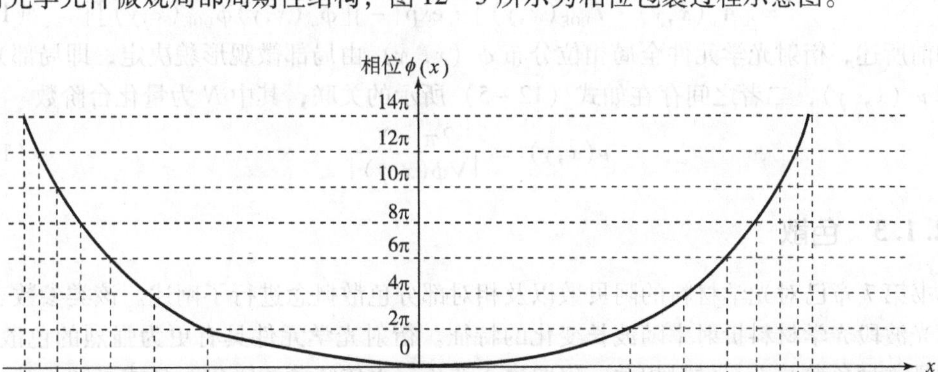

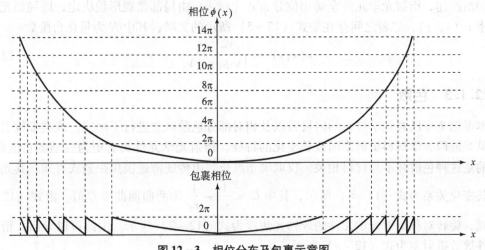

图 12－3　相位分布及包裹示意图

12.1.2 等效非球面相位

光学元件及系统对于入射光波的作用，可简化抽象为复振幅透过率，分别包含振幅与相位两个分量。其中相位分量是光波波前发生变化的直接原因，由此产生光线方向的改变。对于振幅分量而言，通常情况下，都以工作波段内的均匀高透过率为目标。因此，在设计、分析光学元件及系统时，更侧重关注其相位分布。当然，振幅调制能力也十分重要，且往往具有决定性作用。但大部分情况下，对于振幅调制而言，仅追求全局的最优性、一致性，而不具有空间分布差异性。所以，光学设计的重点在于相位分布设计，即 ϕ（x，y）。式（12－1）~式（12－3）所示为普通透镜相位分布函数，其中，（x，y）为二维空间规一化坐标，r 为径向规一化坐标，λ 为工作波长，f 为透镜焦距。

$$\phi(r) = -\frac{\pi r^2}{\lambda f} \tag{12-1}$$

$$\phi(x,y) = 2\pi \cdot \sum_{m,n} a_{mn} \cdot x^m \cdot y^n \tag{12-2}$$

$$\phi(r) = 2\pi \cdot \sum_{i} a_i \cdot r^{2i} \tag{12-3}$$

衍射光学元件的相位分布具有多个设计自由度，可采用多项式展开形式进行描述，如式（12－2）所示，其中 $a_{m,n}$ 为 xy 多项式系数。对于旋转对称型衍射光学元件，该公式可简化为式（12－3），a_i 为偶次旋转多项式系数。因为该相位分布具有旋转对称性，所以整体相位分布简化为一元函数，其中二次相位系数 a_1 决定了衍射光学元件的光焦度，其余为高次项。由此可见，与第2章式（2－1）或式（2－6）表示的非球面矢高表达式具有相同形式。因此，从相位分布表达形式上看，衍射光学元件在成像光学系统中可等效为非球面。这种等效非球面，从空间上来看，仅仅是微结构薄层，并未引入任何矢高变化。入射光波经过该元件之后，出射光波相位中便包含了元件的相位分布。式（12－4）给出了经过衍射光学元件前后的光场复振幅分布变化关系，其中 $T_{\mathrm{DOE}}(x,y)$ 为衍射光学元件振幅透射系数分布，这是众多商用光学设计软件处理衍射光学元件时采用的基本计算公式。

$$\begin{aligned} E_{\mathrm{out}}(x,y) &= A_{\mathrm{out}}(x,y) \cdot \exp(-\mathrm{j}\phi_{\mathrm{out}}(x,y)) \\ &= [A_{\mathrm{in}}(x,y) \cdot T_{\mathrm{DOE}}(x,y)] \cdot \exp\{-\mathrm{j}[\phi_{in}(x,y)\phi_{\mathrm{DOE}}(x,y)]\} \end{aligned} \tag{12-4}$$

如前所述，衍射光学元件全局相位分布 ϕ（x，y）由局部微观形貌决定，即局部光栅空间频率 ν（x，y），二者之间存在如式（12－5）所示的关联，其中 N 为量化台阶数。

$$\nu(x,y) = \frac{2\pi \cdot N}{|\nabla\phi(x,y)|} \tag{12-5}$$

12.1.3 色散

本书第7章已对光学材料的阿贝数以及相对部分色散概念进行了阐述。该类参数表征了在可见光波段光学材料折射率随波长变化的特征。衍射光学元件具有更为强烈的色散特性，不同的是这种色散并不与材料相关，仅取决于波长。由传统薄透镜焦距公式可知，其光焦度随波长变化关系为式（12－6）所示，其中 $C = \dfrac{1}{r_1} - \dfrac{1}{r_2}$ 为两曲面曲率差值。由式（12－3）可得到，旋转对称衍射光学元件的近轴光焦度为式（12－7）所示。由此可以导出，衍射光学元件等效折射率为式（12－8）所示。

$$\phi(\lambda) = [n(\lambda) - 1] \cdot C \tag{12-6}$$

$$\phi(\lambda) = -2a_1 \cdot \lambda \tag{12-7}$$

$$n(\lambda) = 1 - \frac{2a_1\lambda}{C} \tag{12-8}$$

此时，将上式代入阿贝数公式，可以获得衍射光学元件等效阿贝数：

$$\nu = -\frac{\lambda_d}{\lambda_C - \lambda_F} = -3.453\ 39 \tag{12-9}$$

式中，$\lambda_d = 0.587\ 56\mu m$，$\lambda_F = 0.486\ 13\mu m$，$\lambda_C = 0.656\ 27\mu m$。

等效相对部分色散为

$$P_{Fd} = \frac{n_F - n_d}{n_F - n_C} = \frac{\lambda_d - \lambda_F}{\lambda_C - \lambda_F} = 0.596\ 16 \tag{12-10}$$

由此可知，衍射光学元件色散与材料无关，仅仅与波长相关，波段相同时，色散能力相同；与传统玻璃材料相比，衍射光学元件阿贝数绝对值很小，且为负值，说明其色散能力更强；衍射光学元件部分色散同样仅与波长相关，在短波波段色散较小，在长波段色散较大，与传统玻璃材料色散方向相反，对校正二级光谱具有十分重要的作用。表 12-1 所示为几种常规材料与衍射光学元件阿贝数、相对部分色散对比。

表 12-1 常规材料与衍射光学元件阿贝数、相对部分色散对比

名称/牌号	等效折射率（n_d）	阿贝数（ν）	相对部分色散（P_{Fd}）
衍射光学元件	—	-3.45	0.596
K9	1.516 8	64.2	0.692
F4	1.620 05	36.35	0.706
ZF4	1.728 25	28.32	1.406

12.1.4 消色差折衍混合透镜设计

如前所述，衍射光学元件等效阿贝数为负值，与普通玻璃材料或晶体材料符号相反，具有色散方向相反的特点。因此，可以将二者联合使用，实现光学系统色差校正的目的。

整体光学系统光焦度由折射光学元件及衍射光学元件共同承担，如式（12-11）所示。从消色差基本原理来看，各自承担的光焦度，由自身阿贝数比例关系而定。经过整理后，式(12-12)~式(12-14）清晰给出了两个器件所需承担的光焦度数值。由于衍射器件等效阿贝数绝对值，与常规光学玻璃阿贝数相比小很多，衍射光学元件仅需承担十分有限的光焦度。由表 12-1 可以看出，K9 玻璃阿贝数与衍射光学元件等效阿贝数相比有接近 20 倍的差异，此时，衍射光学元件仅分担约 5% 的总体光焦度，便可获得消色差的效果。对于衍射光学元件，较小的相位分布需求实现难度也相对更低。

$$\varphi = \varphi_1 + \varphi_2 \tag{12-11}$$

$$\frac{\varphi_1}{\nu_1} = -\frac{\varphi_2}{\nu_2} \tag{12-12}$$

$$\varphi_1 = \varphi \cdot \frac{\nu_1}{\nu_1 - \nu_2} \tag{12-13}$$

$$\varphi_2 = -\varphi \cdot \frac{\nu_2}{\nu_1 - \nu_2} \tag{12-14}$$

下面举两个设计实例，分别体现普通光学透镜及衍射光学元件色散差异，在此基础上展示折衍混合透镜实现消色差实例的设计效果。

以可见光波段、入瞳孔径为25mm、焦距为150mm为设计指标。为了充分体现色差，用普通透镜引入非球面以抑制球差。透镜选材为K9玻璃，采用平凸设计形式，凸面顶点曲率半径为77.46mm，厚度为3.75mm，结构参数如表12-2所示。如图12-4所示，单透镜在校正色差前，蓝光、绿光、红光的会聚焦点依次远离透镜。据分析可知，此时可见光波段色散范围为2.3mm。三种不同光学元件对应的点列图如图12-5所示。普遍单透镜色差焦移曲线如图12-6所示。

表12-2　单透镜的结构参数

序号	面型	曲率半径/mm	厚度/mm	材料	直径/mm	k	a_2	a_4	a_6
1	偶次非球面	77.56	3.75	K9	25	0	0	-1.568×10^{-7}	-2.018×10^{-11}
2	球面	∞	—	—	25	0	0	0	0

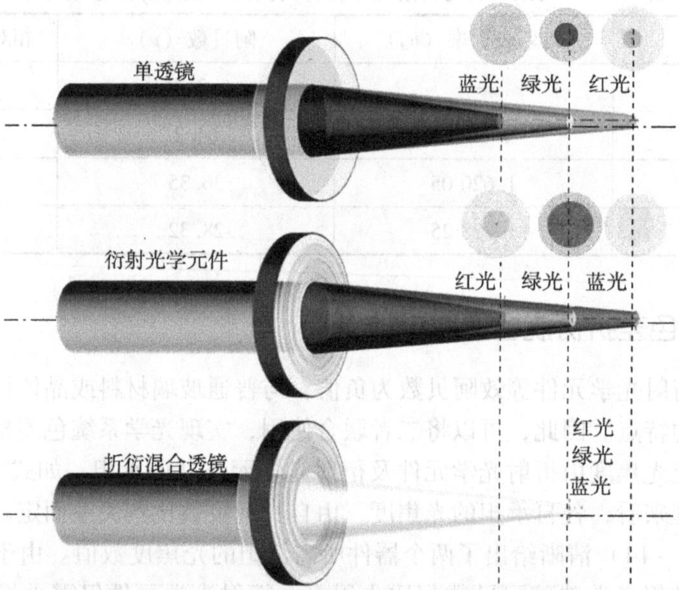

图12-4　三种不同设计色差示意图

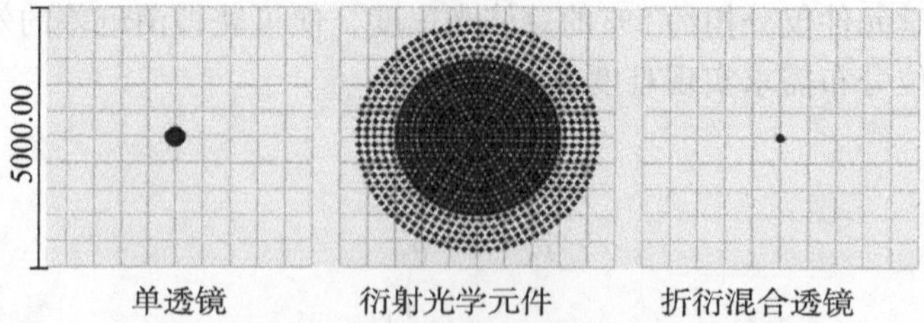

图12-5　三种不同光学元件对应的点列图

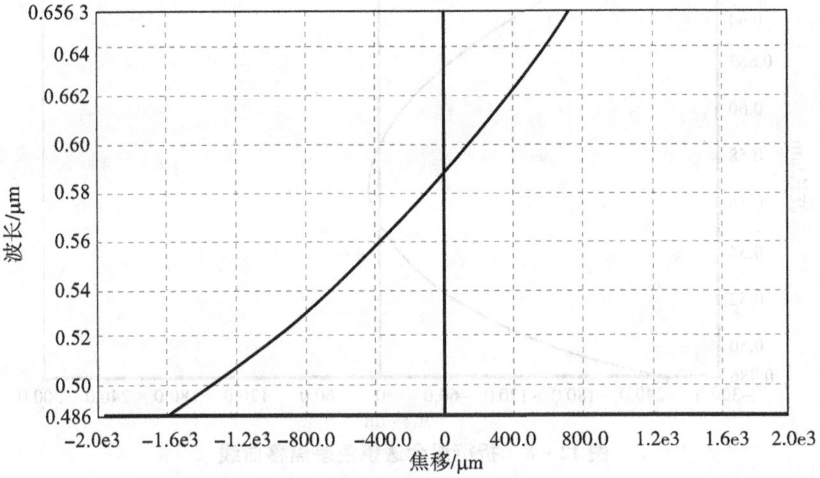

图 12－6　普通单透镜色差焦移曲线

保持以上同样指标不变，依旧采用平凸透镜形式，并且将表 12－2 第 2 面（平面）为衍射面。根据式（12－13）、式（12－14）以及表 12－1 中的阿贝数，可计算出凸面及衍射面光焦度分别为 $6.33\times10^{-3}\mathrm{mm}^{-1}$、$3.4\times10^{-4}\mathrm{mm}^{-1}$。然后，在 ZEMAX 软件中，将第 2 面改成衍射光学面，选用 Binary2 为衍射光学元件面型。为排除光焦度分配影响，曲率半径为无穷。由图 12－7 可知，衍射元件对可见光波的作用与前述普通透镜相反，在传播方向上，波长较长的红光先会聚于光轴，短波光线会聚位置远离衍射光学元件。此时光焦度与前述普通透镜一致，而色散范围高达 47.16mm。由此可见，衍射光学元件色散能力显著高于普通透镜。

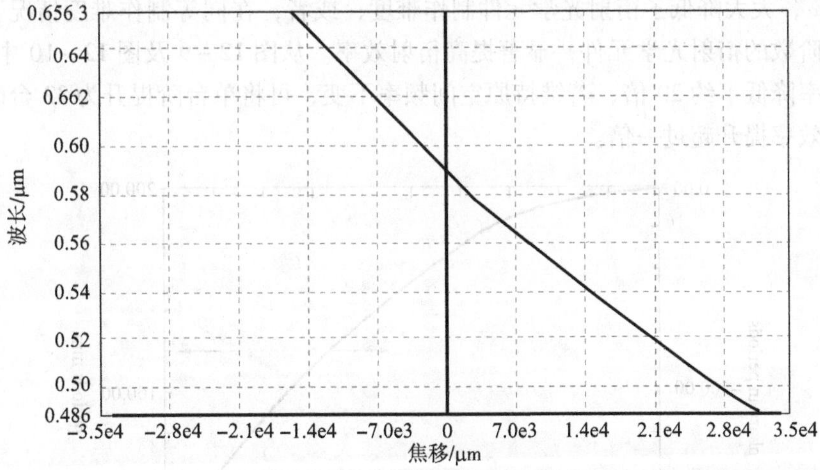

图 12－7　衍射光栅色差焦移曲线

图 12－8 所示为其轴向色差曲线，在可见光波段，轴向色差控制在 0.26mm。与传统单透镜相比，具有显著提升。在消色差方面，达到了与双胶合消色差透镜组的同等效果。

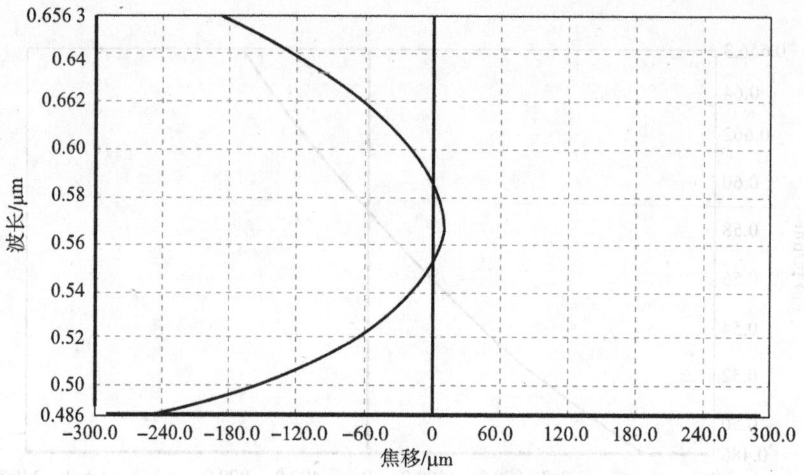

图 12－8　折衍混合透镜色差焦移曲线

从以上实例中可以明显看出，衍射光学元件具有与普通透镜同样产生光焦度的能力，并且，与普通透镜相比，在同等光焦度条件下，具有特别大的反向色散特性。但是，需要指出，因衍射效率随波长变化较大，衍射元件虽然具有校正色差的优势，但并不适合单独使用在波段范围太宽的光学系统中。

当然，波长范围不太大时，通常情况下，将折射元件与衍射元件混合使用，构成折衍混合成像系统，能够相互弥补存在的问题。除色差校正优势以外，因为互补的优良特性，折衍混合设计具有多方面优势：①衍射面可以依附于折射透镜表面，降低了光学零件数量，能够有效降低光学系统体积与质量；②引入衍射光学元件校正色差的同时能够分担系统光焦度，与传统消色差引入负光焦度元件不同，将降低透镜光焦度，这样，在校正色差的同时，还起到了抑制单色像差的作用；③由色差校正条件可知，衍射元件仅需承担十分有限的光焦度，一般为为 5%，大大降低了衍射光学元件制作难度；或者，在同等制作难度情况下，能制备出更高量化阶数的衍射光学元件，显著提高衍射效率。从图 12－9 及图 12－10 中可以看出，局部空间频率降低了约 20 倍，若维持原空间频率不变，可将单台阶提升为 32 台阶衍射光学元件，衍射效率提升超过一倍。

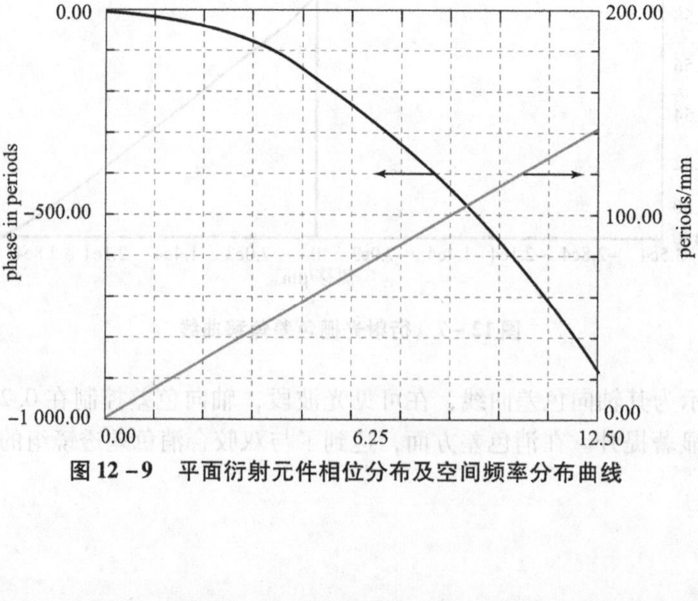

图 12－9　平面衍射元件相位分布及空间频率分布曲线

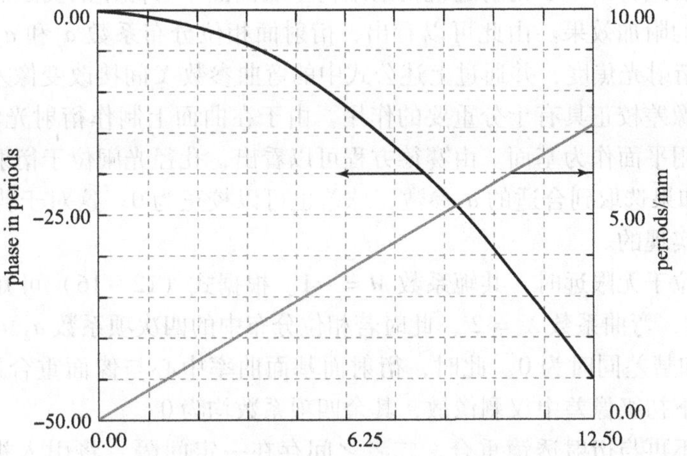

图12-10 折衍混合透镜中衍射面相位分布及空间频率分布曲线

12.2 消球差衍射光学元件设计

前述章节中，已经介绍过利用赛德系数表征初级波像差的基本理论：

$$W(h,\theta,y)=\frac{1}{8}S_{\mathrm{I}}h^{4}+\frac{1}{2}S_{\mathrm{II}}yh^{3}\cos\theta+\frac{1}{2}S_{\mathrm{III}}y^{2}h^{2}\cos^{2}\theta+\frac{1}{4}(S_{\mathrm{III}}+S_{\mathrm{IV}})y^{2}h^{2}+\frac{1}{2}S_{\mathrm{V}}y^{3}h\cos\theta \tag{12-15}$$

式中，y 为归一化物高；h 是光瞳上的规一化径向坐标；θ 是光瞳中的方位角。S_{I} ~ S_{V} 分别是球差、像差、像散、场曲和畸变的赛德系数。

如果 L 表示拉格朗日不变量，M 表示共轭参数，X 表示弯曲参数。在衍射曲面中弯曲系数被定义为

$$X=2f\cdot c_{\mathrm{diff}}=\frac{c_{\mathrm{diff}}}{m\lambda a_{1}} \tag{12-16}$$

式中，焦距 f 与衍射面相位分布中的二次项系数及工作波长有关，m 为衍射级次，c_{diff} 为衍射元件基底面曲率。由此，可以得到以下衍射透镜的赛德系数方程：

$$\begin{cases}S_{\mathrm{I}}=\dfrac{h^{4}}{4f^{3}}\cdot(1+X^{2}+4X\cdot M+3M^{2})-8ma_{2}\lambda h^{4}\\[2mm] S_{\mathrm{II}}=-\dfrac{y^{2}L}{2f^{2}}\cdot(X+2M)\\[2mm] S_{\mathrm{III}}=\dfrac{L^{2}}{f}\\[2mm] S_{\mathrm{IV}}=0\\[2mm] S_{\mathrm{V}}=0\end{cases} \tag{12-17}$$

式中，a_2 是轴对称衍射面相位分布中的四次项系数。该方程推导过程中，已根据衍射光学元件光线追迹常用的 Sweatt 模型，将衍射光学元件看作具有极高折射率的薄透镜，即取 $n\to\infty$。

上述的赛德公式，给出了衍射透镜衍射结构基底面曲率对像差的贡献。可以将衍射结构理解为衍射透镜的附加效果。由此可以看出，衍射面相位分布系数 a_1 和 a_2 对赛德像差均有影响。a_1 决定了衍射光焦度，并通过上述公式中的弯曲参数 X 间接改变像差。可见，衍射结构基底面曲率对像差校正具有十分重要的作用。由于在曲面上制作衍射光学元件较为困难，通常情况下都采用平面作为基面。由赛德方程可以看出，孔径光阑位于衍射面时，系统场曲及畸变均为0。如果选取到合适的 a_2 参数，球差也可以校正为0。这对于普通球面光学元件来说，是不可能实现的。

当成像物体位于无限远时，共轭系数 $M = -1$。根据式（12－16）可知，当衍射面基面曲率 $c_{\mathrm{diff}} = 1/f$ 时，弯曲系数 $X = 2$，此时若相位分布中的四次项系数 $a_2 = 0$，则 S_{I} 与 S_{II} 均为0，即球差和彗差同时为0。此时，衍射面基面曲率中心与像面重合，满足齐明条件。因此，这种情况下初级像差中仅剩像散，其余四项系数均为0。

当孔径光阑不再与衍射透镜重合，二者之间存在一定间隔，将引入视场像差。此时，引入比例平移 $\alpha = \Delta h_z / h_z$，其中 h_z 为光阑密接衍射元件情况下近轴边缘主光线在衍射元件上的高度，Δh_z 表示光阑移动后，主光线在衍射元件上高度的变化量。像差系数将变化为

$$\begin{cases} S_{\mathrm{I}}^{*} = S_{\mathrm{I}} \\ S_{\mathrm{II}}^{*} = S_{\mathrm{II}} + \alpha \cdot S_{\mathrm{I}} \\ S_{\mathrm{III}}^{*} = S_{\mathrm{III}} + 2\alpha \cdot S_{\mathrm{II}} + \alpha^{2} \cdot S_{\mathrm{I}} \\ S_{\mathrm{IV}}^{*} = S_{\mathrm{IV}} \\ S_{\mathrm{V}}^{*} = S_{\mathrm{V}} + \alpha \cdot (3S_{\mathrm{III}} + S_{\mathrm{IV}}) + 3\alpha^{2} \cdot S_{\mathrm{II}} + \alpha^{3} \cdot S_{\mathrm{I}} \end{cases} \tag{12-18}$$

从上述两组像差系数方程组可以看出，孔径光阑位置变化前后场曲始终为0。由此可知，衍射透镜不论光焦度大小，在光学系统中对于场曲无任何贡献；另外，与普通透镜系统一样，只能通过移动孔径光阑抑制衍射透镜像散。

下面通过一组设计实例展示衍射光学元件校正球差的能力。设计要求采用单透镜完成焦距 $f' = 20\mathrm{mm}$，$f/2$ 镜头设计。分别采用三种不同设计形式实现这样的设计指标。三种设计中衍射面均位于第二个面，透镜材料采用K9玻璃。其中，第一组设计的第一面、第二面均采用普通球面面形，衍射面仅含有二次项系数以校正色差。因此，衍射面径向空间频率与径向位置成线性变化关系（图12－11），并且由于等效阿贝数相对较小，整体局部光栅频率并不高。由横向及轴向像差曲线（图12－12）可见，单色像差校正很差，主要原因在于缺乏高次相位的补偿。

第二组设计中，第一面、第二面仍旧为球面，而衍射面相位分布中除包含二次项系数以外，还引入四次项系数，以对球差进行补偿。由图12－13可见，局部空间频率呈现非线性分布，并出现零值点。由图12－14可见，此时具有一定球差校正效果，但色球差较为显著。

第三组设计中，透镜第一面采用非球面，第二面仍旧采用球面，衍射面相位分布仅包含二次项系数，如图12－15所示，此时衍射面局部相位分布与第一组设计相同。由图12－16可见，像差校正取得了较好的效果。

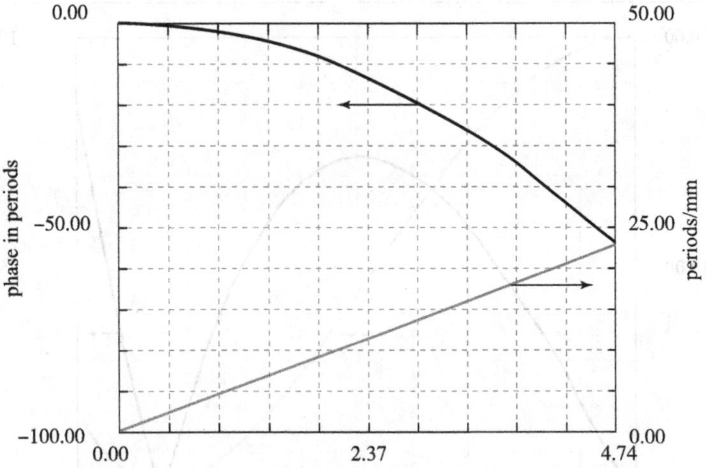

图 12－11　第一组设计中衍射面相位分布与空间频率分布

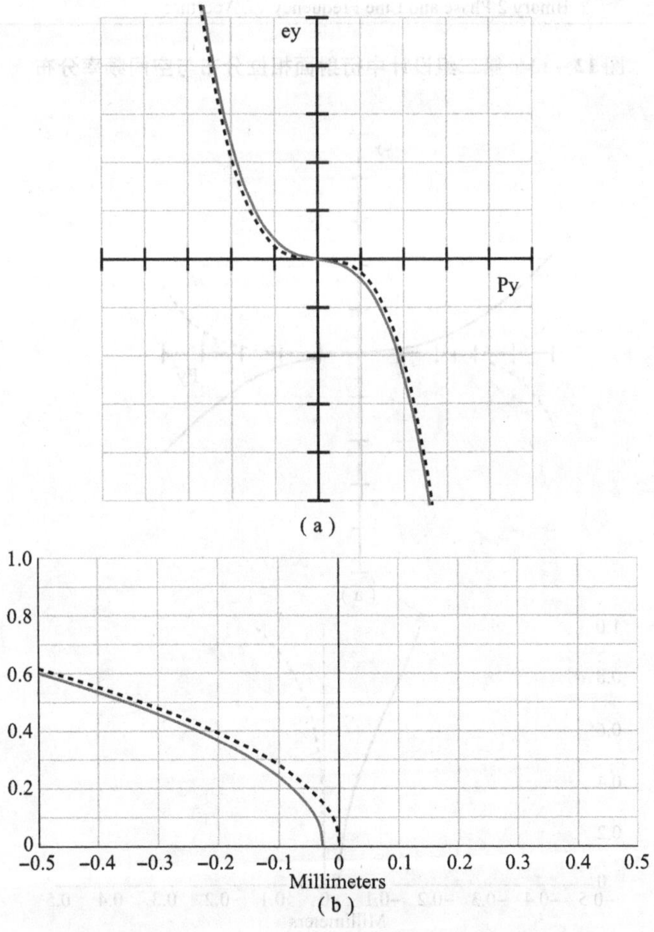

图 12－12　第一组设计后的横向、轴向像差曲线图

（a）横向像差曲线图；（b）轴向像差曲线图

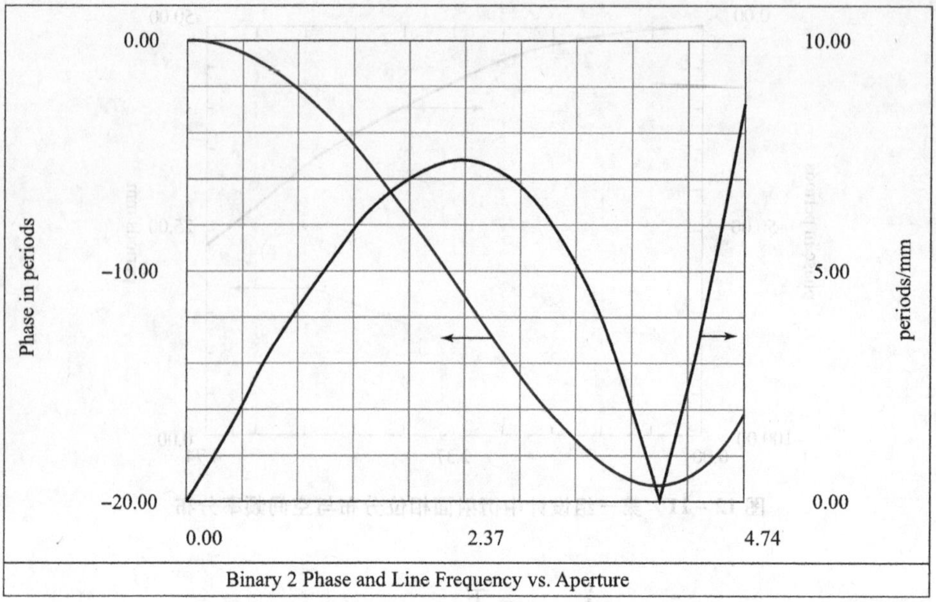

图 12－13　第二组设计中衍射面相位分布与空间频率分布

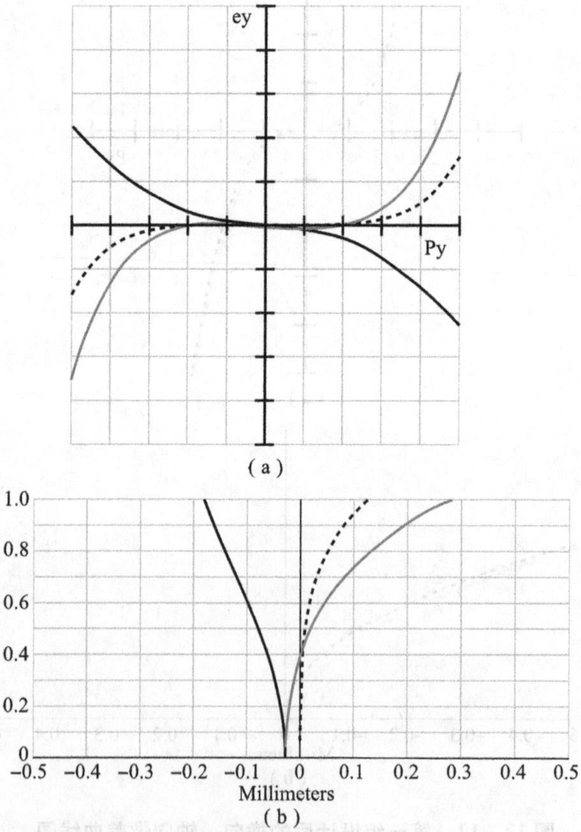

图 12－14　第二组设计后的横向、轴向像差曲线图

（a）横向像差曲线图；（b）轴向像差曲线图

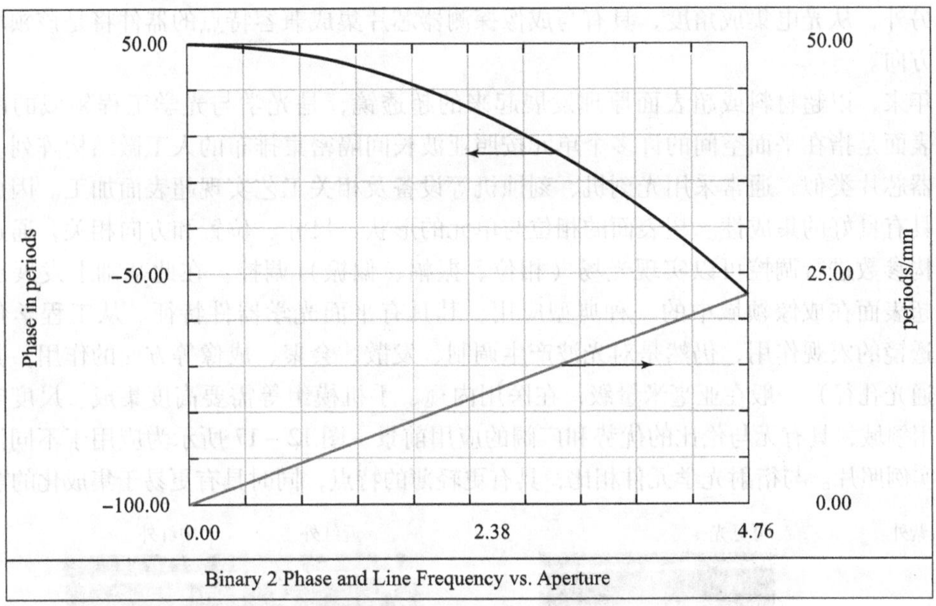

图 12 - 15　第三组设计中衍射面相位分布与空间频率分布

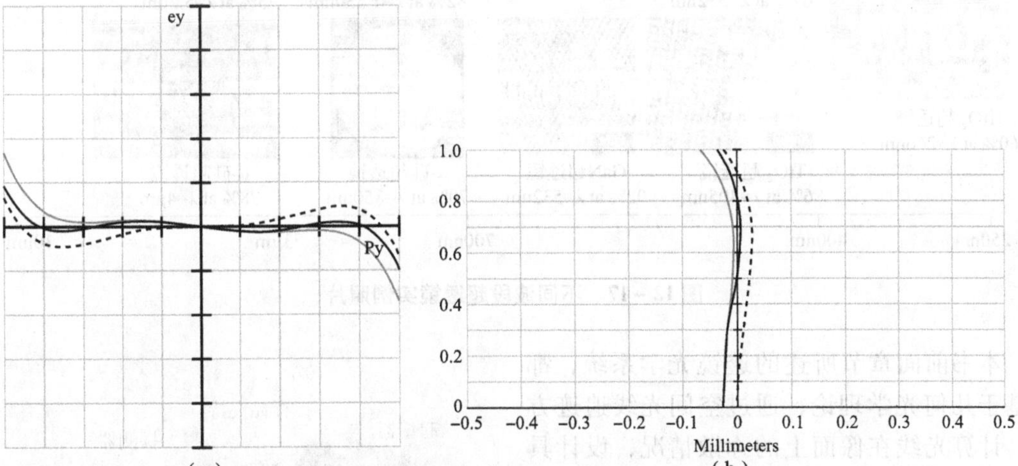

（a）　　　　　　　　　　（b）

图 12 - 16　第三组设计后的横向、轴向像差曲线图

（a）横向像差曲线图；（b）轴向像差曲线图

12.3　超透镜设计

12.3.1　简介

光学元器件的发展是光学技术进步的核心内在动力。从结构特点来看，光学元器件已逐步往小型化、轻量化方向发展。前述衍射光学元件的逐步普及，正是该行业发展规律的直观体现。另外，从光电集成角度，具有与成像探测器芯片集成兼容特点的器件将是该领域未来发展的方向。

近年来，以超材料或超表面原理发展起来的超透镜，是光学与光学工程领域的前沿问题。超表面是指在平面空间的许多个单元按照亚波长间隔密集排布的人工微结构阵列。与成像探测器芯片类似，通常采用光刻机、刻蚀机等设备及相关工艺实现超表面加工。因此，两者之间具有良好的集成性。超表面的相位与单元的形状、尺寸、位置和方向相关，通过对此类微结构参数进行调控可以实现光场（相位、振幅、偏振）调控。在此基础上发展出的超透镜是超表面在成像领域中的一种典型应用，其具有平面光学器件特征。从工程学角度来看，超透镜的宏观作用，仍然是对光波产生调制、发散、会聚、成像等方面的作用，其物理尺度（通光孔径）一般在亚毫米量级，在医用内窥、手机模组等需要高度集成、尺度空间紧凑的应用领域，具有无与伦比的优势和广阔的应用前景。图 12 – 17 所示为应用于不同波段的超透镜实例照片。与衍射光学元件相比，具有更轻薄的特点，同时具有更易于集成化的前景。

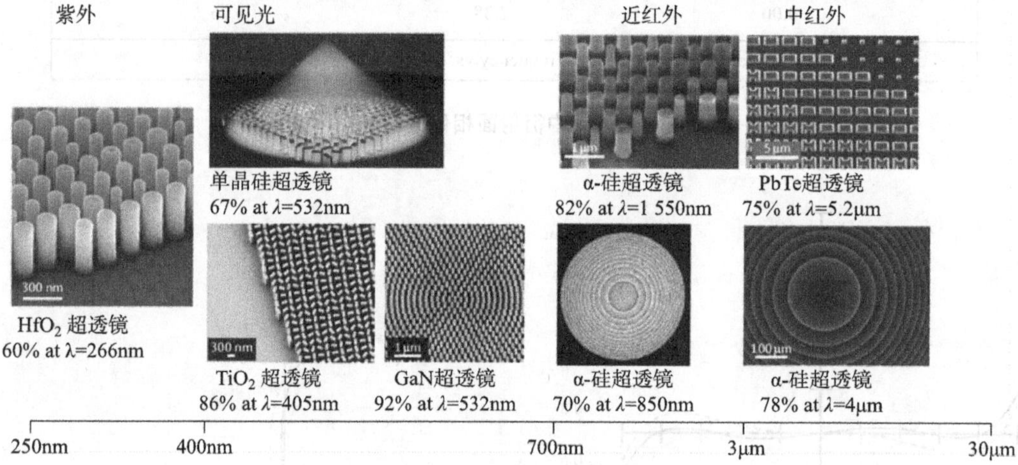

图 12 – 17　不同波段超透镜实例照片

本书前面章节所述的透镜光学系统，都是基于几何光学理论，通过空间光线追迹方法，计算光线在像面上的弥散情况，设计具有一定口径的光学系统。本节关注的超透镜光学元件在宏观成像方面的作用，与普通透镜一样，可以实现光波的聚焦、准直、色散等功能。但其对光波的作用机理，已超越了几何光学及标量衍射理论的适用范畴，并且相应的加工技术也与传统零件加工工艺截然不同，通常采用光刻机、刻蚀机等设备。目前来看，此类加工设备及工艺相对较为复杂，且制作费用高昂。但从长远来看，其具有广阔的应用前景，具有变革性意义。图 12 – 18

图 12 – 18　集成超透镜成像装置

所示为南京大学研制出的集成超透镜成像装置，由此可见，成像系统正逐步摆脱传统复杂透镜系统的束缚。超透镜设计是光学设计领域的新型前沿问题，出于前瞻性的考虑，本节将对超透镜的设计过程进行简单介绍。

12.3.2　超透镜的设计流程

总体而言，超透镜是光学系统中诞生的新型元件，其设计模型和制造方法与传统成像元件差异较大。其基本设计过程为：①明确设计目标；②根据设计目标选择超透镜类型、材料及超原子类型，并建立模型；③对纳米结构进行宽谱扫描；④建立超原子库；⑤选择超原子；⑥构建超透镜。以下对设计流程做进一步细致的阐述。

12.3.2.1　明确设计目标

超透镜的设计需要根据设计目标选择相应的材料体系及设计方法等。包括：明确设计波长，透镜的类型（凹透镜，凸透镜），焦距、数值孔径等。

12.3.2.2　根据目标进行原理、材料以及超原子类型的选择，并建立模型

从原理来说，超透镜可分为若干种不同类型，例如，几何相位型、表面等离激元型、光波导型、惠更斯型等，不同类型适用于不同材料及工作波段。

材料的选择：在工作波段优选吸收率较低的基底层和结构层材料。材料吸收越大，效率越低。透射情况下，由于电介质材料不存在欧姆损耗，透过率优于金属材料。

超原子类型的选择：当前，模型选择尚无统一标准和方法，一般考虑方形、圆形、椭圆形等。

12.3.3　超透镜设计实例

以惠根斯原理设计工作波长为 830nm 的聚焦透镜，设计流程如下。

1. 选材

基底层选用二氧化硅，结构层选择硅材料。这两种材料在包含 830nm 在内的近红外波段吸收较低。为了激发电磁偶极子，结构层材料选择硅等高折射率材料，产生惠更斯效应，且具有较高效率。图 12－19 所示为仿真模型，一般使用 FDTD solutions、CST 等仿真设计软件。

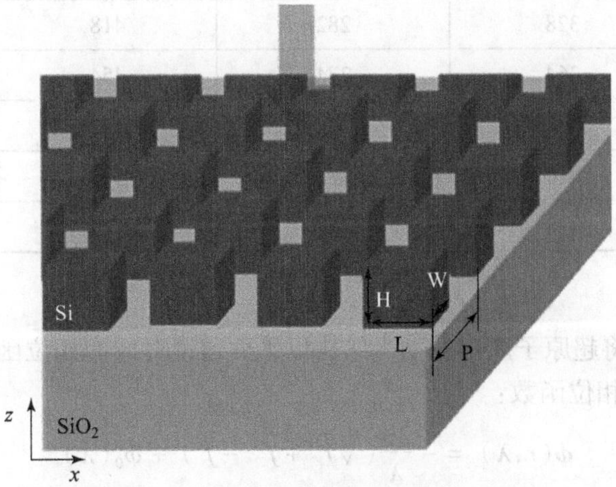

图 12－19　基底为二氧化硅的表面超结构

2. 对纳米结构进行宽谱扫描

尝试或者通过调研获得的模型结构参数，设置模型周期：高度、纳米结构的长宽（以方形纳米结构为例）等；然后对模型进行宽谱扫描，目的是验证该结构体系是否可能满足设计要求。

3. 建立超原子库

一般来说，需要先确定纳米结构的周期和高度，先研究纳米结构的高度和周期对应共振峰位的影响以及相位的变化。

（1）高度 H 的变化：高度对电/磁偶极子共振峰位影响都较大，而且高度 H 越大，峰位越红移。

（2）周期 P 的变化：周期的变化对电/磁偶极子变化共振峰位影响都不大，但对一定频率的相位有一定影响。

（3）纳米结构长 L、宽 W，以及长 L 宽 W 同时变化。纳米结构长、宽的变化对磁偶极子的共振峰位影响不大，对于电偶极子共振峰位整体红移，并且在纳米结构的宽 W 变化时，其移动现象更明显。相位变化与上述情况一致。

在单波长的情况下，需要根据这一规律改变纳米结构内部电/磁偶极子共振峰位的位置，使共振重合区域的频率与 830nm 波长接近，进而进行对纳米结构长宽的精细扫描从而构建超原子库。

4. 选择超原子

选出排列超原子所需的 8 个或者 10 个超原子。这里的超原子是根据上一步中建立的超原子库中选出来的。选择超原子的原则：满足所需的特定相位，并且透射率越高越好。表 12－3 所示为满足相位需求且透射率最高的解。

表 12－3　不同相位对应的 LWPT 超原子

Phase	L/nm	W/nm	P/nm	T/%
0	180	272	362	91.1
π/4	272	214	362	94.5
π/2	288	292	382	84.7
3π/4	328	282	418	81.1
4π/4	364	274	454	81.4
5π/4	382	272	472	85.5
3π/2	410	272	500	92.9
7π/4	428	278	518	95.9

5. 构建超透镜

通过一定的算法将超原子库中的纳米结构以平面透镜对应的相位函数排列出来。

（1）明确透镜的相位函数：

$$\phi(r,\lambda) = -\frac{2\pi}{\lambda}\left(\sqrt{r^2+f^2}-f\right)+\phi_0(\lambda) \tag{12-19}$$

其中，f 为透镜的焦距，λ 为对应的光波长 830nm，$\phi_0(\lambda)$ 为常数，对应的相位分布如图 12－3

所示。

（2）根据相位函数将第 4 步选出的超原子进行排列。

这一步需要根据设计需求确定周期、焦距 f、口径 D、F 数等参数，在此基础上完成超原子排列。图 12－20 所示为完成超原子排列后的结构版图照片。

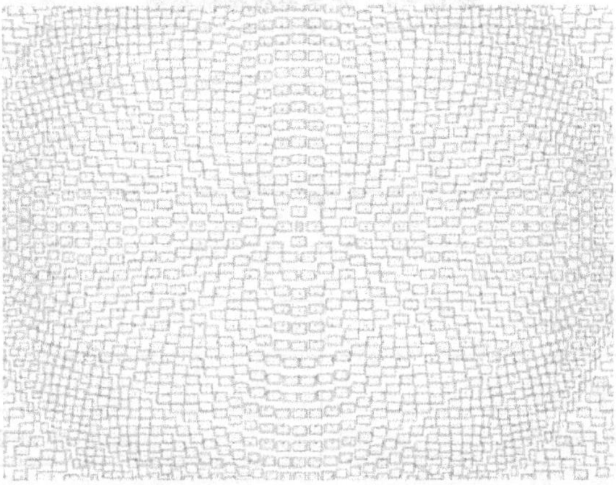

图 12－20　完成超原子排列之后的平面超透镜结构版图设计照片

初次建立超透镜后，其焦斑分布如图 12－21 所示，需要分析焦平面周边区域光强分布，并对焦斑尺寸及效率进行计算，最终分析结果与参数的关系。

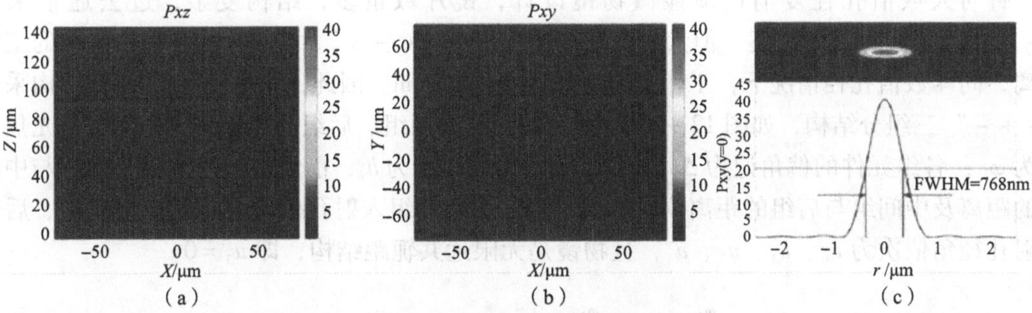

图 12－21　焦平面周边区域光强分布

（a）焦斑在 $x-z$ 平面光强分布；（b）焦斑在 $x-y$ 平面光强分布；（c）焦点半高宽（FWHM）

12.4　宽光谱大数值孔径平场复消色差物镜设计

宽光谱、大数值孔径平场复消色差物镜设计，主要难点在于，宽光谱带来的严重二级光谱的校正、大数值孔径无法避免的高级像差的平衡，以及场曲的校正。针对癌细胞突变基因诱导荧光光谱覆盖范围宽、信号弱、现有显微镜不能胜任检测等局限，需要设计光谱范围 450～800nm、数值孔径 0.95 的 40 倍荧光显微物镜，本节详细阐述我们的设计方法。

12.4.1 设计指标

结合我国对癌细胞基因检测用荧光显微物镜实际需求，以及显微镜行业标准，确定物镜的各设计指标如表 12－4 所示。

表 12－4 光学系统指标参数

指标	数值
焦距/mm	5
放大倍率	40
数值孔径（NA）	0.95
光谱范围/nm	450～800
视场/mm	0.625
总长/mm	≤64
工作距离/mm	0.21

物镜的齐焦距离为 60mm，考虑到结构设计时镜筒后端会有 5mm 的螺纹长度，留 1mm 的余量，因此物镜设计总长上限可以增加到 64mm。

12.4.2 光焦度分配方案

针对大数值孔径复消色差显微物镜设计，镜片数量多，结构复杂，过去通常采用“＋－＋”光焦度分配方案。但大数值孔径情况下，“＋－＋”结构不利于增加物镜的工作距离，同样数值孔径情况下，工作距离一般小于 0.15mm。因此，本节的显微物镜结构采用“＋＋－”三组分结构，如图 12－22 所示。前组、中间组、后组分别记为 1、2、3；光焦度记为 φ_i；各组元件的偏角记为 Δu_i；各组上的光线高度为 h_i；前组与物的距离、前组与中间组的距离及中间组与后组的距离依次为 L_1、L_2、L_3；前组入射孔径角及前组、中间组、后组出射孔径角依次为 u_0、u_1、u_2、u_3，且物镜是无限远共轭距结构，即 $u_3=0$。

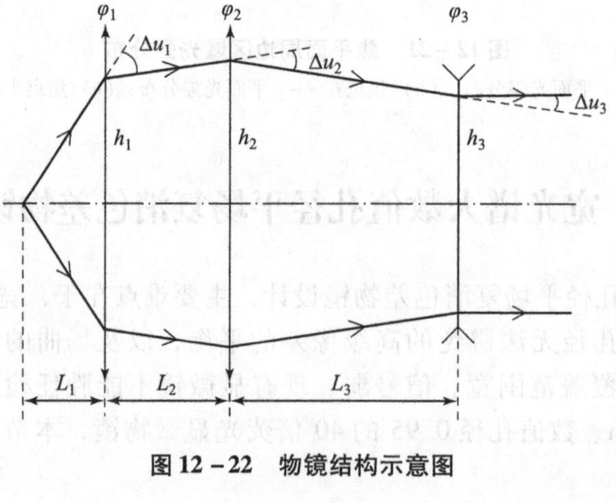

图 12－22 物镜结构示意图

考虑到后期结构设计及装调难度，在光焦度分配时，应适当集中光焦度于某一组分，设置敏感元件。大数值孔径物镜的前组，一般具有较大的光线偏折角，承担较大的光焦度，是像差敏感元件，制造公差很严，加工困难，适合设置为装校调节元件，配以微调工装，装配物镜。基于此设计思想，设置各组分偏角比例为 $\Delta u_1:\Delta u_2:\Delta u_3=0.95:0.1:(-0.05)$。根据物镜数值孔径 NA 及各组偏角比，计算得 u_0、u_1、u_2。

$$\begin{cases} u_0 = \arcsin NA \\ u_1 = 0.05u_0 = 0.05\arcsin NA \\ u_2 = -0.05u_0 = -0.05\arcsin NA \end{cases} \tag{11-20}$$

基于以上光线角度和投射高度追迹光线，根据系统总光焦度 φ_{total}、总长 L_{total} 及多光组组合计算公式，可求得三个光组的光焦度分配：

$$\begin{cases} \varphi_1 = \left(1-\dfrac{2\tan(0.05u_0)}{\tan u_0}\right)\varphi_{\text{total}} \\ \varphi_2 = \dfrac{\varphi_{\text{total}}}{1+L_{\text{total}}\cdot\varphi_{\text{total}}} \\ \varphi_3 = -\dfrac{\tan(0.05u_0)}{\tan u_0}\varphi_{\text{total}} \end{cases} \tag{11-21}$$

将表 12-4 中相关设计指标代入上式，计算得 $\varphi_1=0.19\text{mm}^{-1}$、$\varphi_2=0.015\text{mm}^{-1}$、$\varphi_3=-0.005\text{mm}^{-1}$。求解结果显示前组承担主要光焦度组，使后组承担的数值孔径，大大减小，是物镜装调过程中需重点关注的调节组件。前组可采用多片弯月形透镜组合形式，分担光焦度，也可加入双胶合件减小前组的色差。中间组为正的弱光焦度组，主要校正宽光谱、大数值孔径带来的复杂像差。中间组中会采用特殊色散玻璃（如 CaF_2）校正二级光谱，中间组的弱光焦度属性，能显著放松 CaF_2 等特殊色散玻璃的加工要求。后组为负的弱光焦度组，可采用一负光焦度双胶合与一正光焦度单透镜组合，负光焦度胶合件能增大物镜工作距离，校正垂轴色差，置于最后的正光焦度单片用来补足整体光焦度。

12.4.3　初始结构确定

根据表 12-4 的宽光谱大数值孔径物镜设计要求，该物镜预计包含 13 片左右玻璃，较难通过 PW 法求解得各组分结构。我们先查询相关专利选择初始结构，初步选择的初始结构如图 12-23 所示，含 8 片镜片，NA 为 0.75，倍率（M）约为 30 倍，全视场为 0.7mm，设计谱段为可见光（F、d、C），点列图半径约为艾里斑半径的 1.5~2.5 倍，球差小于 2 倍焦深。场曲校正良好，已校正位置色差，残留二级光谱，如图 12-24 所示。对比初始结构满足的指标与表 12-4 给出的设计指标，该结构的视场大于设计指标，可相应减小；但在光谱范围、放大倍率、数值孔径几个方面，都没有达到表 12-4 要求的设计指标。需要修改初始结构，将初始结构根据前述光焦度分配方案的三组分式结构，做相应的修改划分，如以 1、2 片作为前组，3、4 片作为中间组，5 片作为后组。在 ZEMAX 软件中，通过缓慢增加数值孔径、放大倍率，修改初始结构。修改过程中各片透镜相对位置将会变化，组分的划分也可相应变化。

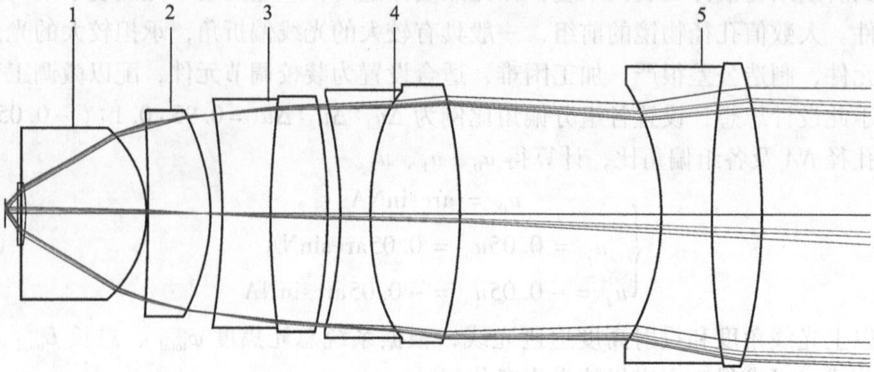

图 12-23 物镜初始结构示意图

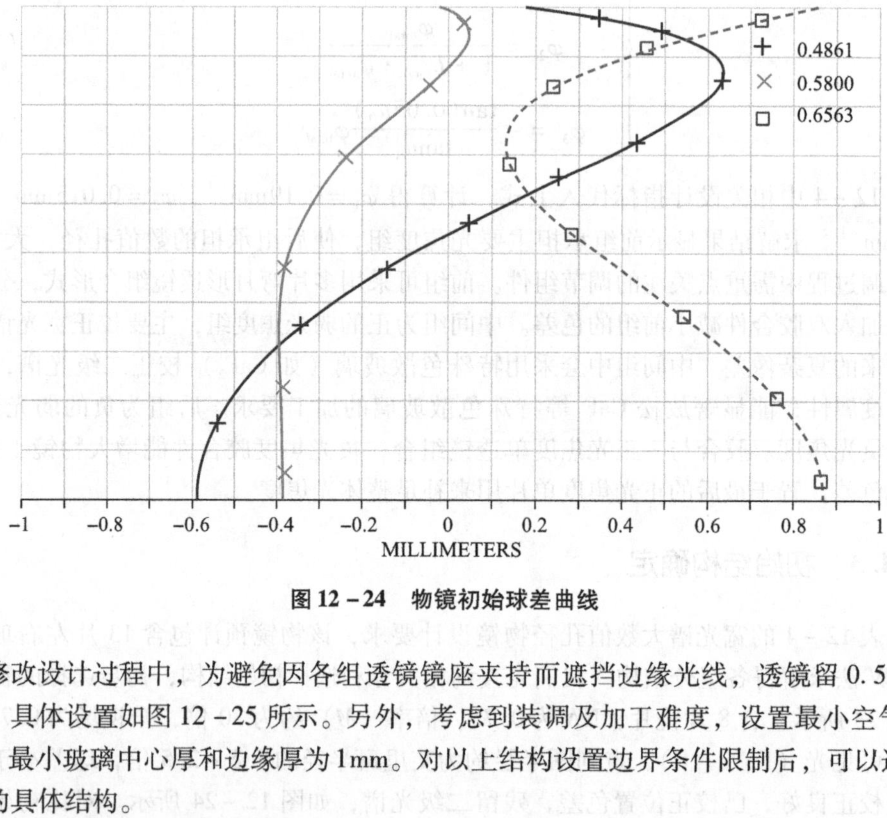

图 12-24 物镜初始球差曲线

在修改设计过程中，为避免因各组透镜镜座夹持而遮挡边缘光线，透镜留 0.5mm 的边缘余量，具体设置如图 12-25 所示。另外，考虑到装调及加工难度，设置最小空气间隔为 0.1mm，最小玻璃中心厚和边缘厚为 1mm。对以上结构设置边界条件限制后，可以逐步确定三组分的具体结构。

12.4.3.1 前、后组结构确定

根据设计指标，先对所选初始结构的光谱范围、放大倍率、数值孔径依次逐渐扩展或增大，从而确定前组、后组结构。

首先进行光谱拓展。目标光谱范围为 450~800nm，对比 F、d、C 光，短波段增加 30nm 左右，像质下降不大，长波段需拓宽到近红外光范围，像质下降明显，光谱的扩展还会带来了更严重的色差问题。考虑先平衡长波段与短波段性能，色差问题待最后解决。可以通过适当增大长波段权重优化，平衡在全谱段整体性能。光谱拓宽后，结合光源光谱分布及探测器

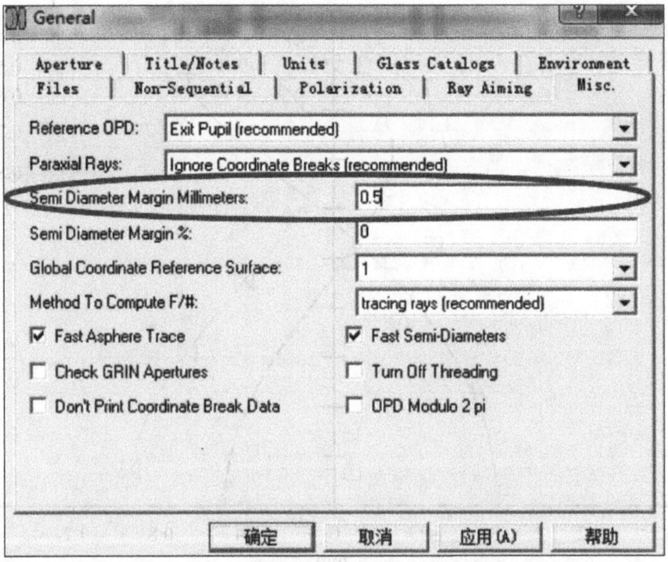

图 12－25　透镜边缘余量设置

光谱相应特点，设置 450nm、520nm、625nm、710nm、800nm 5 个波长为主要波长，对中间波长 625nm 消单色像差，对其余波长消色差。此过程中整体结构形式大体不变，如图 12－26 所示，色差曲线如图 12－27 所示，基本平衡了各波长的像差。

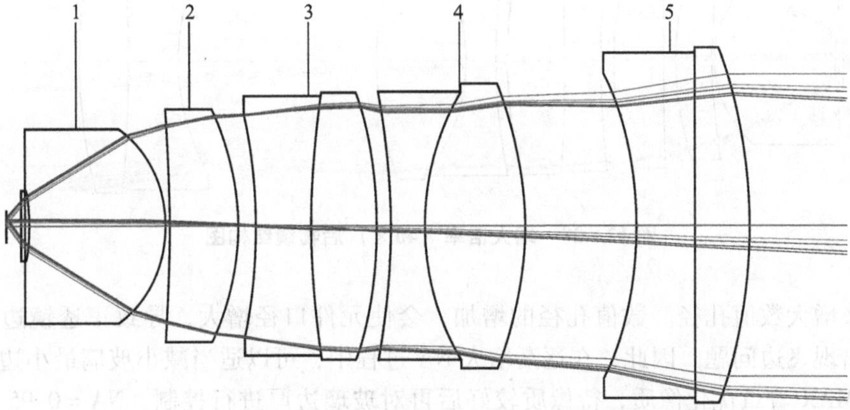

图 12－26　拓宽光谱（450～800nm）后物镜结构图

开始增大倍率。通过在评价函数中改变焦距目标值实现物镜倍率的增大，目标焦距为 5mm。当系统焦距逐渐满足目标值时，观察到点列图光斑增大，球差增加，尤其边缘孔径球差增大明显。查看系统中各面的赛德像差系数，前组中弯月形透镜第二面产生较大像差，观察结构发现该表面上光线偏折较大，考虑在该位置中增加弯月形正透镜来分担光焦度，将前组片数增至三片。优化后，结构如图 12－28 所示，色差曲线如图 12－29 所示，与图 12－27 相比，色差约增大 50%。

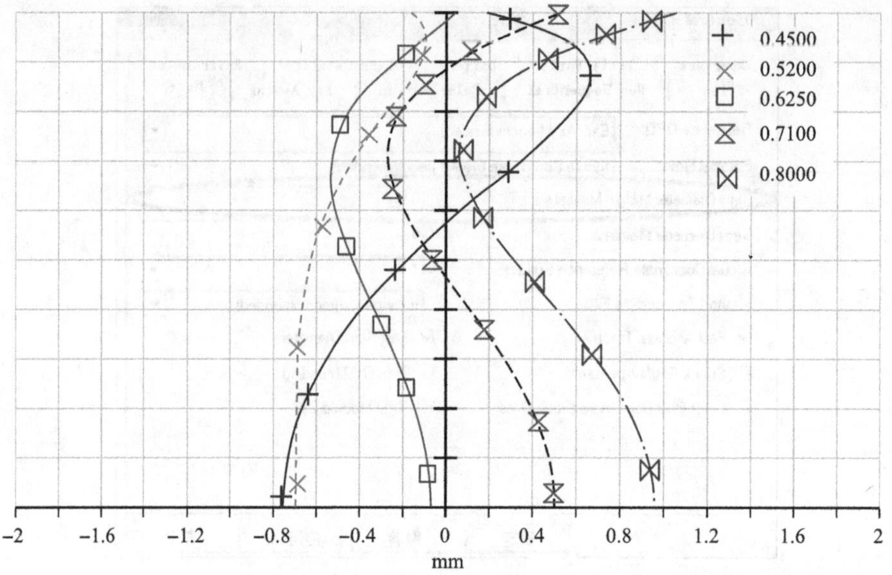

图 12－27　拓宽光谱（450～800nm）后物镜色差曲线

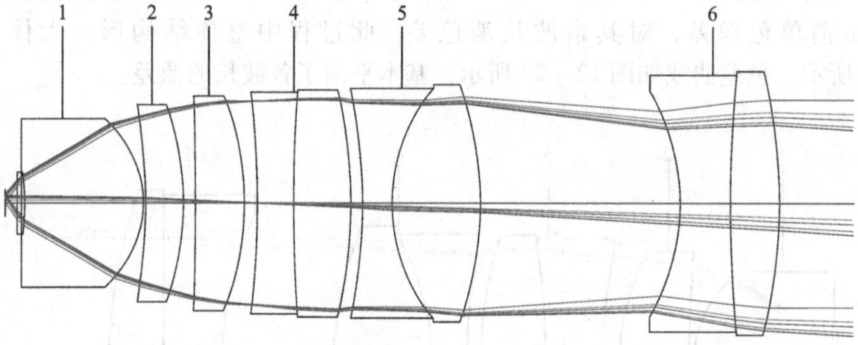

图 12－28　增大倍率（40×）后物镜结构图

接下来增大数值孔径。数值孔径的增加，会使元件口径增大，导致正透镜边缘厚度过小，甚至出现飞边问题。因此，在逐渐增大 NA 过程中，可以适当减小玻璃最小边厚的目标值，让 ZEMAX 着重优化像质，待像质较好后再对玻璃边厚进行控制。NA＝0.95 这样的大数值孔径势必会引入高级像差，更改玻璃至高折射率玻璃（如第一片材料由 LAL14 改为 YGH52），在前组中增加等光程面（将前组第一片透镜第二面曲率半径设置为 Aplanatic 即等光程类型），均能一定程度上减小甚至避免高级像差情况。如果还不能解决高级像差问题，可再次分裂透镜或者单片改为双胶合来平衡像差。优化过程中，第五片透镜逐渐远离第四片，与第六片距离缩小，于是重新划分组分，将第五、第六片划分为后组，并根据上节各组偏角分配计算得到的各组光焦度，控制前组、中间组、后组光焦度。最终得到数值孔径为 0.95 时物镜的初始结构图，如图 12－30 所示，色差曲线如图 12－31 所示，各孔径色差均大于 1.5 倍焦深，残留色差明显。

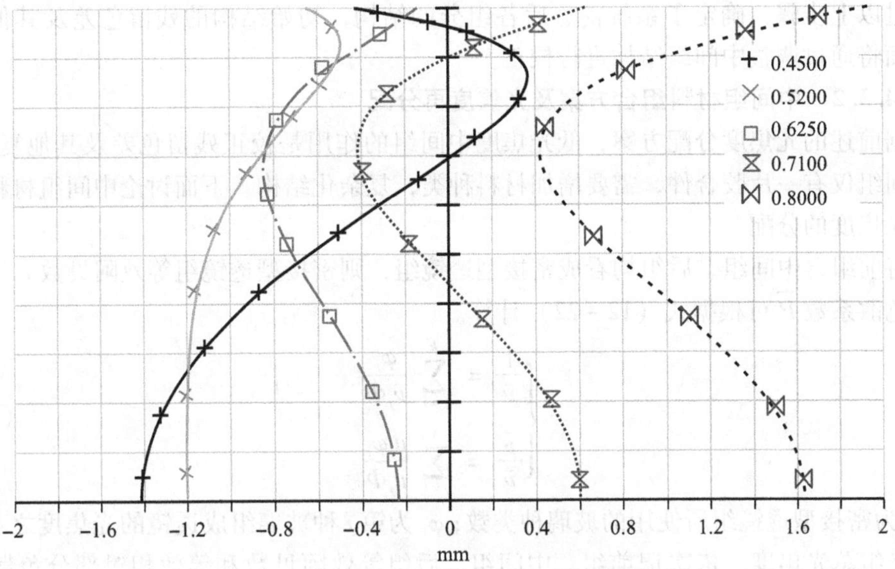

图 12－29　增大倍率（40×）后物镜色差曲线

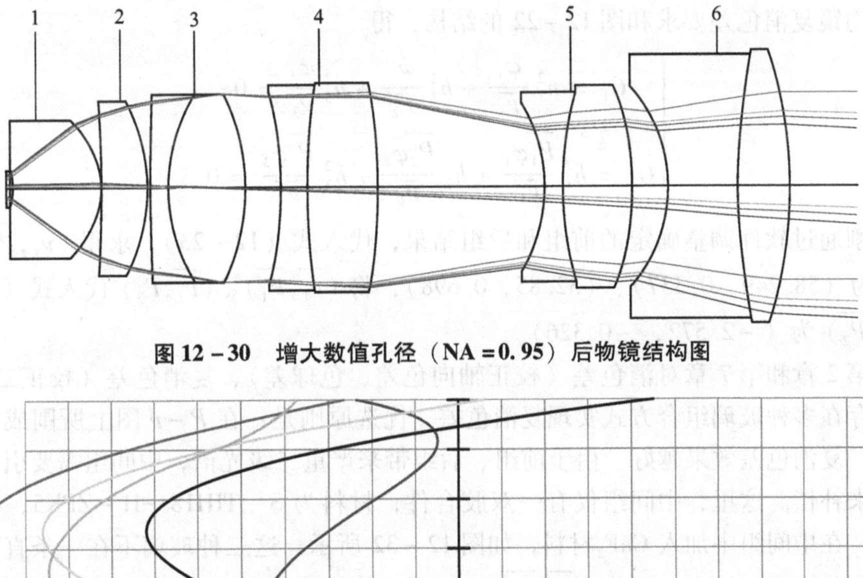

图 12－30　增大数值孔径（NA＝0.95）后物镜结构图

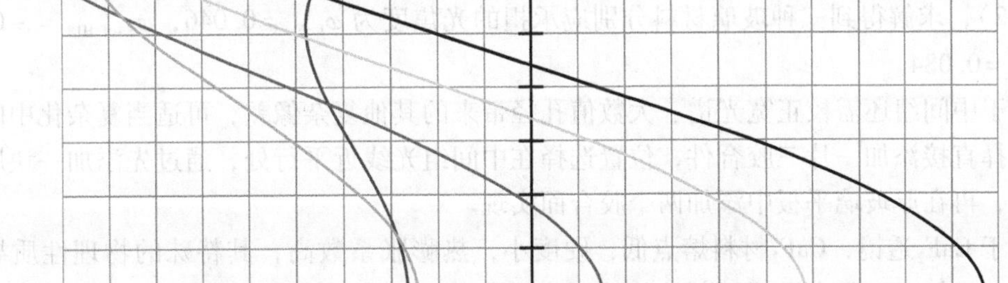

图 12－31　增大数值孔径（NA＝0.95）后物镜色差曲线

通过以上步骤，确定了系统前、后各组分的结构，初始结构的残留色差及其他复杂像差，后面将通过调整中间组结构进行校正。

12.4.3.2 中间组材料组合方案及光焦度再分配

根据前述的光焦度分配方案，低光焦度中间组的作用是校正残留色差及其他复杂像差，现在中间组仅有一片胶合件，需要增加材料种类，复杂化结构。下面讨论中间组材料的组合方案和光焦度的分配。

如将前组、中间组、后组均看成密接型透镜组，则密接型透镜组等效阿贝数 $\bar{\nu}$、等效相对部分色散系数 $\bar{P}$ 可根据式（12-22）计算。

$$\begin{cases} \dfrac{1}{\bar{\nu}} = \sum\limits_{j=1}^{k} \dfrac{\varphi_j}{\nu_j \Phi} \\ \dfrac{\bar{p}}{\bar{\nu}} = \sum\limits_{j=1}^{k} \dfrac{p_j \varphi_j}{\nu_j \Phi} \end{cases} \tag{12-22}$$

式中，k 为密接型透镜组所使用的玻璃种类数；φ_j 为第 j 种玻璃组成透镜的光焦度之和；Φ 为密接型光组总光焦度。依次记前组、中间组、后组等效阿贝数和等效相对部分色散系数为（$\overline{\nu_1},\overline{P_1}$）、（$\overline{\nu_2},\overline{P_2}$）、（$\overline{\nu_3},\overline{P_3}$）。

根据物镜复消色差要求和图 12-22 的结构，得

$$\begin{cases} C_1 = h_1^2 \dfrac{\varphi_1}{\overline{\nu_1}} + h_2^2 \dfrac{\varphi_2}{\overline{\nu_2}} + h_3^2 \dfrac{\varphi_3}{\overline{\nu_3}} = 0 \\ C_2 = h_1^2 \dfrac{\overline{P_1}\varphi_1}{\overline{\nu_1}} + h_2^2 \dfrac{\overline{P_2}\varphi_2}{\overline{\nu_2}} + h_3^2 \dfrac{\overline{P_3}\varphi_3}{\overline{\nu_3}} = 0 \end{cases} \tag{12-23}$$

将刚刚通过软件调整确定的前组和后组结果，代入式（12-23），求得（$\overline{\nu_1},\overline{P_1}$）、（$\overline{\nu_3},\overline{P_3}$）分别为（58.249，0.337）、（32.85，0.698），将（$\overline{\nu_1},\overline{P_1}$）、（$\overline{\nu_3},\overline{P_3}$）代入式（12-23），求得（$\overline{\nu_2},\overline{P_2}$）为（-2.572，-0.326）。

根据第 2 章和第 7 章对消色差（校正轴向色差、色球差）、复消色差（校正二级光谱）的论述，存在多种玻璃组合方式实现复消色差。优选原则是：在 $P-\nu$ 图上所围成的多边形面积越大，复消色差效果越好。由于前组、后组带来严重二级光谱，中间组需要引入反号的二级光谱来补偿。这里，中间组仅有一双胶合件，材料为 S-TIH18—H-ZPK5，根据玻璃优选原则，在中间组中加入 CaF_2 材料，如图 12-32 所示。这三种玻璃不在一条直线上，且所围成的三角形面积较大；再将（$\overline{\nu_2},\overline{P_2}$）及所选 3 种玻璃的阿贝数和相对部分色散代入式（12-22），求解得到三种玻璃材料分别应承担的光焦度为 $\varphi_{CaF_2}=0.046$，$\varphi_{S-TIH18}=-0.115$，$\varphi_{H-ZPK5}=0.084$。

由于中间组还需校正宽光谱、大数值孔径带来的其他复杂像差，可适当复杂化中间组结构。选择直接添加一片三胶合件，位置选择在中间组光线近平行处，通过先添加一块厚的玻璃平板，再在厚玻璃平板中添加两个胶合面实现。

对于 CaF_2 透镜，CaF_2 材料熔点低，硬度小，热膨胀系数高，其特殊的物理性质导致抛光困难，且加工过程中需要不断地热处理来避免碎裂，因此 CaF_2 材料的表面粗糙度要求不能太高。鉴于以上制造工艺问题，以 CaF_2 材料制成的透镜一般为双凸透镜，且光焦度较低。于是，将添加的三胶合件设置为“+-+”形式，前、后正片材料都设置为 CaF_2，分担

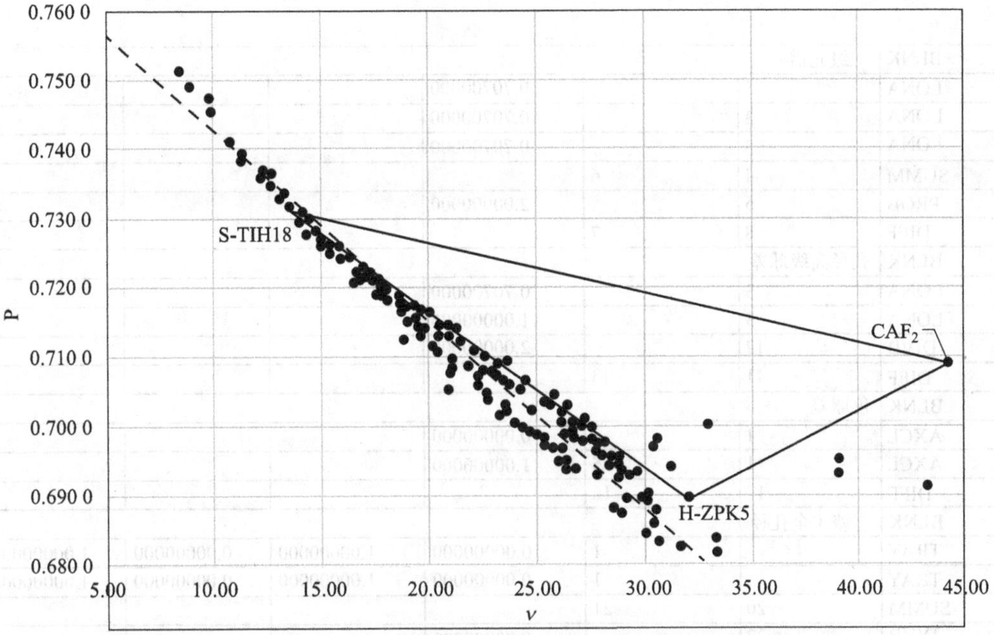

图 12 – 32　光谱范围 450 ~ 800nm $P-\nu$ 图

CaF_2材料需承担的光焦度，负片材料设置为 S – TIH18。按照上述计算结果，分配中间组各材料光焦度，就能实现物镜复消色差。

在校正二级光谱后，若系统残留明显高级像差，可用本书第 4 章中的各项高级像差公式，在评价函数定义并加以限制，这里给出精准控制高级像差的评价函数截图如图 12 – 33 所示。在该优化过程中最后的胶合件后片越来越薄，于是将后片胶合件变成单片。

12. 4. 4　优化设计结果

应用以上结构调整方法建立的初始结构与图 12 – 33 的评价函数优化后，得到的设计结果的结构图如图 12 – 34 所示。设计结果中有 12 片玻璃，总长为 58mm，小于 64mm。出于成本考虑优先选用我国成都光明玻璃（CDGM 玻璃），剩余的使用日本 OHARA 玻璃。OHARA 厂家有较多的高折射率及特殊色散玻璃可供选择。

图 12 – 34 中，1、2、3 为前组，焦距为 5. 4mm，承担 93% 的光焦度；1、2 片为弯月形透镜，能减小场曲。4、5 为中间组，口径为 12mm，焦距为 45mm，相对 0. 95 数值孔径物镜的总光焦度而言，为弱光焦度组。CaF_2 材料位置选在三胶合的前后片，都是双凸透镜，曲率半径为 10 ~ 15mm，加工相对容易。6、7 为后组，透镜组 6 为负光焦度，能增大工作距离。透镜组 6 中，后片厚度较厚，利于校正场曲。透镜 7 为正光焦度单片，使出射平行光。透镜 7 所用材料为 OHARA 的 S – LAH89，是折射率为 1. 85 的高折射率材料，避免再引入高级像差。

对于已校正二级光谱的显微物镜，初级球差公差应小于 4 倍焦深，剩余球差公差小于 6 倍焦深，二级光谱小于一倍焦深。根据物镜焦深公式，计算物镜焦深，λ 取 450 ~ 800nm 中间波长 625nm，根据放大倍率将焦深转换到焦距 200mm 的理想透镜（筒镜）焦面处，见式（12 – 24）、式（12 – 25）。

BLNK	二级光谱					
LONA	1		0.70700000			
LONA	3		0.70700000			
LONA	5		0.70700000			
SUMM	4	6				
PROB	5		2.00000000			
DIFF	8	7				
BLNK	孔径高级球差					
LONA	3		0.70700000			
LONA	3		1.00000000			
DIVB	12		2.00000000			
DIFF	11	13				
BLNK	色球差					
AXCL	1	5	0.00000000			
AXCL	1	5	1.00000000			
DIFF	17	16				
BLNK	彗差（全孔径）					
TRAY		1	0.00000000	1.00000000	0.00000000	1.00000000
TRAY		1	0.00000000	1.00000000	0.00000000	1.00000000
SUMM	20	21				
DIVB	22		0.00000000			
BLNK	彗差（0.707 孔径）					
TRAY		1	0.00000000	1.00000000	0.00000000	0.70700000
TRAY		1	0.00000000	1.00000000	0.00000000	0.70700000
SUMM	25	26				
DIVB	22		0.00000000			
BLNK	孔径高级彗差					
DIVB	23		2.00000000			
DIFF	28	30				

图 12－33　评价函数中各高级像差定义

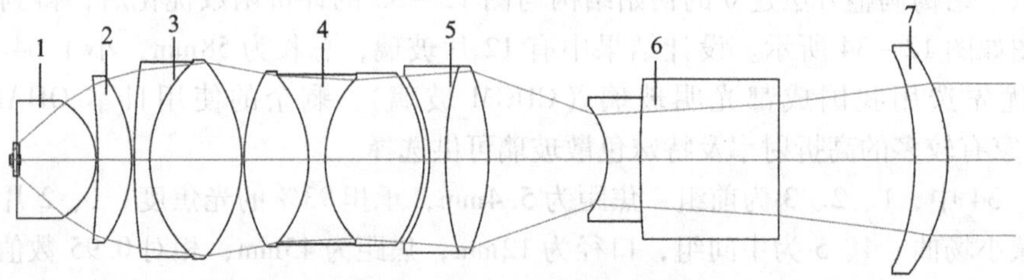

图 12－34　设计结果的结构图

$$\delta = \frac{\lambda}{\mathrm{NA}^2} \approx 0.693\ (\mu\mathrm{m}) \qquad (12-24)$$

$$\delta_{\mathrm{image}} = \delta M^2 \approx 1.1\ (\mathrm{mm}) \qquad (12-25)$$

该系统所用 CCD 像元尺寸为 6.5μm×6.5μm。在实际荧光检测中，关注的是荧光微弱光谱的有效探测，为提高探测效率，采用 4×4 像元合并，合并后像元尺寸为 26μm×26μm。图 12－35～图 12－38 分别是物镜设计结果的点列图、MTF 曲线、色差曲线与场曲/畸变曲线。图 12－35 中，0.8 视场内均方根弥散斑半径小于合并后的像元尺寸，全视场均方根弥散斑半径接近合并后的像元尺寸。图 12－36 中，黑色线为衍射极限，整体 MTF 接近衍射极限；在 20lp/mm 处，全视场内的 MTF＞0.5。图 12－37（a）为轴向色差曲线，0.707 孔径处各色光几乎交于一点，约 70% 孔径色差在一倍焦深以内；球差小于 2 倍焦深，满足物镜的复消色差要求。图 12－37（b）为垂轴色差曲线，各色光都在艾里斑以内，垂轴色差校正良好。图 12－38（a）为场曲图，边缘视场场曲小于 1.2mm，像散小于 0.7mm，参考 ISO 制定的用于观测的显微物镜平场标准，该设计结果满足平场要求。图 12－38（b）为畸变图，最大畸变在 0.2% 以内。表 12－5 为主波长各视场的波前 RMS 值与斯特列尔比，0.8 视场以内波前 RMS 值在 λ/13 以内，全视场波前 RMS 值稍大，0.8 视场以内斯特列尔比在 0.8 以上，全视场也能达到 0.6 以上。综上，整体设计像质良好，满足设计要求。

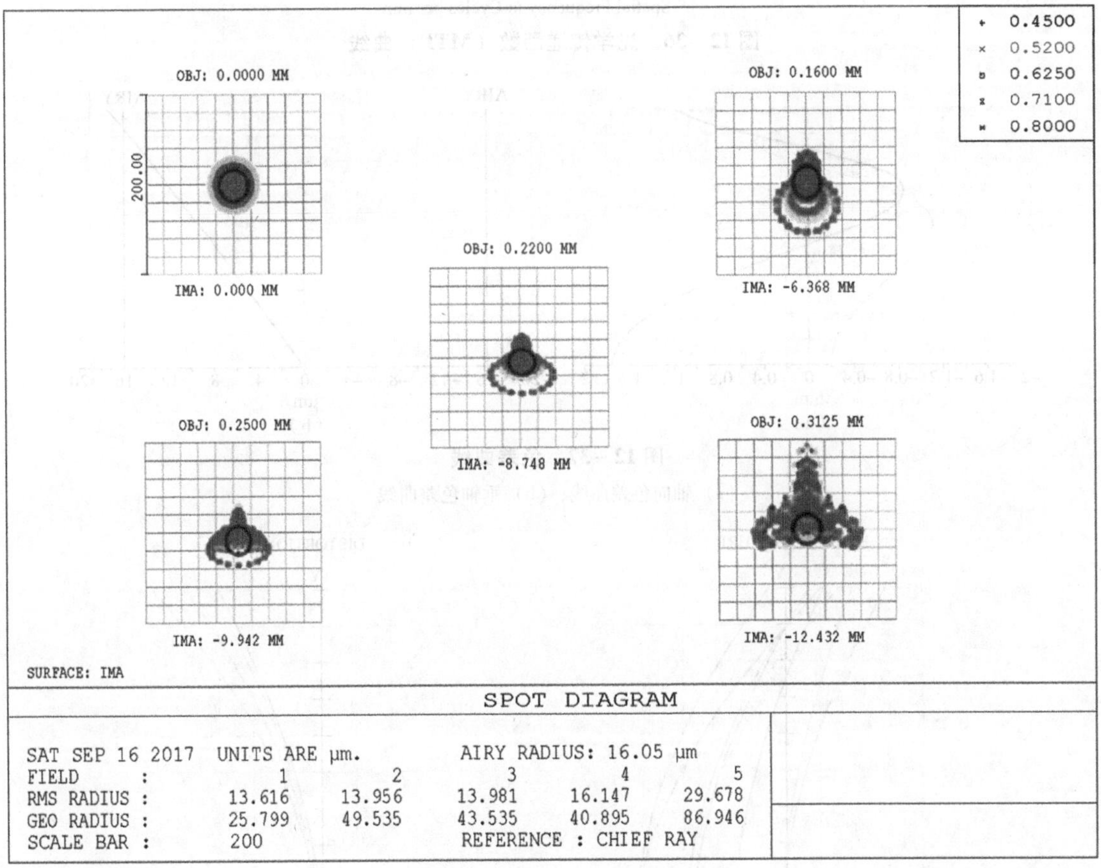

图 12－35　弥散斑点列图

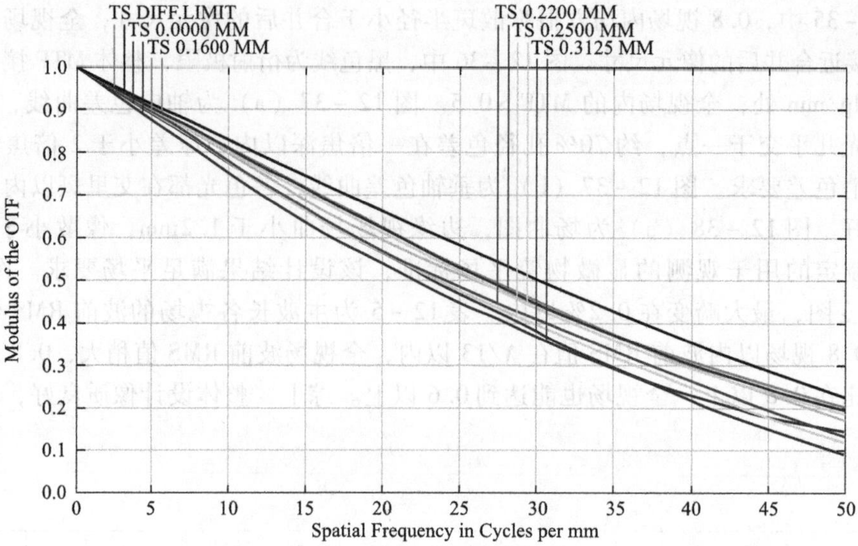

图 12-36　光学传递函数（MTF）曲线

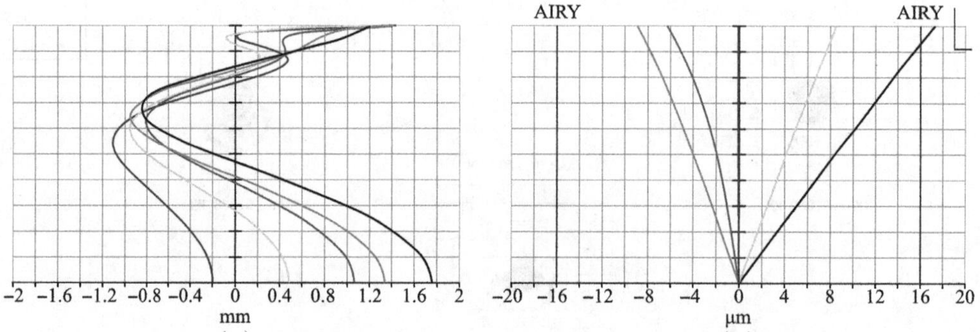

（a）　　　　　　　　（b）

图 12-37　色差曲线

（a）轴向色差曲线；（b）垂轴色差曲线

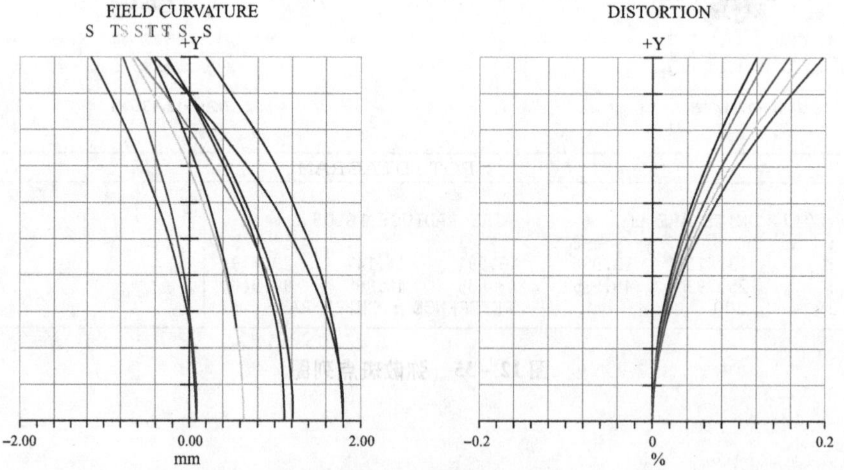

（a）　　　　　　　　（b）

图 12-38　场曲畸变

（a）场曲图；（b）畸变图

表 12-5　波前与斯特列尔比

视场	RMS Wavefront/λ	Strehl radio
0	0.035 7	0.985
0.5	0.050 3	0.952
0.7	0.063 7	0.906
0.8	0.073 1	0.803
1	0.101 9	0.625

12.4.5　设计结果对比与讨论

将设计结果与近 4 年内相关文献、专利发表的三个同类物镜（文献［64，65，106］）进行对比，四个物镜都属于平场复消色差物镜，但是在放大倍率、数值孔径等方面有所差别。表 12-6 为四个物镜设计指标对比，表 12-7 为四个物镜设计的性能对比，表中 δ 表示焦深。由于设计指标的提升，我们的设计结构比其他三种参考的物镜片数增加了 1～4 片，性能基本相近甚至优于参考物镜，如我们设计的物镜畸变均小于参考物镜的畸变，0.7 孔径处的色差小于参考物镜 2、参考物镜 3。设计采用独特的结构与设计思想，虽然透镜片数略有增加，但在数值孔径、视场、光谱范围等总体指标与成像质量方面具有明显综合优势。

表 12-6　物镜指标对比

物镜	本文设计	参考物镜 1	参考物镜 2	参考物镜 3
放大倍率	40	40	20	40
NA	0.95	0.9	0.75	0.718
视场/mm	25	22.5	26.5	18
光谱范围/nm	450～800	785～815	400～760	485～660

表 12-7　物镜性能对比

物镜	本文设计	参考物镜 1	参考物镜 2	参考物镜 3
片数	12	11	10	8
球差/δ	2	1	3	2
0.7 孔径色差/δ	0.4	0.35	1	0.5
ISO 平场标准	√	√	√	√
畸变/%	<0.1	<0.5	<2	<0.5
MTF 衍射极限	接近	接近	接近	接近

本节对宽光谱、大 NA、复消色差、平场荧光显微物镜的设计过程做了细致的阐述，其中的选型方法具有一定的参考价值。从装配加工难度角度考虑，设置前组承担主要光焦度，是装调过程中的调节组分，中间组及后组为低光焦度组分，复消色差材料如 CaF_2 设置在中间组，显著放松了 CaF_2 等材料的加工要求；中间组内的光焦度分配根据先确定的前组及后组结构和选定的玻璃材料参数求解，结合 ZEMAX 自动优化功能实现整体物镜的平场复消色

差。结果显示在0.8视场内弥散斑半径小于艾里斑半径，斯切列尔比大于0.8，全视场斯切列尔比小于0.6，像质接近衍射极限，符合多种癌细胞突变基因检测要求。通过与近4年来同类型的物镜对比，证明了本项目组设计在数值孔径、光谱范围等参数指标以及成像性能方面形成了综合优势。

12.4.6 公差分析

加工完成的镜片，其实际参数会和设计值一定存在偏差；再经过机械结构和装配，得到物镜系统，也与设计结果一定存在偏差，因此，需要同时考虑镜片的加工公差和装调公差。镜片的加工公差包括表面曲率半径公差、镜片厚度公差、镜片表面的倾斜和离轴的偏心公差、镜片表面不规则度等；透镜的装调公差包括透镜之间的间隔公差及透镜的离轴和倾斜；此外还有透镜玻璃材料性质的相关公差，包括材料的折射率公差和阿贝数公差。以上公差都会对镜头性能产生影响，因此必须综合分析这些公差对系统性能的整体影响。在显微物镜系统中还需要根据这些公差的灵敏度，来确定装配过程中的调校组件。根据公差分析结果，在满足系统性能的条件下，可确定系统各个参数可以接受的公差范围，考察光学系统实际加工装配的可行性。ZEMAX软件中，自带一个使用简单、功能灵活强大的公差计算和灵敏度分析的公差算法。该公差算法可分析的公差包括折射率、阿贝常数、曲率、厚度、间隔、非球面系数等结构参数变量，也支持对透镜表面和镜头组的偏心分析、透镜表面或镜头组的倾斜分析、面型不规则度分析和参数或附加数据值的变化分析。

ZEMAX软件的公差分析模式有两种：灵敏度分析和反转灵敏度分析。灵敏度分析可设定一定的公差范围，光学系统各个参数在公差范围内变化，软件会分析出在该范围内系统某项指标的变化，最后设计者判断是否满足技术指标。如果不符合，缩紧影响较大的公差，再次进行公差分析，重复以上步骤，直到最终的结果满足设计要求。逆灵敏度分析，是根据系统可接受的成像质量要求，给出大概的公差范围，然后让软件逆推出满足系统性能的各项公差极值。这里，我们对设计的物镜采用灵敏度法进行公差分析。

无论用眼睛还是通过CCD观察，显微物镜需要满足弥散斑的要求，且物镜装调时主要用星点检验法来评判物镜的质量。因此，我们对设计物镜先用RMS Spot Radius为评价标准进行公差分析。其次，仅用弥散斑点列图半径不能全面地评价物镜成像质量，为保证物镜各像质良好，在以上公差基础上，再以RMS Wavefront为评价标准进行公差分析。通过上述两个指标，依次对光学系统进行公差分析，层层缩紧某些参数的公差范围，最终确定一套适合加工的系统公差。对于宽光谱、大数值孔径的高倍物镜，物镜装配时，需要通过调校预先设定的敏感元件来保证物镜像质。本节设计的物镜前组承担了大部分的光焦度，前组是装配中需要关注的敏感组分，但还需要经过公差分析与统计，选定前组中用于调校补偿球差、彗差等关键像差的透镜位置。

数值孔径0.95的物镜，其理想分辨率达到0.4μm，像质要求比较高，元件数量为12，各元件制造公差必然很严、定位灵敏度要求高。对于宽光谱、大数值孔径的高倍物镜，装调过程中需要设置调校元件，也就是公差分析时的补偿器。调校元件一般选用公差敏感元件，因此针对宽光谱、大数值孔径物镜的关键像差球差、彗差，将分别选用最敏感的空气间隔和最敏感的镜片偏心作为调校元件。如图12-39所示，物镜从物面开始，镜片依次记为E1~E7，将光路结构转成反向光路。空气间隔依次记为L1~L6。

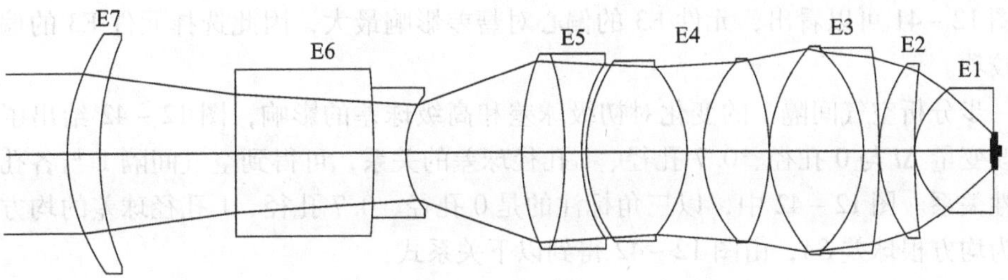

图 12－39　物方放在右面的显微镜结构图

通过分析各个空气间隔对球差影响程度，找到球差最敏感的空气间隔。在 ZEMAX 的公差数据编辑器中输入所有空气间隔操作数，并给所有空气间隔同样的公差 0.02mm。以评价函数为标准进行公差分析。在评价函数编辑器中仅给球差操作数 SPHA 一定权重。公差分析后得到各个空气间隔改变为 0.02mm，空气间隔对球差的影响量绝对值如图 12－40 所示。

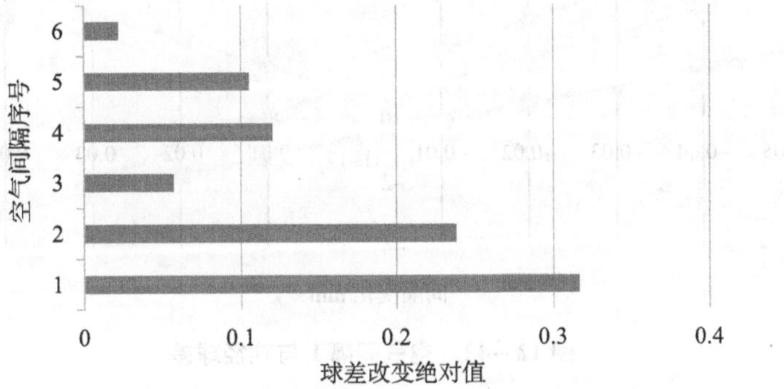

图 12－40　空气间隔对球差影响量绝对对值

由图 12－40 可以看出，L1 是球差最敏感的空气间隔，因此选择该间隔作为球差调校项。

通过分析各个透镜偏心对彗差的影响量，找到彗差最敏感的元件偏心。在 ZEMAX 的公差数据编辑器中输入所有透镜的偏心操作数，并给所有透镜偏心同样的公差 0.005mm。以评价函数为标准进行公差分析。由于引入元件的偏心，小视场也会存在彗差，在评价函数编辑器中定义小视场彗差，并给予一定权重。公差分析后，得到各个透镜的偏心对彗差的影响量绝对值，如图 12－41 所示。

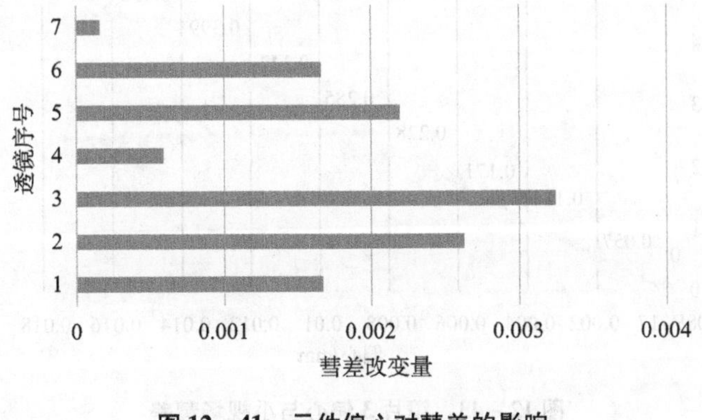

图 12－41　元件偏心对彗差的影响

由图 12－41 可以看出，元件 E3 的偏心对彗差影响最大，因此选择元件 E3 的偏心作为彗差调校项。

进一步分析空气间隔 1 的变化对初级球差和高级球差的影响，图 12－42 给出了空气间隔 1 的改变量 Δl 与 0 孔径、0.7 孔径、1 孔径球差的关系，可得到空气间隔 1 与各孔径的球差呈线性关系。图 12－42 中，以三角标注的是 0 孔径、0.7 孔径、1 孔径球差的均方根平均值，记为均方根球差 *SA*，由图 12－42 得到以下关系式：

$$\Delta SA = 45 \cdot |\Delta l| \tag{12-26}$$

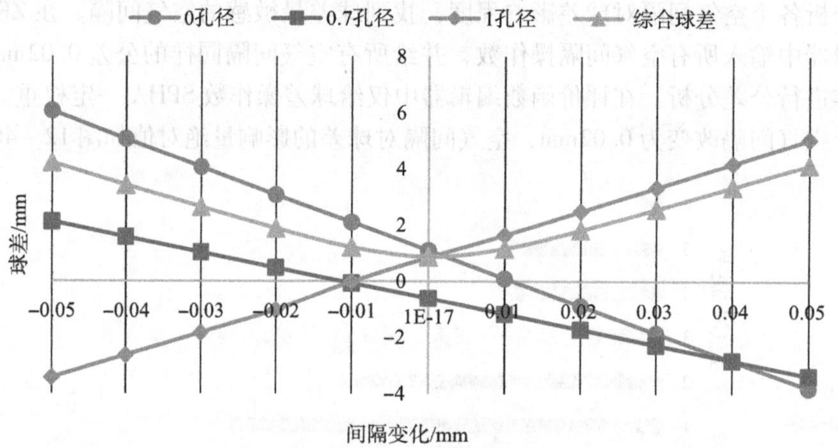

图 12－42　空气间隔 1 与孔径球差

由图 12－42 可以看出，小孔径（0.7 孔径以内）与全孔径的球差变化趋势不一致，因此需要平衡调节球差残留量，参考物镜焦深值，可通过更换预先修磨好的厚度偏差为微米量级的薄垫圈，来调校球差。

图 12－43 给出了镜片 3 的偏心 *De* 与小视场彗差 *Co* 的关系。由图 12－43 可以看出，两者也呈线性关系，并有以下关系式：

$$\Delta Co = 28.5 \cdot \Delta De \tag{12-27}$$

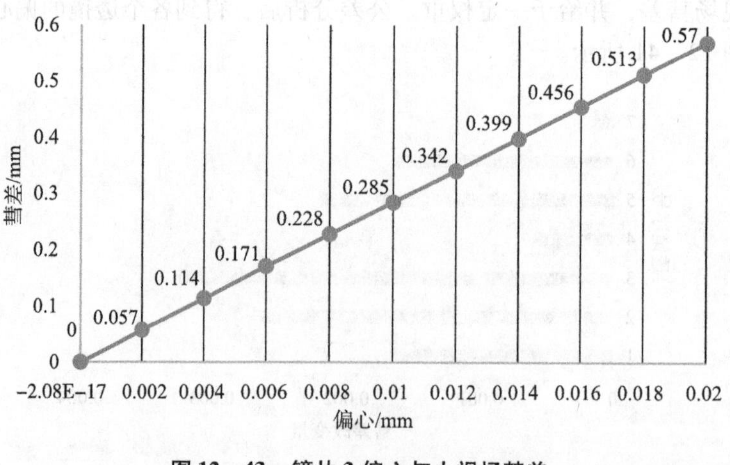

图 12－43　镜片 3 偏心与小视场彗差

参考物镜焦深值，镜片 3 的偏心对彗差十分敏感，装调时，可根据实际星点像彗尾方向，通过调节顶在透镜 3 边缘的几个微小螺钉，来缩小物镜的彗差。

以上仿真分析表明，最合适球差、彗差的调节项均在物镜前组。但是实际空气间隔 L1、元件 E3 偏心是否能够补偿其他类型的像差，还需通过检查它们作为补偿器时的公差分析结果是否能满足要求来评判，若不能再考虑增加其他调节项。

物镜为无限远共轭距物镜，设计时是正置设计的，出射为平行光。考虑到装调及实际使用过程中物面的补偿和调焦，公差分析时将物镜倒置，选择物面作为补偿。在以 RMS Spot Radius 为标准进行公差分析时，以弥散斑均方根半径与设计值的偏差在一倍艾里斑半径以内为基准考核。

首先可以给各项公差较松的初始设定，再根据灵敏度分析结果调整最敏感的某一项或几项公差，重复以上步骤，直至找到与现有制造水平相适应的公差分配结果。表 12－8 是以 RMS Spot Radius 为标准的公差分配表。

表 12－8　公差分配表

公差操作数	公差值
TTHI/mm	0.01～0.02
TFRN/λ	2～5
TIRR/λ	0.2～0.5
TSDX（TSDY）/mm	0.01
TSTX（TSTY）/（″）	30～60
TEDX（TEDY）/mm	0.005～0.01
TETX（TETY）/（″）	30～40
TIND	0.000 3～0.000 5
TABB	0.3%～0.5%

表 12－8 中，TTHI 为玻璃厚度或空气间隔公差；TFRN 为透镜表面光圈公差；TIRR 为透镜表面局部光圈公差；TSDX/TSDY 为透镜表面偏心公差；TSTX/TSTY 为透镜表面倾斜公差；TEDX/TEDY 为透镜元件偏心公差；TETX/TETY 为透镜元件倾斜公差；TIND 为玻璃材料折射率公差；TABB 为玻璃材料阿贝数公差。

表 12－9 是按照表 12－8 分配的公差进行的 200 次蒙特卡罗结果，其中，r 表示艾里斑半径。结果显示，88% 的均方根半径偏差在 1 倍艾里斑半径以内。

表 12－9　蒙特卡罗结果

RMS 弥散斑半径偏差/$\times r$	百分比/%
<1.5	100
<1.1	90
<1	88

续表

RMS 弥散斑半径偏差/×r	百分比/%
<0.8	70
<0.55	50
<0.25	20
<0.15	10
<0	2

为保证物镜像质良好，还需要验证表 12－8 公差下，波前 RMS 值是否符合要求。以波前 RMS 值为标准进行公差分析时，需要对各波长分别进行，设立考核标准为各波长下 RMS 波前小于 0.08λ。同样，按照表 12－8 的公差分配，分别在单一波长下进行以波前 RMS 值为标准的公差分析，均运行 200 次蒙特卡罗实验。结果如下：450nm 波长下，约有 40% 的蒙特卡罗试验 RMS 波前小于 0.08λ；520nm 波长下，约有 50% 的蒙特卡罗试验 RMS 波前小于 0.08λ；625nm 波长下，约有 55% 的蒙特卡罗试验 RMS 波前小于 0.08λ；710nm 波长下，有 35% 的蒙特卡罗试验 RMS 波前小于 0.08λ；800nm 波长下，有 65% 的蒙特卡罗试验 RMS 波前小于 0.08λ。因此，需要针对波前 RMS 值再一次缩紧公差，主要缩紧的是表面光圈公差和折射率公差。最终公差分析结果见表 12－10～表 12－14，其中 RMS wavefront，均指该波长下整体视场的加权波前 RMS 值。

表 12－10　蒙特卡罗结果（450nm）

波前 RMS 值/λ	百分比/%
<0.080 6	90
<0.072 7	80
<0.059 7	50
<0.045 5	20
<0.036 2	10

表 12－11　蒙特卡罗结果（520nm）

波前 RMS 值/λ	百分比/%
<0.079 5	90
<0.070 5	80
<0.045 1	50
<0.036 7	20
<0.031 5	10

表 12-12　蒙特卡罗结果（625nm）

波前 RMS 值/λ	百分比/%
<0.076 0	90
<0.064 8	80
<0.056 2	50
<0.047 9	20
<0.036 6	10

表 12-13　蒙特卡罗结果（710nm）

波前 RMS 值/λ	百分比/%
<0.081 1	90
<0.071 7	80
<0.063 7	50
<0.041 3	20
<0.028 6	10

表 12-14　蒙特卡罗结果（800nm）

波前 RMS 值/λ	百分比/%
<0.075 1	90
<0.065 5	80
<0.054 7	50
<0.042 7	20
<0.027 2	10

公差结果显示，5 个设计波长下均约 90% 的蒙特卡洛结果的波前 RMS 值小于 0.08λ，满足公差要求。

12.4.7　设计总结

由设计过程与设计结果可以看出，宽光谱、大数值孔径、复消色差平场荧光显微物镜的设计存在不小的难度，主要表现在：

（1）没有现成的初始结构，需要设计者根据设计经验与对显微物镜装校过程的理解，创建初始结构。

（2）宽光谱、大数值孔径情况下，物镜的色差、二级光谱、高级孔径像差非常严重，需要精心选用玻璃与像差精准控制方法，才能使设计收敛速度快。

（3）要充分认识像差理论对光焦度分配与像差校正的指导作用。针对物镜设计结构的镜片数量多，装调困难。

本节详细介绍了公差分析的过程。经仿真和数据分析，选定了球差、彗差等大数值孔径物镜关键像差的调校位置，并将其作为公差分析中的补偿器，对该物镜进行了公差分析。根据显微物镜实际装调和使用情况以及显微物镜像质评价方法，分别以 RMS Spot Radius 和 RMS Wavefront 为评价标准进行公差分析，最终确定了一套满足实际加工工艺的公差，从公差分配的结果上可以看出，对于宽光谱、大数值孔径的高倍物镜而言，公差分配合理，能够进行加工和装配。

12.5 大视场胶囊物镜的拼接融合型光学设计方法

构建拼接融合型复杂曲面，创建大视场光学系统初始结构的方法，是作者研究团队针对复杂曲面光学系统可借鉴初始结构数量少、现有构建方法与像差理论脱节等问题而提出的新方法。依据分段拼接融合思想的指导，本节采用斜率可控的新型 Q 非球面表达式，探讨在同轴成像系统中构建环形拼接 Q 非球面的设计方法，以提升像差校正效率。面向兼顾大视场和紧凑化的设计需求，提出一种视场连续的双通道型折反结构，充分发挥环形拼接 Q 非球面的优势。本节重点分析在混合透镜前后表面应用环形拼接 Q 非球面的融合与优化控制方法，并以胶囊内窥镜作为典型的应用案例开展设计研究，由鱼眼镜头构建前向视场通道，由全景环带系统构建侧向视场通道，形成物方连续大视场。通过折反混合透镜实现前向和侧向双视场结构的合并，由环形拼接 Q 非球面实现折射面与反射面连续光滑的分段拼接融合，构建双通道大视场紧凑型成像系统，减少元件数目、降低装调难度。

12.5.1 双通道大视场紧凑型成像系统的结构选型

大视场是光学设计的一个难题，因为视场越大光学系统的轴外像差越复杂。为了承担各个视场的光束，广角镜头第一片透镜的口径往往较大，然而体积小、结构紧凑也是光学系统设计的一个重要目标。在折射式或反射式光学系统中，大视场和紧凑化往往难以兼得。然而，在一些特殊应用场合，既有大视场高像质的成像需求，光学系统的重量和尺寸却又严格受限。因此，突破传统的结构形式，采用复杂的面型表征，开发新型的优化控制方法，是设计大视场紧凑型光学系统的重要途径。

12.5.1.1 大视场成像系统的结构形式

在大视场成像领域，主要有两种方式实现大视场成像：扫描拼接成像法和直接拍摄成像法。扫描拼接成像法通过单镜头的扫描或是多镜头的同时拍摄，需要后期的视场拼接和图像处理，会导致实时性差等问题。因此，本书只考虑单镜头的直接拍摄成像方案。

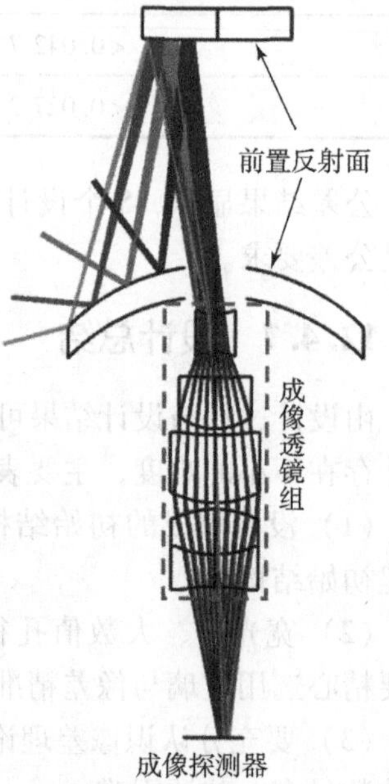

图 12－44 折反式全景成像系统

大视场成像系统有很多种，折反式全景成像系统属于其中的一种，其结构如图 12－44 所示。该系统由前置反射镜、成像透镜组和成像探测器三个部分构成。光束从系统侧向入射，由前置反射镜将其传播方向折转为一个与系统光轴夹角较小的入射角度，再经成像透镜组的像差校正成像于探测器上。其中，反射镜是实现系统大视场成像的关键光学元件。但是，这种结构的反射镜口径往往较大，并且对装配精度的要求很高，若前置反射镜与成像透镜组之间的安装距离略有误差，在图像上不易察觉，但会造成物像关系的偏差。

鱼眼镜头也是一种典型的超广角、大孔径光学系统，其结构如图 12 - 45 所示。第一片弯月形透镜可以实现超广角入射光线的大倾角变化，曲率半径通常较小，使得其形状呈抛物状向前突出，与鱼的眼睛非常相似，因此被称作“鱼眼镜头”。除第一片弯月形透镜外，鱼眼镜头通常还采用两块或三块负透镜作为前透镜组，用来将物方的超大视场压缩至常规镜头的视场范围；再通过多片正透镜组成的后继透镜组，来提高系统的相对孔径并进行像差校正，最终成像于探测器。大视场成像系统的结构形式中，鱼眼镜头的优势除了可实现超广角成像外，它的设计方法也较为成熟，可参考的实例较多，且该结构抗杂散光能力也较好。

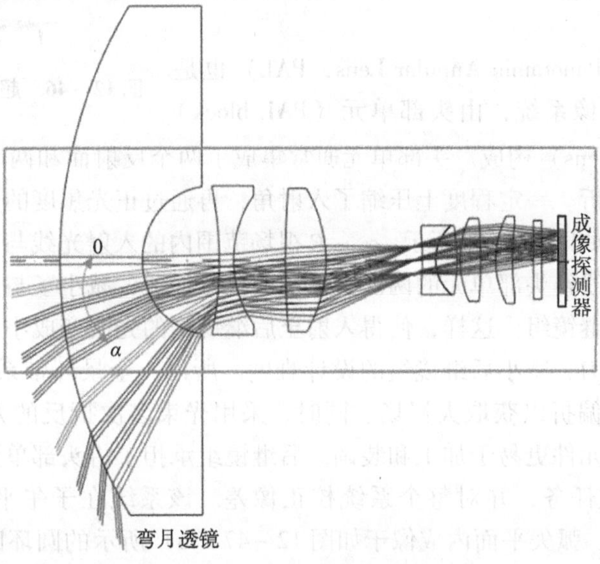

图 12 - 45 经典的鱼眼镜头结构

鱼眼镜头的典型特征是其第一片弯月形负透镜，它可以实现对半球视场甚至超半球视场的覆盖。但也正是这片弯月形透镜的存在，会导致系统口径过大，难以小型化。同时，从结构中也可以看出鱼眼镜头结构复杂，镜片数较多，高质量的鱼眼镜头通常要采用 10 片以上的透镜组成后继镜组。若实现大视场成像，必然造成系统难以紧凑化、轻量化。此外，在实现大视场的同时，边缘视场引入了大量的负畸变，边缘区域的图像被极大地压缩，因此边缘分辨率较低。然而，若这种结构只承担适当视场范围的成像时，这些问题的影响较小。

当然，大视场成像系统不止以上两种结构，还包括仿生复眼系统、同心球透镜系统等其他结构类型。在本节的大视场成像系统设计中，需要探索紧凑型双通道大视场光学设计方法，需综合考虑两个通道结构的可融合性，确定双通道的结构选型，所以不再对其他类型的大视场成像系统作过多描述。

12.5.1.2 紧凑型成像系统的结构形式

紧凑型成像系统，顾名思义，就是在有限的空间体积内，各光学元件之间排布紧密、合理。折反型光学系统，尤其由承担一次或是多次折射和反射的折反混合镜构成的系统类型，就是紧凑型成像系统的一种典型结构。

折反型光学系统的结构形式多种多样，图 12 - 46 所示的是一种超薄环形折叠成像系统。整个光学系统仅由单块玻璃材料构成，光线通过最外侧的环形孔径进入光学系统；然后通过前、后表面的反射镜来回多次反射，光线的反射路径呈 Z 字形，最后到达成像探测器。这种折叠式镜头的结构就是通过光束的折叠，减小系统的体积和重量，增加结构的紧凑性，该系统总长仅为 13.8mm，常用作重量和尺寸都严格受限的微型无人机的远程监视系统等。但是，该系统视场范围仅 4.8°，这种结构获取的视场范围极其有限，无法达到大视场成像系统的目标需求。

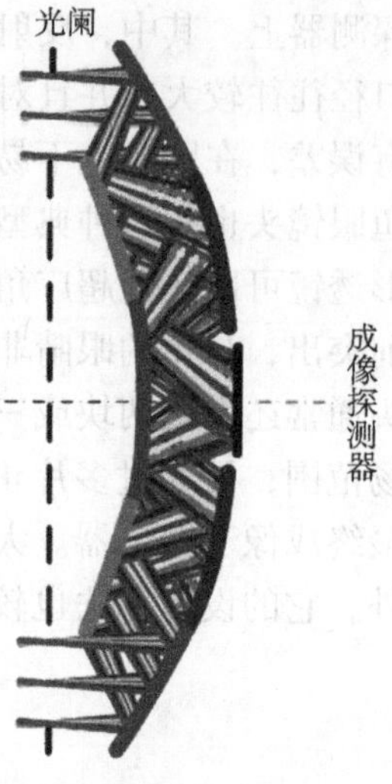

图 12 - 46　超薄环形折叠成像系统

全景环带系统（Panoramic Annular Lens，PAL）也是一种典型的紧凑型成像系统，由头部单元（PAL block）和后继镜组（Relay Lens）构成。头部单元通常集成了两个反射面和两个折射面为一体，可实现大角度的光线偏折。一定程度上压缩了入射角，再通过正光焦度的后继镜组成像到探测器上，系统结构形式如图 12 - 47 所示。$\alpha \sim \beta$ 视场范围内的入射光线与全景环带光学系统的光轴夹角很大。当光线经头部单元的两次折射和两次反射后，减小了与光轴的夹角，使其以一个小角度入射至后继镜组。这样，使得入射至后继镜组的光线变成小视场光束，由此降低该镜组校正像差的压力，减小后继镜组的设计难度。所以，全景环带系统头部单元的作用，主要是通过对光线的偏折以获取大视场。同时，采用光束多次折反的方式使得结构非常紧凑，且一体化的光学元件更易于加工和装调。后继镜组承担了将头部单元对物方所成的中间虚像进行二次成像的任务，并对整个系统校正像差。该系统在子午平面上的成像光路如图 12 - 47（a）所示，弧矢平面内成像于如图 12 - 47（b）所示的圆环区域，视场 β 对应环形成像区域的外圈边界，视场 α 对应环形成像区域的内圈边界。中央的圆形区域为成像盲区，这也是该系统被称为全景环带系统的原因。该系统像面照度均匀，边缘不存在严重畸变，广泛用于安防监控、管道内壁检测、机器视觉、医用内窥等领域。

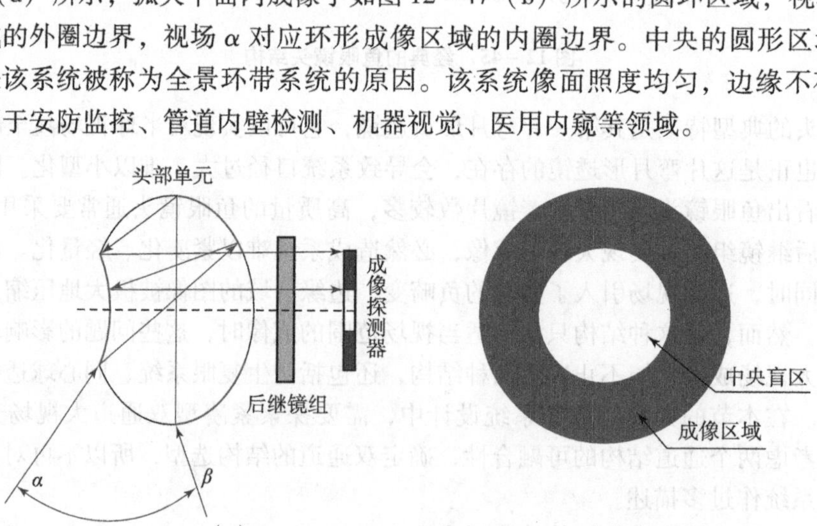

图 12 - 47　全景环带系统示意图

（a）系统结构；（b）成像区域

紧凑型成像系统的结构类型不止以上这两种，还包括折反式超短距投影系统、楔形棱镜头戴显示系统等其他形式。但这里的紧凑型成像系统同样是用来作为设计双通道大视场紧凑型成像系统其中一个通道的结构选型，仍需考虑与另一通道结构形式的匹配度，所以不再对其他类型的紧凑型成像系统作过多描述。

12.5.1.3　双通道大视场紧凑型成像系统的结构形式

过去的大视场成像系统，利用系统中第一片大口径光学元件，对大视场入射光束进行大角度偏折，压缩入射光束的视场角，再经后继镜组的像差校正成像于探测器上。所以，系统结构由于大口径光学元件的存在，必然很难小型化。紧凑型光学系统的实现，是通过系统中含有承担一次或是多次折、反射的光学元件，对成像光路进行折叠，以达到结构紧凑的效果；同时，使光束多次折反的一体化光学元件使得系统便于加工和装调。但这种结构形式往往难以承担大视场成像。

所以，为了兼顾大视场和紧凑化的设计需求，作者团队采用双通道的结构形式，在有限的系统体积内，通过前向视场结构和侧向视场结构的合并，折反混合透镜上折射面和反射面的拼接融合，获取物方连续的大视场。

选择鱼眼镜头作为前向视场结构，PAL 系统作为侧向视场结构，分别选用鱼眼镜头的 $0\sim\alpha$ 视场（图 12－45）和 PAL 系统的 $\alpha\sim\beta$ 视场（图 12－47）作为两通道的有效视场范围，保证物方视场连续。双通道大视场紧凑型成像系统的结构如图 12－48 所示。由于两个结构共同承担了各自适当的视场范围，所以鱼眼镜组的第一片弯月形透镜口径不至于过大。两个结构分别成像于像面的不同区域。PAL 系统成像存在中央盲区，像面呈环形。鱼眼镜头则恰好可以弥补 PAL 系统成像存在盲区的弊端，成像于其中央盲区的圆形区域，最大限度地提升了探测器的使用效率。这里值得注意的是，为了避免成像探测器上图像混叠而便于后期的图像拼接、处理，需使得两个成像区域之间存在适当间隙，便于区分，所以设计时需保证两个通道的焦距不同。

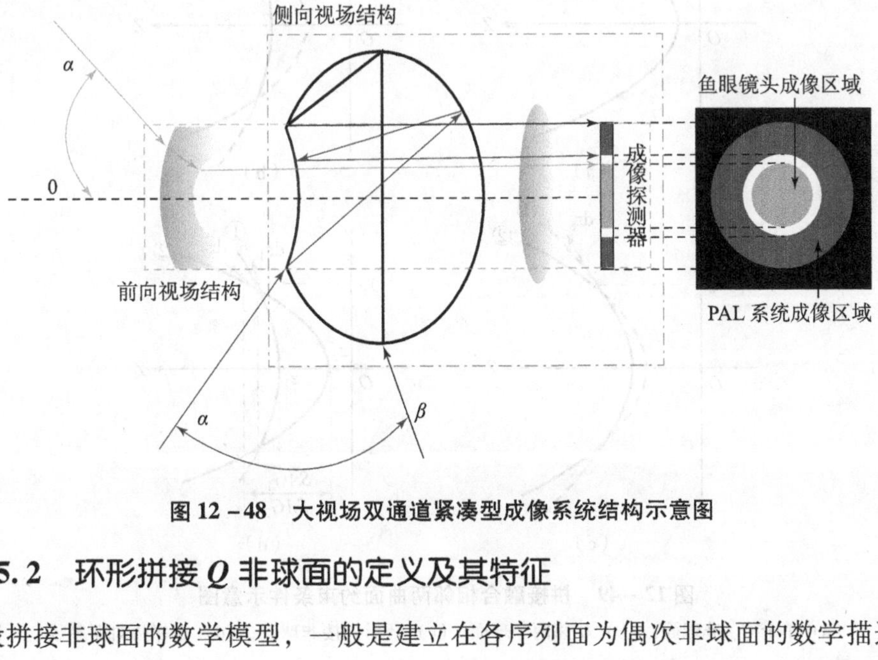

图 12－48　大视场双通道紧凑型成像系统结构示意图

12.5.2　环形拼接 Q 非球面的定义及其特征

分段拼接非球面的数学模型，一般是建立在各序列面为偶次非球面的数学描述方式上的。但如前文所述，采用传统的偶次非球面优化设计时存在诸多问题，尤其是面型控制能力有限，优化效率不高等。而在环形拼接非球面的设计中，各序列曲面的融合与优化控制方法是设计的关键，所以对拼接曲面连接点处的矢高与斜率问题尤为关注。针对这一问题，本书充分发挥斜率可控的 Q 非球面的优势，折反混合透镜的前后表面均采用环形拼接 Q 非球面表征。

环形拼接连续非球面的控制约束条件，不仅适用于偶次非球面定义的环带曲面，也适用于 Q_{bfs} 多项式定义的非球面。Q_{bfs} 环形拼接非球面，是由一系列 Q_{bfs} 多项式表征的子孔径曲面拼接融合生成。为了使面型连续且光滑，设计时需要对这些序列曲面加以优化约束条件，并在设计中与光学设计软件的控制符相结合。

根据三维空间的面型约束条件可知，必须满足环形拼接非球面连续顺滑的面型要求。因此，系统的设计方法在二维平面 YOZ 上展开讨论。设计优化时，应首先使相邻曲面在缝合处的矢高相等，即可保证两个环带在 YOZ 平面内相交。在此基础上，再优化调整两相邻曲面之间的相对位置以及面型参数，使其在满足系统成像要求的同时，面型光滑连接。在 ZEMAX 光学设计软件中，并非将矢高或斜率相等设置为约束条件，而是将相邻两曲面的矢高差和斜率差分别定义为新的函数 DIFF_sag 和 DIFF_gradient，将其差值与零的偏离程度作于评判的标准。以相邻两曲面为例，图 12－49（a）中，编号为①的 Q_{bfs} 非球面，y_0 值由边缘光线或各序列曲面的口径决定；图 12－49（b）示意了由两个不同方程定义的编号分别为①和②的 Q_{bfs} 非球面，以及缝合处各自的切线向量；图 12－49（c）中的实线部分为约束条件下，优化后的连续顺滑面型以及其在缝合处的切线向量；图 12－49（d）标注了约束条件所需的参量，两相邻曲面的矢高分别记为 SAG_1 和 SAG_2，交点处的斜率分别记为 DER_1 和 DER_2。

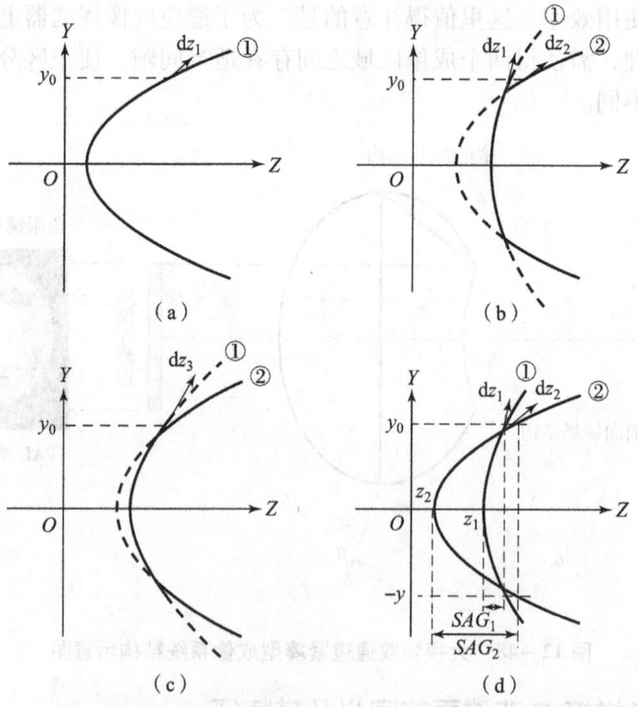

图 12－49　拼接融合相邻两曲面约束条件示意图

（a）单个 Q_{bfs} 非球面；（b）相邻两非球面；（c）环形拼接非球面；（d）相邻两曲面参数

在优化设计的过程中，拼接面的顺滑度与高像质往往相互制约，即矢高差和斜率差越大，成像质量越好；相反，随着两差值的减小，成像质量呈下降趋势。所以，要根据当前优化结果不断调整两个优化条件的权重，使两者平衡。由于相邻两曲面的表征函数不同，所以 DIFF_ sag 和 DIFF_ gradient 不可能为 0，当两个函数值趋近于 0 时，则判定当前面型满足环形拼接连续非球面的面型要求。设立判断条件，即当矢高差小于镜面加工所要求的峰谷（Peak - to - Valley，PV）值误差时，则认为相邻两曲面的矢高是连续的。当使用数控机床加工环形拼接非球面时，可以同时加工多个小口径序列曲面。加工过程中，相邻两曲面的连接处不存在断点时，即认为相邻两曲面的斜率是连续的。因此，相邻两曲面的矢高差和斜率差与零的偏离程度，是否满足系统的面型要求，依赖于加工和检测的精度。现在的加工工艺已经可以加工出 PV 值小于 10nm 的光学表面，但是常用的面型检测方法或仪器很难达到这一精度，所以从某种程度上来讲，检测精度作为主要的评判标准。根据现有的检测水平，若矢高差值为 10^{-5}mm 数量级，相当于 PV 值大约为 $0.1\lambda \sim 0.2\lambda$，认为矢高连续；若斜率差值为 10^{-4}数量级，认为斜率连续；并且，以上的标准是在设计阶段对环形拼接非球面面型连续且光滑的约束和判断，在实际加工过程中，随着不断地精磨和抛光，矢高差值和斜率差值将会进一步缩小。

12.5.3　胶囊内窥物镜系统的光学设计

鉴于近年来消化系统疾病的流行，医用内窥镜已广泛应用于包括胃部和肠道在内的腹腔病症的诊断，研究人员也一直致力于探索对人体伤害更小且更有效的技术。医用内窥物镜就是一种典型的大视场紧凑型成像系统。大视场和高分辨率可以有效地减少检查所需的时间，提高诊断的准确性；紧凑的内窥物镜结构对于减轻患者的痛苦也发挥着重要作用。商用的腹腔镜口径通常为 10mm 左右。前面已经对大视场紧凑型成像系统初始结构的选型作出了分析和判断。为了克服传统单一结构对内窥镜光学系统设计方法的局限性，本节就采用这种双通道大视场紧凑型成像系统作为初始结构。两通道分别作用于物方的前向和侧向视场，获取不同方位的图像信息，再通过图像的拼接技术，实现大视场范围的图像获取，提高临床诊断的效率和准确性。

目前已有很多工作将双通道的结构形式用于医用内窥镜的设计。2007 年，J. Y. Ma 等人设计了一种覆盖了 ±135°视场范围的双视场超广角内窥镜头。其前向视场结构类似于鱼眼镜头，侧后向视场利用反射镜来折叠光路，光学畸变约为 45%。2011 年，R. Wang 等人设计的双视场折反射式内窥物镜，采用了满足单视点成像条件的凹面镜和凸面镜，侧向视场成像采用环形反射镜对光路进行折叠，前向视场相对较小。2015 年，M. J. Sheu 等人基于反向摄远的结构形式，设计了一种双视场胶囊内窥镜，双视场功能由兼顾了折射和反射的非球面来实现，前向视场和侧后向视场共用后组透镜。该系统侧后向视场较小，约为 15°。同年，R. Katkam 等人设计的双通道内窥物镜，利用第一片异形镜来集成前向和侧后向视场，两视场仍共用后组透镜，但是它没有将两视场在像面上加以区分，像面图像的混叠容易使医生检查时产生错觉甚至是误判。2016 年，Q. Liu 等人设计了具有全景观察和关键区域局部放大双重功能的内窥镜头，该系统总长为 23.5mm，尺寸偏大。表 12 - 15 总结了上述双通道结构内窥镜设计时，包括视场、*F* 数、口径、系统总长、调制传递函数、畸变以及是否远心在内的具体参数。

表 12-15 双视场结构内窥镜组的参数对比

年份	2007	2011	2015	2015	2016	本文设计
光路结构		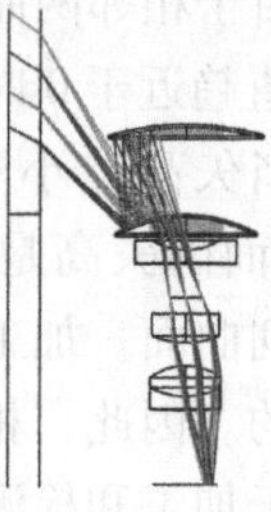		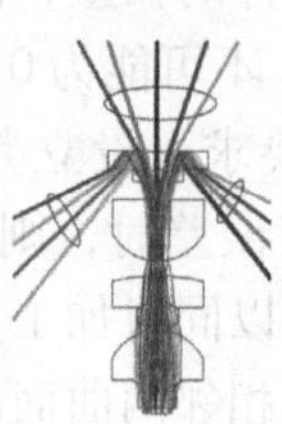	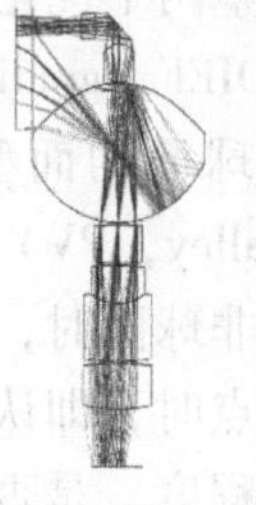	
前向视场/(°)	±40	±22	±45	±45	±10.2	±55
侧向视场/(°)	40~135	20~40	130~145	110~150	60~97.5	55~80
F 数	空	2.99（前） 2.46（侧）	3.5	2.4	2.65（前） 2.8（侧）	3.4
口径/mm	4	5	~7.5	6	10	5.5
系统总长/mm	180	111.5	~11.3	~14.55	23.5	11.5
MTF	>0.3 @38lp/mm	>0.3 @190lp/mm	>0.35 @50lp/mm	>0.3 @250lp/mm	>0.6 @70lp/mm	>0.4 @167lp/mm
畸变/(%)	25（前） 45（侧）	40	30（前） 25（侧）	25	空	10（前） 5（侧）
是否远心	否	否	是	是	否	是

值得注意的是，上述双通道结构内窥系统，为了观察不同的区域，两通道的物方视场是不连续的，所以主要的观测区域前方视场的视场范围就受到限制。本书设计的双通道内窥物镜是为了扩大主要视场范围，集成两个通道各自的优势，在有限的体积内，获取连续的物方前向视场。通过折反混合透镜实现前向和侧向双视场结构的集成，并由环形拼接 *Q* 非球面实现折射面与反射面连续光滑的分段拼接融合。

12.5.3.1 胶囊内窥物镜系统的设计指标

图 12-50 是胶囊内窥物镜系统的设计流程图。在完成初始结构模型选型后，需要选定系统的设计指标和关键参数。为了在临床诊断的过程中，观察更大视场信息，看清病灶区域细节，同时便于在人体腔道探测时减少患者的痛苦，视场范围、成像质量、分辨率以及系统的结构大小（径向尺寸和长度）均为本系统的重要考核指标。

为了使整个系统没有观测盲区，前向视场结构和侧向视场结构的视场角需要刚好衔接，即前向视场的最大半视场角等于侧向视场的最小半视场角。综合考虑内窥物镜对于大视场和小型化的需求，光学系统全视场设定为 160°。为了避免前向视场鱼眼镜头结构的弯月形透镜口径过大，前向视场的半视场角设定为 0°~55°，侧向视场设定为 55°~80°，工作波段 486~656nm。

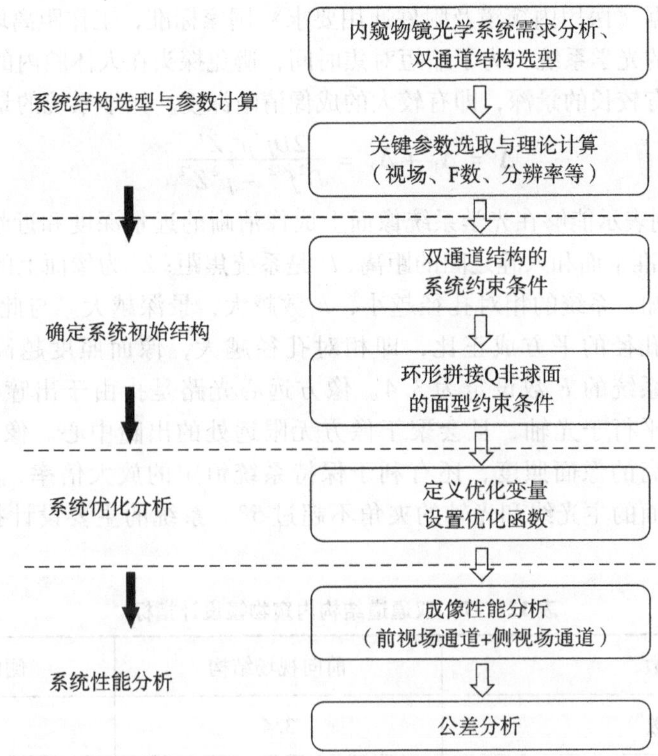

图 12－50　胶囊内窥物镜系统设计流程图

高分辨率的图像传感器是成像质量的重要因素，互补金属氧化物半导体，由于其低功耗和在弱光条件下更优的性能，被选为本系统的成像传感器。其像素尺寸略大于像面艾里斑的大小，CMOS 传感器的规格参数如表 12－16 所示，型号为 OV9281，1/4 英寸，传感器有效像面尺寸为 3 896μm×2 453μm，像元尺寸为 3μm×3μm。由此可以计算出光学系统的分辨率 N 为

$$N = \frac{1\ 000}{2 \times a} = \frac{1\ 000}{2 \times 3} = 167\ (\text{lp/mm}) \tag{12-28}$$

表 12－16　CCD 探测器的具体参数

参数	规格
型号	OV9281
色度	彩色
尺寸	1/4 英寸
像元大小	3μm
成像区域	3 896μm×2 453μm

为了将两通道的像在像面上加以区分，侧向视场的最小像高须大于前向视场的最大像高，因此，侧向视场结构的焦距应大于前向视场结构的焦距。根据相似成像映射关系，前向视场结构的焦距设定为 0.83mm，侧向视场结构的焦距设定为 1.17mm，避免两通道在像面

上的成像重叠。根据《医用内窥镜及附件通用要求》国家标准，工作距离取20mm。

对于焦距固定的光学系统，为了缩短对焦时间，避免探头在人体腔内的频繁移动，所设计的光学系统需要有较长的景深，即有较大的成像清晰深度。光学系统的景深表示为

$$\Delta = \Delta_1 + \Delta_2 = \frac{2Df'p^2 Z'}{D^2 f'^2 - p^2 Z'^2} \tag{12-29}$$

式中，Δ_1 和 Δ_2 分别表示能够在光学系统像面上成像清晰的远景深度和近景深度；D 是系统的入瞳直径；p 是对准平面和入瞳之间的距离；f' 是系统焦距；Z' 为像面上的弥散斑直径。根据式（12－29）可知，系统的相对孔径越小，F 数越大，景深越大。与此同时，光学系统的像面照度与相对孔径的平方成正比，即相对孔径越大，像面照度越高，成像越清晰。综合以上因素，将系统的 F 数设定为3.4。像方远心光路是指由于出瞳位于像方无限远处，像方主光线均平行于光轴，且会聚于像方无限远处的出瞳中心。像方远心条件不仅可以使系统实现更高的像面照度，还有利于保持系统恒定的放大倍率，所以限制整个视场范围内入射到像面的主光线和光轴的夹角不超过5°。系统的主要设计指标如表12－17所示。

表12－17　双通道结构内窥物镜设计指标

参数	前向视场结构	侧向视场结构
F 数	3.4	3.4
焦距/mm	0.83	1.17
视场/(°)	0～55	55～80
像面远心度/(°)	<5	<5
奈奎斯特采样频率/($lp \cdot mm^{-1}$)	167	167
波长/nm	486～656	486～656

12.5.3.2　胶囊内窥物镜系统的初始结构模型与像质指标

双通道内窥镜物镜的初始结构如图12－51所示，由全球面构成。前向视场结构是由透射式的鱼眼镜头组成，半视场角为55°；侧向视场结构由集成了两个反射面和两个折射面的PAL头部单元和后继会聚镜组构成，视场范围为55°～80°。两种光学结构通过折反混合透镜集成在一起，折反混合透镜由中央透射部分和边缘的折反射部分组成，其前、后表面均为球面。折反混合透镜由聚甲基丙烯酸甲酯（PMMA）制成，其他透镜由玻璃材料制成。

光学系统采用“负－正”形式的反远距结构。前组光焦度为负，一定程度上满足了系统对大视场和小孔径的需求；后组光焦度为正，主要用来校正系统像差。对于前向视场结构，光线通过折反混合透镜不发生反射，相当于一个厚透镜，正光焦度向后移动，从而获得更长的工作距离，并且可以辅助校正场曲。侧向视场结构的前组是PAL头部单元，后组是会聚镜组。两个通道结构共用同一个孔径光阑和后继镜组，同时，拼接时必须保证系统的光瞳匹配，即前组的出瞳和后组的入瞳保持一致。光阑置于系统的中间位置，类似于对称式结

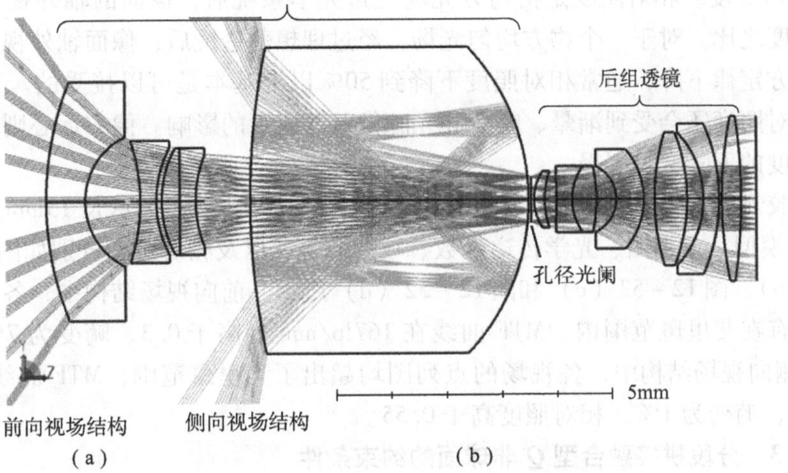

图 12－51　双通道胶囊内窥物镜初始结构

(a) 前向视场结构；(b) 侧向视场结构

构，可以有效校正垂轴像差，即彗差、畸变和垂轴色差。后组的负透镜产生负畸变，有利于补偿前组的正畸变。

系统初始结构的构建，并不是以直接达到理想成像作为目标，很难也没有必要将所有像差均校正为零，但仍需要一些指标来判断光学系统是否合理，成像质量达到什么水平以及像差是否在可接受的范围内。这里，应用点列图、MTF 曲线、场曲和畸变以及相对照度等指标，对胶囊内窥物镜系统的成像质量作出评价。

(1) 点列图。对于有像差存在的光学系统，从物点发出的一系列光线经光学系统后，与像面的交点不是一个完善的点像，而是形成一个弥散斑，这个弥散斑就称为点列图。主光线与像面的交点作为参考点，弥散斑均方根半径是根据所有组成弥散斑的点到参考点距离的平方再求均方根得到，反映了弥散斑的密集程度，均方根半径越小，理论上光学系统的成像质量越好。点列图直接反映了光学系统在不考虑衍射效应下的几何像差情况。

(2) 光学传递函数。对于大视场成像系统，像差较大，需要同时考虑衍射效应和几何像差这两个因素，因此需要进一步考察光学传递函数。光学传递函数反映了光学系统对物不同频率成分的传递能力。低频部分反映物的亮度和轮廓，中频部分反映物的层次，高频部分反映物的细节。一般来说，利用 MTF 曲线评价光学系统成像质量时，MTF 曲线与坐标轴围成的面积表示光学系统传递的信息量，信息量越大，成像质量越好；直观来看，就是 MTF 曲线变化越平缓，系统的成像质量越好。

(3) 场曲和畸变。场曲又称“像场弯曲”。当系统存在场曲时，视场范围内光束的交点与理想像点不重合，虽然每个特定的点都可以得到清晰的像，但整个像平面是一个曲面，这样不能同时看清整个像面。畸变是由于系统的各视场垂轴放大率不同，物体经过存在畸变的光学系统后，像面发生弯曲，通常越偏离中心视场的光线，经过光学系统后产生的畸变越大。畸变由轴外主光线在像面的高度决定，只会造成图像的变形，不会影响清晰度。但由于胶囊内窥物镜是用来检查病灶信息的大视场成像系统，除了应增强整个像面的清晰度，也应避免图像变形过大而造成误诊。

（4）相对照度。相对照度是指物方光场经过光学系统后，像面的轴外视场辐照度与像面中心辐照度之比。对于一个物方均匀光场，经过理想薄透镜后，像面轴外视场的相对照度按余弦四次方定律下降，通常相对照度下降到50%以上基本是可以接受的。对于实际的光学系统，相对照度还会受到渐晕、畸变和光瞳像差等因素的影响。像方远心则可以有效地使系统像面照度的下降变得缓慢。

双通道胶囊内窥物镜的初始结构一共由12片光学元件组成，总长13mm，物像关系采用$f-\theta$投影模型。点列图、光学传递函数、场曲和畸变以及相对照度分别如图12－52（a）、图12－52（b）、图12－52（c）和图12－52（d）所示。前向视场结构中，各视场的点列图光斑大多没有在艾里斑范围内，MTF曲线在167lp/mm处高于0.3，畸变为7%，相对照度高于0.9；侧向视场结构中，各视场的点列图均超出了艾里斑范围，MTF曲线在167lp/mm处高于0.22，畸变为1%，相对照度高于0.55。

12.5.3.3　分段拼接融合型Q非球面的约束条件

在双通道胶囊内窥物镜的折反混合透镜中，侧向视场结构在其前表面的透射区域标记为“区域#1”，反射区域标记为“区域#2”，在其后表面的反射区域标记为“区域#4”；前向视场结构在其前表面的透射区域标记为“区域#3”，在其后表面的透射区域标记为“区域#5”。如图12－53（a）所示，折反混合透镜半视场对应的表面由这三个透射区域和两个反射区域拼接而成。胶囊内窥物镜的使用环境黑暗，需要系统本身带有照明功能，为了保证系统的光线透过率，光学元件表面避免镀半透半反膜，所以就要保证透射区域和反射区域不发生重叠，相邻区域之间需要留有一定的小间隙。

为了对这个间隙加以限制和约束，追迹经折反混合透镜表面五个区域的五条特征光线，并使用五种颜色进行标记，如图12－53（b）所示。在侧向视场结构中，最小正视场的底部边缘光线被标记为红色，与折反混合透镜的前表面透射区域相交于特征点a；最大负视场的底部边缘光线被标记为黄色，与折反混合透镜的前表面反射区域相交于特征点b，与折反混合透镜的后表面透射区域相交于特征点f；最小负视场的顶部边缘光线被标记为绿色，与折反混合透镜的前表面反射区域相交于特征点c；最小负视场的底部边缘光线被标记为灰色，与折反混合透镜的后表面反射区域相交于特征点e。在前向视场结构中，最大正视场的顶部边缘光线被标记为黑色，与折反混合透镜的前表面透射区域相交于特征点d。特征点a和b构成间隙ab，特征点c和d构成间隙cd，特征点e和f构成间隙ef，在图12－53（b）中用黑框标出。

通过对间隙区域的限制约束，保证折反混合透镜表面的透射区域和反射区域不发生重叠，间隙应超过0.05mm，约束条件为

$$\begin{cases} y_a - y_b > 0.05 \\ y_c - y_d > 0.05 \\ y_e - y_f > 0.05 \end{cases} \tag{12-30}$$

式中，y值是以孔径光阑的位置作为原点，全局坐标系下的坐标值。

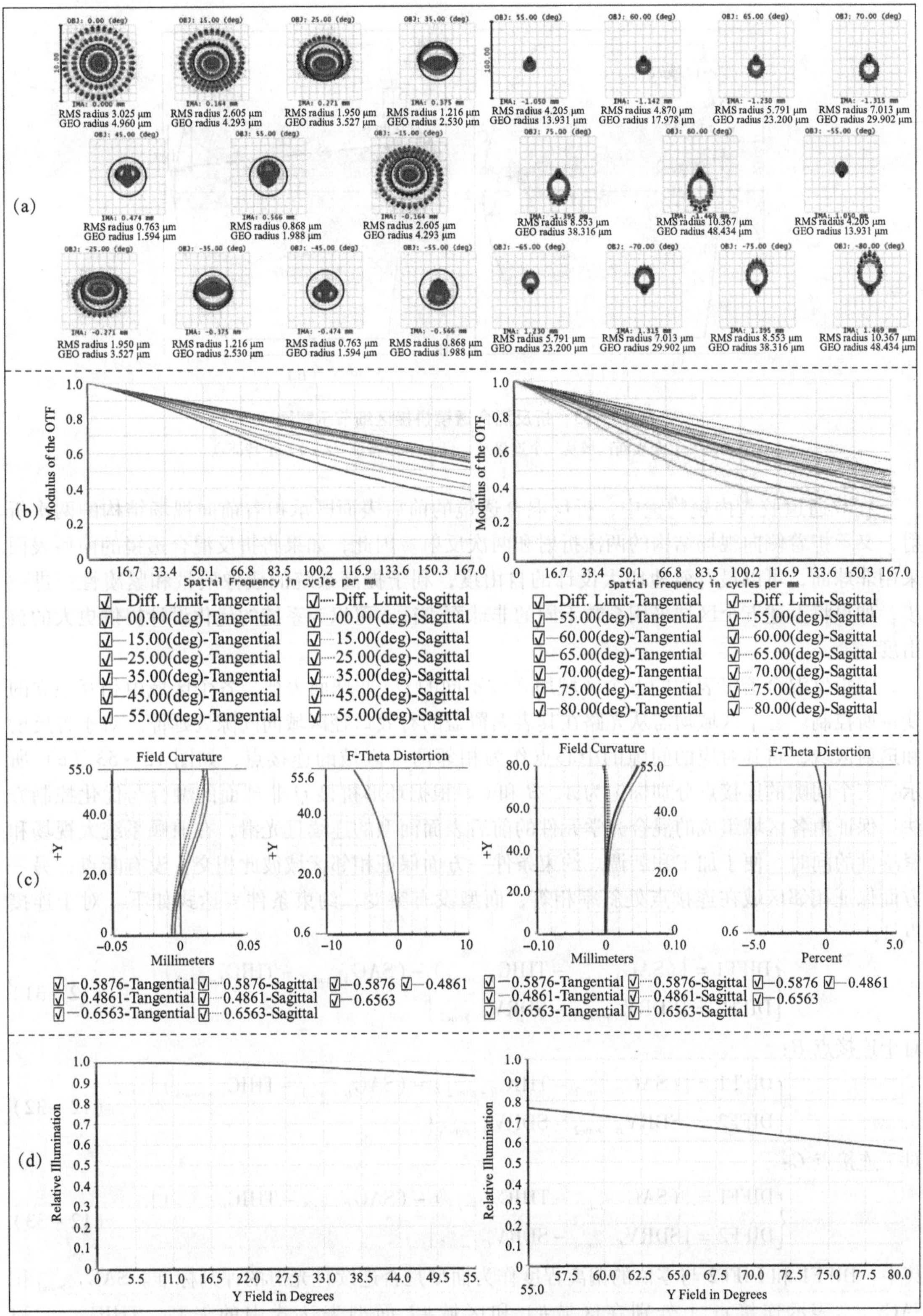

图 12－52　系统初始结构的前向视场结构（左）和侧向视场结构（右）的像质评价

（a）点列图；（b）MTF 曲线；（c）场曲和畸变；（d）相对照度

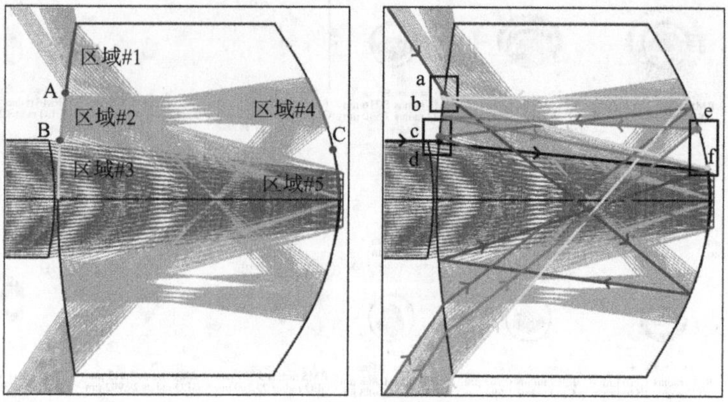

（a）　　　　　　　　　　　　（b）

图 12-53　折反混合透镜拼接区细节示意图

（a）五个表面区域及三个连接点；（b）五条特征光线及六个特征点

在双通道胶囊内窥物镜中，折反混合透镜的前后表面既承担着前向视场结构的两次折射，又承担着侧向视场结构的两次折射和两次反射。因此，如果将折反混合透镜的前后表面采用非球面，可以最有效地增大设计的自由度，利于提高系统的成像质量和紧凑性。进一步，如果将上述五个区域采用系数不同的非球面表征，可以为系统的优化设计提供更大的自由度。

将折反混合透镜表面的五个区域用系数不同的 Q_{bfs} 非球面表征，各个区域由相互独立的变量所控制。五个区域均需从光路在其表面覆盖的有效口径区域向间隙处延伸。对于各反射和透射区域，将其对应的间隙的中心点作为相邻两个区域的连接点，如图 12-53（a）所示。三个间隙的连接点分别标记为 A、B 和 C。根据环形拼接 Q 非球面的融合与优化控制方法，保证由各区域组成的混合光学元件的前后表面面型的连续且光滑，在兼顾系统大视场和紧凑性的同时，便于加工和装调。约束条件一方面保证相邻区域彼此相交，没有断点；另一方面保证相邻区域在连接点处斜率相等，面型没有突变，约束条件表达式如下。对于连接点 A：

$$\begin{cases}\mathrm{DIFF1}=\left|(\mathrm{SAG}_{A-\mathrm{zone1}}-\mathrm{THIC}_{A-\mathrm{zone1}})-(\mathrm{SAG}_{A-\mathrm{zone2}}-\mathrm{THIC}_{A-\mathrm{zone2}})\right|\\ \mathrm{DIFF2}=\left|\mathrm{SDRV}_{A-\mathrm{zone1}}-\mathrm{SDRV}_{A-\mathrm{zone2}}\right|\end{cases}\tag{12-31}$$

对于连接点 B：

$$\begin{cases}\mathrm{DIFF1}=\left|(\mathrm{SAG}_{B-\mathrm{zone2}}-\mathrm{THIC}_{B-\mathrm{zone2}})-(\mathrm{SAG}_{B-\mathrm{zone3}}-\mathrm{THIC}_{B-\mathrm{zone3}})\right|\\ \mathrm{DIFF2}=\left|\mathrm{SDRV}_{B-\mathrm{zone2}}-\mathrm{SDRV}_{B-\mathrm{zone3}}\right|\end{cases}\tag{12-32}$$

对于连接点 C：

$$\begin{cases}\mathrm{DIFF1}=\left|(\mathrm{SAG}_{C-\mathrm{zone4}}-\mathrm{THIC}_{C-\mathrm{zone4}})-(\mathrm{SAG}_{C-\mathrm{zone5}}-\mathrm{THIC}_{C-\mathrm{zone5}})\right|\\ \mathrm{DIFF2}=\left|\mathrm{SDRV}_{C-\mathrm{zone4}}-\mathrm{SDRV}_{C-\mathrm{zone5}}\right|\end{cases}\tag{12-33}$$

其中，DIFF1 和 DIFF2 与零值的偏离程度作为面型是否连续且光滑的评判标准。$\mathrm{SAG}_{A-\mathrm{zone1}}$ 和 $\mathrm{SAG}_{A-\mathrm{zone2}}$ 表示连接点 A 分别在区域#1 和区域#2 面型表达式中的矢高，$\mathrm{THIC}_{A-\mathrm{zone1}}$ 和 $\mathrm{THIC}_{A-\mathrm{zone2}}$ 分别表示全局坐标系下区域#1、区域#2 的曲面顶点和原点间的距离，$\mathrm{SDRV}_{A-\mathrm{zone1}}$

和 $SDRV_{A-zone2}$ 分别表示区域#1 和区域#2 在连接点 A 处的斜率（一阶导数）；同理，$SAG_{B-zone2}$ 和 $SAG_{B-zone3}$ 表示连接点 B 分别在区域#2 和区域#3 面型表达式中的矢高，$THIC_{B-zone2}$ 和 $THIC_{B-zone3}$ 分别表示全局坐标系下区域#2、区域#3 的曲面顶点和原点间的距离，$SDRV_{B-zone2}$ 和 $SDRV_{B-zone3}$ 分别表示区域#2 和区域#3 在连接点 B 处的斜率；$SAG_{C-zone4}$ 和 $SAG_{C-zone5}$ 表示连接点 C 分别在区域#4 和区域#5 面型表达式中的矢高，$THIC_{C-zone4}$ 和 $THIC_{C-zone5}$ 分别表示全局坐标系下区域#4、区域#5 的曲面顶点和原点间的距离，$SDRV_{C-zone4}$ 和 $SDRV_{C-zone5}$ 分别表示区域#4 和区域#5 在连接点 C 处的斜率。

12.5.3.4　胶囊内窥物镜系统的设计结果及公差分析

胶囊内窥物镜系统最终设计结果如图 12－54（a）所示。系统由前向视场结构［图 12－54（b）］和侧向视场结构［图 12－54（c）］两个通道组成。前向视场结构采用鱼眼镜头，侧向视场结构采用 PAL 系统。采用提出的融合与优化控制方法，最终系统和初始结构相比，成功去除了前向视场结构中的一组双胶合透镜以及共用的后组透镜中的一片透镜。值得注意的是，孔径光阑后的第一片小口径透镜，由于其靠近孔径光阑，可以有效压缩发散光束的发散角，避免孔径光阑后的透镜组中出现大倾角变化的光路走向，在系统中起着十分重要的作用。表 12－18 是系统最终的性能参数，系统最终以更少的光学元件数量，获得了更高的成像质量以及更紧凑的结构。

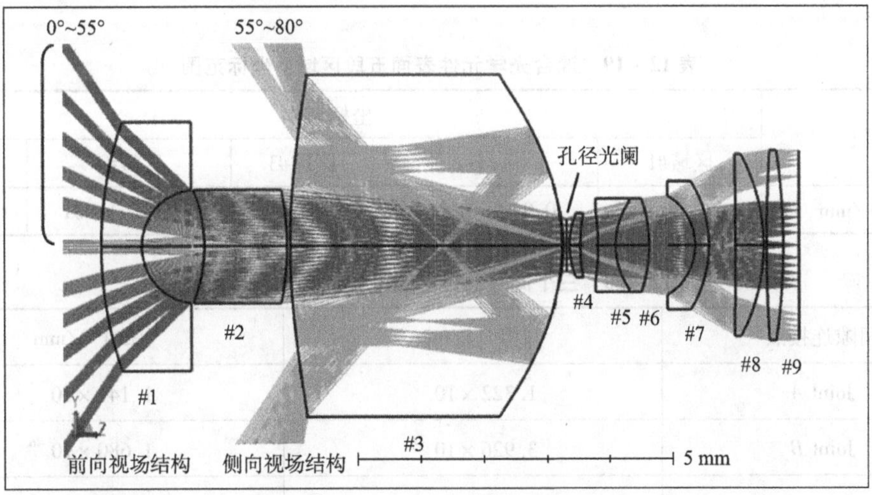

（a）

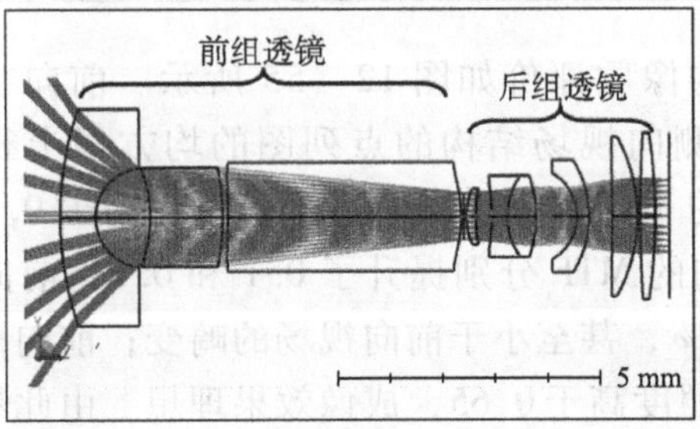

（b）

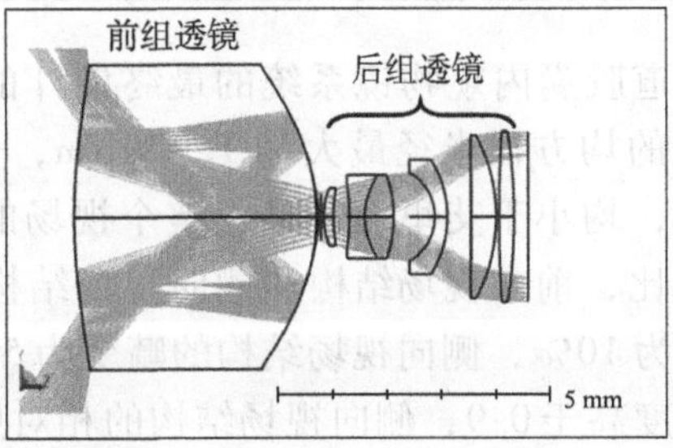

（c）

图 12－54　双通道胶囊内窥物镜最终设计

（a）整体结构；（b）前向视场结构；（c）侧向视场结构

表 12-18 双通道结构内窥物镜系统参数

参数	前向视场结构	侧向视场结构
F 数	3.4	3.4
像高/mm	0~0.72	1.15~1.6
系统总长/mm	11.5	10
MTF	>0.4@167lp/mm	>0.4@167lp/mm
畸变/%	<10	<5
相对照度	>0.9	>0.62

由环形拼接 Q 非球面表征的合并两个视场结构的折反混合透镜，其表面用 Q_{bfs} 多项式描述的五段非球面区域的 y 坐标参数范围如表 12-19 所示，即 YOZ 平面上五个区域的位置。可以看到，区域#1 和区域#2 的间隙 ab 为 0.054mm，区域#2 和区域#3 的间隙 cd 为 0.053mm，区域#4 和区域#5 的间隙 ef 为 0.641mm，均满足表达式（12-30）中对五段区域间隙的距离限制。表 12-20 分别给出了三个间隙的连接点 A、B 和 C 处的矢高和斜率的差值 DIFF1 和 DIFF2，矢高差小于测试波长的 1/10（测试波长通常为 632.8nm），面型设计效果理想。

表 12-19 混合光学元件表面五段区域 y 坐标范围

参数	坐标范围				
	区域#1	区域#2	区域#3	区域#4	区域#5
y 坐标/mm	1.649~2.735	0.940~1.595	0~0.887	1.119~1.901	0~0.478

表 12-20 三个间隙的连接点处的矢高和斜率差值

间隙连接点	DIFF 1/mm	DIFF 2/mm
Joint A	1.322×10^{-5}	1.141×10^{-6}
Joint B	3.926×10^{-7}	1.680×10^{-6}
Joint C	7.123×10^{-6}	5.354×10^{-5}

双通道胶囊内窥物镜系统的最终设计的像质评价如图 12-55 所示。前向视场结构的点列图的均方根半径最大为 1.929μm，侧向视场结构的点列图的均方根半径最大为 1.486μm，均小于艾里斑半径；整个视场的 MTF 曲线在 167lp/mm 处均高于 0.4，与初始结构相比，前向视场结构和侧向视场结构的 MTF 分别提升了 0.1 和 0.2；前向视场结构的畸变为 10%，侧向视场结构的畸变为 5%，甚至小于前向视场的畸变；前向视场结构的相对照度高于 0.9，侧向视场结构的相对照度高于 0.65，成像效果理想。由此看来，环形拼接 Q 非球面对侧向视场结构的像质提升更为明显，恰好印证了该结构拥有更多的设计自由度。

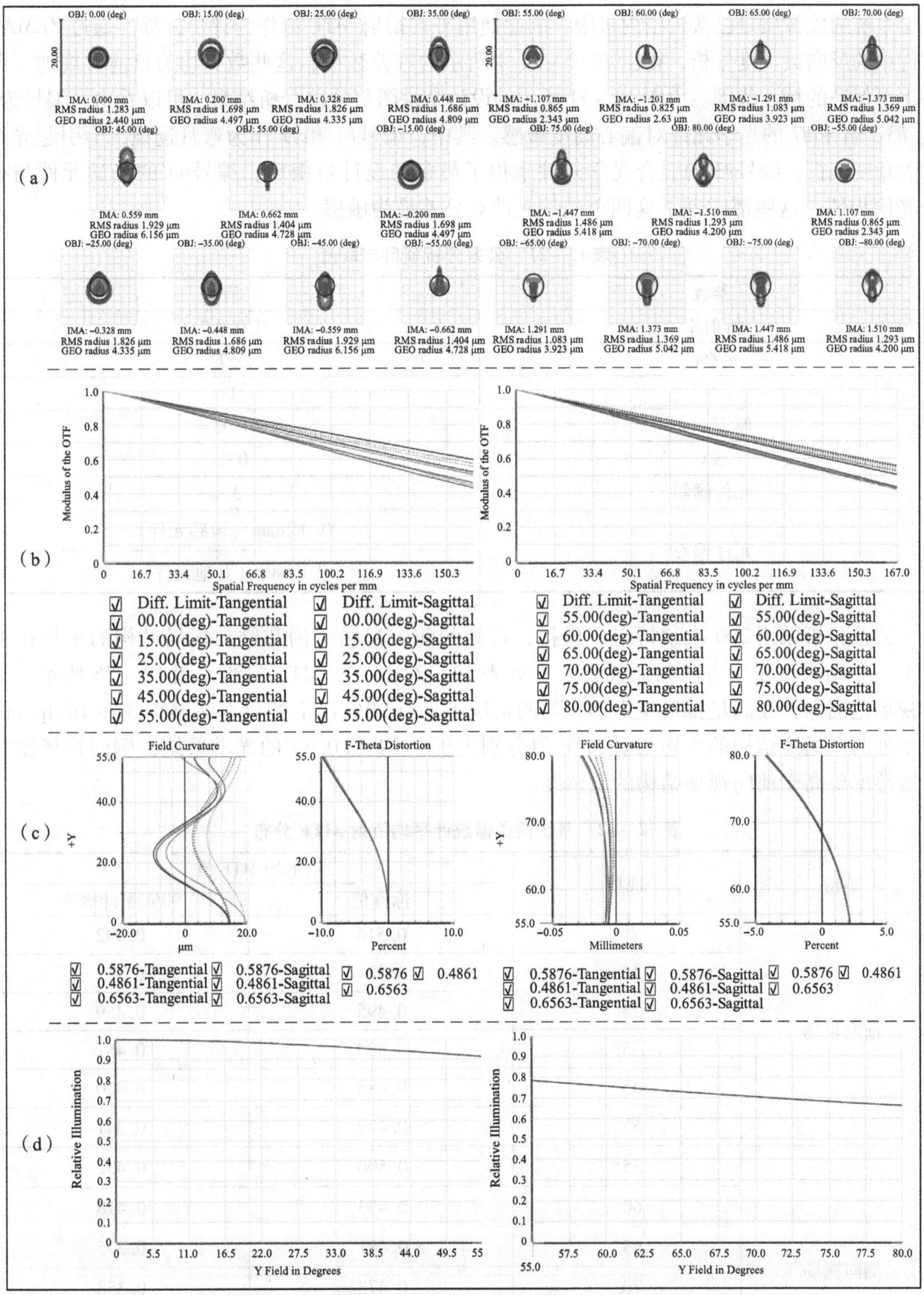

图 12－55　系统最终设计的前向视场结构（左）和侧向视场结构（右）的像质评价

（a）点列图；（b）MTF 曲线；（c）场曲和畸变；（d）相对照度

为了验证设计结果的可加工性，需要对所设计的胶囊内窥物镜系统进行公差分析。由于该光学系统的成像质量已接近衍射极限，因此使用平均衍射 MTF 值作为评价标准。通过 ZEMAX 软件中的反向灵敏度分析，得出表 12-21 中所示的容差数据，这些数据均为目前常规加工条件下可保证的精度范围。由图 12-54 所示的设计结果图与公差分析结果，可以看出，编号为#1、#3、#4 和#7 的光学元件对偏心高度敏感。其中，编号#1 和#7 作为弯月透镜，会引起光线的大角度偏折；编号#3 的混合光学元件承担了最多的设计自由度；编号#4 的光学元件与孔径光阑相邻，这些都印证了这四个光学元件对公差最为敏感。

表 12-21　公差分析项目与取值

参数	值
折射率	0.000 7
ν_d/%	0.7
N	1
厚度/mm	0.02
ΔN	0.2
元件倾斜	3′
元件偏心	0.005mm（敏感元件）
	0.01mm（其他元件）

公差分析采用200 次蒙特卡罗模拟，得到的前向视场结构和侧向视场结构的平均衍射 MTF 分布结果（子午方向和弧矢方向）如表 12-22 所示，MTF 曲线如图 12-56 所示。整个视场范围内，在满足批量生产和装配的情况下，有 90% 以上的概率能够得到在 167lp/mm 频率处两个通道结构的平均衍射 MTF 值分别大于 0.34 和 0.33 的光学系统，侧向视场结构的敏感度要高于前向视场结构的敏感度。

表 12-22　系统两通道统计平均衍射 MTF 分布

结构	视场	平均 MTF 值	
		标称值	90% 累计概率
前向视场	0°	0.516	0.492
	15°	0.524	0.502
	25°	0.495	0.459
	35°	0.500	0.461
	45°	0.485	0.420
	55°	0.479	0.341
侧向视场	55°	0.500	0.432
	60°	0.493	0.418
	65°	0.481	0.375
	70°	0.478	0.358
	75°	0.486	0.359
	80°	0.488	0.353

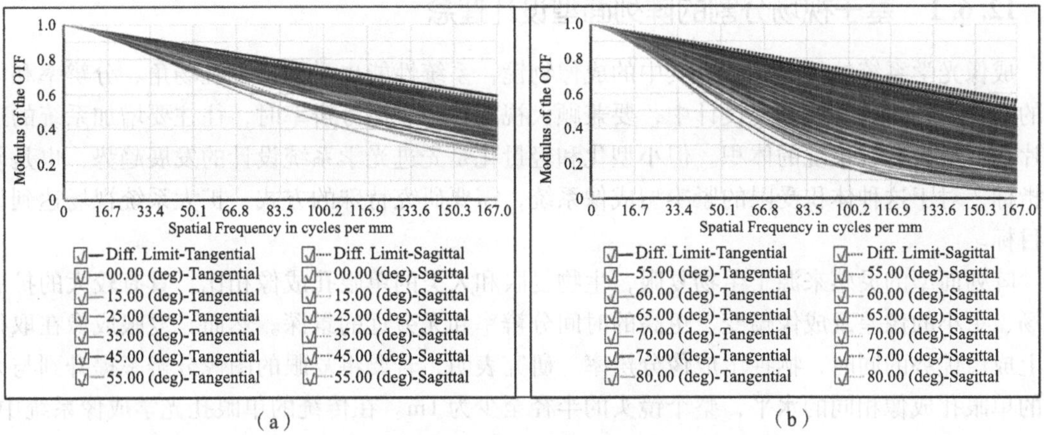

图 12－56　系统两通道统计平均衍射 MTF 曲线

（a）前向视场结构；（b）侧向视场结构

12.5.4　设计总结

针对同轴成像系统兼顾大视场和紧凑化的设计要求，首先举例比对了仅满足大视场和仅满足紧凑化的几种典型系统结构，提出了采用双通道的结构形式作为大视场紧凑型成像系统初始结构的选型，两通道分别由鱼眼镜头和 PAL 系统构成。集成两通道的折反混合透镜含有多个折射面和反射面，采用 Q_{bfs} 非球面分段表征不同的作用区域。推导了在 ZEMAX 光学设计软件中，环形拼接 Q 非球面面型连续且光滑的优化约束条件。以胶囊内窥镜作为典型应用案例展开了具体的设计研究，充分利用鱼眼镜头和 PAL 系统的优势，通过两通道视场拼接的形式实现物方的连续大视场，视场范围为 ±80°。设计结果与全球面的初始结构相比，减少了三个透镜，总长度从 13mm 缩短至 11.5mm，结构更加紧凑。截止频率处，两通道结构的 MTF 值分别提升 0.1 和 0.2，公差范围内，全视场的 MTF 值仍可以保持在 0.34 以上。系统相对照度大于 0.65，光学畸变在 10% 以内，且满足像方远心条件。所以，基于双通道的结构形式，采用分段拼接融合思想，设计的胶囊内窥物镜在满足应用需求的同时，与传统结构相比，不仅增大了视场、提升了图像质量（尤其是边缘视场），也使得系统更加紧凑，易于加工和装调。

12.6　基于视场分割的同心球内窥镜设计方法

视场分割设计方法，指将大视场分割为小视场，对每一个小视场进行单独成像设计和像差校正，最后通过小视场的组合，完成系统整体设计的方法。本节基于视场分割的设计思想，将透镜阵列面与具有高度对称性的同心球光学结构相结合，设计一种同心球内窥镜。目的是研究复杂面型在同轴系统中的设计方法，完成大视场、小尺寸且结构简单的成像物镜系统设计。

12.6.1 基于视场分割的阵列面型设计理念

成像光学系统的核心元件为其中的成像物镜，系统性能也受到物镜视场角、分辨率和体积的制约。在传统物镜系统设计中，要兼顾大视场和高成像分辨率时，往往要增加系统的透镜片数，增大光学系统的体积。但小型化和轻量化是先进光学系统设计的发展趋势，也是硬性指标，对于这种体积受限的紧凑型成像系统，需要研究特殊的方式，扩大系统视场达到设计目标。

阵列面型的灵感来源于生物复眼，生物复眼和人类的单眼孔成像相比，具有较大的扩展视场、更小的像差及成像畸变、更高的时间分辨率和无穷远的景深。然而，复眼成像在取得以上成像优势的同时，牺牲了成像分辨率。研究表明，若要将复眼的图像分辨率提升到与人类的单眼孔成像相同的水平，整个镜头的半径至少为1m。在传统的单眼孔光学成像系统中，能够实现全视场90°成像的仅有鱼眼镜头、本书12.5节介绍的折反镜头、双通道视场融合镜头等形式。另一种具有大视场能力的单眼孔成像结构，即同心球透镜，常被用作多尺度成像的主镜，结合曲面分布的图像传感器阵列形成多尺度系统，如图12－57所示，可以实现大视场成像，但其探测器阵列成本及最终装配成本仍然无法控制，使得造价非常昂贵。

如上所述，复眼特征的阵列面型具有大的成像视场但分辨率较低，而单眼孔镜头同心球透镜具有简单的结构和高成像分辨率，但像面弯曲。因此要在足够紧凑的系统结构中实现大视场的高分辨率成像，可以将同心球透镜和阵列面型的优势结合。同心球透镜接收来自大视场的光线信息，微透镜阵列可以用于与视场相关的残余像差校正。其具体原理可以描述为：首先给系统结构引入同心球透镜作为主体结构，用于采集大视场信息和初步的像差校正；后继部分为多个微小孔径拼接而成的曲面微透镜阵列；将同心球镜头所成的弯曲像面成在平面上，进行场曲和其他局部像差的校正，即获得大视场的平场成像。

在像面上获得所有小孔径的图像信息后，可以通过后续的图像处理将所有区域的图像拼接缝合。如图12－58所示，将不同孔径的图像首先进行平场校正（FFC），再将较暗或相邻重叠的部分进行修剪，最终组合形成完整图像。

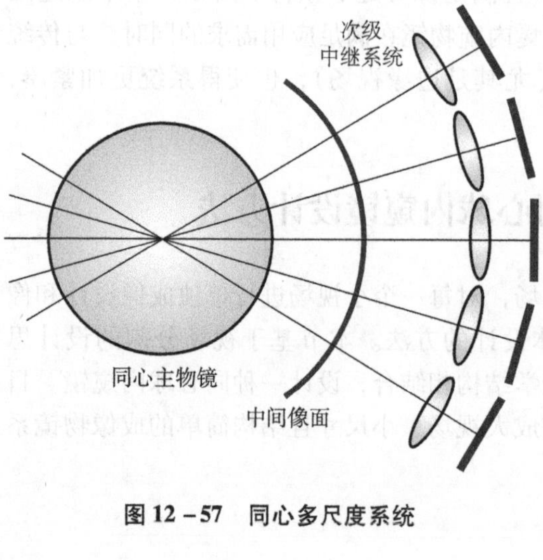

图12－57 同心多尺度系统

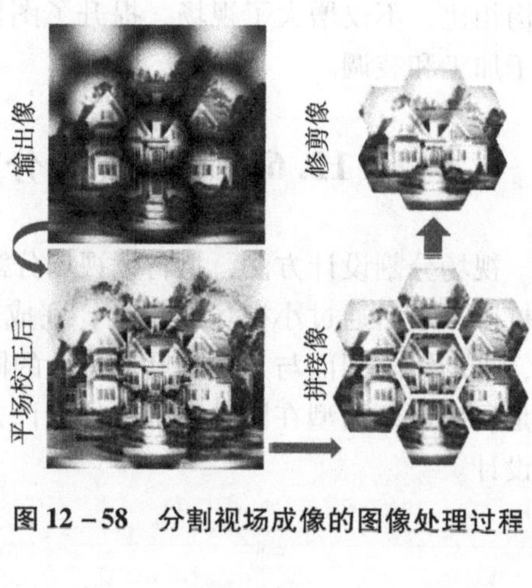

图12－58 分割视场成像的图像处理过程

12.6.2　基于同心球内窥镜的设计指标

为了便于阐述视场分割的系统设计方法，以腹腔观察的电子内窥物镜设计为例，以视场分割结合同心球结构，获得细小孔径下的大视场成像。在电子内窥物镜的设计中，一般重点考虑系统的视场范围、体积、相应的分辨率、成像质量等指标。考虑同心物镜受到中间光阑的渐晕限制，视场过大将会产生不均匀的照度，综合工业电子内窥镜对于广角物镜的要求，将视场范围设计为 ±45°，同时设定系统焦距最大为 2mm，工作波段为可见光。结合小口径小体积的使用环境，同时考虑成像获得的光通量，将电子内窥物镜最大像面尺寸设为 3.37mm，系统总长在 3mm 内。对于定焦系统，内窥物镜的相对孔径，同时影响系统分辨率和景深大小，系统相对孔径越小，其景深越大，但分辨率和光通量会变小。较大的景深可以减少对焦时间，从而减少电子内窥镜在人体内的移动，根据实际需要将系统入瞳直径设为 0.36mm，工作距离设为 20mm，详细设计指标参数见表 12－23。

表 12－23　电子内窥物镜主要设计参数

参数	参数值
波长/μm	F，d，C（visible light）
入瞳直径/mm	0.36
全视场/（°）	90
焦距/mm	2
工作距离/mm	20
系统总长/mm	<3
像面尺寸/mm	<3.37

12.6.3　双层同心球结构的求解

初始结构的选取对于成像光学系统的设计而言至关重要。本节选取具有高度对称性的同心球结构，作为内窥物镜设计形式；以初级像差理论为基础，分析该结构的像差特性并据此计算得到内窥物镜的初始结构参数。

同心球结构的优点：轴外像差均可通过对称式结构的设计实现平衡与校正。因此，本节所设计的内窥物镜采取具有高度对称性的同心球结构，如图 12－59 所示。在标准的同心球结构中，所有的光学表面的曲率中心重合，其各个视场理想像所形成焦曲面像的曲率中心也与该结构的中心重合，各个视场的主光线均可视为光轴，因此该结构不存在彗差、像散等与视场相关的像差，即标准同心球结构仅存在球差、位置色差。

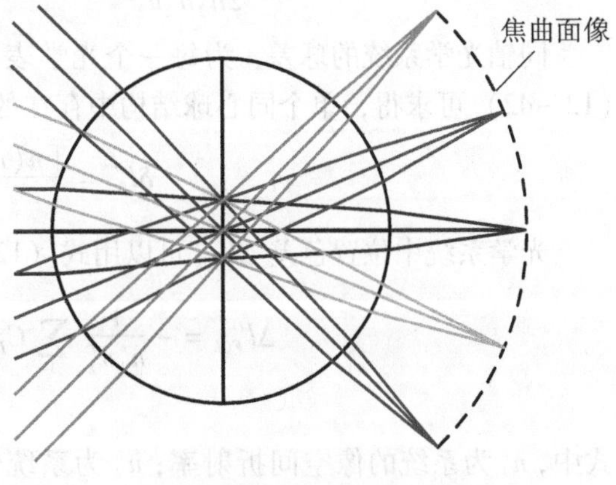

图 12－59　单层同心结构

12.6.3.1 同心球结构的像差特性

光学系统中的轴向球差 $\delta L'_k$ 可以用式（12－34）计算：

$$\delta L'_k = -\frac{1}{2n'_k u'_k}\sum_{1}^{k} S_I \tag{12-34}$$

式中，n'_k 为系统的像空间折射率；u'_k 为系统像方孔径角；S_I 为初级球差系数，用式（12－35）计算得到：

$$S_I = luni(i-i')(i'-u) \tag{12-35}$$

由此可以计算同心球透镜前表面引入的轴向球差 $\delta L'_1$，如式（12－36）所示：

$$\delta L'_1 = \frac{n_1(n'_1-n_1)}{2n'_1 n'_2 u'_2}h_1(u'_1+i_1)i_1^2 \tag{12-36}$$

式中，n_1、n'_2分别为系统物空间折射率和像空间折射率，均为空气折射率 1；n'_1 为透镜材料折射率 n。

依据几何光学中近轴光学追迹公式可以求得以下关系：

$$u'_1 = -\frac{(n-1)h_1}{nr} \tag{12-37}$$

$$i_1 = \frac{h_1}{r} \tag{12-38}$$

$$u'_2 = \frac{2(n-1)h_1}{nr} \tag{12-39}$$

$$h = h_1 \tag{12-40}$$

将上述关系式代入式（12－36），可求得同心球透镜前表面球差，如式（12－41）所示：

$$\delta L'_1 = -\frac{h^3}{4nr^2} \tag{12-41}$$

同理，对于同心球透镜的后表面而言：$n_2 = n$，$n'_2 = 1$，$h_2 = (2-n)n/h$，$i_2 = -hn/r$，$u'_2 = -2(n-1)hn/r$。由此可求得透镜后表面引入的球差，如式（12－42）所示：

$$\delta L'_1 = \frac{n_2(n'_2-n_2)}{2n'_2 n'_2 u_2{}'}h_2(u'_2+i_2)i_2^2 = \frac{(n-2)(2n-1)h^3}{4n^2r^2} \tag{12-42}$$

同轴光学系统的球差，为每一个光学表面引入球差的线性叠加，由式（12－36）和式（12－42）可求得，单个同心球结构中存在的球差如式（12－43）所示：

$$\delta L' = \frac{[n(n-3)+1]h^3}{2n^2r^2} \tag{12-43}$$

光学系统中位置色差 $\Delta l'_{FCk}$ 可以用式（12－44）计算：

$$\Delta l'_{FCk} = -\frac{1}{n'_k u'_k}\sum_{1}^{k} C_I = -\frac{hi}{n'_k u'_k}\left(\Delta n_1 - \frac{\Delta n'}{n'}\right) \tag{12-44}$$

式中，n'_k 为系统的像空间折射率；u'_k 为系统像方孔径角；C_I 为初级位置色差系数。依据式（12－44），求得前表面引入的位置色差，如式（12－45）所示：

$$\Delta l'_{FC1} = -\frac{h_1 i_1}{n'_2 u'_2}\left(\Delta n_1 - \frac{\Delta n'_1}{n'_1}\right) \tag{12-45}$$

式中，$i_1 = h_1/r$，$u'_2 = 2(n-1)h_1 r/n$，$h = h_1$，$\Delta n_1 = n_F - n_C = (n-1)\nu$，$\Delta n'_1 = n'_F - n'_C = (n'-1)\nu'$，$\nu$ 和 ν' 分别为前表面物空间和像空间的材料阿贝数。将上述关系代入公式（12－45），得到式（12－46）：

$$\Delta l'_{FC1} = -\frac{h_1}{2\nu} = -\frac{1}{4\nu}\frac{f}{F^{\#}} \tag{12-46}$$

同理，可计算得到后表面引入的位置色差，如式（12－47）所示：

$$\Delta l'_{FC2} = -\frac{h_2 i_2}{n'_2 u'_2}\left(\Delta n_2 - \frac{\Delta n'_2}{n'_2}\right) = \frac{n(n-2)}{2h\nu}\frac{F^{\#}}{f} \tag{12-47}$$

与球差相同，同轴光学系统的位置色差，也为每一个光学表面引入位置色差的线性叠加，由式（12－45）和式（12－47）可求得，单个同心球结构中存在的位置色差如式（12－48）所示：

$$\Delta l'_{FC} = \frac{n(n-2)}{2h\nu}\frac{F^{\#}}{f} - \frac{1}{4\nu}\frac{f}{F^{\#}} \tag{12-48}$$

12.6.3.2　双层同心球结构参数求取

为了更好地校正系统中的球差和位置色差，内窥物镜的设计选取双层胶合同心球结构，如图 12－60 所示。该结构包含 6 个结构参数，分别为内外两个同心球的曲率半径 r_1 和 r_2、内外两种玻璃材料的两个折射率，以及其对应的两个阿贝数。

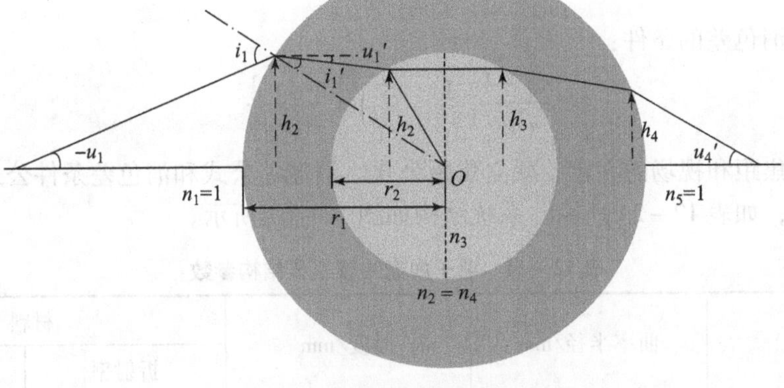

图 12－60　双层胶合同心球结构

基于近轴光线与光轴夹角的折射公式，如式（12－49）所示：

$$n'_1 u'_1 - n_1 u_1 = \frac{n'_1 - n_1}{r_1} \cdot h_1 \tag{12-49}$$

将 $n'_k = n_{k+1}$，$u'_k = u_{k+1}$ 代入，可得到光线在同心球透镜各折射面的投射高度和角度的递推关系：

$$u_{k+1} = \frac{n_k}{n_{k+1}} \cdot u_k + \frac{n_{k+1} - n_k}{n_{k+1} \cdot r_k} \cdot h_k \tag{12-50}$$

$$h_{k+1} = h_k - u_{k+1} \cdot d_k \tag{12-51}$$

式中，d_k 表示第 k 面和 $k+1$ 面之间的厚度。由同心透镜的性质可知，$d_1 = d_3 = r_1 - r_2$，$d_2 = 2 \times r_2$。当入射光线为平行光，将 $u_1 = 0$ 代入可得双层同心球透镜的焦距：

$$f = \frac{h_1}{u'_4} = \frac{1}{\left[\frac{2}{r_1}\left(1 - \frac{1}{n_2}\right) + \frac{2}{r_2}\left(\frac{1}{n_2} - \frac{1}{n_3}\right)\right]} \tag{12-52}$$

构建消球差初始结构需要使得同心球结构初级球差 $\delta L'_k = 0$，由式（12－34）可得，消球差条件为

$$\sum_1^4 S_I = 0 \tag{12-53}$$

联立焦距式（12－52）和消球差条件式（12－53），得到双层同心球结构的消球差条件：

$$\frac{1}{f^3} = \frac{2}{r_1^3}\left(1 - \frac{1}{n_2^3}\right) + \frac{2}{r_2^3}\left(\frac{1}{n_2^3} - \frac{1}{n_3^3}\right) \tag{12-54}$$

消色差初始结构则需要通过不同材料，阿贝数的组合使得 F 光与 C 光的焦点重合，即

$$f_F - f_C = 0 \tag{12-55}$$

将式（12－54）代入式（12－55），得

$$\left(\frac{1}{r_1} - \frac{2}{r_2}\right)\left(\frac{1}{n_{2c}} - \frac{1}{n_{2F}}\right) = \frac{1}{r_2}\left(\frac{1}{n_{3F}} - \frac{1}{n_{3c}}\right) \tag{12-56}$$

将同种材料的 F、d、C 光折射率近似关系 $n_d^2 \approx n_F \cdot n_c$，以及阿贝数的定义 $\nu = \frac{n_d - 1}{n_F - n_c}$ 代入上式可得消色差的条件：

$$\frac{n_2 - 1}{n_2^2 \nu_2}\left(\frac{1}{r_2} - \frac{1}{r_1}\right) = \frac{n_3 - 1}{n_3^2 \nu_3 r_2} \tag{12-57}$$

根据系统焦距和视场的设定，联立焦距公式、消球差公式和消色差条件公式，可以得到一组系统参数，如表 12－24 所示。系统结构如图 12－61 所示。

表 12－24　电子内窥物镜主要结构参数

表面类型	曲率半径/mm	厚度/mm	材料	
			折射率	阿贝数
Object	∞	∞		
1	1.023	0.573	1.6	23
2	0.450	0.450	1.5	40
Stop	∞	0.450	1.5	40
4	－0.450	0.573	1.6	23
5	－1.023	0.802		
Image	－1.828			

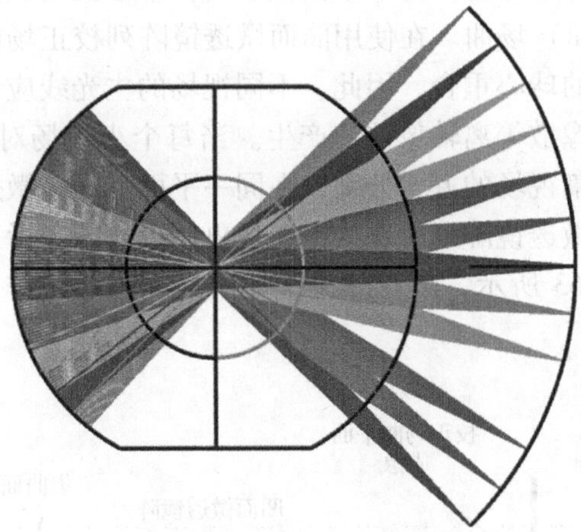

图 12－61　双层同心系统结构示意图

12.6.4　基于视场分割的微透镜阵列系统设计

在获得球差和色差被良好校正的前级系统之后，对用于平场的曲面微透镜阵列设计成为广角内窥物镜系统设计的关键。如图 12－62（a）所示，微透镜阵列采用六边形进行拼接，避免了使用正方形或圆形孔径填充效率不高、部分光线不经过微透镜阵列直接到达像面、产生部分图像模糊的问题。在结构上，曲面微透镜阵列直接附着于同心结构后表面上，如图 12－62（b）所示。与最后一片透镜具有相同的材质，每个小六边形透镜的直径为 0.24mm，曲面排布的基底为 1.123mm。曲面的排布可以用更少的小透镜实现对全视场的分割，从而使系统更加紧凑。

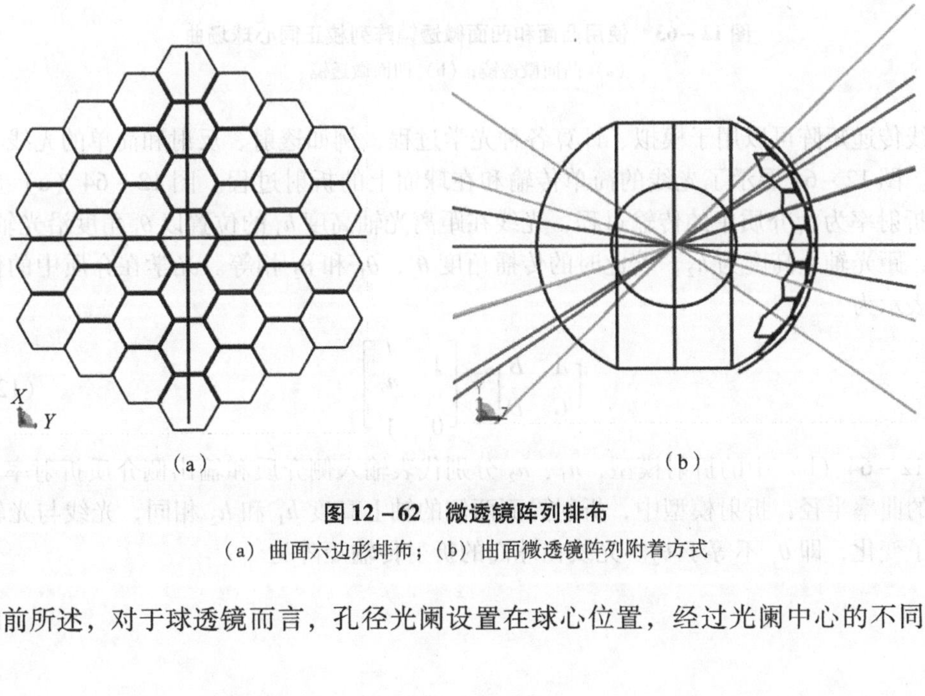

（a）　（b）

图 12－62　微透镜阵列排布

（a）曲面六边形排布；（b）曲面微透镜阵列附着方式

如前所述，对于球透镜而言，孔径光阑设置在球心位置，经过光阑中心的不同视场光线，最终会聚焦在球面而非平面上，对于平面接收器，中心视场和边缘视场始终无法同时聚焦，即存在匹兹万（Petzval）场曲。在使用曲面微透镜阵列校正场曲的过程中，使微透镜阵列基底球心与同心球透镜的球心重合，因此，不同视场的主光线应该垂直入射每个微透镜的中心，有助于减少彗差、像散等离轴像差的产生。当每个小视场对应的微透镜焦距不同时，可以将全视场的图像以分割视场的方式分别成在同一平面上。在微透镜阵列后表面使用凹面或是凸面的讨论中，凸面微透镜阵列所成的平面像更接近系统，后工作距和焦距都较凹面阵列系统的要短，如图 12－63 所示，因此理论上使用凸面微透镜阵列可以获得更好的像质，并减小系统的厚度。

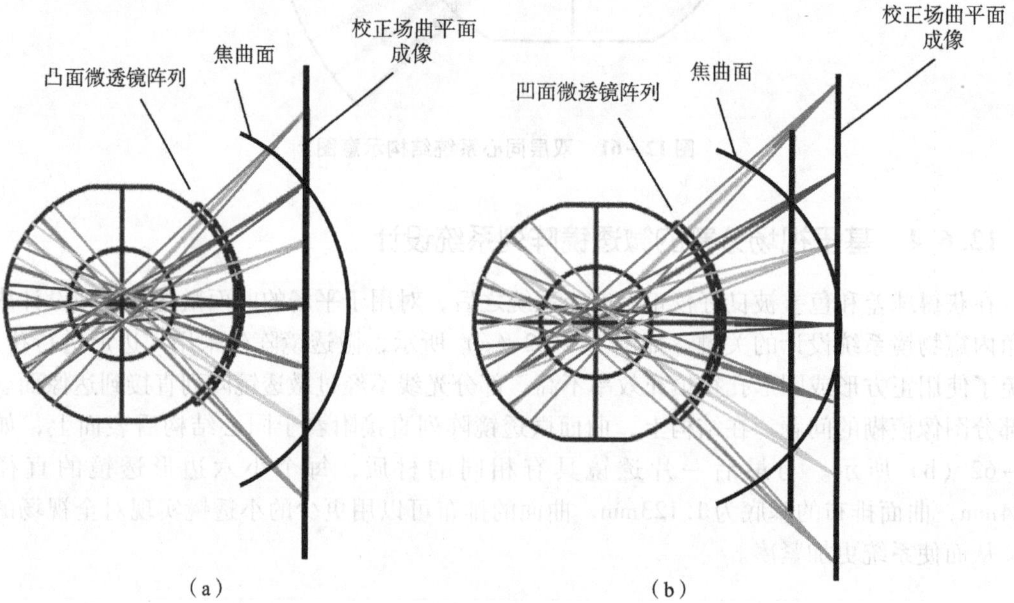

图 12－63　使用凸面和凹面微透镜阵列校正同心球场曲

(a) 凸面微透镜；(b) 凹面微透镜

光线传递矩阵可以用于模拟、计算各种光学过程，例如透射、反射和简单的光线在介质中传输。图 12－64 展示了光线的简单传输和在球面上的折射过程。图 12－64（a）展示了光线在折射率为 n_t 介质中的传输过程，光线在距离光轴高度 h_1 的位置以 θ_1 角度沿光轴传输 t 的距离，距光轴上高度为 h_2，若此时的传播角度 θ_2，θ_1 和 θ_2 相等。光学在介质中的传输矩阵可以表示为

$$\begin{bmatrix} A & B \\ C & D \end{bmatrix} = \begin{bmatrix} 1 & \dfrac{t}{n_t} \\ 0 & 1 \end{bmatrix} \tag{12-58}$$

图 12－64（b）中的折射模型，n_1、n_2 分别代表输入侧介质和输出侧介质折射率，R 是折射面的曲率半径：折射模型中，折射界面两侧的轴上高度 h_1 和 h_2 相同，光线与光轴的夹角发生了变化，即 θ_1 不等于 θ_2。光线在球面的折射传输矩阵为

$$\begin{bmatrix} A & B \\ C & D \end{bmatrix} = \begin{bmatrix} 1 & 0 \\ -\dfrac{n_2 - n_1}{R} & 1 \end{bmatrix} \tag{12-59}$$

以上两种模型均可以表示为

$$\begin{bmatrix} h_2 \\ \theta_2 n_2 \end{bmatrix} = \begin{bmatrix} A & B \\ C & D \end{bmatrix} \begin{bmatrix} h_1 \\ \theta_1 n_1 \end{bmatrix} \tag{12-60}$$

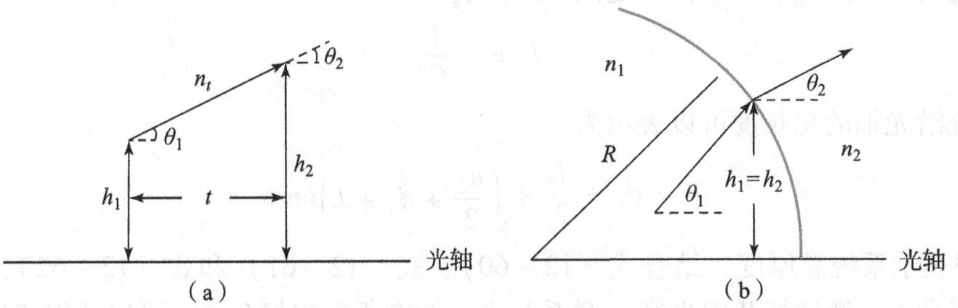

图 12-64　光线的简单传输和折射

(a) 光线在介质中的传输；(b) 光线在球面的折射过程

通过列出系统在每个微透镜成像通道的光学传递矩阵，可以计算出每个微透镜后表面的曲率半径。如图 12-65 所示，和在同心球结构求解时标示的一样，r_1 和 r_2 分别是双层同心球外径和内径的曲率半径，待求微透镜凸面曲率半径为 r_3；光线从同心结构第一面到第二面的距离为 d_1，同心结构内球直径长度记为 d_2；从内球后表面到微透镜阵列后表面的距离是 d_3，当前视场结构对应后截距为 L；θ 是对应视场与光轴的夹角，$n_1 \sim n_5$ 为从物空间开始由左向右的介质折射率。从进入同心结构前表面到从微透镜后表面出射，沿光路历经多次折射和平移的光线传递矩阵可以表示为

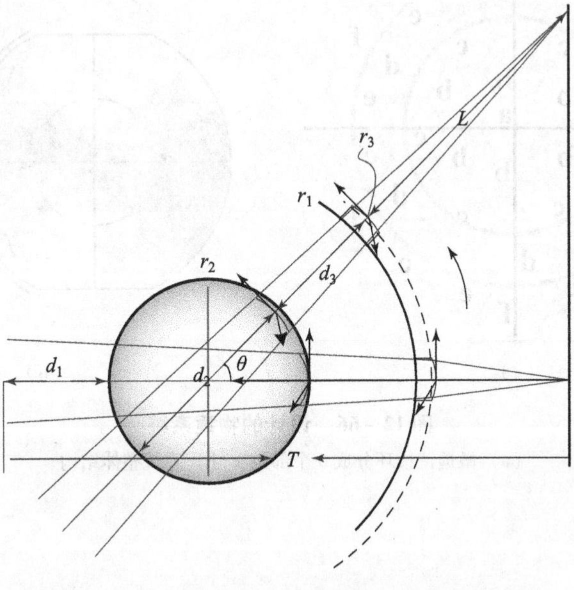

图 12-65　光线追迹计算微透镜阵列的结构参数

$$M = \begin{bmatrix} A & B \\ C & D \end{bmatrix} = \begin{bmatrix} 1 & 0 \\ -\dfrac{n_5 - n_4}{r_3} & 1 \end{bmatrix} \begin{bmatrix} 1 & \dfrac{d_3}{n_4} \\ 0 & 1 \end{bmatrix} \begin{bmatrix} 1 & 0 \\ -\dfrac{n_4 - n_3}{-|r_2|} & 1 \end{bmatrix} \tag{12-61}$$

$$\begin{bmatrix} 1 & \dfrac{d_2}{n_3} \\ 0 & 1 \end{bmatrix} \begin{bmatrix} 1 & 0 \\ -\dfrac{n_3 - n_2}{|r_2|} & 1 \end{bmatrix} \begin{bmatrix} 1 & \dfrac{d_1}{n_2} \\ 0 & 1 \end{bmatrix} \begin{bmatrix} 1 & 0 \\ -\dfrac{n_2 - n_1}{|r_1|} & 1 \end{bmatrix}$$

微透镜的后顶点和 CMOS 像面之间的距离为

$$L = -\frac{A}{C} \tag{12-62}$$

同时，系统沿光轴的总长度可以表示为

$$T = d_1 + \frac{d_2}{2} + \left(\frac{d_2}{2} + d_3 + L\right)\cos\theta \tag{12-63}$$

式中，T 即表示系统总厚度。结合式（12－60）、式（12－61）和式（12－62），将系统长度 T 和视场角 θ、微透镜凸面半径 r_3 联系起来，改变入射视场角 θ，可以获得不同的微透镜凸面曲率半径 r_3，以及当前视场对应的焦距。

最终设计的物镜系统，包括同心结构三个球面以及一个曲面阵列结构，如图 12－66 所示。图 12－66（a）中，将微透镜阵列分为 6 个部分，表示为 a、b、c、d、e 和 f，划分的依据为径向视场大小，即每个部分中的各微透镜到中心微透镜的距离一样，即相同标识部分的微透镜中心在一个环上。每个环上对应微透镜曲率半径是相同的，因此在计算过程中只需要分别计算 6 个曲率半径即可，得到的系统参数如表 12－25 所示，其中中心微透镜 a 到像面的距离为 0.354mm。

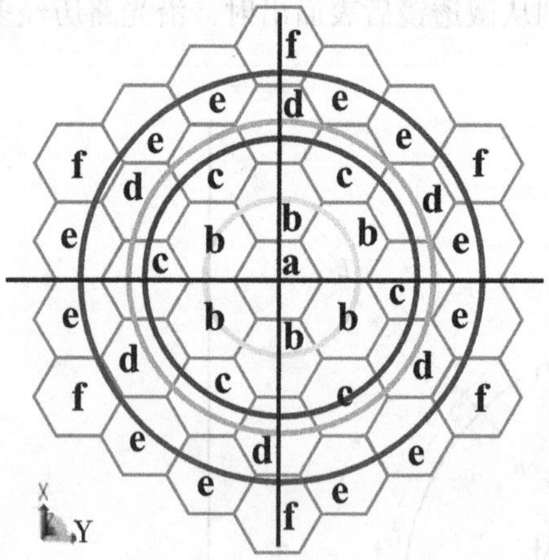

（a）

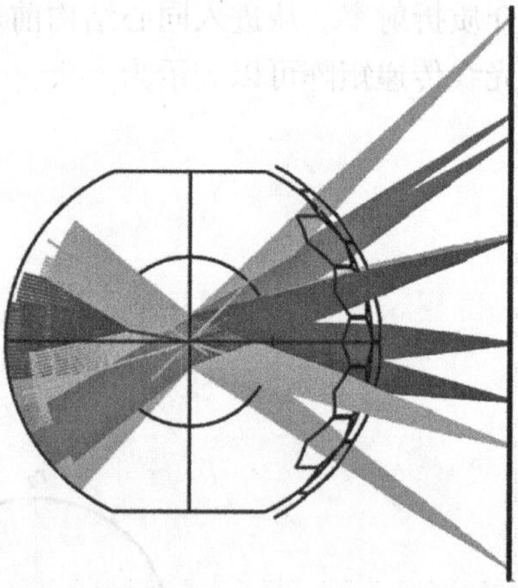

（b）

图 12－66　设计的物镜系统

（a）微透镜按环分成 6 个部分；（b）系统整体结构

表 12 -25　基于阵列分割视场的成像系统参数

表面类型	曲率半径/mm	厚度/mm	透镜材料
Object	∞	∞	
1	1.023	0.573	OKP - 4HT
2	0.450	0.450	ARTON_ FX4727
Stop	∞	0.450	ARTON_ FX4727
4	-0.450	0.573	OKP - 4HT
5	-1.023	0.1	OKP - 4HT
5	a：0.28	0.354	Air
	b：0.367		
	c：0.647		
	d：0.718		
	e：1.33		
	f：1.73		
Image	∞	—	—

设计结果中，系统最大视场为 90°，整个系统厚度为 2.5mm，对可见光成像。同时，对选用系统给出的 6 个视场环带上的光线进行像质评价。图 12 -67 是系统的 MTF 曲线，CMOS 图像传感器像素大小 4.2μm，给出系统的截止频率 120lp/mm。可以看出，当单个视场的光线只经过一个微透镜的情况下，MTF 值均大于 0.3。对于视场主光线经过微透镜的边缘而非中心时，会导致额外的离轴像差，因此需要对每个分段视场的边缘位置进行图像处理。

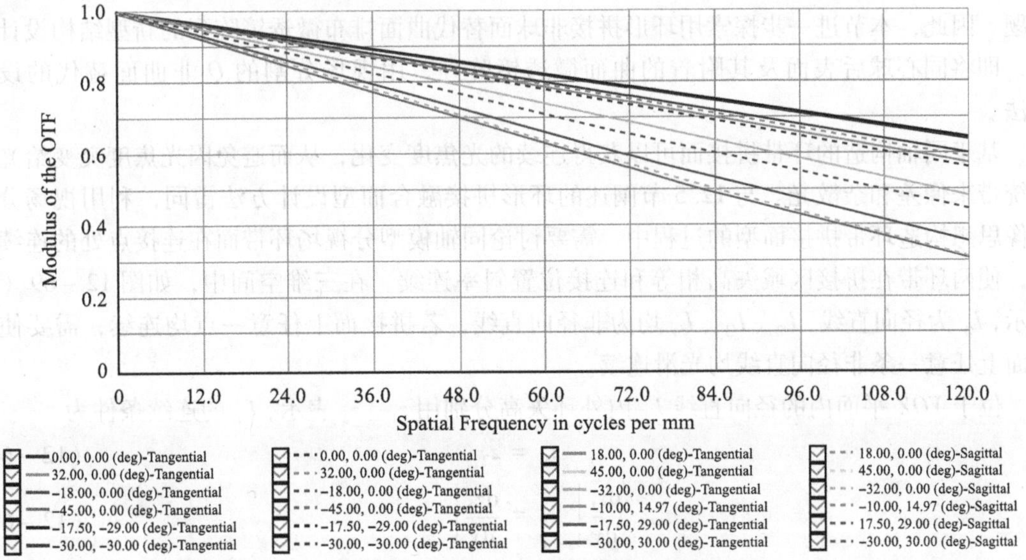

图 12 -67　6 个环带视场的 MTF 曲线

6 个环带视场的点列图如图 12－68 所示。在小视场的情况下，弥散斑近似圆形；当视场进一步扩大，开始出现像散及少部分的色差，但所有特征视场的光斑均在艾里斑范围内，均小于 2.6μm。这些结果表明，基于同心球结构结合曲面微透镜阵列的成像系统能很好地消除各种像差，系统性能良好，符合实际的成像需求。

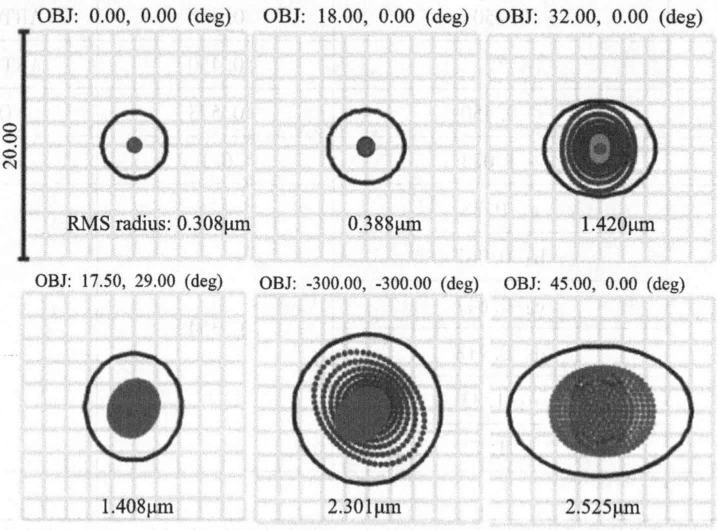

图 12－68　系统点列图

但微透镜阵列面仍存在明显缺陷，其各段独立且不连续的面型易引入杂散光，且不连续的波前会对成像效果带来不利影响，同时不连续面型的加工和装配难度也相对较高。

12.6.5　多环带 Q 非球面视场拼接设计方法

采用微透镜阵列沿曲面排布的形式，存在信号串扰、抑制杂散光难度大、工艺难度大等问题。因此，本节进一步探索用环形拼接非球面替代曲面排布微透镜阵列的新型结构设计方法，即将同心球后表面及其附着的曲面微透镜阵列，用视场分割的 Q 非曲面替代的设计方法。

基于同轴构造的环带拼接面可以获得连续的光焦度变化，从而避免因光焦度突变给光学系统带来像差和杂散光。与 12.5 节阐述的环形拼接融合面型设计方法雷同，利用视场分割成像思想构造环带拼接面型的过程中，需要讨论同轴模型分视场环带面在连接点处的连续条件，使两环带在拼接区域矢高相等和连接位置斜率连续。在三维空间中，如图 12－69（c）所示，L_1 为径向直线，L_2、L_3、L_4 均为非径向直线，若拼接面上任意一点均连续，需要使得表面上任意一条非径向直线均光滑连续。

位于 YOZ 平面内的径向直线 L_1 内外环矢高分别用 z_1、z_2 表示，L_1 的连续条件为

$$z_1 = z_2 \tag{12-64}$$

$$\left.\frac{\mathrm{d}z_1}{\mathrm{d}y}\right|_{x=0} = \left.\frac{\mathrm{d}z_2}{\mathrm{d}y}\right|_{x=0} \tag{12-65}$$

取 XOY 平面任意一条经过环带连接处的直线，内外环矢高分别用 z_3、z_4 来表示。

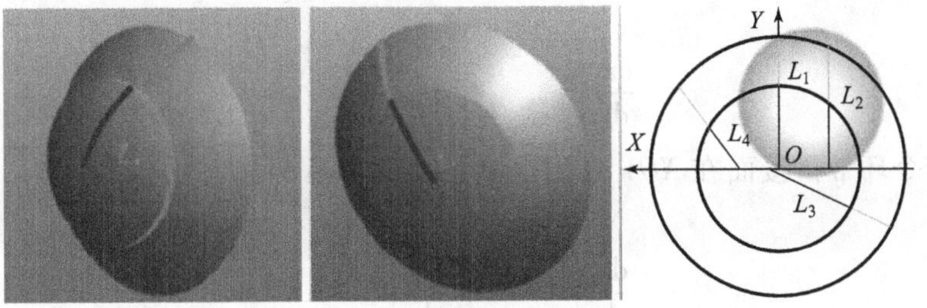

（a）　　（b）　　（c）

图 12－69　相邻环带曲面的三维模型

（a）不连续；（b）矢高连续；（c）*XOY* 平面

假设其直线方程为

$$x = my + n \tag{12-66}$$

其中，m、n 为实数。

由几何关系可知

$$h^2 = x^2 + y^2 \tag{12-67}$$

将式（12－66）与式（12－67）联立，可得

$$h^2 = (m^2 + 1)y^2 + 2mny + n^2 \tag{12-68}$$

假设在环带连接处，$h = h_1, y = y_0$，则有

$$h_1^2 = (m^2 + 1)y_0^2 + 2mny_0 + n^2 \tag{12-69}$$

若对相邻环带均以二次曲面进行表征，由式（12－69）可得

$$h\frac{\mathrm{d}h}{\mathrm{d}y} = (m^2 + 1)y + mn \tag{12-70}$$

$$\begin{aligned}\left.\frac{\mathrm{d}z_3}{\mathrm{d}y}\right|_{x=my+n} &= \left.\frac{\mathrm{d}z_3}{\mathrm{d}h}\frac{\mathrm{d}h}{\mathrm{d}y}\right|_{x=my+n} = \left.\frac{\mathrm{d}z_3}{\mathrm{d}h}\right|_{x=my+n}\frac{(m^2+1)y_0 + mn}{h_1} \\ &= \frac{2c_1[(m^2+1)y_0 + mn]}{1 + \sqrt{1-(1+k_1)c_1^2h_1^2}} + \frac{(1+k_1)c_1^3h_1^2[(m^2+1)y_0 + mn]}{\left(1+\sqrt{1-(1+k_1)c_1^2h_1^2}\right)^2\sqrt{1-(1+k_1)c_1^2h_1^2}}\end{aligned} \tag{12-71}$$

$$\begin{aligned}\left.\frac{\mathrm{d}z_4}{\mathrm{d}y}\right|_{x=my+n} &= \left.\frac{\mathrm{d}z_4}{\mathrm{d}h}\frac{\mathrm{d}h}{\mathrm{d}y}\right|_{x=my+n} = \left.\frac{\mathrm{d}z_4}{\mathrm{d}h}\right|_{x=my+n}\frac{(m^2+1)y_0 + mn}{h_1} = \frac{2c_2[(m^2+1)y_0 + mn]}{1 + \sqrt{1-(1+k_2)c_2^2h_1^2}} + \\ &\quad \frac{(1+k_2)c_2^3h_1^2[(m^2+1)y_0 + mn]}{\left(1+\sqrt{1-(1+k_2)c_2^2h_1^2}\right)^2\sqrt{1-(1+k_2)c_2^2h_1^2}}\end{aligned} \tag{12-72}$$

式中，c_1、c_2 分别表示第内外环的顶点位置曲率；k_1、k_2 分别表示内外环表面圆锥系数；h 表示环带上点的径向距离。若令 $p = \dfrac{(m^2+1)y_0 + mn}{h_1}$，对比式（12－65）和式（12－72）可得

$$\left.\frac{\mathrm{d}z_3}{\mathrm{d}y}\right|_{x=my+n} = p\cdot\left.\frac{\mathrm{d}z_1}{\mathrm{d}y}\right|_{x=0} \tag{12-73}$$

同理，

$$\left.\frac{\mathrm{d}z_4}{\mathrm{d}y}\right|_{x=my+n}=p\cdot\left.\frac{\mathrm{d}z_2}{\mathrm{d}y}\right|_{x=0} \tag{12-74}$$

综上，若令环带拼接面在 XOY 平面上满足式（12-64）、式（12-65），则式（12-75）成立：

$$\left.\frac{\mathrm{d}z_3}{\mathrm{d}y}\right|_{x=my+n}=\left.\frac{\mathrm{d}z_4}{\mathrm{d}y}\right|_{x=my+n} \tag{12-75}$$

即在环带拼接非球面上，任意一条 x 与 y 线性相关的曲线都是光滑连续的。以上过程，证明了三维面型的环带拼接连续非球面，只要满足了径向连续条件，则在各个方向均顺滑连续，因此本节仅需在二维 YOZ 平面内讨论面型的连续性设计，即可获得三维空间的连续顺滑环带拼接面型。

在环带拼接连续设计之前，需要首先得到各环带序列面的初始结构，各环带的初始结构设为球面，各分环带面的主要参数则包括每一环带焦距、后截距与球面曲率半径以及环带间的位置关系。各环带的分布则根据视场采取均匀分布，YOZ 平面内等间隔的 6 个视场主光线位于各环带中心位置，分布在面型的不同高度上，如图 12-70 所示。

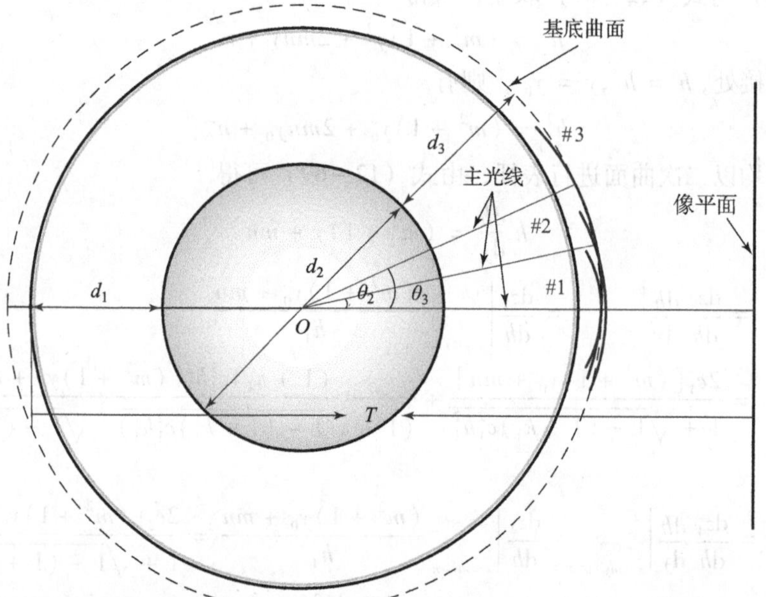

图 12-70　系统结构及各环带（#1、#2、#3 为例）位置分布示意图

图 12-70 中，全视场设计为 ±45°，6 个采样视场以 9°为间隔，越靠近边缘的环带曲率半径越大，从中心向边缘的环带分别记为#1、#2、#3、#4、#5、#6，各视场在光阑处主光线与系统光轴之间的夹角记为 $\theta_i(i=1,2,\cdots,6)$。与曲面微透镜阵列面型设计时一样，环带拼接面基底半径设为 1.123mm，则 6 个采样视场主光线与各环带面的交点均在基底曲面上，图 12-70 给出了中间三个环带对应主光线与环带的相交位置，内同心球后表面记为 S_3，环带拼接面记为 S_4，S_3 到 S_4 中的材料与同心结构外球材料相同。

由光线追迹求解各环带初始结构曲率半径 R_{4i} 的过程，如图 12－71 所示。近似地认为各视场主光线经过对应环带 S_4 面时，主光线不发生偏折。已知系统总长为 T，则各环带的顶点 O 与像点距离 L_i 可由式（12－76）求得：

$$L_i = \frac{T - d_1 - \frac{d_2}{2}}{\cos\theta_i} - \frac{d_2}{2} - d_3 \tag{12-76}$$

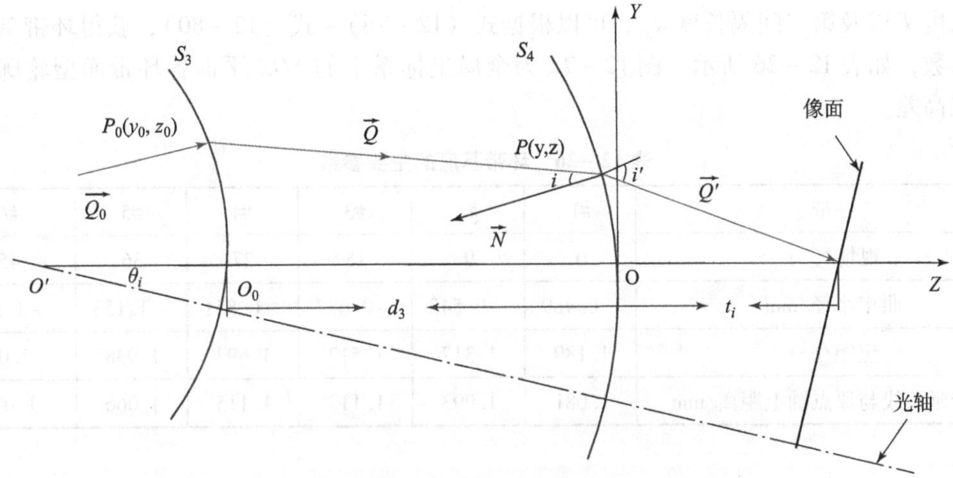

图 12－71　各环带初始结构曲率半径 R_{4i} 求解示意图

以第 i 个环带为例，以该环带顶点为原点建立坐标系，在二维 YOZ 平面内分析光路及系统参数，该环带对应视场主光线与系统光轴的夹角为 θ_i。该视场边缘光线与 S_3 的交点 $P_0(y_0, z_0)$ 经 S_3 后，出射光线方向余弦为 $Q(m_q, n_q)$，P_0 点坐标及其对应的方向余弦 Q 参数 y_0, z_0, m_q, n_q 均为已知量。

则经 P_0 点的出射光线所在的直线方程为

$$\frac{y - y_0}{m_q} = \frac{z - z_0}{n_q} \tag{12-77}$$

假设 S_4 的曲率半径为 R_{4i}，且任意环带的曲率中心均在系统光轴上，则可求得位于系统光轴上的球心坐标 $O'(y_{Oi}, z_{Oi})$。该环带所在的曲面方程为

$$(y - y_{Oi})^2 + (z - z_{Oi})^2 = R_{4i}^2 \tag{12-78}$$

其中，球心 O' 的坐标参数 y_{Oi}, z_{Oi} 均为 R_{4i} 的函数，联立式（12－77）和式（12－78），求得光线与 S_4 的交点坐标 $P(y_p, z_p)$，其中 y_p, z_p 均为 R_{4i} 的函数，可表示为 $P(y_p(R_{4i}), z_p(R_{4i}))$。

已知该环带理想像点与原点 O 之间的距离 t_i，则近轴像点坐标为 $(0, t_i)$，由此可得经 P 点的出射光线矢量 $Q'(-y_p(R_{4i}), t_i - z_p(R_{4i}))$。则在 S_4 面的 P 点处，入射光线矢量为 $Q(m_q, n_q)$，出射光线矢量为 $Q'(-y_p, t_i - z_p)$，该点处表面法向为 $N(-y_{Oi}, -z_{Oi})$，这些参数中 m_q、n_q、t_i 均为已知量，y_p、z_p、y_{Oi}、z_{Oi} 均为环带曲率半径 R_{4i} 的函数。

由矢量运算法则，可得 P 点处的入射角 i 和出射角 i'；同样，二者均为曲率半径 R_{4i} 的函数；同时光线在 P 点处发生的偏折应满足折射定律：

$$n_4 \sin i(R_{4i}) = n_5 \sin i'(R_{4i}) \tag{12-79}$$

式中，n_4 为同心球外层的折射率，n_5 为空气折射率。求解此方程即可得到该环带的曲率半径 R_{4i}。

环带延长线与同心球球心之间的轴向距离记为 τ_i，此时，光阑中心位置位于同心球球心，轴上视场（$\theta=0$）环带中心与基底曲面相交，$\tau_1=d_3+|r_2|$，其他环带则满足

$$\tau_i = |R_{4i}| + (d_3 + |r_2|)\cos\theta_i - \sqrt{R_{4i}^2 - [(d_3 + |r_2|)\sin\theta_i]^2} \tag{12-80}$$

r_1、r_2 始终为同心球结构外球和内球曲率半径。综合考虑结构的连续性和紧凑性的需求，结合内窥物镜的成像分辨率和设计视场范围，将各环带焦距范围定为 1.2～2mm。选定系统长度 T 以及第三间隔长度 d_3，可以根据式（12－76）～式（12－80），获得环带基底的主要参数，如表 12－26 所示。图 12－72 为全局坐标系下的 YOZ 平面各环带面型轮廓及环带间矢高差。

表 12－26　环带基底的主要参数

环带	#1	#2	#3	#4	#5	#6
视场/(°)	0	9	18	27	36	45
曲率半径/mm	－0.469	－0.548	－0.687	－0.851	－1.153	－1.225
焦距/mm	1.189	1.317	1.512	1.697	1.938	2.05
环带延长线与原点轴上距离/mm	1.081	1.093	1.113	1.115	1.066	1.073

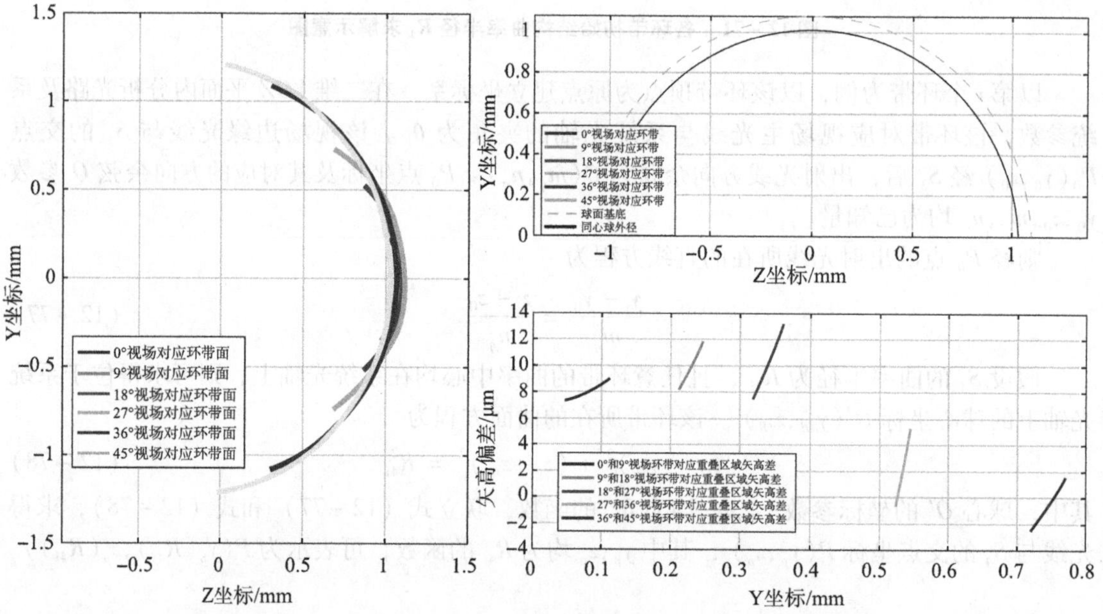

（a）　　　　　　　　　　（b）

图 12－72　全局坐标系下的 YOZ 平面各环带面型轮廓及环带间矢高差

（a）球面基底及 6 个环带面型的表面轮廓；（b）＋Y 向各环带局部轮廓与相邻环带面重叠区域矢高差

12.6.6　多环带 Q 非球面视场拼接设计结果与评价

采用与 12.5 节所述类似的 Q 型非球面、相邻环带连续控制方法、优化流程，得到设计

结果。其光学结构如图 12－73 所示。由图 12－73 可以看出，最后一个光学面具有明显的非曲面特征，采用 Q 非曲面，保证内窥镜头的可加工工艺特性。将 Q 非曲面的矢高数据取出，用 36 项 Zernike 多项式拟合，系数结果如表 12－27 所示。

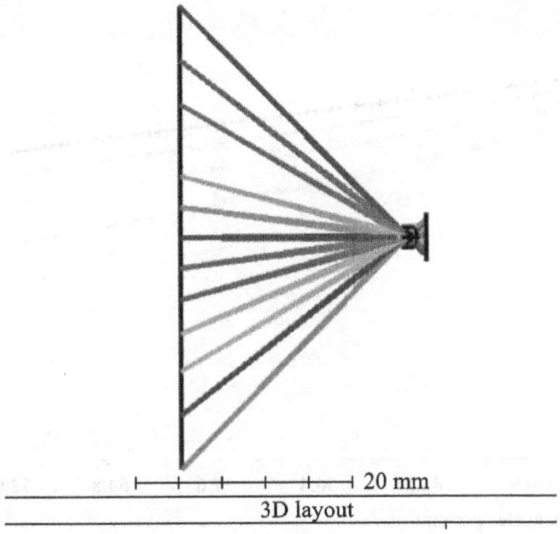

（a）

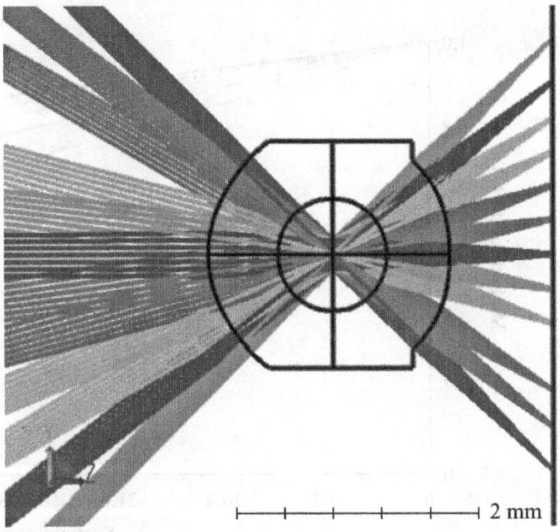

（b）

图 12－73　电子内窥镜光学结构

（a）整体结构；（b）局部放大

表 12－27　环带面拟合 Zernike 系数

Zernike 系数	数值	Zernike 系数	数值	Zernike 系数	数值
Z0	0.027	Z7	2.375×10^{-18}	Z14	-3.143×10^{-17}
Z1	6.343×10^{-18}	Z8	-4.210×10^{-20}	Z15	6.626×10^{-17}
Z2	-1.097×10^{-18}	Z9	-1.125×10^{-17}	Z16	8.151×10^{-19}
Z3	-0.075	Z10	-6.107×10^{-4}	Z17	-1.878×10^{-17}
Z4	-2.842×10^{-17}	Z11	-3.599×10^{-19}	Z18	-3.423×10^{-19}
Z5	-2.946×10^{-17}	Z12	-1.070×10^{-19}	Z19	8.978×10^{-18}
Z6	-8.754×10^{-19}	Z13	-2.895×10^{-5}	Z20	-7.763×10^{-19}

由于使用了环带拼接 Q 非球面融合面，将电子内窥物镜系统厚度缩小为 2.81mm，实现 90°全视场成像，系统焦距为 2.1mm，F 数为 5.8，透镜最大通光孔径 1.48mm，像面成像尺寸直径 3.37mm，光学系统足够紧凑，各项参数满足要求。

系统的成像特性如图 12－74 和图 12－75 所示。为了评价系统优化后的成像质量，分别选择 MTF 图、场曲和畸变作为评价标准。最终的结构中，各视场的子午和弧矢 MTF 值空间频率为 72lp/mm，均大于 0.3，如图 12－74 所示，满足电子内窥物镜的成像要求；同心球系统具有大场曲的特征，经过分环带拼接的校正之后，整体场曲小于 0.1mm，对于电子内窥物镜场曲小于 0.2mm 即可满足成像要求，系统场曲图示如图 12－75（a）所示；大视场成像系统通常伴随着大的畸变，尤其是在边缘视场，系统的畸变随视场的变化如图 12－75

（b）所示，整体畸变小于 20%，相较于同心系统曲面成像时最大 30% 的畸变，系统的畸变在优化过程中得到了很好的控制，并且可以通过图像处理的方法进一步校正。图 12－76 显示了系统的相对照度随着视场的变化，可以看出相对照度在边缘视场下降较快，系统在全视场位置相对照度大于 0.5，满足设计要求。

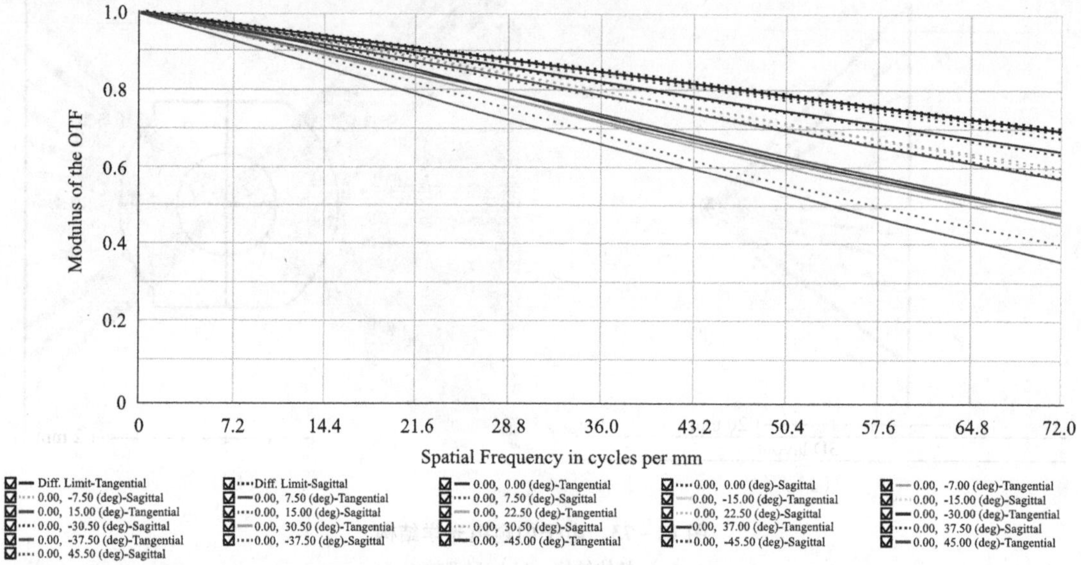

图 12－74　各视场的子午和弧矢 MTF 值

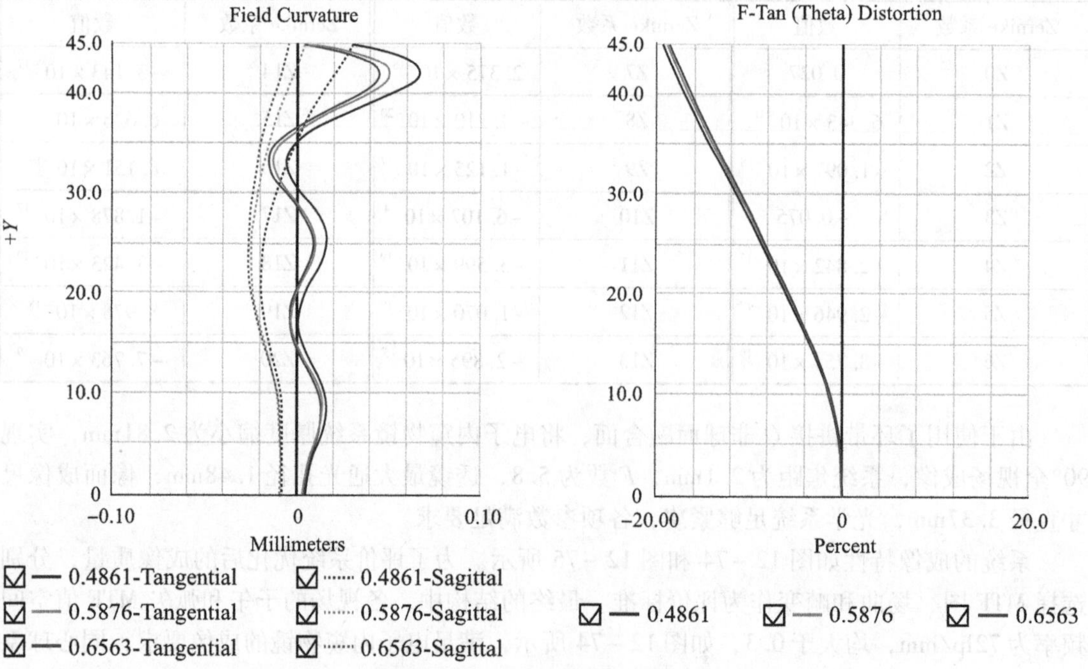

（a）　　　　　　　　　　　　（b）

图 12－75　系统场曲与畸变

（a）系统场曲；（b）系统的畸变

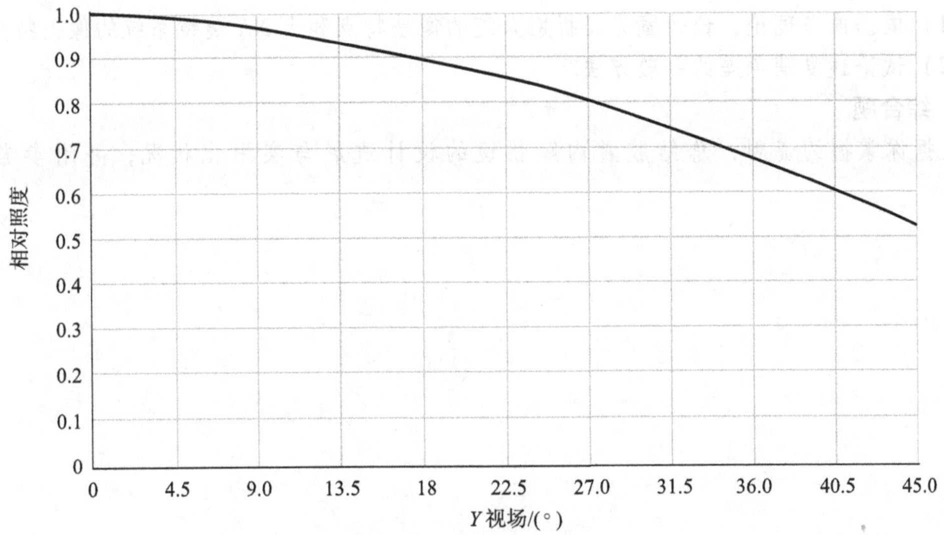

图 12－76　系统的相对照度

12.6.7　设计总结

本节探索了基于视场分割的不连续阵列面设计和连续的拼接非球面设计方法。在基于视场分割的连续非球面拼接融合设计方法中，将同心结构在最后一面叠加多个环带，获得不同光焦度，生成环带拼接面的初始面型，在优化达到连续条件之后，进行多环带的面型融合生成完整连续的系统结构；利用 Q 非球面表征不同环带，保证成像质量，同时获得良好的拼接效果，解决了同心结构的平像场问题。推导了在 ZEMAX 光学软件中，环形拼接非球面面型连续且光滑的优化约束条件。最终优化得到了可见光波段、全视场 90°，最大通光孔径为 3.37mm，系统长度为 2.81mm，仅由 4 个折射面构成的电子内窥物镜系统。系统全视场场曲小于 0.1mm，畸变在 20% 以内，截止频率为 72lp/mm，达到 0.3，全视场相对照度大于 0.5，满足电子内窥物镜的成像要求。系统充分利用同心物镜大视场小体积的成像优势，利用环带拼接原理校正球透镜带来的场曲，设计的电子内窥物镜，与传统结构相比，更加紧凑，易于加工和适应在特殊场景中应用。

复　习　题

1. 简答题

（1）试阐述衍射光学元件的分类、表征方法。

（2）总结衍射光学元件的消球差、消色差机理。

（3）总结超透镜的典型特征；超透镜有哪些类型？举例说明其具有的应用前景。

（4）Q 非球面的表达形式与特点。

（5）拼接融合型曲面光学设计中，如何控制两个曲面之间的连续性？

（6）同心球光学系统的像差特征是什么？

2. 论述题

(1) 依据像差理论，论述宽光谱折射系统的像差特点和大NA透镜系统的像差特点。

(2) 试论述复消色差的一般方法。

3. 综合题

根据你掌握的资料，总结胶囊内窥物镜的设计进展与实用化状况，并附参考文献列表。

参考文献

[1] 郁道银，谈恒英．工程光学［M］. 4 版．北京：机械工业出版社，2016.

[2] 徐金镛，孙培家．光学设计［M］. 北京：国防工业出版社，1989.

[3] 李景镇．光学手册［M］. 西安：陕西科技出版集团，2010.

[4] 徐德衍，王青，高志山，等．现行光学元件检测与国际标准［M］. 北京：科学出版社，2009.

[5] 叶井飞．光学自由曲面的表征方法与技术研究［D］. 南京：南京理工大学，2016.

[6] 袁旭沧．现代光学设计方法［M］. 北京：北京理工大学出版社，1995.

[7] 陈露．成像系统的拼接融合型光学设计方法研究［D］. 南京：南京理工大学，2020.

[8] Lu Chen, Zhishan Gao, Jingfei Ye, et al. Construction method through multiple off-axis parabolic surfaces expansion and mixing for a design of easy aligned freeform spectrometer［J］. Optics Express, 2019, 27 (18), 25994 - 26013.

[9] Lu Chen, Qun Yuan, Jingfei Ye, et al. Design of a compact dual-view endoscope based on a hybrid lens with annularly stitched aspheres［J］. Optics Communications, 2019: 124346.

[10] Lu Chen, Qun Yuan, Ningyan Xu, et al. Compact dual-view endoscope imaging system based on annularly stitched aspheres［C］//Optics, Photonics and Digital Technologies for Imaging Applications VI. 2020.

[11] Lu Chen, Zhishan Gao, et al. Easy-aligned Aberration-corrected Spectrometer using Freeform Surface［C］//Image and Applied Optics Congress & Optical Sensors and Sensing Congress. 2020.

[12] 陈露，王伟，高志山，等．自由曲面离轴反射式光学系统设计［C］//第十六届全国光学测试学术交流会论文集 2016.

[13] Jingfei Ye, Lu Chen, Xinhua Li, et al. Review of optical freeform surface representation technique and its application［J］. Optical Engineering, 2017, 56 (11).

[14] 姚艳霞，袁群，陈露，等．结合面型和视场优化策略的自由曲面设计方法［J］. 红外与激光工程，2018，47（10）：297 - 304.

[15] Huimin Yin, Zhishan Gao, Qun Yuan, et al. Wavefront propagation based on the ray transfer matrix and numerical orthogonal Zernike gradient polynomials［J］. Journal of The

Optical Society of America A-Optics Image Science and Vision, 2019, 36 (6): 1072 - 1078.

[16] Jingfei Ye, Xinhua Li, Zhongming Yang, et al. Freeform surface estimation by the combination of numerical orthogonal polynomials and overlapping averaging method [J]. Optical Engineering, 2017, 56 (11): 114102. 1 - 114102. 7.

[17] Zhengxiang Shen, Jun Yu, Zhenzhen Song, et al. Customized design and efficient fabrication of two freeform aluminum mirrors by single point diamond turning technique [J]. Applied Optics, 2019, 58 (9): 2269.

[18] Yiming Dou, Qun Yuan, Zhishan Gao, et al. Partial null astigmatism-compensated interferometry for a concave freeform Zernike mirror [J]. Journal of Optics, 2018, 20 (6).

[19] Qun Yuan, Zhishan Gao, Yimeng Dou, et al. Mapping geometry in Fizeau transmission spheres with a small f-number [J]. Applied Optics, 2018, 57 (2): 263 - 267.

[20] 叶井飞，徐凯迪，杨明珠，等. 基于自由曲面的离轴两反头戴显示光学系统设计 [J]. 光学学报，2018，38 (7): 281 - 288.

[21] Ma B, Sharma K, Thompson K P, et al. Mobile device camera design with Q-type polynomials to achieve higher production yield [J]. Optics Express, 2013, 21 (15): 17454.

[22] Samy A M, Gao Z. Simplified compact fisheye lens challenges and design [J]. Journal of Optics, 2015, 44 (4): 409 - 416.

[23] Yu B, Tian Z, Su D, et al. Design and engineering verification of an ultrashort throw ratio projection system with a freeform mirror [J]. Applied Optics, 2019, 58 (13): 3575 - 3581.

[24] Miñano J C, Gonzaez J C. New method of design of nonimaging concentrators [J]. Applied Optics, 1992, 31 (16): 3051.

[25] Wassermann G D, Wolf E. On the theory of aplanatic aspheric systems [J]. Proceedings of the Physical Society. Section B, 1949, 62 (1): 2.

[26] Vaskas E M. Note on the Wasserman-Wolf method for designing aspheric surfaces [J]. JOSA, A, 1957, 47 (7): 669 - 670.

[27] Hicks R A, Croke H C. Designing coupled free-form surfaces [J]. Journal of the Optical Society of America A: Optics, Image Science & Vision, 2010, 27 (10): 1 - 6.

[28] Dewen C, Yongtian W, Hong H. Free form optical system design with differential equations [J]. Proceedings of SPIE the International Society for Optical Engineering, 2010, 7849: 78490Q - 1 - 78490Q - 8.

[29] Jia H, Haifeng L, Rengmao W, et al. Method to design two aspheric surfaces for imaging system [J]. Applied Optics, 2013, 52 (11): 2294 - 2299.

[30] Miñano J C, Benítez P, Blen J, et al. High-efficiency free-form condenser overcoming rotational symmetry limitations [J]. Optics Express. 2008, 16 (25): 20193 - 205.

[31] Miñano J C, Benítez P, Muñoz F. Imaging optics designed by the simultaneous multiple

surface method: U. S. Patent 8, 035, 898 [P]. 2011 -10 -11.

[32] Miñano J C, Benítez P, Lin W, et al. An application of the SMS method for imaging designs [J]. Optics Express, 2009, 17 (26): 24036 -24044.

[33] Nie Y, Thienpont H, Duerr F, et al. Multi-fields direct design approach in 3D: calculating a two-surface freeform lens with an entrance pupil for line imaging systems [J]. Optics Express, 2015, 23 (26): 34042 -34054.

[34] Nie Y, Mohedano, Rubén, et al. Multifield direct design method for ultrashort throw ratio projection optics with two tailored mirrors [J]. Applied Optics, 2016, 55 (14): 3794 -3800.

[35] Zhu J, Yang T, Jin G. Design method of surface contour for a freeform lens with wide linear field-of-view [J]. Optics Express, 2013, 21 (22): 26080 -26092.

[36] Yang T, Zhu J, Jin G. Design of freeform imaging systems with linear field-of-view using a construction and iteration process [J]. Optics Express, 2014, 22 (3): 3362 -3374.

[37] Yang T, Zhu J, Hou W, et al. Design method of freeform off-axis reflective imaging systems with a direct construction process [J]. Optics Express, 2014, 22 (8): 9193 -9205.

[38] Yang T, Zhu J, Wu X, et al. Direct design of freeform surfaces and freeform imaging systems with a point-by-point three-dimensional construction-iteration method [J]. Optics Express, 2015, 23 (8): 10233 -10246.

[39] Yang T, Zhu J, Jin G. Starting configuration design method of freeform imaging and afocal systems with a real exit pupil [J]. Applied Optics, 2016, 55 (2): 345 -353.

[40] Yang T, Jin G F, Zhu J. Automated design of freeform imaging systems [J]. Light Science & Applications, 2017, 6 (10): e17081.

[41] Michael Bass. Handbook of optics [M]. 3rd. Edition. New York; Me Graw-Hill Companies, Inc, 2010, 2901 -2938.

[42] Kanolt C W. Multifocal Ophthalmic lenses [P]. US Patent, 2878721. 1959 -03 -24.

[43] Katkam R, Banerjee B, Huang C Y, et al. Compact dual-view endoscope without field obscuration [J]. Journal of biomedical optics, 2015, 20 (7): 076007 -1 -076007 -4.

[44] Atsushi Okuyama, Shoichi Yamazaki. Optical system, and image observing apparatus and image pickup apparatus using it [P]. US Patent, 5706136. 1998 -01 -06.

[45] Koichi Takahashi. Image display apparatus comprising an internally reflecting ocular optical system [P]. US Patent, 5699194. 1997 -12 -16.

[46] Hirata K, Yatsu M, Takanori. Projection display system including lens group and reflecting mirror [P]. US patent, 8313199.

[47] Qin Z, Lin S, Luo K, et al. Dual-focal-plane augmented reality head-up display using a single picture generation unit and a single freeform mirror [J]. Applied Optics, 2019, 58 (20): 5366 -5374.

[48] Yang J, Liu W, Lv W, et al. Method of achieving a wide field-of-view head-mounted

display with small distortion [J]. Optics Letters, 2013, 38 (12): 2035 - 2037.

[49] Yuanming Z, et al. Design of an off-Axis Visual Display Based on a Free-Form Projection Screen to Realize Stereo Vision. Journal of Modern Optics [J], 2017, (64) 19: 2066 - 2073.

[50] Pang K, Fang F, Song L, et al. Bionic compound eye for 3D motion detection using an optical freeform surface [J]. Journal of The Optical Society of America B-optical Physics, 2017, 34 (5): B28 - B35.

[51] Mao S, Li Y, Jiang J, et al. Design of a hyper-numerical-aperture deep ultraviolet lithography objective with freeform surfaces [J]. Chinese Optics Letters, 2018, 16 (3): 030801 - 1 - 030801 - 5.

[52] Forbes G W. Robust, efficient computational methods for axially symmetric optical aspheres [J]. Optics express, 2010, 18 (19): 19700 - 19712.

[53] Cheng D W, Chen X J, Xu C, et al. Optical description and design method with annularly stitched aspheric surface [J]. Applied Optics, 2015, 54 (34): 10154 - 10162.

[54] Nie Y, Duerr F, Thienpont H. Direct design approach to calculate a two-surface lens with an entrance pupil for application in wide field-of-view imaging [J]. Optical Engineering, 2015, 54 (1): 015102 - 1 - 015102 - 8.

[55] Zhao C, Burge J H. Orthonormal vector polynomials in a unit circle, Part I: Basis set derived from gradients of Zernike polynomials [J]. Optics Express, 2007, 15 (26): 18014 - 18024.

[56] Sheu M J, Chiang C W, Sun W S, et al. Dual view capsule endoscopic lens design [J]. Optics Express, 2015, 23 (7): 8565 - 8575.

[57] Liu Q, Bai J, Luo Y. Design of high resolution panoramic endoscope imaging system based on freeform surface [J]. Journal of Physics Conference, 2016, 680 (1): 012011 -.

[58] Lee K, Thompson K P, Rolland J P, et al. Broadband astigmatism-corrected Czerny-Turner spectrometer [J]. Optics Express, 2010, 18 (22): 23378 - 23384.

[59] Shafer A B, Megill L R, Droppleman L K, et al. Optimization of the Czerny-Turner Spectrometer [J]. Journal of the Optical Society of America, 1964, 54 (7): 879 - 887.

[60] Austin D R, Witting T, Walmsley I A, et al. Broadband astigmatism-free Czerny-Turner imaging spectrometer using spherical mirrors [J]. Applied Optics, 2009, 48 (19): 3846 - 3853.

[61] Xia G, Wu S, Wang G, et al. Astigmatism-free Czerny-Turner compact spectrometer with cylindrical mirrors [J]. Applied Optics, 2017, 56 (32): 9069 - 9073.

[62] Chrystal C, Burrell K H, Pablant N, et al. Straightforward correction for the astigmatism of a Czerny-Turner spectrometer [J]. Review of Scientific Instruments, 2010, 81 (2).

[63] Zhong X, Zhang Y, Jin G, et al. High performance Czerny-Turner imaging spectrometer with aberrations corrected by tilted lenses [J]. Optics Communications, 2015, 338 (338):

73 – 76.

[64] Ge X, Chen S, Zhang Y, et al. Broadband astigmatism-corrected spectrometer design using a toroidal lens and a special filter [J]. Optics and Laser Technology, 2015: 88 – 93.

[65] Miwak Y. Microscope objective lens: EP2610661 (A1) [P]. 2013.

[66] 周恩源，刘丽辉，刘岩，等. 近红外大数值孔径平场显微物镜设计 [J]. 红外与激光工程，2017，46 (7)：180 – 186.

[67] 薛金来，巩岩，李佃蒙. N A 0.75 平场复消色差显微物镜光学设计 [J]. 中国光学，2015，8 (6)：957 – 963.

[68] 洪新华. 衍/折射光学系统消二级光谱的研究 [D]. 北京：中国科学院研究生院，2005.

[69] 刘莹奇. 宽光谱光学系统复消色差研究 [D]. 哈尔滨：哈尔滨工业大学，2009.

[70] Mercado R I. Correction of secondary and higher-order spectrum using special materials [C]//International Society for Optics and Photonics, 1991.

[71] 毛珊，崔庆丰. 双层衍射元件加工误差对带宽积分平均衍射效率的影响 [J]. 光学学报，2016 (1)：8 – 14.

[72] 冷家开，崔庆丰，裴雪丹，等. 折衍射混合复消色差望远物镜中的色球差 [J]. 光学学报，2008 (05)：981 – 987.

[73] 冷家开. 长焦距高分辨率折衍射混合光学系统的研究 [D]. 长春：长春理工大学，2008.

[74] 娄迪. 谐衍射光学设计理论和应用研究 [D]. 杭州：浙江大学，2008.

[75] 陈健勇. 微型衍射消色差透镜模型的设计和分析 [D]. 合肥：安徽大学，2020.

[76] Wang P, Mohammad N, Menon R. Chromatic-aberration-corrected diffractive lenses for ultra-broadband focusing [J]. Scientific Reports, 2016, 6 (1): 21545 (1 – 7).

[77] Mohammad N, Meem M, Wan X, et al. Full-color, large area, transmissive holograms enabled by multi-level diffractive optics [J]. Scientific Reports, 2017, 7 (1): 5789 (1 – 5).

[78] Banerji S, Meem M, Majumder A, et al. Ultra-thin near infrared camera enabled by a flat multi-level diffractive lens [J]. Optics Letters, 2019, 44 (22): 5450 – 5452.

[79] Monjurul, Meem, Apratim, et al. Full-color video and still imaging using two flat lenses. [J]. Optics Express, 2018, 26 (21): 26866 – 26871.

[80] 靳铭珂. 基于光学超构表面的彩色图案和超构透镜的设计与实现 [D]. 哈尔滨：哈尔滨工业大学，2019.

[81] 王漱明，李涛，祝世宁. 基于宽带消色差超构透镜的彩色成像 [J]. 物理，2018，47 (6)：378 – 381.

[82] Lin R J, Su V C, Wang S M, et al. Achromatic metalens array for full-colour light-field imaging [J]. Nature Nanotechnology, 2019, 14 (3): 227 – 231.

[83] 冷家开，崔庆丰，裴雪丹，等. 折衍射混合复消色差望远物镜中的色球差 [J]. 光学

学报，2008（5）：981－987.

［84］冷家开．长焦距高分辨率折衍射混合光学系统的研究［D］．长春：长春理工大学，2008.

［85］赵丽萍，邬敏贤，金国藩，等．折衍混合单透镜的色球差校正研究［J］．光学学报，1998（5）：3－5.

［86］李涛，陈晨，祝世宁．一种基于消球差的超构透镜的层析成像方法［P］．江苏省：CN109752842A，2019－05－14.

［87］Chen C，Song W，Chen J W，et al. Spectral tomographic imaging with aplanatic metalens［J］. Light：Science & Applications，2019，8（1）：99－105.

［88］白剑，尉志军，牛爽．二元球透镜可见/紫外双波段光学系统［C］//CNKI，2009：1068－1071.

［89］翁志成，孙元良．计算机辅助光学设计 CAOD 软件系统［J］．光学机械，1987（1）：1－8.

［90］袁旭沧，崔桂华．新版微机用光学设计软件包的设计思想——*SOD*88 的功能和特点［J］．光学技术，1990（6）：33－41.

［91］徐德衍．巨型望远镜［J］．光学学报，1984（1）：85－93.

［92］哈勃望远镜．http：//zh. wikipedia. org/wiki.

［93］詹姆斯．韦伯太空望远镜．http：//www. hudong. com/wiki.

［94］Joseph M Geary，Introduction to lens design with ZEMAX ®practical examples，Published by［M］. Willmann-Bell，2002.

［95］Zettler F，Weiler R. Neural Principles in Vision｜｜The Resolution of Lens and Compound Eyes［M］//Proceedings in Life Sciences 1976.

［96］Cheng Y，Cao J，Zhang Y，et al. Review of state-of-the-art artificial compound eye imaging systems.［J］. Bioinspiration & Biomimetics，2019，14（3），031002－.

［97］吴雄雄．基于多尺度成像原理的宽视场高分辨光学系统设计与研制［D］．西安：西安电子科技大学，2018.

［98］罗宇杰．紧凑型无盲区全景成像光学系统及其变焦组件设计研究［D］．杭州：浙江大学，2019.

［99］赵彦，高志山，窦健泰，等．一种多波长梯度加速相位恢复迭代算法［J］．中国激光，2017，44（01）：251－256.

［100］毕津慈，高志山，朱丹，等．基于粒子群优化算法的光学相干层析像差校正方法［J］．光学学报，2020，40（10）：79－85.

［101］陈露，高志山，袁群，等．星载激光测高仪距离参数地面标定方法［J］．中国光学，2019. 12（4）：896－904.

［102］郁晓晖，高志山，袁群．宽光谱长工作距弱荧光信号检测显微物镜设计［J］．光学精密工程，2018，26（7）：1588－1595.

［103］李士贤，郑乐年．光学设计手册［M］．北京：北京理工大学出版社，1990.

[104] 潘君骅. 光学非球面设计、加工与检验 [M]. 北京：科学出版社，1994.

[105] Shafer A B, Megill L R, Droppleman L. Optimization of The Czerny-Turner Spectrometer. Journal of The Optical Society of Americian A. 54 (7), 1964: 879 - 886.

[106] 萧瑟新，高兴宇，肖华鹏. 一种无 CaF_2 40 倍平场复消色差金相显微物镜：中国，201420867956.7 [P]. 2014.

[107] Ma J Y, Simkulet M, Simth J. C-View omnidirectional endoscope for minimally invasive sugery/diagnostics [J], Proc. SPIE. 6509, 2007.

[108] Wang R, Deen M J, Armstrong D. Development of a catadioptric endoscope objective with forward and side views [J], J. Biomed. Opt. 2011, 16 (6): 1 - 16.